**Werner Junker
Physik für Ahnungslose**

Physik für Ahnungslose

Eine Einstiegshilfe für Studierende

von
Dr. Werner Junker

S. Hirzel Verlag Stuttgart · Leipzig

*Meiner Frau gewidmet,
die als Nichtphysikerin die Rolle
des ahnungslosen Testlesers
übernommen hat*

Bibliografische Information Der Deutschen Bibliothek
Die Deutsche Bibliothek verzeichnet diese Publikation in der Deutschen Nationalbibliografie;
detaillierte bibliografische Daten sind im Internet über http://dnb.ddb.de abrufbar.

ISBN 3-7776-1198-0

Jede Verwertung des Werkes außerhalb der Grenzen des Urheberrechtsgesetzes ist unzulässig und strafbar. Dies gilt insbesondere für Übersetzung, Nachdruck, Mikroverfilmung oder vergleichbare Verfahren sowie für die Speicherung in Datenverarbeitungsanlagen.

1. Auflage September 2003
2. Auflage August 2004

© 2003 S. Hirzel Verlag, Birkenwaldstraße 44, 70191 Stuttgart
Printed in Germany
Satz: Dörr + Schiller GmbH, Stuttgart
Druck: Georg Riederer Corona, Stuttgart
Umschlaggestaltung: Atelier Schäfer, Esslingen

Vorwort

Dieses Buch wendet sich an Studierende technischer und naturwissenschaftlicher Fachrichtungen, die plötzlich über Physikkenntnisse verfügen sollen, im schlimmsten Falle gar eine Physikprüfung machen müssen, aber das entsprechende Schulwissen entweder vergessen, oder – aus Abneigung gegen das Fach bzw. wegen früher Abwahl des Faches in der Schule – sich nie angeeignet haben. In dieser Situation soll das Buch eine Möglichkeit bieten, sich den Schulstoff in Physik wieder ins Gedächtnis zu rufen oder ihn neu zu erwerben.

Entsprechend der Einteilung der Schulphysik in die Disziplinen Mechanik, Wärmelehre, Akustik, Optik, Elektrizitätslehre und Magnetismus sowie Atomphysik ist das Buch in sechs Kapitel (unterschiedlicher Länge) aufgeteilt, die in weiten Teilen unabhängig voneinander bearbeitet werden können – je nach Interessenlage. Allerdings werden grundlegende Begriffe von Kapitel 1, der Mechanik, des Öfteren in anderen Disziplinen gebraucht (z.B. das Newton'sche Grundgesetz oder Eigenschaften der mechanischen Wellen) – in diesem Falle erfolgt dann an entsprechender Stelle ein Rückverweis. Jedes Kapitel fängt beim Kenntnisstand null an, behandelt dann zunächst den einfacheren Stoff der gymnasialen Mittelstufe und endet auf dem Abiturniveau des Leistungskurses der Oberstufe. Daher ist es bei entsprechender Interessenlage durchaus möglich, einzelne Kapitel (z.B. Optik oder Wärmelehre) an der Stelle, an der einem das bisher erworbene Wissen ausreichend erscheint, abzubrechen und zu einem anderen Kapitel (z.B. Elektrizitätslehre) überzugehen.

An mathematischen Kenntnissen sind der Stoff der Mittelstufe und Grundkurskenntnisse der Oberstufe des Gymnasiums erforderlich. Die inhaltliche und methodische Präsentation des Stoffes entspricht dem Vorgehen im Schulunterricht; allerdings können Versuchsergebnisse natürlich nur mitgeteilt werden. Die zahlreichen Aufgaben sollen – wie es in einer Prüfung ja erforderlich ist – die praktische Umsetzung verdeutlichen. Es sind durchweg Standardaufgaben, die in jedem Physikunterricht so oder in abgewandelter Form behandelt werden und die natürlich auch in den eingeführten Schulbüchern enthalten sind (unvollständige Auswahl in der Literaturliste im Anhang), auf die sich ja jeder Physikunterricht wesentlich stützt.

Sachsenheim, im Frühjahr 2003   Werner Junker

Inhaltsverzeichnis

Vorwort		V
1	**Mechanik**	
1.1	Grundgrößen und ihre Messung	1
1.2	Die Dichte	2
1.3	Die Kraft	2
1.3.1	Wirkung einer Kraft	2
1.3.2	Vektorgrößen	2
1.3.3	Gewichtskraft	4
1.3.4	Hooke'sches Gesetz	5
1.3.5	Kraft und Gegenkraft	5
1.4	Geschwindigkeit/Beschleunigung	6
1.4.1	Geradlinige gleichförmige Bewegung	6
1.4.2	Gleichmäßig beschleunigte Bewegung	7
1.4.3	Durchschnitts- und Momentangeschwindigkeit	9
1.4.4	Durchschnitts- und Momentanbeschleunigung	9
1.5	Kräftegleichgewicht/Trägheitssatz	10
1.6	Reibung/Luftwiderstand	11
1.6.1	Gleitreibungskraft	11
1.6.2	Haftreibungskraft	11
1.6.3	Strömungswiderstand	12
1.7	Das Newton'sche Grundgesetz	13
1.8	Der freie Fall	14
1.8.1	Freier Fall ohne Luftwiderstand	14
1.8.2	Fall mit Luftwiderstand	14
1.9	Überlagerung von Bewegungen, Würfe, Bremsbewegungen	15
1.9.1	Überlagerung gleichförmiger Bewegungen	15
1.9.2	Würfe	15
1.9.3	Bremsbewegungen	19
1.10	Einfache Maschinen	20
1.10.1	Stange und Seil	20
1.10.2	Feste Rolle	20
1.10.3	Lose Rolle	21
1.10.4	Kombination einer festen und einer losen (masselosen) Rolle	21
1.10.5	Der Flaschenzug	22
1.11	Die physikalische Arbeit	23
1.11.1	Spezialfälle	23
1.12	Leistung	27
1.13	Energie	28
1.13.1	Arten der Energie	28
1.13.2	Verlustfreie Speicherung von, verlustfreie Umsetzung in Arbeit	28
1.13.3	Energieumwandlungen	29

1.14	Impuls	32
1.14.1	Impulserhaltungssatz	32
1.14.2	Ballistisches Pendel	34
1.14.3	Unelastischer Stoß	34
1.14.4	Gerader elastischer Stoß	35
1.14.5	Schiefer Stoß gegen ruhende Wand	37
1.14.6	Kraft und Impulsänderung, Kraftstoß	38
1.15	Die Kreisbewegung	40
1.15.1	Zentripetalkraft und Zentripetalbeschleunigung	40
1.15.2	Größe der Zentripetalkraft F_2 und der Zentripetalbeschleunigung a_z	41
1.15.3	Begriffe und Größen bei der Kreisbewegung	42
1.15.4	Vertikale Kreisbewegung	44
1.15.5	Arbeit bei der Kreisbewegung	45
1.15.6	Weitere Beispiele zur Kreisbewegung	46
1.16	Himmelsbewegung und Gravitation	48
1.16.1	Geozentrisches Weltsystem	48
1.16.2	Heliozentrisches Weltsystem	49
1.16.3	Kepler'sche Gesetze	49
1.16.4	Planetenbewegungen	50
1.16.5	Erd- und Sonnenmasse	52
1.16.6	Satelliten auf Kreisbahnen um die Erde	52
1.17	Trägheitskräfte	53
1.17.1	Möglichkeiten zur Beschreibung dynamischer Probleme	54
1.18	Der Stempeldruck in Flüssigkeiten und Gasen	56
1.18.1	Anwendungen des Stempeldrucks	57
1.19	Der hydrostatische Druck (Schweredruck)	58
1.20	Der Auftrieb/Schwimmen, Schweben, Sinken	61
1.20.1	Auftrieb	61
1.20.2	Schwimmen, Schweben, Sinken	63
1.21	Statik der Gase/Gesetz von Boyle-Mariotte	64
1.21.1	Statik der Gase	64
1.21.2	Gesetz von Boyle-Mariotte	66
1.22	Mechanische Schwingbewegungen	67
1.22.1	Schwingbewegung	67
1.22.2	Schwingungsfrequenz	68
1.22.3	Beispiel für eine kompliziertere Anfangsbedingung	69
1.22.4	Energie der mechanischen Horizontalschwingung	70
1.22.5	Die vertikale Federschwingung	70
1.22.6	Die U-Rohr-Schwingung	72
1.22.7	Das Fadenpendel	72
1.23	Gedämpfte Schwingungen/Erzwungene Schwingungen der Mechanik	75
1.23.1	Gedämpfte Schwingungen	75
1.23.2	Erzwungene Schwingungen	76
1.24	Überlagerung von Schwingungen	79

1.24.1	Zahlenbeispiele/Bewegungstypen bei der Überlagerung von Horizontal- und Vertikalschwingung	80
1.24.2	Eindimensionale Überlagerung	83
1.25	Mechanische Querwellen (eindimensional)	85
1.25.1	Transversal- und Longitudinalwellen	85
1.25.2	Reflexion der Transversalstörungen	87
1.25.3	Die sinusförmige Querwelle	88
1.26	Überlagerung von Wellen	92
1.26.1	Überlagerung einer Welle mit ihrer Reflexion – Ausbildung stehender Wellen	94
1.26.2	Stehende Wellen in Trägern	95
1.26.3	Saitenschwingungen	96
1.27	Längswellen (Eindimensional)	99
1.27.1	Ausbreitung von Überdruck- und Unterdruckstörung	99
1.27.2	Reflexion von Längswellen	101
1.27.3	Reflexion einer sinusförmigen Längswelle am festen Ende/losen Ende	102
1.28	Zweidimensionale Wellenfelder (mechanischer Wellen)	103
1.28.1	Erklärung der Reflexion	105
1.28.2	Erklärung der Brechung	106
2	**Wärmelehre**	
2.1	Die Temperatur und ihre Messung	108
2.2	Längsausdehnung fester Körper beim Erwärmen	110
2.3	Die Volumenausdehnung von Flüssigkeiten/Anomalie des Wassers	111
2.3.1	Anomalie des Wassers	111
2.4	Die Volumenausdehnung der Gase/Kelvinskala	112
2.5	Temperatur und Teilchenbild/Wärme	114
2.5.1	Aufbau der Körper im Teilchenbild	114
2.5.2	Mechanische Arbeit und Wärme	116
2.6	Wärmemenge und spezifische Wärmekapazität	118
2.7	Mischungsversuche	119
2.8	Erscheinungsformen der Stoffe/Schmelz- und Verdampfungswärme	120
2.8.1	Aggregatzustände	120
2.8.2	Schmelzwärme	120
2.8.3	Verdampfungswärme	121
2.9	Ergänzungen: Verdunsten, Siedepunktserniedrigung	123
2.9.1	Verdunstung	123
2.9.2	Siedepunkterniedrigung	123
2.10	Wärmetransport	124
2.10.1	Wärmekonvektion	124
2.10.2	Wärmeleitung	125
2.10.3	Wärmestrahlung	125
2.11	Das allgemeine Gasgesetz	125
2.11.1	Erstfassung des Gasgesetzes	125
2.11.2	Avogadro- oder Loschmidt-Zahl, Endfassung des Gasgesetzes	127

2.12	Kinetische Gastheorie	128
2.12.1	Zusammenhang zwischen Druck und Geschwindigkeit	128
2.12.2	Zusammenhang zwischen Temperatur und Geschwindigkeit	130
2.12.3	Innere Energie	130
2.13	Der 1. Hauptsatz der Wärmelehre	131
2.14	Carnotprozess, 2. Hauptsatz, Wirkungsgrad bei Wärmemaschinen	131
2.14.1	Der Carnotprozess	131
2.14.2	Wirkungsgrad von Wärmemaschinen	133
2.14.3	Einige Erfahrungstatsachen	133
2.14.4	Der 2. Hauptsatz der Wärmelehre	134
2.14.5	Wärmemaschinen	135
2.15	Strahlungsgesetze	136
3	**Akustik**	
3.1	Grundtatsachen	138
3.1.1	Amplitude und Frequenz	138
3.1.2	Die Lochsirene	139
3.1.3	Ausbreitung von Schall	140
3.2	Schall als Längswelle	141
3.2.1	Versuche mit Schallwellen	141
3.3	Der Doppler-Effekt: Erreger oder Beobachter einer Welle bewegen sich	145
3.3.1	Erreger bewegt, Beobachter in Ruhe	145
3.3.2	Erreger fest, Beobachter bewegt	148
4	**Optik**	
4.1	Grundbegriffe	152
4.1.1	Punktförmige Lichtquelle, Lichtstrahl	152
4.1.2	Das optische Bild	152
4.2	Schatten	154
4.2.1	Kernschatten und Halbschatten	154
4.2.2	Die Entstehung der Mondphasen	154
4.2.3	Mond- und Sonnenfinsternisse	155
4.3	Die Reflexion des Lichts	156
4.3.1	Reflexionsgesetz	156
4.3.2	Das Spiegelbild	157
4.4	Die Brechung des Lichts	159
4.4.1	Brechungsgesetz	159
4.4.2	Anwendungen des Brechungsgesetzes	161
4.4.3	Totalreflexion	162
4.4.4	Strahlengang des Lichts im Prisma	163
4.5	Die Sammellinse	164
4.5.1	Strahlengang bei der Sammellinse	164
4.5.2	Abbildung durch Sammellinsen	166
4.6	Das menschliche Auge	169
4.6.1	Veränderung der Brennweite	169
4.6.2	Augenfehler	170

4.7	Der Fotoapparat	171
4.8	Farbiges Licht, Körperfarben	172
4.8.1	Spektralfarben	172
4.8.2	Entstehung des Regenbogens	173
4.8.3	Linienspektrum und kontinuierliches Spektrum	173
4.8.4	Farbaddition	173
4.8.5	Farbsubtraktion	175
4.8.6	Körperfarben	175
4.9	Newton'sches Teilmodell, Huygens'sches Wellenmodell für Licht	176
4.9.1	Korpuskelmodell des Lichts	176
4.9.2	Huygens'sches Wellenmodell	177
4.10	Messung der Lichtgeschwindigkeit	177
4.10.1	Astronomische Methode nach Olaf Rönner (1675)	177
4.10.2	Terrestrische Methode nach Fizeau (1849) – Zahnradmethode	178
4.10.3	Drehspiegelmethode nach Foucault	179
4.10.4	Ergebnisse der Lichtgeschwindigkeitsmessung	179
4.11	Die Interferenz des Lichts	179
4.11.1	Bestätigungsversuch nach Wiener	179
4.11.2	Interferenzversuch von Fresnel	180
4.11.3	Interferenz an dünnen Schichten	180
4.12	Die Beugung des Lichts	184
4.12.1	Beugung an verschiedenen kleinen Objekten	184
4.12.2	Beugung am Spalt	185
4.12.3	Beugung am Gitter	187
4.12.4	Überlagerung von Gitter- und Spaltinterferenz	191
4.13	Die Polarisation des Lichts	192
4.13.1	Licht als Querwelle	192
4.13.2	Brewster'sches Gesetz	192
5	**Elektrizitätslehre und Magnetismus**	
5.1	Einfache Grundaussagen des Magnetismus	194
5.1.1	Magnetische Pole	194
5.1.2	Elementarmagnete	194
5.1.3	Magnetische Influenz	195
5.1.4	Das magnetische Feld	195
5.1.5	Das Erdmagnetfeld	197
5.2	Elektrizitätslehre – Grundbegriffe, Grundaussagen	198
5.2.1	Stromkreis	198
5.2.2	Leiter und Nichtleiter	199
5.2.3	Wirkungen des Stroms	200
5.2.4	Ergänzungen	201
5.3	Ladung und Stromstärke	202
5.3.1	Elektrische Ladung	202
5.3.2	Definition der Ladungseinheit	203
5.3.3	Definition der elektrischen Stromstärke	203
5.3.4	Eigenschaften der Ladung	204
5.4	Elektronen, Atombau, Ionen	205

5.4.1	Versuch von Edison	205
5.4.2	Atombau	206
5.4.3	Stromleitung in Metallen	207
5.4.4	Erklärung verschiedener elektrischer Erscheinungen im Elektronenbild	208
5.4.5	Stromleitung in Flüssigkeiten (Elektrolyse)	209
5.5	Geräte zur Messung der Stromstärke	210
5.5.1	Hitzedrahtampèremeter	210
5.5.2	Drehspulampèremeter	210
5.5.3	Mittelwert bei der Stromanzeige	211
5.6	Die elektrische Spannung	211
5.6.1	Definition der Spannung	211
5.6.2	Reihenschaltung (Hintereinanderschaltung) von Stromquellen	213
5.6.3	Elektrisches Potenzial	214
5.7	Das Ohm'sche Gesetz/Elektrischer Widerstand	214
5.8	Widerstand eines Drahts	215
5.8.1	Widerstandsformel für einen Draht	215
5.8.2	Schiebewiderstand	216
5.9	Stromstärke, Ladung, Spannung, Arbeit, Leistung im Stromkreis	217
5.10	Parallelschaltung und Reihenschaltung von Widerständen	218
5.10.1	Kirchhoff'sches Gesetz	218
5.10.2	Reihenschaltung von Widerständen	219
5.10.3	Anwendung von Reihenschaltung	220
5.10.4	Parallelschaltung von Widerständen	221
5.11	Messbereichserweiterung beim Strom- und Spannungsmesser	223
5.11.1	Strommesser	223
5.11.2	Spannungsmesser	224
5.12	Fernsehröhre	225
5.13	Der Elektromotor	226
5.14	Die Lorentzkraft (qualitativ)	227
5.15	Elektromagnetische Induktion – 1. Teil: Einfache Aussagen (qualitativ)	229
5.15.1	Generatorprinzip	229
5.15.2	Induktion von Wechselspannung bei einer sich im Magnetfeld drehenden Leiterschleife	230
5.15.3	Induktion von Spannung durch Magnetfeldänderung	231
5.16	Röhrendiode und Röhrentriode	231
5.16.1	U_A-I_A-Kennlinien der Röhrendiode	231
5.16.2	Diode als Gleichrichter	232
5.16.3	Röhrentriode	233
5.16.4	Anwendung: Triode als Verstärker	233
5.17	Halbleiter, Halbleiterdiode, Transistor	234
5.17.1	Undotierte Halbleiter	234
5.17.2	Dotierte Halbleiter	236
5.17.3	Der p/n-Übergang	236
5.17.4	Halbleiterdiode als Gleichrichter	237
5.17.5	Gleichrichterschaltung mit vier Dioden und Foto-Diode	238

5.17.6	Der Transistor	239
5.18	Das elektrische Feld, elektrische Feldstärke	241
5.18.1	Elektrische Felder, Feldlinien	241
5.18.2	Elektrische Feldstärke	243
5.19	Elektrische Feldstärke und Spannung	245
5.20	Ladungsdichte und Kapazität	246
5.20.1	Flächenladungsdichte und Feldkonstante	246
5.20.2	Kapazität	248
5.20.3	Dielektrizitätszahl	248
5.20.4	Polarisation der Atome	249
5.20.5	Ergänzungen	249
5.20.6	Größenfaktoren	252
5.21	Schaltung von Kondensatoren	252
5.21.1	Parallelschaltung von Kondensatoren	252
5.21.2	Reihenschaltung von Kondensatoren	253
5.21.3	Aufgaben	253
5.21.4	Kondensator mit Dielektrikum und Luftschlitz	254
5.22	Die Energie des elektrischen Feldes	255
5.22.1	Energie des geladenen Kondensators	255
5.22.2	Räumliche Energiedichte	255
5.23	Radialfeld einer punktförmigen Ladung, Coulomb-Gesetz	256
5.24	Die magnetische Flussdichte	261
5.24.1	Definition der Flussdichte	262
5.24.2	Magnetische Flussdichte B in einer lang gestreckten Spule	264
5.25	Lorentzkraft auf ein Elektron (quantitativ), Hall-Effekt	266
5.25.1	Eine Formel für die Stromstärke im Leiter	266
5.25.2	Lorentzkraft auf ein Elektron	267
5.25.3	Der Hall-Effekt	267
5.26	Geladene Teilchen in elektrischen Feldern, Millikanversuch	268
5.26.1	Elektronenvolt	268
5.26.2	Parabelbahnen bei Teilchen im Kondensatorfeld	269
5.26.3	Bremsbewegung	269
5.26.4	Milikanversuch – Bestimmung der Elementarladung e	270
5.27	Teilchen in magnetischen und elektrischen Feldern	270
5.27.1	Teilchen in magnetischen Feldern	270
5.27.2	E-Feld und B-Feld senkrecht zueinander	272
5.27.3	Teilchenbeschleuniger	273
5.28	Ladungsträger in Gasen	276
5.29	Elektromagnetische Induktion – 2. Teil (quantitativ)	278
5.29.1	Wirbelströme	282
5.29.2	Versuch: „Aluring"/Spulenmagnet	283
5.29.3	Aufgaben	284
5.30	Selbstinduktion bei Spulen	285
5.30.1	Größe der induzierten Spannung der Spule im Falle der Selbstinduktion	286
5.30.2	Quantitative Betrachtung des Ein- und Ausschaltvorgangs	287
5.30.3	Energie des Magnetfeldes	288

5.31	Erzeugung sinusförmiger Wechselspannung im Generator	290
5.32	Effektivwerte von Strom und Spannung bei Wechselstrom	291
5.33	Ohm'scher Widerstand, Spule und Kondensator im Wechselstromkreis	293
5.33.1	Induktiver Widerstand	293
5.33.2	Kapazitiver Widerstand	295
5.33.3	Zeigerdiagramm	296
5.33.4	Reihenschaltung von Ohm'schem Widerstand R, Spule mit Induktivität L und Kondensator mit Kapazität C im Wechselstromkreis (Siebkette)	297
5.33.5	Abhängigkeit der Größen I_{eff} und δ von der Frequenz f, wenn R, L, C und U_{eff} fest vorgegeben sind	299
5.33.6	Sperrkreis	301
5.33.7	Aufgabe	302
5.34	Der Schwingkreis	303
5.34.1	Ungedämpfter Schwingkreis	303
5.34.2	Gedämpfter Schwingkreis	306
5.34.3	Aufhebung der Dämpfung durch Rückkopplung (Meißner-Schaltung)	306
5.34.4	Erzwungene elektromagnetische Schwingungen	307
5.35	Der Transformator (Trafo)	309
5.35.1	Hoch- und Niederspannungstrafo	309
5.35.2	Belasteter und unbelasteter Trafo	309
5.36	Drehstrom	311
5.36.1	Prinzip der drei Phasen	311
5.36.2	Erzeugung von Drehstrom	312
5.37	Elektromagnetische Wellen	313
5.37.1	Hertz'scher Dipol	313
5.37.2	Elektromagnetische Wellen im Raum	314
5.37.3	Maxwells Überlegungen	315
5.37.4	Ergänzungen	317
5.38	„Lichteigenschaften" elektromagnetischer Wellen	318
5.39	Licht als elektromagnetische Welle	320
5.39.1	Faraday-Effekt und Kerr-Effekt	320
5.39.2	Entspricht die Modell-Lichtwelle der elektrischen oder der magnetischen Teilwelle?	321
5.40	Nicht sichtbare Spektralbereiche im elektromagnetischen Spektrum/Überblick	323
5.40.1	„Infrarotlicht", „Ultraviolettlicht"	323
5.40.2	Röntgenstrahlen	323
5.40.3	γ-Strahlung	323
5.40.4	Überblick über das elektromagnetische Spektrum	324
6	**Atomphysik und Quantenphysik**	
6.1	Kernphysik	325
6.1.1	Kernaufbau	325
6.1.2	Radioaktivität	325

6.1.3	Wie wird die unsichtbare Strahlung nachgewiesen?	326
6.1.4	Was passiert beim radioaktiven Zerfall eines Atomkerns?	328
6.1.5	Kernreaktionen	328
6.1.6	Kernspaltung (Otto Hahn, 1938)	329
6.1.7	Kernfusion	329
6.2	Kristalluntersuchungen mit Röntgenstrahlen	330
6.2.1	Bragg'sche Reflexionsbedingung	330
6.2.2	Drehkristallmethode	331
6.2.3	Debye-Scherrer-Methode (Pulvermethode)	332
6.3	Der Fotoeffekt	333
6.3.1	Lichtquanten und Planck'sches Wirkungsquantum	333
6.3.2	Fotostrom	335
6.4	Einige Aussagen der speziellen Relativitätstheorie, Comptoneffekt	337
6.4.1	Massenzunahme und relativistische Energie	337
6.4.2	Photonenmasse, Photonenimpuls	339
6.4.3	Comptoneffekt	340
6.5	Materiewellen	342
6.5.1	Wellencharakter von Elektronen	342
6.5.2	Bedeutung der Welle bei Materieteilchen	342
6.5.3	Frequenz und Wellengeschwindigkeit bei Materiewellen	343
6.5.4	Elektronen am Doppelspalt	344
6.5.5	Elektronen am Einzelspalt	344
6.6	Entwicklung des Atommodells, Erklärung der Balmerserie	346
6.6.1	Bohr'sche Postulate	346
6.6.2	Halbklassische Berechnung des Wasserstoffspektrums	346
6.6.3	Strahlungsserien	348
6.7	Der eindimensionale Potentialtopf – Quantengesetz des eingesperrten Elektrons	349
6.8	Der Franck-Hertz-Versuch, Umkehrung der Na-Linie	352
6.8.1	Franck-Hertz-Versuch	352
6.8.2	Umkehrung der Na-Linie	354
6.8.3	Fraunhofer'sche Linien	354
6.9	Röntgenstrahlung	355
6.9.1	Bremsstrahlung und charakteristische Röntgenstrahlung	355
6.9.2	Deutung der kontinuierlichen Röntgenstrahlung	356
6.9.3	Deutung der charakteristischen Röntgenstrahlung	356
6.10	Quantenmechanische Behandlung physikalischer Probleme mit der Schrödingergleichung	359
6.10.1	Zeitabhängige und zeitunabhängige Schrödingergleichung	359
6.10.2	Teilchen im eindimensionalen Potenzialtopf	361
6.10.3	Das Wasserstoffproblem	361
6.10.4	Der harmonische Oszillator – Teilchen, das an einer Feder hängt	363

Anhang I: Physikalische Konstanten 368
Anhang II: Literatur 369
Stichwortverzeichnis 370

1 Mechanik

1.1 Grundgrößen und ihre Messung

Die grundlegenden Größen der Mechanik sind die *Länge*, gemessen in Meter, die *Zeit*, gemessen in Sekunden und die *Masse*, gemessen in Kilogramm. 1 m (Meter) ist die Länge des Urmeterprototyps, 1 kg (Kilogramm) die Masse des Urkilogrammprototyps – beide werden in Paris aufbewahrt.

Flächeninhalt (gemessen in m^2) und *Volumen* (gemessen in m^3) sind von der Länge abgeleitete Größen. Die Ermittlung des Flächeninhalts erfolgt über bestimmte Rechenformeln (z. B. Dreiecksfläche = $\frac{1}{2}$ · Länge · Höhe) und Längenmessung, bei krummlinigen Objekten experimentell durch Auszählung von Quadraten auf Millimeterpapier (Abb. 1.1):

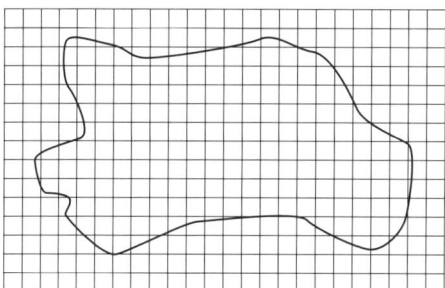

Abb. 1.1

Man zählt beispielsweise die am Rande liegenden Quadrate „halb" und die innen liegenden „ganz" und ermittelt so näherungsweise den Flächeninhalt.

Die Ermittlung von Volumina erfolgt über Längenmessung und Rechenformeln (z. B. Kugelvolumen = $\frac{4\pi}{3}$ · Radius^3) oder bei unregelmäßigen Körpern experimentell über Messgläser und Überlaufgefäße (Abb. 1.2):

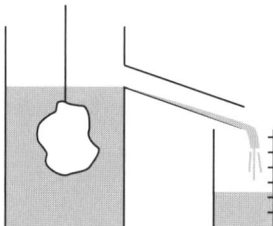

Abb. 1.2

Man misst das vom Stein beim Eintauchen verdrängte aufgefangene Wasservolumen.

1.2 Die Dichte

Misst man bei verschiedenen Körpern aus dem gleichen Material jeweils das Volumen V und die Masse m, so stellt man fest, dass sie zueinander proportional sind, geschrieben m $\sim$ V. Dies äußert sich in dreierlei Weise:

1. Das Schaubild ist eine Ursprungsgerade im m/V-Achsenkreuz (Abb. 1.3).

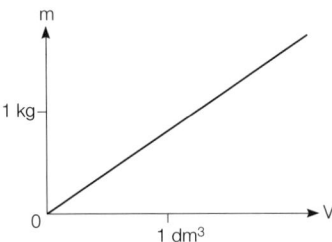

Abb. 1.3

2. Zum k-fachen Volumen gehört die k-fache Masse.
3. Der Quotient $\frac{m}{V}$ ist eine Konstante.

Dieser Quotient heißt *Dichte* $\rho = \frac{m}{V}$ und beschreibt das Material; die Einheit der Dichte ist $[\rho] = 1\frac{kg}{m^3}$ (üblicher sind $1\frac{kg}{dm^3} = 1\frac{g}{cm^3}$). Dichtewerte sind tabelliert.

Aufgabe: Welche Masse hat ein Eisenquader der Dichte $\rho = 7{,}9\frac{g}{cm^3}$, der 20 cm lang, 15 cm breit und 10 cm hoch ist?

Lösung: V = 200 cm · 10 cm · 15 cm = 3000 cm³ = 3 dm³; $\rho = \frac{m}{V}$, also
$m = \rho \cdot V = 7{,}9\frac{kg}{dm^3} \cdot 3\,dm^3 = 23{,}7\,kg$.

1.3 Die Kraft

1.3.1 Wirkung einer Kraft

Eine *Kraft* (z. B. Muskelkraft, magnetische Kraft) erkennt man an ihrer *Wirkung*: sie *verformt* Körper (z. B. Dehnen einer Feder) oder *verändert Bewegungen* (sie beschleunigt oder bremst beispielsweise einen fahrenden Wagen oder ändert dessen Bewegungsrichtung).

1.3.2 Vektorgrößen

Kräfte sind *Vektorgrößen*; neben ihrer Größe, gemessen in N (Newton), ist auch ihre Richtung wichtig. Man veranschaulicht Kräfte durch Pfeile, deren Länge ein Maß für den Betrag, d. h. die Größe der Kraft ist und deren Richtung die Kraftrichtung angibt (Abb. 1.4 a).

Die Kraft 3

Abb. 1.4a

Kräfte werden wie Vektoren addiert (siehe Abb. 1.4):

1. Möglichkeit (Abb. 1.4 b): Man hängt den zweiten Kraftpfeil an den ersten und erhält so die Gesamtkraft

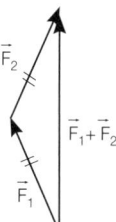

Abb. 1.4b

2. Möglichkeit (Abb. 1.4 c): Man setzt die Kraftpfeile am Ende aneinander und ergänzt zum Parallelogramm, dessen Diagonale die Gesamtkraft $\vec{F}_1 + \vec{F}_2$ liefert.

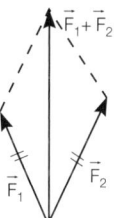

Abb. 1.4c

Man erkennt, dass beide Konstruktionen zum gleichen Gesamtkraft-Pfeil $\vec{F}_1 + \vec{F}_2$ führen; er ersetzt die beiden Einzelkräfte, deren Pfeile daher nach der Konstruktion durchgestrichen werden, und heißt Resultierende.

Umgekehrt kann man eine *gegebene Kraft $\vec{F}$ durch zwei andere Kräfte $\vec{F}_1$, $\vec{F}_2$ ersetzen*, die in andere Richtungen wirken – sie heißen Komponenten.

Aufgabe: Ein Stab BC ist mit einem Gelenk bei B an einer Mauer befestigt, das Seil AC hindert ihn am Abkippen. Ein angehängter Körper zieht bei C mit der Kraft $\vec{F}$ nach unten. (Abb. 1.5) Mit welcher Kraft $\vec{F}_1$ zieht das Seil bei A an der Mauer, mit welcher Kraft $\vec{F}_2$ drückt der Stab bei B auf das Gelenk?

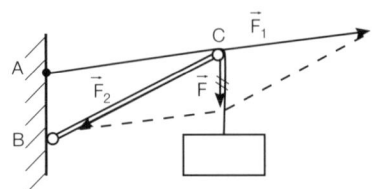

Abb. 1.5

Lösung: Man fasst „$\vec{F}$" als Diagonale eines Parallelogramms auf, dessen Seiten „$\vec{F}_1$" und „$\vec{F}_2$" man ermitteln möchte – man kennt aber von $\vec{F}_1$ nur die Richtung (die von AC), ebenso von $\vec{F}_2$ (die von BC). Die gestrichelten Parallelen zu AC bzw. BC durch die Spitze von $\vec{F}$ liefern die Pfeilspitzen von $\vec{F}_1$ bzw. $\vec{F}_2$.

Die Längen von Kraftkomponenten bei der Kräftezerlegung bzw. Resultierenden bei der Kräfteaddition lassen sich auch rechnerisch ermitteln (Satz des Pythagoras, Trigonometrie!); ebenso die Winkel zwischen den Kräften. Ein wichtiges Beispiel ist die Zerlegung der Gewichtskraft $\vec{G}$ eines Körpers an der *schiefen Ebene* (Abb. 1.6) in die *Hangabtriebskraft* $\vec{F}_H$ (parallel zur Ebene) und die *Normalkraft* $\vec{F}_N$ (senkrecht zur Ebene). Da der Neigungswinkel α auch zwischen $\vec{G}$ und $\vec{F}_N$ auftaucht, gilt:

$\dfrac{F_N}{G} = \cos\alpha$, also: $\boxed{\begin{array}{l} F_N = G \cdot \cos\alpha \\ F_H = G \cdot \sin\alpha \end{array}}$ (F1.1 a, b)

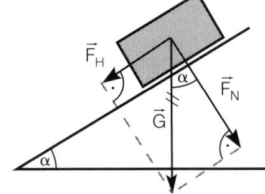

Abb. 1.6

1.3.3 Gewichtskraft

Die *Gewichtskraft* $\vec{G}$ (Betrag G oder $|\vec{G}|$) eines Körpers auf der Erde ist die Kraft, mit der ihn die Erde (nach unten) anzieht. An einem festen Ort ist G proportional zur Masse des Körpers: $G \sim m$.

Die Konstante $\dfrac{G}{m} = g$ heißt *Ortsfaktor g*. Auf der Erde ist $g \approx 9,81\,\frac{N}{kg}$ (am Pol $9,83\,\frac{N}{kg}$, am Äquator $9,78\,\frac{N}{kg}$), auf dem Mond ist $g \approx 1,67\,\frac{N}{kg}$.

Die Gewichtskraft eines Körpers ist also ortsabhängig, ein Kilogrammstück hat auf der Erde etwa die Gewichtskraft 9,81 N, auf dem Mond etwa 1,67 N; die Masse eines Körpers ist dagegen überall (auf der Erde, auf dem Mond, im Weltall) gleich.

Massen bestimmt man mit Balken- oder Tafelwaagen (man vergleicht sie mit der Masse der Stücke des Wägesatzes), Kräfte misst man mit geeichten Kraftmessern (d. h. über Federverlängerungen).

1 N (Newton) ist etwa die Gewichtskraft eines „102 g-Stückes" auf der Erde.

Aufgabe: Welche Masse hat ein Körper, dessen Gewichtskraft auf dem Mond 20 N beträgt?

Lösung: $\frac{G}{m} = g$, also $m = \frac{G}{g} = \frac{20N}{1,67\frac{N}{kg}} \approx \frac{20}{\frac{5}{3}}kg = 12$ kg

1.3.4 Hooke'sches Gesetz

Untersucht man, um welche Strecke s eine gegebene Feder durch eine Kraft F verlängert wird, so stellt man fest, dass in einem gewissen Kraftbereich gilt: $F \sim s$ (Abb. 1.7).

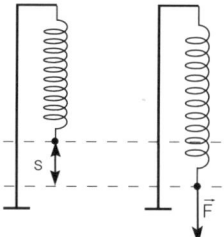

Abb. 1.7

Die Konstante $D = \frac{F}{s}$ heißt Federkonstante – sie beschreibt die Härte der Feder und hat die Einheit $[D] = 1\frac{N}{cm}$. Wird die Kraft zu groß, gilt die Proportionalität nicht mehr.

Aufgabe: Welche Länge hat eine Feder (unverlängert 20 cm) der Härte $D = 2\frac{N}{cm}$, wenn an ihr 300 g hängen?

Lösung: $F \approx 3N$, also Verlängerung $s = \frac{F}{D} = \frac{3N}{\frac{2N}{cm}} = 1,5$ cm; Federlänge also 21,5 cm.

1.3.5 Kraft und Gegenkraft

Eine Person A drückt mit der Kraft $\vec{F}_1$ auf einen Baum B. Dann spürt auch A eine Kraft $\vec{F}_2$ vom Baum auf sich. Sie ist betraglich gleich groß wie $\vec{F}_1$, wirkt aber in die Gegenrichtung; außerdem wirkt $\vec{F}_1$ auf B, $\vec{F}_2$ auf A (Abb. 1.8).

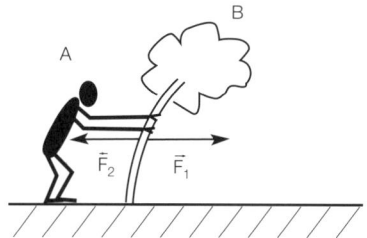

Abb. 1.8

> Allgemein gilt:
> Wirkt ein Körper mit der *Kraft* $\vec{F}_1$ (actio) auf einen anderen Körper, so wirkt von diesem eine *Gegenkraft* $\vec{F}_2$ (reactio) auf den ersten Körper zurück. Kraft und Gegenkraft sind betraglich gleich groß, aber entgegengesetzt gerichtet und greifen an verschiedenen Körpern an.

Beispiel: Beim Start drückt der Sprinter mit einer Kraft auf den Startblock. Die Gegenkraft vom Startblock auf den Sprinter lässt diesen herausschnellen.

Problem: Ein Pferd soll einen Klotz ziehen. Es weigert sich und argumentiert: Wenn ich an dem Klotz ziehe, wirkt der Klotz mit einer gleich großen Gegenkraft – also kann ich den Klotz nicht von der Stelle bewegen!

Lösung des Paradoxons: Richtig ist, dass die Zugkraft $\vec{F}_1$ des Pferdes auf den Klotz eine Gegenkraft $\vec{F}_2$ vom gleichen Betrag hervorruft. Allerdings wirkt $\vec{F}_2$ auf das Pferd! Man kann also nicht $\vec{F}_1$ und $\vec{F}_2$ in einen Topf werfen und sagen, sie heben sich auf – dies ginge nur, wenn $\vec{F}_1$ und $\vec{F}_2$ auf den gleichen Körper wirkten! Tatsächlich wirkt auf den Klotz nur $\vec{F}_1$, er kann wohl bewegt werden (Abb. 1.9).

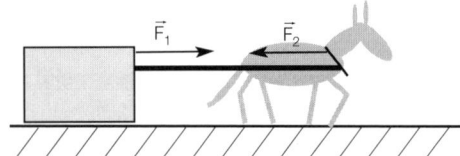

Abb. 1.9

1.4 Geschwindigkeit/Beschleunigung

1.4.1 Geradlinige gleichförmige Bewegung

Der einfachste Fall einer Bewegung ist der, bei dem ein Körper sich geradlinig bewegt und der zurückgelegte Weg proportional zur vergangenen Zeit ist: $s \sim t$
Der Quotient aus Weg und Zeit ist eine Konstante, die die Bewegung beschreibt, die *Geschwindigkeit* v des Körpers:

$$\boxed{\frac{s}{t} = \text{const} = v}\quad \text{bzw. Geschwindigkeit} = \frac{\text{Weg}}{\text{Zeit}}$$

Eine solche Bewegung heißt *geradlinige gleichförmige Bewegung* (Spezialfall: v = 0 heißt Körper in Ruhe).

Beispiel: Ein Spielzeugauto hat nach 10 s den Weg 4 m, nach 20 s den Weg 8 m,... zurückgelegt.

Im *Weg-Zeit-Diagramm* liegen die Messpunkte auf einer Ursprungsgerade (Abb. 1.10 a), deren Steigung gerade die Geschwindigkeit ist:

$$v = \frac{s}{t} = \frac{16\,m}{40\,s} = \frac{4\,m}{10\,s} = \frac{2\,m}{5\,s}$$

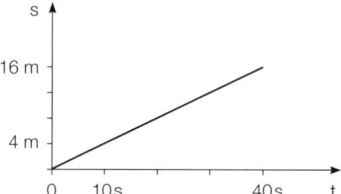

Abb. 1.10a

Das Geschwindigkeit-Zeit-Diagramm (Abb. 1.10 b) zeigt eine Gerade parallel zur Zeit-Achse, da ja v = const ist.

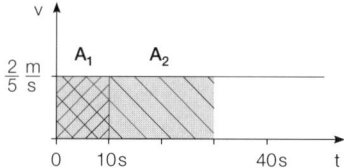

Abb. 1.10b

Wir betrachten die Fläche unter der „Kurve" in Abbildung 1.10b

bis t = 10 s: $A_1 = 10s \cdot \frac{2m}{5s} = 4\,m =$ zurückgelegter Weg von 0 bis 10 s

bis t = 30 s: $A_2 = 30s \cdot \frac{2m}{5s} = 12\,m =$ zurückgelegter Weg von 0 bis 30 s

Allgemein: Fläche unter der Kurve = zurückgelegter Weg bzw. v · t = s

1.4.2 Gleichmäßig beschleunigte Bewegung

Der nächste Fall sei der einer geradlinigen Bewegung eines Körpers aus der Ruhe, bei der die Geschwindigkeit nicht konstant ist, sondern gleichmäßig, d. h. proportional zur Zeit anwächst:

$$v \sim t \text{ oder } \boxed{\frac{v}{t} = \text{const} = a} \text{ oder } v = a \cdot t \quad (F1.2)$$

Eine solche Bewegung heißt *gleichmäßig beschleunigte Bewegung*; die Größe a ist die *Beschleunigung* des Körpers – sie gibt die Geschwindigkeitszunahme je Zeit an.

Beispiel: Ein Körper hat nach 10 s die Geschwindigkeit $2\,\frac{m}{s}$, nach 20 s habe er $4\,\frac{m}{s}$, nach 40 s habe er $8\,\frac{m}{s}$ usw.

Hier wäre $a = \dfrac{v}{t} = \dfrac{8\,\frac{m}{s}}{40\,s} = \dfrac{2\,\frac{m}{s}}{10\,s} = \dfrac{1\,m}{5\,s^2}$.

Um herauszufinden, welchen *Weg* s der Körper nach jeweils der *Zeit* t zurückgelegt hat, ist ein Blick auf das v-t-Diagramm hilfreich, das jetzt eine Ursprungsgerade darstellt (Abb. 1.11).

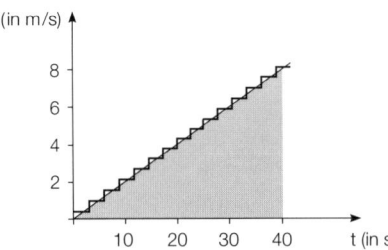

Abb. 1.11

Ihre Steigung ist jetzt die Beschleunigung: $\dfrac{v}{t} = a = \dfrac{8\,\frac{m}{s}}{40\,s} = \dfrac{1\,m}{5\,s^2}$

Wir nehmen an, dass der zurückgelegte Weg wieder die Fläche unter der Geraden ist (diese Annahme ist gerechtfertigt, denn der exakte Geschwindigkeitsverlauf lässt sich beliebig genau durch eine „Treppenkurve" mit stückweise konstanter Geschwindigkeit annähern).

So ergibt sich: $s\,(t = 40\,s) = \dfrac{1}{2} \cdot 40\,s \cdot 8\,\dfrac{m}{s} = 160\,m$ (Dreiecksfläche)

$s\,(t = 20\,s) = \dfrac{1}{2} \cdot 20\,s \cdot 4\,\dfrac{m}{s} = 40\,m$ usw.

Allgemein: $s(t) = \dfrac{1}{2} \cdot t \cdot v(t) = \dfrac{1}{2} \cdot t \cdot (a \cdot t) = \dfrac{1}{2}a t^2$

Der Weg wächst also proportional zum Quadrat der Zeit:

$$\boxed{s \sim t^2 \text{ oder } \dfrac{s}{t^2} = \text{const} = \dfrac{1}{2}a \text{ oder } s = \dfrac{1}{2}a t^2}$$ (F1.3) Hier: $\dfrac{s}{t^2} = \dfrac{1\,m}{10\,s^2}$

Das Weg-Zeit-Diagramm ist demnach eine Parabel!

Aufgabe: Ein Auto fährt gleichmäßig beschleunigt mit $a = 4\,\frac{m}{s^2}$ an. Welchen Weg hat es nach 2 s zurückgelegt? Welchen Weg legt es zwischen der 2. und 3. Sekunde zurück? Welche Geschwindigkeit hat es nach 2,5 s?

Lösung: Weg nach 2 s: $s(2s) = \dfrac{1}{2} \cdot 4\,\dfrac{m}{s^2} \cdot (2s)^2 = 8\,m$; Weg zwischen 2. und 3. Sekunde:

$s(3s) - s(2s) = \dfrac{1}{2} \cdot 4\,\dfrac{m}{s^2} \cdot (3s)^2 - \dfrac{1}{2} \cdot 4\,\dfrac{m}{s^2} \cdot (2s)^2 = 18\,m - 8\,m = 10\,m$;

Geschwindigkeit nach 2,5 s: $v(2,5s) = 4\,\dfrac{m}{s^2} \cdot 2,5s = 10\,\dfrac{m}{s}$

Beachte: Bei der gleichmäßig beschleunigten Bewegung gilt *nicht* $\dfrac{s}{t} = v$!

$\left(\dfrac{s}{t} = \dfrac{\frac{1}{2}a t^2}{t} = \dfrac{1}{2}at = \dfrac{1}{2}v\right)$

Geschwindigkeit/Beschleunigung

1.4.3 Durchschnitts- und Momentangeschwindigkeit

An dieser Stelle muss der Begriff Geschwindigkeit präzisiert werden. Wenn ein Autofahrer sagt, er habe 2 Stunden für eine Strecke von 150 km gebraucht, so hat er die *Durchschnittsgeschwindigkeit* $\bar{v} = \frac{150 \text{km}}{2\text{h}} = 75 \frac{\text{km}}{\text{h}}$ gehabt; sein Tachometer hat ihm die ganze Zeit über die *Momentangeschwindigkeit* v(t) angezeigt und diese hat sich wohl dauernd geändert. Bei der gleichförmigen Bewegung sind beide Geschwindigkeiten gleich, bei anderen Bewegungen muss man sie unterscheiden.

Beispiel: Ein Wagen auf einer Fahrbahn startet aus der Ruhe und hat nach 1,7 s den Weg 0,3 m und nach 3,1 s den Weg 1 m zurückgelegt.

Die *Durchschnittsgeschwindigkeit* beträgt zwischen 0 und 0,3 m gerade $\bar{v}_1 = \frac{0,3\text{m}}{1,7\text{s}} \simeq 0,18 \frac{\text{m}}{\text{s}}$, zwischen 0,3 m und 1 m beträgt sie $\bar{v}_2 = \frac{0,7\text{m}}{1,4\text{s}} \simeq 0,5 \frac{\text{m}}{\text{s}}$

Allgemein gilt: $\bar{v} = \frac{\text{zurückgelegter Weg}}{\text{benötigte Zeit}} = \frac{\Delta s}{\Delta t}$

Will man die Momentangeschwindigkeit näherungsweise messen, so muss man die Wegstrecke Δs möglichst klein machen, dann wird natürlich auch die Zeitdifferenz Δt sehr klein. Beispielsweise könnte man, um die Momentangeschwindigkeit bei 1 m zu ermitteln, die Zeitdifferenz Δt zwischen den Wegmarken 97 cm und 103 cm, also für Δs = 6 cm, messen – dann gilt: $v(\text{bei 1 m}) \approx \bar{v} = \frac{6 \text{ cm}}{\Delta t}$.

Genau genommen müssen Δs, Δt beliebig klein sein,

d. h. $\boxed{v = \lim_{\Delta t \to 0} \frac{\Delta s}{\Delta t}}$ (F1.4) liefert die Momentangeschwindigkeit.

Mathematisch bedeutet der Grenzwert $\lim_{\Delta t \to 0} \frac{\Delta s}{\Delta t}$ die Ableitung der Wegfunktion s(t) nach der Zeit t. Üblicherweise schreibt der Mathematiker dafür $s'(t)$; wir schreiben $\dot{s}(t)$ (Ableitung nach der Zeit).

Überprüfung der Formel (F1.4) für die gleichmäßig beschleunigte Bewegung: $s(t) = \frac{1}{2}at^2$, also $\dot{s}(t) = \frac{1}{2}a \cdot 2t = a \cdot t$ – dies ist aber gerade die Momentangeschwindigkeit v(t)!

1.4.4 Durchschnitts- und Momentanbeschleunigung

Auch bei der Beschleunigung muss man zwischen dem Durchschnitts- und Momentanwert unterscheiden.

Beispiel: Die Geschwindigkeit eines Autos erhöhe sich zunächst beim Anfahren gleichmäßig von 0 auf 20 $\frac{\text{m}}{\text{s}}$ in 10 s; anschließend gibt der Fahrer mehr Gas, sodass sie nach 15 s bereits 40 $\frac{\text{m}}{\text{s}}$ beträgt. Welche Beschleunigungen treten auf?

Zwischen 0 und 10 s: $a_1 = \dfrac{20\,\frac{m}{s}}{10s} = 2\,\dfrac{m}{s^2}$; zwischen 10 s und 15 s: $a_2 = \dfrac{25\,\frac{m}{s}}{5s} = 5\,\dfrac{m}{s^2}$

Durchschnittliche Beschleunigung zwischen 0 und 15 s: $a_3 = \dfrac{45\,\frac{m}{s}}{15s} = 3\,\dfrac{m}{s^2}$

Allgemein: Durchschnittliche Beschleunigung $= \dfrac{\text{Geschwindigkeitszunahme}}{\text{benötigte Zeit}}$,

also $\bar{a} = \dfrac{\Delta v}{\Delta t}$

Wenn sich die Beschleunigung immer wieder ändert, betrachtet man die

Momentanbeschleunigung $\boxed{a = \lim\limits_{\Delta t \to 0} \dfrac{\Delta v}{\Delta t} = \dot{v} = \ddot{s}}$ (F1.5)

Gleichmäßig beschleunigte Bewegung (Überprüfung von (F1.5)):

$s(t) = \dfrac{1}{2}at^2$, $\dot{s}(t) = v(t) = a \cdot t$, $\ddot{s}(t) = \dot{v}(t) = a$ — dies ist die Beschleunigung!

Bemerkung: Die Umrechnung von $\frac{m}{s}$ in $\frac{km}{h}$ erfolgt durch Multiplikation mit dem Faktor 3,6

$1\,\dfrac{km}{h} = \dfrac{1000m}{3600s} = \dfrac{1}{3,6}\,\dfrac{m}{s}$, $1\,\dfrac{m}{s} = 3,6\,\dfrac{km}{h}$; z.B.: $108\,\dfrac{km}{h} = \dfrac{108m}{3,6s} = 30\,\dfrac{m}{s}$

1.5 Kräftegleichgewicht/Trägheitssatz

Wirken auf einen Körper zwei betraglich gleich große Kräfte $\vec{F}_1$, $\vec{F}_2$ entgegengesetzter Richtung (d.h. $\vec{F}_1 = -\vec{F}_2$), so heben sie sich in ihrer Wirkung auf; man sagt, am Körper herrscht Kräftegleichgewicht. (Abb. 1.12).

Abb. 1.12

Im Unterschied zum Prinzip von Actio/Reactio (Kap. 1.3.5) wirken hier die Kräfte auf den gleichen Körper. Wenn er in Ruhe ist, wird er auch in Ruhe bleiben; wenn er in Bewegung ist und Kräftegleichgewicht an ihm herrscht, wird er sich in gleicher Richtung mit konstanter Geschwindigkeit weiterbewegen.

Trägheitssatz: *Körper sind träge, d.h. sie behalten ihren Bewegungszustand bei, wenn an ich ihnen Kräftegleichgewicht herrscht.*

Beispiel: Plötzlicher Stopp beim Auffahrunfall ohne Gurt! Der Wageninsasse möchte seinen Bewegungszustand beibehalten und „schießt" nach vorne auf die Windschutzscheibe.

Bemerkung: Auch mehrere Kräfte, deren Vektorsumme „null" ergibt, bewirken ein Kräftegleichgewicht.

1.6 Reibung/Luftwiderstand

1.6.1 Gleitreibungskraft

Um einen Körper auf einer Unterlage mit konstanter Geschwindigkeit $\vec{v}$ nach rechts zu ziehen, muss man auf ihn die Kraft $\vec{F}$ anwenden (Abb. 1.13a). Da er nicht schneller wird, zieht offenbar eine zweite Kraft an ihm nach links, d. h. entgegen der Bewegungsrichtung – *die Gleitreibungskraft* $\vec{F}_{gl}$. Sie rührt von mikroskopischen Rauigkeiten an Körperunterseite und Unterlage her, die sich ineinander verhaken.

Abb. 1.13a

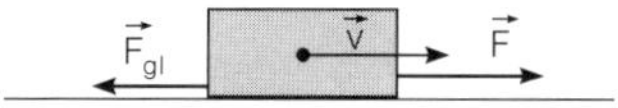

Versuche zeigen, dass die Gleitreibungskraft vom Stoffpaar Körper/Unterlage abhängt, proportional zur Gewichtskraft des Körpers ist, d. h. $F_{gl} \sim G$, aber *kaum* von der Geschwindigkeit $\vec{v}$ und von der Größe der reibenden Fläche abhängt. Versuche an der schiefen Ebene zeigen, dass dort die Gleitreibungskraft kleiner ist; hier presst ja nicht $\vec{G}$, sondern $\vec{F}_N$ den Körper gegen die Unterlage und $F_N < G$! Die Aussage $F_{gl} \sim G$ muss also präzisiert werden zu $F_{gl} \sim F_N$ bzw. $\frac{F_{gl}}{F_N} = \text{const} = f_{gl}$.

Allgemein: $\boxed{F_{gl} = f_{gl} \cdot F_N}$ (F1.6 a), wobei die Gleitreibungszahl f_{gl} vom Stoffpaar abhängt.

1.6.2 Haftreibungskraft

Abb. 1.13b

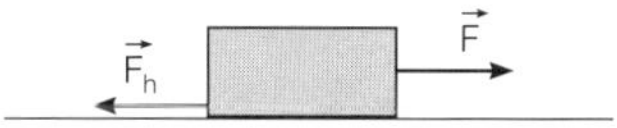

Ein weiterer Versuch zeigt, dass ein ruhender Körper auf einer Unterlage in Ruhe bleibt, wenn man an ihm mit einer Kraft $\vec{F}$ angreift, die nicht zu groß ist (Abb. 1.13b). Offenbar stellt sich eine Haftreibungskraft $\vec{F}_h$ in Gegenrichtung ein, die mit $\vec{F}$ zusammen ein Kräftegleichgewicht bewirkt. Vergrößert man F, so bleibt der Körper immer noch in Ruhe – offenbar hat sich F_h gleichermaßen vergrößert. Die Haftreibungskraft hat also keinen bestimmten Wert, sondern passt sich dem Wert der Zugkraft an. Wenn allerdings F und damit F_h einen bestimmten Wert überschreiten, wird der Körper „aus der Verankerung gerissen"; diese maximale Haftreibungskraft $F_{h,max}$ kann man angeben – sie ist ebenfalls proportional zu F_N:
$F_{h,max} \sim F_N$ bzw. $\frac{F_{h,max}}{F_N} = \text{const} = f_h$

Allgemein: $\boxed{F_{h,max} = f_h \cdot F_N}$ (F1.6 b), wobei die Haftreibungszahl f_h wieder vom Stoffpaar abhängt. f_{gl} und f_h sind tabelliert, wobei $f_h > f_{gl}$ ist – man braucht mehr Kraft, den Körper aus der „Verankerung im Ruhezustand zu reißen", als ihn mit konstanter Geschwindigkeit gleiten zu lassen.

Aufgabe: Ein Klotz der Masse 5 kg gleite auf einer schiefen Ebene mit Neigungswinkel $\alpha = 30°$ nach unten, wobei Gleitreibung mit $f_{gl} = 0,1$ auftritt. Welche resultierende Kraft wirkt auf den Klotz?

Lösung: Die Gewichtskraft $\vec{G}$ wird in Normalkraft $\vec{F}_N$ und Hangabtrieb $\vec{F}_H$ zerlegt (Abb. 1.14). Die Normalkraft möchte den Körper an die Unterlage pressen – die Unterlage reagiert mit einer entgegengesetzt gleich großen Kraft $\vec{F}_u$! Da $\vec{F}_u$ und $\vec{F}_N$ sich ausgleichen, bleiben $\vec{F}_H$ mit $F_H = G \cdot \sin\alpha = 50N \cdot \sin 30° = 25N$ und $\vec{F}_{gl}$ mit $F_{gl} = f_{gl} \cdot G \cdot \cos\alpha = 0,1 \cdot 50N \cdot \frac{\sqrt{3}}{2} \simeq 4,3N$ übrig; der Körper erfährt also die resultierende Kraft $\vec{F}_r$ parallel zur Ebene nach unten mit $F_r = F_H - F_{gl} \approx 20,7N$

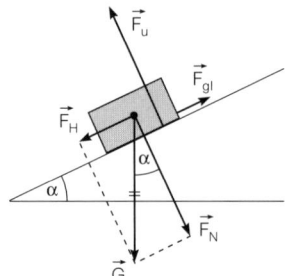

Abb. 1.14

1.6.3 Strömungswiderstand

Für den Strömungswiderstand $\vec{F}_W$ (z. B. in Luft) findet man nach Messungen die Formel:

$$\boxed{F_W = \frac{1}{2} \cdot c_w \cdot A \cdot \rho \cdot v^2} \quad (F1.7)$$

Hierbei ist A der größte Querschnittsflächeninhalt senkrecht zur Strömung (Abb. 1.15), ρ ist die Dichte (z. B. der Luft), $\vec{v}$ die Geschwindigkeit gegenüber der Luft und c_w der so genannte Widerstandsbeiwert (hängt vom Profil ab). Insbesondere gilt $F_W \sim v^2$!

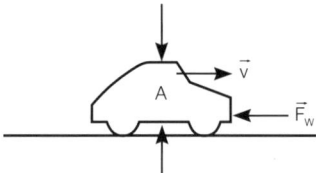

Abb. 1.15

Aufgabe: Eine Limousine mit A = 2m² fährt bei $c_w = 0,3$ mit $72\,\frac{km}{h}$ gegen einen Wind von $10\,\frac{m}{s}$; die Luftdichte beträgt $\rho = 1,25\,\frac{g}{l}$. Berechne den Luftwiderstand F_W!

Reibung/Luftwiderstand 13

Lösung: $72\frac{km}{h} = \frac{72m}{3,6s} = 20\frac{m}{s}$. Wegen des Gegenwindes von $10\frac{m}{s}$ ist die Geschwindigkeit des Autos gegenüber der Luft $v = 20\frac{m}{s} + 10\frac{m}{s} = 30\frac{m}{s}$.

$F_w = \frac{1}{2} \cdot 0,3 \cdot 2m^2 \cdot 1,25\frac{kg}{m^3} \cdot \left(30\frac{m}{s}\right)^2 = 0,375 \cdot 900\frac{kg}{m} \cdot \frac{m^2}{s^2} = 337,5\,kg\frac{m}{s^2}$

$= 337,5\,N$. Hier wurde $1\frac{kg \cdot m}{s^2} = 1N$ gesetzt, was im nächsten Kapitel gerechtfertigt wird!

1.7 Das Newton'sche Grundgesetz

Welche Kräfte rufen welchen Bewegungstyp hervor?

1. In 1.5 wurde erläutert, dass ein Körper im Kräftegleichgewicht seinen Bewegungszustand beibehält, d.h. sich geradlinig gleichförmig nach dem Trägheitssatz fortbewegt.
2. Versuche zeigen, dass ein ruhender Körper, auf den fortwährend eine beträglich und richtungsmäßig konstante Kraft $\vec{F}$ wirkt, eine gleichmäßig beschleunigte Bewegung aus der Reihe vollführt. Die Beschleunigung a hängt dabei von F und von der Masse m des Körpers ab.

Man stellt fest: $a \sim F$ (wenn m = const) und $a \sim \frac{1}{m}$ (wenn F = const) („dreifache Kraft heißt dreifache, doppelte Masse heißt halbe Beschleunigung")

Daraus folgt: $a \sim \frac{F}{m}$ bzw. $\frac{a}{F/m} = \frac{a \cdot m}{F} = \text{const}$

Messungen zeigen, dass diese Konstante den Wert const $= 1\frac{\frac{m}{s^2} \cdot kg}{N}$ hat, sodass man $F = \frac{a \cdot m}{\text{const}} = a \cdot m \cdot 1\frac{N}{kg \cdot m/s^2}$ erhält.

Speziell erhält man für F = 1N, m = 1 kg, gerade $a = 1\frac{m}{s^2}$, d.h.

> 1 N ist diejenige konstante Kraft, die einem 1 kg-Stück die Beschleunigung $1\frac{m}{s^2}$ verleiht

Das kann als dynamische Definition der Kraft 1 N aufgefasst werden (statische Definition: Gewichtskraft von 102 g auf der Erde). Wir gehen noch weiter und sagen direkt:

$\boxed{1N = 1kg \cdot 1\frac{m}{s^2}}$ (F1.8)

Damit wird die Konstante im obigen Gesetz dimensionslos und man erhält eine neue Fassung des Beschleunigungsgesetzes:

$\boxed{F = m \cdot a}$ (F1.9) (Newton'sches Grundgesetz)

Aufgaben: 1) Welche Kraft braucht ein Auto der Masse m = 1000 kg, um mit $a = 6 \frac{m}{s^2}$ anzufahren? Wie groß ist die Beschleunigung, wenn noch ein Anhänger Masse 400 kg zu ziehen ist?

Lösung: $F = m \cdot a = 1000 kg \cdot 6 \frac{m}{s^2} = 6000 N$; Mit Anhänger ist

$m' = 1000 kg + 400 kg = 1400 kg$ – also:

$$a' = \frac{F}{m'} = \frac{6000 N}{1400 kg} = 4,3 \frac{m}{s^2}$$

2) Aufgabe Kap. 1.6.2 – Wie groß ist die Beschleunigung des Klotzes?

Lösung: $a = \frac{F_r}{m} = \frac{20,7 N}{5 kg} = 4,14 \frac{m}{s^2}$

1.8 Der freie Fall

1.8.1 Freier Fall ohne Luftwiderstand

Unter dem freien Fall versteht man die Bewegung eines Körpers, auf den nur seine Gewichtskraft wirkt, aus der Ruhe heraus. Vorausgesetzt wird also, dass der Körper nicht abgeworfen wird und dass der Luftwiderstand keine Rolle spielt. Letzteres ist streng genommen nur im Vakuum erfüllt, näherungsweise bei schweren stromlinienförmigen Körpern (z. B. Eisenkugeln), wenn die Geschwindigkeit beim Fall noch nicht zu groß ist. Für die Beschleunigung gilt $a = \frac{F}{m} = \frac{G}{m} = g$, die Bewegung ist eine gleichmäßig beschleunigte Bewegung.

Alle Körper erfahren also am gleichen Ort die gleiche Fallbeschleunigung, die gerade dem Ortsfaktor g aus 1.3.3 entspricht – z. B. auf der Erde

$g_E = 9,81 \frac{N}{kg} = 9,81 \frac{kg \cdot m/s^2}{kg} = 9,81 \frac{m}{s^2}$, auf dem Mond $g_M \approx 1,67 \frac{m}{s^2}$

Für den Fallweg gilt also: $s(t) = \frac{1}{2} g t^2$

Für die Fallgeschwindigkeit gilt: $v(t) = g \cdot t$

Aufgabe: Wie lange dauert der Fall eines Steins von einem 100 m hohen Turm und mit welcher Geschwindigkeit trifft er unten auf?

Lösung: $s = \frac{1}{2} g t^2$ – also Fallzeit: $t = \sqrt{\frac{2s}{g}} = \sqrt{\frac{200 m}{10 m/s^2}} = \sqrt{20 s} \approx 4,47 s$;

Geschwindigkeit: $v = g \cdot t \approx 10 \frac{m}{s^2} \cdot 4,47 s$; $v = 44,7 \frac{m}{s} \approx 161 \frac{km}{h}$

1.8.2 Fall mit Luftwiderstand

Für den Fall mit Luftwiderstand gilt, dass die Gewichtskraft $\vec{G}$ beschleunigend und der Luftwiderstand $\vec{F}_W$ bremsend wirkt. Während G immer gleich bleibt, wächst F_W mit v^2 an – die Resultierende Kraft $\vec{F}_r$ mit $F_r = G - F_W$ wird immer kleiner und die

Beschleunigung des Körpers auch. Bei einer bestimmten Grenzgeschwindigkeit v_g ist $G = F_W$; dann herrscht am Körper Kräftegleichgewicht, d. h. von jetzt ab macht er eine gleichförmige Bewegung mit $\vec{v}_g$ nach unten – er wird nicht mehr schneller.

1.9 Überlagerung von Bewegungen, Würfe, Bremsbewegungen

1.9.1 Überlagerung gleichförmiger Bewegungen

Ein Boot habe senkrecht zum Ufer gegenüber dem Wasser die Geschwindigkeit $\vec{v}_x$, gleichzeitig hat das Flusswasser gegenüber dem Land die Strömungsgeschwindigkeit $\vec{v}_y$ (Abb. 1.16). Da das Boot mit der Strömung getrieben wird, hat es gegenüber dem Land die Gesamtgeschwindigkeit $\vec{v} = \vec{v}_x + \vec{v}_y$, mit der es sich schräg gleichförmig bewegt. Die Gesamtbewegung (schräg) ist Überlagerung der Einzelbewegungen mit $\vec{v}_x$ bzw. $\vec{v}_y$.

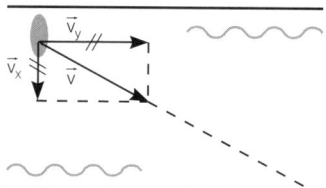

Abb. 1.16

1.9.2 Würfe

Bei einem Wurf erhält der Körper eine Anfangsgeschwindigkeit $\vec{v}_0$, aufgrund welcher er eine gleichförmige Bewegung machen würde, wenn es (z. B. weit im Weltall) keine Gewichtskraft gäbe. Die Gewichtskraft ihrerseits bewirkt einen freien Fall, d. h. eine gleichmäßig beschleunigte Bewegung, die der gleichförmigen überlagert wird – das Ergebnis ist die Wurfbewegung!
1. Fall: Waagrechter Wurf, d. h. die Abwurfgeschwindigkeit $\vec{v}_0$ zeigt horizontal und bewirkt eine horizontale gleichförmige Bewegung; überlagert wird ein vertikaler freier Fall! In einem x/y-Koordinatensystem (x-Achse nach rechts, y-Achse nach unten) gilt dann, wenn wir annehmen, dass die Bewegungen sich ungestört überlagern:

$$\boxed{\begin{aligned} x(t) &= v_0 \cdot t, \; v_x(t) = v_0 \\ y(t) &= \frac{1}{2} g \cdot t^2, \; v_y(t) = g \cdot t \end{aligned}} \quad \text{(F1.10 a,b,c,d)}$$

Hierbei sind x(t) bzw. y(t) die in x- bzw. y-Richtung nach t zurückgelegten Wege, $v_x(t)$ bzw. $v_y(t)$ sind die Geschwindigkeitskomponenten in x- bzw. y-Richtung nach der Zeit t.

Beispiel: $v_0 = 15\frac{m}{s}$ liefert: $x(t) = 15\frac{m}{s}$, $v_x = 15\frac{m}{s} \cdot t$,
$y(t) = 5\frac{m}{s^2} \cdot t^2$, $v_y(t) = 10\frac{m}{s^2} \cdot t$

Berechnet man so für $t = 0,5\,s/1\,s/1,5\,s/2\,s/2,5\,s/3\,s$ jeweils x und y, so entsteht die Wurfparabel von Abbildung 1.17. Berechnet man v_x und v_y und addiert $\vec{v}_x$, $\vec{v}_y$ vektoriell, so entsteht $\vec{v}$; man erkennt, dass $\vec{v}$ stets tangential zur Kurve liegt!

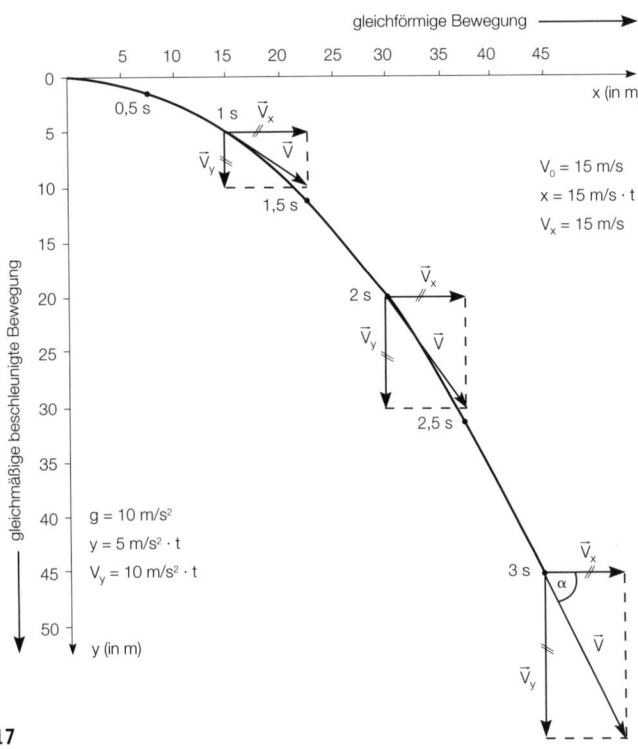

Abb. 1.17

Aus (F1.10 a) folgt $t = \frac{x}{v_0}$; setzt man in (F1.10 c) ein, so erhält man

$$\boxed{y = \frac{1}{2}g \cdot \frac{x^2}{v_0^2} = \frac{g}{2v_0^2} \cdot x^2}\quad \text{(F1.11)}$$

Dies ist die Gleichung der Wurfparabel.

Für den Auftreffpunkt gilt (Abb. 1.18)

$$\boxed{\begin{aligned}\tan\alpha &= \frac{v_y}{v_x} \quad &\text{(F1.12 a)}\\ v_{ges} &= \sqrt{v_x^2 + v_y^2} \quad &\text{(F1.12 b)}\end{aligned}}$$

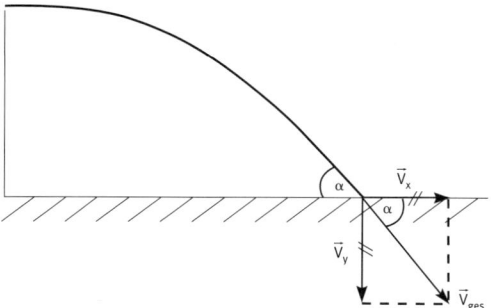

Abb. 1.18

2. Fall: Schiefer Wurf, d. h. einer „schrägen" gleichförmigen Bewegung mit $\vec{v}_0$ wird ein vertikaler freier Fall überlagert.

Abbildung 1.19 zeigt die punktweise konstruierte Bahnkurve für $v_0 = 30\,\frac{m}{s}$ bei einem Abwurfwinkel von 60° – die Visierlinie mit den Zeitmarken zeigt, wo der Körper nach der jeweiligen Zeit ohne Fall wäre; von diesen Punkten aus muss die jeweilige Fallstrecke nach unten abgetragen werden!

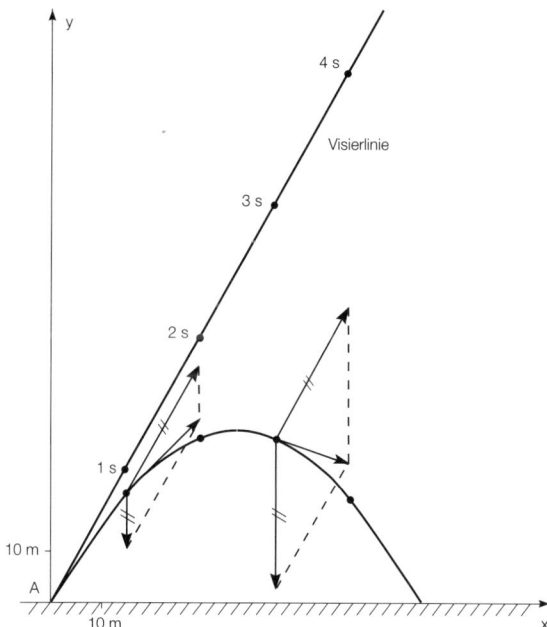

Abb. 1.19

Rechnung: Zerlegung von $\vec{v}_0$ in $\vec{v}_{ox}$ nach rechts und $\vec{v}_{oy}$ nach oben mit $v_{ox} = v_0 \cdot \cos\alpha$, $v_{oy} = v_0 \cdot \sin\alpha$ (Abwurfwinkel α)

Die Bewegung nach rechts ist gleichförmig: $v_x(t) = v_{ox}$, $x(t) = v_{ox} \cdot t$

Die Bewegung nach oben ist Differenz einer gleichförmigen Bewegung mit v_{0y} (nach oben) und eines freien Falls (nach unten): $v_y(t) = v_{0y} - g \cdot t$

$$y(t) = v_{0y} \cdot t - \frac{1}{2} g \cdot t^2$$

3. Fall: Senkrechter Wurf nach oben, d. h. einer gleichförmigen Bewegung mit Anfangsgeschwindigkeit $\vec{v}_0$ nach oben wird ein freier Fall nach unten überlagert.

$h_1 = v_0 \cdot t$ (nach oben), $v_1 = v_0$ (nach oben)

$h_2 = \frac{1}{2} g \cdot t^2$ (nach unten), $v_2 = g \cdot t$ (nach unten)

Die tatsächliche Höhe $h(t) = h_1 - h_2$ bzw. die Geschwindigkeit $v(t) = v_1 - v_2$ ergeben sich zu:

$$\boxed{h(t) = v_0 \cdot t - \frac{1}{2} g \cdot t^2, \; v(t) = v_0 - g \cdot t}$$ (F1.13 a, b) (negatives v heißt, dass $\vec{v}(t)$ nach unten zeigt).

Man kann zeigen, dass die Gesamtbewegung völlig symmetrisch zum oberen Umkehrpunkt ist; wird dieser beispielsweise nach 4 s erreicht, so ist der Körper nach 1 s und 7 s gleich hoch und die Geschwindigkeiten sind dann betraglich gleich groß, haben aber verschiedene Vorzeichen.

Am oberen Umkehrpunkt ist die Geschwindigkeit $v = 0$, woraus sich die Steigzeit T ergibt:

$0 = v_0 - g \cdot T$, also $\boxed{T = \frac{v_0}{g}}$.

Nach 2 T ist der Körper wieder am Boden; die Wurfhöhe H erhält man durch Einsetzen von T in (F1.13 a):

$H = v_0 \cdot T - \frac{1}{2} g T^2$, also $\boxed{H = \frac{v_0^2}{2g}}$.

4. Fall: Senkrechter Wurf nach unten: $v(t) = v_0 + g \cdot t$, $s(t) = v_0 \cdot t + \frac{1}{2} g \cdot t^2$ (nach unten positiv gerechnet)

Aufgabe: Ein Stein wird mit $v_0 = 40 \frac{m}{s}$ senkrecht nach oben geworfen. Nach welcher Zeit hat er den höchsten Punkt erreicht, wie hoch ist er dann und wann ist er wieder unten? Wann ist er 70 m hoch?

Lösung: Steigzeit $T = \frac{40 \, m/s}{10 \, m/s^2} = 4$ s, Steighöhe $H = \frac{(40 \, m/s)^2}{2g} = \frac{1600 \, m}{20} = 80$ m, wieder am Boden nach 8 s

Bedingung: $70 \, m = h(t) = v_0 \cdot t - \frac{1}{2} g t^2$, also $5 \frac{m}{s^2} t^2 - 40 \frac{m}{s} t + 70 \, m = 0$ (quadratische Gleichung)

Somit $t_{1/2} = \frac{40 \, m/s \pm \sqrt{1600 \, m^2/s^2 - 4 \cdot 5 \frac{m}{s^2} \cdot 70 m}}{10 \, m/s^2} = \frac{40 \pm \sqrt{200}}{10} s = (4 \pm \sqrt{2}) s$,

damit $t_1 \approx 2{,}6$ s (Aufstieg)
$t_2 \approx 5{,}4$ s (Abstieg)

Überlagerung von Bewegungen, Würfe, Bremsbewegungen

1.9.3 Bremsbewegungen

Ein Wagen der Masse m fahre mit der Geschwindigkeit $\vec{v}_0$ nach rechts. Zur Zeit t = 0 setzt ein Bremsvorgang ein, indem jetzt die konstante Kraft $\vec{F}$ nach links, d.h. entgegen der Bewegungsrichtung wirkt (Abb. 1.20).

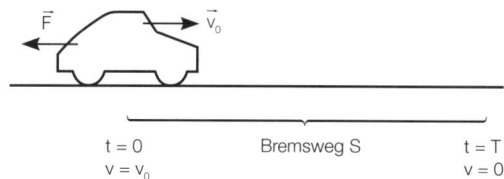

Abb. 1.20   t = 0   Bremsweg S   t = T
            v = v₀   v = 0

Einer gleichförmigen Bewegung nach rechts mit Geschwindigkeit $\vec{v}_0$ wird jetzt eine gleichmäßig beschleunigte Bewegung nach links infolge der Bremskraft $\vec{F}$ mit der Beschleunigung $\vec{a} = \dfrac{\vec{F}}{m}$ überlagert (ähnlich wie beim senkrechten Wurf nach oben).

Bewegungsgleichungen: $\boxed{v(t) = v_0 - a \cdot t, \ s(t) = v_0 \cdot t - \tfrac{1}{2}at^2}$ (F1.14 a, b)

(v, s positiv heißt „nach rechts").

Die Gesamtbewegung ist eine *gleichmäßig verzögerte* Bewegung nach rechts, bis der Körper nach der *Bremszeit T* zum Stillstand kommt. Während der Bremszeit T wird der *Bremsweg S* zurückgelegt, wobei entsprechend zum senkrechten Wurf nach oben $T = \dfrac{v_0}{a}$, $S = \dfrac{v_0^2}{2a}$ gilt.

Aufgaben: 1) Ein Auto bremst so, dass alle vier Räder blockieren. Wie groß sind die v_0 Bremskraft F und die Bremsverzögerung a? Wie groß war die Geschwindigkeit v_0 vor dem Beginn des Bremsvorgangs, wenn die Bremsspur 37 m lang ist, die Automasse 1 t und die Gleitreibungszahl f_{gl} = 0,4 beträgt?

Lösung: Wenn alle Räder blockieren, ist die Bremskraft die Gleitreibungskraft:
$F_{Br} = F_{gl} = f_{gl} \cdot m \cdot g \stackrel{hier}{=} 0{,}4 \cdot 10^4 N = 4000\,N$;

Bremsverzögerung: $a = \dfrac{F_{Br}}{m} = \dfrac{f_{gl} \cdot m \cdot g}{m} = f_{gl} \cdot g \stackrel{hier}{=} 4\,\dfrac{m}{s^2}$

Bremsweg = Bremsspur: $S = \dfrac{v_0^2}{2a}$, also $v_0 = \sqrt{2a \cdot S} = \sqrt{2 f_{gl} \cdot S} \stackrel{hier}{=}$
$\sqrt{2 \cdot 0{,}4 \cdot 10\,\dfrac{m}{s^2} \cdot 37\,m} = 17{,}2\,\dfrac{m}{s} = 61{,}9\,\dfrac{km}{h}$

2) Ein Auto fährt mit $108\,\dfrac{km}{h}$ gegen einen Baum und wird dabei um 20 cm „verkürzt". Wie groß sind die Bremsverzögerung a und die Bremszeit T? Mit welcher Kraft F wirkt der Gurt auf den Fahrer der Masse 70 kg?
Lösung: $v_0 = 108\,\dfrac{km}{g} = 30\,\dfrac{m}{s}$; Bremsweg: $S = 0{,}2\,m = \dfrac{v_0^2}{2a}$,

also Verzögerung $a = \dfrac{v_0^2}{2S} = \dfrac{900 \, m^2/s^2}{0,4 \, m} = 2250 \, \dfrac{m}{s^2}$

Bremszeit: $T = \dfrac{v_0}{a} = \dfrac{30 \, m/s}{2250 \, m/s^2} = \dfrac{1}{75} \, s;$

Kraft auf den Fahrer: $F = m \cdot a = 70 \, kg \cdot 2250 \, \dfrac{m}{s^2} = 157\,500 \, N = 225 \cdot G.$

1.10 Einfache Maschinen

1.10.1 Stange und Seil

Stange und Seil sind Hilfsgeräte, die beispielsweise (Abb. 1.21 a) die von einem Bauarbeiter oben ausgeübte Kraft auf den Eimer unten übertragen. Sie verlagern nur den Angriffspunkt der Kraft, Betrag und Richtung der Kraft bleiben erhalten. Dabei übertragen Seile nur Zugkräfte, Stangen auch Schubkräfte.

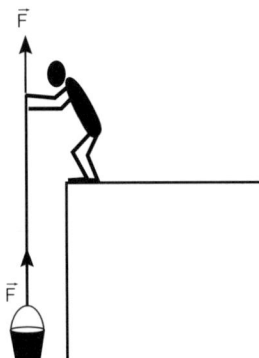

Abb. 1.21a

1.10.2 Feste Rolle

Über einen Haken (Abb. 1.21 b) kann man die Richtung der Kraft verändern – allerdings ist aufgrund der Reibungskraft die Zugkraft F_2 größer als die eigentlich erforderliche Kraft F_1; bei einer ortsfesten Rolle (Abb. 1.21 c) fällt dieser Nachteil weg (Reibung kaum spürbar):

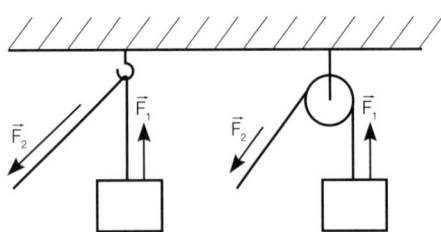

Abb. 1.21b, c

Einfache Maschinen 21

> Eine feste Rolle lenkt die Kraft in eine andere Richtung um; der Betrag der Kraft bleibt erhalten.

1.10.3 Lose Rolle

Eine *lose Rolle* verteilt die erforderliche Kraft gleichmäßig auf die beiden Seilabschnitte (Abb. 1.21 d) – $\vec{F}_1$ wird dabei vom Haken in der Decke aufgebracht. (Allerdings sollte die Rolle selbst leicht sein, da ihre Gewichtskraft auch zum Tragen kommt.)

Beispiel: Bei einem Klotz der Masse 5 kg und einer Rollenmasse von 500 g haben beide zusammen die Gewichtskraft 55 N; also muss $F_2 = \frac{55}{2}\,N = 27,5\,N$ vom „Haltenden" aufgebracht werden (Abb. 1.21 d).

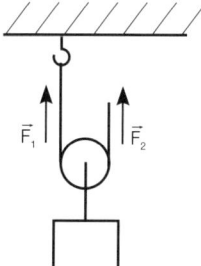

Abb. 1.21d

1.10.4 Kombination einer festen und einer losen („masselosen") Rolle

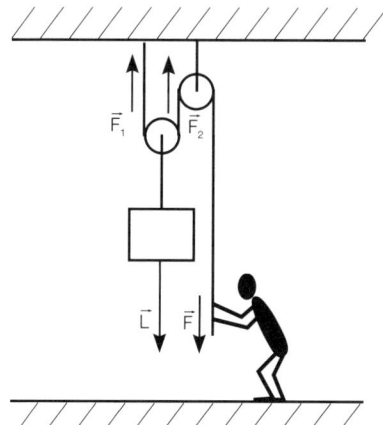

Abb. 1.22

Bei der losen Rolle links (Abb. 1.22) müssen die beiden Seilstücke jeweils die Hälfte der Gewichtskraft der Last aufbringen: $F_1 = F_2 = \frac{L}{2}$

Durch die feste Rolle wird die Kraft nur umgelenkt, d.h. die Person unten benötigt die Kraft $F = F_2 = \frac{L}{2}$

Andererseits müssen, wenn die Last z. B. um 1 m gehoben werden soll, beide Seilstücke der losen Rolle um 1 m verkürzt werden; d.h. es müssen von der Person unten über die feste Rolle 2 m Seil heruntergezogen werden, d.h. der Kraftweg ist doppelt so groß wie der Lastweg: $s_F = 2 \cdot s_L$

1.10.5 Der Flaschenzug

Beim Flaschenzug mit 3 festen und 3 losen Rollen (Abb. 1.23) hängt die Last an 6 Seilstücken, die jeweils „$\frac{1}{6}$ der Last tragen müssen" (Die Masse der „losen Flasche" sei vernachlässigt). Für L = 6 N muss jedes Seilstück 1 N übernehmen und die Zugkraft F ist deshalb ebenfalls 1 N. Um die Last jedoch um 2 m zu heben, muss jedes Seilstück um 2 m verkürzt werden, d.h. der Ziehende muss 12 m Seil durchziehen.

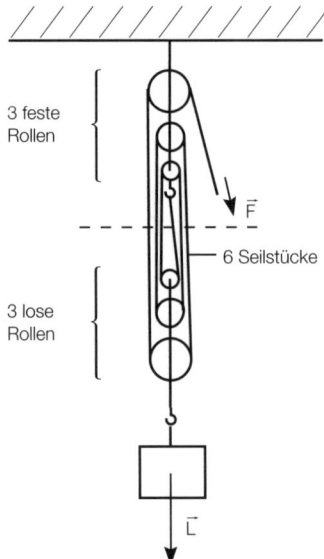

Abb. 1.23

Allgemein:

Hängt bei einem Flaschenzug die Last an n Seilstücken, so braucht man zum Halten den n-ten Teil der Kraft. Der Kraftweg ist aber n-mal so lang wie der Lastweg $F = \frac{L}{n}$, $s_F = n \cdot s_L$

1.11 Die physikalische Arbeit

Wirkt auf einen Körper die konstante Kraft $\vec{F}$, während er den geraden Weg s zurücklegt, so wird an ihm die Arbeit

$$\boxed{W = F_s \cdot s}\quad (F1.15)$$

verrichtet, wobei F_s die Kraftkomponente in Wegrichtung ist (Abb. 1.24).

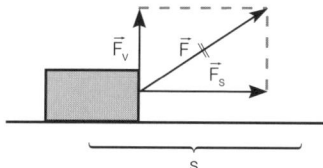

Abb. 1.24

Einheit: [W] = 1 Nm = 1 J (Joule)

1.11.1 Spezialfälle

1.11.1.1 Hubarbeit (auf der Erde)

Ein Körper der Masse m wird um den Höhenunterschied h angehoben, wozu man die Kraft $F \approx G$ braucht (F muss minimal größer als G sein)

$$\boxed{W_H = G \cdot h = m \cdot g \cdot h}\quad (F1.16\,a)$$

Beispiel: Für h = 20 m, m = 3 kg ist W_H = 30 N · 20 m = 600 J

Wir denken uns jetzt den Körper auf einer schiefen Ebene reibungsfrei hochgeschoben (Abb. 1.25) – spart man Arbeit gegenüber dem direkten Hochheben?

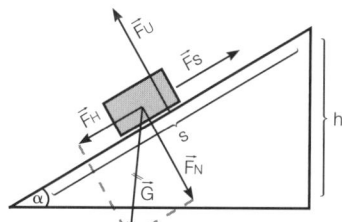

Abb. 1.25

Lösung: Man zerlegt wieder $\vec{G}$ in $\vec{F}_H$ und $\vec{F}_N$, wobei die Normalkraft $\vec{F}_N$ durch die Kraft von der Unterlage $\vec{F}_U$ ausgeglichen wird. Die Kraft $\vec{F}_S$ muss also betraglich minimal größer als $\vec{F}_H$ sein, um den Körper hochzuschieben.

$F_S \approx F_H = G \cdot \sin\alpha$, also $W = F_S \cdot s = G \cdot \sin\alpha \cdot s$

Setzt man $\dfrac{h}{s} = \sin\alpha$, also $s = \dfrac{h}{\sin\alpha}$ ein, so folgt: $W = G \cdot \sin\alpha \cdot \dfrac{h}{\sin\alpha} = G \cdot h = W_H$

Die Arbeit ist also auf der schiefen Ebene gleich groß wie beim direkten Hochheben – der längere Weg s (gegenüber h) wird durch die kleinere Kraft F_S (jetzt F_H gegenüber G) ausgeglichen. Man spart Kraft aber keine Arbeit!

Auch mit einem Flaschenzug würde man keine Arbeit sparen: Zwar ist die benötigte Kraft nur $\frac{1}{n}$ der Gewichtskraft, jedoch ist der Kraftweg n-mal so groß wie der Lastweg.

> Die Hubarbeit ist unabhängig vom Weg, auf dem man einen Körper in die Höhe bringt; sie hängt nur von der Gewichtskraft G und vom Höhenunterschied h ab! Mit einfachen Maschinen kann man keine Arbeit sparen, sondern sie sich nur (kleinere Kraft!) erleichtern. (*Goldene Regel* der Mechanik)

1.11.1.2 Reibungsarbeit

Ein Körper wurde gegen die Gleitreibungskraft $\vec{F}_{gl}$ durch eine betraglich gleich große Kraft $\vec{F}_S$ gleichförmig längs des Weges s bewegt; dann ist die Reibungsarbeit

$$\boxed{W_R = F_S \cdot s = F_{gl} \cdot s}\quad \text{(F1.16 b)}$$

Die Reibungsarbeit ist im Gegensatz zur Hubarbeit wegabhängig, da proportional zu s.

1.11.1.3 Beschleunigungsarbeit

Ein Körper der Masse m wird durch die konstante Kraft $\vec{F}$ aus der Ruhe gleichmäßig beschleunigt und auf die Geschwindigkeit $\vec{v}$ gebracht. Dann gilt (vergleiche Kap. 1.4.2) für die Beschleunigungsarbeit:

$$W_B = F \cdot s \underset{(1.7)}{=} m \cdot a \cdot s \underset{(1.4.2)}{=} m \cdot a \cdot \frac{1}{2}at^2 = \frac{1}{2}m \cdot (at)^2 \underset{(1.4.2)}{=} \frac{1}{2}m \cdot v^2, \text{ also}$$

$$\boxed{W_B = \frac{1}{2}mv^2}\quad \text{(F1.16 c)}$$

Beispiel: $m = 5$ kg, $v = 10\,\frac{m}{s}$ liefert

$$W_B = \tfrac{1}{2} \cdot 5 \text{ kg} \cdot \left(10\,\tfrac{m}{s}\right)^2 = 250\ \underbrace{\text{kg}\,\tfrac{m}{s^2} \cdot m}_{N\ \ \ \ m} = 250 \text{ Nm} = 250 \text{ J}$$

Die Formel (F1.16 c) gilt nur für Beschleunigung aus der Ruhe!

1.11.1.4 Spannarbeit

Auch zum Spannen einer Feder braucht man Kraft; da sich die Feder verlängert, gibt es auch „einen Weg", d. h. der Spannende verrichtet Spannarbeit. Man kann nicht einfach $W_{Spann} = F_S \cdot s$ mit s als Federverlängerung rechnen, da F_S nicht konstant ist, sondern nach dem Hooke'schen Gesetz (Kap. 1.3.4) mit der Federverlängerung immer mehr zunimmt.

Abb. 1.26 a zeigt das F_S-s-Diagramm, wenn die Kraft F_S unabhängig vom zurückgelegten Weg s, d. h. konstant ist (z. B. Hubarbeit mit $F_S = G = 12$ N, s = h).

Die physikalische Arbeit

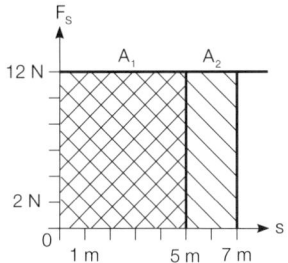

Abb. 1.26a

Wir betrachten die Fläche unter der Geraden
bis 5 m: $A_1 = 5\text{ m} \cdot 12\text{ N} = 60\text{ J}$ = Hubarbeit bei Hubhöhe 5 m
bis 7 m: $A_2 = 7\text{ m} \cdot 12\text{ N} = 84\text{ J}$ = Hubarbeit bei Hubhöhe 7 m

> **Die Fläche im F_S-s-Diagramm unter der „Kurve" entspricht also der verrichteten Arbeit bis zur entsprechenden Wegmarke!**

Abb. 1.26 b zeigt das F_S-s-Diagramm beim Spannen einer Feder mit der Konstanten

$$D = \frac{6\text{ N}}{8\text{ cm}} = \frac{3\text{ N}}{4\text{ cm}}$$

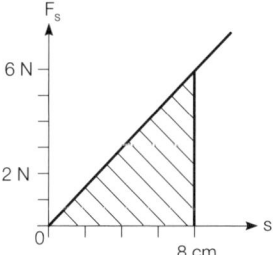

Abb. 1.26b

Die Fläche unter der Geraden bis 8 cm gibt wieder die Arbeit an, die nötig ist, um die Feder um 8 cm zu verlängern:

$$W_{\text{Spann}}(8\text{ cm}) = \frac{1}{2} \cdot 8\text{ cm} \cdot 6\text{ N} = 24\text{ Ncm} = 0,24\text{ Nm} = 0,24\text{ J}$$

Allgemein gilt für die Spannarbeit:

$$\boxed{W_{\text{Spann}} = \frac{1}{2} \cdot s \cdot F_S(s) \underset{(1.3.4)}{=} \frac{1}{2} \cdot s \cdot D \cdot s, \text{ d.h.}\\ W_{\text{Spann}} = \frac{1}{2} D \cdot s^2}\qquad \text{(F1.16 d)}$$

Beispiel: Eine Feder wird von der Kraft 120 N um 60 cm gedehnt. Welche Arbeit wird verrichtet?

Lösung: Federhärte $D = \dfrac{F}{s} = \dfrac{120\text{ N}}{60\text{ cm}} = 2\,\dfrac{\text{N}}{\text{cm}}$;

$W_{Sp} = \frac{1}{2} D \cdot s^2 = \frac{1}{2} \cdot 2 \frac{N}{cm} \cdot (60 \text{ cm})^2 = 3600 \text{ Ncm} = 36 \text{ Nm} = 36 \text{ J}$

Die Formel (F1.16 d) gilt übrigens auch, wenn eine Feder zusammengepresst, d. h. um s verkürzt wird.

Wir halten nochmals fest:

> Hubarbeit, Spannarbeit und Beschleunigungsarbeit sind nur vom Anfangs- und Endzustand abhängig – nicht aber vom Weg, auf dem der Endzustand erreicht wird. Die Reibungsarbeit ist wegabhängig.

Aufgabe: Ein Körper (Masse 100 kg) wird eine 20 m lange schiefe Ebene mit 10 m Höhenunterschied hochgezogen. Wie groß sind Hubarbeit und Reibungsarbeit (f_{gl} = 0,8)? Wie groß ist die Beschleunigungsarbeit, wenn der Körper unten die Geschwindigkeit $1 \frac{m}{s}$ und oben $3 \frac{m}{s}$ hat? Wie groß ist die Gesamtarbeit? – darf man einfach addieren?

Lösung: Kraftzerlegung von $\vec{G}$ in $\vec{F}_N$ und $\vec{F}_H$, $\vec{F}_U$ gleicht $\vec{F}_N$ aus (Abb. 1.27). Hangabtrieb $\vec{F}_H$ und Reibungskraft $\vec{F}_{gl}$ zeigen parallel zur Ebene nach unten; die Zugkraft $\vec{F}_s$ parallel zur Ebene nach oben muss beide kompensieren und darüber hinaus den Körper noch beschleunigen!

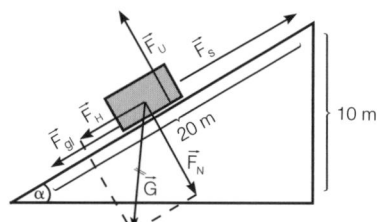

Abb. 1.27

Hubarbeit: $W_H = G \cdot h = 1000 \text{ N} \cdot 10 \text{ m} = 10^4 \text{ J}$;

Reibungsarbeit: $W_R = s \cdot F_{gl} = s \cdot f_{gl} \cdot F_N = s \cdot f_{gl} \cdot G \cdot \cos\alpha$

Wegen $\frac{h}{s} = \sin\alpha = \frac{1}{2}$ ist $\alpha = 30°$ – also

$W_R = 20 \text{ m} \cdot 0,8 \cdot 1000 \text{ N} \cdot \cos 30° = 16\,000 \text{ Nm} \frac{\sqrt{3}}{2} = 8000 \cdot \sqrt{3} \text{ Nm} \simeq 13\,840 \text{ J}$

Beschleunigungsarbeit: Von 0 auf $1 \frac{m}{s}$ erfordert $W_{B_1} = \frac{1}{2} m \cdot v_1^2$ (diese Arbeit ist bereits vor der schiefen Ebene erbracht worden.)

Von 0 auf $3 \frac{m}{s}$ erfordert $W_{B_2} = \frac{1}{2} m \cdot v_2^2$ – Beschleunigungsarbeit an der schiefen Ebene: $W_B = W_{B_2} - W_{B_1}$

$W_B = \frac{1}{2} \cdot 100 \text{ kg} \cdot 9 \frac{m^2}{s^2} - \frac{1}{2} \cdot 100 \text{ kg} \cdot 1 \frac{m^2}{s^2} = 400 \text{ J}$

Beschleunigende Kraft: $F_B = F_S - F_H - F_{gl}$

Gesamte Arbeit:
$$W_{ges} = F_S \cdot s = (F_B + F_H + F_{gl}) \cdot s = \underbrace{F_H \cdot s}_{W_H} + \underbrace{F_{gl} \cdot s}_{W_R} + \underbrace{F_B \cdot s}_{W_B} = 24\,240 \text{ J} \Leftarrow$$
Man darf einfach addieren!

1.12 Leistung

Leistung ist „Arbeit pro Zeit". Ist die verrichtete Arbeit proportional zur Zeit, d. h. $W \sim t$, so kann man die Konstante $P = \frac{W}{t}$ = const als Leistung definieren mit der Einheit $[P] = 1\frac{J}{s} = 1$ W (Watt).

Normalerweise muss man entsprechend zur Geschwindigkeit (siehe F1.4.) präzisieren:

Mittlere Leistung: $\bar{P} = \frac{\Delta W}{\Delta t}$ (die Arbeit ΔW wird in der Zeit Δt verrichtet);

Momentanleistung: $P = \lim\limits_{\Delta t \to 0} \frac{\Delta W}{\Delta t}$

Für die Momentanleistung kann man wegen
$$P = \lim\limits_{\Delta t \to 0} \frac{\Delta W}{\Delta t} = \lim\limits_{\Delta t \to 0} \frac{F_s \cdot \Delta s}{\Delta t} = F_s \cdot \lim\limits_{\Delta t \to 0} \frac{\Delta s}{\Delta t} = F_s \cdot v \text{ auch schreiben:}$$

$$\boxed{P = F \cdot v} \quad \text{(F1.17)}$$

Die Momentanleistung ist also das Produkt der Momentangeschwindigkeit eines Körpers mit der momentan auf ihn wirkenden Kraft in Wegrichtung.

Aufgabe: Ein Auto braucht 22 s, um aus dem Stand auf $80\,\text{km}/\text{h}$ zu kommen. Welche Kraft müsste der Motor bei konstanter Beschleunigung aufbringen, wenn die Masse 900 kg beträgt? Wie groß ist die durchschnittliche Beschleunigungsleistung in den ersten 10 s? Wie groß ist die momentane Beschleunigungsleistung nach 4 s bzw. 10 s?

Lösung: Bei einer gleichmäßig beschleunigten Bewegung gilt: $v = a \cdot t$, also
$$a = \frac{v_1}{t_1} = \frac{80 \text{ m}}{3,6 \text{ s}} \cdot \frac{1}{22 \text{ s}} \approx 1,01 \frac{m}{s^2} \approx 1 \frac{m}{s^2}$$

Beschleunigende Motorkraft: $F = m \cdot a \approx 900 \text{ kg} \cdot 1\frac{m}{s^2} = 900 \text{ N}$

Momentane Beschleunigungsleistung: $P = F \cdot v = F \cdot a \cdot t = 900 \text{ N} \cdot 1\frac{m}{s^2} \cdot t$;
$P(4\text{ s}) = 3600 \frac{J}{s} = 3,6 \text{ kW}, \; P(10\text{ s}) = 9 \text{ kW}$

Durchschnittsleistung: $\bar{P} = \frac{\Delta W_B}{\Delta t}$, wobei die Beschleunigungsarbeit in den ersten 10 s gegeben ist durch
$$\Delta W_B = \frac{1}{2}m(v(10\text{ s}))^2 = \frac{1}{2} \cdot 900 \text{ kg} \cdot \left(1\frac{m}{s^2} \cdot 10 \text{ s}\right)^2 = 45\,000 \text{ kg}\frac{m^2}{s^2} = 45 \text{ kJ}.$$

Damit $\bar{P} = \frac{45 \text{ kJ}}{10 \text{ s}} = 4,5 \text{ kW}$

Also ist die Durchschnittsleistung $\bar{P}$ in den ersten 10 s gerade die Hälfte der Momentanleistung nach 10 s.

1.13 Energie

Wird an einem System Arbeit verrichtet, so ist es hinterher arbeitsfähig. Beispielsweise kann eine zusammengepresste Feder – an ihr wurde Spannarbeit verrichtet – beim Entspannen eine Kugel beschleunigen, d. h. an ihr Arbeit verrichten; man sagt, die Feder besitzt Arbeitsfähigkeit bzw. Energie.

> **Energie ist Arbeitsfähigkeit. Man misst die Energie eines Systems durch die Arbeit, die es verrichten kann.**

Einheit der Energie: $[E] = 1\,J = 1\,Nm = 1\,Ws$

Energie beschreibt einen Zustand (ein Körper bzw. System besitzt Energie), während *Arbeit einen Vorgang*, d. h. eine Zustandsänderung beschreibt: Beim Übergang vom Zustand 1 zum Zustand 2 wird am Körper Arbeit verrichtet.

1.13.1 Arten der Energie

Vorgang (vorher)   **Zustand hinter**

Hubarbeit am Körper → System besitzt *Lageenergie* (bei der Rückkehr zum Ausgangszustand kann der Körper wieder Arbeit verrichten)

Spannarbeit an Feder → Feder besitzt *Spannenergie*

Beschleunigungsarbeit am Körper → *Bewegungs-* bzw. *kinetische Energie* (der Körper kann, wenn er abgebremst wird z. B. eine Feder spannen)

Reibungsarbeit am Körper → keine mechanische Energie, *Wärme*

1.13.2 Verlustfreie Speicherung von, verlustfreie Umsetzung in Arbeit

Ein Körper wird um die Höhe h angehoben, wobei die Hubarbeit $W_H = G \cdot h$ verrichtet werden muss. Es stellt sich jetzt die Frage nach der Arbeitsfähigkeit des Körpers am oberen Punkt – kann er die in ihn hineingesteckte Arbeit wieder verlustlos abgeben, wenn er zum unteren Punkt zurückkehrt?

1. Denkmöglichkeit: Der Körper K kehrt nach unten zurück und hebt über eine reibungsfreie Rolle einen zweiten nahezu gleich schweren Körper K' um h hoch – er verrichtet dann an K' genau die in ihn gesteckte Hubarbeit W_H!

2. Denkmöglichkeit: Der Körper fällt frei um die Höhe h nach unten und verrichtet an sich selbst die Beschleunigungsarbeit

$$W_B = \frac{1}{2}mv^2 \underset{(1.8)}{=} \frac{1}{2}m\cdot(g\cdot t)^2 = (m\cdot g)\cdot\left(\frac{1}{2}g\cdot t^2\right) \underset{1.8}{=} G\cdot h = W_H$$

Also wird die hineingesteckte Hubarbeit verlustfrei gespeichert und wieder abgegeben!

Damit kann man die Lageenergie rechnerisch angeben:

$$\boxed{E_{Lage} = G \cdot h = m \cdot g \cdot h}\quad \text{(F1.18 a)}$$

Die Höhe h bezieht sich dabei auf einen festen Bezugspunkt, das „Nullniveau" NN, das frei wählbar ist.

Entsprechend werden die Spannarbeit beim Spannen einer Feder und die Beschleunigungsarbeit *verlustfrei* gespeichert und können dann abgerufen werden, sodass also gilt:

$$\boxed{\begin{aligned} E_{Spann} &= \frac{1}{2} D \cdot s^2 \text{ und} \\ E_{Kin} &= \frac{1}{2} m v^2 \end{aligned}}\quad \begin{aligned}&\text{(F1.18 b)}\\&\text{(F1.18 c)}\end{aligned}$$

1.13.3 Energieumwandlungen

Während wir bis jetzt die Umwandlung von Arbeit in Energie und wieder in Arbeit betrachteten, kann man auch Umwandlung verschiedener Energiearten in einander betrachten.

1. Beispiel: Freier Fall eines Körpers aus der Höhe h (Abb. 1.28)

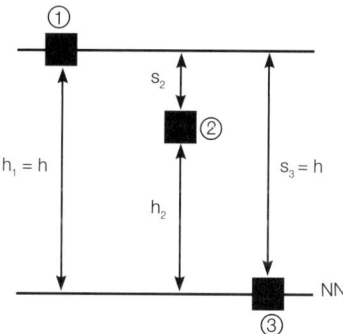

Abb. 1.28

Beim Start im Zustand (1) hat er nur Lageenergie: $E_{ges}^{(1)} = E_{Lage}^{(1)} = m \cdot g \cdot h$

Im Zustand (3), d.h. am Boden hat er nur kinetische Energie:

$E_{ges}^{(3)} = E_{kin}^{(3)} = m \cdot g \cdot h$ (siehe Kap. 1.13.2)

Sei irgendein Zwischenzustand (2) betrachtet, z. B. der nach der halben Fallzeit $t_2 = \frac{1}{2} \cdot t_{Fall}$, dann gilt:

$s_2 = \frac{1}{2} g t_2^2 = \frac{1}{2} g \frac{t_{Fall}^2}{4} = \frac{1}{4} h$ ist der Fallweg, also $h_2 = h - \frac{1}{4} h = \frac{3}{4} h$ die verbleibende Höhe.

$$E^{(2)}_{kin} = \frac{1}{2}mv^2(t_2) = \frac{1}{2}m \cdot \left(g \cdot \frac{t_{Fall}}{2}\right)^2 = m \cdot g \cdot \frac{1}{4} \cdot \frac{1}{2}gt^2_{Fall} = \frac{1}{4}m \cdot g \cdot h,$$

$$E^2_{Lage} = \frac{3}{4}h \cdot m \cdot g, \text{ also } E^{(2)}_{ges} = m \cdot g \cdot h$$

> **Die auftretenden Energien E_{Lage} und E_{kin} wandeln sich also ineinander um und zwar so, dass die Gesamtenergie $E_{ges} = E_{Lage} + E_{kin}$ stets gleich bleibt.**

2. Beispiel: Beim schwingenden vertikalen Federpendel (Abb. 1.29) bewegt sich ein Massestück periodisch auf und ab; es treten Lageenergie, Spannungsenergie und kinetische Energie auf. Ein Messversuch zeigt (v kann mit einer Lichtschranke ermittelt werden), dass sich diese fortwährend ineinander umwandeln, dass aber ihre Summe gleich bleibt: $E_{kin} + E_{Spann} + E_{Lage} = \text{const}$

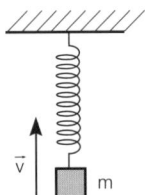

Abb. 1.29

> Allgemein gilt der *Energieerhaltungssatz der Mechanik:*
> Bei reibungsfrei verlaufenden mechanischen Vorgängen in einem energetisch abgeschlossenen System ist die Summe aus Lage-, Bewegungs- und Spannungsenergie konstant. Die Energieformen wandeln sich ineinander um – Energie geht nicht verloren.

Tritt Reibung auf, so geht mechanische Energie verloren – dafür entsteht Wärme.

> In einem nicht abgeschlossenen System vermehrt oder vermindert sich die Summe der mechanischen Energien um die Arbeit (bzw. Energie), die dem System zugeführt oder ihm entzogen wurde.

Bezieht man sämtliche anderen Energien (chemische, elektrische, magnetische usw.) und Wärme ein, so kann man den Energiesatz der Mechanik zum allgemeinen Energieerhaltungssatz erweitern.

Aufgaben: 1) Wir greifen nochmals die Aufgabe mit der schiefen Ebene von Kap. 1.6.2 auf und denken uns den Klotz in 10 m Höhe losgelassen. Welche Geschwindigkeit hat er, wenn er unten ist?

Lösung: *1. Version (mit dem Newton'schen Grundgesetz):* Beschleunigende Kraft:
$F_r = 20{,}7$ N, Beschleunigung: $a = 4{,}14\frac{m}{s^2}$ (siehe Kap. 1.7)
Länge s der Wegstrecke: $\frac{h}{s} = \sin\alpha = \sin 30° = \frac{1}{2} \Rightarrow s = 2 \cdot h = 20$ m;

$s = \frac{1}{2}at^2$ liefert $t = \sqrt{\frac{2s}{a}} \approx 3,11$ s

Also in die Fahrzeit (Gleitzeit) $t \approx 3,11$ s;

Geschwindigkeit unten: $v = a \cdot t = 4,14 \frac{m}{s^2} \cdot 3,11$ s $\approx 12,87 \frac{m}{s}$

2. Version (mit Energieüberlegungen): Oben hat der Klotz die Lageenergie $E_{Lage}^{(1)} = m \cdot g \cdot h = 50$ N $\cdot$ 10 m $= 500$ J $= E_{ges}^{(1)}$

Unten, wohin wir das Nullniveau legen, hat der Klotz die kinetische Energie $E_{kin}^{(2)} = \frac{1}{2}mv^2 = E_{ges}^{(2)}$. Da Reibung auftritt, gilt die Erhaltung der mechanischen Energie nicht, sondern $E_{ges}^{(2)}$ ist um die Reibungsarbeit W_R kleiner als $E_{ges}^{(1)}$: $E_{ges}^{(2)} = E_{ges}^{(1)} - W_R$ mit $W_R = F_{gl} \cdot s \approx 4,3$ N $\cdot$ 20 m $= 86$ J

Einsetzen liefert $\frac{1}{2}mv^2 = 500$ J $- 86$ J, also $v^2 = \frac{414 \text{ J}}{2,5 \text{ kg}}$ und

$v = \sqrt{\frac{828 \text{ kg} \frac{m^2}{s^2}}{5 \text{ kg}}} \simeq 12,87 \frac{m}{s}$

Bei der Version mit Energieüberlegungen erhält man keine Aussage über die Beschleunigung oder die Zeitdauer – vielmehr handelt es sich um einen bilanzierenden Vergleich des Anfangs- und Endzustandes; natürlich erhält man beide Mal für v das gleiche Ergebnis.

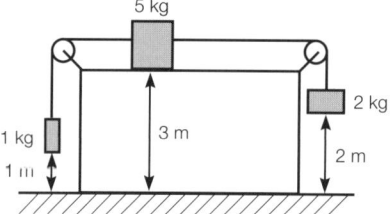

Abb. 1.30

2) In Abbildung 1.30 kann der 5 kg-Klotz auf dem Tisch reibungsfrei gleiten und ist über Seile und reibungsfrei laufende Rollen mit zwei weiteren Körpern verbunden. Das Gespann wird aus der Ruhe in der gezeichneten Lage losgelassen – mit welcher Geschwindigkeit trifft der 2 kg-Körper am Boden auf?

Lösung: *1. Version (mit dem Newton'schen Grundgesetz):* Das Gespann hat die Gesamtmasse $m_{ges} = 8$ kg und wird durch die Kraft $F = G_2 - G_1 = 20$ N $- 10$ N $= 10$ N nach rechts beschleunigt mit $a = \frac{F}{m_{ges}} = \frac{10 \text{ N}}{8 \text{ kg}} = \frac{5 \text{ m}}{4 \text{ s}^2}$

Das Gespann legt den Weg s = 2 m zurück und zwar (wegen $s = \frac{1}{2}at^2$) in der Zeit $t = \sqrt{\frac{2s}{a}} = \sqrt{\frac{4 \text{ m}}{5 \text{ m}/4 \text{ s}^2}} = \frac{4}{5}\sqrt{5}$ s; es trifft also mit der Geschwindigkeit

$v = a \cdot t = \frac{5 \text{ m}}{4 \text{ s}^2} \cdot \frac{4}{5}\sqrt{5}$ s $= \sqrt{5} \frac{m}{s}$ auf.

2. Version (mit dem Energieerhaltungssatz): Wir legen das NN der Lageenergie nach unten und beziehen uns (was erlaubt ist) auf die Unterkante der Körper statt auf deren Schwerpunkt. Im skizzierten Zustand (1) haben alle drei Körper nur Lageenergie: $E_{ges}^{(1)} = 10\,N \cdot 1\,m + 50\,N \cdot 3\,m + 20\,N \cdot 2\,m = 200\,J$.

Im Zustand (2) (Auftreffen des rechten Körpers am Boden) hat der linke Körper die Höhe 3 m und die Lageenergie 30 J, der rechte die Höhe 0 und keine Lageenergie und der mittlere immer noch die Höhe 3 m und die Lageenergie 150 J; alle drei Körper haben die gesuchte Geschwindigkeit v, sodass

$E_{ges}^{(2)} = 30\,J + 0\,J + 150\,J + \frac{1}{2}(m_1 + m_2 + m_3) \cdot v^2$ ist.

Energieerhaltung liefert: $E_{ges}^{(1)} = E_{ges}^{(2)}$, also $200\,J = 180\,J + \frac{1}{2} \cdot 8\,kg \cdot v^2$. Somit $v^2 = \frac{20\,J}{4\,kg}$, also $v = \sqrt{5}\,\frac{m}{s}$

1.14 Impuls

1.14.1 Impulserhaltungssatz

Bei Stoßversuchen kann man untersuchen, welche Geschwindigkeiten $\vec{u}_1$ bzw. $\vec{u}_2$ zwei Wagen mit den Massen m_1 bzw. m_2 nach dem Stoß haben, wenn die Geschwindigkeiten vor dem Stoß $\vec{v}_1$, $\vec{v}_2$ waren.

Abb. 1.31
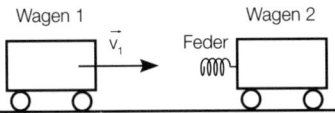

Abbildung 1.31 verdeutlicht beispielsweise einen typischen derartigen Versuch, bei dem ein Wagen mit $m_1 = 300\,g$ und $v_1 = 1\,\frac{m}{s}$ elastisch, d.h. über eine Feder auf einen zweiten ruhenden (d.h. $v_2 = 0$) derselben Masse $m_2 = 300\,g$ stößt; man stellt fest, dass nach dem Stoß der erste Wagen stehen bleibt ($u_1 = 0$) und der zweite Wagen mit $u_2 = 1\,\frac{m}{s}$ weiterfährt. Die kinetische Energie des ersten Wagens geht bei diesem elastischen Stoß vollkommen auf den zweiten über, der Energieerhaltungssatz ist also hier erfüllt – er ließe aber auch andere Möglichkeiten der Energieverteilung nach dem Stoß zu!

Ersetzt man die Feder durch „Klebstoff" (z.B. Knetmasse) und wiederholt dann den Versuch bei $m_1 = m_2 = 300\,g$, $v_1 = 1\,\frac{m}{s}$, $v_2 = 0$, so ist das Ergebnis völlig anders – bei diesem total unelastischen Stoß fahren hinterher beide Wagen gemeinsam mit der Geschwindigkeit $u_1 = u_2 = 0,5\,\frac{m}{s}$ weiter. Hier bleibt die kinetische Energie nicht erhalten:

$E_{ges}^{vor} = E_{kin}^{(1)vor} = \frac{1}{2} \cdot m_1 \cdot v_1^2 = \frac{1}{2} \cdot 0,3\,kg \cdot \left(1\,\frac{m}{s}\right)^2 = 0,15\,J$;

$E_{ges}^{nach} = E_{kin}^{(1)nach} + E_{kin}^{(2)nach} = \frac{1}{2}(m_1 + m_2) \cdot \left(\frac{v_1}{2}\right)^2$; also

$E_{ges}^{nach} = \frac{1}{2} \cdot 2\,m_1 \cdot \frac{v_1^2}{4} = \frac{1}{4} m_1 v_1^2 = 0,075\,J = \frac{1}{2} E_{ges}^{vor}$, d.h. 50% der mechanischen Energie geht verloren – nämlich in Form von Wärme (innere Reibung beim Zusammenpressen der Klebmasse).

Impuls

Beide Versuche zeigen, dass der Energiesatz für die Behandlung von Stoßproblemen nicht ausreicht bzw. ungeeignet sein kann!

Wir nehmen an, dass während des Stoßkontakts gemäß Abbildung 1.32 auf Wagen 1 die Kraft $\vec{F}_1$ und auf Wagen 2 die Kraft $\vec{F}_2$ wirkt.

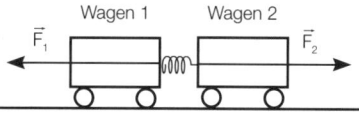

Abb. 1.32

Dann gilt: $\vec{F}_1 = -\vec{F}_2$ (actio/reactio – siehe Kap. 1.3.5)

Mit dem Newtonschen Grundgesetz (1.7) folgt für die Beschleunigungen der Wagen: $m_1 \vec{a}_1 = -m_2 \cdot \vec{a}_2$

Über die Definition der Beschleunigung (Kap. 1.4.4) ergibt sich für die Geschwindigkeitsänderungen:

$$m_1 \cdot \frac{(\Delta \vec{v})_1}{\Delta t} = - m_2 \frac{(\Delta \vec{v})_2}{\Delta t}$$

Wegen $\Delta \vec{v} = \vec{u} - \vec{v}$ (Geschwindigkeitsänderung = Geschwindigkeit nachher – Geschwindigkeit vorher): $m_1(\vec{u}_1 - \vec{v}_1) = - m_2(\vec{u}_2 - \vec{v}_2)$

Schließlich folgt: $\underbrace{m_1 \cdot \vec{u}_1 + m_2 \cdot \vec{u}_2}_{\text{nach Stoß}} = \underbrace{m_1 \cdot \vec{v}_1 + m_2 \cdot \vec{v}_2}_{\text{vor Stoß}}$ (F1.19)

Gleichung (F1.19) legt die Definition einer neuen Größe nahe, des Impulses $\vec{p} = m \cdot \vec{v}$ mit der Einheit $[p] = 1 \text{ kg} \cdot \frac{m}{s} = 1 \text{ Ns}$; damit erhält (F1.19) die Gestalt:

$\vec{p}_1^{\text{nach}} + \vec{p}_2^{\text{nach}} = \vec{p}_1^{\text{vor}} + \vec{p}_2^{\text{vor}}$ (F1.20) ← Die Vektorsumme der Impulse bleibt beim Stoß erhalten.

Die Impulserhaltung gilt aber nicht nur für Stöße, sondern allgemein in *impulsmäßig abgeschlossenen* Systemen, d. h. solchen, in denen nur *innere* Kräfte wirksam sind (d. h. solche, die zum System gehören).

Impulserhaltungssatz:
Die Vektorsumme der Impulse $\vec{p}_i = m_i \cdot \vec{v}_i$ eines impulsmäßig abgeschlossenen Systems ist ein zeitlich konstanter Vektor, der Gesamtimpuls $\vec{p}$:

$$\sum_i m_i \vec{v}_i(t_1) = \sum_i m_i \vec{v}_i(t_2) = \ldots = \vec{p} \quad (\sum \ldots \text{ bedeutet Summe})$$

Unterschiede zum Energieerhaltungssatz:

1) Impulserhaltung gilt auch bei *inneren* Reibungskräften (z.B. unelastischer Stoß), Energieerhaltung nicht.

2) Der Impuls ist eine *Vektorgröße* (gilt auch für schiefe Stöße), die Energie ist ein *Skalar*.

1.14.2 Ballistisches Pendel

Zur Bestimmung der Geschwindigkeit $\vec{v}$ eines Geschosses: Das Geschoss der Masse m und Geschwindigkeit $\vec{v}$ trifft auf ein schweres Pendel (z. B. Sandsack), in dem es stecken bleibt; danach schlägt das Pendel mit dem Geschoss um α aus (Abb. 1.33 a, b). Es handelt sich um einen völlig unelastischen Stoß – direkt nach dem Stoß haben Pendel und Geschoss die gemeinsame Geschwindigkeit $\vec{u}$

mit $m \cdot \vec{v} = \vec{p}_{ges}^{vor} = \vec{p}_{ges}^{nach} = m \cdot \vec{u} + M \cdot \vec{u}$, d. h. $\vec{v} = \dfrac{m + M}{m} \cdot \vec{u}$

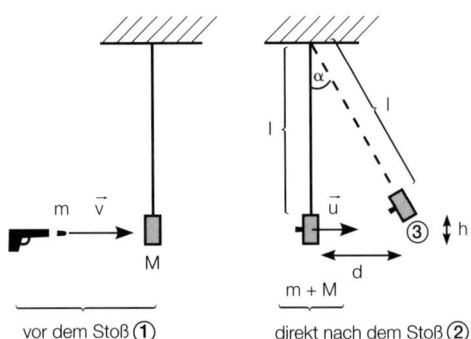

Abb. 1.33a vor dem Stoß ① direkt nach dem Stoß ②

Bisher wurde der Impulserhaltungssatz benutzt; man kann also $\vec{v}$ bestimmen, wenn man $\vec{u}$ (sowie m, M) kennt. Beim Ausschwingen des Pendels gilt der Energieerhaltungssatz:

$E_{kin}^{(2)} = E_{Lage}^{(3)}$, also $\dfrac{1}{2}(m + M) \cdot u^2 = (m + M) \cdot g \cdot h$ bzw. $u = \sqrt{2 g \cdot h}$

Die Höhe h lässt sich schlecht messen, weil sie klein ist; aber über d und l folgt (Abb. 1.33 b) gemäß $\dfrac{d}{l} = \sin\alpha$ der Winkel α und über $\dfrac{l-h}{l} = \cos\alpha$, d. h. $h = l(1 - \cos\alpha)$ ergibt sich rechnerisch h und damit u und v! Das ballistische Pendel ist ein Spezialfall eines *geraden unelastischen Stoßes*.

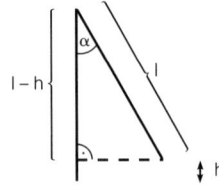

Abb. 1.33b

1.14.3 Unelastischer Stoß

Nach einem **unelastischen Stoß** bewegen sich die Stoßpartner mit der gleichen Geschwindigkeit weiter. Der Energieerhaltungssatz der Mechanik gilt nicht – es geht kinetische Energie verloren. Zur Beschreibung des Stoßes genügt der Impulssatz: $m_1 \cdot \vec{v}_1 + m_2 \cdot \vec{v}_2 = m_1 \cdot \vec{u} + m_2 \cdot \vec{u}$ also

Impuls

$$\vec{u} = \frac{m_1\vec{v}_1 + m_2\vec{v}_2}{m_1 + m_2} \quad \text{(F1.21)}$$

1.14.4 Gerader elastischer Stoß

Beim *völlig elastischen Stoß* gilt zusätzlich zum Impulserhaltungssatz der Energieerhaltungssatz der Mechanik. Man hat also für die beiden Unbekannten $\vec{u}_1$, $\vec{u}_2$ zwei Gleichungen:

$m_1\vec{v}_1 + m_2\vec{v}_2 = m_1 \cdot \vec{u}_1 + m_2 \cdot \vec{u}_2$ (a)

$\frac{1}{2}m_1v_1^2 + \frac{1}{2}m_2v_2^2 = \frac{1}{2}m_1u_1^2 + \frac{1}{2}m_2u_2^2$ (b)

Da ein gerader Stoß betrachtet wird, bewegen sich alle Stoßpartner auf einer Geraden, ihre Geschwindigkeiten sind parallel zu dieser. Man kann den Vektorcharakter von $\vec{v}_1$, $\vec{v}_2$, $\vec{u}_1$, $\vec{u}_2$ dadurch berücksichtigen, dass man vereinbart, die Pfeile wegzulassen und alle nach rechts zeigenden Geschwindigkeiten positiv, die anderen negativ zu rechnen; dann wird aus (a) $m_1v_1 + m_2v_2 = m_1u_1 + m_2u_2$ bzw.
$m_1(v_1 - u_1) = m_2(u_2 - v_2)$ (a')
(b) lässt sich umformen zu $\frac{1}{2}m_1(v_1^2 - u_1^2) = \frac{1}{2}m_2(u_2^2 - v_2^2)$ bzw.
$m_1(v_1 - u_1)(v_1 + u_1) = m_2(u_2 - v_2)(u_2 + v_2)$ (b')
Ein echter Stoß lässt die Geschwindigkeiten der Stoßpartner nicht unverändert, d. h. $u_1 \neq v_1$, $u_2 \neq v_2$ bzw. $v_1 - u_1 \neq 0$, $u_2 - v_2 \neq 0$; Division von (b') durch (a') liefert dann $v_1 + u_1 = u_2 + v_2$ (c)

Auflösung von (c) nach u_2 liefert $u_2 = v_1 + u_1 - v_2$ (c'),
Einsetzen in (a) liefert $m_1v_1 - m_1u_1 = m_2(v_1 + u_1 - v_2) - m_2v_2$ bzw.
$m_1v_1 - m_2v_1 + 2m_2v_2 = m_1u_1 + m_2u_1$ (c'').
Damit ergibt sich u_1 (und entsprechend u_2) wie folgt:

$$u_1 = \frac{2m_2v_2 + (m_1 - m_2)v_1}{m_1 + m_2}, \quad u_2 = \frac{2m_1v_1 + (m_2 - m_1)v_2}{m_1 + m_2} \quad \text{(F1.22 a, b)}$$

Aufgaben: 1) Zwei Wagen (Massen 200 g bzw. 400 g) fahren mit den Geschwindigkeiten $5\frac{m}{s}$ bzw. $2\frac{m}{s}$ gerade aufeinander zu (Abb. 1.34). Welche Geschwindigkeiten (Betrag/Richtung) haben sie nach dem Stoß, wenn dieser vollkommen elastisch bzw. total unelastisch ist?

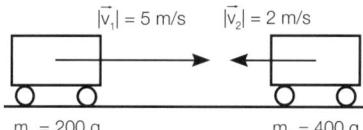

Abb. 1.34

Lösung: $v_1 = 5\frac{m}{s}$, $v_2 = -2\frac{m}{s}$ (Vorzeichenkonvention)

Elastischer Fall:

$$u_1 = \frac{2 \cdot 400\,\text{g}\left(-2\,\tfrac{m}{s}\right) + (200\,\text{g} - 400\,\text{g}) \cdot 5\,\tfrac{m}{s}}{200\,\text{g} + 400\,\text{g}}$$

$$= \frac{-1600\,\text{g}\,\tfrac{m}{s} - 1000\,\text{g}\,\tfrac{m}{s}}{600\,\text{g}} = -\frac{13}{3}\,\frac{m}{s};$$

$$u_2 = \frac{2 \cdot 200\,\text{g} \cdot 5\,\tfrac{m}{s} + (400\,\text{g} - 200\,\text{g})\left(-2\,\tfrac{m}{s}\right)}{600\,\text{g}} = \frac{8}{3}\,\frac{m}{s}$$

Der erste Wagen fährt also nach dem Stoß nach links, der zweite nach rechts.

Unelastischer Fall: Mit der Vorzeichenkonvention gilt nach (Gl. F1.21):

$$u = \frac{200\,\text{g} \cdot 5\,\tfrac{m}{s} + 400\,\text{g} \cdot \left(-2\,\tfrac{m}{s}\right)}{600\,\text{g}} = \frac{200\,\text{g}\,\tfrac{m}{s}}{600\,\text{g}} = \frac{1}{3}\,\frac{m}{s}$$

Beide fahren nach dem Stoß zusammen nach rechts.

2) Gerade elastischer Stoß gegen einen viel schwereren ruhenden Stoßpartner, z. B. gegen ruhende Wand (Abb. 1.35)

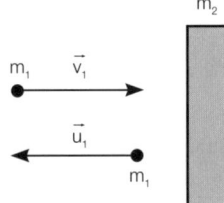

Abb. 1.35

Zahlenbeispiel:

$m_1 = 1\,\text{g}$, $m_2 = 10\,\text{kg}$, $v_1 = 1\,\dfrac{m}{s}$, $v_2 = 0$

$$u_1 = \frac{2 \cdot 10\,\text{kg} \cdot 0 + (1\,\text{g} - 10\,\text{kg}) \cdot 1\,\tfrac{m}{s}}{1\,\text{kg} + 10\,\text{kg}} = \frac{-9999\,\text{g}\,\tfrac{m}{s}}{10\,001\,\text{g}} = -\frac{9999\,\text{m}}{10\,001\,\text{s}} \approx -v_1$$

$$u_2 = \frac{2 \cdot 1\,\text{g} \cdot 1\,\tfrac{m}{s} + (10\,\text{kg} - 1\,\text{g}) \cdot 0}{10\,001\,\text{g}} = \frac{2\,\text{m}}{10\,001\,\text{s}} \approx 0$$

Die Wand bleibt nahezu in Ruhe, die Geschwindigkeit des Körpers 1 kehrt sich um

Energien:

$$E_{kin}^{vor} = \tfrac{1}{2} \cdot 1\,\text{g} \cdot \left(1\,\tfrac{m}{s}\right)^2 = 5 \cdot 10^{-4}\,\text{J};$$

$$E_{kin}^{1nach} = \frac{1}{2} \cdot 1\,\text{g} \cdot \left(-\frac{9999\,\text{m}}{10\,001\,\text{s}}\right)^2 \approx 5 \cdot 10^{-4}\,\text{J} = E_{kin}^{1vor};$$

$$E_{kin}^{2nach} = \frac{1}{2} \cdot 10\,\text{kg} \cdot \left(\frac{2\,\text{m}}{10\,001\,\text{s}}\right)^2 = 2 \cdot 10^{-7}\,\text{J} \approx 0$$

Impulse:

$P_{ges}^{vor} = 1\,g \cdot 1\,\dfrac{m}{s} = 1\,g\,\dfrac{m}{s};$

$P_{nach}^{1} \approx -1\,g\,\dfrac{m}{s}$

$P_{nach}^{2} = 10\,kg \cdot \dfrac{2}{10\,001}\,\dfrac{m}{s} \approx 2\,g\,\dfrac{m}{s}$

Die Wand übernimmt nahezu keine Energie, aber den doppelten Impuls, den Körper 1 vorher hatte!

1.14.5 Schiefer Stoß gegen ruhende Wand

Wir zerlegen die Geschwindigkeit $\vec{v}$ von Körper 1 in Komponenten $\vec{v}_p$ und $\vec{v}_s$ parallel und senkrecht zur Wand (Abb. 1.36). Von der Wand wirkt beim Auftreffen eine Kraft $\vec{F}$ auf Körper 1, die senkrecht zur Wand ist (Reibungsfreiheit vorausgesetzt). Die Parallelkomponente der Geschwindigkeit ändert sich beim Stoß nicht: $\vec{u}_p = \vec{v}_p$. Zu diskutieren bleibt dann ein gerader Stoß mit $\vec{v}_s$ auf die Wand.

Falls dieser elastisch ist, gilt $\vec{u}_s = -\vec{v}_s$ und damit $|\vec{u}| = |\vec{v}|$, $\alpha = \beta$

(Das Reflexionsgesetz ist also erfüllt)

Falls der gerade Stoß unelastisch ist, ist $|\vec{u}_s| < |\vec{v}_s|$ (Abb. 1.36), damit $|\vec{u}| < |\vec{v}|$ und $\beta > \alpha$

Es geht kinetische Energie verloren, der Reflexionswinkel ist größer als der Einfallswinkel.

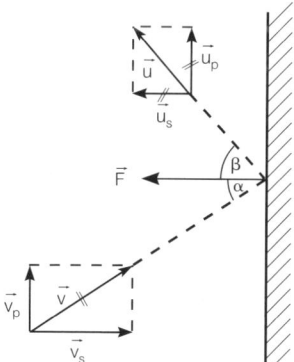

Abb. 1.36

1.14.6 Kraft und Impulsänderung, Kraftstoß

Wirkt auf einen Körper der Masse m während der Zeit Δt die Kraft $\vec{F}$, so gilt:

$$\vec{F} = m \cdot \vec{a} = m \cdot \frac{\Delta \vec{v}}{\Delta t} = \frac{m \Delta \vec{v}}{\Delta t} = \frac{\Delta \vec{p}}{\Delta t}, \text{ also}$$

$$\boxed{\vec{F} = \frac{\Delta \vec{p}}{\Delta t}, \text{ genauer } \vec{F} = \lim_{\Delta t \to 0} \frac{\Delta \vec{p}}{\Delta t} = \dot{\vec{p}}} \quad \text{(F1.23 a, b)}$$

> **Kraft = Impulsänderung pro Zeit bzw. Kraft ist die zeitliche Ableitung des Impulses.**

Formt man (F1.23 a) um, so folgt:

$$\boxed{\vec{F} \cdot \Delta t = \Delta \vec{p}} \quad \text{(F1.24)}$$

Das Produkt $\vec{F} \cdot \Delta t$ heißt *Kraftstoß*. Gl. (F1.24) besagt dann, dass der Kraftstoß $\vec{F} \cdot \Delta t$, der auf einen Körper in der Zeit Δt wirkt, dessen Impuls $\vec{p}$ um $\Delta \vec{p}$ ändert.

Beispiel: Durch ein gebogenes Rohrstück wird fließendes Wasser umgeleitet (Abb. 1.37). Beim Eintritt oben zeigt der Impuls $\vec{p}_1$ einer Wassermenge nach unten, beim Austritt zeigt der Impuls $\vec{p}_2$ derselben Wassermenge nach rechts.

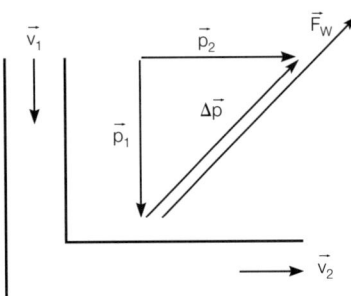

Abb. 1.37

Impulsänderung: $\Delta \vec{p} = \vec{p}_2 - \vec{p}_1$ bzw. $\vec{p}_1 + \Delta \vec{p} = \vec{p}_2$

Diese Gleichung ist vektoriell zu lesen; der resultierende Differenzimpuls $\Delta \vec{p}$ zeigt schräg nach oben (Abb. 1.37), die Kraft $\vec{F}_W = \frac{\Delta \vec{p}}{\Delta t}$ auf das Wasser ebenfalls – sie kommt von der Rohrwand. Die Gegenkraft vom Wasser auf das Rohr zeigt schräg nach unten – sie bewirkt, dass das Rohrstück nach links ausschwenkt, wenn es oben in einen befestigten Schlauch übergeht.

Formel (F1.23 a) $\vec{F} = \frac{\Delta \vec{p}}{\Delta t} = \frac{\Delta(m \cdot \vec{v})}{\Delta t}$ beinhaltet für zeitlich konstantes m (fester Körper) das Newton'sche Grundgesetz $\vec{F} = m \cdot \frac{\Delta \vec{v}}{\Delta t} = m \cdot \vec{a}$. Ist dagegen $\vec{v} = $ const und m ändert sich, so folgt aus (F1.23 a) die Gleichung $\boxed{\vec{F} = \frac{\Delta m}{\Delta t} \cdot \vec{v}}$ (F1.25)

Gl. (F1.25) kann als „*Raketengleichung*" interpretiert werden. Bei der Rakete wird in der Zeit Δt die Gasmasse Δm ausgestoßen und auf die Geschwindigkeit $\vec{v}$ gegenüber der Rakete gebracht. (Abb. 1.38) – dazu muss diese Gasmasse die Kraft $\vec{F}$ gemäß (F1.25) von der Rakete erfahren. Die Gegenkraft $\vec{F}'$ wirkt auf die Rakete und treibt sie an.

Abb. 1.38

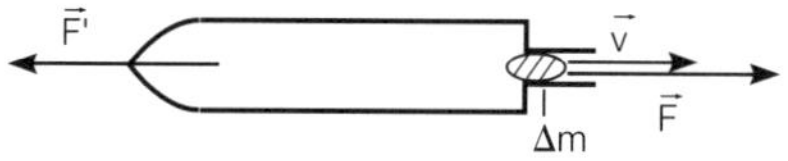

Aufgaben: 1) Ein Geschoss der Masse 20 g verlässt den Lauf eines Gewehrs der Masse 4 kg mit 800 $\frac{m}{s}$ Geschwindigkeit. Wie groß ist die Rückstoßgeschwindigkeit des Gewehrs? Welche Kraft hat der Schütze auszuhalten, wenn er den Rückstoß in 0,1 s abfängt?

Lösung: Impulserhaltung liefert:

$\vec{p}_{ges}^{vor} = 0 = \vec{p}_{ges}^{nach} = m_1 \cdot \vec{u}_1 + m_2 \cdot \vec{u}_2$ mit $m_1 = 20$ g, $m_2 = 4$ kg, $|\vec{u}_1| = 800 \frac{m}{s}$

Also ist $\vec{u}_2 = -\frac{m_1}{m_2} \cdot \vec{u}_1$, d. h. Rückstoßgeschwindigkeit:

$|\vec{u}_2| = \frac{20 \text{ g}}{4000 \text{ g}} \cdot 800 \frac{m}{s} = 4 \frac{m}{s}$

Das Gewehr hat dann den Impuls $\vec{p}$ mit $|\vec{p}| = m_2 \cdot u_2 = 4 \text{ kg} \cdot 4 \frac{m}{s} = 16 \text{ kg} \frac{m}{s}$

Durch den Schützen wird das Gewehr auf 0 abgebremst, erfährt also eine Impulsänderung $\Delta \vec{p}$ mit $|\Delta \vec{p}| = 16 \text{ kg} \frac{m}{s}$, wozu es vom Schützen die Kraft $\vec{F}$ mit $|\vec{F}| = \frac{|\Delta \vec{p}|}{\Delta t} = \frac{16 \text{ kg} \frac{m}{s}}{0,1 \text{ s}} = 160$ N benötigt; dieser erfährt eine betraglich gleich große Gegenkraft!

2) Bei einer Rakete strömen die Gase mit 3 $\frac{km}{s}$ aus. Welche Masse ist in jeder Sekunde abzustoßen, damit die Schubkraft $1,5 \cdot 10^5$ N beträgt? Mit welcher Beschleunigung hebt die Rakete senkrecht ab, wenn sie selbst 8 t Masse hat?

Lösung: $F = \frac{\Delta m}{\Delta t} \cdot v$ wird nach Δm aufgelöst:

$\Delta m = \frac{F \cdot \Delta t}{v} = \frac{1,5 \cdot 10^5 \text{ N} \cdot 1 \text{ s}}{3000 \text{ m/s}} = 50 \frac{\text{kg m}}{\text{s}^2} \cdot \frac{\text{s}^2}{\text{m}} = 50 \text{ kg}$

Die Schubkraft $\vec{F}$ muss die Gewichtskraft $\vec{G}$ ausgleichen und darüber hinaus die Rakete beschleunigen (Abb. 1.39); beschleunigende Kraft ist

$F_B = F - G = 1,5 \cdot 10^5 \text{ N} - 8 \cdot 10^4 \text{ N} = 7 \cdot 10^4$ N

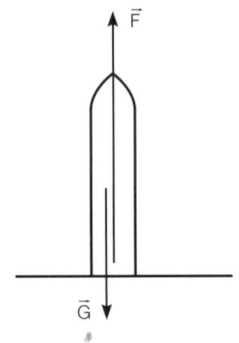

Abb. 1.39

Beschleunigung: $a = \dfrac{F_B}{m} = \dfrac{7 \cdot 10^4 \text{ N}}{8 \cdot 10^3 \text{ kg}} = \dfrac{70 \text{ m}}{8 \text{ s}^2} = 8{,}75 \, \dfrac{\text{m}}{\text{s}^2}$

1.15 Die Kreisbewegung

1.15.1 Zentripetalkraft und Zentripetalbeschleunigung

Man denke sich eine Holzkugel an einem Seil befestigt und in einem horizontalen Kreis geschwenkt. Das Seil wird über eine Hülse (Abb. 1.40) nach unten umgelenkt und mit einem Kraftmesser verbunden. Dieser zeigt eine Kraft an, die im Alltag meist fälschlicherweise als Fliehkraft bezeichnet wird. Tatsache ist, dass auf die Holzkugel der Masse m dauernd eine Kraft $\vec{F}$ wirkt, die stets zum Mittelpunkt des Kreises gerichtet ist *(Zentripetalkraft)* und deren Betrag $|\vec{F}|$ zeitlich konstant ist, wenn man die Kugel gleichmäßig kreisen lässt. Gemäß dem Newton'schen Grundgesetz erfährt die Holzkugel auch dauernd eine Beschleunigung $\vec{a} = \frac{\vec{F}}{m}$; auch sie ist stets zum Mittelpunkt gerichtet (**Zentripetalbeschleunigung**) und ihr Betrag $|\vec{a}| = \frac{1}{m} \cdot |\vec{F}|$ ist ebenso wie der von $|\vec{F}|$ zeitlich konstant.

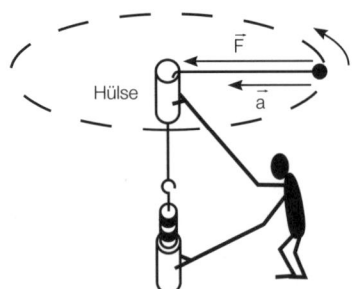

Abb. 1.40

Die Momentangeschwindigkeit $\vec{v} = \lim\limits_{\Delta t \to 0} \dfrac{\Delta \vec{s}}{\Delta t}$ ist in jedem Augenblick tangential zur Kreisbahn gerichtet; dies erkennt man, wenn man z. B. plötzlich mit einer Rasierklinge die Schnur durchtrennt – die Kugel fliegt dann tangential weiter! Der Geschwindigkeitsbetrag $|\vec{v}|$ ist zeitlich konstant. (Abb. 1.41).

Die Kreisbewegung

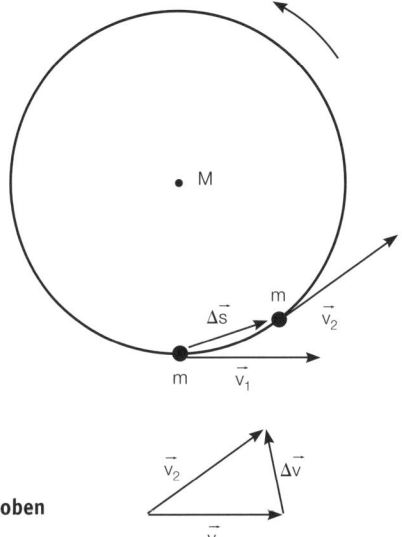

Abb. 1.41: Sicht von oben

Es handelt sich nicht um eine gleichförmige Bewegung, da die Bewegung nicht geradlinig ist und dauernd eine Kraft wirkt; es handelt sich um eine beschleunigte Bewegung, da es eine Beschleunigung gibt, aber nicht um eine gleichmäßig beschleunigte, da $\vec{a}$ dauernd die Richtung ändert!

Die Beschleunigung besteht hier nicht darin, dass $|\vec{v}|$ geändert wird, sondern es wird die Richtung von $\vec{v}$ geändert, während $|\vec{v}|$ gleich bleibt (Abb. 1.41):

$$\vec{a} = \frac{\Delta \vec{v}}{\Delta t} \text{ mit } \vec{v}_1 + \Delta \vec{v} = \vec{v}_2$$

Gibt es nun diese Fliehkraft? Nein! Damit überhaupt ein Körper eine Kreisbewegung ausführt, muss auf ihn ständig eine zum Kreismittelpunkt M gerichtete Kraft wirken und ihn dauernd von der geradlinigen Bahn „abbringen"; ohne diese *Zentripetalkraft* würde er die Kreisbahn sofort tangential verlassen und sich gleichförmig nach dem Trägheitssatz fortbewegen. Eine *Fliehkraft* existiert somit bei dieser Betrachtung von außen nicht! (Vergleiche dazu auch 1.17.)

1.15.2 Größe der Zentripetalkraft F_Z und der Zentripetalbeschleunigung a_z

Wir nehmen näherungsweise an, dass man die Kreisbewegung während der kleinen Zeitspanne Δt als Überlagerung einer (Abb. 1.42)

1. gleichförmigen Bewegung in x-Richtung mit Geschwindigkeit $\vec{v}$ und
2. einer gleichmäßig beschleunigten Bewegung in y-Richtung mit Beschleunigung $\vec{a}_z$ auffassen kann (stimmt nicht ganz, da $\vec{a}_z$ während Δt die Richtung ändert, stimmt aber für $\Delta t \to 0$). Dann gilt:

$$s = v \cdot \Delta t \text{ (I) und } h = \frac{1}{2} a_z \cdot (\Delta t)^2 \text{ (II)}$$

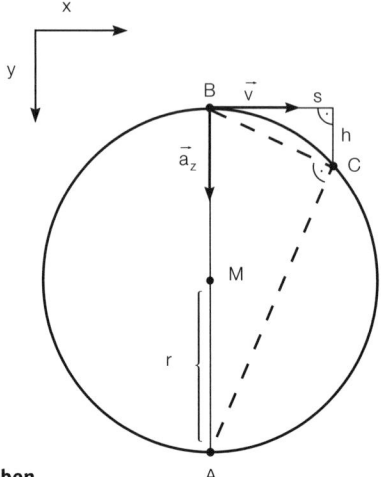

Abb. 1.42: Sicht von oben

a_z wird dadurch festgelegt, dass an s und h die geometrische Forderung ergeht, dass C auf dem Kreis liegt. Dann ist Dreieck ACB rechtwinklig und nach dem Höhensatz (Höhe ist s!) gilt: $s^2 = (2r - h) \cdot h$ (III)

Einsetzen von (I) und (II) in (III) liefert:

$$v^2 \cdot (\Delta t)^2 = \left(2r - \frac{1}{2}a_z(\Delta t)^2\right) \cdot \frac{1}{2}a_z(\Delta t)^2 \text{ bzw. } v^2 = 2r \cdot \frac{1}{2}a_z - \frac{1}{4}a_z^2 \cdot (\Delta t)^2$$

Da unsere Überlegungen sowieso nur für $\Delta t \to 0$ stimmen, führen wir diesen Grenzübergang durch und erhalten: $v^2 = r \cdot a_z$

Damit folgt die Formel zur Berechnung der *Zentripetalbeschleunigung* a_z und der *Zentripetalkraft* $F_z = m \cdot a_z$:

$$\boxed{a_z = \frac{v^2}{r}, \ F_Z = \frac{mv^2}{r}} \quad \text{(F1.26)}$$

Messversuche bestätigen die Formeln.

1.15.3 Begriffe und Größen bei der Kreisbewegung

Die *Umlaufdauer* T gibt die Zeit an, die ein Umlauf dauert; die *Drehfrequenz* f gibt die Zahl der Umdrehungen je Zeit an. Man erkennt leicht, dass

$$\boxed{f = \frac{1}{T}} \quad \text{(F1.27)}$$

gilt (z. B. 5 Umdrehungen in 10 s $\to T = 2$ s, $f = \frac{5}{10 \, s} = \frac{1}{2s} = \frac{1}{2}$ Hz), die Einheit von f ist $[f] = \frac{1}{s} = 1$ Hz (Hertz).

Die Kreisbewegung

Die *Winkelgeschwindigkeit* ω (auch Kreisfrequenz) gibt den überstrichenen Winkel (im Bogenmaß) je Zeit an (z. B. 5 Umdrehungen in 10 s heißt $360° \stackrel{\wedge}{=} 2\pi$ in 2 s, also $\omega = \dfrac{2\pi}{2\,s} = \dfrac{\pi}{s} \approx 3,14$ Hz)

Zusammenhänge: Bei jeder Kreisbewegung wird in der Zeit T der Winkel 2π überstrichen, also $\boxed{\omega = \dfrac{2\pi}{T} = 2\pi f}$ (F1.28)

$\boxed{\text{Geschwindigkeit} = \dfrac{\text{Kreisumfang}}{\text{Umlaufdauer}} \;:\; v = \dfrac{2\pi r}{T} = \omega \cdot r = 2\pi f \cdot r}$ (F1.29)

Aufgaben: 1) Bei einer Kreisbewegung sei m = 2 kg, r = 80 cm und es finden 12 Umdrehungen in 8 s statt. Wie groß sind f, T, ω, v, a_z, F_z?

Lösung: $f = \dfrac{12}{8\,s} = \dfrac{3}{2}$ Hz; $T = \dfrac{1}{f} = \dfrac{2}{3}$ s; $\omega = 2\pi \cdot f = 3\pi$ Hz $\approx 9,42$ Hz;

$v = \omega \cdot r = 3\pi$ Hz $\cdot 0,8$ m $= 2,4\pi \dfrac{m}{s} \approx 7,54 \dfrac{m}{s}$

$a_z = \dfrac{v^2}{r} \approx \dfrac{(7,54\,m/s)^2}{0,8\,m} \approx 71,06 \dfrac{m}{s^2}$; $F_z = m \cdot a_z = 142,12$ N

2) Ein Gummipfropfen liegt im Abstand r vom Mittelpunkt auf einer sich drehenden Scheibe. Wie groß darf die Drehfrequenz maximal sein, damit er liegen bleibt?

Lösung: Dreht sich die Scheibe langsam, so macht der Pfropf die Kreisbewegung mit; die notwendige Zentripetalkraft $F_z = \dfrac{m \cdot v^2}{r} = \dfrac{m \cdot (2\pi r f)^2}{r} = m \cdot 4\pi^2 \cdot r \cdot f^2$ liefert die Haftreibungskraft. Wenn die Scheibe sich schneller dreht, wird F_z größer; die Haftreibungskraft ist aber höchstens $F_{h,\,max} = f_h \cdot G$ (siehe Kap. 1.6), sodass irgendwann F_z nicht mehr aufgebracht werden kann – dann fliegt der Pfropf tangential weg!

Bedingung für „Liegenbleiben":

$F_z \leq F_{h,\,max}$, d. h. $m \cdot 4\pi^2 \cdot r \cdot f^2 \leq f_h \cdot g \cdot m$ bzw. $f \leq \sqrt{\dfrac{f_h \cdot g}{4\pi^2 \cdot r}}$

Die Wurzel stellt die kritische Drehfrequenz dar, man sieht, dass das Ergebnis unabhängig von der Masse m ist.

3) Welche Geschwindigkeit darf ein Auto in einer ebenen Kurve von 100 m Radius bei einer Haftreibungszahl von $f_h = 0,5$ höchstens haben, damit es nicht schleudert?

Lösung: Die Haftreibungskraft liefert die erforderliche Zentripetalkraft, also muss gelten: $F_z \leq F_{h,\,max}$

Damit $\dfrac{m \cdot v^2}{r} \leq f_h \cdot m \cdot g$ bzw.

$v \leq \sqrt{f_h \cdot g \cdot r} \stackrel{hier}{=} \sqrt{0,5 \cdot 10 \dfrac{m}{s^2} \cdot 100\,m} = \sqrt{500} \dfrac{m}{s} \approx 22,36 \dfrac{m}{s} = 80,5 \dfrac{km}{h}$

1.15.4 Vertikale Kreisbewegung

Während bei der horizontalen Kreisbewegung der Körper immer auf der gleichen Höhe kreist, sodass seine Lageenergie konstant ist, verändert er bei der vertikalen Kreisbewegung dauernd seine Höhe und damit auch seine Lageenergie. Wenn keine äußere Arbeit am Körper stattfindet (dies ist z. B. der Fall, wenn er an einer Schnur kreist), ist die Gesamtenergie $E_{ges} = E_{Lage} + E_{kin}$ konstant; Erhöhung von E_{Lage} geht also auf Kosten von E_{kin} und umgekehrt. Daher ist dann die Geschwindigkeit $|\vec{v}|$ nicht mehr konstant, sondern maximal im tiefsten Punkt und minimal im höchsten.

Aufgabe: Wir betrachten die Todesspirale von Abbildung 1.43 mit Radius r = 6 m. Wie schnell muss das Auto im obersten Punkt mindestens sein, damit es die Spirale durchfahren kann? Wie groß ist dann im untersten Punkt die Geschwindigkeit des Autos und welche Kraft wirkt dann von der Spirale auf das Auto? Aus welcher Höhe h müsste das Auto dafür losrollen?

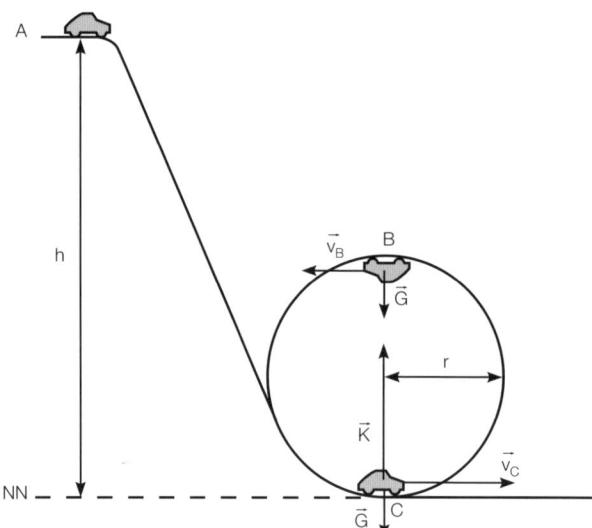

Abb. 1.43

Lösung: Wenn das Auto in B gerade nicht fällt, muss die Gewichtskraft gerade die erforderliche Zentripetalkraft liefern, d. h.
$$\frac{m \cdot v_B^2}{r} = G = m \cdot g \text{ bzw. } v_B = \sqrt{g \cdot r} = 7{,}75 \ \frac{m}{s} \approx 27{,}9 \ \frac{km}{h}$$
Da die Gesamtenergie gleich bleibt, gilt:
$E_{ges}^B = E_{ges}^C$, d. h. $m \cdot g \cdot 2r + \frac{1}{2} m v_B^2 = \frac{1}{2} m v_C^2$
Also ist $v_C^2 = v_B^2 + 4\,gr = 5\,gr$, somit $v_C = \sqrt{5\,gr} = 17{,}32 \ \frac{m}{s} \approx 62{,}4 \ \frac{km}{h}$

Im untersten Punkt wirkt $\vec{G}$ nach unten und die Kraft $\vec{K}$ von der Spirale nach oben auf das Auto – die Gesamtkraft aus beiden muss gerade die erforderliche Zentripetalkraft liefern (nach oben)!

$K - G = F_Z^C = \dfrac{mv_C^2}{r}$, also $K = G + F_Z^C = m \cdot g + \dfrac{m}{r} \cdot 5\,gr = 6\,m \cdot g$, d.h. $K = 6 \cdot G$
(sechsfache Gewichtskraft)

Starthöhe: Nach dem Energieerhaltungssatz müsste
$E_{Lage}^A = E_{kin}^C$ sein, d.h. $m \cdot g \cdot h = \dfrac{1}{2} m \cdot v_C^2 = \dfrac{1}{2} m \cdot 5\,gr$
Damit müsste $h = \dfrac{5}{2} r \overset{hier}{=} 15$ m sein.

1.15.5 Arbeit bei der Kreisbewegung

Bei der *horizontalen Kreisbewegung* mit betraglich konstanter Geschwindigkeit wirkt auf den kreisenden Körper der Masse m als Resultierende die nach M (Kreismittelpunkt) gerichtete Zentripetalkraft $\vec{F}_Z$. In jedem Augenblick ist $\vec{F}_Z$ senkrecht zur tangentialen Momentangeschwindigkeit $\vec{v} = \lim\limits_{\Delta t \to 0} \dfrac{\Delta \vec{s}}{\Delta t}$ und damit auch zu $\Delta \vec{s}$. Da also die Kraft dauernd senkrecht zum Weg ist, gibt es keine Kraftkomponente $\vec{F}_s$ in Wegrichtung – *also wird keine Arbeit verrichtet*. Dies steht im Einklang mit der Energieerhaltung – $|\vec{v}|$ und damit $E_{kin} = \dfrac{1}{2} mv^2$ sind konstant.

Bei der *vertikalen Kreisbewegung* zerlegen wir die Gewichtskraft in eine Tangentialkomponente $\vec{F}_t$ und eine Radialkomponente $\vec{F}_r$, zusätzlich kommt noch die radiale Kraft $\vec{K}$ des Seils ins Spiel (Abb. 1.44). $\vec{K}$ und $\vec{F}_r$ ergeben zusammen die radiale Zentripetalkraft, d.h. $\vec{F}_Z = \vec{K} + \vec{F}_r$, verrichten aber keine Arbeit, da sie senkrecht zu $\vec{v}$ sind.

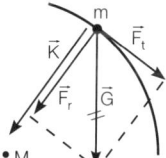

Abb. 1.44

Nur die *Tangentialkomponente* $\vec{F}_t$ beschleunigt (Abwärtsbewegung) bzw. bremst (Aufwärtsbewegung) den Körper, d.h. *verrichtet Arbeit*, indem sie $|\vec{v}|$ verändert. Diese Änderung von $|\vec{v}|$ lässt sich mithilfe des Energiesatzes ermitteln (siehe Aufgabe in Kap. 1.15.4).

Zusätzliche Arbeit von außen kann über eine Stange erfolgen, die (im Gegensatz zum Seil) tangentiale Kräfte von außen übertragen kann (z.B. in einem vertikalen Volksfestrotor – einer großen Trommel, die sich um eine waagrechte Achse dreht – der Fall, wenn die Konstanz von $|\vec{v}|$ – oben und unten – erzwungen wird!)

1.15.6 Weitere Beispiele zur Kreisbewegung

1.15.6.1 Drehfrequenzregler

Zwei Kugeln sind über Stangen der Länge l und ein Gelenk (über das diese Stangen auf und ab bewegt werden können) an einer Achsenstange befestigt, um die sich die ganze Anordnung dreht (Abb. 1.45). Je größer die Drehfrequenz f ist, desto „höher steigen" die Kugeln, d. h. desto größer ist der Winkel α. Wie hängt α von f ab?

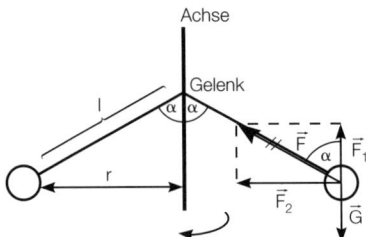

Abb. 1.45

Auf jede Kugel der Masse m wirkt ihre Gewichtskraft $\vec{G}$ senkrecht nach unten und die Kraft $\vec{F}$ von der Stange in Stangenrichtung, die wir in Komponenten $\vec{F}_1$ (vertikal) und $\vec{F}_2$ (horizontal) zerlegen (Abb. 1.45). Wenn sich ein Gleichgewicht eingestellt hat, muss $\vec{F}_1$ gerade $\vec{G}$ ausgleichen und $\vec{F}_2$ muss gerade die Zentripetalkraft liefern, d. h.

$F_1 = G = m \cdot g$ und $F_2 = F_Z = \dfrac{mv^2}{r} = \dfrac{m}{r}(2\pi rf)^2 = m 4\pi^2 r f^2$

Trigonometrisch gilt: $\tan\alpha = \dfrac{F_2}{F_1} = \dfrac{m 4\pi r f^2}{mg} = \dfrac{4\pi r f^2}{g}$ (1) und $\sin\alpha = \dfrac{r}{l}$ (2)

Division von (1) durch (2) liefert: $\dfrac{\tan\alpha}{\sin\alpha} = \dfrac{4\pi r f^2 \cdot l}{g \cdot r}$ bzw. $\dfrac{\sin\alpha}{\cos\alpha \sin\alpha} = \dfrac{4\pi f^2 \cdot l}{g}$

und damit

$$\boxed{\cos\alpha = \dfrac{g}{4\pi^2 f^2 \cdot l}} \quad \text{(F1.30)}$$

Gl. (F1.30) ist der gesuchte Zusammenhang zwischen α und f! Für f = 1,4 Hz, l = 20 cm ergibt sich beispielsweise

$$\cos\alpha = \dfrac{10\,\mathrm{m/s^2}}{4\pi^2 \cdot \left(1{,}4\tfrac{1}{s}\right)^2 \cdot 0{,}2\,\mathrm{m}} = 0{,}646, \quad \text{d.h. } \alpha = 49{,}75°$$

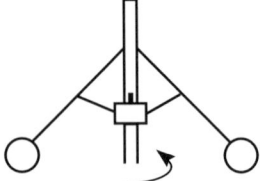

Abb. 1.46

In Verbindung mit einer Hülse, die ein Loch in der hohlen, dampfdurchströmten Drehachse mehr oder weniger verschließen kann (Abb. 1.46), kann man so die Drehfrequenz einer Dampfturbine, auf der der Drehfrequenzregler steckt, konstant halten: Dreht sie sich zu schnell, so gehen die Kugeln nach oben, verschließen das Loch, der Dampfdurchzug wird behindert, die Drehung wird langsamer.

1.15.6.2 Radfahrer in der Kurve in Schräglage

Bekanntlich kippt ein Radfahrer, der eine Kurve ohne Schräglage nehmen will nach außen weg; um welchen Winkel muss er sich neigen, um gut durchzukommen? Auf den Radfahrer wirkt im Schwerpunkt S seine Gewichtskraft (samt Rad) $\vec{G}$ nach unten (Abb. 1.47). Im Auflagepunkt A wirkt die Kraft $\vec{F}_u$ von der Unterlage senkrecht nach oben – sie hält $\vec{G}$ das Gleichgewicht. Außerdem wirkt die Haftreibungskraft $\vec{F}_h$ nach rechts – sie stellt die Zentripetalkraft $\vec{F}_z$ für die Rechtskurve dar. Die Resultierende $\vec{F}$ von $\vec{F}_h$ und $\vec{F}_u$ muss in Richtung des Schwerpunkts S zeigen, sonst kippt der Radfahrer um S (nach innen oder außen).

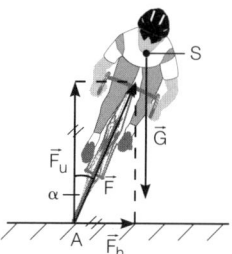

Abb. 1.47

Damit gilt: $F_u = G = m \cdot g$, $F_h = F_z = \dfrac{m \cdot v^2}{r}$ und $\tan\alpha = \dfrac{F_h}{F_u} = \dfrac{mv^2}{r \cdot m \cdot g}$, also

$$\boxed{\tan\alpha = \dfrac{v^2}{rg}}$$ (F1.31)

Gl. (F1.31) beschreibt also, welchen Winkel α der Radfahrer bei gegebenem Kurvenradius r und gegebener Geschwindigkeit v gegenüber der Vertikalen einnehmen muss. Da aber $F_h \leq F_{h,\,max} = f_h \cdot F_u$ ist, folgt $\tan\alpha \leq \dfrac{f_h \cdot F_u}{F_u}$; man erhält also die *Zusatzbedingung* $\boxed{\tan\alpha \leq f_h}$ (F1.32), die angibt, ob die Haftreibung diesen Winkel erlaubt!

So wäre z. B. für r = 20 m und v = 5 $\dfrac{m}{s}$ der Winkel $\alpha = 7,1°$ zu wählen, denn $\tan\alpha = \dfrac{25\,m^2/s^2}{20\,m \cdot 10\,\frac{m}{s^2}} = \dfrac{1}{8}$. Voraussetzung, dass die „Straße mitmacht", ist allerdings $f_h \geq \dfrac{1}{8}$!

1.16 Himmelsbewegung und Gravitation

1.16.1 Geozentrisches Weltsystem

Zur Beschreibung der Bewegung der Himmelskörper wurde zunächst das auf Aristoteles (350 v. Chr.) und Ptolemäus (150 n. Chr.) zurückgehende *geozentrische Weltsystem* herangezogen, das ca. 1500 Jahre lang Bestand hatte; es beruht auf folgenden Annahmen (Abb. 1.48):

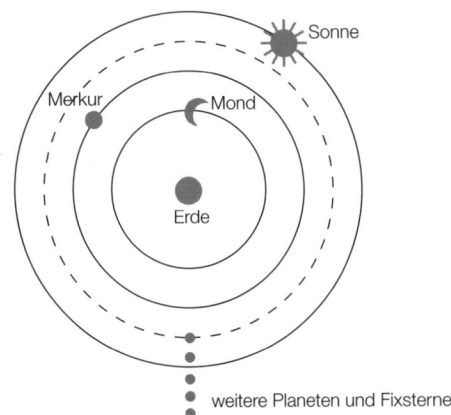

Abb. 1.48

1. Die Erde ruht im Zentrum. Sonne, Mond, Planeten und Fixsterne kreisen auf Halbkugeln *(Sphären)* um die Erde.
2. Die Sphären sind undurchdringlich.
3. Aus ästhetischen und philosophischen Gründen sind nur Kreisbahnen möglich.
4. Himmelskörper und Sphären bestehen aus dem 5. Element Himmels-Äther (Elementenlehre des Empedokles: Es gibt vier irdische Elemente Erde, Wasser, Luft und Feuer).

Ein Problem war die Erklärung der Tatsache, dass bei Beobachtung über einen längeren Zeitraum manche Planeten gegenüber den Fixsternen eigenartige Zusatzbewegungen („Rückläufigkeit", Schleifen) ausführen. Diesen offensichtlichen Widerspruch zur 3. Hypothese erklärte Ptolemäus mit seiner Epizykeltheorie:

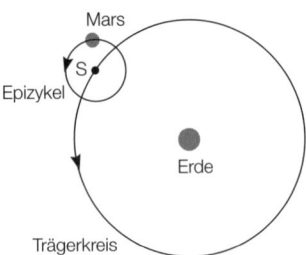

Abb. 1.49

Der Mars kreist auf einem kleinen Kreis (Epizykel), dessen Mittelpunkt S auf einem größeren Trägerkreis um die Erde kreist (Abb. 1.49). Die Überlagerung dieser beiden Kreisbewegungen liefert tatsächlich Schleifen und Rückläufigkeit!

Das geozentrische Weltbild entspricht offenbar dem Wortlaut der Bibel. Dennoch scheint die Epizykeltheorie, so raffiniert sie auch ist, etwas künstlich. Außerdem müssten die Epizykel ja die Sphären schneiden – offenbar ein Widerspruch zur 2. Hypothese. Darüber hinaus entdeckte Galilei (1564–1642) mit einem selbst konstruierten Fernrohr auf dem Mond Gebirge wie auf der Erde, was der Theorie zu widersprechen schien, dass die Mond- und Erdmaterie grundsätzlich verschieden sein sollten.

1.16.2 Heliozentrisches Weltsystem

Bereits Kopernikus (1473–1543), Domherr in Ostpreußen, hatte ein für die Kirche völlig unakzeptables Gegenmodell vorgestellt, das *heliozentrische Weltsystem*. Danach gilt (Abb. 1.50):

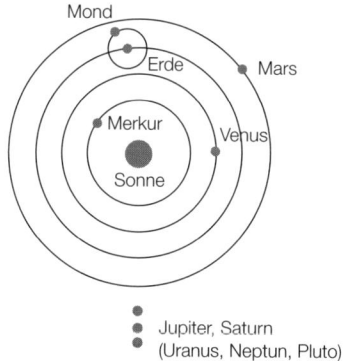

Abb. 1.50

1. Die *Erde* dreht sich täglich einmal um ihre Achse – die tägliche Bewegung der Gestirne ist also nur scheinbar.
2. Die *Sonne ruht im Zentrum*; alle Planeten einschließlich der Erde bewegen sich auf Kreisen um die Sonne (Umlaufdauer für die Erde: 1 Jahr).
3. Der einzige Körper, der um die Erde kreist, ist der Mond (Umlaufdauer: 1 Monat).

Auch mit dem heliozentrischen Weltbild lässt sich die rückläufige Bahn des Mars erklären: Mars und Erde bewegen sich beide um die Sonne, aber mit verschiedenen Umlaufzeiten. Die Erde „überholt" den Mars innen, wodurch dieser von der Erde aus gesehen rückwärts läuft.

1.16.3 Kepler'sche Gesetze

Obwohl das heliozentrische Weltbild einfachere Rechnungen zu ermöglichen scheint als das geozentrische Weltbild, sprachen die astronomischen Messwerte oftmals für die geozentrischen Rechnungen. Dies lag zum einen an den erstaunlich raffinierten mathematischen Methoden eines Ptolemäus, zum anderen und vor allem daran, dass das heliozentrische System noch von Kreisbahnen ausging. Mit der Keplerschen Ersetzung der Kreise durch Ellipsen wurden die heliozentrischen Rechnungen sehr präzise.

1. **Keplergesetz:** Die Planeten bewegen sich auf fast kreisförmigen Ellipsen, in deren einem Brennpunkt die Sonne steht.

2. **Keplergesetz:** Der von der Sonne zum Planeten gezogene Fahrstrahl überstreicht in gleichen Zeiten gleiche Flächen (Abb. 1.51 a).

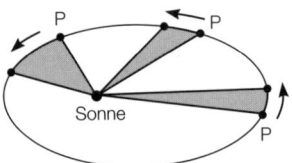

Abb. 1.51a

Dies besagt, dass die Umlaufgeschwindigkeit des Planeten umso größer ist, je näher er an der Sonne ist. Dieses Gesetz heißt auch Flächensatz.

3. **Keplergesetz:** Die Quadrate der Umlaufzeiten T_1 und T_2 zweier beliebiger Planeten verhalten sich (Abb. 1.51 b) wie die 3. Potenzen der großen Halbachsen a_1 und a_2 ihrer Bahnellipsen

$$\frac{T_1^2}{T_2^2} = \frac{a_1^3}{a_2^3} \text{ oder } \boxed{\frac{T_1^2}{a_1^3} = \frac{T_2^2}{a_2^3} = \frac{T_3^2}{a_3^3} = \ldots = \text{const} = C} \quad (F1.33)$$

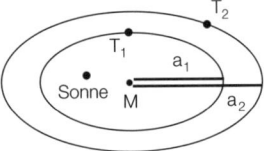

Abb. 1.51b

Die Konstante hat den Wert $C = \dfrac{T_{\text{Erde}}^2}{a_{\text{Erde}}^3} \approx \dfrac{(1 \text{ Jahr})^2}{(150 \text{ Millionen km})^3} \approx 3 \cdot 10^{-25} \dfrac{\text{Jahr}^2}{\text{km}^3}$;

der Mars mit $a_{\text{Mars}} \approx 228$ Millionen km hat die Umlaufdauer

$T_{\text{Mars}} = \sqrt{C \cdot a_{\text{Mars}}^3} \approx 1,88$ Jahre.

1.16.4 Planetenbewegungen

Die *Erklärung der Planetenbewegung* erfolgte schließlich durch *Newton* (1643–1727) über Kräfte. Er ging davon aus, dass die Planeten nur deshalb auf kreisähnlichen Bahnen um die Sonne laufen, weil eine Zentripetalkraft auf sie wirkt – diese konnte nur von der Sonne kommen und in Sonnenrichtung zeigen, er nannte sie Zentralkraft. Geht man von Kreisen statt Ellipsen aus, gilt für diese Zentralkraft F:

$$F = F_Z = \frac{m_{Planet} \cdot v_{Planet}^2}{r_{Planet}} = \frac{m_{Pl}}{r_{Pl}} \cdot \left(\frac{2\pi r_{Pl}}{T_{Pl}}\right)^2 = m_{Pl} \cdot 4\pi^2 \cdot r_{Pl} \cdot \frac{1}{T_{Pl}^2} \quad (a)$$

Bezieht man das 3. Keplergesetz ein mit r_{Pl} anstelle von a, so folgt:

$$\frac{T_{Pl}^2}{r_{Pl}^3} = C \text{ bzw. } T_{Pl}^2 = C \cdot r_{Pl}^3 \quad (b)$$

Einsetzen von (b) in (a) liefert: $F = m_{Pl} \cdot 4\pi^2 \cdot \frac{r_{Pl}}{C \cdot r_{Pl}^3} = \underbrace{\frac{4\pi^2}{C}}_{= \text{const}} \cdot \frac{m_{Pl}}{r_{Pl}^2}$,

also $F \sim \frac{m_{Pl}}{r_{Pl}^2}$ (c)

Wenn nun statt einer Sonne am gleichen Platz zwei Sonnen bzw. eine doppelt so schwere Sonne säße, müsste wohl die Zentralkraft F auf die Planeten auch doppelt so groß sein, d. h. auch $F \sim m_{Sonne}$ (d)

Aus (c) und (d) folgt für die Zentralkraft der Sonne auf die Planeten:

$F \sim \frac{m_{Pl} \cdot m_{So}}{r_{Pl}^2}$, wobei r_{Pl}

der Abstand zwischen Sonne und Planet ist. Newton verallgemeinerte und kam zum

Gravitationsgesetz:

| Zwei beliebige Körper der Massen m_1 und m_2 im Schwerpunktabstand r ziehen sich gegenseitig mit einer Kraft $\sim \frac{m_1 \cdot m_2}{r^2}$ an (Abb. 1.52), also: $F_1 = F_2 = \gamma \cdot \frac{m_1 \cdot m_2}{r^2}$ (Gravitationskraft) | (F1.33) |

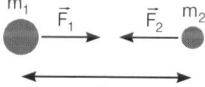

Abb. 1.52

Ein Messversuch liefert $\gamma = 6{,}67 \cdot 10^{-11} \frac{m^3}{kg \cdot s^2}$ (Gravitationskonstante)

Aufgabe: Zwei Personen mit je 70 kg Masse befinden sich im Abstand r = 50 cm. Berechne ihre Anziehungskraft!

Lösung: $F_1 = F_2 = \gamma \cdot \frac{m_1 \cdot m_2}{r^2} = 6{,}67 \cdot 10^{-11} \frac{m^3}{kg \cdot s^2} \cdot \frac{(70 \text{ kg})^2}{(0{,}5 \text{ m})^2} =$

$6{,}67 \cdot \frac{0{,}49}{0{,}25} \cdot 10^4 \cdot 10^{-11} \frac{m^3 \cdot kg^2}{kg \cdot s^2 \cdot m^2} = 13{,}07 \cdot 10^{-7} \frac{kg \cdot m}{s^2} \approx 1{,}3 \cdot 10^{-6}$ N

Nach Newtons Überlegungen bewegen sich die Sonne und die Planeten um den gemeinsamen Schwerpunkt. Dieser liegt allerdings noch innerhalb der Sonne, sodass man diese näherungsweise als ruhend und die Planeten als kreisend annehmen kann.

1.16.5 Erd- und Sonnenmasse

Newton erkannte, dass die Gewichtskraft eines Körpers auf der Erde nichts anderes ist als die Gravitationskraft, mit der ihn die Erde anzieht; der Abstand der beiden Körper entspricht dem Erdradius R = 6370 km.

Zum Beispiel gilt für ein Kilogrammstück:

$$10\,N = G = F_{Grav} = \gamma \cdot \frac{1\,kg \cdot m_{Erde}}{R^2} \quad \text{bzw.} \quad m_{Erde} = \frac{10\,N \cdot R^2}{\gamma \cdot 1\,kg}$$

Damit erhält man die Erdmasse:

$$m_{Erde} = \frac{10\,N \cdot (6{,}37 \cdot 10^6\,m)^2 \cdot s^2}{6{,}67 \cdot 10^{-11}\,m^3} \approx 6 \cdot 10^{24}\,kg$$

Die Gravitationskraft von der Sonne auf die Erde liefert die Zentripetalkraft für die „Kreisbewegung" der Erde um die Sonne, also gilt:

$$\gamma \cdot \frac{m_{Sonne} \cdot m_{Erde}}{r^2} = \frac{m_{Erde} \cdot v_{Erde}^2}{r} \quad \text{bzw.} \quad \gamma \cdot m_{So} = r \cdot \left(\frac{2\pi r}{T}\right)^2 = 4\pi^2 \frac{r^3}{T^2}$$

Aus dieser Gleichung folgt der allgemeine Ausdruck für die Konstante C des 3. Keplergesetzes:

$$\boxed{C = \frac{T^2}{r^3} = \frac{4\pi^2}{\gamma \cdot m_{Sonne}}} \quad (F1.35)$$

Zum anderen lässt sich daraus die Sonnenmasse bestimmen: $m_{Sonne} = \frac{4\pi^2 \cdot r^3}{\gamma \cdot T^2}$

Mit r ≈ 150 Millionen km als Entfernung Erde – Sonne (siehe Kap.1.16.3) und T = 1 Jahr = 365 · 24 · 3600 s folgt:

$$m_{Sonne} = \frac{4\pi^2 \cdot (1{,}5 \cdot 10^{11}\,m)^3 \cdot kg\,s^2}{6{,}67 \cdot 10^{-11}\,m^3 \cdot (3{,}1536 \cdot 10^7\,s)^2} \approx 2 \cdot 10^{30}\,kg$$

1.16.6 Satelliten auf Kreisbahnen um die Erde

Möglich sind nur Großkreise des Satelliten (der Masse m) mit Radius r um den Erdmittelpunkt; die Gravitationskraft der Erde liefert die Zentripetalkraft für die Kreisbewegung des Satelliten. Also gilt:

$$\gamma \cdot \frac{m_{Erde} \cdot m}{r^2} = \frac{m \cdot v^2}{r} \quad \text{bzw. wie oben (Kap. 1.16.5)} \quad \gamma \cdot m_{Erde} = 4\pi^2 \cdot \frac{r^3}{T^2} \quad \text{bzw.}$$

$$\boxed{\frac{T^2}{r^3} = \frac{4\pi^2}{\gamma \cdot m_{Erde}} = \tilde{C}} \quad (F1.36)$$

(36) stellt eine Art 3. Keplergesetz für die Bewegung beliebiger Satelliten (Umlaufdauer T, Radius r) um die Erde dar!

Beispiel: Soll ein Satellit an einem „festen Punkt über der Erde stehen", so heißt das, dass er den Äquator synchron zur Erddrehung umkreist, d.h. T = 1 Tag = 24 · 3600 s = 86 400 s. (Man nennt einen solchen Satelliten geostationär.)

Wegen $r^3 = \dfrac{T^2}{\tilde{C}} = \dfrac{T^2 \cdot \gamma \cdot m_{Erde}}{4\pi^2} = \dfrac{(8{,}64 \cdot 10^4\,s)^2 \cdot 6{,}67 \cdot 10^{-11}\,m^3 \cdot 6 \cdot 10^{24}\,kg}{4\pi^2 \cdot kg \cdot s^2}$

ist $r^3 \approx 75{,}67 \cdot 10^{21}\,m^3$ und $r \approx 42\,300$ km

Die *Höhe des Satelliten über der Erdoberfläche* beträgt dann
h = r − R = 42 300 km − 6370 km ≈ 36 000 km

(Vergleiche Abb. 1.53, nicht maßstabsgerecht.)

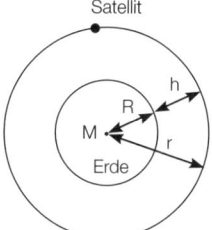

Abb. 1.53

1.17 Trägheitskräfte

Beispiel 1: Ein Zug beschleunige gleichmäßig mit $a = 3\,\tfrac{m}{s^2}$. Ein mitfahrender Kinderwagen der Masse m = 20 kg lenkt einen Kraftmesser aus (Abb. 1.54).

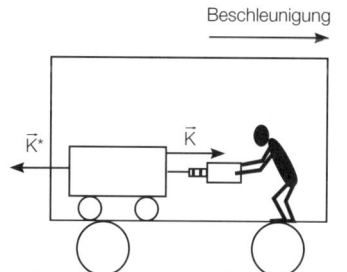

Abb. 1.54

Erklärung durch den ruhenden Beobachter (außen): Der Kinderwagen muss mitbeschleunigt werden; dazu ist die Kraft $\vec{K}$ nötig, die der Kraftmesser liefert. Nach dem Grundgesetz ist $K = m \cdot a = 3\,\tfrac{m}{s^2} \cdot 20\,kg = 60\,N$

Erklärung durch den mitbeschleunigten Beobachter (im Wagen), der nichts von der Außenwelt weiß: Der Kinderwagen ist in Ruhe, also kräftefrei: Da aber offensichtlich eine Kraft $\vec{K}$ vom Kraftmesser auf ihn wirkt, muss zusätzlich eine unbekannte Kraft $\vec{K}^*$ am Kinderwagen wirken, welche $\vec{K}$ das Gleichgewicht hält. $\vec{K}^*$ heißt *Trägheitskraft* $\left(\vec{K}^* = -\vec{K}\right)$.

Beispiel 2: Eine Person befindet sich im Aufzug, der nach oben beschleunigt – eine Waage zeigt mehr als seine Gewichtskraft an!

Erklärung durch den ruhenden Beobachter (außen): Die Waage muss zusätzlich zur Gewichtskraft noch eine Kraft $\vec{K}$ aufbringen, damit durch $\vec{K}$ die Person nach oben beschleunigt wird.

Erklärung durch mitfahrenden Beobachter: Die Person erfährt nicht nur ihre Gewichtskraft $\vec{G}$ nach unten, sondern eine zusätzliche Trägheitskraft $\vec{K}^*$ nach unten – beide muss die Waage ausgleichen.

Beispiel 3: Ein Wagen, der sich auf einer rotierenden Scheibe befindet (Abb. 1.55), muss durch eine Kraft $\vec{K}$ (Kraftmesser) festgehalten werden.

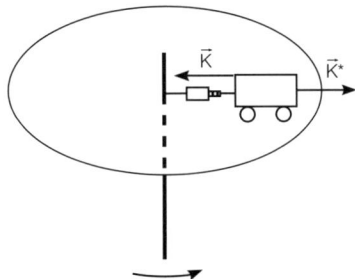

Abb. 1.55

Erklärung des ruhenden Beobachters (außerhalb der Scheibe): Damit der Wagen auf der Kreisbahn bleibt und diese nicht tangential verlässt, muss auf ihn eine *Zentripetalkraft* $\vec{K}$ zum Mittelpunkt wirken – sie kommt vom Kraftmesser.

Erklärung des mitrotierenden Beobachters (er weiß nichts von der Außenwelt): Der Wagen ruht und ist demnach kräftefrei. Der Kraft $\vec{K}$ vom Kraftmesser auf ihn hält offensichtlich eine nach außen gerichtete Kraft $\vec{K}^*$ das Gleichgewicht. $\vec{K}^*$ ist eine Trägheitskraft, die *Fliehkraft* heißt. Diese Fliehkraft *(Zentrifugalkraft)* gibt es aber nur für den mitrotierenden Beobachter!

1.17.1 Möglichkeiten zur Beschreibung dynamischer Probleme

1. Im *Inertialsystem* (ruhend oder gleichförmig bewegt): Keine Trägheitskräfte, nur sonstige (äußere) Kräfte – Newton'sche Mechanik.
2. Im *beschleunigten System* (z. B. rotierende Scheibe): Zusätzlich zu äußeren Kräften Trägheitskräfte einbeziehen! – dann gilt der Trägheitssatz auch hier.

Bei einem Versuch wird eine sich drehende Scheibe mit Kreide „eingeweißt", dann wird ein nasser Tennisball über die Scheibe gerollt, sodass er von außen offenbar geradlinig rollt; auf der Scheibe ist die nasse Kurvenbahn gekrümmt (Abb. 1.56).

Erklärung der gekrümmten Bahn durch den äußeren Beobachter: In der Zeit, die der Ball für die Strecke AB benötigt, läuft der Scheibenpunkt D auf der Kreisbogenlinie an die Stelle von B usw.

Trägheitskräfte

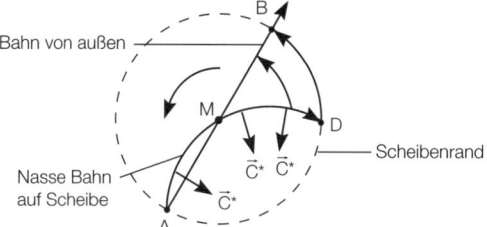

Abb. 1.56

Erklärung durch den mitrotierenden Beobachter: Eine bzgl. der Bewegungsrichtung nach rechts wirkende Trägheitskraft, die *Corioliskraft* $\vec{C}^*$ zwingt die Kugel auf die gekrümmte Bahn von A über M nach B.

In der Geographie hat die Corioliskraft die Rechtsabweichung der Winde auf der Nordhalbkugel und die Linksabweichung auf der Südhalbkugel zur Folge – eine Konsequenz der Erdrotation (Abb. 1.57 a).

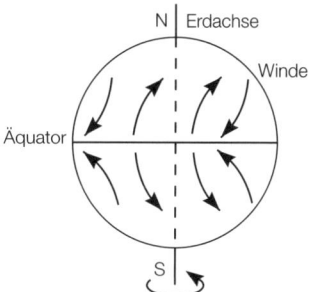

Abb. 1.57a

Bemerkung: Die Erdrotation lässt sich experimentell mithilfe des *Foucault-Pendels* nachweisen.

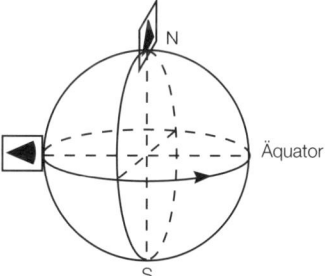

Abb. 1.57b

Die Schwingungsebene des Pendels ist in Abbildung 1.57 b schwarz gezeichnet. Befindet sich das Pendel am Nordpol, so dreht sich diese Ebene im Laufe von 24 h gegenüber der Verbindungslinie der „Pendelpfosten" auf der Erde um 360° (dabei dreht sich nicht die Schwingungsebene, sondern die Verbindungslinie). Am Äquator stellt man überhaupt keine Drehung zwischen Schwingungsebene und Verbindungslinie fest. An irgendeinem anderen Punkt der Erde zwischen Pol und Äquator findet man eine Drehung um einen Winkel α mit $0 < \alpha < 360°$ pro Tag.

1.18 Der Stempeldruck in Flüssigkeiten und Gasen

Eine Flüssigkeit sei in einem Glaskolben mithilfe eines Stempels eingesperrt. Wirkt man mit der Kraft $\vec{F}$ von außen auf den Stempel, so kann die Flüssigkeit nicht ausweichen – sie steht unter Druck. Auf jedes Flächenelement A_i der Gefäßwand wirkt eine Kraft $\vec{F}_i$ (Abb. 1.58). Diese Kraft $\vec{F}_i$ ist stets senkrecht zur Wand gerichtet, was man erkennt, wenn man Löcher in den Glaskolben bohrt – dann spritzt die Flüssigkeit hier senkrecht heraus. Auch auf Flächen im Inneren der Flüssigkeit wirkt eine Kraft (Abb. 1.58, A_5 und $\vec{F}_5$ bzw. $\vec{F}_5^*$); dies erkennt man beispielsweise, wenn ein aufgeblasener Luftballon in die Flüssigkeit gegeben wird: Durch die Druckkräfte wird er gleichmäßig zusammengepresst!

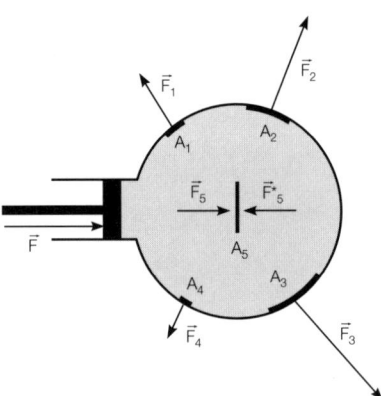

Abb. 1.58

Je größer das Flächenelement A_i ist, desto größer ist auch die Kraft $|\vec{F}_i|$ auf A_i; es gilt $F_i \sim A_i$. Dies kann man sich anschaulich klar machen, wenn man die Flüssigkeitsteilchen als kleine, nicht zusammenpressbare Kugeln auffasst, die untereinander Kräfte ausüben, weil sie gegeneinander gepresst werden; je größer eine (Wand-)Fläche ist, desto mehr Kugeln drücken gegen sie, desto größer ist also die Kraft gegen die Wand.

Wegen $F \sim A$ ist somit $\dfrac{F}{A} = $ const – diese Konstante wird als Druck p in der Flüssigkeit (bzw. in einem Gas) definiert.

Also:

$$\boxed{\text{Druck} = \frac{\text{Kraft}}{\text{Fläche}} \text{ bzw. } p = \frac{F}{A}} \quad \text{(F1.37)}$$

Druckeinheiten:

$1\,\text{Pa} = 1\,\dfrac{\text{N}}{\text{m}^2}$ (Pascal), $1\,\text{bar} = \dfrac{10\,\text{N}}{\text{cm}^2}$, $1\,\text{at} = 9{,}81\,\dfrac{\text{N}}{\text{cm}^2} \approx 1\,\text{bar}$ (Atmosphäre)

$1\,\text{mbar} = \dfrac{1}{1000}\,\text{bar} = \dfrac{1}{1000} \cdot \dfrac{10\,\text{N}}{10^{-4}\,\text{m}^2} = 100\,\dfrac{\text{N}}{\text{m}^2} = 100\,\text{Pa} = 1\,\text{hPa}$ (Hektopascal)

1 atü = 2 at (1 at Überdruck), 3 atü = 4 at (3 at Überdruck)

Aufgabe: Bei einer Wasserleitung herrsche ein Druck von 4,3 bar. Welche Kraft braucht man, um mit dem Daumen an einem geöffneten Hahn von 1,4 cm² Querschnittsfläche das Ausfließen zu verhindern? Welche Kraft wäre am Hydrantanschluss von 25 cm² Querschnittsfläche nötig?

Lösung:

$p = \dfrac{F}{A} \Rightarrow F = p \cdot A$, also:

$F_1 = 4{,}3 \cdot \dfrac{10\,\text{N}}{\text{cm}^2} \cdot 1{,}4\ \text{cm}^2 = 60{,}2\ \text{N}; \quad F_2 = 4{,}3 \cdot \dfrac{10\,\text{N}}{\text{cm}^2} \cdot 25\ \text{cm}^2 = 1075\ \text{N}$

1.18.1 Anwendungen des Stempeldrucks

1.18.1.1 Öldruckbremse

Bei der Flüssigkeits- oder *Öldruckbremse* im Auto erhält man gleiche Bremskräfte F_1, F_2, F_3, F_4 (Abb. 1.59) auf alle vier Reifen, wenn die Querschnittsflächen in den Schläuchen gleich sind. Die Größe der Bremskräfte lässt sich durch die Größe der Flächen regeln.

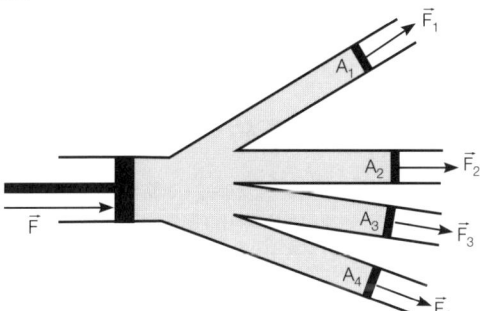

Abb. 1.59

1.18.1.2 Hydraulische Hebebühne

Bei der *hydraulischen Hebebühne* (auch zur *hydraulischen Presse* umbaubar), wie sie in Abbildung 1.60 skizziert ist, wird der Druckkolben links (kleine Fläche A_1) mit der kleinen Kraft F_1 um die große Höhendifferenz h_1 nach unten bewegt; die verdrängte Flüssigkeit hebt rechts den Presskolben (große Fläche A_2) mit der großen Kraft F_2 um die kleine Höhendifferenz h_2. Dabei gilt:

1. Der Druck ist überall in der Flüssigkeit gleich, d. h. $\dfrac{F_1}{A_1} = p = \dfrac{F_2}{A_2}$ oder $F_2 = F_1 \cdot \dfrac{A_2}{A_1}$

   Wegen $A_2 \gg A_1$ wird also $F_2 \gg F_1$ sein; d. h. die Kraft wird vervielfacht!

2. Das links verdrängte Flüssigkeitsvolumen taucht rechts wieder auf, da sich Flüssigkeiten kaum zusammenpressen lassen; also

$h_1 \cdot A_1 = h_2 \cdot A_2$ oder $h_2 = h_1 \cdot \dfrac{A_1}{A_2}$. Wegen $A_2 \gg A_1$ ist also $h_2 \ll h_1$; d. h. die Hubhöhe wird verkleinert!

3. Arbeit am Druckkolben: $W_1 = F_1 \cdot h_1$

   Arbeit am Presskolben: $W_2 = F_2 \cdot h_2 = F_1 \cdot \dfrac{A_2}{A_1} \cdot h_1 \cdot \dfrac{A_1}{A_2} = F_1 \cdot h_1 = W_1$

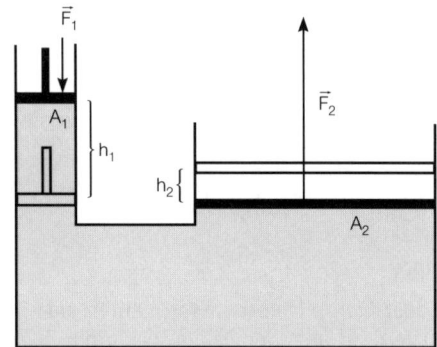

Abb. 1.60

Auch an der hydraulischen Bühne bleibt also die Arbeit erhalten. Es gibt aber keine Arbeitsersparnis, sondern nur Arbeitserleichterung durch Kraftreduktion.

1.19 Der hydrostatische Druck (Schweredruck)

Taucht man in tiefem Wasser, so spürt man, dass eine Kraft auf das Trommelfell wirkt; also muss ein Druck im Wasser herrschen. Dieser rührt daher, dass (siehe Abb. 1.61) auf eine Fläche der Größe A im Wasser die Gewichtskraft $\vec{G}$ der darüberliegenden „Wassersäule" wirkt. Für den Druck p in der Tiefe h gilt demnach:

$p = \dfrac{G}{A} = \dfrac{g \cdot m}{A} = \dfrac{g \cdot \rho \cdot V}{A} = \dfrac{g \cdot \rho \cdot A \cdot h}{A}$, also $\boxed{p = g \cdot \rho \cdot h}$ (F1.38)

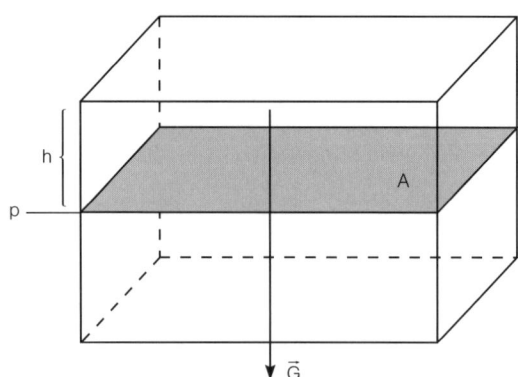

Abb. 1.61

Der hydrostatische Druck (Schweredruck)

Beispiel: Wasserdruck in 10 m Tiefe

$$p = 10\frac{m}{s^2} \cdot 1\frac{kg}{l} \cdot 10\,m = 100\frac{kgm^2}{s^2} \cdot \frac{1}{10^{-3}\,m^3} = 10^5\frac{kgm}{s^2} \cdot \frac{1}{m^2} = 10^5\frac{N}{m^2} = 10^5\,Pa = 1\,bar$$

Der Schweredruck in 10 m Tiefe bei Wasser entspricht also dem äußeren Luftdruck. Nimmt man Quecksilber als Flüssigkeit, dessen Dichte etwa 13,5-mal so groß ist wie die von Wasser, so braucht man für den gleichen Schweredruck nur $\frac{1}{13,5}$ der Höhe wie bei Wasser; d.h., dass bei Quecksilber schon in $\frac{10\,m}{13,5}$ = 76 cm Tiefe der Schweredruck 1 bar beträgt. Da an der Wasseroberfläche Luftdruck herrscht, ist der Gesamtdruck in 10 m Wassertiefe 1 bar + 1 bar = 2 bar.

Bemerkung: Unter dem *spezifischen Gewicht* bzw. der *Wichte* eines Körpers versteht man die Größe $\gamma^* = \frac{G}{V}$; sie hängt mit der Dichte ρ gemäß $\gamma^* = \frac{m \cdot g}{V} = g \cdot \rho$ zusammen. Damit kann man den Schweredruck auch als Produkt aus Wichte und Tiefe erhalten: $p = g \cdot \rho \cdot h = \gamma^* \cdot h$.

Ein Versuch mit einem Druckmeßgerät (Manometer) zeigt bei einer schräg gestellten Wanne (siehe Abb. 1.62), dass in Stellung 1), 2), 3) jeweils derselbe Druck herrscht. Dies erscheint paradox: in Stellung 2) ist mehr Wasser über der Membran als in 1), also erwartet man einen höheren Druck, während in Stellung 3) weniger Wasser über der Membran liegt, was einen geringeren Druck erwarten lässt.

Die Erklärung ist, dass in Stellung 3) das Wasser mit der Kraft $\vec{F}$ schräg nach oben gegen die Wand und diese mit der Gegenkraft $\vec{F}'$ schräg nach unten gegen das Wasser drückt. Zerlegt man $\vec{F}'$ in eine Horizontal- und eine Vertikalkomponente (Abb. 1.62), so bleibt also eine Kraft von der Wand auf das Wasser nach unten übrig, die zur Gewichtskraft der Wassersäule über der Membran hinzukommt. In Stellung 2) liefert die Wand eine vertikale Kraftkomponente auf das Wasser nach oben und „fängt so einen Teil der Gewichtskraft der Wassersäule ab".

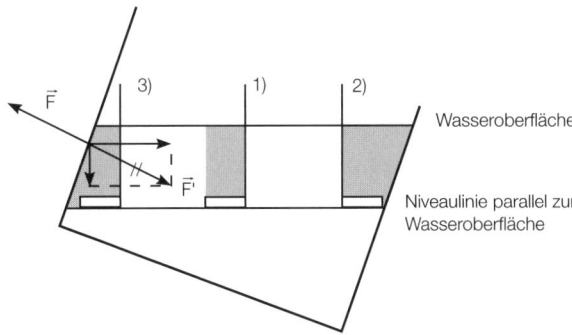

Abb. 1.62

Hydrostatisches Paradoxon:

> Überall auf einer Niveaulinie in einer Flüssigkeit herrscht der gleiche hydrostatische Druck – völlig unabhängig von der Form der Flüssigkeitssäule darüber.

Verbundene Gefäße (Abb. 1.63) sind mit Flüssigkeit gefüllte Behälter, die oberhalb und unterhalb des Flüssigkeitsspiegels miteinander verbunden sind (hier oberhalb durch Luft). Hier liegen die Oberflächen der Flüssigkeit auf gleicher Höhe, denn am Boden muss $p_1 = h_1 \cdot \rho \cdot g$ gleich groß wie $p_2 = h_2 \cdot g \cdot \rho$ sein (im Gleichgewicht).

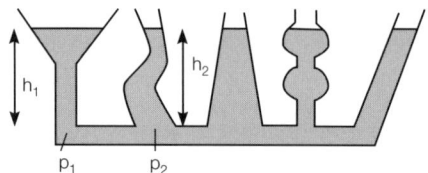

Abb. 1.63

Aufgaben: 1) Mithilfe des Drucks in der Wasserleitung von 4,5 bar soll ein Wagen von 5 t Masse um 2 m gehoben werden. Wie hoch über dem Wasserhahn ist der Wasserspiegel im Turm? Welche Querschnittsfläche muss der Presskolben erhalten? Wie groß ist die notwendige Arbeit?

2) Wie groß ist der Druck in 1000 m Meerestiefe $\left(\rho_{\text{Salzwasser}} = 1,02\,\frac{g}{cm^3}\right)$? Wäre er in einem engen mit Salzwasser gefüllten Schacht von 1000 m Tiefe kleiner als im Pazifik mit seiner großen Fläche? Wie groß ist dort die Kraft von außen auf 1 cm² Oberfläche einer Taucherkugel?

Lösung zu 1): Hier ist der Überdruck gegenüber dem äußeren Luftdruck gemeint, d. h. der reine Schweredruck. Die Wasseroberfläche müsste also in 45 m über dem Wasserhahn liegen (der absolute Druck in der Leitung wäre dann 5,5 bar; da aber am Presskolben auch Luftdruck herrscht, kann man diesen abziehen und mit 4,5 bar rechnen). Die Gewichtskraft des Wagens beträgt 50000 N – so groß muss mindestens die Kraft auf dem Presskolben sein (Kolbengewicht vernachlässigt!).

Wegen $p = \dfrac{F}{A}$ ist $A = \dfrac{F}{p} = \dfrac{50\,000\,\text{N}}{4,5\,\text{bar}} = \dfrac{50\,000\,\text{N}}{4,5 \cdot \frac{10\,\text{N}}{cm^2}} = \dfrac{50\,000\,\text{N}}{45\,\text{N}} \cdot cm^2 = 1111\,cm^2$
$= 11,11\,dm^2$

Notwendige Arbeit: $W = F \cdot s = 50\,000\,\text{N} \cdot 2\,\text{m} = 10^5\,\text{J}$

Lösung zu 2): Hydrostatischer Druck:
$p_1 = g \cdot \rho \cdot h = 9,81\,\dfrac{\text{N}}{\text{kg}} \cdot 1,02\,\dfrac{\text{kg}}{dm^3} \cdot 1000\,\text{m} = 10\,006,2\,\dfrac{\text{Nm}}{dm^3} = 100\,062\,\dfrac{\text{N}}{dm^2}$

$p_1 = 1000,62 \frac{N}{cm^2} = 100,062$ bar. Dazu kommt der Luftdruck von 1 bar, sodass der Gesamtdruck etwa 101 bar beträgt; er wäre im engen Schacht genauso groß (nur h entscheidet!)

Kraft: $F = p \cdot A = 101 \text{ bar} \cdot 1 \text{ cm}^2 = 101 \cdot \frac{10 \text{ N}}{cm^2} \cdot 1 \text{ cm}^2 = 1010$ N

1.20 Der Auftrieb/Schwimmen, Schweben, Sinken

1.20.1 Auftrieb

Aus Erfahrung weiß man, dass ein Stein scheinbar an Gewicht verliert, wenn man ihn ins Wasser bringt. Diese Erfahrung lässt sich experimentell bestätigen – im Wasser muss also auf den Stein eine nach oben gerichtete Auftriebskraft wirken, die der Gewichtskraft entgegen gerichtet ist, sie also „abmildert".

Erklärung: In einem mit Wasser gefüllten quaderförmigen Becken befinde sich ein ebenfalls quaderförmiger Körper so, dass zwei seiner Flächen (getönt, Inhalt A) parallel zur Wasseroberfläche sind (Abb. 1.64). Dann wirken auf die sechs Quaderflächen des Körpers aufgrund des Drucks im Wasser die Kräfte $\vec{F_1}, \ldots \vec{F_6}$. Dabei heben sich $\vec{F_3}$ und $\vec{F_4}$ sowie $\vec{F_5}$ und $\vec{F_6}$ gegenseitig auf. Dagegen ist F_1 größer als F_2, weil an der Körperunterseite der hydrostatische Druck größer ist; also bleibt insgesamt eine Kraft von der Größe $F_A = F_1 - F_2$ nach oben vom Wasser auf den Körper übrig.

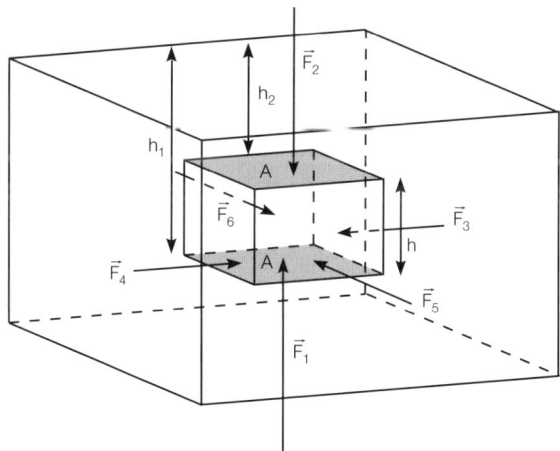

Abb. 1.64

Auftriebskraft:

$F_A = F_1 - F_2 = p_1 \cdot A - p_2 \cdot A = h_1 \cdot g \cdot \rho \cdot A - h_2 \cdot g \cdot \rho \cdot A = g \cdot \rho \cdot A(h_1 - h_2) = g \cdot \rho \cdot A \cdot h = g \cdot \rho \cdot V$. Dabei ist ρ die Dichte der Flüssigkeit, V das Volumen des Körpers bzw. der vom Körper verdrängten Flüssigkeit; somit ist $\rho \cdot V$ die Masse und $g \cdot \rho \cdot V$ die Gewichtskraft der verdrängten Flüssigkeit.

Damit gilt für die Auftriebskraft: $\boxed{F_A = g \cdot \rho_{\text{Flüss}} \cdot V_{\text{Körper}} = G_{\text{Flüss}}}$ (F1.39)

Die Auftriebskraft ist gleich der Gewichtskraft der verdrängten Flüssigkeit

Bemerkungen:

1. Die Formel gilt nicht nur für regelmäßige Quader, parallel zur Wasseroberfläche liegend, sondern für alle Körper, auch unregelmäßige.
2. Solange man $\rho_{\text{Flüss}}$ bzw. $V_{\text{Körper}}$ als konstant ansetzen kann, ist der Auftrieb unabhängig von der Tiefe, in der sich der Körper befindet.

Berühmt ist der Auftrag von König Hieron von Syrakus an den Gelehrten Archimedes, eine Goldkrone auf ihre Echtheit zu überprüfen, ohne sie zu zerstören. Über das Ergebnis der Überprüfung schwanken die Meinungen, das Vorgehen war wie folgt:

1. Schritt: In Luft wird auf einer Waage die Krone mit einem Klumpen reinen Goldes ins Gleichgewicht gebracht; also gilt $m_{\text{Krone}} = m_{\text{Klumpen}}$

2. Schritt: Beim Eintauchen der Anordnung in Wasser blieb das Gleichgewicht erhalten, also erfahren beide Körper den gleichen Auftrieb; somit gilt $V_{\text{Krone}} = V_{\text{Klumpen}}$

Daher müssen beide Körper auf die gleiche Dichte $\rho = \frac{m}{V}$ besitzen, d.h. $\rho_{\text{Krone}} = \rho_{\text{Gold}}$, d.h. die Krone war echt.

Aufgaben: 1) Man hebt unter Wasser einen Felsblock $\left(\rho = 2,5\,\frac{g}{\text{cm}^3}\right)$ mit der Kraft 100 N. Welche Gewichtskraft erfährt er über Wasser?

2) Ein Körper erfährt in Luft die Gewichtskraft 20,5 cN, in Wasser „wiegt" er 13,75 cN, in einer unbekannten Flüssigkeit 9,360 N. Berechne die Dichte der Flüssigkeit!

($1\,\text{cN} = 0,01\,\text{N}$)

Lösung zu 1): Über Wasser: $G = g \cdot m = g \cdot \rho_{\text{Fels}} \cdot V$

Unter Wasser: $F = G - F_A = g \cdot \rho_{\text{Fels}} \cdot V - g \cdot \rho_{\text{Wasser}} \cdot V$

$$\Rightarrow \frac{G}{F} = \frac{g \cdot V \cdot \rho_{\text{Fels}}}{g \cdot V \cdot (\rho_{\text{Fels}} - \rho_{\text{Wasser}})} = \frac{2,5}{2,5-1}$$

also $\dfrac{G}{100\,\text{N}} = \dfrac{2,5}{1,5}$ bzw. $G = \dfrac{25}{15} \cdot 100\,\text{N} = \dfrac{500}{3}\,\text{N} = 166\dfrac{2}{3}\,\text{N}$

Lösung zu 2): Auftrieb in Wasser: $F_A = 20,5\,\text{cN} - 13,75\,\text{cN} = 6,75\,\text{cN}$

$= G_{\text{Wasser}}^{\text{verdrängt}} = g \cdot \rho_{\text{Wasser}} \cdot V = 10\,\dfrac{\text{N}}{\text{kg}} \cdot 1\,\dfrac{\text{kg}}{\text{dm}^3} \cdot V$

$$\Rightarrow V_{\text{Körper}} = \frac{6,75\,\text{cN}}{10\,\frac{\text{N}}{\text{kg}} \cdot 1\,\frac{\text{kg}}{\text{dm}^3}} = \frac{6,75 \cdot 10^{-2}}{10}\,\text{dm}^3 = 6,75\,\text{cm}^3$$

Der Auftrieb/Schwimmen, Schweben, Sinken

Auftrieb in der Flüssigkeit:

$F_A = 20,5 \text{ cN} - 9,36 \text{ cN} = 11,14 \text{ cN} = g \cdot \rho_{\text{Flüss}} \cdot V = 10 \dfrac{N}{kg} \cdot \rho_{\text{Flüss}} \cdot 6,75 \text{ cm}^3$

$\Rightarrow \rho_{\text{Flüss}} = \dfrac{11,14 \text{ cN}}{10 \frac{N}{kg} \cdot 6,75 \text{ cm}^3} = \dfrac{11,14 \cdot 10^{-2} \text{ N} \cdot \text{kg}}{10 \cdot 6,75 \text{ Ncm}^3} = \dfrac{11,14}{6,75} \dfrac{g}{\text{cm}^3} \approx 1,65 \dfrac{g}{\text{cm}^3}$

1.20.2 Schwimmen, Schweben, Sinken

Auf einen Körper, der vollkommen in einer Flüssigkeit untergetaucht ist, wirken die Gewichtskraft $\vec{G}_K$ mit $G_K = g \cdot V \cdot \rho_K$ nach unten und die Auftriebskraft $\vec{F}_A$ mit $F_A = g \cdot V \cdot \rho_{Fl}$ nach oben.
1. **Fall:** $G_K > F_A$ bzw. $\rho_K > \rho_A$: Der Körper sinkt nach unten (z. B. Stein)
2. **Fall:** $G_K = F_A$ bzw. $\rho_K = \rho_A$: Der Körper schwebt (z. B. Fisch)
3. **Fall:** $G_K < F_A$ bzw. $\rho_K < \rho_{Fl}$: Der Körper steigt zur Oberfläche, taucht teilweise auf und schwimmt dann.

Bedingung für das Schwimmen an der Oberfläche:

Der Körper taucht nicht vollständig in die Flüssigkeit ein (Abb. 1.65), sondern nur soweit bis $F_A = G_K$ gilt; also Schwimmbedingung

$\boxed{G_{\text{Körper}} = G_{\text{Flüss}}^{\text{verdrängt}}}$ (F1.40 a)

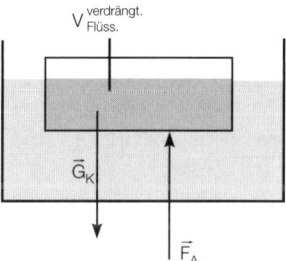

Abb. 1.65

Beim Schwimmen ist das Gewicht des Körpers gleich dem Gewicht der verdrängten Wassermenge

Umformung von (F1.40 a) liefert $g \cdot \rho_K \cdot V_K = g \cdot \rho_{Fl} \cdot V_{Fl}^{\text{verdr}}$, also gilt beim Schwimmen:

$\boxed{V_{\text{Flüss}}^{\text{verdrängt}} = \dfrac{\rho_{\text{Körper}}}{\rho_{\text{Flüss}}} \cdot V_{\text{Körper}}}$ (F1.40 b)

Beispiel: Sei die Flüssigkeit dreimal so dicht wie der Körper, dann gilt
$V_{\text{Flüss}}^{\text{verdrängt}} = \dfrac{\rho_K}{3 \cdot \rho_K} \cdot V_{\text{Körper}} = \dfrac{1}{3} V_{\text{Körper}}$; der Körper taucht also gerade zu $\dfrac{1}{3}$ ein!

Aufgaben: 1) Die Gewichtskraft eines Hühnereis beträgt in Luft 61 cN, in Wasser scheinbar 6 cN. Welche Dichte hat eine Kochsalzlösung, in der es schwebt?

2) Wie viel% eines Eisbergs (Dichte $0,99\,\text{g}/\text{cm}^3$) ragen über die Wasseroberfläche $\left(\rho_{\text{Salzwasser}} = 1,02\,\frac{\text{g}}{\text{cm}^3}\right)$?

3) In einem randvoll gefüllten Becherglas schwimmt ein Eisbrocken. Läuft das Wasser über, wenn das Eis schmilzt?

Lösung zu 1): Auftrieb $F_A = 61\,\text{cN} - 6\,\text{cN} = 55\,\text{cN} = g \cdot \rho_{\text{Wasser}} \cdot V_{\text{Ei}}$;

also $V_{\text{EI}} = \dfrac{55\,\text{cN}}{10\,\frac{\text{N}}{\text{kg}} \cdot 1\,\frac{\text{kg}}{\text{dm}^3}} = \dfrac{55 \cdot 10^{-2}\,\text{N} \cdot \text{dm}^3}{10\,\text{N}} = 55\,\text{cm}^3$

Dichte des Eis: $\rho_{\text{Ei}} = \dfrac{m_{\text{Ei}}}{V_{\text{Ei}}}$ mit $m_{\text{Ei}} = 61\,\text{g}$, also $\rho_{\text{Ei}} = \dfrac{61\,\text{g}}{55\,\text{cm}^3} = 1,11\,\dfrac{\text{g}}{\text{cm}^3} \rightarrow$ diese Dichte hat die Kochsalzlösung, in der es schwebt.

Lösung zu 2): $V_{\text{Flüss}}^{\text{verdrängt}} = \dfrac{0,99\,\text{g}/\text{cm}^3}{1,02\,\text{g}/\text{cm}^3} \cdot V_{\text{Eisberg}} = \dfrac{88,23}{100} \cdot V_{\text{Eisberg}}$,

also ragen 11,77 % des Eisbergs über das Wasser.

Lösung zu 3): Es gilt $G_{\text{Eis}} = G_{\text{Wasser}}^{\text{verdrängt}}$, wenn der Brocken schwimmt. Wenn er zu Wasser schmilzt, gilt $G_{\text{Eis}} = G_{\text{Wasser}}^{\text{Schmelz}}$; also haben Schmelzwasser und verdrängtes Wasser die gleiche Gewichtskraft und - gleiches Wasser vorausgesetzt - auch das gleiche Volumen. Das Glas bleibt also randvoll und läuft nicht über.

1.21 Statik der Gase/Gesetz von Boyle-Mariotte

1.21.1 Statik der Gase

Beim Versuch nach Abbildung 1.66 werden die Halbkugeln „luftdicht" zusammengesetzt, dann wird der Innenraum leer gepumpt. Man stellt fest, dass erst unter großem Kraftaufwand die Halbkugeln sich wieder trennen lassen (1650 führte Guericke diesen Versuch auf dem Magdeburger Marktplatz durch - erst zweimal acht Pferden gelang es, die Kugeln wieder zu trennen).

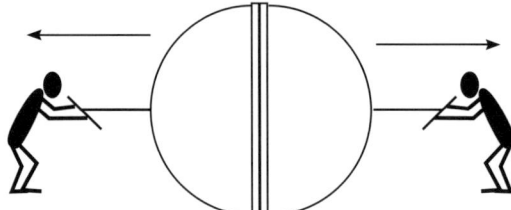

Abb. 1.66

Erklärung: Die Kraft des äußeren Luftdrucks presst die Halbkugeln gegeneinander.

Bei Flüssigkeiten erklärten wir den Schweredruck durch die Gewichtskraft der Flüssigkeitssäule über einer Fläche; entsprechend ist der Luftdruck durch die Gewichtskraft der „Luftsäule" über uns zu erklären.

Bemerkungen:
1. Bei Gasen gilt die Formel $p = g \cdot \rho \cdot h$ für den Schweredruck nicht, weil die Gasdichte nicht konstant ist, sondern mit der Höhe abnimmt; dagegen gilt die Auftriebsformel $F_A = V_{Körper} \cdot g \cdot \rho_{Gas}$ für den Auftrieb in Gasen auf unserer Erde weiterhin - allerdings hängt ρ_{Gas} eben stark von der Höhe ab.
2. Wir merken die Kraft des Luftdrucks auf unseren Arm (Abb. 1.67) deshalb nicht, weil sie von allen Seiten wirkt und somit Kräftegleichgewicht herrscht; weil wir zu über 90 % aus Flüssigkeit bestehen, werden wir nicht zusammengepresst - Flüssigkeiten lassen sich kaum zusammenpressen!

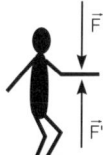

Abb. 1.67

3. Bei normalen Wägungen wird meist der Auftrieb vernachlässigt und damit ein prinzipieller Fehler gemacht, der aber im Allgemeinen sehr klein ist.
4. Die Bedingungen für Sinken, Steigen, Schweben lassen sich von Flüssigkeiten auf Gase übertragen mit dem prinzipiellen Unterschied, dass ein Körper mit $\rho_K < \rho_{Gas}$ nicht wie in der Flüssigkeit zur „Oberfläche" steigt und dann schwimmt, sondern solange steigt bis $\rho_K = \rho_{Gas}$ gilt (die Gasdichte nimmt ja mit der Höhe ab) und dann schwebt.

Ergänzungen:
1. Mit dem Flüssigkeits- oder U-Rohr-Manometer (Abb. 1.68) lässt sich der Gasüber- bzw. Gasunterdruck gegenüber dem Luftdruck bestimmen. Auf der unteren Niveaulinie muss nämlich Druckgleichheit links und rechts herrschen, d.h.
$p_{Gas} = p_{Luft} + p_{Flüss}$

bzw. $\boxed{\underbrace{p_{Gas} - p_{Luft}}_{\text{Gasüberdruck}} = h \cdot g \cdot \rho_{Flüss}}$ (F1.41)

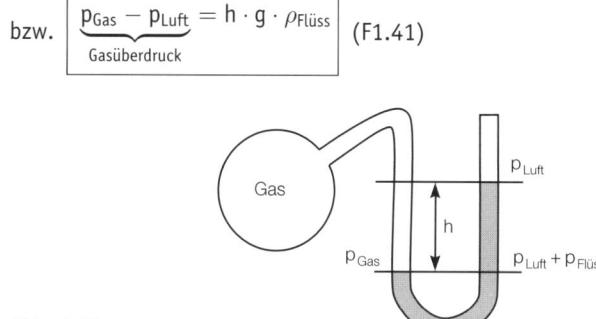

Abb. 1.68

2. **Winkelheber:** Wenn keine Luft im Rohr ist, läuft solange Wasser aus Gefäß B nach Gefäß A, bis beiderseits der Wasserspiegel auf gleicher Höhe liegt (Abb. 1.69).
Erklärung: Da auf Höhe der Wasseroberfläche von A Luftdruck herrscht, ist der Druck oben links von R (Bei der Stelle R denken wir uns einen Querschnitt durch das Ruhr gelegt) um $p_W = h_1 \cdot g \cdot \rho_W$ kleiner.

Also links von R: $p_{ges}^{li} = p_{Luft} - h_1 \cdot g \cdot \rho_W$

rechts von R: $p_{ges}^{re} = p_{Luft} - h_2 \cdot g \cdot \rho_W$

$\Rightarrow$ wegen $h_1 > h_2$ ist $p_{ges}^{li} < p_{ges}^{re}$; also fließt so lange Wasser nach links, bis $p_{ges}^{li} = p_{ges}^{re}$ bzw. $h_1 = h_2$ gilt.

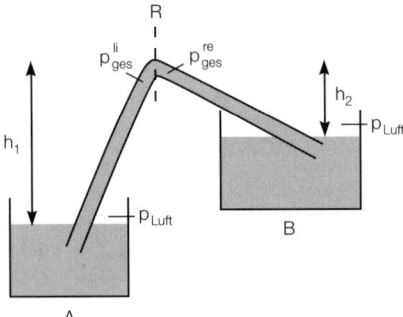

Abb. 1.69

Aufgabe: Die Hülle eines Kinderballons hat eine Gewichtskraft von 3 cN und fasst 5 l Gas. Wie groß ist sein Auftrieb in Luft der Dichte $\rho = 1,28 \, g/l$? Wie groß sind Gesamtgewicht und Tragkraft bei einer Füllung mit Leuchtgas $(\rho = 0,6 \, g/l)$, Wasserstoff $(\rho = 0,09 \, g/l)$, Helium $(\rho = 0,18 \, g/l)$?

Lösung:
$F_A = g \cdot \rho_{Luft} \cdot V = 10 \frac{N}{kg} \cdot 1,28 \frac{kg}{m^3} \cdot 5 \, l = 12,8 \frac{N}{10^3 \, l} \cdot 5 \, l = 64 \cdot 10^{-3} \, N = 6,4 \, cN$
(Auftriebskraft)

Leuchtgasfüllung: $G_{Gas} = g \cdot \rho_{Gas} \cdot V = 10 \frac{N}{kg} \cdot 0,6 \frac{kg}{m^3} \cdot 5 \, l = 3 \, cN$,
Gesamtgewicht: 6 cN, Tragkraft: 6,4 cN - 6cN = 0,4 cN

Wasserstoff: Gesamtgewicht 3,45 cN, Tragkraft 2,95 cN; Helium: Gesamtgewicht 3,9 cN, Tragkraft 2,5 cN.

1.21.2 Gesetz von Boyle-Mariotte

Die Erfahrung zeigt, dass Gase sich zusammenpressen lassen; je größer der Druck einer (eingeschlossenen) Gasmenge bei konstanter Temperatur ist, desto kleiner ist ihr Volumen und umgekehrt. Den genauen Zusammenhang liefert ein Messversuch; man erhält das *Gesetz von Boyle-Mariotte:*

Mechanische Schwingbewegungen 67

> Bei einem eingeschlossenen Gas konstanter Temperatur sind Druck und Volumen umgekehrt proportional, d.h. zum n-fachen Druck gehört $\frac{1}{n}$ des Volumens bzw. $p \cdot V = $ const bzw. $p_1 \cdot V_1 = p_2 \cdot V_2$ (F1.42)

1.22 Mechanische Schwingbewegungen

1.22.1 Schwingbewegung

Ein Körper sei mittels zweier Federn seitlich eingespannt und soll reibungsfrei (Luftkissen!) auf einer Unterlage gleiten können. Lenkt man ihn aus seiner Gleichgewichtslage aus und lässt ihn los, so vollführt er eine periodische Hin- und Herbewegung, eine so genannte Schwingbewegung (Abb. 1.70).

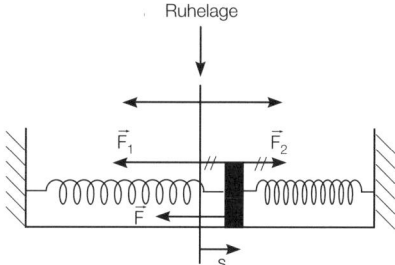

Abb. 1.70

In der *Ruhelage* ist die linke Feder mit der Federkonstante D_1 bereits um l_1 verlängert und bewirkt eine Kraft $\vec{K}_1$ nach links; die rechte Feder mit D_2 ist um l_2 verlängert und zieht mit $\vec{K}_2$ nach rechts, wobei Kräftegleichgewicht am Körper herrscht, d.h. $K_1 = K_2$ bzw. (Hooke'sches Gesetz, siehe Kap. 1.3.4) $D_1 \cdot l_1 = D_2 \cdot l_2$ (I) gilt.(Daraus und aus der Gesamtverlängerung $l_1 + l_2$ beider Federn lassen sich übrigens l_1 und l_2 berechnen).

Lenkt man jetzt aus der Ruhe- oder Gleichgewichtslage zusätzlich den Körper um die Strecke s nach rechts aus, so wird die linke Feder um $l_1 + s$, die rechte um $l_2 - s$ verlängert; wegen des Hooke'schen Gesetzes zieht (Abb. 1.70) die linke Feder mit der Kraft $\vec{F}_1$ vom Betrag $F_1 = D_1 (l_1 + s)$ nach links, die rechte mit $\vec{F}_2$ vom Betrag $F_2 = D_2 (l_2 - s)$ nach rechts: Da F_1 größer ist, bleibt insgesamt eine Kraft vom Betrag

$F = F_1 - F_2 = D_1(l_1 + s) - D_2(l_2 - s) = \underbrace{(D_1 l_1 - D_2 l_2)}_{= 0 \text{ (s.o. (I))}} + D_1 \cdot s + D_2 \cdot s$

$= (D_1 + D_2) \cdot s = D \cdot s$ mit $D = D_1 + D_2$ nach links übrig.

Würde man den Körper um s nach links aus der Ruhelage auslenken, so würde auf ihn eine Kraft vom Betrag F = D · s nach rechts wirken. Bei Auslenkung des Körpers aus der Ruhelage stellt sich also immer eine Kraft ein, die entgegengesetzt zur Auslenkung zur Ruhelage hin gerichtet ist – sie heißt *Rückstellkraft* und *ist proportional zur Auslenkung* und führt zur Schwingbewegung. Die Verlängerungen l_1, l_2 der Federn in der Ruhelage spielen für F übrigens keine Rolle.

Die Rückstellkraft bewirkt nach dem Newton'schen Grundgesetz (Kap. 1.7) gemäß F = m · a eine Beschleunigung des Körpers, welche (siehe Kap. 1.4.4) die zweite Ableitung $\ddot{s}(t)$ der Wegfunktion s(t) ist, d.h. $F = m \cdot \ddot{s}$ (II)

Weil die Rückstellkraft entgegen der Auslenkung s zeigt, sagen wir im Folgenden $F = -D \cdot s$ (III). Hierin steckt die Konvention, dass wir ab jetzt wie in Kap. 1.14.4 alle nach rechts zeigenden Auslenkungen, Kräfte, Geschwindigkeiten positiv ansetzen, und alle nach links zeigenden negativ.

Setzt man (III) in (II) ein, so folgt:

$$\boxed{m \cdot \ddot{s} = -D \cdot s \text{ oder } \ddot{s} = -\frac{D}{m} \cdot s \text{ oder } \ddot{s} + \frac{D}{m} \cdot s = 0}$$ (F1.43 a, b, c)

Dies ist die *Differentialgleichung der harmonischen Schwingbewegung* mit der Schwingermasse m und der Gesamtfederkonstante D. Eine Schwingbewegung heißt harmonisch, wenn die Rückstellkraft proportional zur Auslenkung ist. Gesucht ist die Wegfunktion s(t), die aber in (F1.43) nicht direkt, sondern zusammen mit ihrer zweiten Ableitung $\ddot{s}(t)$ auftritt!

1.22.2 Schwingungsfrequenz

Gemäß (F1.43 b) sucht man also eine Funktion s(t), deren 2. Ableitung bis auf einen negativen konstanten Faktor $-\frac{D}{m}$ mit der Funktion selbst übereinstimmt!

Als Lösungsfunktionen bieten sich Sinus- oder Kosinusfunktionen an – allgemeinster Ansatz zur Lösung von (F1.43) wäre

$$\boxed{s(t) = s_0 \cdot \sin(\omega t + \varphi_0)}$$ (F1.44)

Wegen $\dot{s}(t) = s_0(\cos(\omega t + \varphi_0)) \cdot \omega$, $\ddot{s}(t) = -s_0(\sin(\omega t + \varphi_0)) \cdot \omega^2$ (Kettenregel) erhält man durch Einsetzen in (F1.43 c):

$$\boxed{s_0 \cdot \sin(\omega t + \varphi_0) \cdot \left(-\omega^2 + \frac{D}{m}\right) = 0}$$ (F1.45)

Gleichung (F1.45) soll für jeden beliebigen Zeitpunkt erfüllt sein. Da aber $\sin(\omega t + \varphi_0)$ normalerweise nicht 0 ist und $s_0 = 0$ gemäß (F1.44) sinnlos ist, muss $-\omega^2 + \frac{D}{m} = 0$ gelten; bei Beschränkung auf positives ω (keine Einschränkung) muss also gelten:

$$\boxed{\omega = \sqrt{\frac{D}{m}}}$$ (F1.46 a).

Der Ansatz (F1.44) beschreibt eine periodische Bewegung; alles wiederholt sich nach der Periode T mit $\omega \cdot T = 2\pi$. Also ist $T = \frac{2\pi}{\omega} = 2\pi\sqrt{\frac{m}{D}}$ *die Dauer einer*

Mechanische Schwingbewegungen

Schwingung und $f = \frac{1}{T} = \frac{\omega}{2\pi} = \frac{1}{2\pi}\sqrt{\frac{D}{m}}$ (vergleiche Kap. 1.15.3) die *Schwingungsfrequenz*, d.h. die Zahl der Schwingungen je Sekunde.

Ergebnis:

Für die harmonische Schwingung (Masse m, Federkonstante D) gilt:
$\omega = \sqrt{\frac{D}{m}}$, $f = \frac{1}{2\pi}\sqrt{\frac{D}{m}}$, $T = 2\pi\sqrt{\frac{m}{D}}$ (F1.46 a, b, c)

Bemerkungen:

1. Eine Dimensionskontrolle liefert
$$\left[\sqrt{\frac{D}{m}}\right] = \sqrt{\frac{N}{m} \cdot \frac{1}{kg}} = \sqrt{\frac{kg \cdot m}{s^2} \cdot \frac{1}{mkg}} = \frac{1}{s} = Hz,$$
sodass f die richtige Einheit hat.

2. s_0 ist (für $s_0 > 0$) die maximale Auslenkung aus der Ruhelage und heißt *Amplitude* der Schwingung.

3. Im Ansatz (F1.44) wird gemäß (F1.46 a) nur die Größe ω festgelegt; die Amplitude s_0 und die Phasenverschiebung φ_0 folgen aus den **Anfangsbedingungen**, d.h. der Auslenkung $s(t=0)$ und der Geschwindigkeit $v(t=0)$ zur Zeit $t = 0$. Soll etwa bei $t = 0$ der Körper maximale Auslenkung s_0, aber keine Geschwindigkeit haben, so wäre $s(t) = s_0 \cdot \cos \omega t = s_0 \sin\left(\omega t + \frac{\pi}{2}\right)$, d.h. $\varphi_0 = \frac{\pi}{2}$ der richtige Ansatz. Soll bei $t = 0$ die Auslenkung gerade 0 sein, aber der Körper mit der Geschwindigkeit v_0 durch die Ruhelage schwingen, so wäre $s(t) = s_0 \cdot \sin \omega t$ mit $v(t) = \omega s_0 \cdot \cos \omega t$, also $v(t=0) = s_0 \omega = v_0$, also $s_0 = \frac{v_0}{\omega}$ und $\varphi_0 = 0$ der richtige Ansatz.

1.22.3 Beispiel für eine kompliziertere Anfangsbedingung

Bei $m = 50$ g und $D = 5\frac{N}{cm}$ sei $s(t=0) = 0,3$ m, $v(t=0) = 20\frac{m}{s}$
Die Frequenz ist durch m und D fest vorgegeben:
$$\omega = \sqrt{\frac{500\,N}{m} \cdot \frac{1}{0,05\,kg}} = \sqrt{10^4 \frac{kg \cdot m}{s^2\,mkg}} = 100\,Hz, \quad f = \frac{\omega}{2\pi} \approx 15,9\,Hz$$
Ansatz: $s(t) = s_0 \sin(\omega t + \varphi_0)$, $v(t) = \dot{s}(t) = s_0 \omega \cos(\omega t + \varphi_0)$
→ soll sein: $s(0) = s_0 \cdot \sin \varphi_0 = 0,3$ m (I)
$$v(0) = s_0 \omega \cos \varphi_0 = 20\frac{m}{s} \quad (II)$$
(I)/(II) stellt ein Gleichungssystem für s_0, φ_0 dar, das wir so lösen:
(I) : (II) liefert $\frac{s_0 \sin\varphi_0}{s_0\,\omega\,\cos\varphi_0} = \frac{0,3\,m}{20\,m/s}$

Daraus folgt: $\tan\varphi_0 = \omega \cdot \dfrac{3}{200\frac{1}{s}} = \dfrac{300\text{ Hz}}{200\text{ Hz}}$, also $\tan\varphi_0 = \dfrac{3}{2}$ (III)

Wir wollen φ_0 im Periodizitätsintervall zwischen 0 und 2π wählen, gleichzeitig soll s_0 positiv und damit gemäß (I)/(II) $\sin\varphi_0 > 0$ und $\cos\varphi_0 > 0$ gelten. Damit hat (III) genau eine Lösung zwischen 0 und $\dfrac{\pi}{2}$, nämlich $\varphi_0 \approx 0{,}983$. Einsetzen in (I) liefert $s_0 = \dfrac{0{,}3\text{ m}}{\sin\varphi_0} \approx 0{,}36\text{ m}$

Die gesuchte Lösung lautet also dann $s(t) = 0{,}36\text{ m} \cdot \sin\left(100\dfrac{t}{s} + 0{,}983\right)$

1.22.4 Energie bei der mechanischen Horizontalschwingung

Es treten Spannungs- und Bewegungsenergie auf, wobei wegen der Vorspannung der Federn in der Ruhelage gilt:

$$E_{ges} = E_{Spann}^1 + E_{Spann}^2 + E_{Kin} = \frac{1}{2}D_1(l_1+s)^2 + \frac{1}{2}D_2(l_2-s)^2 + \frac{1}{2}mv^2 =$$

$$= \underbrace{\frac{1}{2}D_1 l_1^2 + \frac{1}{2}D_2 l_2^2}_{=E_0} + \frac{1}{2}D_1 s^2 + \frac{1}{2}D_2 s^2 + D_1 l_1 s - D_2 l_2 s + \frac{1}{2}mv^2$$

$$= E_0 + \frac{1}{2}(D_1+D_2)s^2 + s\cdot \underbrace{(D_1 l_1 - D_2 l_2)}_{=0\text{ wegen (I) in 1.22.1}} + \frac{1}{2}mv^2$$

Damit: $\boxed{E_{ges} = E_0 + \dfrac{1}{2}Ds^2 + \dfrac{1}{2}mv^2}$ (F1.47)

$E_0 = \dfrac{1}{2}D_1 l_1^2 + \dfrac{1}{2}D_2 l_2^2$ ist die Ruheenergie der gespannten Federn, wenn der Körper in der Gleichgewichtslage ruht, $\dfrac{1}{2}Ds^2$ ist die zusätzliche Spannungsenergie bei Auslenkung um s aus der Ruhelage, $\dfrac{1}{2}mv^2$ die kinetische Energie.

Setzt man $s(t) = s_0 \cdot \sin(\omega t + \varphi_0)$, $v(t) = s_0\omega\cos(\omega t + \varphi_0)$ und $\omega = \sqrt{\dfrac{D}{m}}$ in (F1.47) ein, so folgt:

$$E_{ges}(t) = E_0 + \frac{1}{2}Ds_0^2 \cdot \sin^2(\omega t + \varphi_0) + \frac{1}{2}m\cdot \underbrace{\omega^2}_{=D/m} s_0^2 \cos^2(\omega t + \varphi_0) =$$

$$E_0 + \frac{1}{2}Ds_0^2 \left[\underbrace{\sin^2(\omega t + \varphi_0) + \cos^2(\omega t + \varphi_0)}_{=1}\right] = E_0 + \frac{1}{2}Ds_0^2 = \text{const}$$

Die Gesamtenergie ist also zeitlich konstant! Es findet dauernd eine Umwandlung von kinetischer in Spannungsenergie und umgekehrt statt.

1.22.5 Die vertikale Federschwingung

Hier ist in der Ruhelage die Feder bereits um die Strecke l_0 gedehnt und „fängt" die Gewichtskraft des Körpers auf (Abb. 1.71):

Mechanische Schwingbewegungen

$D \cdot l_0 = F_{Feder} = G = m \cdot g \quad (I)$

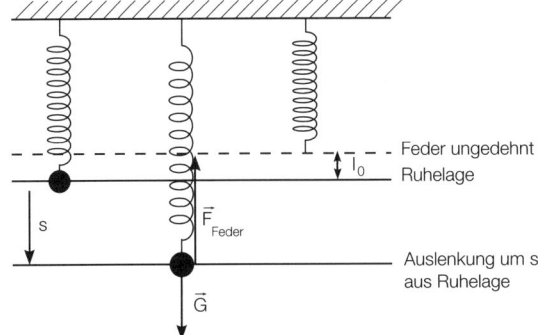

Abb. 1.71

Lenkt man die Feder um s aus der Ruhelage nach unten aus, so ist sie insgesamt um $l_0 + s$ gedehnt; sie bewirkt die Federkraft vom Betrag $|\vec{F}_{Feder}| = D(l_0 + s)$ nach oben, während die Gewichtskraft am Körper nach unten zieht. Werden ab jetzt alle nach unten gerichteten Größen positiv gerechnet, so gilt für die Gesamtkraft auf den Körper:

$$F = -D \cdot (l_0 + s) + G = \underbrace{\left(-D \cdot l_0 + G\right)}_{=\,0 \text{ nach (I)}} - D \cdot s = -D \cdot s$$

> **F ist also wieder rücktreibend, d. h. eine Rückstellkraft wegen des Minus, und es gilt** $F \sim s$ **– also liegt wieder eine harmonische Schwingung vor** (l_0 spielt für F keine Rolle).

Die Differenzialgleichung für das Problem lautet formal gleich wie bei der horizontalen Federschwingung, nämlich $-D \cdot s = F = m \cdot a = m \cdot \ddot{s}$ bzw. $\ddot{s} + \dfrac{D}{m} s = 0$ und von dort darf auch die Lösung $s(t) = s_0 \sin(\omega t + \varphi_0)$ mit $\omega = \sqrt{\dfrac{D}{m}}$ übernommen werden, wobei hier D die Konstante der einen Feder ist.

Bei der Energie trifft jetzt zusätzlich Lageenergie auf! Legt man deren Nullniveau in die Ruhelage, so gilt:

$$E_{ges} = E_{Spann} + E_{Lage} + E_{Kin} = \frac{1}{2} D(l_0 + s)^2 - G \cdot s + \frac{1}{2} mv^2 =$$

$$\frac{1}{2} Dl_0^2 + \frac{1}{2} Ds^2 + \underbrace{\left(D \cdot l_0 - G\right)}_{=\,0 \text{ nach (I)}} \cdot s + \frac{1}{2} mv^2 = E_0 + \frac{1}{2} Ds^2 + \frac{1}{2} mv^2$$

Man erhält das entsprechende Ergebnis wie im horizontalen Fall und kann ebenso die zeitliche Konstanz der Gesamtenergie zeigen – Bewegungsenergie, Spannungs- und Lageenergie wandeln sich ineinander um.

1.22.6 Die U-Rohr-Schwingung

In einem U-förmigen Glasrohr befinde sich (gefärbtes) Wasser. Durch „Ansaugen" kann man erreichen, dass etwa der Wasserstand im rechten Teilstück höher und gleichzeitig der im linken Teilstück tiefer liegt als bei der Gleichgewichtslage (Abb. 1.72). „Lässt man dann los", so führt das Wasser im U-Rohr eine Schwingbewegung um die Gleichgewichtslage aus.

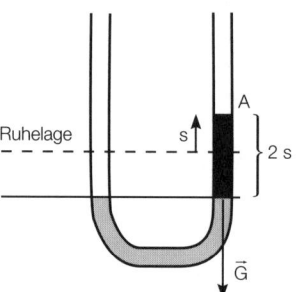

Abb. 1.72

Lenkt man das Wasser rechts um s aus der Gleichgewichtslage nach oben aus, so steht der Wasserspiegel rechts um 2 s über dem links; die Gewichtskraft dieses „Überstands" $G_{ü} = g \cdot m_{ü} = g \cdot \rho \cdot V_{ü} = g \cdot \rho \cdot A \cdot 2s$ (A ist die Querschnittsfläche), wirkt als rücktreibende Kraft und beschleunigt das gesamte Wasser. Wird die Richtung nach oben positiv gerechnet, so folgt also: $F_{rück} = -g \cdot \rho \cdot A \cdot 2s = m \cdot \ddot{s}$

Ist l die Gesamtlänge der Wassersäule, so gilt $m = \rho \cdot V = \rho \cdot A \cdot l$ und durch Einsetzung in die vorherige Gleichung erhält man die *Differentialgleichung der U-Rohrschwingung*:

$$\boxed{-g \cdot \rho \cdot A \cdot 2s = \rho \cdot A \cdot l \cdot \ddot{s} \quad \text{bzw.} \quad \ddot{s} + \frac{2g}{l} \cdot s = 0}$$ (F1.48)

Lösung: $s(t) = s_0 \sin(\omega t + \varphi_0)$ mit $\omega = \sqrt{\frac{2g}{l}}$, $T = \frac{2\pi}{\omega} = 2\pi\sqrt{\frac{l}{2g}}$ (folgt analog zu (F1.43)/(F1.46 a), wenn man dort $\frac{D}{m}$ durch $\frac{2g}{l}$ ersetzt)

Bemerkung: Wegen $F_{rück} \sim s$ liegt wieder eine harmonische Schwingung vor, bei der die Energie zwischen Lage- und kinetischer Energie hin und her pendelt, wobei die Gesamtenergie zeitlich konstant ist.

1.22.7 Das Fadenpendel

Versuche zeigen, dass die Frequenz der Fadenpendelschwingung nicht von der Pendelmasse abhängt, sondern nur von der Fadenlänge: Je kürzer der Faden ist, desto größer ist die Frequenz. Wir denken uns (Abb. 1.73) das Pendel um den Winkel α aus der Ruhelage ausgelenkt und die Gewichtskraft $\vec{G}$ des Kügelchens in

Komponenten $\vec{F}_1$ bzw. $\vec{F}_2$ in bzw. senkrecht zur Fadenrichtung zerlegt – dann gilt $F_1 = G \cdot \cos\alpha$, $F_2 = G \cdot \sin\alpha$

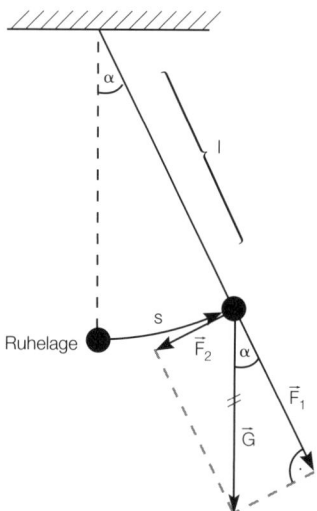

Abb. 1.73

Die Kraft $\vec{F}_1$ wird durch eine Fadenkraft ausgeglichen, die Kraft $\vec{F}_2$ treibt das Kügelchen zur Ruhelage zurück; mit der üblichen Vorzeichenkonvention ist also die rücktreibende Kraft $F_{rück} = -G \cdot \sin\alpha$ (I)
Nun gilt:

$$\frac{\text{Bogenstück s}}{\text{Kreisumfang } 2\pi \cdot l} = \frac{\text{Winkel } \alpha \text{ (im Bogenmaß)}}{\text{Gesamtwinkel } 2\pi}, \text{ also } \alpha = \frac{s}{l} \text{ (im Bogenmaß)(II)}$$

Einsetzen von (II) in (I) liefert: $\boxed{F_{rück} = -G \cdot \sin\frac{s}{l}}$ (F1.49)

Wegen des Sinus gilt also beim *Fadenpendel* nicht $F \sim s$, d.h. *es liegt keine harmonische Schwingung vor.*
Über $F_{rück} = m \cdot \ddot{s}$ erhält man die schwierig zu lösende Differenzialgleichung $\ddot{s} + \frac{G}{m} \sin\frac{s}{l} = 0$ der Fadenpendelschwingung.

Tabelle 1.1: Kleine Winkel beim Fadenpendel

Winkel im Gradmaß	0,5	1°	2°	5°
$\frac{s}{l}$ = Winkel im Bogenmaß	0,0087	0,0175	0,0349	0,0873
$\sin\frac{s}{l}$	0,0087	0,0175	0,0349	0,0872

Die Tabelle 1.1 für kleine Winkel zeigt, dass man für kleine Auslenkungen $s \ll l$ setzen kann: $\sin\frac{s}{l} \approx \frac{s}{l}$

Damit erhält man für kleine Auslenkungen näherungsweise eine harmonische Schwingbewegung mit $F_{rück} \approx -G \cdot \frac{s}{l} \sim s$ und der Differentialgleichung

$$\ddot{s} + \frac{G}{m} \cdot \frac{s}{l} = 0 \text{ bzw. } \ddot{s} + \frac{g}{l} \cdot s = 0 \quad \text{(F1.50)}$$

Die **Lösung** kann man wie üblich angeben:

$s(t) = s_0 \sin(\omega + \varphi_0)$ mit $\omega = \sqrt{\frac{g}{l}}$, $f = \frac{1}{2\pi}\sqrt{\frac{g}{l}}$, $T = \frac{1}{f} = 2\pi\sqrt{\frac{l}{g}}$

Das Versuchsergebnis bestätigt sich – f ist masseunabhängig und wegen $f \sim \frac{1}{\sqrt{l}}$ wächst f, wenn l kleiner wird.

Aufgabe: 1) Ein Klotz der Masse m = 0,5 kg ist zwischen 2 gleichen Federn mit je $D = 1\frac{N}{cm}$ eingespannt und wird um 15 cm nach rechts ausgelenkt und dann bei t = 0 aus der Ruhe losgelassen. Wie groß ist die Periode T der Schwingbewegung, wann hat er zum ersten Mal die Auslenkung 5 cm nach links erreicht und welche Geschwindigkeit hat er dann, wenn er zunächst reibungslos gleitet?

2) Jetzt wird das „Luftkissenfahrbahn-Gebläse" abgestellt, sodass Gleitreibung ins Spiel kommt $(f_{gl} = 0,2)$. Wieder wird der Körper bei einer Auslenkung von 15 cm nach rechts zur Zeit t = 0 aus der Ruhe losgelassen. Welche Geschwindigkeit hat er jetzt, wenn er zum ersten Mal die Auslenkung von 5 cm nach links erreicht und an welcher Stelle x hat er die größte Geschwindigkeit?

Lösung: 1) Gesamtfederkonstante

$D^* = 2\frac{N}{cm}$, $\omega = \sqrt{\frac{D^*}{m}} = \sqrt{\frac{2 N/cm}{0,5\,kg}} = \sqrt{\frac{400\,N}{m \cdot kg}} = 20\,Hz$, $f = \frac{20\,Hz}{2\pi} \approx 3,2\,Hz$

$T = \frac{1}{f} \approx \frac{\pi}{10}\,s \approx 0,31\,s$; $s(t) = 15\,cm \cdot \cos\omega t$,

$v(t) = \dot{s}(t) = -15\,cm \cdot 20\,Hz \cdot \sin\omega t = -3\frac{m}{s}\sin\omega t$

Zeit: Soll sein $-5\,cm = 15\,cm\,\cos\omega t$, also

$\cos\omega t = -\frac{1}{3} \Rightarrow \omega t \approx \pi - 1,23 \approx 1,91$, also $t = \frac{1,91}{20\,Hz} \approx 0,10\,s$

Geschwindigkeit: $v(0,1\,s) = -3\frac{m}{s}\sin(1,91) = -2,83\frac{m}{s}$ (die Geschwindigkeit zeigt nach links)

2) Da jetzt zusätzlich die Reibungskraft auftritt, gelten die meisten Formeln nicht mehr; es liegt auch keine ungedämpfte sinusförmige Schwingbewegung vor, sondern die Auslenkungen werden immer kleiner, bis der Körper zum Stillstand kommt. Weiterhin gilt die Energieformel $E_{ges} = E_0 + \frac{1}{2}D^*s^2 + \frac{1}{2}mv^2$

Beim Start hat der Körper die Energie

$E_1 = E_0 + \frac{1}{2} \cdot 2\frac{N}{cm} \cdot (15\,cm)^2 = E_0 + 100\frac{N}{m} \cdot \frac{225}{10^4}\,m^2 = E_0 + 2,25\,J$

Bei der Auslenkung um 5 cm nach links hat er die Energie

$E_2 = E_0 + \frac{1}{2} \cdot 2\frac{N}{cm} \cdot (-5\,cm)^2 + \frac{1}{2}mv^2 = E_0 + 0,25\,J + \frac{1}{2}mv^2$

Wegen der Reibung wird die mechanische Energie nicht erhalten – vielmehr ist E_2 um die Reibungsarbeit
$W_R = F_{gl} \cdot s = f_{gl} \cdot G \cdot (15\,cm + 5\,cm) = 0,2 \cdot 5\,N \cdot 0,2\,m = 0,2\,J$ kleiner als E_1!
Also ist $E_2 = E_1 - 0,2\,J$ bzw. $E_0 + 0,25\,J + \frac{1}{2} mv^2 = E_0 + 2,25\,J - 0,2\,J$
Die Ruheenergie E_0 spielt keine Rolle, man erhält
$\frac{1}{2} mv^2 = 1,8\,J$ bzw. $v^2 = \frac{3,6\,J}{0,5\,kg} = 7,2\,\frac{m^2}{s^2}$
Da die Geschwindigkeit nach links zeigt, gilt $v = -\sqrt{7,2}\,\frac{m}{s} \approx -2,68\,\frac{m}{s}$; wegen der Reibung hat der Körper weniger Geschwindigkeit als im Falle 1).

Nachdem der Körper bei der Auslenkung 15 cm losgelassen wurde, wird er durch die Rückstellkraft $F_{rück} = -D^* \cdot s$ nach links beschleunigt, während die nach rechts zeigende Reibungskraft F_{gl} ihn bremst. Zunächst überwiegt die beschleunigende Kraft – sie wird aber betraglich proportional zu s immer kleiner, während F_{gl} bleibt. Dann wenn beide gleich groß sind, wird der Körper nicht mehr beschleunigt – der Körper hat maximale Geschwindigkeit! Weiter links überwiegt die bremsende Reibung.

Bed.: $\left|\vec{F}_{rück}\right| = \left|\vec{F}_{gl}\right|$, also $D^* \cdot x = f_{gl} \cdot G$ bzw. $x = \frac{0,2 \cdot 5\,N}{2\,N/cm} = 0,5\,cm$ (rechts der Ruhelage)

1.23 Gedämpfte Schwingungen/Erzwungene Schwingungen der Mechanik

1.23.1 Gedämpfte Schwingungen

Durch Reibungsverluste erhält man keine periodische ungedämpfte Schwingbewegung, sondern eine gedämpfte mit abklingender Amplitude. Handelt es sich um die übliche Gleitreibung, die (vergleiche Kap. 1.6) unabhängig von der Größe der Geschwindigkeit v ist, so erhält man linear gedämpfte Schwingungen (die „Amplitudenmaxima" bzw. „-minima" liegen auf schrägen Geraden); wenn die Reibung vom Luftwiderstand kommt, ist die Reibungskraft proportional v^2. Bei der Bewegung von Körpern in zähen Flüssigkeiten ist die Reibungskraft proportional zu v – dann ist die Gesamtkraft auf den Körper $F_{ges} = F_{rück} + F_{Reib} = -D \cdot s - k \cdot v$ und mit $v = \dot{s}$ lautet die *Differenzialgleichung*

$$\boxed{F = m \cdot \ddot{s} = -Ds - k \cdot \dot{s} \text{ bzw. } m\ddot{s} + k \cdot \dot{s} + D \cdot s = 0}\ \ (F1.51)$$

Als Lösung erhält man eine experimentell gedämpfte Schwingbewegung, bei der der Quotient von zwei aufeinander folgenden Amplituden nahezu konstant ist: $\frac{s_{k+1}}{s_k} = const < 1$ (Abb. 1.74).
(Die Lösung hat die Gestalt $s(t) = e^{-\rho t} s_0 \sin(\omega t + \varphi_0)$ mit $\rho = \frac{k}{2\,m}$, $\omega = \sqrt{\frac{D}{m} - \frac{k^2}{4\,m^2}}$, wie eine längere Rechnung zeigt).

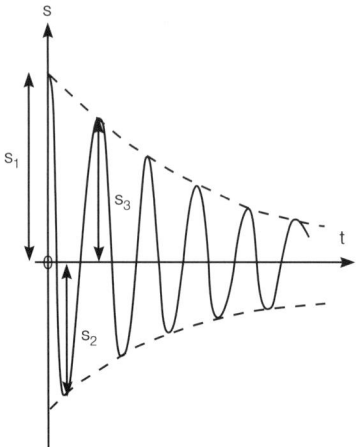

Abb. 1.74

1.23.2 Erzwungene Schwingungen

Ein schwingungsfähiges System habe eine bestimmte Eigenfrequenz f_0 im reibungsfreien Fall – z. B. gilt für ein Feder-Masse-System $f_0 = \dfrac{1}{2\pi}\sqrt{\dfrac{D}{m}}$. Jetzt soll auf dieses System von außen längere Zeit eine sinusförmige periodische Kraft mit der Zwangsfrequenz f einwirken, außerdem soll Reibung vorhanden sei. Schwingt das System und wenn ja mit der Frequenz f_0 oder f oder einer anderen Frequenz, gedämpft oder ungedämpft?

Abb. 1.75 zeigt, wie man über eine sich drehende Scheibe mit einem Bolzen, an dem ein Seil befestigt ist, das zwischen zwei festen Bolzen hindurchläuft und dann mit dem Feder-Masse-System verbunden ist, eine solche periodische Kraft experimentell realisieren kann. Eine längere Rechnung zeigt, dass die Kraft tatsächlich sinusförmig ist.

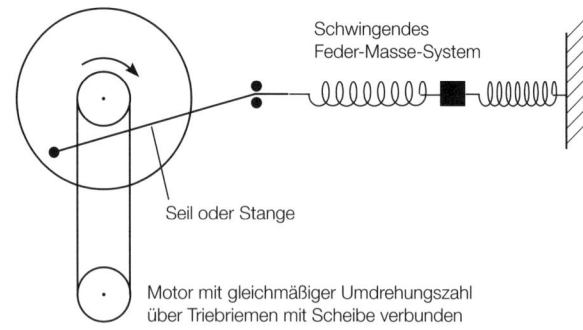

Abb. 1.75

Der Versuch zeigt, dass das System (nach einer gewissen Einschwingphase) mit der Zwangsfrequenz f eine ungedämpfte Schwingung ausführt. In der Einschwing-

Gedämpfte Schwingungen/Erzwungene Schwingungen der Mechanik 77

phase gelangt durch die äußere Kraft immer wieder neue Energie zum Schwinger, dessen Amplitude sich immer mehr vergrößert bis schließlich die zugeführte Energie gleich der (durch Reibung) verloren gehenden ist – dann bleibt die Amplitude konstant. Das anfängliche Vergrößern der Amplitude heißt *Aufschaukeln* der Schwingung.

Bei $f \approx f_0$ ist die sich einstellende Amplitude maximal *(Resonanzfall)* – die Energie wird zum optimalen Zeitpunkt zugeführt (man stellt fest, dass der Schwinger der Zwangskraft um $\frac{\pi}{2}$ in der Phase bzw. $\frac{T}{4}$ in der Zeit hinterherläuft – siehe Abb. 1.76 b).

Resonanzkatastrophe: Wenn die sich einstellende Amplitude für $f \approx f_0$ zu groß wird, bricht das schwingende System auseinander (z. B. Brückeneinsturz durch Soldaten im Marschtritt, Motorschwingungen bei Fahrzeugen in Werkshallen). Durch Änderung von f_0 oder f (Hinweggehen über den gefährlichen Frequenzbereich) bzw. lockere Kopplung zwischen Erreger und Schwinger kann man die Katastrophe verhindern.

Eine Rechnung präzisiert und erklärt diesen Befund. Auf den Schwinger wirken jetzt die Federkraft, die Reibungskraft und die periodische Zwangskraft:
$F_{ges} = F_{Zwang} + F_{Feder} + F_{Reibung} = \hat{F} \cdot \sin\omega t - D \cdot s - k \cdot v$

Über $F_{ges} = m \cdot \ddot{s}$ folgt die *Differenzialgleichung der erzwungenen Schwingung:*

$$\boxed{m \cdot \ddot{s} + k \cdot \dot{s} + D \cdot s = \hat{F}\sin\omega t}$$ (F1.52)

Da nach dem Versuchsergebnis das System mit der Zwangsfrequenz schwingt, machen wir den Ansatz $s(t) = \hat{s} \cdot \sin(\omega t - \delta)$ (I)

$\Rightarrow \dot{s}(t) = \hat{s} \cdot (\cos(\omega t - \delta))\omega$, $\ddot{s}(t) = -\hat{s}(\sin(\omega t - \delta)) \cdot \omega^2$

Einsetzen in (F1.52) liefert:

$-m\omega^2 \, \hat{s} \sin(\omega t - \delta) + k \cdot \omega \cdot \hat{s} \cdot \cos(\omega t - \delta) + D\hat{s} \sin(\omega t - \delta) = \hat{F}\sin\omega t$ bzw.

$\sin(\omega t - \delta) \cdot [D - m\omega^2] + k \cdot \omega \cos(\omega t - \delta) = \frac{\hat{F}}{\hat{s}} \sin\omega t$

Wir führen die Abkürzungen $x = \omega t$, $A = D - m\omega^2$, $B = k \cdot \omega$ und $C = \frac{\hat{F}}{\hat{s}}$ ein und erhalten so $A \cdot \sin(x - \delta) + B\cos(x - \delta) = C \cdot \sin x$

Über die trigonometrischen Summenformeln folgt

$A \cdot [\sin x \cdot \cos\delta - \cos x \sin\delta] + B[\cos x \cos\delta + \sin x \sin\delta] = C \cdot \sin x$ und schließlich

$\sin x \cdot [A\cos\delta + B\sin\delta] + \cos x \cdot [B\cos\delta - A\sin\delta] = C \cdot \sin x$ (II)

Gleichung (II) soll zu jeder Zeit t, d. h. für alle x gelten – dies geht nur, wenn die Vorfaktoren von sin x und cos x links und rechts des Gleichheitszeichens übereinstimmen, also:

$A\cos\delta + B\sin\delta = C$ (III)
$B\cos\delta - A\sin\delta = 0$ (IV)

Aus (IV) folgt

$B\cos\delta = A\sin\delta$ bzw. $\tan\delta = \dfrac{\sin\delta}{\cos\delta} = \dfrac{B}{A}$ (V)

(III)² + (IV)² liefert:

$A^2\cos^2\delta + 2AB\cos\delta\sin\delta + B^2\sin^2\delta + B^2\cos^2\delta - 2AB\cos\delta\sin\delta + A^2\sin^2\delta = C^2$ bzw.

$(A^2 + B^2)\underbrace{(\sin^2\delta + \cos^2\delta)}_{=1} = C^2$

Setzen wir anstelle von A, B, C die ursprünglichen Größen ein, so folgt:

$\tan\delta = \dfrac{k\omega}{D - m\omega^2} = \dfrac{k\omega}{m\omega_0^2 - m\omega^2}$ mit der „Eigenfrequenz" $\omega_0 = \sqrt{\dfrac{D}{m}}$,

$\dfrac{\hat{F}}{\hat{s}} = \sqrt{\underbrace{(D - m\omega^2)^2}_{A} + k^2\omega^2} = \sqrt{(m\omega_0^2 - m\omega^2)^2 + k^2\omega^2}$

Ergebnis:

> Bei einer periodischen Zwangskraft $F(t) = \hat{F}\cdot\sin\omega t$ ist $s(t) = \hat{s}\cdot\sin(\omega t - \delta)$
> und es gilt für die Amplitude $\hat{s} = \dfrac{\hat{F}}{\sqrt{m^2(\omega_0^2 - \omega^2)^2 + k^2\omega^2}}$
> und für die Phasenverschiebung $\tan\delta = \dfrac{k\omega}{m(\omega_0^2 - \omega^2)}$ $(0 < \delta < \pi)$*⁾

(F1.53 a, b)

*⁾**Bemerkung:** Sicher sind $C = \dfrac{\hat{F}}{\hat{s}}$ und $B = k\cdot\omega$ positive Größen, während A > 0 oder A = 0 oder A < 0 gelten kann.

Eine genaue Untersuchung von (III), (IV), (V) zeigt, dass für A > 0, d. h. $\omega < \omega_0$ die Phasenverschiebung δ zwischen 0 und $\frac{\pi}{2}$ liegt, während für A = 0 (d. h. $\omega = \omega_0$) gerade $\delta = \frac{\pi}{2}$ und für A < 0 (d.h. $\omega > \omega_0$) δ zwischen $\frac{\pi}{2}$ und π liegt.
    Damit und aus Gl. (F1.53 b) kann man δ als Funktion von ω ermitteln – die entsprechende Kurve zeigt Abbildung 1.76 b.
    Die Funktion $\hat{s}(\omega)$ ist etwas kompliziert. Für sehr kleine Dämpfung ($k \approx 0$) erhält man

$\hat{s} \approx \dfrac{\hat{F}}{m\cdot|\omega_0^2 - \omega^2|}$

Die zugehörige Kurve hat einen Pol ohne Vorzeichenwechsel bei $\omega = \omega_0$, was der Resonanzkatastrophe bei sehr kleiner Reibung entspricht (die Energie wächst andauernd weiter). Für kleines k (schwache Reibung) zeigt die *Resonanzkurve* von $\hat{s}(\omega)$ ein scharfes hohes Maximum kurz vor ω_0, für großes k (starke Reibung) erhält man ein flacheres breiteres Maximum (Abb. 1.76 a).

Überlagerung von Schwingungen

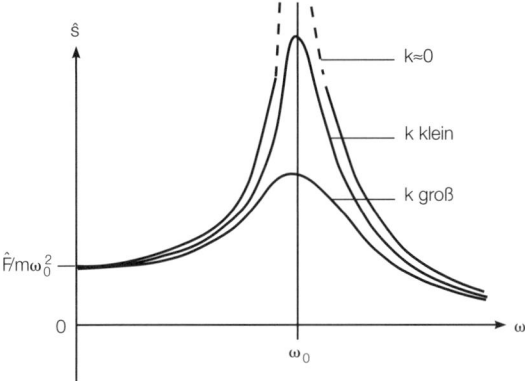

Abb. 1.76a

Abbildung 1.76 b zeigt die *Phasenverschiebung* δ als Funktion von ω. Für kleine Frequenzen sind Schwinger und erregende Kraft nahezu in Phase, für $\omega = \omega_0$ (Resonanzfall) läuft der Schwinger um $\frac{\pi}{2}$ hinterher und für große Frequenzen läuft er um π hinterher, d. h. Kraft und Schwinger sind in Gegenphase.

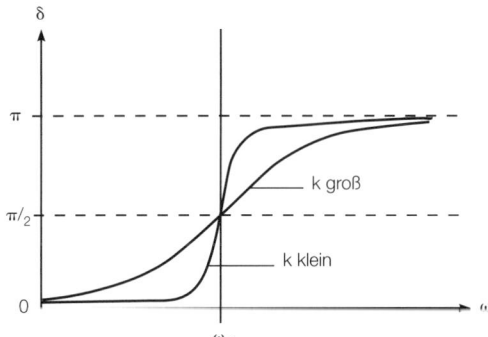

Abb. 1.76b

1.24 Überlagerung von Schwingungen

Wir denken uns folgenden **Versuch** (Abb. 1.77): Ein Wagen ist zwischen zwei horizontale Federn (Konstanten D_1, D_2) eingespannt und macht eine horizontale Schwingbewegung; in einem an ihm befestigten Glasrohr hängt ein kleines Massestück an einer Feder (Konstante D_3) und kann eine reibungsfreie vertikale Schwingbewegung machen. Welche Bewegung vollführt es in einem x/y-Koordinatensystem, dessen Ursprung in der Ruhelage liegt?

Auslenkung des Massestücks nach rechts (= Auslenkung des Wagens nach rechts): x(t)

Auslenkung nach oben: y(t)

In der Ruhelage ist die linke Feder um l_1, die rechte um l_2, die obere um l_3 verlängert, wobei gilt: $D_1 \cdot l_1 = D_2 \cdot l_2$ und $D_3 \cdot l_3 = G_{Massestück} = g \cdot m$ (m ist die Masse des Massestücks, M sei die Masse von Wagen und Glasrohr zusammen).

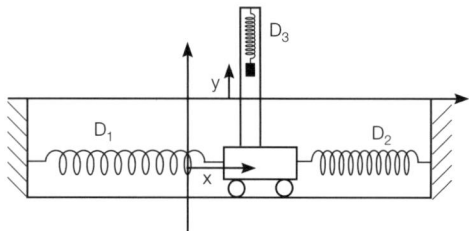

Abb. 1.77

Bei der Auslenkung um x nach rechts aus der Ruhelage gilt für die rücktreibende Kraft: $F = -D_1(l_1 + x) + D_2(l_2 - x)$.

Also: $F = \underbrace{-D_1 l_1 + D_2 l_2}_{= 0 \text{ (s.o.)}} - D_1 x - D_2 x = -D^* x$ mit $D^* = D_1 + D_2$.

Wir erhalten eine harmonische Horizontalschwingung, wobei F Wagen, Glasrohr und Massestück beschleunigt. Damit ist $F = -D^* x = (m + M) \cdot \ddot{x}$ bzw.

$$\ddot{x} + \frac{D^*}{m+M} x = 0 \quad (I)$$

Für die Auslenkung um y nach oben ist die rücktreibende Kraft

$K = -G_{\text{Massestück}} + D_3 \cdot (l_3 - y) = \underbrace{-g \cdot m + D_3 l_3}_{= 0 \text{ (s.o.)}} - D_3 y$,

also ist auch diese Schwingbewegung harmonisch und es gilt

$K = -D_3 y = m \cdot \ddot{y}$ bzw. $\ddot{y} + \dfrac{D_3}{m} y = 0 \quad (II)$

(I) bzw. (II) stellen die Differenzialgleichungen für die horizontale bzw. vertikale Schwingbewegung dar – die Lösungen sind

$x(t) = \hat{x} \cdot \sin(\omega_1 t + \varphi_1)$ mit $\omega_1 = \sqrt{\dfrac{D^*}{M+m}}$, $y(t) = \hat{y} \cdot \sin(\omega_2 t + \varphi_2)$ mit

$\omega_2 = \sqrt{\dfrac{D_3}{m}} \quad (III)$

Beachte: Bei der Versuchsdurchführung stirbt die Vertikalbewegung bald ab. Grund dafür sind starke Reibungskräfte, wenn die Glasinnenwand nicht total glatt ist. Letzteres setzen wir aber bei der theoretischen Beschreibung voraus!

1.24.1 Zahlenbeispiele/Bewegungstypen bei der Überlagerung von Horizontal- und Vertikalbewegung

1. Sei $M = 1$ kg, $m = 20$ g, $D_1 = 140 \dfrac{N}{m}$, $D_2 = 13 \dfrac{N}{m}$, $D_3 = 3 \dfrac{N}{m}$;

dann ist $\omega_1 = \sqrt{\dfrac{153 \text{ N}}{m \cdot 1{,}02 \text{ kg}}} = \sqrt{150 \dfrac{\text{kg} \cdot \text{m}}{\text{s}^2 \text{m kg}}} = 5\sqrt{6}$ Hz $\approx 12{,}25$ Hz $\approx 4\pi$ Hz

Überlagerung von Schwingungen

und $\omega_2 = \sqrt{\dfrac{3\,\text{N}}{\text{m} \cdot 0,02\,\text{kg}}} = \sqrt{150}\,\text{Hz} = \omega_1 \approx 12,25\,\text{Hz} \approx 4\pi\,\text{Hz}$;

$f_1 = f_2 = \dfrac{\omega}{2\pi} \approx 2\,\text{Hz}$; $T_1 = T_2 \approx \dfrac{1}{2}\,\text{s}$

Wir betrachten jetzt $x(t)$, $y(t)$ für verschiedene Anfangsbedingungen!

1. Fall: Für $t = 0$ sei $y = 2$ cm, $v_y = 0$, $x = 5$ cm, $v_x = 0$: Dann ist
$x(t) = 5\,\text{cm} \cdot \cos\left(\dfrac{4\pi}{s}t\right)$, $y(t) = 2\,\text{cm} \cdot \cos\left(\dfrac{4\pi}{s} \cdot t\right)$

Trägt man die Punkte $(x(t)|y(t))$ für verschiedene Zeiten, z.B. für $t = 0$, $\dfrac{1}{16}\,\text{s}, \dfrac{1}{8}\,\text{s}, \dfrac{1}{4}\,\text{s}, \dfrac{3}{8}\,\text{s}, \dfrac{1}{2}\,\text{s}$ in das Koordinatensystem ein, so erkennt man, dass das Massestück sich *auf einer Geraden* durch den Nullpunkt des K.S. bewegt (Abb. 1.78 a):

Grund: $\dfrac{y}{x} = \dfrac{2\,\text{cm}\,\cos(4\pi/s\,t)}{5\,\text{cm}\,\cos(4\pi/s\,t)} = \dfrac{2}{5} \Rightarrow y = \dfrac{2}{5}\,x$ (Geradengleichung)

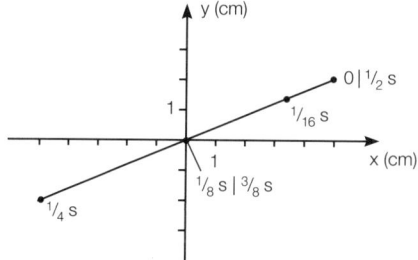

Abb. 1.78a

In diesem Fall sind Horizontal- und Vertikalschwingung frequenz- und phasengleich.

2. Fall: Für $t = 0$ sei $x = 3$ cm, $v_x = 0$, $y = 0$, $v_y = 15\sqrt{6}\,\dfrac{\text{cm}}{\text{s}}$:

Dann ist $x(t) = 3\,\text{cm} \cdot \cos\left(\dfrac{4\pi}{s}t\right)$

$y(t) = y_0 \sin\left(\dfrac{4\pi}{s}t\right)$ mit $\dot{y}(0) = y_0 \cdot \dfrac{4\pi}{s} = 15\sqrt{6}\,\dfrac{\text{cm}}{\text{s}}$

Damit ist $y_0 = \dfrac{15\sqrt{6}\,\frac{\text{cm}}{\text{s}}}{\frac{4\pi}{s}} \approx \dfrac{15\sqrt{6}}{5\sqrt{6}}\,\text{cm} = 3\,\text{cm}$, also $y(t) = 3\,\text{cm}\,\sin\left(\dfrac{4\pi}{s}t\right)$

Wir rechnen wie im 1. Fall für die gleichen Zeiten die entsprechenden Punkte aus und erkennen, dass sich das Massestück *auf einem Ursprungskreis* bewegt (Abb. 1.78 b).

Grund: $x^2 + y^2 = (3\,\text{cm})^2 \cos^2\left(\dfrac{4\pi}{s}t\right) + (3\,\text{cm})^2 \cdot \sin^2\left(\dfrac{4\pi}{s}t\right) = 9\,\text{cm}^2$, d.h. der Abstand $r = \sqrt{x^2 + y^2}$ des Kurvenpunktes vom Ursprung ist stets 3 cm!

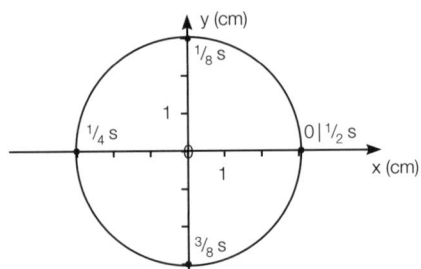

Abb. 1.78b

Horizontal- und Vertikalbewegung sind frequenz- und amplitudengleich, aber um $\frac{\pi}{2}$ phasenverschoben $\left(\cos\left(\frac{4\pi}{s}t\right) = \sin\left(\frac{4\pi}{s}t + \frac{\pi}{2}\right)\right)$

3. Fall: Für $t = 0$ sei $x = 5$ cm, $v_x = 0$, $y = 0$, $v_y = 15\sqrt{6}\frac{cm}{s}$ – dies liefert $x(t) = 5$ cm $\cdot \cos\left(\frac{4\pi}{s}t\right)$, $y(t) \approx 3$ cm $\cdot \sin\left(\frac{4\pi}{s}t\right)$.

Hier sind die beiden Bewegungen frequenzgleich, aber um $\frac{\pi}{2}$ phasenverschoben und haben verschiedene Amplituden – man erhält eine *Ellipse* symmetrisch zur x- und y-Achse.

> **Allgemein gilt:** Bei der Überlagerung einer Horizontalschwingung mit einer frequenzgleichen Vertikalschwingung erhält man als Bewegungskurven Ellipsen (Spezialfälle: Kreise, Geradenstücke)

2. Sei $f_1 = \frac{1}{24}$ Hz, $f_2 = \frac{1}{16}$ Hz, d.h. $T_1 = 24$ s, $T_2 = 16$ s und für $t = 0$ sei $x(0) = 0$, $v_x(0) = \frac{\pi}{3}\frac{cm}{s}$, $y(0) = 0$, $v_y(0) = \frac{3\pi}{4}\frac{cm}{s}$

Dann ist $x(t) = \hat{x}\sin\left(\frac{2\pi t}{24 s}\right)$ mit $\dot{x}(0) = \frac{2\pi}{24 s} \cdot \hat{x} = \frac{\pi}{3}\frac{cm}{s}$, also $\hat{x} = 4$ cm $\Rightarrow x(t) = 4$ cm $\sin\left(\frac{2\pi t}{24 s}\right)$, ebenso $y(t) = 6$ cm $\sin\left(\frac{2\pi t}{16 s}\right)$

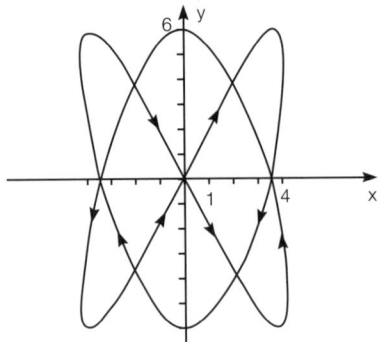

Abb. 1.78c

Man erkennt leicht, dass die Gesamtbewegung die Periode 48 s hat. Rechnet man für t = 0,. 2 s, 4 s, ... 48 s jeweils $(x(t)|y(t))$ aus und trägt den Punkt in ein x-/y-K.S. ein, so ergibt sich die Abbildung 1.78 c, wobei die Pfeile angeben, wie diese Bahnkurve durchlaufen wird.

Solche Figuren, die durch Überlagerung von Horizontal- und Vertikalschwingungen entstehen, heißen *Lissajou-Figuren*.

1.24.2 Eindimensionale Überlagerung

Bei einem Versuch gemäß Abbildung 1.79 sind zwei geladene Kondensatorplättchen im Gleichgewichtsabstand d_0 befestigt und mit Q bzw. –Q aufgeladen. Das linke Plättchen werde nun von einer Schallwelle getroffen und vollführt eine Schwingung um seine Ruhelage: $x_1(t) = \hat{x}_1 \sin(\omega_1 t + \varphi_1)$ (nach links positiv gerechnet). Das rechte Plättchen werde ebenfalls von einer Schallwelle getroffen und schwingt um seine Ruhelage gemäß $x_2(t) = \hat{x}_2 \cdot \sin(\omega_2 t + \varphi_2)$ (nach rechts positiv gerechnet).

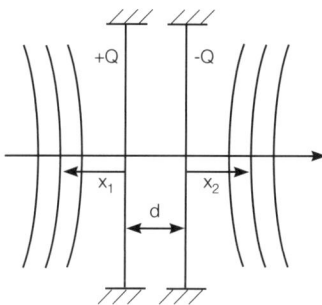

Abb. 1.79

Der *Plattenabstand* ist dann

$$d(t) = \underset{\underset{\text{Ruheabstand}}{\uparrow}}{d_0} + x_1(t) + x_2(t) = d_0 \underbrace{+\hat{x}_1 \cdot \sin(\omega_1 t + \varphi_1) + \hat{x}_2 \cdot \sin(\omega_2 t + \varphi_2)}_{\text{Eindimensionale Überlagerung zweier Schwingungen}}$$

Man kann zeigen (vergleiche die entsprechenden Kapitel der Elektrizitätslehre), dass die Spannung am Kondensator proportional zum Plattenabstand ist: $U(t) \sim d(t)$. Über die Spannung lässt sich die Gesamtschwingung wieder in Schall umsetzen!

1. Beispiel: Sei $d_0 = 3$ cm, $\hat{x}_1 = \hat{x}_2 = 1$ cm, $\varphi_1 = 0$, $\varphi_2 = \dfrac{\pi}{2}$, $\omega_1 = \omega_2 = \dfrac{2\pi}{1\,\text{s}}$,

$T_1 = T_2 = 1$ s : $d(t) = 3$ cm $+ 1$ cm $\sin\left(\dfrac{2\pi}{\text{s}} t\right) + 1$ cm $\cos\left(\dfrac{2\pi}{\text{s}} t\right)$

Die Überlagerung der beiden Schwingungen gibt eine *neue Schwingung mit gleicher Frequenz*, aber neuer Amplitude und neuer Phase – dies gilt immer dann, *wenn beide Schwingungen gleiche Frequenz haben!*

Wir setzen an:
$$d(t) = 3 \text{ cm} + s_0 \cdot \sin\left(\frac{2\pi}{s}t + \varphi_0\right) = 3 \text{ cm} + s_0\left[\sin\frac{2\pi}{s}t \cdot \cos\varphi_0 + \cos\frac{2\pi}{s}t \cdot \sin\varphi_0\right]$$
(Summenformeln)

Dann soll also gelten:
$$1 \text{ cm} \sin\frac{2\pi}{s}t + 1 \text{ cm} \cos\frac{2\pi}{s}t = s_0 \cdot \cos\varphi_0 \cdot \sin\frac{2\pi}{s}t + s_0 \cdot \sin\varphi_0 \cdot \cos\frac{2\pi}{s}t$$

Koeffizientenvergleich liefert: $1 \text{ cm} = s_0 \cos\varphi_0$, $1 \text{ cm} = s_0 \sin\varphi_0$
(I) (II)

Division von (II) durch (I): $\tan\varphi_0 = 1$

Da s_0 positiv sein soll, kommt nur $\cos\varphi_0 > 0$, $\sin\varphi_0 > 0$ infrage, also $\varphi_0 = \frac{\pi}{4}$

Damit folgt aus (I): $s_0 = \frac{1 \text{ cm}}{\cos\frac{\pi}{4}} = \frac{1 \text{ cm}}{\frac{\sqrt{2}}{2}} = \sqrt{2} \text{ cm}$

Ergebnis: $d(t) = \sqrt{2} \text{ cm} \cdot \sin\left(\frac{2\pi}{s} \cdot t + \frac{\pi}{4}\right) + 3 \text{ cm}$

Dieses Ergebnis hätte man auch zeichnerisch über Ordinatenaddition oder mittels Zeigerdiagramm (siehe E-Lehre) erhalten.

2. Beispiel: Überlagert man zwei Schwingbewegungen, deren Frequenzen sich nur geringfügig unterscheiden; so entsteht eine Schwingung mit an- und abschwellender Amplitude (siehe Abb. 1.80), genannt Schwebung.

Praktisches Beispiel: Zwei gleichzeitig schwingende Stimmgabeln **leicht** unterschiedlicher Frequenz ergeben einen Ton mit an- und abschwellender Lautstärke (Schwebung).

Erklärung: Das Trommelfell regiert auf beide ankommenden Schallwellen und schwingt so, wie es der Überlagerung der Einzelschwingungen entspricht; das Schallempfinden des Ohres ist dann genauso, wie bei einem Ton einer einzigen Stimmgabel, die eine Schwebung wie in Abbildung 1.80 ausführt. Ein solcher Ton hat an- und abschwellende Lautstärke, da – wie aus der Akustik bekannt ist (siehe die entsprechenden Kapitel) – die Lautstärke eines Tones durch die Amplitude der Stimmgabelschwingung bestimmt wird.

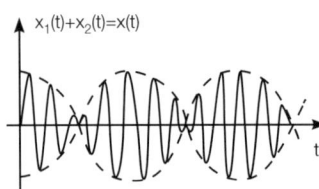

Abb. 1.80

1.25 Mechanische Querwellen (eindimensional)

1.25.1 Transversal- und Longitudinalwellen

Wir denken uns eine lange Spiralfeder auf den Boden gelegt und an einem Ende befestigt; am anderen Ende führt unsere Hand, der Erreger, folgende Versuche durch:

1. Der Erreger macht eine ruckartige Auslenkung zur Seite – diese läuft (Abb. 1.81 a) als ruckartige Störung durch den ganzen Wellenträger, unsere Feder.

Abb. 1.81a

2. Der Erreger macht eine ruckartige Auslenkung zur Seite und dann wieder zurück; dann läuft (Abb. 1.81 b) diese Doppelstörung als Berg hindurch.

Abb. 1.81b

3. Der Erreger stößt ruckartig in Richtung der Feder; dann durchläuft (Abb. 1.81 c) eine Verdichtung bzw. Überdruckstörung durch die Feder.

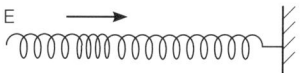

Abb. 1.81c

Da sich die obigen Störungen auf einem geradlinigen Träger, der Spiralfeder ausbreiten, nennt man sie *eindimensionale Wellen*. In den Fällen 1), 2) spricht man von *Quer-* oder *Transversalwellen* (-Störungen), weil die Auslenkung quer zur Ausbreitungsrichtung erfolgt, während im Falle 3) die Auslenkung der „Federteilchen" in Ausbreitungsrichtung der Welle (Störung) erfolgt und folglich eine *Längs-* bzw. *Longitudinalwelle* vorliegt.

Zur Erklärung dieser Wellen stellen wir uns die Feder als System von Massepunkten vor, die durch kleine Federn verbunden sind. Bei einer einfachen Querstörung können diese dann quasi in Schienen senkrecht zum Träger laufen. Folgendes vereinfachte Bild erklärt die Querstörung (Abb. 1.82):

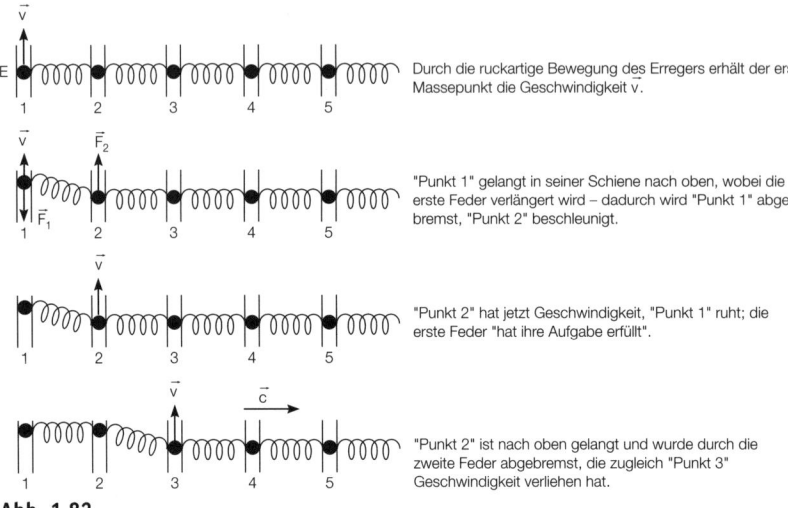

Abb. 1.82

Natürlich ist diese Darstellung zu bildhaft und stark vereinfacht („Punkt 2" wartet nicht „geduldig" bis „Punkt 1" oben ist und abgebremst wurde), aber sie erklärt die einfache Querstörung.

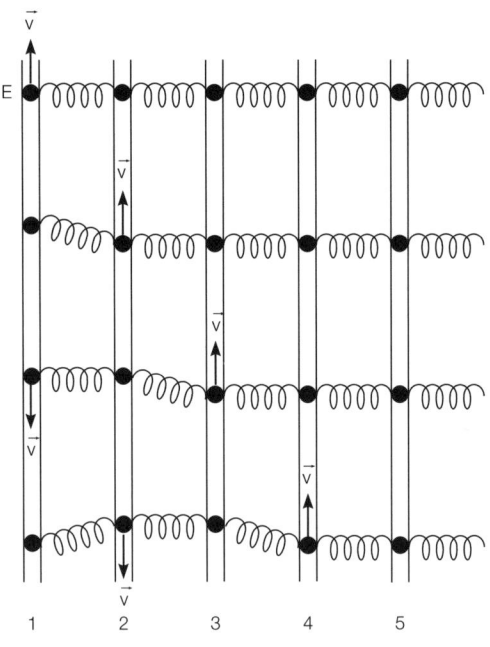

Abb. 1.83

Mechanische Querwellen (eindimensional)

$\vec{v}$ ist die Geschwindigkeit, mit der die einzelnen Teilchen auf und ab laufen; sie ist für jedes Teilchen zeitabhängig und heißt *Schnelle*. $\vec{c}$ ist die Geschwindigkeit, mit der sich die Störung fortpflanzt; sie hängt von der Teilchenmasse und der Federstärke der kleinen Federn ab und heißt *Ausbreitungsgeschwindigkeit* – sie ist zeitunabhängig.

Bei einer Querwelle wandern die Teilchen, die Bewegungsenergie haben nicht nach rechts in Ausbreitungsrichtung der Welle, geben aber ihre Energie nach rechts weiter; es findet also kein Materietransport nach rechts statt, sondern ein Energietransport mit der Geschwindigkeit $\vec{c}$.

Unser vereinfachtes Bild erklärt auch (siehe Abb. 1.83) die Ausbildung und Fortbewegung des Wellenbergs bei der transversalen Doppelstörung; der Erreger greift zweimal ein und verleiht dem „ersten Punkt" zunächst eine Geschwindigkeit nach oben, dann nach unten.

1.25.2 Reflexion von Transversalstörungen

Wenn die Störung ans Ende des Trägers gelangt ist, wird sie dort reflektiert und läuft auf dem Träger wieder zum Erreger zurück. Dabei kann das Trägerende festgemacht sein (festes Ende) oder frei beweglich (loses Ende); von der Art des Endes und der Art der Störung (Einfach- oder Doppelstörung) hängt das Ergebnis der Reflexion ab.

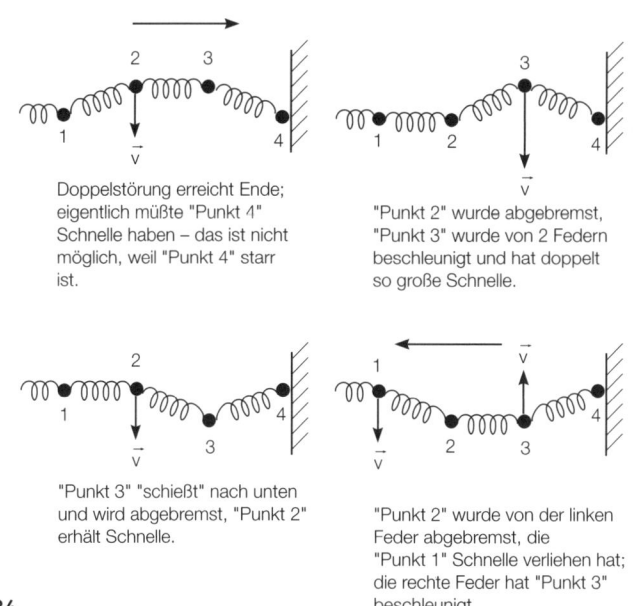

Abb. 1.84

Ein Versuch zeigt, dass bei einer Einfachstörung nach der Reflexion am festen Ende der Träger wieder seine ursprüngliche Lage hat, während er nach Reflexion am losen Ende um das Doppelte der ursprünglichen Auslenkung zur Seite verschoben ist. Dies lässt sich mit unserem einfachen Bild leicht erklären, viel wichtiger ist jedoch die Reflexion der Doppelstörung (Abb. 1.84).

Aus Abbildung 1.84 folgt, dass ein „Doppelstörungsberg" nach der Reflexion am festen Ende als „Doppelstörungstal" zurückläuft! Aus Abbildung 1.85, deren Erläuterung dem Leser überlassen sei, folgt, dass am losen Ende ein „Berg" wieder als „Berg" reflektiert wird.

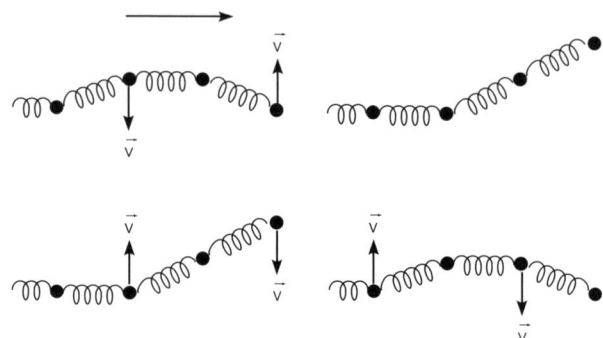

Abb. 1.85

Die Ergebnisse der Modellüberlegung lassen sich experimentell voll bestätigen!

> Am Trägerende werden Störungen reflektiert. Bei Doppelstörungen erhält man bei losem Ende einen Wellenbauch in gleicher Richtung, der rückwärts läuft, am festen Ende einen „Bauch" in Gegenrichtung.

1.25.3 Die sinusförmige Querwelle

Bis jetzt wurde eine einmalige (zweimalige) Störung des Trägers betrachtet, jetzt soll eine fortgesetzte Störung erfolgen; speziell soll der Erreger eine sinusförmige Schwingbewegung durchführen gemäß $s(t) = \hat{s} \cdot \sin\omega t$.

Abbildung 1.86 zeigt das *s/t-Schaubild der Erregerschwingung*

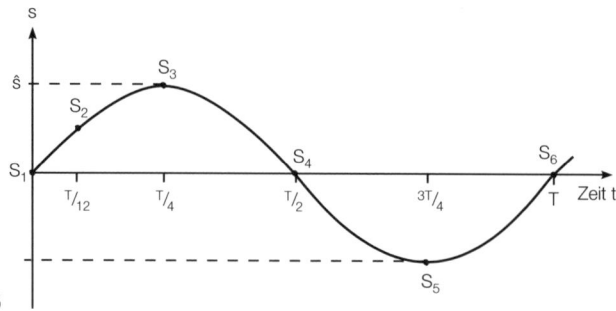

Abb. 1.86

Mechanische Querwellen (eindimensional)

Die Buchstaben S_1 bis S_6 kennzeichnen bestimmte Schwingungspositionen, z. B. S_3 die maximale Auslenkung nach oben, S_4 den Nulldurchgang nach $\frac{T}{2}$ usw. Ein Versuch zeigt, dass bei zeitlich sinusförmiger Erregung sich auf dem Wellenträger eine räumlich sinusförmige Welle ausbreitet.

Bild der Welle auf dem Träger – s/x-Schaubild nach
$t_1 = \dfrac{T}{12}$, $t_2 = \dfrac{T}{4}$, $t_3 = \dfrac{T}{2}$, $t_4 = T$ (Abb. 1.87):

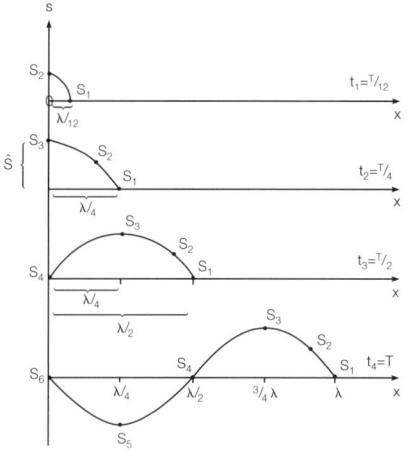

Nach der Zeit $T/12$ hat der Erreger die Auslenkung $\hat{s}/2$ erreicht und ist in Position S_2. Wenn sich die Störung mit der Ausbreitungsgeschwindigkeit c ausbreitet und in der Periode T der Schwingung die Strecke λ zurücklegt (λ=c·T), hat die Anfangsstörung die Strecke λ/12 geschafft – die entsprechende Trägerstelle ist in Position S_1.

Nach $T/4$ hat der Erreger die Amplitude $\hat{s}$ erreicht und ist in Position S_3. Die Anfangsstörung hat die Strecke λ/4 geschafft – erste Sinusviertelwelle auf dem Träger.

Nach $T/2$ ist der Erreger bei 0 in Position S_4, die Anfangsstörung ist bei x=λ/2 und die maximale Auslenkung bei x=λ/4.

Nach der Zeit T hat sich auf dem Träger eine vollständige Sinuswelle ausgebildet – allerdings umgekehrt wie im s/t-Schaubild des Erregers!

Abb. 1.87

Bemerkungen:

1. Nach der Zeit T hat der Erreger eine Schwingung durchgeführt, auf dem Träger ist eine Sinuswelle zu sehen, an der Stelle $x = \lambda$ beginnt die Schwingbewegung auf dem Träger (Abb. 1.87 unten). Hört der Erreger jetzt auf zu schwingen, so durchläuft diese *eine* Sinuswelle den Träger; schwingt der Erreger weiter, so entsteht auf dem Träger eine fortgesetzte Sinuswelle. Die Energie, die in die Erregerschwingung gesteckt wurde, durchläuft den Träger mit der Geschwindigkeit $\vec{c}$.

2. Wir betrachten etwa das Teilchen des Trägers bei $x = \dfrac{\lambda}{4}$. Dieses ist für $t_2 = \dfrac{T}{4}$ in Position S_1, für $t_3 = \dfrac{T}{2}$ in Position S_3 für $t_4 = T$ in Position S_5 und für $t_5 = \dfrac{5T}{4}$ in Position S_6, d. h. es vollführt wie der Erreger eine Schwingbewegung mit (von Dämpfungsverlusten abgesehen) Amplitude $\hat{s}$ und Zeitdauer T, allerdings beginnt diese Schwingbewegung um $\dfrac{T}{4}$ später. Jedes Teilchen auf dem Wellenträger vollführt eine erzwungene Schwingbewegung mit der Erregerfrequenz um seine Ruhelage; diese Schwingbewegung erfolgt aber verspätet gegenüber der des Erregers.

3. λ *heißt Wellenlänge* und gibt die Entfernung zwischen zwei (gleich gerichteten) Nachbarwellenbergen auf dem Träger an. Dabei gilt $\lambda = c \cdot T$ (in der Zeit T hat Position S_1 gerade mit c die Strecke λ zurückgelegt) oder

$$\boxed{\frac{\lambda}{T} = c \text{ oder } \lambda \cdot f = c}\quad \text{(F1.54 a, b, c)}$$

4. *Der Phasenunterschied* φ der Schwingung eines Trägerpunktes an der Stelle x gegenüber der Erregerschwingung ist umso größer, je weiter der Punkt vom Erreger entfernt ist, d. h. je größer x ist.

Der Punkt bei $x = \frac{\lambda}{4}$ ist – wie in 2) erläutert – um $\frac{T}{4}$ in der Zeit, d. h. um $\frac{\pi}{2}$ gegenüber dem Erreger hinterher, der Trägerpunkt bei $x = \frac{\lambda}{2}$ beginnt seine Schwingung erst nach $\frac{T}{2}$, hinkt also um π in der Phase hinterher; allgemein hat das Teilchen an der Stelle x des Trägers gegenüber dem Erreger den Phasenunterschied $\varphi = \frac{x}{\lambda} \cdot 2\pi$

Für die *Auslenkung des Teilchens bei x zur Zeit t* gilt also:

$$\boxed{s(x, t) = \hat{s} \cdot \sin(\omega t - \varphi) \text{ bzw. } s(x, t) = \hat{s} \cdot \sin\left(\omega t - \frac{x}{\lambda} \cdot 2\pi\right)}\quad \text{(F1.55)}$$

Voraussetzung für die Gültigkeit der Formel (F1.55) ist allerdings, dass zur Zeit t die Welle bereits an der Stelle x ist, d. h. x nicht größer als die Laufstrecke $c \cdot t$ der Welle ist: $x \leq c \cdot t$ bzw. $\frac{x}{\lambda} \leq \frac{c}{\lambda} \cdot t$ bzw. mit (F1.54c) $\frac{x}{\lambda} \leq f \cdot t$

d. h. $2\pi \cdot \frac{x}{\lambda} \leq 2\pi f \cdot t$ bzw. $\frac{2\pi x}{\lambda} \leq \omega \cdot t$ bzw. $\omega \cdot t - \frac{x}{\lambda} 2\pi \geq 0$

(F1.55) darf also nur verwendet werden, wenn das Argument des Sinus, d. h. die Klammer positiv oder 0 ist; ansonsten ist die Welle noch nicht beim Trägerteilchen an der Stelle x, sodass dort die Auslenkung 0 ist.

Beispiele:

Auslenkung für $t = \frac{3}{4}T$ bei $x = \frac{\lambda}{2} \rightarrow s(x, t) = \hat{s} \cdot \sin\left(\underbrace{\frac{2\pi}{T}}_{=\omega} \cdot \frac{3}{4}T - \frac{\lambda}{2} \cdot \frac{2\pi}{\lambda}\right)$

$= \hat{s} \cdot \sin\left(\frac{3}{2}\pi - \pi\right) = \hat{s} \cdot \sin\left(\frac{\pi}{2}\right) = \hat{s}$

Auslenkung für $t = \frac{5}{2}T$ bei $x = \frac{3}{4}\lambda \rightarrow s(x, t) = \hat{s} \cdot \sin\left(\frac{2\pi}{T} \cdot \frac{5}{2}T - \frac{3}{4}\lambda \cdot \frac{2\pi}{\lambda}\right)$

$= \hat{s} \cdot \sin\left(5\pi - \frac{3}{2}\pi\right) = \hat{s} \cdot \sin\left(\frac{7}{2}\pi\right) = -\hat{s}$

Auslenkung für $t = \frac{3}{2}T$ bei $x = \frac{7}{4}\lambda \rightarrow s(x, t) = \hat{s} \cdot \sin\left(\frac{2\pi}{T} \cdot \frac{3}{2}T - \frac{7}{4}\lambda \cdot \frac{2\pi}{\lambda}\right)$

$= \hat{s} \cdot \sin\left(-\frac{\pi}{2}\right) =$ ✗ (Argument negativ)

richtig: $= 0$

Mechanische Querwellen (eindimensional)

5. Da jeder Punkt eine Sinusschwingung ausführt wie der Erreger, ist seine Schnelle eine Kosinusfunktion; genauer gilt:

$$v(x, t) = \dot{s}(x, t) = \frac{\partial}{\partial t} s(x, t) = \underbrace{\hat{s} \cdot \omega}_{\hat{v}} \cdot \cos\left(\omega t - \frac{x}{\lambda} \cdot 2\pi\right) = \hat{v} \cdot \cos\left(\omega t - \frac{x}{\lambda} \cdot 2\pi\right)$$

($\frac{\partial}{\partial t}$ ist die zeitliche Ableitung)

6. Bei Reibung hat die Welle auf dem Träger die Gestalt von Abbildung 1.88. Die Amplitude der Schwingung der Trägerpunkte nimmt mit deren Entfernung vom Erreger ab; aufgrund der Energieverluste durch Reibung tritt also *räumliche Dämpfung* auf. Es handelt sich *nicht um zeitliche Dämpfung*, da jeder Punkt des Trägers mit zeitlich gleich bleibender Amplitude schwingt.

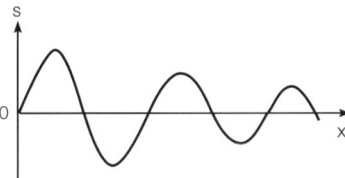

Abb. 1.88

7. *Polarisierte Wellen* sind solche, die sich in einer festen Ebene ausbreiten, welche durch die Erregerschwingung und den Wellenträger festgelegt ist. Wechselt der Erreger dagegen dauernd die Ausbreitungsrichtung, entstehen nichtpolarisierte Wellen.

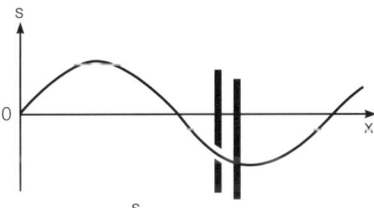

Abb. 1.89a

Polarisierte Wellen gehen unbeeinträchtigt durch einen Spalt, der in der Polarisationsebene liegt (Abb. 1.89 a); liegt der Spalt senkrecht zur Polarisationsebene, so wird die Welle gelöscht (Abb. 1.89 b). Liegt der Spalt schräg zur Ebene, dann werden die Komponenten senkrecht zum Spalt gelöscht.

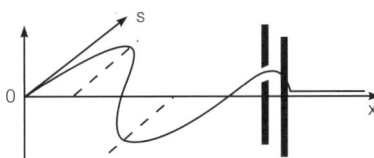

Abb. 1.89b

1.26 Überlagerung von Wellen

Bei der langen Spiralfeder (siehe Kap. 1.25) kann man auf beiden Seiten Doppelstörungen erzeugen, die dann aufeinander zu laufen. Man stellt fest, *dass sie sich ungestört durchlaufen und dass dort, wo sie sich durchkreuzen, sich die Auslenkungen addieren.* Laufen zum Beispiel zwei „Wellenberge" aufeinander zu und treffen aufeinander, so sieht man kurzfristig einen doppelt so hohen „Berg"; trifft „Berg" auf „Tal", so sieht man kurzzeitig völlige Auslöschung. Dies folgt auch aus unserem einfachen Modell, wie in Abbildung 190a für zwei „Berge" und in Abbildung 1.90 b für „Berg/Tal" ausgeführt ist.

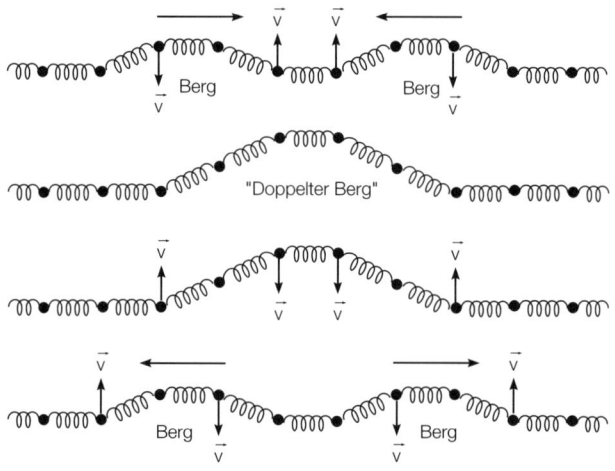

Abb. 1.90a

Diese Ergebnisse lassen sich auf gleichläufige Doppelstörungen, Einzelstörungen und auf Wellen mit fortgesetzter Störung *verallgemeinern*:

> Treffen zwei Wellen an einer Stelle aufeinander oder unterliegt der Träger einer Überlagerung gleich- oder gegenläufiger Wellen, so addieren sich (an dieser Stelle) die Auslenkungen und daher auch die Schnellen.

Überlagert man gleichläufige sinusförmige Wellen, deren Schwingungsebene und Wellenlänge (bzw. Frequenz) gleich ist, so ergibt sich wieder eine sinusförmige Welle derselben Wellenlänge, deren Amplitude vom Phasenunterschied φ (Winkel im Bogenmaß) bzw. vom Gangunterschied d (Maximumsabstand in Anteilen von λ) der Ausgangswellen abhängt.

1. Beispiel: $\varphi = 0$ bzw. d = 0, d.h. *gleichphasige Überlagerung* (Abb. 1.91 a) – dann addieren sich die Amplituden zur neuen Amplitude (bei gleicher Amplitude Verdoppelung).

Überlagerung von Wellen

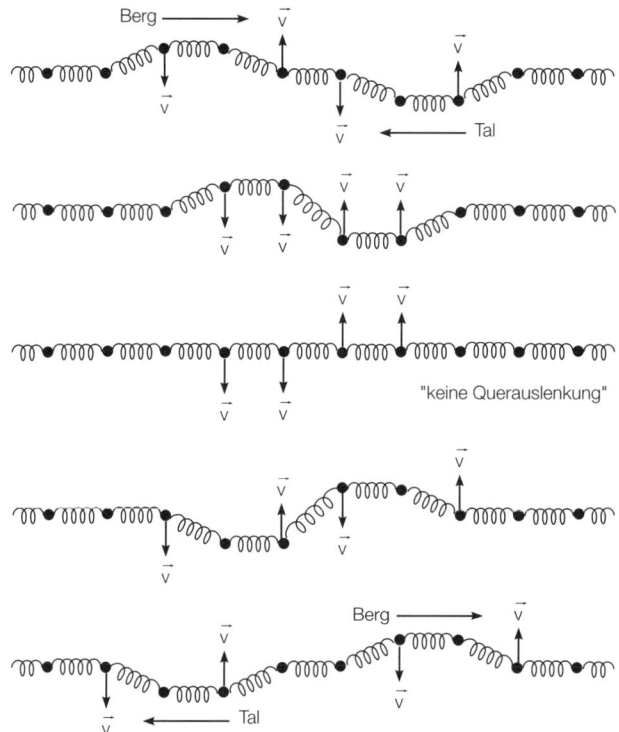

Abb. 1.90b

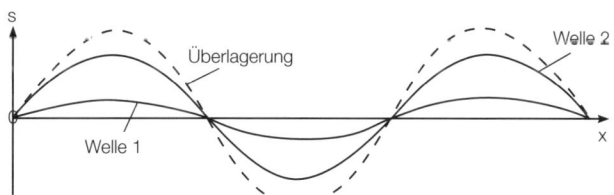

Abb. 1.91a

2. Beispiel: $\varphi = \pi$ bzw. $d = \dfrac{\lambda}{2}$, d.h. *gegenphasige Überlagerung* (Abb. 1.91 b) – dann ist die Amplitude der Überlagerung die Differenz der beiden Amplituden.

Speziell löschen sich die beiden Wellen gegenseitig aus, wenn ihre Amplituden gleich sind!
(Dies gilt solange beide Erreger weiterschwingen)

3. Beispiel:
Die Überlagerung zweier Wellen, deren Wellenlänge (bzw. Frequenz) sich geringfügig unterscheidet liefert Schwebungen auf dem Träger (im s/x-Schaubild)

s
d=λ/2
Welle 2
Überlagerung
x
Welle 1
λ

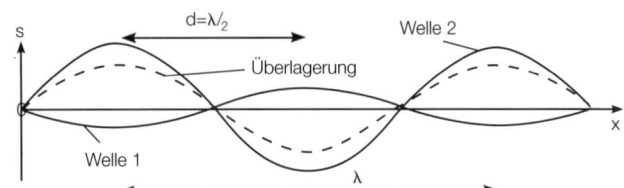

Abb. 1.91b

1.26.1 Überlagerung einer Welle mit ihrer „Reflexion" – Ausbildung stehender Wellen

Im Folgenden soll eine Welle mit der gegenläufigen Welle überlagert werden, die durch Reflexion am festen Ende entsteht (Abb. 1.92).

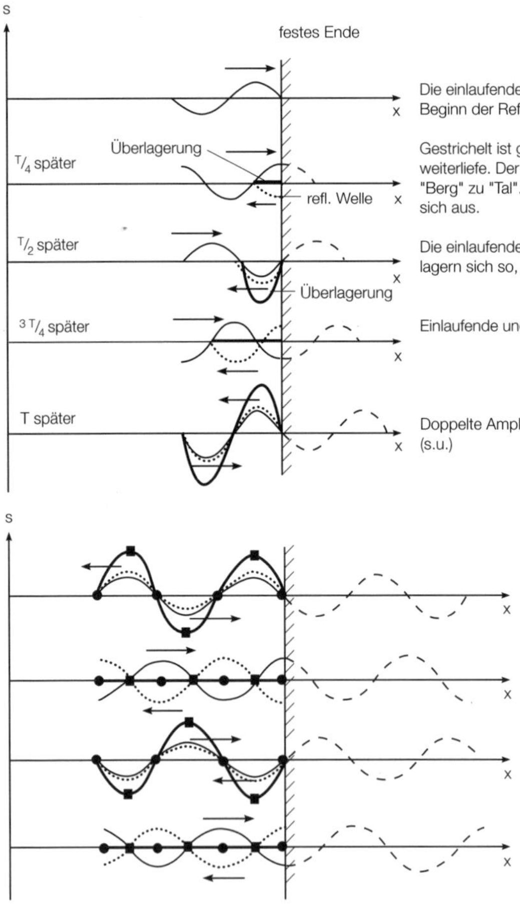

s
festes Ende
x
Die einlaufende Welle erreicht erstmals das Trägerende, Beginn der Reflexion.
T/4 später
Überlagerung
refl. Welle
x
Gestrichelt ist gezeichnet, wie die Welle ohne Reflexion weiterliefe. Der gestrichelte Teil wird reflektiert, dabei wird "Berg" zu "Tal". Einlaufende und reflektierte Welle löschen sich aus.
T/2 später
Überlagerung
x
Die einlaufende und die reflektierte (punktiert) Welle überlagern sich so, daß Verdopplung entsteht.
3 T/4 später
x
Einlaufende und reflektierte Welle löschen sich aus.
T später
x
Doppelte Amplitude – eine stehende Welle bildet sich aus. (s.u.)
s
x
x
x
x

Abb. 1.92

Die (dick gezeichnete) Überlagerung ist eine so genannte *stehende Welle*:
1) Es gibt Punkte, die dauernd in Ruhe bleiben („rund") – sie heißen *Knoten*.
2) Die Punkte genau zwischen den Knoten („eckig") haben stets die größte Auslenkung *(Bäuche)* und $\frac{T}{4}$ später – wenn überall die Querauslenkung 0 ist – die größte Schnelle *(Schnellebäuche)*.
3) Alle Punkte zwischen zwei Nachbarknoten schwingen in Phase (erreichen die maximale Auslenkung und den Nulldurchgang gleichzeitig) – die zwischen den nächsten Nachbarknoten schwingen in Gegenphase dazu.

Führt man den Versuch mit der langen Spiralfeder durch, so erhält man bei Reflexion am festen Ende tatsächlich eine solche Welle, die aufgrund der Knoten zu stehen scheint. Knoten befinden sich am festen Ende, sowie in der Entfernung $\frac{\lambda}{2}$, λ, $\frac{3}{2}\lambda$,... vom festen Ende, Bäuche folgen genau dazwischen ebenfalls im $\frac{\lambda}{2}$-Abstand.

Bei der Überlagerung einer Welle mit ihrer am losen Ende reflektierten Welle erhält man ebenfalls eine stehende Welle mit Knoten und Bäuchen im $\frac{\lambda}{2}$-Abstand – allerdings ist jetzt am Ende ein Bauch.

1.26.2 Stehende Wellen in Trägern

Ein Seil sei zwischen zwei Punkten fest eingespannt. Nahe des Anfangspunktes produziert ein Erreger eine Seilwelle, die zum hinteren Ende läuft, dort reflektiert wird, die reflektierte Welle läuft zum vorderen Ende, wird dort wieder reflektiert usw. Durch vielfache Reflexion entstehen viele Wellen, die sich alle überlagern – normalerweise werden sie sich gegenseitig auslöschen bzw. die Überlagerung ergibt keine dauerhafte vernünftige Welle! Unter bestimmten Bedingungen aber können sich *dauerhafte stehende Wellen* ausbilden, man spricht auch von *Eigenschwingungen des Wellenträgers* (dieser besteht eigentlich aus vielen durch kleine

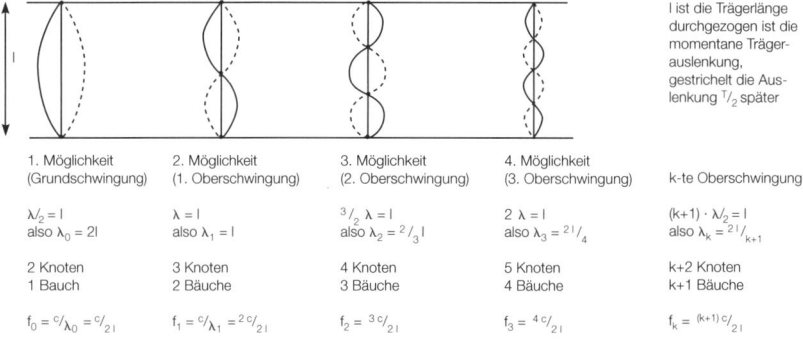

Abb. 1.93a

Federchen gekoppelten Massepunkten und ist ein Schwinger 2. Art im Gegensatz zu den Schwingern 1. Art aus 1.22). Diese Bedingungen werden jetzt untersucht (Abb. 1.93).

1. Fall: *Zwei feste Enden* (Abb. 1.93 a) – dort müssen bei einer stehenden Welle Knoten sein!

2. Fall: *Zwei lose Enden* (Abb. 1.93 b) – dort müssen Bäuche sein (der Träger kann hier kein Seil sein, sondern etwa ein Metallstab, der an einem Knoten eingespannt ist)!

Abb. 1.93b

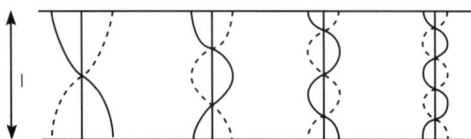

GS : $\dfrac{\lambda}{2} = l$, also $\lambda_0 = 2\,l$

1. OS : $\lambda = l$, also $\lambda_1 = l$

2. OS : $\dfrac{3}{2}\lambda = l$, also $\lambda_2 = \dfrac{2}{3} l$

k. OS : $\lambda_K = \dfrac{2\,l}{K + 1}$

3. Fall: *Ein festes und ein loses Ende* – Knoten am festen, Bauch am losen Ende (Abb. 1.93 c).

Abb. 1.93c

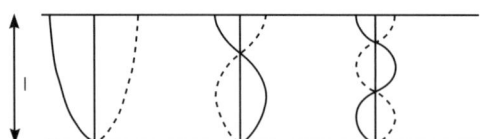

GS : $\dfrac{\lambda}{4} = l$, also $\lambda_0 = 4\,l$

1. OS : $\dfrac{3}{4}\lambda = l$, also $\lambda_1 = \dfrac{4\,l}{3}$

2. OS : $\dfrac{5}{4}\lambda = l$, also $\lambda_2 = \dfrac{4\,l}{5}$

k. OS : $\lambda_K = \dfrac{4\,l}{2\,K + 1}$

1.26.3 Saitenschwingungen

Die Schwingung einer Saite lässt sich nach Fourier durch Überlagerung geeigneter Eigenschwingungen beliebig genau annähern. Abbildung 1.94 zeigt, dass die Grundschwingung noch keine gute, die Überlagerung von GS und 2. OS eine schon viel bessere Annäherung der Saitenschwingung darstellt. Die Grundschwingung legt den Grundton, die Oberschwingungen (Obertöne) legen die Klangfarbe fest.

Überlagerung von Wellen 97

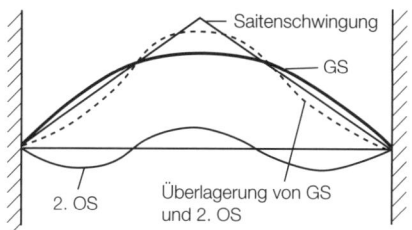

Abb. 1.94

Bemerkung: Schwinger 2. Art können unendlich viele Einzelschwingungen ausführen, solche 1. Art (siehe Kap. 1.22) nur eine einzige.

Aufgabe 1: Eine Drahtlocke wird auf die Länge l = 5 m ausgezogen und an beiden Enden fest eingespannt. Durch Erregung mit der Frequenz f = 2,5 Hz bildet sich eine stehende Querwelle mit drei „Bäuchen". Wie groß ist die Ausbreitungsgeschwindigkeit der zugrunde liegenden fortlaufenden Welle? Wie lange dauert es, bis eine kurze Querstörung, an einem Ende ausgelöst, die Locke fünfmal hin und zurück läuft?

Lösung: Es handelt sich um die 2. OS (Abb. 1.95) mit $\lambda \cdot \frac{3}{2} = l$, d. h. $\lambda = \frac{2l}{3} = \frac{10}{3}$ m

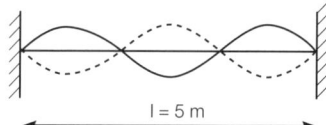

Abb. 1.95

Geschwindigkeit: $c = \lambda \cdot f = \frac{10}{3}$ m $\cdot \frac{5}{2}$ Hz $= \frac{25}{3}\frac{m}{s}$; Zeit: $t = \frac{10 \cdot l}{c} = \frac{50\,m}{\frac{25\,m}{3\,s}} = 6$ s

Aufgabe 2: Ein Querwellenerreger mit $T = \frac{3}{10}$ s schwingt zur Zeit t = 0 gerade mit maximaler Geschwindigkeit nach unten durch seine Gleichgewichtslage (Amplitude $\hat{s} = 1,5$ cm). Man beobachtet, dass der anschließende Wellenträger zur Zeit $t_1 = \frac{3}{8}$ s bei x = 9 m erstmals in die positive s-Richtung, d.h. nach oben zu schwingen beginnt.

a) Wie groß sind f, λ und c? Wie sieht das Auslenkungs- und Schnellediagramm des Trägers zur Zeit t_1 aus?

b) Der Träger ist 20 m lang und besitzt ein festes Ende. Wie sieht die Auslenkung im Träger für $t_2 = \frac{5}{8}$ s aus?

Lösung: a) $f = \frac{1}{T} = \frac{10}{3}$ Hz, $\omega = 2\pi f = \frac{20\pi}{3}$ Hz; nach Vorgabe gilt für den Erreger:

$s(t) = -\hat{s} \sin\omega t = -1,5 \text{ cm} \cdot \sin\left(\frac{20\pi}{3\text{ s}}t\right)$ und für den Träger (solange das Argument des Sinus nicht negativ ist): $s(x, t) = -1,5 \text{ cm} \cdot \sin\left(\frac{20\pi}{3\text{ s}}t - \frac{x}{\lambda} \cdot 2\pi\right)$

Da der Trägerpunkt bei $x = 9$ m nach $t_1 = \frac{3}{8}$ s gerade eine halbe Schwingung hinter sich hat (erstmals nach oben!), ist das Argument des Sinus dann π; d.h.

$\frac{20\pi}{3\text{ s}} \cdot \frac{3}{8} \text{ s} - \frac{9 \text{ m}}{\lambda} \cdot 2\pi = \pi$ bzw. $\frac{5}{2} - \frac{18 \text{ m}}{\lambda} = 1$ bzw. $\frac{3}{2} = \frac{18 \text{ m}}{\lambda} \Rightarrow \lambda = 12 \text{ m}$

$c = \lambda \cdot f = \frac{10}{3} \text{ Hz} \cdot 12 \text{ m} = 40 \frac{\text{m}}{\text{s}}$; nach t_1 hat die Welle die Strecke $40 \frac{\text{m}}{\text{s}} \cdot \frac{3}{8} \text{ s} = 15$ m zurückgelegt. Zeichnet man von $x = 15$ m aus die Kurve mit $\lambda = 12$ m rückwärts, so erhält m das s/x-Bild von Abb. 1.96.

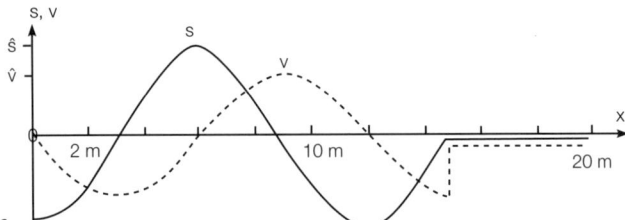

Abb. 1.96

$v(x, t) = \dot{s}(x, t) = -1,5 \text{ cm} \cdot \frac{20\pi}{3\text{ s}} \cos\left(\frac{20\pi}{3\text{ s}}t - \frac{x}{12 \text{ m}} \cdot 2\pi\right)$

Die Schnelleamplitude ist $= 1,5 \text{ cm} \cdot \frac{20\pi}{3\text{ s}} = 0,1 \pi \frac{\text{m}}{\text{s}}$

Bei Maxima und Minima von s ist die Schnelle 0, bei Nulldurchgängen ist sie betraglich maximal – so erhält man leicht die v/x-Kurve.

Im Diagramm ist die Schnellekurve gestrichelt eingetragen.

b) In der Zeit $t_2 = \frac{5}{8}$ s würde die Welle $40 \frac{\text{m}}{\text{s}} \cdot \frac{5}{8} \text{ s} = 25$ m weit kommen – nach 20 m wird sie aber am festen Ende reflektiert.

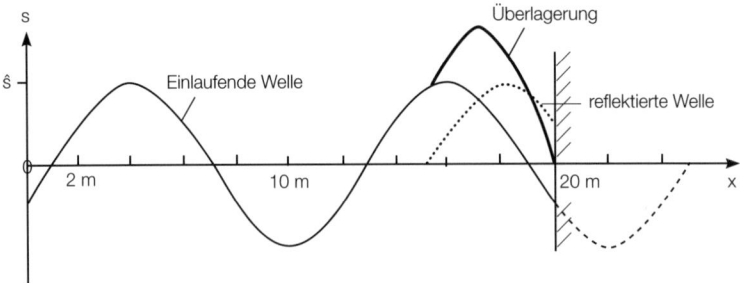

Abb. 1.97

Durch „Rückwärtszeichnen" von x = 25 m aus erhält man die einlaufende Welle, durch Reflexion am festen Ende die (punktierte) reflektierte und durch Überlagerung beider die (Gesamt-)Auslenkung (Abb. 1.97)

1.27 Längswellen (Eindimensional)

1.27.1 Ausbreitung von Überdruck- und Unterdruckstörung

Zunächst soll versucht werden, die Ausbreitung einer einfachen Überdruckstörung (Verdichtung) vom Kap. 1.25.1) Versuch 3 mit dem einfachen Modell zu erklären; dies geschieht in Abbildung 1.98 a. In Abbildung 1.98 b wird die Ausbreitung einer Verdünnung („Unterdruckstörung") dargelegt.

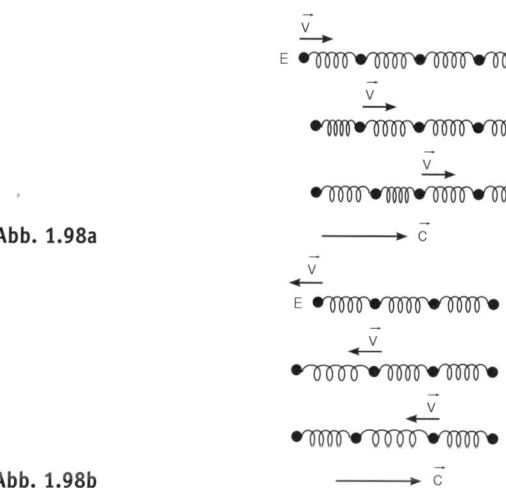

Abb. 1.98a

Abb. 1.98b

Im Versuch erzeugt man eine einfache Verdünnungsstörung, indem die Erregerhand kurz und ruckartig am Anfang der langen Spiralfeder zieht.

„Über"- bzw. „Unterdruck"-Störungen durchlaufen den Träger in Form von Verdünnungen und Verdichtungen. $\vec{c}$ ist wieder die konstante Ausbreitungsgeschwindigkeit, $\vec{v}$ die zeitabhängige Schnelle der Teilchen. Bei Längswellen sind beide parallel gerichtet und zwar gleich gerichtet bei Überdruck – und entgegengesetzt gerichtet bei Unterdruckstörungen. Polarisierte Längswellen kann es nicht geben – die ganze Welle verläuft ja auf der „Trägergeraden".

Man kann auch eine Kombination aus Verdichtung und Verdünnung (Doppelstörung) im Versuch und Modell betrachten, wichtiger jedoch sind Längswellen, bei denen der Erreger in Trägerrichtung sinusförmig schwingt. Abbildung 1.99 erläutert vereinfacht die Entstehung und Ausbreitung der daraus resultierenden sinusförmigen Längswelle auf dem Träger.

100   Mechanik

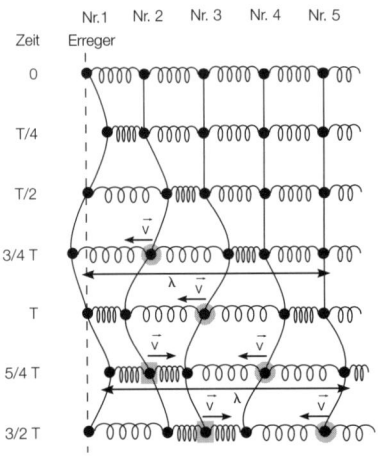

Zeit					
	Nr.1 Erreger	Nr. 2	Nr. 3	Nr. 4	Nr. 5

Der Erreger beginnt die sinusförmige Schwingbewegung

Teilchen 1 nach rechts, also Verdichtung zwischen Nr. 1 und 2.

Teilchen 2 nach rechts, also Verdichtung zwischen Nr. 2 und 3; zugleich Erreger nach links, also Verdünnung zwischen 1 und 2.

Nr. 3 nach rechts, Verdichtung zwischen 3 und 4; 2 nach links, Erreger nach links, also Verdünnung zwischen 1 und 2 bzw. 2 und 3.

4 nach rechts: Verdichtung 4/5; 3 nach links, 2 nach links, 1 nach rechts, Verdichtung 1/2, Verdünnungen 2/3 und 3/4.

4 nach links, 3 nach links, 1, 2, 5 nach rechts: Verdünnungen 3/4 und 4/5, Verdichtungen 1/2, 2/3, 5/6.

Abb. 1.99

Man erkennt:

1. Schwingt der Erreger sinusförmig, so führt auch jedes Teilchen eine erzwungene Schwingung mit der Erregerfrequenz und (bei fehlender Reibung) der Erregeramplitude in Längsrichtung um seine Gleichgewichtslage aus. Die Phasenverschiebung gegenüber dem Erreger ist umso größer, je weiter das Teilchen von diesem entfernt ist, wieder gilt $\varphi = \dfrac{2\pi \cdot x}{\lambda}$ (vergleiche Kap. 1.25.3).

2. Es wandern sinusförmige Überdruck-/Unterdruckwellen im Träger nach rechts, wobei für die Wellenlänge λ, die Frequenz f, die Schwingungsdauer T und die Ausbreitungsgeschwindigkeit c wie bei Querwellen gilt (vergleiche Kap. 1.25.3):

$c = \dfrac{\lambda}{T}$ oder $c = \lambda \cdot f$ oder $T \cdot c = \lambda$

3. Es haben bei Abbildung 1.99 in dem Bereich, wo sich die Welle bereits ausgebildet hat, alle Teilchen an Unterdruckstellen (⊙) eine Schnelle entgegengesetzt zur Ausbreitungsrichtung, und alle Teilchen an Überdruckstellen (⊡) eine Schnelle in Ausbreitungsrichtung. Bei den Teilchen mit maximaler Auslenkung ist der Druck „normal" (Übergang von Über- zu Unterdruck) und die Schnelle ist 0.

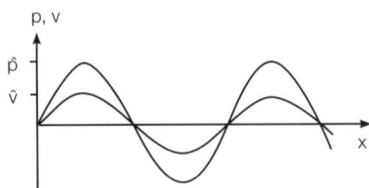

Abb. 1.100

4. In einem Überdruckdiagramm gibt p die Abweichung vom Normaldruck an. Somit ist p positiv für Über-, negativ für Unter- und p = 0 für Normaldruck. In einem Schnellediagramm wird v positiv betrachtet, wenn die Schnelle in Ausbreitungsrichtung zeigt, ansonsten negativ. Aus 3. folgt dann, dass die p(x)-Kurve und die v(x)-Kurve bei fortlaufenden Längswellen in Phase sind (vergleiche Abb. 1.100). Da p und v aber verschiedene Einheiten haben, kann man sogar beide Kurven „aufeinander legen." Man beachte aber, dass die Schnelle in Längsrichtung zeigt.

1.27.2 Reflexion von Längswellen

Mit dem einfachen Modell kann man untersuchen, wie einfache Überdruck- bzw. Unterdruckstörungen am festen bzw. losen Ende reflektiert werden.

Abbildung 1.101 a macht deutlich, dass eine Überdruckstörung am festen Ende wieder als Überdruckstörung reflektiert wird – die Schnellevektoren kehren sich hier um!

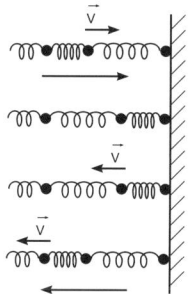

Abb. 1.101a

Eine Unterdruckstörung wird am losen (Abb. 1.101 b) als Überdruckstörung reflektiert – die Richtung der Schnellevektoren bleibt hier erhalten!

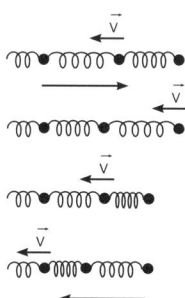

Abb. 1.101b

Man kann auch die beiden restlichen Fälle (Reflexion von Überdruckstörung am losen bzw. Unterdruckstörung am festen Ende) im Modell untersuchen und die gefundenen Ergebnisse im praktischen Versuch mit der langen Spiralfeder bestätigen; zusammenfassend ergibt sich:

1) Am festen Ende werden Überdruck – als Überdruckstörungen und Unterdruck – als Unterdruckstörungen reflektiert; die Schnellevektoren kehren ihre Richtung um.
2) Am losen Ende werden Überdruck – als Unterdruckstörungen und Unterdruck – als Überdruckstörungen reflektiert; die Richtung der Schnellevektoren bleibt erhalten.

1.27.3 Reflexion einer sinusförmigen Längswelle am festen Ende/losen Ende

Man interessiert sich hier weniger für die Auslenkung der Teilchen, sondern – im Hinblick auf Schall – für den *Druck- und Schnelleverlauf* der Überlagerung von einlaufender und reflektierter Welle. Im Sinne von Kap. 1.27.1 Punkt 4) darf man die gleiche Kurve für die einlaufende Druck- und Schnellewelle verwenden; bei der Reflexion am festen Ende gilt dann die Regel, dass „Über- in Überdruck" aber „positive in negative Schnelle" verwandelt wird. So behandelt Abbildung 1.102 a den Schnelle- und Abbildung 1.102 b den Druckverlauf. Die einlaufende Kurve ist durchgezogen, die reflektierte punktiert, die Gesamtkurve (Überlagerung) fett gezeichnet.

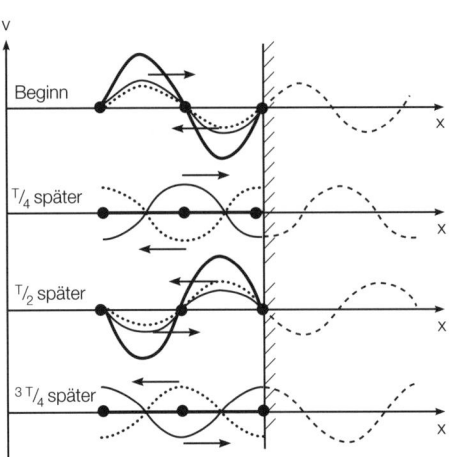

Abb. 1.102a   Stehende Welle mit Schnelleknoten am festen Ende

Ergebnis: Bei der *stehenden Längswelle* sind Stellen mit Schnelleknoten solche mit Druckbäuchen und umgekehrt. Bei der Reflexion am festen Ende bildet sich dort ein Schnelleknoten und zugleich ein Druckbauch aus, bei der Reflexion am losen Ende ist dort ein Druckknoten und zugleich Schnellebauch. Ein Druckbauch ist eine Stelle maximaler Druckschwankung zwischen Über- und Unterdruck.

Zweidimensionale Wellenfelder (mechanischer Wellen)

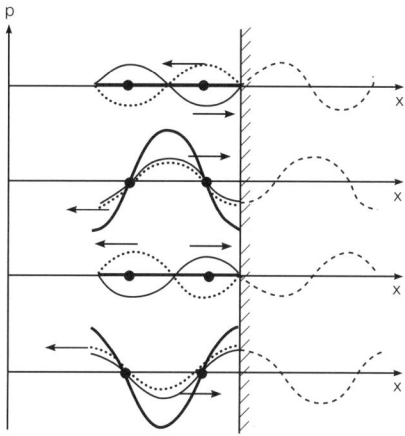

Abb. 1.102b   Stehende Welle mit Druckbauch am festen Ende

1.28 Zweidimensionale Wellenfelder (mechanischer Wellen)

Wasserwellen, die sich an der Wasseroberfläche ausbreiten, sind zweidimensionale, d. h. sich in einer Ebene ausbreitende mechanische Querwellen. Versuche mit Wasserwellen zeigen:

1. Von *einem punktförmigen Erreger* wandern Wellenberge (und -täler) in *konzentrischen Kreisen* nach außen.
2. Die Wellen *zweier punktförmiger Erreger* überlagern sich *(interferieren)* so, dass Streifen der Auslöschung entstehen.
3. Die Wellen vieler punktförmiger Erreger nahe beieinander überlagern sich so, dass nahezu parallele Wellenfronten entstehen, wenn die Erreger auf einer Geraden liegen.
4. Treffen parallele Wellenfronten auf einen Spalt, so entsteht dahinter bei einem engen Spalt eine Kreiswelle, bei einem breiteren Spalt entstehen Zonen der Auslöschung und der Verstärkung (Abb. 1.103 a, b).

Abb. 1.103a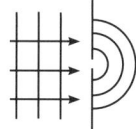

Abb. 1.103b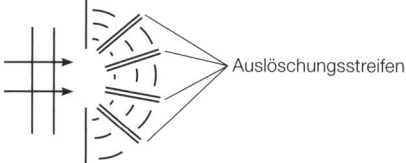

5. Auch wenn parallele Wellenfronten auf ein Gitter, bestehend aus vielen engen Spalten nebeneinander, treffen, gibt es Auslöschung und Verstärkung

Erklärung zu 2.:
Die Erreger E_1 und E_2 „senden" im Wechsel „Maximumkreise" (fett gezeichnet) und „Minimumkreise" (normal gezeichnet) nach außen. Wir nehmen an, dass sie phasengleich schwingen und dass ihre Entfernung gerade der Wellenlänge λ entspricht; ferner sollen sie zum Zeitpunkt von Abbildung 1.104 beide gerade ein Maximum haben. Die Abbildung 1.104 zeigt die beiden Wellenfelder. Da, wo Maximum auf Maximum und Minimum auf Minimum trifft, addieren sich die Wellen zur doppelt so hohen Welle; dort, wo Maximum auf Minimum trifft, löschen sich die Wellen gegenseitig aus.

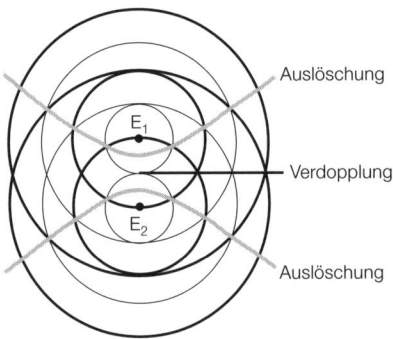

Abb. 1.104

Erklärung zu 3.:
Es ist wieder angenommen, dass alle Erreger in Phase schwingen und ihr Abstand λ sei. Ferner sollen zur Zeit von Abb. 1.105 alle Erreger ein Minimum haben. In Abb. 1.105 sind die „Minimumkreise" wieder normal, die „Maximumkreise" fett gezeichnet. Durch Überlagerung der Kreise (siehe Abb. 1.105) ergeben sich nahezu geradlinige Maximum- und Minimumwellenfronten.

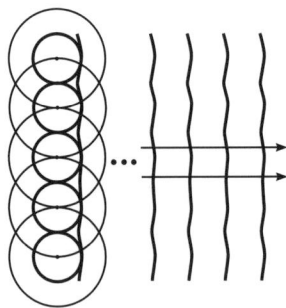

Abb. 1.105

Die Aussage 1) kann jeder bestätigen, der einen Stein ins Wasser wirft und das Wellenbild beobachtet, die Aussagen 4) und 5) werden im Kapitel Optik entsprechend genau erklärt!

Weitere Beobachtungen bei Wasserwellen:
6. Parallele Wellenfronten werden an Hindernissen so reflektiert, dass für die Senkrechten der Wellenfronten gilt: Einfallswinkel α = Reflexionswinkel β (Reflexionsgesetz) (Abb. 1.106)

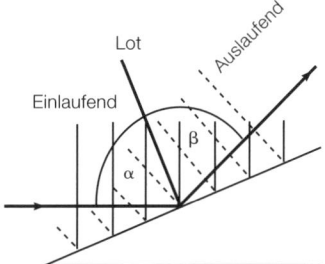

Abb. 1.106

7. Beim Übergang zwischen unterschiedlichen Medien werden Wellen gebrochen, d. h. die Senkrechte zur Wellenfront hat einen Knick: $\alpha > \beta$ (Bei Wasserwellen sind flaches bzw. tiefes Wasser unterschiedliche Medien) (Abb. 1.107).

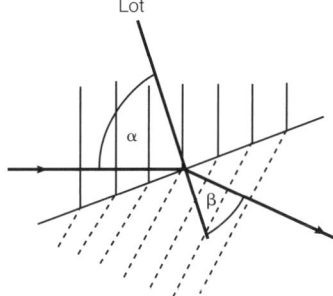

Abb. 1.107

1.28.1 Erklärung der Reflexion (Abb. 1.108)

Die einlaufenden Maximafronten sind fett gestrichelt gezeichnet. Die erste dieser Fronten (jetzt im Bild ganz rechts) erzeugt zuerst bei A, dann bei B, schließlich bei C wegen der Reflexion am festen Ende Minima, die sich von diesen Zentren aus kreisförmig um A, B, C ausbreiten (normal gezeichnete Kreise) – ihre Überlagerung ist die durchgezeichnete auslaufende Minimumfront durch C, die gemeinsame Kreistangente. Die mittlere einlaufende Maximumfront erzeugt entsprechend die fett durchgezogene auslaufende Minimumfront durch B (über den fett gezeichneten Kreis). Der Radius des großen Kreises ist die Laufstrecke der Welle in der Zeit 2T, die die einlaufende rechte Maximumfront von A nach C braucht; er entspricht also genau dem Abstand der linken zur rechten Maximumfront. Die Dreiecke ACD_1 und ACD_2 sind also kongruent nach SSW (90°-Winkel, gleiche Seite $\overline{AC}$, $\overline{AD_2} = \overline{CD_1}$). Damit sind die Ergänzungswinkel $\overline{\alpha}$ und $\overline{\beta}$ von α und β auf 90° gleich, also $\alpha = \beta$.

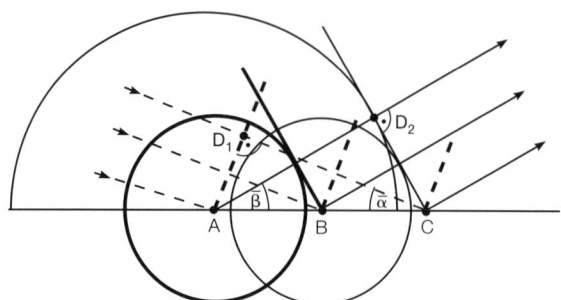

Abb. 1.108

1.28.2 Erklärung der Brechung (Abb. 1.109)

Es wird angenommen, dass im unteren Medium, das als das dichtere bezeichnet wird, die Ausbreitungsgeschwindigkeit der Wellen kleiner ist als im oberen (dünneren). Fett gestrichelt gezeichnet sind wieder die einlaufenden Maximumfronten. Die rechte Front erzeugt nacheinander bei A, dann bei B, dann bei C im unteren Medium Maxima (keine Reflexion!), die sich kreisförmig im unteren Medium ausbreiten – normal gezeichnete Kreise. Ihre Überlagerung ist die durchgezeichnete auslaufende Maximumfront, die gemeinsame Kreistangente. Entsprechend erzeugt die mittlere einlaufende Maximumfront den fett gezeichneten Kreis und die fett gezeichnete auslaufende Maximumfront. In der Zeit T wird im dünneren Medium die Strecke s_1 durchlaufen (mit der Geschwindigkeit c_1), im dichteren die Strecke s_2. Dabei gilt: $s_1 = c_1 \cdot T$, $s_2 = c_2 \cdot T$

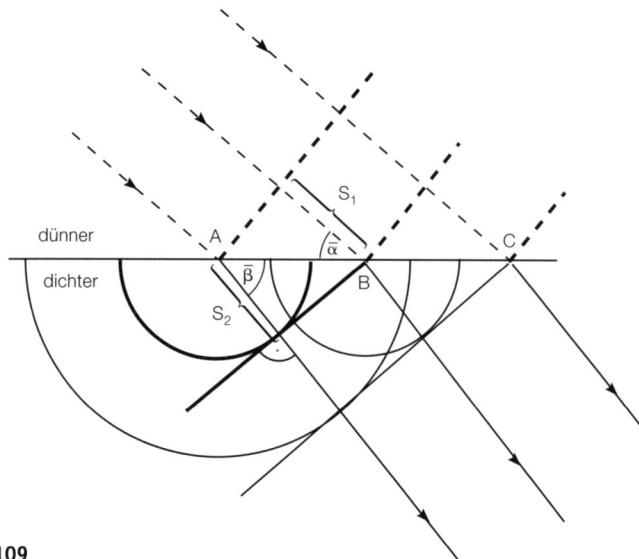

Abb. 1.109

Zweidimensionale Wellenfelder (mechanischer Wellen) 107

Wegen $\cos\overline{\alpha} = \frac{s_1}{\overline{AB}}$, $\cos\overline{\beta} = \frac{s_2}{\overline{AB}}$ folgt $\frac{\cos\overline{\alpha}}{\cos\overline{\beta}} = \frac{s_1}{s_2} = \frac{c_1 \cdot T}{c_2 \cdot T} = \frac{c_1}{c_2}$. $\overline{\alpha}$ bzw. $\overline{\beta}$ sind nicht Einfalls- und Brechungswinkel, sondern deren Ergänzungswinkel auf 90°, d.h. $\overline{\alpha} = 90° - \alpha$, $\overline{\beta} = 90° - \beta$. Setzt man dies ein und berücksichtigt, dass für bel. Winkel φ $\sin\varphi = \cos(90° - \varphi)$ gilt, so folgt: $\frac{c_1}{c_2} = \frac{\cos(90° - \alpha)}{\cos(90° - \beta)} = \frac{\sin\alpha}{\sin\beta}$

Damit erhalten wir das Brechungsgesetz: $\boxed{\frac{\sin\alpha}{\sin\beta} = \frac{c_1}{c_2} = \text{const}}$ (F1.56)

(c_1, c_2 sind die Wellengeschwindigkeiten im dünneren bzw. dichteren Medium.)

Wegen $c_1 > c_2$ ist damit auch $\alpha > \beta$, d.h. die Senkrechte zu den Wellenfronten wird (nach unten) abgeknickt!

2 Wärmelehre

2.1 Die Temperatur und ihre Messung

Körper fühlen sich „kalt" oder „heiß" an. Dabei können zwei Menschen den gleichen Wärmezustand eines Körpers, d.h. seine Temperatur, als verschieden empfinden. Auch der einzelne Mensch empfindet mitunter die gleiche Temperatur als verschieden, wie folgender Versuch zeigt: Auf einem Tisch stehen drei Behälter mit heißem bzw. kaltem bzw. lauwarmem Wasser. Taucht man mit der linken Hand zuerst ins heiße, dann ins lauwarme Wasser, wird man sagen, das Wasser sei kalt; taucht man dann mit der rechten Hand zuerst ins kalte und dann ins lauwarme Wasser, wird man dieses als warm bezeichnen. *Zur Messung der Temperatur braucht man also ein objektives Hilfsmittel, das Thermometer.*

Bei der Herstellung eines Thermometers nutzt man das Ausdehnungsverhalten von Körpern beim Erwärmen aus.

Dazu seien zunächst drei einfache Standardversuche beschrieben!

Beim *ersten Versuch* wird eine Eisenkugel, die genau durch das Loch einer Eisenplatte passt, mit einem Brenner erwärmt. Zunächst passt die kalte Kugel durch das Loch (Abb. 2.1 a). Nach dem Erhitzen der Kugel passt diese nicht mehr durch das Loch (Abb. 2.1 b) – sie hat sich ausgedehnt. Schließlich wird auch die Platte mit dem Loch erhitzt, worauf die heiße Kugel wieder hindurch passt – offenbar ist der Durchmesser des Lochs beim Erhitzen größer geworden (Abb. 2.1 c). Abbildung 2.1 ist nicht maßstabsgetreu – die Ausdehnung von Kugel und Ring kann man mit bloßem Auge nicht erkennen!

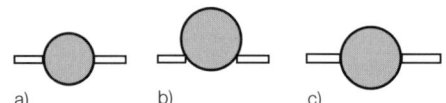

Abb. 2.1   a)   b)   c)

Beim *zweiten Versuch* wird ein Glaskolben mit gefärbtem Wasser gefüllt und oben mit einem Korkpropf verschlossen, in dem ein dünnes Glasrohr steckt, das in die Flüssigkeit ragt. Stellt man diese Anordnung in ein Bad mit heißem Wasser, so steigt das gefärbte Wasser im Röhrchen hoch – es dehnt sich aus.

Beim *dritten Versuch* wird (siehe Abb. 2.2) ein luftgefüllter Glaskolben mit der Öffnung nach unten in ein Wasserbecken getaucht und der Kolben mit der Hand gehalten. Man sieht wie die Luft im Kolben sich ausdehnt – nach kurzer Zeit steigen Luftblasen im Wasser auf. Offenbar genügt bereits die Handwärme, damit sich die Luft deutlich ausdehnt.

> Feste, flüssige und gasförmige Körper dehnen sich beim Erwärmen aus (auch die Durchmesser von Öffnungen werden dabei größer) und ziehen sich beim Abkühlen wieder zusammen. Dabei dehnen sich Flüssigkeiten stärker aus als feste Körper und Gase dehnen sich am stärksten aus.

Die Temperatur und ihre Messung

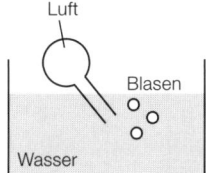

Abb. 2.2

Folgerungen:
1) Platzen von Autoreifen bei starker Sonneneinstrahlung, da sich die Luft im Reifen erhitzt und ausdehnen will.
2) Dehnfugen sollen bei Schienen und Brücken ermöglichen, dass sie sich im Sommer problemlos verlängern und im Winter zusammenziehen können.

Beim *Flüssigkeitsthermometer* (Abb. 2.3) hat man ein dünnes Glasrohr mit einem Vorratsbehälter für die Flüssigkeit (z. B. Quecksilber). Man wählt jetzt zwei Temperaturfixpunkte aus und markiert den Stand der Quecksilbersäule bei diesen – üblicherweise nimmt man den Gefrierpunkt des Wassers als unteren und den Siedepunkt des Wassers als oberen Fixpunkt.

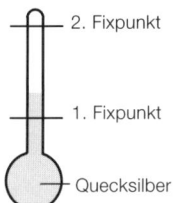

Abb. 2.3

Bei der *Celsiusskala* wird der untere Punkt mit 0 °C und der obere mit 100 °C bezeichnet und die Strecke zwischen beiden in 100 gleiche Teile unterteilt. Steigt die Quecksilbersäule um ein „solches Teil", so ist die Temperatur um 1 °C gestiegen.

Beachte:
1. Die Temperatur wird in °C (Grad Celsius) angegeben, der *Temperaturunterschied* aber in K (Kelvin); der Buchstabe für die Temperatur ist ϑ. Sei beispielsweise die Temperatur am Morgen $\vartheta_1 = 10$ °C, am Nachmittag $\vartheta_2 = 25$ °C, so ist der Temperaturunterschied $\Delta\vartheta = 15$ K
2. In den USA ist anstelle der Celsiusskala die *Fahrenheitskala* gebräuchlich, bei der der Gefrierpunkt des Wassers bei 32 °F und der Siedepunkt des Wassers bei 212 °F liegt.

Aufgaben: 1) Wie viel °F sind 40 °C? 2) Wie viel °C sind 86 °F?

Lösung:
Zu 1) Der Unterschied zum Gefrierpunkt des Wassers sind auf der Celsiusskala 40 K (Abb. 2.4).

Abb. 2.4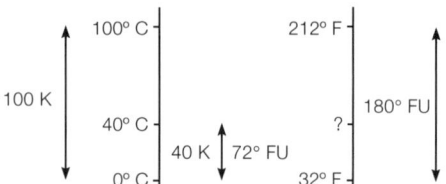

100 K Unterschied auf der Celsiusskala entsprechen 180 °FU (U für Unterschied) auf der Fahrenheitskala.

40 K entsprechen also $\frac{40}{100} \cdot 180\ °FU = 72\ °FU$

Der Unterschied der gesuchten Temperaturmarke zum Gefrierpunkt beträgt also 72 °FU auf der Fahrenheitskala. Da der Gefrierpunkt dort bei 32 °F liegt, ist die gesuchte Temperatur $(32 + 72)\ °F = 104\ °F$

Zu 2) Unterschied zum Gefrierpunkt des Wassers auf der Fahrenheitskala: $(86 - 32)\ °FU = 54\ °FU$

$100\ K \stackrel{\triangle}{=} 180\ °FU$, also $1\ °FU \stackrel{\triangle}{=} \frac{100}{180}\ K$, also $54\ °FU \stackrel{\triangle}{=} \frac{54 \cdot 100}{180}\ K = 30\ K$

Die gesuchte Temperaturmarke liegt also 30 K über dem Gefrierpunkt des Wassers auf der Celsiusskala, sie liegt also bei 30 °C

2.2 Längenausdehnung fester Körper beim Erwärmen

> Die Verlängerung Δl eines Stabes ist proportional zur Temperaturerhöhung $\Delta \vartheta$, sie ist auch proportional zur ursprünglichen Länge l des Stabes und hängt schließlich vom Material ab, aus dem der Stab besteht.

Die Proportionalität $\Delta l \sim \Delta \vartheta$ kann man experimentell nachmessen, sie ist aber auch unmittelbar einsichtig.

Beispiel: Ein Stab verlängert sich um 2 mm, wenn man ihn von 10 °C auf 50 °C erhitzt. Um wie viel verlängert er sich bei Erwärmung von 10 °C auf 40 °C?

Lösung:
Temperaturunterschied 40 K entspricht Verlängerung um 2 mm
Temperaturunterschied 1 K entspricht Verlängerung um $\frac{2}{40}$ mm
Temperaturunterschied 30 K entspricht *Verlängerung* um $30 \cdot \frac{2}{40}$ mm $= 1,5$ mm

Die Proportionalität $\Delta l \sim l$ kann man sich so klar machen: Angenommen ein Stab der Länge 1 m verlängere sich bei Erwärmung um Δl. Wird jetzt ein 2 m langer Stab aus dem gleichen Material gleichermaßen (gleiches $\Delta \vartheta$) erwärmt, so kann man diesen gedanklich in zwei Stücke von jeweils 1 m Länge zerlegen, die sich jeweils um Δl verlängern – der ganze Stab hat sich dann um 2 Δl, d.h. das Doppelte verlängert.

Die Abhängigkeit der Verlängerung Δl vom Material kann man demonstrieren, indem man einen *Bimetallstreifen* erhitzt, bei dem zwei verschiedene Metalle aufeinander gelötet sind. Abbildung 2.5 zeigt, dass sich der Streifen beim Erhitzen biegt, weil ein Metall (hier Metall 1) sich stärker beim Erhitzen ausdehnt als das andere.

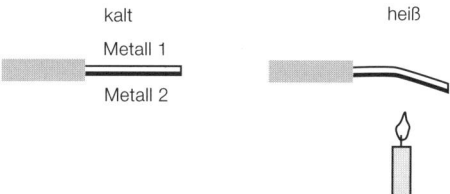

Abb. 2.5

Bemerkung: Damit lässt sich ein Bimetallthermometer herstellen.

Für Ausdehnungsberechnungen muss man tabellieren, um wie viel sich verschiedene Feststoffe bei 1 m Länge und Erwärmung um 100 K ausdehnen (z. B. Eisen um 1,2 mm, Kupfer um 1,7 mm).

Aufgabe: Um wie viel ist der Eiffelturm (Eisen, Höhe etwa 300 m) an einem Sommertag bei 30 °C höher als im Winter bei −20 °C?

Lösung: $\Delta \vartheta = 50$ K; bei 1 m Höhe und 100 K wäre die Verlängerung 1,2 mm; bei 300 m Höhe und 50 K beträgt sie $1{,}2 \text{ mm} \cdot 300 \cdot \frac{1}{2} = 180 \text{ mm} = 18 \text{ cm}$

2.3 Die Volumenausdehnung von Flüssigkeiten/ Anomalie des Wassers

Führt man den in 2.1 beschriebenen zweiten Versuch mit Wasser und im Vergleich dazu mit Alkohol aus, so stellt man fest, dass sich Alkohol stärker ausdehnt als Wasser.

Die Volumenausdehnung bei Flüssigkeiten hängt von der Art der Flüssigkeit ab.

2.3.1 Anomalie des Wassers

Kühlt man Wasser ab, so zieht es sich zunächst erwartungsgemäß zusammen.

„**1. Überraschung**": Kühlt man von 4 °C weiter bis 0 °C ab, so dehnt sich das Wasser wieder aus.

„**2. Überraschung**": Gefriert das Wasser bei 0 °C, so dehnt es sich plötzlich um 10 % seines Volumens aus, d. h. der Feststoff Eis hat eine geringere Dichte als die zugehörige Flüssigkeit.

Beide überraschenden Eigenschaften unterscheiden das Wasser von anderen Flüssigkeiten und werden zusammen als Anomalie des Wassers bezeichnet.

Bemerkungen:
1. Die Dichte von Wasser ist offenbar bei 4 °C am größten; Eis schwimmt auf Wasser – nur etwa $\frac{1}{10}$ eines Eisbrockens ragt über die Oberfläche (vergleiche 1.20, Aufgabe 2).
2. Die „2. Überraschung" kann man experimentell bestätigen, indem man in ein Reagenzglas eine 10 cm lange „Wassersäule" gibt und dieses in eine Kältemischung (halbflüssig aus Eis und Kochsalz) von etwa – 15 °C stellt; das Wasser gefriert und die Eissäule ist dann etwa 11 cm lang!
3. Folgeerscheinungen der Ausdehnung von Wasser beim Gefrieren sind Frostaufbrüche bei Straßen, platzende Wasserleitungen im Winter und Verwitterung durch Spaltenfrost (Wasser dringt in Gesteinsrisse und „sprengt" das Gestein beim Gefrieren).

2.4 Die Volumenausdehnung der Gase/Kelvinskala

Man denke sich folgenden Versuch durchgeführt: Eine bestimmte Luftmenge ist in einem engen Glasrohr durch einen verschiebbaren Quecksilberpfropfen eingeschlossen. Erwärmt man die Luft, so dehnt sie sich aus und verschiebt den Quecksilberpfropfen entsprechend – aus dessen Lage kann man also das jeweilige Luftvolumen bei einer bestimmten Temperatur ermitteln. Trägt man dieses über der Temperatur auf, so erhält man das Schaubild von Abbildung 2.6. Offenbar liegt eine Gerade vor, das heißt ein Zusammenhang der Art

$$\boxed{V(\vartheta) = V_0 + m \cdot \vartheta}$$ (F2.1),

wobei V_0 das Volumen bei 0 °C ist. Bei einer genauen Messung stellt man fest, dass das Volumen bei 100 °C etwa 1,366-mal so groß wie V_0 ist, d. h. die Volumenzunahme beträgt $0{,}366 \cdot V_0$ bei Erwärmung um 100 K und $0{,}00366 \cdot V_0 \approx \frac{1}{273} V_0$ bei Erwärmung um 1 K. Dies gilt nicht nur für Luft, sondern für jedes Gas! Man beachte, dass bei dem Versuch der Gasdruck immer konstant ist und dem äußeren Luftdruck entspricht.

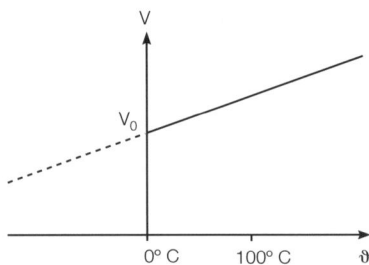

Abb. 2.6

Die Volumenausdehnung der Gase/Kelvinskala

> **Gesetz von Gay-Lussac** für die Ausdehnung von Gasen bei konstantem Druck: Die Volumenzunahme beim Erwärmen ist *für alle Gase gleich groß* und proportional zur Temperaturerhöhung. Erwärmt man ein beliebiges Gas um 1 K, so nimmt sein Volumen um $\frac{1}{273}$ des Volumens V_0 (bei 0 °C) zu; kühlt man das Gas um 1 K ab, so nimmt das Volumen um $\frac{1}{273} \cdot V_0$ ab.

1. Beispiel:
Ein Saal sei 10 m lang, 8 m breit, 3 m hoch und leer. Wie viel Luft entweicht durch die Ritzen von Tür und Fenstern, wenn er von 0 °C auf 25 °C erwärmt wird?

Lösung: Volumen bei 0 °C: V_0 = 10 m · 8 m · 3 m = 240 m³

Diese Gasmenge hätte bei Erwärmung um 25 K die Volumenzunahme $\Delta V = \frac{240 \text{ m}^3}{273} \cdot 25 \approx 22 \text{ m}^3$ – so viel Gas würde entweichen!

2. Beispiel: Ein Gas habe bei 0 °C das Volumen 546 l. Welches Volumen hätte das Gas (bei gleichem Druck) bei a) 20 °C, b) –1 °C, c) –273 °C, d) –1000 °C?

Lösung: zu a): $\Delta V = \frac{20}{273} \cdot V_0 = 40$ l, also V(20 °C) = 546 l + 40 l = 586 l

zu b): $\Delta V = -\frac{1}{273} V_0 = -2$ l, also V(–1 °C) = 544 l

zu c): $\Delta V = -\frac{273}{273} \cdot V_0 = -546$ l, also V(–273 °C) = 546 l – 546 l = 0?

zu d): **??**

Nach dieser Rechnung erhält man das *seltsame Ergebnis*, dass das Gas bei –273 °C *gar kein Volumen* und bei tieferen Temperaturen sogar *negatives Volumen* hätte!!

Erklärung:

> Tiefere Temperaturen als –273 °C gibt es nicht (genauer –273,15 °C) und auch –273 °C werden nur fast, aber nicht ganz erreicht.

(Im Übrigen werden alle Gase unter Normaldruck oberhalb von –273 °C flüssig und sogar fest. Sauerstoff wird bei –183 °C flüssig und bei –219 °C fest, Helium bei –269 °C flüssig und bei –272 °C fest)

Man kann dann eine neue Temperaturskala einführen, deren Nullpunkt die tiefste Temperatur von –273 °C ist, die *Kelvinskala*, deren Abstände aber denen der Celsiusskala entsprechen.

Beispiele:
0 K (Kelvin) $\stackrel{\triangle}{=}$ –273 °C (absoluter Nullpunkt); 273 K $\stackrel{\triangle}{=}$ 0 °C (Gefrierpunkt des Wassers); 73 K $\stackrel{\triangle}{=}$ –200 °C (Temperatur von flüssiger Luft)

Die Zahlenwerte der Kelvinskala liegen also immer um 273 über denen der Celsiusskala!

2.5 Temperatur und Teilchenbild/Wärme

2.5.1 Aufbau der Körper im Teilchenbild

Für weitergehende Betrachtungen ist es notwendig, eine gewisse Vorstellung vom Aufbau fester, flüssiger und gasförmiger Körper zu haben. Dazu sollen zunächst grundlegende Eigenschaften dieser Körper aufgeführt werden:

> Feste Körper haben eine bestimmte Gestalt.
> Flüssigkeiten passen sich der Form des Gefäßes an und bilden eine waagrechte Oberfläche.
> Gase haben das Bestreben, jeden Raum zu füllen, den man ihnen zur Verfügung stellt.
> Feste Körper und Flüssigkeiten lassen sich kaum zusammenpressen, d. h. ihr Volumen ist nahezu konstant.
> Gase lassen sich zusammendrücken, d. h. ihr Volumen lässt sich leicht ändern.

Alle Stoffe bestehen aus kleinsten Teilchen (Atome, Moleküle usw.), die man mechanisch nicht mehr zerteilen kann.

Bei *festen Körpern* hat jedes Teilchen seinen bestimmten Platz in einer regelmäßigen Struktur (Gitter). Die Teilchen ziehen sich gegenseitig durch Kohäsionskräfte an und sitzen dicht beieinander. Man kann sich als Modell Massepunkte, die durch Federn verbunden sind (wie bei einer Matratze), vorstellen – diese Federn „holen ein Teilchen wieder zurück", wenn es aus seiner normalen Lage ausgelenkt wurde. Die Teilchen sitzen aber nicht ruhig da, sondern führen Schwingbewegungen um ihre Gleichgewichtslage aus (siehe Abb. 2.7 a). Diese unkoordinierten *„Zitterbewegungen"* sind umso heftiger, je höher die Temperatur ist.

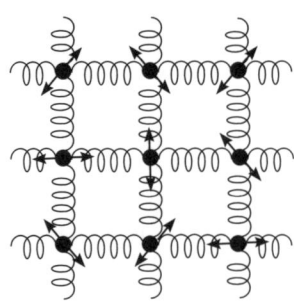

Abb. 2.7a

Auch bei *Flüssigkeiten* ziehen sich die Teilchen durch Kohäsionskräfte an und sitzen dicht beieinander. Allerdings sind die Teilchen gegeneinander verschiebbar (ein Teilchen kann in der Flüssigkeit wandern), d. h. das Modell mit den Federn passt hier nicht. Besser geeignet als Modell erscheint ein Becher mit vielen kleinen Kugeln. Auch in Flüssigkeiten führen die Teilchen *Zitterbewegungen aus, die mit wachsender Temperatur heftiger werden.* (Abb. 2.7 b).

Temperatur und Teilchenbild/Wärme 115

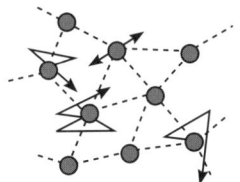

Abb. 2.7b

Beide Modelle erklären die spezifischen Eigenschaften von Flüssigkeit und Festkörper; insbesondere erklärt sich die Inkompressibilität („Nichtzusammendrückbarkeit") daraus, dass die Teilchen sehr dicht sitzen. Bei *Gasen*, deren Volumen leicht veränderbar ist, muss zwischen den Teilchen „viel Platz" sein; daher ziehen sich die Gasteilchen auch kaum an (die Kohäsionskräfte wirken nur über kurze Entfernungen). Man kann sich im Modell die Teilchen eines Gases wie vollelastische Gummibälle vorstellen, die mit großer Geschwindigkeit durch den zur Verfügung stehenden Raum fliegen und an den Wänden reflektiert werden. Je höher die Temperatur ist, desto größer wird die Geschwindigkeit der Teilchen (Abb. 2.7 c).

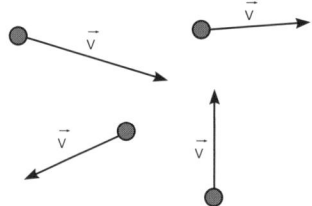

Abb. 2.7c

Erhöht man die Temperatur eines Körpers, so wird die Bewegung seiner Teilchen heftiger; sie brauchen also mehr Platz, weshalb sich der Körper **ausdehnt**. Außerdem nimmt die **innere Energie** des Körpers (Bewegungsenergie seiner Teilchen zuzüglich Spannungsenergie im Festkörper) zu.

Bemerkungen:
1. Neben der *Kohäsion*, d.h. der Anziehung zwischen den Teilchen einer Flüssigkeit gibt es auch die *Adhäsion*, die Anziehung zwischen den Flüssigkeitsteilchen und der Gefäßwand. Da diese bei Wasser größer als die Kohäsion ist, steigt das Wasser an der Gefäßwand aus Glas etwas hoch, wodurch die Oberfläche im Querschnitt gekrümmt erscheint (Abb. 2.8). Man spricht wegen der „Mondform" vom *Meniskus des Wassers*. Von der Seite erscheint die Wasseroberfläche als Doppelstrich – man muss für Volumenmessungen den unteren Strich wählen. Bei Quecksilber überwiegt die Kohäsion, weshalb der Meniskus anders herum gekrümmt ist.
2. Die Größe der „kleinsten Teilchen" kann man näherungsweise mit dem *Ölfleckversuch* ermitteln. Dabei gibt man ein Trioleintröpfchen, dessen Volumen man bestimmt hat, auf eine Wasseroberfläche; hierbei verdampft der Leichtbenzinanteil (99,9 % des Volumens) im Tröpfchen, während der Ölanteil (0,1 % des Volumens), dessen Volumen V man ja jetzt kennt, auf dem Wasser einen

kreisförmigen Fleck bildet, dessen Radius r man bestimmen und dessen Fläche A man über $A = r^2 \cdot \pi$ berechnen kann. Unter der Annahme, dass die Dicke der Ölschicht der Dicke d des Teilchens entspricht, gilt $V = d \cdot A$ bzw. $d = \frac{V}{A}$. Für die Öltröpfchen erhält man eine Dicke von ca. *1 Millionstel Millimeter.*

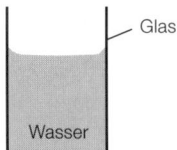

Abb. 2.8: „Querschnitt"

3. Betrachtet man unter dem Mikroskop einen Tropfen Milch unter 1000-facher Vergrößerung, so sieht man kleine Kügelchen, die ständig unregelmäßig hin und her zittern. Dieses „Kleingewimmel" heißt *Brown'sche Bewegung.* Man sieht aber nicht die kleinsten Teilchen der Milch, sondern Fetttröpfchen, die im „Milch-Wasser" schweben. Die Wassermoleküle sind viel kleiner. Jedoch stoßen die Wasserteilchen wegen ihrer Zitterbewegungen die wesentlich größeren „Fettbrocken" an und bringen auch sie – für das Mikroskop sichtbar – zum Zittern.
Ein ähnliches Phänomen zeigt sich beim Betrachten des Rauchs, der aus einem abgebrannten Streichholz in einer unregelmäßigen Bewegung aufsteigt: Die größeren für das Auge sichtbaren Rauchteilchen werden dauernd von den viel kleineren unsichtbaren Luftteilchen unregelmäßig angestoßen.
4. Eine weitere Folge der Teilchenbewegung ist die *Diffusion*. Hat man etwa in einem Behälter – durch eine Trennscheibe in zwei Kammern aufgeteilt – zwei verschiedene Gase, so diffundieren nach Wegnahme der Scheibe die Teilchen des ersten Gases zwischen die des zweiten und umgekehrt, bis sie sich schließlich vollständig durchmischt haben.

2.5.2 Mechanische Arbeit und Wärme

Um die innere Energie eines Körpers zu erhöhen (und damit seine Temperatur) gibt es prinzipiell zwei Möglichkeiten:
1. Durch *mechanische Arbeit W* kann man die Heftigkeit der Teilchenbewegung steigern: Durch Hämmern (Abb. 2.9 a) oder Reiben (Abb. 2.9 b) bewegt man die Teilchen etwas (Weg s) und presst die „Federn" im Festkörpermodell zusammen oder dehnt sie, wozu Kraft nötig ist – insgesamt hat man also Arbeit W = F · s (vergleiche Kap. 1.11) verrichtet.
In der Tat kann man durch Hämmern die Temperatur eines Eisenstücks so sehr steigern, dass es zur Rotglut kommt!
2. Normalerweise erhöht man die Temperatur eines Körpers und damit seine innere Energie, indem man ihn in Kontakt mit einem heißeren Körper (z. B. Ofen) bringt. In Abbildung 2.10 ist der heißere Körper rechts gezeichnet – seine Teilchen zittern viel heftiger als die des kälteren. Durch Kontakt stoßen die Teilchen des heißeren die des kälteren an und werden selbst etwas abge-

Temperatur und Teilchenbild/Wärme 117

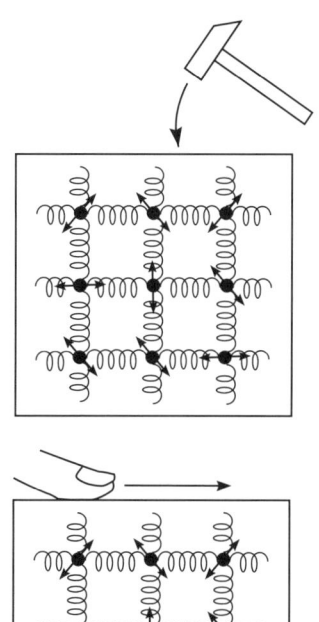

Abb. 2.9a

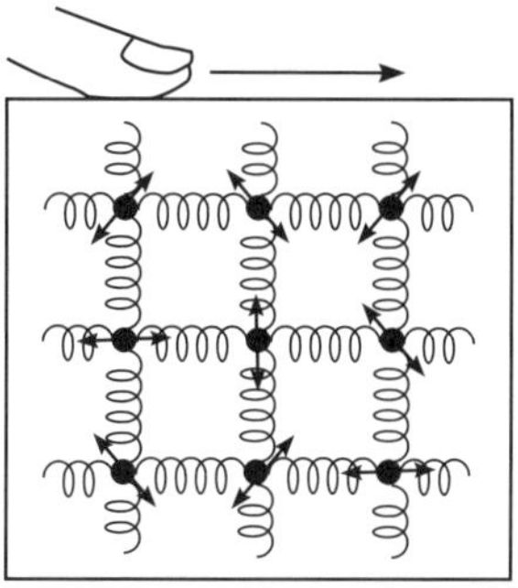

Abb. 2.9b

bremst. Es geht Energie vom heißeren zum kälteren Körper über – *diese übergehende Energie heißt Wärme* Q_W (In Abb. 2.10 sind die „Federn" weggelassen)

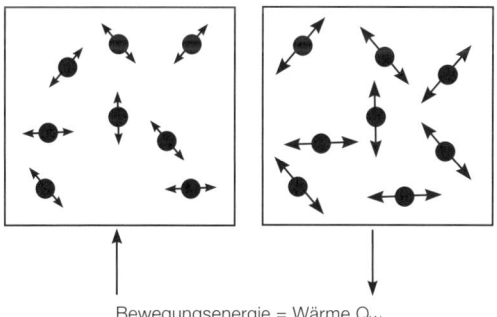

Abb. 2.10   Bewegungsenergie = Wärme Q_W

Energie E, mechanische Arbeit W und Wärme Q_W haben also alle die gleiche Einheit, das Joule: $[E] = [W] = [Q_W] = 1\,J$

Insbesondere ist also Wärme etwas völlig anderes als Temperatur.

2.6 Wärmemenge und spezifische Wärmekapazität

Die Wärmemenge Q_W, die man einem Körper zuführen muss, um ihn zu erwärmen, ist proportional zur Temperaturerhöhung $\Delta\vartheta$ des Körpers, sie ist auch proportional zur Masse m des Körpers, und sie hängt auch vom Stoff ab, aus dem der Körper besteht (Erfahrungstatsache: Eisen erwärmt sich leichter als Wasser). Aus $Q_W \sim m$ ($\Delta\vartheta$ = const, Stoff const) und $Q_W \sim \Delta\vartheta$ (m = const, Stoff const) folgt $Q_W \sim m \cdot \Delta\vartheta$ bei unverändertem, d. h. konstantem Material; also

$$\frac{Q_W}{m \cdot \Delta\vartheta} = \text{const} = c \text{ bzw. } \boxed{Q_W = m \cdot \Delta\vartheta \cdot c} \quad \text{(F2.2)}$$

Die Konstante c in Gl. (F2.2) beschreibt den Stoff und heißt *spezifische Wärmekapazität*; ihre Einheit ist $[c] = \left[\dfrac{Q_W}{m \cdot \Delta\vartheta}\right] = 1\dfrac{J}{g \cdot K} = 1\dfrac{kJ}{kg \cdot K}$ und die Werte für c sind tabelliert.

Beispiel: Ein Versuch zeigt, dass man 300 g Wasser mit einem 1000 W-Tauchsieder 25,2 s lang erwärmen muss, um das Wasser von 10 °C auf 30 °C zu erhitzen. Dabei liefert der Tauchsieder die Wärme $Q_W = P \cdot t = 1000 \dfrac{J}{s} \cdot 25,2 \text{ s} = 25\,200 \text{ J}$, die Wassermasse m = 300 g wird um $\Delta\vartheta = 20$ K erwärmt. Einsetzen in (F2.2) liefert für Wasser

$$c = \frac{Q_W}{m \cdot \Delta\vartheta} = \frac{25\,200 \text{ J}}{300 \text{ g} \cdot 20 \text{ K}} = 4,2 \frac{J}{g \cdot K}$$

Bemerkungen: 1) Generell ist c für Metalle sehr klein, für Flüssigkeiten groß $\left(c_{Eisen} = 0,45 \dfrac{J}{g \cdot K}, \quad c_{Öl} \approx 2 \dfrac{J}{g \cdot K}, \quad c_{Wasser} \approx 4,2 \dfrac{J}{g \cdot K}\right)$

2) Die Wärmeleistung P eines Heizgeräts kann analog zur Leistung in der Mechanik (vergleiche Kap. 1.12) definiert werden als $P = \dfrac{Q_W}{t}$, wobei Q_W die in der Zeit t gelieferte Wärme ist.

3) Der Heizwert eines Stoffes gibt an, wie viel Wärme beim Verbrennen von 1 kg Brennstoff entsteht (z. B. Steinkohle: 31 800 $\dfrac{kJ}{kg}$, Heizöl : 42 200 $\dfrac{kJ}{kg}$)

Aufgabe: Welche Wärmemenge ist nötig, um 500 g Eisen von 20 °C auf 50 °C zu erhitzen, welche um 500 g Wasser im Glas $\left(100 \text{ g}, c_{Glas} = 0,8 \dfrac{J}{g \cdot K}\right)$ von 20°C auf 50 °C? Wie lange müsste im Falle des Wassers der 350 W-Tauchsieder in Betrieb sein? (Von Verlusten abgesehen).

Lösung:
Bei Eisen ist $Q_W = m_E \cdot c_E \cdot \Delta\vartheta_E = 500 \text{ g} \cdot 0,45 \dfrac{J}{g \cdot K} \cdot 30 \text{ K} = 6750 \text{ J} = 6,75 \text{ kJ}$
Bei Wasser ist $Q_W = m_{Wasser} \cdot c_{Wasser} \cdot \underbrace{\Delta\vartheta}_{Wasser} + m_{Glas} \cdot c_{Glas} \cdot \underbrace{\Delta\vartheta}_{Glas} = 500 \text{ g} \cdot 4,2 \dfrac{J}{g \cdot K} \cdot 30 \text{ K} + 100 \text{ g} \cdot 0,8 \dfrac{J}{g \cdot K} \cdot 30 \text{ K}$, also $Q_W = 65\,400 \text{ J} = 65,4 \text{ kJ}$ (Das Glas muss miterwärmt werden)

Betriebszeit: $P = \dfrac{Q_W}{t}$, also $t = \dfrac{Q_W}{P} = \dfrac{65\,400\text{ J}}{350\text{ W}} \approx 186,86\text{ s} \approx 3\text{ min }7\text{ s}$

2.7 Mischungsversuche

Bei einem Versuch mischt man 150 g Wasser der Temperatur $\vartheta_1 = 55\,°C$ mit 75 g Wasser der Temperatur $\vartheta_2 = 25\,°C$. Nach Umrühren erhält man als Temperatur der Mischung $\vartheta_3 = 45\,°C$.

Das kältere Wasser wurde dabei von 25 °C auf 45 °C, d. h. um 20 K erwärmt und nahm Wärme auf: $Q_W^{auf} = m_1 \cdot c_1 \cdot \Delta\vartheta_1 = 75\text{ g} \cdot 4{,}2\,\dfrac{J}{g \cdot K} \cdot 20\text{ K} = 6300\text{ J}$

Das wärmere Wasser kühlte sich beim Mischen von 55 °C auf 45 °C, also um 10 K ab und gab Wärme ab: $Q_W^{ab} = m_2 \cdot c_2 \cdot \Delta\vartheta_2 = 150\text{ g} \cdot 4{,}2\,\dfrac{J}{g \cdot K} \cdot 10\text{ K} = 6300\text{ J}$

Man erkennt, dass $Q_W^{auf} = Q_W^{ab}$ gilt, d. h. *die aufgenommene Wärmemenge ist gleich der abgegebenen.*

Erklärung: Das heißere Wasser wird abgekühlt und gibt dabei die Wärme Q_W^{ab} ab; seine innere Energie wird um Q_W^{ab} kleiner. Das kältere erwärmt sich und nimmt Q_W^{auf} auf; seine innere Energie wird um Q_W^{auf} größer. Es findet ein Energieübertrag vom heißeren zum kälteren Wasser statt. Wenn keine Energie an die Umgebung verloren geht (idealisiert!), ist demnach $Q_W^{auf} = Q_W^{ab}$: Die Summe der inneren Energien beider Wassermengen bleibt in der Mischung erhalten.

Aufgaben: 1) In ein Glas mit 100 g von 20 °C werden 200 g heißes Wasser von 70 °C gegossen. Welche Mischungstemperatur stellt sich ein?

2) Ein Messingstück $\left(50\text{ g}; c = 0{,}38\,\dfrac{J}{g\,K}\right)$ wird mit dem Brenner stark erhitzt und dann in 200 g Wasser von 24 °C geworfen. Wie heiß war das Messingstück, wenn man als Mischungstemperatur 38 °C misst?

Lösung zu 1): Die Mischungstemperatur sei x °C. Das Glas wird von 20 °C auf x °C erwärmt, d. h. um (x − 20) K und nimmt die Wärme $Q_W^{auf} = 100\text{ g} \cdot 0{,}8\,\dfrac{J}{g \cdot K} \cdot$ (x − 20) K auf; das Wasser kühlt sich um 70 °C auf x °C ab und gibt die Wärme $Q_W^{ab} = 200\text{ g} \cdot 4{,}2\,\dfrac{J}{g \cdot K}$ (70 − x) K ab. Dabei gilt $Q_W^{auf} = Q_W^{ab}$, also:
$100\text{ g} \cdot 0{,}8\,\dfrac{J}{g \cdot K}$ (x − 20) K = $200\text{ g} \cdot 4{,}2\,\dfrac{J}{g \cdot K} \cdot$ (70 − x) K, d.h. $80 \cdot (x - 20)$
$= 840 \cdot (70 - x)$

Daraus folgt 80 x − 1600 = 58 800 − 840 x, d. h. 920 x = 60 400 bzw.
$x = \dfrac{60\,400}{920} \approx 65{,}65$

Man darf also eine *Temperatur von 65, 65 °C* erwarten. (Idealisiert: Ein Teil der Wärme geht an die Umgebung!)

Lösung zu 2): Die Anfangstemperatur des Messingstücks sei x °C. Es kühlt sich auf 38 °C ab und gibt Wärme ab. Das Wasser erwärmt sich von 24 °C auf 38 °C und nimmt Wärme auf. Dabei gilt $Q_W^{auf} = Q_W^{ab}$, d. h.

$$200 \text{ g} \cdot 4,2 \, \frac{J}{g \cdot K} \cdot 14 \text{ K} = 50 \text{ g} \cdot 0,38 \, \frac{J}{g \cdot K} \cdot (x-38) \text{ K oder } 11\,760 = 19 \cdot (x-38)$$

Daraus errechnet man $x - 38 = \dfrac{11\,760}{19} \approx 618,9$, also $x \approx 657$

Das Messingstück hatte eine Anfangstemperatur von 657 °C. (Idealisierend wurden das Glas und die Wärmeabgabe an die Umgebung vernachlässigt.)

2.8 Erscheinungsformen der Stoffe/Schmelz- und Verdampfungswärme

2.8.1 Aggregatzustände

Jeder Stoff kann theoretisch als Feststoff, als Flüssigkeit oder als Gas vorliegen – dies sind die so genannten *Aggregatzustände*.

Das Schema von Abbildung 2.11 verdeutlicht die Übergänge zwischen diesen Zustandsformen.

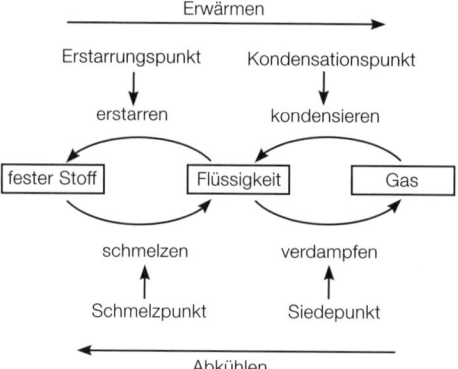

Abb. 2.11

Der Schmelzpunkt entspricht normalerweise dem Erstarrungspunkt (bei Wasser unter Normaldruck 0 °C), der Siedepunkt dem Kondensationspunkt (bei Wasser unter Normaldruck 100 °C). Auch den direkten Übergang vom Feststoff zum Gas (Sublimation) gibt es.

2.8.2 Schmelzwärme

Bei einem Versuch werden 100 g Eis von 0 °C in 400 g Wasser von 50 °C gegeben; dann wird solange umgerührt, bis das Eis völlig geschmolzen ist und als einheitliche Mischungstemperatur werden 25,5 °C gemessen. Dabei hat der Glasbecher, in dem das Wasser sich befindet, die Masse 150 g.

Bilanz: Das Wasser samt Glasbecher kühlt sich von 50 °C auf 25,5 °C und gibt Wärme ab;

$$Q_W^{ab} = 400\,g \cdot 4{,}2\,\frac{J}{g \cdot K} \cdot (50 - 25{,}5)\,K + 150\,g \cdot 0{,}8\,\frac{J}{g \cdot K} \cdot (50 - 25{,}5)\,K$$
$$= 41\,160\,J + 2940\,J = 44\,100\,J$$

Das Eis schmilzt zu Wasser von 0 °C und das Schmelzwasser (100 g) erwärmt sich auf 25,5 °C und nimmt Wärme auf:

$$Q_W^{auf} = 100\,g \cdot 4{,}2\,\frac{J}{g \cdot K} \cdot (25{,}5 - 0)\,K = 10\,710\,J$$

Die Differenz von 44 100 J - 10 710 J = 33 390 J ist sicherlich nicht an die umgebende Luft und die Unterlage (Isolation durch Styroporplatte!) gegangen – höchstens ein kleiner Teil! *Sie musste vielmehr aufgebracht werden, um das Eis zum Schmelzen zu bringen*, d. h. $Q_{W,\,Schmelz}^{auf} \approx 33\,400\,J$ für 100 g Eis.

Ergebnis: 1) Beim Schmelzen eines Festkörpers muss Wärme zugeführt werden *(Schmelzwärme)*, ohne dass sich die Temperatur erhöht; diese Schmelzwärme ist proportional zur Masse des Festkörpers und hängt vom Stoff ab.

2) Die *spezifische Schmelzwärme s* gibt an, welche Wärmemenge zum Schmelzen je g nötig ist.

Beispiele: $s_{Eis} = 335\,\frac{J}{g}$ (siehe oben), $s_{Zinn} = 60\,\frac{J}{g}$ (gering → Löten!), $s_{Salz} \approx 500\,\frac{J}{g}$

3) Erstarrt eine Flüssigkeit, so gibt sie umgekehrt *Erstarrungswärme* ab. Die *spezifische Erstarrungswärme* ist gleich groß wie die spezifische Schmelzwärme!

Die Schmelzwärme wird dazu benutzt, den Gitterverband eines Festkörpers (siehe Kap. 2.5) aufzulösen, d. h. im Federmodell um die „Federn" aufzubrechen. Dabei muss Arbeit gegen die Kohäsionskräfte verrichtet werden – die Bewegungsenergie der Teilchen wird so groß, dass sie nicht mehr in ihre Gleichgewichtslage zurückkehren. Die Schmelzwärme entspricht gerade der erforderlichen Arbeit!

2.8.3 Verdampfungswärme

Auch zum Verdampfen einer Flüssigkeit ist Arbeit erforderlich: Beim Übergang zum Gas werden die Teilchen zu frei fliegenden Teilchen, d. h. die Kohäsionskräfte zwischen den Flüssigkeitsteilchen müssen komplett überwunden werden. Dazu ist noch wesentlich mehr Arbeit nötig als zum Schmelzen – diese äußert sich in Verdampfungswärme, die der Flüssigkeit zum Verdampfen (ohne Temperaturanstieg) zugeführt werden muss.

Bei einem Versuch wird mit einem Tauchsieder der Wärmeleistung 1000 W für eine Zeitdauer von 5 min (ab Beginn des Verdampfungsvorgangs) Wasser verdampft. Dabei verdampfen ca. 135 g Wasser, wobei der Tauchsieder in 5 min die Wärmemenge $Q_W = P \cdot t = 1000 \frac{J}{s} \cdot 300 \, s = 300\,000 \, J$ liefert. Die *spezifische Verdampfungswärme r vom Wasser* beträgt demnach

$$r_{Wasser} = \frac{300\,000 \, J}{135 \, g} \approx 2222 \, \frac{J}{g} \quad (\text{genauer } 2258 \, \frac{J}{g})$$

Bemerkungen:
1. Alkohol verdampft (bei 78 °C) wesentlich leichter als Wasser: $r_{Alkohol} \approx 858 \, \frac{J}{g}$
2. Kondensiert ein Gas, so gibt es *Kondensationswärme ab*; die *spezifische Kondensationswärme* ist gleich der spezifischen Verdampfungswärme.

Aufgaben: 1) Zur Kühlung werden in 250 ml eines Fruchtsaftgetränks Eisbrocken im Gesamtvolumen von 16 cm^3 $\left(\rho_{Eis} \approx 0,9 \, \frac{g}{cm^3}\right)$ gegeben. Welche Mischungstemperatur hat das Getränk nach dem Schmelzen der -5 °C kalten Eisbrocken, wenn es vorher 25 °C hatte? ($c_{Eis} = 2,1 \, \frac{J}{g \cdot K}$, beim Getränk soll einfachheitshalber mit Wasser gerechnet werden, das dünnwandige Glas soll vernachlässigt werden.)

Lösung: Eismasse: $m_{Eis} = \rho \cdot V = 0,9 \, \frac{g}{cm^3} \cdot 16 \, cm^3 = 14,4 \, g$;

Fruchtsaft: $m_{Saft} \simeq 250 \, g$; Mischungstemperatur: x °C

Das Eis erwärmt sich auf 0 °C, schmilzt dann und danach erwärmt sich das Schmelzwasser auf x °C – dabei wird jedes Mal Wärme aufgenommen:

$Q_W^{auf} = 14,4 \, g \cdot 2,1 \, \frac{J}{g \cdot K} \cdot 5 \, K + 14,4 \, g \cdot 335 \, \frac{J}{g} + 14,4 \, g \cdot 4,2 \, \frac{J}{g \cdot K} \cdot xK$, also
$Q_W^{auf} = 4975,2 \, J + 60,48 \, J \cdot x$

Das Fruchtsaftgetränk kühlt sich von 25 °C auf x °C ab und gibt Wärme ab:
$Q_W^{ab} = 250 \, g \cdot 4,2 \, \frac{J}{g \cdot K} \cdot (25 - x) \, K$ also $Q_W^{ab} = 26\,250 \, J - 1050 \, J \cdot x$

Wegen $Q_W^{auf} = Q_W^{ab}$ folgt $4975,2 + 60,48 x = 26\,250 - 1050 x$ bzw. $1110,48 x = 21\,274,8$; damit $x = \frac{21\,274,8}{1110,48} \approx 19,2$

Also beträgt die **Mischungstemperatur etwa 19,2 °C**.

2) Durch Erhitzen werden 40 g Eis von -20 °C in Wasserdampf von 130 °C verwandelt – welche Wärmemenge ist nötig, wenn man von Verlusten absieht?
$\Big(c_{Eis} = 2,1 \, \frac{J}{g \cdot K}, \, c_{Wasser} = 4,2 \, \frac{J}{g \cdot K}, \, c_{Wasserdampf} = 1,95 \, \frac{J}{g \cdot K}, \, s_{Eis} = 335 \, \frac{J}{g},$
$r_{Wasser} = 2258 \, \frac{J}{g}\Big)$

Erwärmung des Eises von -20 °C auf 0 °C erfordert $Q_W^1 = 40 \, g \cdot 2,1 \, \frac{J}{g \cdot K} \cdot 20 \, K$
$= 1680 \, J$

Schmelzen des Eises bei 0 °C erfordert $Q_W^2 = 40\text{ g} \cdot 335\,\frac{\text{J}}{\text{g}} = 13\,400$ J

Erwärmen des Schmelzwassers von 0 °C auf 100 °C erfordert

$Q_W^3 = 40\text{ g} \cdot 4,2\,\frac{\text{J}}{\text{g}\cdot\text{K}} \cdot 100\text{ K} = 16\,800$ J

Verdampfen des Wassers bei 100 °C erfordert $Q_W^4 = 2258\,\frac{\text{J}}{\text{g}} \cdot 40\text{ g} = 90\,320$ J

Erwärmung des Wasserdampfs von 100 °C auf 130 °C erfordert

$Q_W^5 = 40\text{ g} \cdot 1,95\,\frac{\text{J}}{\text{g}\cdot\text{K}} \cdot 30\text{ K} = 2340$ J

Gesamte Wärmemenge: $Q_W = Q_W^1 + \ldots + Q_W^5 = 124\,540\text{ J} = 124,54$ kJ

2.9 Ergänzungen: Verdunsten, Siedepunkterniedrigung

2.9.1 Verdunstung

Das Verdampfen von Wasser ist auf zweierlei Arten möglich:
1. Bei 100 °C *siedet* das gesamte Wasser (große Blasen von Wasserdampf im Inneren)
2. Bei jeder Temperatur *verdunstet* Wasser an der Oberfläche (je größer die Oberfläche, desto mehr verdunstet)

Ein Versuch zeigt: Wenn Ether von Zimmertemperatur auf die Hand geträufelt wird, wird diese kalt.

Erklärung: Auch zum Verdunsten ist Wärme nötig. Sie wird der Flüssigkeit und ihrer Umgebung entzogen, die sich deshalb abkühlen (ungenaue Sprechweise: „Verdunstungskälte")

Anwendungen dieser Tatsache sind etwa der Erfrischungseffekt durch Kölnisch Wasser oder das Kühlhalten von Getränken durch minimale Verdunstung in porösen Tonkrügen.

2.9.2 Siedepunkterniedrigung

Bei einem Versuch wird Wasser von ca. 90 °C in einen Kolben gegeben und dann durch eine Pumpe oder einen Kolbenprober Unterdruck erzeugt – das Wasser beginnt zu sieden!

Der Siedepunkt einer Flüssigkeit sinkt, wenn man den Druck erniedrigt.

Beispiel: Auf Meereshöhe (Luftdruck 1013 mbar) siedet Wasser bei 100 °C, auf dem 8848 m hohen Mount Everest (Luftdruck ca. 300 mbar) bei 70 °C.

Bemerkungen: 1) Auch der Schmelzpunkt wird vom Druck beeinflusst – er sinkt bei Druckerhöhung! (Beispiel: Unter dem Druck des Schlittschuhs schmilzt Eis unter 0 °C zu einem Wasserfilm).

2) Beim Kompressorkühlschrank (Abb. 2.12) presst ein Kolben ein Kühlmittelgas zusammen und über ein Ventil rechts in die angeschlossenen Rohrschlangen. Dort kondensiert das Gas unter dem hohen Druck und gibt Wärme ab (Abwärme des Kühlschranks). Das flüssige Kühlmittel gelangt in den oberen Bereich und kann sich dort wieder stark ausdehnen – bei viel niedrigerem Druck siedet es und braucht dazu Verdampfungswärme. Die entzieht es der Umgebung, die deshalb gekühlt wird (Kühlbereich im Bild schraffiert). Geht der Kolben nach unten, strömt das Kühlmittelgas links nach unten und über das linke Ventil in die Kolbenkammer. Beim Heben des Kolbens beginnt alles von vorne. (Bei einem typischen Kühlmittel liegt der Siedepunkt bei – 30 °C für Normaldruck und bei 40 °C für 9 bar Druck).

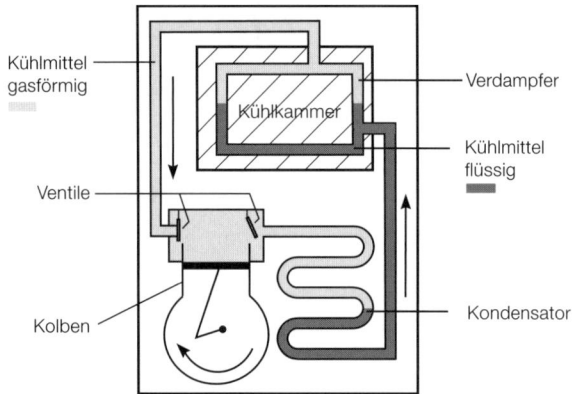

Abb. 2.12

2.10 Wärmetransport

2.10.1 Wärmekonvektion

Beim Versuch nach Abbildung 2.13 wird das Wasser rechts unten erwärmt, worauf sich eine Strömung ausbildet; das Wasser fließt im Kreis. Die Erklärung ist, dass das erwärmte Wasser geringere Dichte hat, damit leichter ist und hoch steigt – so gelangt das warme Wasser an jede Stelle im Rohr.

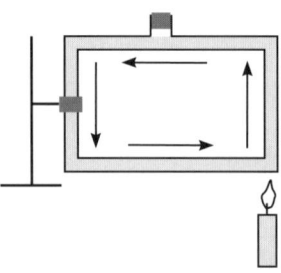

Abb. 2.13

Hier wandert Wärme, indem Materie (heißes Wasser) wandert (Wärmekonvektion)
Auf diesem Prinzip basieren die Warmwasserheizung und die Erwärmung der Zimmerluft über Heizkörper.

2.10.2 Wärmeleitung

Erhitzt man einen Eisenstab auf der einen Seite, so wird nach einer gewissen Zeit auch die andere Seite heiß. Hier wandern keine Eisenteilchen. Vielmehr erhalten die Teilchen auf der einen Seite des Stabes durch das Erhitzen viel innere Energie, die sie durch Stöße zur anderen Seite weitergeben.
Es wandert Wärme ohne Materietransport (Wärmeleitung).
Metalle sind im Allgemeinen gute Wärmeleiter; Glas, Kunststoffe, Flüssigkeiten (und Gase) sind schlechte Wärmeleiter und werden zur *Wärmedämmung* benutzt (Energieverluste durch Wärmeleitung sollen verhindert werden).

2.10.3 Wärmestrahlung

Durch die Strahlung der Sonne gelangt Wärme zur Erde. Dabei wandert keine Materie von der Sonne zur Erde, und die Wärme wird – im Vakuum zwischen Sonne und Erde – auch nicht durch Stöße weitergegeben. Die *Wärmestrahlung* ist also keine Konvektion und auch keine Wärmeleitung im Sinne von Kap. 2.10.2 – es handelt sich (siehe Elektrizitätslehre) um Wärmetransport durch elektromagnetische Wellen.
   Auf diesem Prinzip basieren Heizstrahler und Infrarot-Lampen. Wärmestrahlung wird vor allem von dunklen Körpern, auf die sie trifft, absorbiert; helle, insbesondere glänzende Körper reflektieren sie größtenteils (silberne Kühlwaggons!).

2.11 Das allgemeine Gasgesetz

2.11.1 Erstfassung des Gasgesetzes

In Kap. 2.4 wurde das *Gesetz von Gay-Lussac für das Ausdehnungsverhalten von Gasen bei konstantem Druck* besprochen, wonach das Gasvolumen bei Erwärmung um 1 K um $\frac{1}{273}$ seines Volumens V_0 (bei 0 °C) zunimmt. Danach beträgt das Gasvolumen bei $x\,°C$ gerade $V(x\,°C) = V_0 + \Delta V = V_0 + \frac{V_0}{273} \cdot x = V_0 \cdot \frac{273 + x}{273}$
$= V_0 \cdot \frac{(273 + x)\,K}{273\,K}$
   Geht man von der Celsiusskala zur Kelvinskala über, so entspricht der Temperatur 0 °C gerade $T_0 = 273$ K und der Temperatur $x\,°C$ gerade $T = (273+x)$ K; setzt man dies ein, so gilt für das Gasvolumen V bei der Temperatur T:

$$V = V_0 \cdot \frac{T}{T_0} \quad \text{bzw.} \quad \frac{V}{T} = \frac{V_0}{T_0} = \text{const} \quad \text{(F2.3 a, b)}$$

(F2.3 a, b) kann als modifizierte Form des Gesetzes von Gay-Lussac angesehen werden.

Für das *Ausdehnungsverhalten von Gasen bei konstanter Temperatur gilt das Gesetz von Boyle-Mariotte* (siehe Kap. 1.21):

$$\boxed{p \cdot V = \text{const}} \quad \text{(F1.42)}$$

Aus beiden Gesetzen soll nun ein einziges Gesetz gewonnen werden, das das Gasvolumen bei Änderung von Temperatur und Druck gleichzeitig beschreibt. Sei V_1 das Gasvolumen bei Druck p_1 und Temperatur T_1, entsprechend sei V_2 das Volumen bei p_2, T_2. Man denke sich das Gas in 2 Schritten von $p_1|T_1$ auf $p_2|T_2$ gebracht.

1. Schritt: Unter Konstanthaltung des Drucks bringt man das Gas von $V_1|p_1|T_1$ auf die Temperatur T_2, den Druck p_1 und das Volumen V_3 (fiktiver Zwischenzustand); nach Gay-Lussac gilt $\frac{V_1}{T_1} = \frac{V_3}{T_2}$ (I)

2. Schritt: Vom Zustand $V_3|p_1|T_2$ bringt man das Gas unter Konstanthaltung der Temperatur T_2 auf den Endzustand $V_2|p_2|T_2$; nach Boyle-Mariotte gilt $V_2 \cdot p_2 = V_3 \cdot p_1$ (II)

Löst man beide Gleichungen nach V_3 auf, so folgt $V_3 = V_1 \cdot \frac{T_2}{T_1}$ (I') und $V_3 = V_2 \cdot \frac{p_2}{p_1}$ (II')

Durch Gleichsetzen folgt $V_1 \cdot \frac{T_2}{T_1} = V_2 \cdot \frac{p_2}{p_1}$ bzw. $V_1 \cdot \frac{p_1}{T_1} = V_2 \cdot \frac{p_2}{T_2}$

Damit ergibt sich das *allgemeine Gasgesetz*, in dem jetzt Druck und Temperatur veränderlich sind, in der Form

$$\boxed{\frac{p_1 \cdot V_1}{T_1} = \frac{p_2 \cdot V_2}{T_2} = \ldots \text{ oder } \frac{p \cdot V}{T} = \text{const}} \quad \text{(F2.4)}$$

Aufgabe: Ein Wetterballon hat bei 1000 mbar Druck und 20 °C das Volumen 50 l. Welches Volumen hat er in großer Höhe bei 300 mbar und -30 °C?

Lösung: $p_1 = 1000$ mbar $= 1$ bar; $p_2 = 300$ mbar $= 0{,}3$ bar; $T_1 = 293$ K; $T_2 = 243$ K; $V_1 = 50$ l

$$\frac{p_1 \cdot V_1}{T_1} = \frac{p_2 \cdot V_2}{T_2}, \text{ d. h. } V_2 = \frac{p_1 \cdot V_1 \cdot T_2}{T_1 \cdot p_2} = \frac{1 \text{ bar} \cdot 50 \text{ l} \cdot 243 \text{ K}}{293 \text{ K} \cdot 0{,}3 \text{ bar}} = 138{,}2 \text{ l}$$

Bemerkung: Aus dem allgemeinen Gasgesetz erhält man das *Gesetz von Amonton über den Zusammenhang des Drucks p mit der Temperatur T bei konstantem Volumen*; dividiert man nämlich Gl. (F2.4) durch das konstante Volumen, so ergibt sich:

$$\boxed{\frac{p_1}{T_1} = \frac{p_2}{T_2} = \ldots \text{ oder } \frac{p}{T} = \text{const}} \quad \text{(F2.5)}$$

2.11.2 Avogadro- oder Loschmidt-Zahl, Endfassung des Gasgesetzes

Fragt man sich jetzt, wovon das Volumen V_0 eines Gases bei Normaldruck p_0 = 1013 mbar und Normaltemperatur T_0 = 273,15 K abhängt, so wären mögliche Antworten „von der Gasmenge" bzw „von der Gasart".

Messungen zeigen ein seltsames Ergebnis: Für 2 g Wasserstoffgas, 32 g Sauerstoffgas, 20 g Neongas ergibt sich derselbe Wert – nämlich V_0 = 22,4 l.

Wasserstoffgas besteht (vergleiche Atomphysik) aus H_2-Molekülen – ^1_1H enthält im Kern ein Proton der Masse 1 u = 1,66 · 10^{-27} kg (atomare Masseneinheit), d.h. ein H_2-Molekül hat also die Masse 2 u.

Sauerstoffgas besteht aus O_2-Molekülen – $^8_{16}O$ enthält im Kern 8 Protonen und 8 nahezu gleich schwere Neutronen jeweils der Masse 1 u, d.h. ein O_2-Molekül hat die Masse 32 u.

Neongas besteht aus Ne-Atomen – $^{10}_{20}Ne$ hat im Kern 10 Protonen und 10 Neutronen; ein Ne-Atom hat also die Masse 20 u.

2 g Wasserstoffgas enthalten also $\dfrac{2\,g}{2\,u} = \dfrac{1\,g}{1\,u} = \dfrac{1\,g}{1,66 \cdot 10^{-24}\,g} = 6 \cdot 10^{23}$ Teilchen, 32 g Sauerstoffgas enthalten somit $\dfrac{32\,g}{32\,u} = 6 \cdot 10^{23}$ Teilchen, desgleichen enthalten 20 g Neongas $\dfrac{20\,g}{20\,u} = 6 \cdot 10^{23}$ Teilchen.

> **1 Mol eines Stoffes ist diejenige Menge, die $6 \cdot 10^{23}$ Teilchen enthält (Avogadro- oder Loschmidt-Zahl)**

Das obige Messergebnis besagt damit:

> 1 Mol eines Gases nimmt bei Normbedingungen ($T_0 | p_0$) stets das Volumen V_0 = 22,4 l ein – unabhängig von der Gasart.

oder *umgekehrt (Avogadro):*

> Gasportionen, die in Volumen, Temperatur und Druck übereinstimmen (und damit bei $T_0 | p_0$ das gleiche Volumen haben) enthalten stets gleich viele Teilchen, d.h. sie haben die gleiche Stoffmenge (in Mol).

Damit hängt das Gasvolumen V_0 bei Normbedingungen nur von der Gasmenge ν in Mol ab:

$V_0 \sim \nu$ bzw. $\dfrac{V_0}{\nu} = \text{const} = \dfrac{22,4\,l}{\text{mol}}$ bzw. $V_0 = \dfrac{22,4\,l}{\text{mol}} \cdot \nu$

Setzt man dies in die allgemeine Gasgleichung (F2.4) ein, so ergibt sich

$$\dfrac{p \cdot V}{T} = \dfrac{p_0 V_0}{T_0} = \dfrac{1013\,\text{mbar} \cdot 22,4\,l \cdot \nu}{273,15\,K \cdot \text{mol}}$$

Mit $R = \dfrac{1013 \text{ mbar} \cdot 22{,}4 \text{ l}}{273{,}15 \text{ K} \cdot \text{mol}} = \dfrac{1013 \cdot 10^2 \frac{\text{N}}{\text{m}^2} \cdot 22{,}4 \cdot 10^{-3} \text{ m}^3}{273{,}15 \text{ K} \cdot \text{mol}} = 8{,}3 \dfrac{\text{Nm}}{\text{K} \cdot \text{mol}}$

erhält man *das allgemeine Gasgesetz* in der Form:

$$\boxed{\dfrac{p \cdot V}{T} = \nu \cdot R \text{ mit } R = 8{,}3 \dfrac{\text{J}}{\text{K} \cdot \text{mol}} \text{ (Gaskonstante)}} \quad \text{(F2.6)}$$

Aufgabe: Bei welcher Temperatur nimmt 50 g Sauerstoffgas das Volumen 40 l ein, wenn der Druck 1,5 bar beträgt?

Lösung: 32 g Sauerstoff entspricht 1 Mol Sauerstoffgas, also ist hier

$\nu = \dfrac{50}{32}$ mol; damit $T = \dfrac{p \cdot V}{\nu \cdot R} = \dfrac{1{,}5 \text{ bar} \cdot 40 \text{ l}}{\dfrac{50}{32} \text{ mol} \cdot 8{,}3 \dfrac{\text{J}}{\text{K} \cdot \text{mol}}}$

Somit ist $T = \dfrac{1{,}5 \cdot 10^5 \dfrac{\text{N}}{\text{m}^2} \cdot 40 \cdot 10^{-3} \text{ m}^3}{\dfrac{50}{32} \cdot 8{,}3 \dfrac{\text{Nm}}{\text{K}}} = \dfrac{60 \cdot 10^2 \cdot 32}{50 \cdot 8{,}3} \text{ K} = 462{,}62 \text{ K}$,

d. h. $\vartheta = 189{,}62 \text{ °C}$

2.12 Kinetische Gastheorie

2.12.1 Zusammenhang zwischen Druck und Geschwindigkeit

Die Teilchen eines Gases fliegen (siehe Kap. 2.5) mit großer Geschwindigkeit frei durch den Raum und machen immer wieder vollelastische Stöße untereinander und gegen die Gefäßwand. Mit zunehmender Temperatur wächst ihr mittlerer Geschwindigkeitsbetrag $\bar{v}$ und damit ihre kinetische Energie $\dfrac{1}{2} m\bar{v}^2$. Damit steigt auch der Platzbedarf, d. h. bei gleichem Volumen wächst der Druck.

Der Gasdruck auf die Wand entsteht dadurch, dass die Teilchen gegen die Gefäßwand prallen und reflektiert werden; dadurch üben sie eine Kraft auf die Wand aus (die Gegenkraft ändert gemäß Kap. 1.14 ihren Impuls) und verursachen den Druck.

Wie hängt der Druck mit dem Geschwindigkeitsbetrag $\bar{v}$ der Teilchen zusammen?

Seien $\bar{v}_x$, $\bar{v}_y$, $\bar{v}_z$ die *mittleren Beträge* der Geschwindigkeitskomponenten der Teilchen in x-, y-, z-Richtung; dann gilt nach Pythagoras $\bar{v}_x^2 + \bar{v}_y^2 + \bar{v}_z^2 = \bar{v}^2$ und wegen $\bar{v}_x = \bar{v}_y = \bar{v}_z$ auch $\bar{v}_x^2 = \dfrac{1}{3} \bar{v}^2$. Man stelle sich nun ein Flächenelement der Größe A der Gefäßwand vor, das senkrecht zur x-Achse zeigt (Abb. 2.14). In der sehr kleinen Zeit Δt legen die Teilchen in x-Richtung im Durchschnitt den Weg $s = \Delta t \cdot \bar{v}_x$ zurück, sodass in der Zeit Δt etwa die Hälfte der im Volumenelement $V_1 = s \cdot A$ befindlichen Teilchen zur rechten Wand fliegt und dort reflektiert wird (die andere Hälfte fliegt zur linken Wand; die Zahl der Teilchen, die zu den anderen vier verschwindend kleinen Wänden fliegt, ist vernachlässigbar).

Kinetische Gastheorie

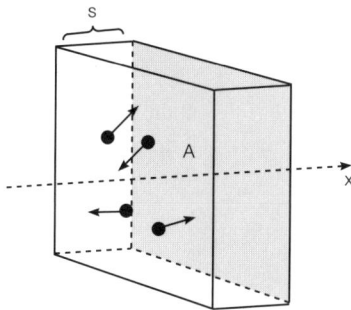

Abb. 2.14

Ist n die Teilchendichte, d. h. die Zahl der Teilchen je Volumen, so finden also in der Zeit Δt gerade $\frac{1}{2} \cdot n \cdot V_1 = \frac{1}{2} \cdot n \cdot s \cdot A = \frac{1}{2} \cdot n \cdot A \cdot \Delta t \cdot \bar{v}_x$ Stöße gegen die rechte Wand im Volumenelement V_1 stat. Bei jedem Stoß erfährt (siehe Kap. 1.14) ein Teilchen die Impulsänderung $\Delta p_x = 2 m\bar{v}_x$ (Betrag); die gesamte Impulsänderung dieser Teilchen in der Zeit Δt ist somit $\frac{1}{2} n \cdot V_1 \cdot \frac{2 m\bar{v}_x}{\Delta t}$ – sie entspricht dem Betrag der Kraft der Wand auf die Teilchen bzw. der Gegenkraft F der Teilchen auf die Wand der Fläche A. Also ist die Wandkraft

$$F = \frac{1}{2} n \cdot A \cdot \Delta t \cdot \bar{v}_x \cdot \frac{2 m\bar{v}_x}{\Delta t} = n \cdot A \cdot m\bar{v}_x^2 = nA \cdot m \cdot \bar{v}^2 \cdot \frac{1}{3}$$

und damit ist der Druck auf die Wand (Gl. (F1.37)) $p = \frac{\text{Kraft}}{\text{Fläche}} = \frac{nA\, m\bar{v}^2}{3 \cdot A}$.

Ist N die Gesamtzahl der Gasteilchen im Volumen V, so gilt $n = \frac{N}{V}$ und die gesuchte Beziehung lautet:

$$\boxed{\text{Druck } p = \frac{1}{3} n \cdot m\bar{v}^2 = \frac{1}{3} \frac{N}{V} \cdot m\bar{v}^2} \quad \text{(F.2.7)}$$

Aufgabe: Wie groß ist die mittlere Teilchengeschwindigkeit $\bar{v}$ der Luftteilchen im Normzustand $\left(p = 1013 \text{ mbar, Luftdichte } \rho = 1,29 \frac{g}{l}\right)$?

Lösung: Massendichte $\rho = \frac{\text{Masse}}{\text{Volumen}} = \frac{N \cdot m}{V}$; Einsetzen in (62) liefert

$$p = \frac{1}{3} \rho \bar{v}^2 \quad \text{bzw.} \quad \bar{v} = \sqrt{\frac{3 p}{\rho}}$$

also $\bar{v} = \sqrt{\dfrac{3 \cdot 1013 \cdot 10^2 \,\text{N}/\text{m}^2}{1,29 \,\dfrac{\text{kg}}{\text{m}^3}}} = \sqrt{\dfrac{3,039}{1,29} \cdot 10^5 \,\dfrac{\text{kgm}}{\text{s}^2} \dfrac{1}{\text{m}^2} \cdot \dfrac{\text{m}^3}{\text{kg}}} \approx 485 \,\dfrac{\text{m}}{\text{s}} \approx 1747 \,\dfrac{\text{km}}{\text{h}}$

2.12.2 Zusammenhang zwischen Temperatur und Geschwindigkeit

Setzt man p aus (F2.7) in die Gasgleichung (F2.6) ein, so folgt
$\frac{1}{3} \cdot \frac{N}{V} \cdot m\bar{v}^2 \cdot \frac{V}{T} = \nu \cdot R$ bzw. $\nu \cdot R \cdot T = \frac{1}{3} N \cdot m\bar{v}^2 = \frac{2}{3} N \cdot \frac{1}{2} m\bar{v}^2$

Damit: $\boxed{N \cdot \frac{1}{2} m\bar{v}^2 = \frac{3}{2} \nu R \cdot T}$ (F2.8)

Die gesamte kinetische Energie aller Teilchen ist gleich dem Produkt $\frac{3}{2} \nu RT$

Speziell ergibt sich für 1 mol: $6 \cdot 10^{23} \cdot \frac{1}{2} m\bar{v}^2 = \frac{3}{2} \cdot (1\, mol \cdot R) \cdot T = \frac{3}{2} \cdot 8{,}3 \frac{J}{K} \cdot T$

Und speziell für 1 Teilchen: $\frac{1}{2} m\bar{v}^2 = \frac{3}{2} \cdot \frac{8{,}3\, J}{6 \cdot 10^{23}\, K} \cdot T = \frac{3}{2} k_B \cdot T$ mit der *Boltzmannkonstante* $k_B = 1{,}38 \cdot 10^{-23} \frac{J}{K}$

2.12.3 Innere Energie

Ein *einatomiges Gas* besitzt keine andere Energie als die übliche kinetische Energie – also ist seine gesamte innere Energie U gegeben durch

$\boxed{U = N \cdot \frac{1}{2} m\bar{v}^2 = \frac{3}{2} \nu R \cdot T}$ (F2.9)

(einatomiges Gas)

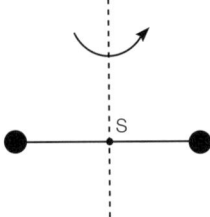

Abb. 2.15a

Bei Gasen, deren Teilchen aus Molekülen bestehen, können noch *zusätzliche Energien* auftreten, nämlich Rotationsenergie (Abb. 2.15 a) und Schwingungsenergie (Abb. 2.15 b, S ist der Schwerpunkt). Dann erhöht sich die innere Energie des Gases entsprechend; $N \cdot \frac{1}{2} m\bar{v}^2$ ist nur der Anteil der Translations- (= übliche Bewegungs-)Energie der Teilchen.

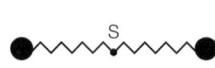

Abb. 2.15b

2.13 Der 1. Hauptsatz der Wärmelehre

Man kann – siehe Kap.2.5.2 – die innere Energie U eines Körpers durch Zufuhr von Wärme Q_W und durch mechanische Arbeit W steigern; führt man beides zu, so gilt für die Zunahme ΔU der inneren Energie

$$\boxed{W + Q_W = \Delta U = U_2 - U_1}\; \text{(F2.10) (1. Hauptsatz)}$$

Aus (F2.10) folgt für $W = Q_W = 0$ *der allgemeine Energieerhaltungssatz, nach dem die Gesamtenergie eines Systems (mechanische + elektrische + chemische Energie) konstant bleibt, wenn von außen weder Arbeit noch Wärme zugeführt werden.*

Beispiel: An 5 mol Neongas wird zunächst von außen die Arbeit W = 10 J verrichtet, danach werden dem Gas zusätzlich 15 J an Wärme Q_W zugeführt. Um wie viel wachsen innere Energie und Temperatur des Gases?

Lösung: $\Delta U = W + Q_W = 10\,\text{J} + 15\,\text{J} = 25\,\text{J} =$ Energiezuwachs; $U = \frac{3}{2}\nu R \cdot T$, also $\Delta U = \frac{3}{2}\nu R\,\Delta T$, d.h. $\Delta T = \frac{\Delta U \cdot 2}{3\,\nu R}$

Temperaturzunahme: $\Delta T = \dfrac{2 \cdot 25\,\text{J}}{3 \cdot 5\,\text{mol} \cdot 8{,}3\,\dfrac{\text{J}}{\text{mol} \cdot \text{K}}} = \dfrac{10}{24{,}9}\,\text{K} \approx 0{,}4\,\text{K}$

Adiabatische Zustandsänderungen sind solche, die ohne Wärmeaustausch mit der Umgebung ablaufen (sehr rasch oder gute Isolation).

Wird beispielsweise ein Gas rasch zusammengepresst, so erwärmt es sich deutlich; dehnt es sich rasch aus, so kühlt es sich stark ab. Der Grund liegt darin, dass man beim Zusammenpressen äußere Arbeit am Gas verrichtet, die (wegen $Q_W = 0$) gemäß $W = \Delta U$ entsprechend (F2.10) seine innere Energie und damit die Temperatur erhöht; beim Abkühlen muss das Gas seinerseits Arbeit verrichten, d. h. U und T nehmen ab.

2.14 Carnotprozess, 2. Hauptsatz, Wirkungsgrad bei Wärmemaschinen

2.14.1 Der Carnotprozess

Man stelle sich ein Gas vor, das in einem Glaskolben mit verschiebbarem Stempel eingeschlossen ist. Dieses Gas hat im Zustand (1) das Volumen V_1, den Druck p_1, die Temperatur T_1.

1. Es wird nun mit einem Wärmebad 1 der Temperatur T_1 in Kontakt gebracht und langsam (quasistatisch) expandiert und auf den Zustand (2) mit V_2, p_2, T_2 gebracht, wobei $T_1 = T_2$ ist:
   Im p/V-Schaubild von Abbildung 2.16 „bewegt es sich" auf der oberen „Isothermen". Wegen $p \cdot V = \nu \cdot R \cdot T = $ const gilt $p \cdot V = p_1 \cdot V_1$ bzw. $p = \dfrac{p_1 \cdot V_1}{V}$,

d. h. die „Isotherme" hat als Schaubild eine Hyperbel 1. Ordnung. Bei dieser Expansion muss das Gas Arbeit gegen den äußeren Druck verrichten und nimmt vom Wärmebad 1 die Wärme Q_W auf; die innere Energie bleibt konstant, weil T konstant bleibt.

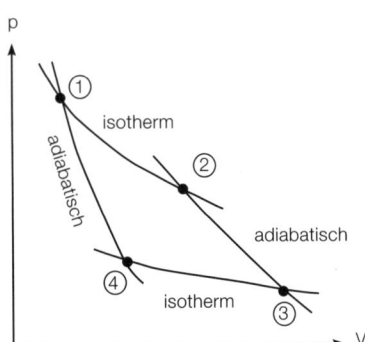

Abb. 2.16

2. In einem zweiten Schritt wird das Gas aus dem Wärmebad genommen und rasch adiabatisch expandiert und auf den Zustand (3) mit V_3, p_3, T_3 gebracht. Dabei nimmt es weder Wärme auf, noch gibt es welche ab; aber es verrichtet wieder Arbeit, sodass seine innere Energie U und die Temperatur sinkt: $T_3 < T_2$.
In Abbildung 2.16 ist die „Adiabate" rechts (von (2) nach (3)) steiler als die Isotherme – wie man mathematisch zeigen kann.
3. Jetzt wird das Gas in ein Wärmebad 2 der Temperatur T_3 gegeben und quasistatisch in Kontakt mit diesem Bad komprimiert und auf den Zustand (4) mit V_4, p_4, T_4 gebracht. Dabei wird von außen Arbeit am Gas verrichtet, die Temperatur bleibt konstant, d. h. $T_4 = T_3$ („Bewegung" auf der unteren „Isotherme" in Abb. 2.16), die innere Energie U bleibt auch gleich, sodass das Gas Wärme an das Wärmebad abgibt.
4. Jetzt wird das Gas aus dem Wärmebad 2 genommen und rasch adiabatisch komprimiert. Den Zustand (4) kann man so wählen, dass man schließlich wieder im Zustand (1) ankommt. Bei der adiabatischen Kompression wird von außen Arbeit am Gas verrichtet, es gibt keine Zufuhr oder Abgabe von Wärme und die innere Energie U und die Temperatur T erhöhen sich. („Adiabate" links von (4) nach (1) in Abb. 2.16).

Bei diesem Prozess verrichtet – wie man berechnen kann – das Gas insgesamt Arbeit nach außen, diese sie sei W (d. h. es gibt mehr Arbeit nach außen ab als es von außen empfängt). Es nimmt von einem heißeren Wärmebad der Temperatur T_1 die Wärme $Q_W^{1/2}$ auf und gibt an das kältere Bad der Temperatur T_3 die Wärme $Q_W^{3/4}$ ab. Werden alle Größen positiv, d. h. betraglich gerechnet, so folgt nach dem 1. Hauptsatz $W = Q_W^{1/2} - Q_W^{3/4}$, da nach einem Zyklus die innere Energie des Gases gleich geblieben ist.

2.14.2 Wirkungsgrad von Wärmemaschinen

Die Carnot-Maschine nach Kap. 2.14.1 ist also eine Wärmemaschine, die Wärme aufnimmt, „einen Teil davon in Arbeit verwandelt" und einen Teil der Wärme wieder abgibt.

Als Wirkungsgrad η einer solchen Wärmemaschine bezeichnet man den Quotienten aus verrichteter Arbeit W und aufgenommener Wärme Q: $\eta = \dfrac{W}{Q}$

Bei der Carnotmaschine ist $\eta = \dfrac{W}{Q_W/2}$. Man kann hier den Wirkungsgrad direkt berechnen, muss dazu aber die p(V)-Funktion der „Adiabaten" aufstellen und die Arbeit für die einzelnen Teilschritte berechnen – jeweils durch Integration! Das Ergebnis ist $\eta = 1 - \dfrac{T_3}{T_1}$, d. h. der Wirkungsgrad hängt nur von den Temperaturen der beiden Wärmebäder ab.

2.14.3 Einige Erfahrungstatsachen

Im Folgenden seien *einige Erfahrungstatsachen* erwähnt:
1. Wärme fließt stets vom heißeren zum kälteren Körper – der heißere kühlt sich dabei ab, der kältere wird wärmer. *Niemals* fließt Wärme vom kälteren Körper zum heißeren, indem der kältere noch kälter und der heißere noch heißer wird!
2. Ein Stein fällt auf den Boden, gibt beim Aufprall seine kinetische Energie ab und erwärmt sich und den Boden. *Niemals* kühlt sich der Boden von selbst ab, gibt Wärme an den Stein, der kinetische Energie erhält und von selbst „nach oben fliegt"!
3. Nimmt man die Trennscheibe zwischen zwei Kammern weg, in denen sich verschiedene Gase befinden, so vermischen sich diese vollständig. *Niemals* wird sich ein Gasgemisch von selbst vollständig entmischen, sodass sich die beiden Gase getrennt in den Kammern befinden!

Die erwähnten Vorgänge sind solche, die nur in einer Richtung ablaufen können – man nennt sie *irreversibel*.
Die Umkehrung eines solchen Vorgangs kommt in der Natur nicht vor, obwohl sie nach dem 1. Hauptsatz möglich wäre!

4. Ein *weiteres Beispiel für einen nicht möglichen Vorgang* wäre ein Schiffsmotor, der im Dauerbetrieb Arbeit liefert, indem er nur dem das Schiff umgebenden Meer Wärme entzieht und dieses dabei abkühlt.

Ein solcher Motor wäre kein Verstoß gegen den Energieerhaltungssatz bzw. den 1. Hauptsatz, d.h. *kein Perpetuum Mobile 1. Art**, aber ein Perpetuum Mobile 2. Art, d.h. ein Verstoß gegen den jetzt zu formulierenden 2. Hauptsatz.

2.14.4 Der 2. Hauptsatz der Wärmelehre

Der *2. Hauptsatz der Wärmelehre* zielt darauf ab, die Unmöglichkeit von Vorgängen wie in Kap. 2.14.3 zu erfassen.

1. Formulierung nach Planck:

> Es ist unmöglich, eine Maschine zu bauen, die dauernd Arbeit liefert und dabei nur einen einzigen Körper abkühlt.

Mit dieser Formulierung ist die Unmöglichkeit des Schiffsmotors in Kap. 2.14.3 Punkt 4) erfasst, auch von Punkt 2) in Kap. 2.14.3 (hier wird am Stein Beschleunigungs- bzw. Hubarbeit verrichtet) und von Punkt 1) dort (durch das dauernde Erhitzen des heißeren Körpers würde sich dieser ununterbrochen ausdehnen und könnte Hubarbeit verrichten).

Schwierig ist nach Planck die Erklärung, warum sich Gase nicht von selbst entmischen (siehe Kap. 2.14.3 Punkt 3). Hilfreicher sind hier

2. Statistische Formulierungen:

> In einem abgeschlossenen System sind nur Vorgänge möglich, die von einem Zustand niedrigerer Wahrscheinlichkeit zu einem solchen höherer Wahrscheinlichkeit führen.

oder:

> Ein abgeschlossenes System strebt stets einem Zustand maximaler Unordnung als dem wahrscheinlichsten zu.

Damit lässt sich die Unmöglichkeit der spontanen Gasentmischung (siehe Kap. 2.14.3 Punkt 3) erklären oder auch Punkt 1) (am wahrscheinlichsten ist der Zustand, bei dem im Mittel die Teilchen alle gleich stark zittern, d.h. die Körper gleiche Temperatur haben.)

3. Eine *quantitative Formulierung des 2. Hauptsatzes,* d.h. eine solche, die Wahrscheinlichkeiten bzw. Irreversibilität rechnerisch erfasst, geht vom – allerdings nicht ganz einfachen – Begriff der *„Entropie"* aus (siehe Physiklehrbücher)

---

* Ein Perpetuum Mobile 1. Art ist eine Maschine, die ewig läuft und dabei Arbeit verrichtet, ohne dass von außen Energie zugeführt wird; eine solche Maschine kann es nach dem Energieerhaltungssatz nicht geben.

2.14.5 Wärmemaschinen

Jede Wärmemaschine funktioniert prinzipiell (vergleiche Carnotprozess) nach folgendem Prinzip (Abb. 2.17): Sie entnimmt einem Reservoir der Temperatur T_o die Wärme Q_W^1, verrichtet davon die Arbeit W und gibt einen Teil der Wärme Q_W^1 als Q_W^2 an ein kälteres Reservoir der Temperatur T_u ab: $Q_W^1 = W + Q_W^2$
Der Wirkungsgrad ist dann $\eta = \dfrac{W}{Q_W^1} = \dfrac{Q_W^1 - Q_W^2}{Q_W^1} = 1 - \dfrac{Q_W^2}{Q_W^1}$

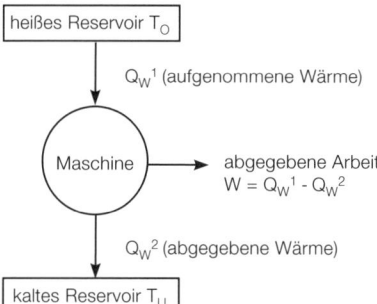

Abb. 2.17

Beachte: Eine periodisch arbeitende Maschine, die reversibel Arbeit liefert mit zwei Reservoirs der Temperaturen T_o/T_u verstößt nicht gegen die Planck'sche Formulierung des 2. Hauptsatzes!

Beispiel: Bei einem Benzinmotor werden 100 g Benzin verbrannt, wobei 4600 kJ Wärme entstehen; der Motor soll dann 1600 kJ an Arbeit verrichten, der Rest wird als Abwärme abgegeben.

Wirkungsgrad: $\eta = \dfrac{1600 \text{ kJ}}{4600 \text{ kJ}} = \dfrac{8}{23} \approx \dfrac{1}{3}$

Bemerkungen:
1. Man kann zeigen, dass der bestmögliche Wirkungsgrad einer Wärmemaschine zwischen den Reservoirs mit T_o und T_u gegeben ist durch

$$\boxed{\eta_{\text{ideal}} = 1 - \dfrac{T_u}{T_o}} \quad \text{(F2.11)}$$

Dies ist gerade der Wirkungsgrad der eher theoretischen Carnot-Maschine. Für ϑ_u = 20 °C (Leitungswassertemperatur) und ϑ_o = 500 °C (überhitzter Wasserdampf) erhält man beispielsweise $\eta_{\text{ideal}} = 1 - \dfrac{293 \text{ K}}{773 \text{ K}} \approx 1 - 0,38 = 62\ \%$

Übliche Wirkungsgrade realistischer Wärmemaschinen liegen zwischen 20 % und 40 %.

2. Die Umkehrung der Wärmemaschine wäre die *Kältepumpe*: Aus dem kalten Reservoir wird Q_W^2 aufgenommen, außerdem wird von außen die Arbeit W verrichtet; ans heiße Reservoir wird Q_W^1 abgegeben. Dann gilt $Q_W^1 = Q_W^2 + W$ wie oben, das kältere Reservoir wird kälter (das heißere wird noch heißer).

2.15 Strahlungsgesetze

Hier muss zunächst auf die entsprechenden Kapitel der Elektrizitätslehre und Optik verwiesen werden, wonach Licht als Welle aufgefasst werden kann mit Wellenlänge λ und Frequenz f, und dass auch Wärmestrahlung in Form von elektromagnetischen Wellen erfolgt.

Beobachtet man im Versuch das Licht einer Experimentierlampe, die mit 12 V bzw. 6 V betrieben wird, so erscheint das Licht im 6 V-Falle rötlicher, im 12-Falle eher weiß (und heller). Eine Zerlegung dieses Mischlichts mithilfe eines Prismas bzw. Gitters zeigt, dass im 6 V-Fall eher die Lichtsorten im Rotbereich dominieren (großes λ), während die Blautöne (kleines λ) eher fehlen, bei der 12 V-Lampe ist es gerade anders. Natürlich ist der Glühdraht der Lampe bei 12 V wesentlich heißer.

Dies belegt, dass die maximale Strahlungsintensität eines Strahlers umso mehr in Richtung kleiner Wellenlängen verschoben wird, je heißer der Strahler ist.

Abbildung 2.18 zeigt die Intensität E (λ, T) der emittierten Strahlung in Abhängigkeit von der Wellenlänge bei verschiedenen Temperaturen des Strahlers. Man sieht deutlich, wie die Wellenlänge λ_{max}, bei der die Intensität der Strahlung am größten ist, für wachsendes T immer kleiner wird.

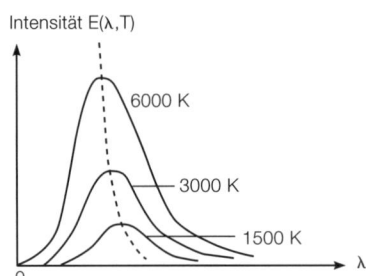

Abb. 2.18

Dies formuliert der *Wien'sche Verschiebungssatz:*

$$\boxed{\lambda_{max} \cdot T = \text{const}}\quad (F2.12)$$

Gleichzeitig sieht man in Abbildung 2.18, dass für alle λ die Intensität E (λ, T) der jeweiligen Strahlungsart stark anwächst, wenn die Temperatur erhöht wird. Für die gesamte emittierte Strahlungsenergie gilt nach *Stefan-Boltzmann* die Abhängigkeit

$$\boxed{E_{ges} \sim T^4}\quad (F2.13)$$

(Die Energie ist proportional zur vierten Potenz von T).

Bemerkungen:
1. Die Sonne hat als Strahler etwa eine Außentemperatur von T $\approx$ 6000 K; λ_{max} liegt dann bei 500 nm.
2. Wärmestrahlung findet vor allem im nicht sichtbaren IR-Bereich des Spektrums statt.
3. Die Strahlungsgesetze spielen eine wichtige Rolle bei Modellberechnungen zum Treibhauseffekt.

3 Akustik

3.1 Grundtatsachen

3.1.1 Amplitude und Frequenz

Versuche mit Schallerregern wie Stimmgabeln, Blattfedern, Saiten usw. zeigen, dass zur Erzeugung eines Tons die schnelle Schwingbewegung des Schallerregers nötig ist.

Eine Schwingbewegung ist eine periodisch hin und her gehende Bewegung. Abbildung 3.1 verdeutlicht am Beispiel des Fadenpendels, dass eine Schwingung eine volle Hin- und Herbewegung umfasst.

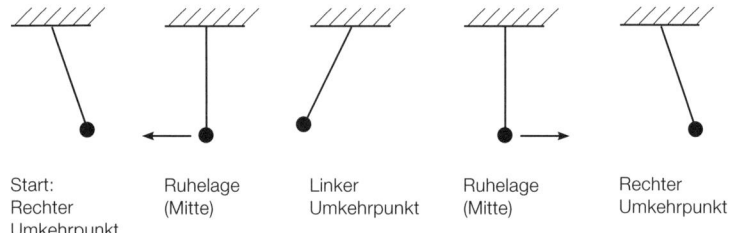

Start: Rechter Umkehrpunkt | Ruhelage (Mitte) | Linker Umkehrpunkt | Ruhelage (Mitte) | Rechter Umkehrpunkt

Abb. 3.1: Schwingbewegung eines Fadenpendels

Unter der *Amplitude* versteht man den Weg des Schwingers vom Umkehrpunkt zur Ruhelage in der Mitte (gemessen in m), die *Frequenz* f gibt die Zahl der Schwingungen je Sekunde an (Einheit: $[f] = \frac{1}{s} = 1$ Hz, gesprochen Hertz)

Beispiel: Ein Pendel führt in 29 s gerade 20 Schwingungen aus. Dann führt es in 1 s gerade $\frac{20}{29}$ Schwingungen aus, d.h. $f = \frac{20}{29}$ Hz $\approx 0,68$ Hz ist die Frequenz und eine Schwingung dauert $T = \frac{29}{20}$ s $= 1,45$ s.

Dabei gilt wieder $f = \frac{1}{T}$ (vergleiche Kap. 1.15.3), (F1.27)).

Versuche zeigen:
1. Wenn ein Schallerreger schwingt, dann hängt seine Frequenz nicht von der Amplitude ab.
2. *Je größer die Amplitude* der Schwingbewegung ist, desto *lauter* ist der Ton.
3. *Je größer die Frequenz* der Schwingbewegung ist, desto *höher* ist der Ton.
   Der Hörbereich des Menschen umfasst Töne, deren Erreger mit einer Frequenz zwischen 16 Hz und 16 000 Hz schwingt.

Schwingbewegungen lassen sich mit Schreibstimmgabeln auf rußgeschwärzten Platten oder elektronisch mit Oszillographen veranschaulichen (Abb. 3.2, vergleiche Kap. 1.25, Abb. 1.86).

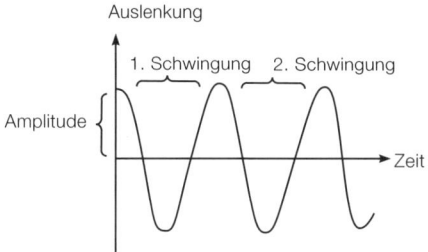

Abb. 3.2

3.1.2 Die Lochsirene

Eine *Lochsirene* ist eine sich drehende Scheibe, auf der Löcher in regelmäßigem Abstand in acht verschiedenen konzentrischen Kreisen um den Drehmittelpunkt angebracht sind. Jede Reihe umfasst eine ganz bestimmte Anzahl von Löchern, die äußerste 48, die innerste 24. Bläst man durch ein Glasrohr Luft gegen eine der Reihen, so entsteht ein Ton; dieser ist umso höher, je weiter außen sich die Lochreihe befindet (Abb. 3.3). Bläst man die Reihen nacheinander an, so entsteht die Tonleiter; erhöht man die Drehzahl der Scheibe, so liegt die Tonleiter höher.

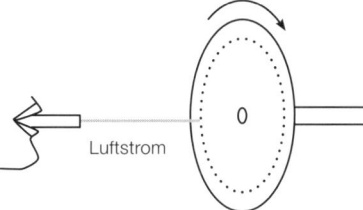

Abb. 3.3

Erklärung der Tonentstehung: Wenn sich eine der Öffnungen der Scheibe vor dem Luftstrom befindet, kann dieser ungehindert weiter fließen und stößt auf die Luft hinter der Scheibe; wird dagegen der Luftstrom durch das Blech der Scheibe abgeschnitten, wird die Luft hinter der Scheibe nicht angestoßen.

Die *Luft hinter der Scheibe* wird also regelmäßig angestoßen und so zum Schwingen gebracht. Dabei entsteht ein Ton, dessen Frequenz gleich der Zahl der Stöße pro Sekunde ist.

Beispiel: Wenn sich die Scheibe in 1 s gerade 5-mal dreht, so erhält die Luft hinter der Scheibe bei der äußersten Reihe (48 Löcher) gerade $5 \cdot 48 = 240$ Stöße in der Sekunde – es entsteht ein Ton mit 240 Hz. Beim Anblasen der innersten Reihe (24 Löcher) entsteht ein Ton mit 120 Hz, bei der 5. Reihe von innen (36 Löcher) ein Ton mit $5 \cdot 36$ Hz $= 180$ Hz. Das Frequenzverhältnis vom tiefsten zum höchsten Tonleiterton (Oktave) ist also 1 : 2, das Verhältnis vom tiefsten zum „5. Ton von innen" (Quinte) ist 120 : 180 = 2 : 3.

Generell entspricht jedem musikalischen Intervall ein bestimmtes Frequenzverhältnis, das unabhängig von der absoluten Frequenz der beiden Einzeltöne ist.

3.1.3 Ausbreitung von Schall

Bringt man eine Klingel unter einer Glasglocke zum Läuten und pumpt, während sie läutet, die Luft aus der Glocke, so hört man das Läuten immer schwächer, zuletzt überhaupt nicht mehr. Lässt man wieder Luft einströmen, wird das Läuten wieder stärker und erreicht schließlich die alte Lautstärke. Dieser Versuch zeigt, dass der Schall von der Klingel durch den luftleeren Raum nicht an unser Ohr gelangen kann.

> Schall braucht ein Medium, um sich auszubreiten. Normalerweise ist dies die Luft, jedoch leiten auch feste und flüssige Stoffe den Schall. Weiche und poröse Stoffe sind schlechte Schallleiter und werden zur Schalldämmung benutzt.

Auch der Schall braucht eine gewisse Zeit, um eine Entfernung zurückzulegen. Versuche zeigen, dass der *Schall in Luft etwa 3 Sekunden für einen Kilometer braucht*, die Schallgeschwindigkeit in Luft ist $c = 340 \frac{m}{s}$.

Trifft Schall auf ein Hindernis, z. B. eine feste Wand, so wird er zurückgeworfen, d. h. reflektiert.

Dadurch entstehen das *Echo* und der Nachhall in großen Räumen.

Ein Versuch, bei dem am Grunde eines Glaszylinders eine tickende Uhr auf Watte (soll die Schallausbreitung zur Seite dämpfen) liegt, zeigt, dass deren nach oben laufender Schall so an einem Spiegel reflektiert wird, dass Einfalls- und Reflexionswinkel gleich sind (Abb. 3.4).

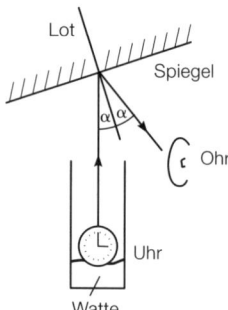

Abb. 3.4

Die *Wahrnehmung des Schalls* erfolgt dadurch, dass er das Trommelfell im Ohr zum Schwingen bringt und diese Schwingungen über die Gehörknöchelchen zur mit Flüssigkeit gefüllten Schnecke im Innenohr weitergeleitet werden, wo sie die Sinneszellen des Innenohrs reizen.

Aufgabe: Ein Schiff schickt per Echolot ein Ultraschallsignal zum Meeresgrund und misst die Zeit nach der es wieder beim Schiff eintrifft, mit 4 s. Wie tief ist das Meer dort, wenn die Schallgeschwindigkeit im Meerwasser 1500 $\frac{m}{s}$ beträgt?

Lösung: Zurückgelegter Weg im Wasser in 4 s (Hin- und Rückweg): 1500 $\frac{m}{s} \cdot 4\,s = 6000\,m$; also Meerestiefe: 3000 m.

3.2 Schall als Längswelle

Beim Versuch mit der Lochsirene kann der Luftstrom im regelmäßigen Abstand hindurch bzw. wird gestoppt; dadurch wird die Luft hinter der Scheibe regelmäßig an- bzw. nicht angestoßen und es entsteht im periodischen Wechsel Über- bzw. Unterdruck. Wie in Kap. 1.27 erläutert entstehen Über-/Unterdruckwellen, eben *Schall*.
Dabei breiten sich also Verdichtungen und Verdünnungen der Teilchen des Schallträgers nach allen Seiten von der Erregerstelle (dies kann auch die schwingende Stimmgabel sein, die periodische Stöße auf die umgebende Luft austeilt) aus; die Teilchen selbst schwingen nur um ihre Gleichgewichtslage (Längsschwingung), wandern aber nicht zum Ohr.

> **Schall ist also offenbar eine Welle aus Über- und Unterdruckstörungen, d. h. eine Längswelle.**

Dass er keine Querwelle sein kann, folgt auch daraus, dass *im Inneren* von Flüssigkeiten und Gasen nur Längswellen möglich sind. Dazu folgende Überlegung: Abbildung 3.5 zeigt das Matratzenmodell eines Festkörpers, bei dem ein Teilchen schnell nach rechts ausgelenkt wurde. In der Folge werden Längswellen sich nach links und rechts und Querwellen sich nach oben und unten ausbreiten. Grund für die Querwellen sind die „Querfedern" im Festkörper, die dafür sorgen, dass dieser eine bestimmte Gestalt hat. *In* der Flüssigkeit und *im* Gas, wo die Teilchen gegeneinander verschiebbar sind (vergleiche Kap. 2.5), gibt es solche Querfedern nicht – also auch keine Querwellen.

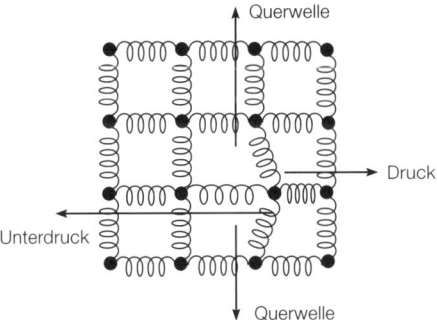

Abb. 3.5

3.2.1 Versuche mit Schallwellen

Im Folgenden seien einige Versuche mit Schallwellen beschrieben:

Versuch 1 (Abb. 3.6)**:** Schickt man per Lautsprecher Schall oder Ultraschall auf eine Wand, so wird dieser reflektiert und eine stehende Welle (vergleiche Kap.

1.27) bildet sich aus. Das Mikrofon zeigt in regelmäßigen Abständen Lautstärkebäuche und dazwischen -knoten – sie entsprechen Druckbäuchen und -knoten.

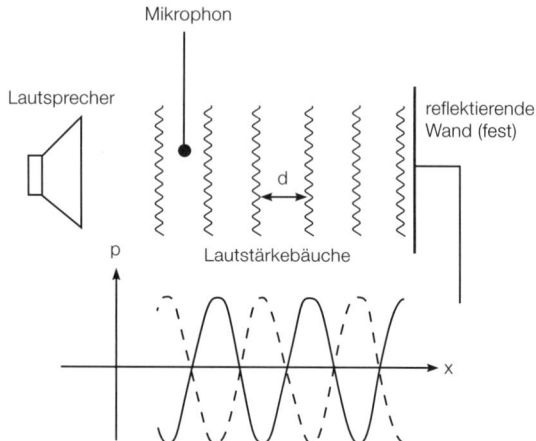

Abb. 3.6

Die Druckverteilung ist in Abbildung 3.6 auch angegeben.

Da der Abstand zweier Druckbäuche der halben Wellenlänge entspricht, kann man durch Messung diese ermitteln und bei Kenntnis der Schallfrequenz die Schallgeschwindigkeit in Luft bestimmen.

Für $d = \frac{\lambda}{2} = 2{,}3$ cm erhält man $\lambda = 4{,}6$ cm und bei $f = 7000$ Hz folgt
$c = \lambda \cdot f = 4{,}6 \cdot 10^{-2}$ m $\cdot 7000\,\frac{1}{s} = 322\,\frac{m}{s}$ als Schallgeschwindigkeit.

Versuch 2 (Abb. 3.7): Ein Tonfrequenzgenerator mit Lautsprecher erzeugt durch vielfache Reflexion in einem Glaskolben mit veränderlicher Länge (verschiebbarer Kolben als festes Ende) *stehende Längswellen im Träger Luft* (das Lautsprecherende kann als loses Ende aufgefasst werden).

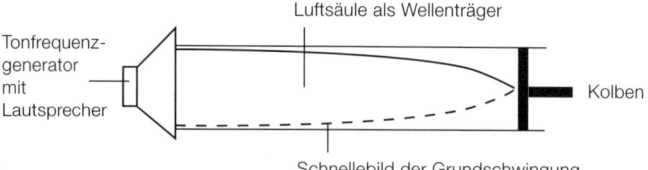

Abb. 3.7

Die Schnelleverteilung der Luftteilchen im Rohr lässt sich durch Korkmehl verdeutlichen, das bei Schnelleknoten ruhig als Häufchen liegen bleibt, bei Schnellebäuchen aber von den Luftteilchen mitgewirbelt wird.

Durch Hochfahren der Generatorfrequenz bei fester Kolbenlänge L lassen sich die verschiedensten Oberschwingungen erhalten – ihre Schnelleverteilung ist in Abbildung 3.8 skizziert.

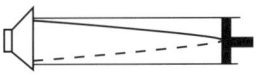
Grundschwingung: $\lambda_0/4 = L$; $\lambda_0 = 4\,L$; $f_0 = c/\lambda_0 = c/4L$

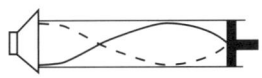
1. Oberschwingung: $3\lambda_1/4 = L$; $\lambda_1 = {}^{4L}/_3$; $f_1 = c/\lambda_1 = 3c/4L = 3f_0$

2. Oberschwingung: $5\lambda_2/4 = L$; $\lambda_2 = {}^{4L}/_5$; $f_2 = c/\lambda_2 = 5c/4L = 5f_0$

Abb. 3.8: Oberschwingungen – Schnelleverteilung im Resonanzrohr

Versuch 3 (Abb. 3.9): Ein Glaszylinder ist teilweise mit Wasser gefüllt; darüber befindet sich eine Luftsäule, deren Länge durch die Höhe des Wasserstands variiert werden kann. Schlägt man die Stimmgabel an und hält sie von oben über die „Resonanzröhre", so wird bei bestimmten Füllhöhen der Ton der Stimmgabel erheblich verstärkt.

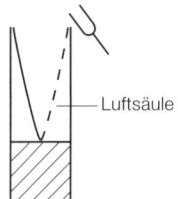

Abb. 3.9

Erklärung: Die Luftsäule über dem Wasser hat oben ein offenes (loses) Ende, unten ein festes Ende. In ihr können durch die Stimmgabel stehende Längswellen angeregt werden, wenn die Länge der Säule „passt" – z. B. die Grundschwingung, wenn $L = \dfrac{\lambda}{4}$ gilt. Da die Schallgeschwindigkeit c in Luft festliegt und mit der Stimmgabelfrequenz f auch die Länge $\lambda = \dfrac{c}{f}$ der entstehenden Welle, gibt es „Resonanzen" für $L_0 = \dfrac{\lambda}{4}$, $L_1 = \dfrac{3}{4}\lambda$, $L_2 = \dfrac{5}{4}\lambda$ usw.

Anwendung: Durch Messung der Resonanzlängen L_0, L_1 ... kann man bei bekannter Stimmgabelfrequenz die Schallgeschwindigkeit c bestimmen oder bei bekanntem c die Stimmgabelfrequenz f (Eichung von Stimmgabeln).

Zahlenbeispiel: Sei $L_0 = 20$ cm die Luftsäulenlänge, bei der sich die Grundschwingung einstellt und sei $c = 340\,\tfrac{m}{s}$. Dann ist $\lambda = 4 \cdot L_0 = 80$ cm und die Stimmgabelfrequenz ist $f = \dfrac{c}{\lambda} = \dfrac{340\,\tfrac{m}{s}}{0{,}8\,m} = 425$ Hz

Weitere Resonanzen darf man dann bei $L_1 = 60$ cm, $L_2 = 100$ cm usw. erwarten.

Bemerkung: Die Tonerzeugung in einer Holzpfeife erfolgt (Abb. 3.10) dadurch, dass durch Anblasen an der Schneide Luftwirbel entstehen. Diese regen die Luftsäule in der Pfeife zu einer Eigenschwingung an.

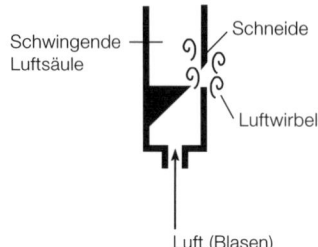

Abb. 3.10 Luft (Blasen)

Bei einer oben offenen Pfeife ist dort ein Schnellebauch, zugleich ein Druckknoten; bei einer gedeckten Pfeife (oben festes Ende) ist oben ein Druckbauch, zugleich ein Schnelleknoten.

Aufgabe: Eine 1 m lange Luftsäule in einem Glasrohr werde durch einen Tonfrequenzgenerator am Anfang zu Eigenschwingungen angeregt – das vordere Ende sei lose, das hintere Ende sei fest.

1) Man stelle eine allgemeine Formel für die Frequenz f_k der k-ten Oberschwingung auf $\left(c = 340 \,\frac{m}{s}\right)$!
2) Man zeige, dass f = 765 Hz zu einer solchen Oberschwingung gehört – zu welcher?
3) Man zeige, dass bei der zu f = 765 Hz gehörigen Oberschwingung die Luftteilchen bei x_1 = 38 cm und x_2 = 50 cm gegenphasig schwingen, was den Druckverlauf anbetrifft.
4) Angenommen, man würde für diese Oberschwingung druckempfindliche Mikrophone bei x_3 = 11,$\overline{1}$ cm und x_4 = 55,$\overline{5}$ cm platzieren und an den x- bzw. y-Eingang eines Oszilloskops anschließen (vergleiche Elektrizitätslehre) – welches Schaubild würde sich auf dem Schirm ergeben?

Lösung:
zu 1) Grundschwingung: $L = \frac{\lambda_0}{4}$, 1. OS: $L = \frac{3\,\lambda_1}{4}$, 2. OS: $L = \frac{5\,\lambda_2}{4}$, allgemein
$L = \frac{(2k+1)\,\lambda_k}{4}$ (k. OS)

Für die Frequenz der k. OS gilt:
$f_k = \frac{c}{\lambda_k}$ mit $\lambda_k = \frac{4L}{2k+1}$, also $f_k = \frac{c}{4L} \cdot (2k+1)$ (k = 0; 1; ...)

Zahlenwert: $f_k = \frac{340 \,m/s}{4\,m} \cdot (2k+1) = 85\,\text{Hz} \cdot (2k+1)$ (k = 0, 1, ...)

zu 2) 765 Hz = 85 Hz · (2 k + 1) liefert $k = \left(\frac{765}{85} - 1\right) \cdot \frac{1}{2} = 4$ – es ist die 4. Oberschwingung.

zu 3) Bei dieser 4. OS beträgt die Wellenlänge $\lambda_4 = \frac{4L}{2 \cdot 4 + 1} = \frac{4\,m}{9}$.

Am vorderen losen Ende ist eine Schnellebauch, d.h. Druckknoten; die weiteren Druckknoten folgen im Abstand $\frac{\lambda_4}{2} = \frac{2}{9}$ m bei $\frac{2}{9}$ m $\left|\frac{4}{9}\right.$ m $\left|\frac{6}{9}\right.$ m $\left|\frac{8}{9}\right.$ m, während bei $\frac{1}{9}$ m $\left|\frac{3}{9}\right.$ m $\left|\frac{5}{9}\right.$ m $\left|\frac{7}{9}\right.$ m | 1 m Druckbäuche sind.

Zwischen den Stellen x_1 = 38 cm und x_2 = 50 cm befindet sich genau ein Druckknoten bei $44,\overline{4}$ cm – also ist der Druckverlauf bei x_1 und x_2 gegenphasig (Abb. 3.11).

zu 4) Bei $x_3 = \frac{1}{9}$ m und $x_4 = \frac{5}{9}$ m sind Druckbäuche und zwar ist an diesen Stellen der Druck jeweils gleichphasig. Also gilt $p(x_3) = p(x_4)$ zu jeder Zeit (Abb. 3.11).

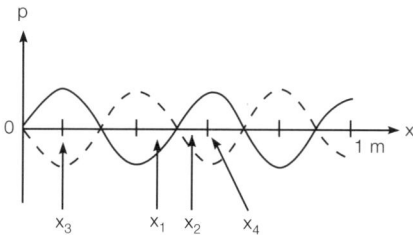

Abb. 3.11: Druckverlauf bei der 4. Oberschwingung

Wenn beim Anschluss an das Oszilloskop $p(x_3)$ die x-Ablenkung und $p(x_4)$ die y-Ablenkung des Punktes zur betreffenden Zeit bestimmt, so gilt $\frac{y(t)}{x(t)} = 1$ zu jeder Zeit; wie bei der Lissajou-Figur in Abbildung 1.78 a (Kap. 1.24.1) erhält man als Schaubild auf dem Schirm ein Stück einer Ursprungsgeraden und zwar hier der 1. Winkelhalbierenden.

3.3 Der Doppler-Effekt: Erreger oder Beobachter einer Welle bewegen sich

3.3.1 Erreger bewegt, Beobachter in Ruhe

Sicher hat der Leser schon die folgende Erfahrung gemacht: Man steht an einer Straßenecke, ein Krankenwagen mit eingeschalteter Sirene rast auf einen zu, dann an einem vorbei und entfernt sich wieder – dabei ändert sich die Höhe des Sirenentons sprunghaft: Er wird tiefer.

Zur Erklärung dieser Beobachtung sei angenommen, dass sich der Erreger einer Welle mit der Frequenz f = 1 Hz, d. h. T = 1 s mit der Geschwindigkeit $v = 0,7 \frac{cm}{s}$ nach rechts bewegt; die Ausbreitungsgeschwindigkeit der Welle sei $c = 1 \frac{cm}{s}$.

Die Wellenlänge ist dann $\lambda = \frac{c}{f} = 1$ cm.

Zur Zeit $t_0 = 0$ sei der Erreger am Ort $x_0 = 0$ im Zustand eines Maximums. Dieses breite sich in zwei Dimensionen aus (nach allen Seiten); nach der Zeit t_4 = 4 s ist daraus eine kreisförmige Maximumfront entstanden, ein Kreis K_0 um x_0 mit Radius 4 cm (siehe Abb. 3.12).

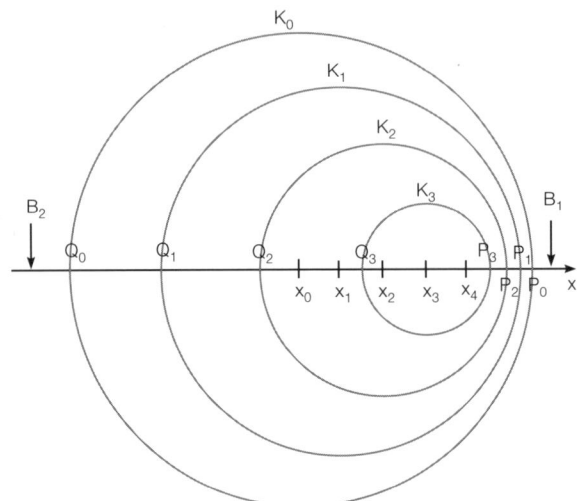

Abb. 3.12

Zur Zeit $t_1 = 1\,s$ ist der Erreger am Ort $x_1 = 0{,}7$ cm und hat wieder ein Maximum. Dieses breitet sich von der Zeit $t_1 = 1$ s bis zur Zeit $t_4 = 4$ s gerade 3 s lang mit $c = 1\,\dfrac{cm}{s}$ aus – nach $t_4 = 4$ s ist daraus ein Maximumkreis K_1 um x_1 mit Radius 3 cm entstanden.

Zur Zeit $t_2 = 2\,s$ ist der Erreger bei $x_2 = 1{,}4$ cm und hat ein Maximum; zur Zeit $t_4 = 4$ s ist daraus ein Maximumkreis K_2 um x_2 mit 2 cm Radius geworden.

Zur Zeit $t_3 = 3\,s$ ist der Erreger bei $x_3 = 2{,}1$ cm und hat ein Maximum, aus dem zur Zeit $t_4 = 4$ s, d. h. 1 s später, der Maximumkreis K_3 um x_3 mit Radius 1 cm geworden ist.

Zur Zeit $t_4 = 4\,s$ ist der Erreger bei $x_4 = 2{,}8$ cm und hat ein Maximum.

Abbildung 3.12 zeigt den Zustand zur Zeit $t_4 = 4$ s: die Kreise K_0, K_1, K_2, K_3 der Maximumfronten sind nicht konzentrisch!

Es seien P_0 und Q_0 die Schnittpunkte des Kreises K_0 mit der x-Achse, entsprechend seien Q_1, Q_2, Q_3, P_1, P_2, P_3 Schnittpunkte der anderen Kreise mit der x-Achse.

Beobachter B_1 sitze rechts von P_0 auf der x-Achse; er sieht Maximum-Wellenfronten mit Ausbreitungsgeschwindigkeit $c = 1\,\frac{cm}{s}$ auf sich zukommen, deren Abstand $\overline{\lambda}$ aber viel kürzer ist als beim ruhenden Erreger.

Beobachter B_2 sitze links von Q_0 auf der x-Achse; er sieht Maximumfronten mit c auf sich zukommen, deren Abstand λ^* wesentlich größer als die Wellenlänge λ beim ruhenden Erreger ist.

Die genaue Rechnung geht von den x-Koordinaten der P- bzw. Q-Punkte aus!

x_{P_0} = hier = 4 cm, allgemein: $x_{P_0} = \underbrace{c \cdot 4\,s}_{\text{Radius}}$

x_{P_1} = hier = 0,7 cm + 3 cm = 3,7 cm; allgemein: $x_{P_1} = \underbrace{c \cdot 3\,s}_{\text{Radius}} + \underbrace{v \cdot 1\,s}_{x_1}$

Der Doppler-Effekt: Erreger oder Beobachter einer Welle bewegen sich   147

x_{P_2} = hier = 1,4 cm + 2 cm = 3,4 cm; allgemein: $x_{P_2} = \underbrace{c \cdot 2\,s}_{\text{Radius}} + \underbrace{v \cdot 2\,s}_{x_2}$

x_{P_3} = hier = 2,1 cm + 1 cm = 3,1 cm; allgemein: $x_{P_3} = \underbrace{c \cdot 1\,s}_{\text{Radius}} + \underbrace{v \cdot 3\,s}_{x_3}$

Abstand: $x_{P_0} - x_{P_1} = c \cdot 1\,s - v \cdot 1\,s$

Abstand: $x_{P_1} - x_{P_2} = c \cdot 1\,s - v \cdot 1\,s$

Abstand: $x_{P_2} - x_{P_3} = c \cdot 1\,s - v \cdot 1\,s$

Man sieht, dass die Maximumfronten, die auf B_1 zulaufen, alle den gleichen Abstand $\overline{\lambda} = (c - v) \cdot 1\,s$, bzw. allgemeiner $\overline{\lambda} = (c - v) \cdot T$ haben.

Entsprechend haben die Maximumfronten, die auf B_2 zulaufen, alle den gleichen Abstand $\lambda^* = (c + v) \cdot T$

Beobachter B_1 registriert also eine Welle mit Ausbreitungsgeschwindigkeit c, Wellenlänge $\overline{\lambda}$ und Frequenz $\overline{f} = \dfrac{c}{\overline{\lambda}} = \dfrac{c}{(c-v) \cdot T} = \dfrac{1}{T} \cdot \dfrac{1}{1 - v/c} = f \cdot \dfrac{1}{1 - v/c}$, Beobachter B_2 eine mit c, λ^* und $f^* = f \cdot \dfrac{1}{1 + v/c} = f \cdot \dfrac{c}{c+v}$

Für B_1 ist die Frequenz also gegenüber f vergrößert (höherer Ton), für B_2 ist sie verkleinert (niedrigerer Ton); im Beispiel mit dem Krankenwagen springt die Frequenz beim Vorüberfahren von $\overline{f}$ auf f^*!

Ergebnis:

Bewegt sich ein Wellenerreger mit Ruhefrequenz f auf einen ruhenden Beobachter mit der Geschwindigkeit v zu, so registriert dieser eine Welle mit der Frequenz $\overline{f} = f \cdot \dfrac{c}{c - v}$; bewegt er sich weg, registriert der Beobachter eine Welle mit $f^* = f \cdot \dfrac{c}{c + v}$. (F3.1 a, b)

Bemerkungen:
1. *Was passiert für v > c?* – die Formel für f^* gilt weiterhin!

Wählt man im obigen Beispiel $v = 1,4\ \frac{cm}{s}$, so ist $x_0 = 0$, x_1 = 1,4 cm, x_2 = 2,8 cm, x_3 = 4,2 cm, x_4 = 5,6 cm (Abb. 3.13).

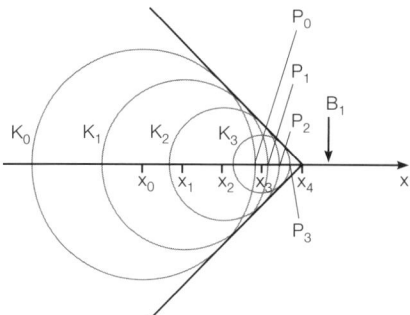

Abb. 3.13

Es ist $x_{P_0} < x_{P_1} < x_{P_2} < x_{P_3}$, d.h. die Maximumkreise durchstoßen einander. Der Abstand der Maxima auf der x-Achse für B_1 ist jetzt $\bar{\lambda} = x_{P_1} - x_{P_0} = x_{P_2} - x_{P_1} = x_{P_3} - x_{P_2} = (v - c) \cdot T$

Also beträgt die Frequenz für B_1 jetzt $\boxed{\bar{f} = f \cdot \dfrac{c}{v - c}}$ (F3.1 a')

Diese Formel macht Sinn, da sie wegen $v > c$ jetzt $\bar{f}$ positiv liefert im Gegensatz zu (F3.1 a).

Die Kreise haben übrigens zwei gemeinsame Tangenten vom Punkt bei x_4, dem Erregerpunkt, aus; im realen dreidimensionalen Fall gibt es anstelle von Maximumkreisen Kugelschalen mit einem Kegel als gemeinsamer Hüllkurve.

2. *Was gilt für c = v?* – die Formel für f^* gilt weiterhin, die für $\bar{f}$ liefert $\bar{f} = \text{"}\infty\text{"}$! Abbildung 3.14 zeigt die Situation für $c = v = 1\ \frac{cm}{s}$!

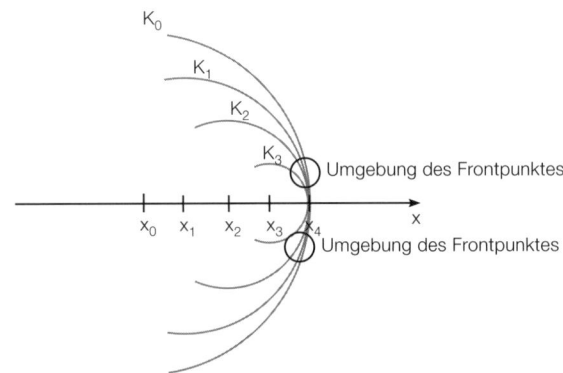

Abb. 3.14

In der Umgebung des Frontpunktes bei x_4 – hier ist der Erreger! – wechseln Wellenberge und Wellentäler ungeheuer schnell. Dadurch nimmt die Energie mit wachsender Entfernung von x_0 immer mehr zu, da immer neue Berge/Täler hinzukommen.

Diese Situation liegt etwa beim „Durchbruch eines Flugzeugs durch die Schallmauer" vor – über längere Zeit führt sie zur Katastrophe.

3. Der Überschall-Kegel eines Flugzeugs (siehe Punkt 1) breitet sich mit Schallgeschwindigkeit aus; dort, wo er den Boden trifft, hört der Beobachter den Lärm. Dies ist an jeder Stelle nur einmal der Fall, da das Flugzeug den Kegel mit sich schleppt. Je näher v bei c liegt, desto dichter liegen die Wellenfronten in der Hüllkurve, desto größer ist die Energie, desto lauter der Knall.

3.3.2 Erreger fest, Beobachter bewegt sich

Der Beobachter B bewege sich mit der Geschwindigkeit v auf den ruhenden Erreger E zu, von dem sich die Wellenfronten mit der Geschwindigkeit c kreisförmig

Der Doppler-Effekt: Erreger oder Beobachter einer Welle bewegen sich

entfernen. Abbildung 3.15 zeigt eine Situation, bei der B gerade eine Maximumfront 1 passiert; die nächste Maximumfront 2 hat von B die Entfernung λ.

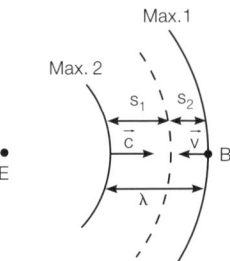

Abb. 3.15

Da Beobachter B der Front 2 entgegenläuft, trifft er früher, nämlich nach der Zeit T' (T' < T) auf die Front 2, als wenn B in Ruhe wäre.

Die gestrichelte Kreislinie in Abbildung 3.15 zeigt die Position von Maximumfront 2, wenn B auf sie trifft. In der Zeit T' hat die Front die Strecke $s_1 = c \cdot T'$ und B die Strecke $s_2 = v \cdot T'$ zurückgelegt – offenbar gilt $s_1 + s_2 = \lambda$ bzw. $c \cdot T' + v \cdot T' = \lambda = (c + v) T'$

Daraus folgt $T' = \dfrac{\lambda}{c+v}$ für die Zeit, die der Beobachter zwischen zwei Maxima registriert.

Die Frequenz der Welle ist für ihn dann
$$f' = \frac{1}{T'} = \frac{v+c}{\lambda} = \frac{c(1+v/c)}{\lambda} = f \cdot \left(1 + \frac{v}{c}\right).$$

Ein Beobachter, der sich vom Erreger entfernt, würde aufgrund ähnlicher Überlegungen eine größere Zeitspanne $\widetilde{T}$ zwischen zwei Maximumfronten registrieren, als wenn er ruhte – nämlich $\widetilde{T} = \dfrac{\lambda}{c-v}$ und damit die Frequenz $\widetilde{f} = \dfrac{1}{\widetilde{T}} = f \cdot \left(1 - \dfrac{v}{c}\right)$

Ergebnis:

> Bewegt sich ein Beobachter mit der Geschwindigkeit v auf einen ruhenden Wellenerreger mit Frequenz f zu, so registriert er eine Welle mit der Frequenz
> $f' = f \cdot \left(1 + \dfrac{v}{c}\right) = f \cdot \dfrac{c+v}{c}$;
> bewegt sich der Beobachter vom Erreger weg, so registriert er
> $\widetilde{f} = f \cdot \left(1 - \dfrac{v}{c}\right) = f \cdot \dfrac{c-v}{c}$. (F3.2 a, b)

Bemerkungen:

1. Die Formel für $\widetilde{f}$ liefert Unsinn für $v \geq c$; in der Praxis heißt das, dass der Beobachter der Welle davonläuft.

2. Ist $v \ll c$, so kann man die Formeln (F3.1 a, b) näherungsweise vereinfachen!

Aus der Mathematik kann man für kleines positives $x \ll 1$ entnehmen, dass
$\dfrac{1}{1+x} = \dfrac{1-x}{(1+x)(1-x)} = \dfrac{1-x}{1-x^2} \approx 1-x$ gilt und ebenso

$$\frac{1}{1-x} = \frac{1+x}{(1-x)(1+x)} = \frac{1+x}{1-x^2} \approx 1+x, \text{ wobei Glieder der Ordnung } x^2 \text{ vernachlässigt wurden.}$$

Damit gilt bei $v \ll c$ für den ruhenden Beobachter:

$$\bar{f} = f \cdot \frac{1}{1 - v/c} \approx f\left(1 + \frac{v}{c}\right), \quad f^* = f \cdot \frac{1}{1 + v/c} \approx f\left(1 - \frac{v}{c}\right)$$

Diese sind die gleichen Ausdrücke, wie sie *exakt* für den bewegten Beobachter gelten – siehe (F3.2 a, b)!

> Die Frequenz*erhöhung* bzw. *-erniedrigung* durch den bewegten Erreger oder Beobachter ist gegenüber dem ruhenden Fall stets durch $\Delta f \approx f \cdot \frac{v}{c}$ (F3.3) gegeben, sofern $v \ll c$ gilt!

Aufgabe:
1) Eine Sirene hat die Frequenz f = 440 Hz. Ein Wagen mit eingeschalteter Sirene fährt mit 72 $\frac{km}{h}$ an einem Beobachter vorbei, der an der Straße steht. Welche Frequenzen registriert dieser $\left(c = 340 \frac{m}{s}\right)$?

2) Jetzt sei die Sirene fest an einer Straßenecke montiert und der Beobachter fährt mit 72 $\frac{km}{h}$ an ihr vorbei. Welche Frequenzen registriert er?

3) Die Sirene sei auf einen Wagen montiert, im anderen Wagen sitzt der Beobachter. Beide Wagen fahren mit je 36 $\frac{km}{h}$ zunächst aufeinander zu und passieren sich dann. Was registriert der Beobachter?

Zu 1): (Erreger bewegt): $v = 72 \frac{km}{h} = \frac{72}{3,6} \frac{m}{s} = 20 \frac{m}{s}$

Vorher: $\bar{f} = 440 \text{ Hz} \cdot \frac{340 \, m/s}{340 \, m/s - 20 \, m/s} = 440 \text{ Hz} \cdot \frac{34}{32} = 467,5 \text{ Hz}$

Nachher: $f^* = 440 \text{ Hz} \cdot \frac{340 \, m/s}{340 \, m/s + 20 \, m/s} = 440 \text{ Hz} \cdot \frac{34}{36} = 416,6 \text{ Hz}$

Zu 2): (Beobachter bewegt):

Vorher: $f = 440 \text{ Hz} \cdot \left(\frac{340 \, m/s + 20 \, m/s}{340 \, m/s}\right) = 440 \text{ Hz} \cdot \frac{36}{34} = 465,9 \text{ Hz}$

Nachher: $\tilde{f} = 440 \text{ Hz} \cdot \frac{340 - 20}{340} = 414,1 \text{ Hz}$

Zu 3): Vorher: Ein ruhender Beobachter am Straßenrand würde einen Erreger registrieren, der mit $v_1 = 10 \frac{m}{s}$ auf ihn zufährt mit der Frequenz
$f_1 = 440 \text{ Hz} \cdot \frac{340}{340 - 10} = 453,3 \text{ Hz}$.

Der Beobachter fährt mit $v_2 = 10 \frac{m}{s}$ dieser Wellenfront entgegen und registriert
$f_2 = f_1 \cdot \frac{340 + 10}{340} = 453,3 \text{ Hz} \cdot \frac{35}{34} = 466,6 \text{ Hz}$

Nachher: Ein ruhender Beobachter registriert die Wellen eines mit $v_1 = 10\,\frac{m}{s}$ wegfahrenden Erregers, er registriert also die Frequenz
$f_3 = 440\,\text{Hz} \cdot \dfrac{340}{340 + 10} = 427{,}4\,\text{Hz}.$
Der Beobachter fährt von dieser Wellenfront mit $v_2 = 10\,\frac{m}{s}$ weg und registriert
$f_4 = f_3 \cdot \dfrac{340 - 10}{340} = 427{,}4\,\text{Hz} \cdot \dfrac{33}{34} = 414{,}9\,\text{Hz}$

4 Optik

4.1 Grundbegriffe

4.1.1 Punktförmige Lichtquelle, Lichtstrahl

Selbstleuchtende Körper, z. B. Glühbirnen, Kerzen, die Sonne, heißen *Lichtquellen* im Unterschied zu beschienenen Körpern (z. B. der Mond), die „ihr Licht" von einer Lichtquelle erhalten. Licht ist eine Form von Energie – in Sonnenkollektoren und Solarzellen lässt sie sich in elektrische Energie umwandeln. Das Licht breitet sich von der Lichtquelle *nach allen Seiten geradlinig* aus. Ein von einer Lichtquelle beleuchteter Körper wird gesehen, wenn das Licht von ihm ins Auge gelangt; *das Licht selbst kann man nicht sehen*, wie folgender Versuch verdeutlicht. Strahlt man im Dunkeln mit einer Taschenlampe eine Wand an, so sieht man nur den hellen Fleck an der Wand, dagegen nichts zwischen Lampe und Wand. Schüttelt man dagegen Staub zwischen Lampe und Wand, so meint man, den Lichtkegel der Lampe zu sehen! In Wirklichkeit sieht man nur die vielen hell erleuchteten Staubkörnchen, die als beschienene Körper das Licht ins Auge umleiten. Körper lassen das Licht unterschiedlich stark durch sich hindurchgehen – es gibt durchsichtige Stoffe (z. B. Glas), durchscheinende Stoffe (z. B. Mattglas, dünnes Papier) und undurchsichtige.

Das Licht breitet sich mit der Geschwindigkeit $v \approx 300\,000\ \frac{km}{s}$ im Vakuum aus, d. h. von der 150 Millionen km entfernten Sonne zu uns braucht das Licht die Zeit
$$t = \frac{s}{v} = \frac{1,5 \cdot 10^8\ \text{km}}{3 \cdot 10^5\ \text{km}/\text{s}} = 500\ \text{s} = 8\frac{1}{3}\ \text{min}.$$

Ein *Lichtjahr* ist die *Entfernung*, die das Licht in 1 Jahr zurücklegt – etwa 9,5 Billionen Kilometer.

Zur Beschreibung optischer Phänomene eignet sich das Modell der *punktförmigen Lichtquelle*, von der nach allen Seiten *Lichtstrahlen* ausgehen. Streng genommen gibt es nur flächenhafte Lichtquellen und auch nur schmale *Lichtbündel* – die Modellbegriffe sind als idealisierte Grenzfälle zu sehen!

Lichtstrahlen können sich gegenseitig durchdringen, ohne sich zu stören (das Licht einer Taschenlampe quer zur dem einer anderen beeinflusst deren Licht nicht!)

4.1.2 Das optische Bild

Eine Lampe mit einem leuchtenden Gegenstand, z. B. F, steht vor einer Blende mit einem Loch. Dann lässt sich auf einem Schirm hinter der Blende ein Bild des Gegenstands auffangen (Abb. 4.1).

Dieses ist seitenverkehrt, es steht auf dem Kopf und ist umso größer, aber auch umso lichtschwächer, je weiter der Schirm von der Blende weg ist. Es wird heller, aber unschärfer, wenn man das Loch der Blende vergrößert und ist nur da, wenn man es mit dem Schirm auffängt.

Grundbegriffe 153

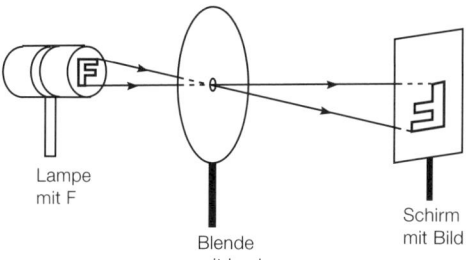

Abb. 4.1
Lampe mit F
Blende mit Loch
Schirm mit Bild

Alle Eigenschaften lassen sich leicht erklären, wenn man annimmt (Abb. 4.1), dass von jedem Punkt des Gegenstands ein schmales Lichtbündel durch das Blendenloch geht und auf dem Schirm einen Lichtpunkt (Bildpunkt) erzeugt. Bei größerer Entfernung des Schirms muss eine größere Fläche ausgeleuchtet werden, d. h. das Bild wird lichtschwächer; vergrößert man das Blendenloch, so kommt mehr Licht hindurch (heller!), aber auf dem Schirm entstehen statt Lichtpunkten „Lichtscheibchen", die sich gegenseitig überlappen – das Bild wird unscharf!

Anwendung: Lochkamera – Man kann mit einer Pappschachtel mit Loch fotografieren, muss aber wegen der Lichtschwäche ewig lang belichten, um bei kleinem Loch (sonst unscharfes Bild) ein brauchbares Resultat zu bekommen!

Im Folgenden sei G die Gegenstandsgröße, B die Größe des Bildes, g die Entfernung des Gegenstands von der Blende (Gegenstandsweite) und b die des Bildes von der Blende (Bildweite).

In Abbildung 4.2 ist als Gegenstand ein leuchtender Pfeil mit der Pfeilspitze P gewählt – ihr Bildpunkt ist P', der Punkt M kennzeichnet das Blendenloch.

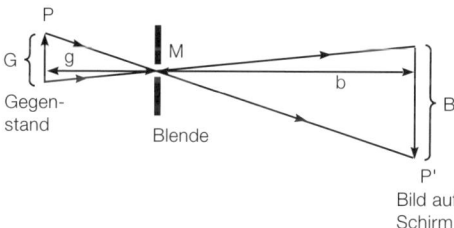

Abb. 4.2

Über den 1. und 2. Strahlensatz der Mathematik erhält man: $\dfrac{B}{G} = \dfrac{\overline{P'M}}{\overline{PM}} = \dfrac{b}{g}$, also

$$\boxed{\dfrac{b}{g} = \dfrac{B}{G} = A}\quad \text{(F4.1)}$$

Hierbei ist $A = \dfrac{B}{G}$ der Abbildungsmaßstab, der angibt, ob das Bild eine Vergrößerung darstellt (B > G bzw. A > 1), eine Verkleinerung (A < 1) oder eine größentreue Abbildung.

Aufgabe: Ein 12 cm großer Gegenstand stehe in 20 cm Entfernung von der Blende und soll in dreifacher Vergrößerung abgebildet werden. Wo muss der Schirm stehen, wie groß muss er mindestens sein?

Lösung: Mit G = 12 cm, g = 20 cm und A = 3 folgt $\frac{B}{12\,\text{cm}} = \frac{b}{20\,\text{cm}} = 3$, also B = 36 cm und b = 60 cm.

Das Bild wird 36 cm groß und der Schirm muss 60 cm hinter der Blende stehen!

4.2 Schatten

4.2.1 Kernschatten und Halbschatten

Beleuchtet man mit einer punktförmigen Lichtquelle (z. B. Kerze) einen Gegenstand, so entsteht ein scharfer dunkler *Schlagschatten* – der Bereich, in den das Licht nicht gelangt.

Nimmt man zwei punktförmige Lichtquellen (Abb. 4.3), so hat jede ihren Schattenbereich. Dort, wo sich beide Bereiche überdecken, kommt kein Licht an *(dunkler Kernschattenbereich)*; dort, wo nur eine Quelle Schatten wirft, das Licht der anderen aber ankommt, ist ein halbheller Bereich *(Halbschatten)*.

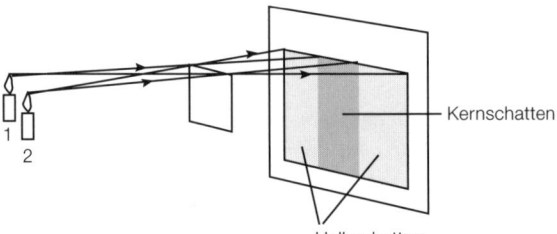

Abb. 4.3

Nimmt man viele punktförmige Lichtquellen, so verschwinden die harten Kanten der Schattenbereiche immer mehr; nimmt man eine ausgedehnte Lichtquelle (matte Glühbirne oder Neonröhre), so geht der Kernschatten stufenlos weich in das schattenfreie Gebiet über. Auch indirekte Beleuchtung, bei der das Licht erst reflektiert wird, verhindert scharfe Schatten. Schatten lassen nicht nur Körper räumlich plastisch erscheinen, sondern sind auch für die Mondphasen, Mond- und Sonnenfinsternisse verantwortlich.

4.2.2 Die Entstehung der Mondphasen

Der Mond umkreist hier – von oben gesehen – die Erde im Gegenuhrzeigersinn (Abb. 4.4). Beide Himmelskörper erhalten von links nahezu paralleles Sonnenlicht – ihre *beschienene* Seite ist jeweils schwarz gezeichnet.

Der Beobachter auf der Erde schaut jeweils in Pfeilrichtung auf den Mond und sieht diesen – je nach Stellung – unterschiedlich ausgeleuchtet.

Schatten

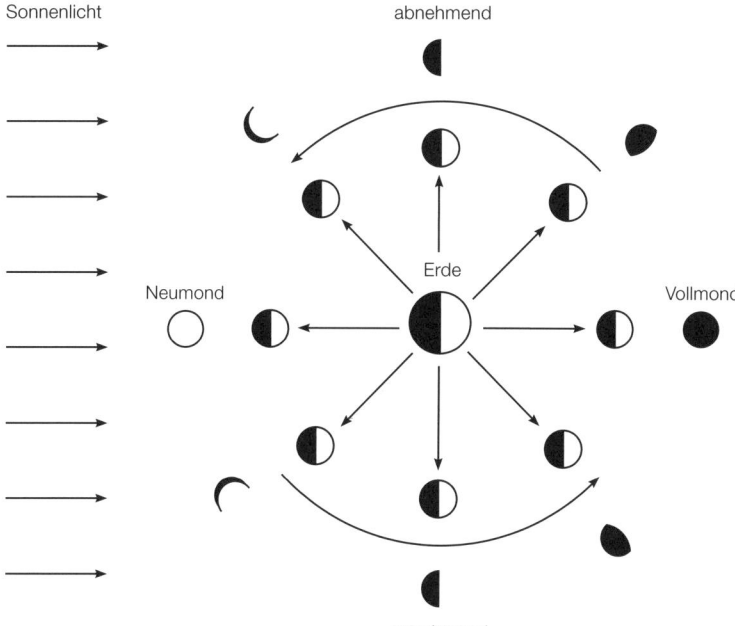

Abb. 4.4: Mondphasen

4.2.3 Mond- und Sonnenfinsternisse

Hier ist es wichtig, dass die Lichtstrahlen der Sonne zwar nahezu, aber nicht exakt parallel sind. Daher besitzt die Erde sowohl einen Halb- wie auch einen Kernschattenbereich im Weltraum. Tritt nun (Abb. 4.5, nicht maßstabsgerecht) *der Mond in den Halb- bzw. Kernschattenbereich der Erde* ein, so sieht man (von jedem Punkt der Nachthalbkugel aus gleich) Mondteile oder den ganzen Mond dunkler oder überhaupt nicht – man spricht von einer *partiellen* oder *totalen Mondfinsternis*.

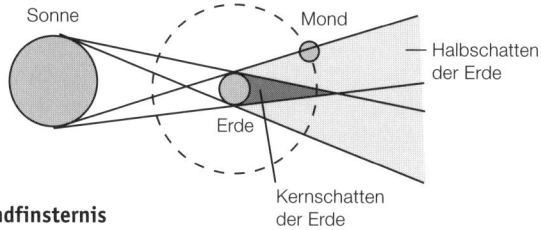

Abb. 4.5: Mondfinsternis

Fällt dagegen der *Kern- bzw. Halbschatten des Mondes auf die Erde*, so tritt in dem jeweiligen Gebiet der Erde eine *totale bzw. partielle Sonnenfinsternis* (Abb. 4.6) auf. Bei der totalen Sonnenfinsternis wird die Sonne überhaupt nicht gesehen, bei der partiellen sind Teile der Sonne (z. B. der Bereich um Punkt P) komplett verschwunden.

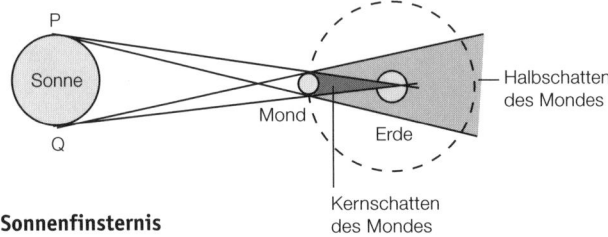

Abb. 4.6: Sonnenfinsternis

Damit ist klar, dass eine Mondfinsternis nur in der Vollmondphase auftreten kann, wenn die Erde zwischen Sonne und Mond steht, eine Sonnenfinsternis nur bei Neumond.

Dass nicht bei jeder Vollmondphase eine Mond- bzw. bei jeder Neumondphase eine Sonnenfinsternis auftritt, sondern die Finsternisse viel seltener sind, liegt daran, dass die Ebene, in der die Erde die Sonne umkreist und die Ebene, in der der Mond die Erde umkreist, nicht übereinstimmen, sondern gegeneinander geneigt sind.

4.3 Die Reflexion des Lichtes

4.3.1 Reflexionsgesetz

Stellt man eine Kerze vor einen Spiegel oder eine Glasplatte, so erkennt der *Beobachter* vor der Glasplatte *hinter der Platte ein Spiegelbild* der Kerze. Im Gegensatz zum optischen Bild aus Kap. 4.1.2 (siehe Lochkamera) ist dieses Bild *nicht* umgekehrt und seitenverkehrt, genauso groß und gleich weit von der Glasplatte weg wie das Original (man erhält es mathematisch durch Spiegeln des Originals an der Platte) und es ist auch ohne Schirm da.

Um diese Erscheinung zu erklären, gilt es zu überlegen, was mit den Lichtstrahlen passiert, wenn sie auf die Glasplatte treffen. Sie werden dort beim Übergang zwischen zwei verschiedenen optischen Medien (hier Luft/Glas) reflektiert und zwar nach dem *Reflexionsgesetz* (Abb. 4.7):

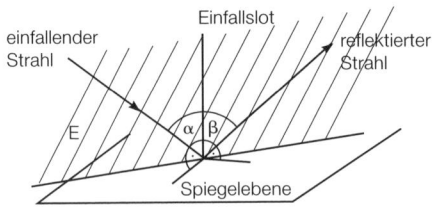

Abb. 4.7

Die Reflexion des Lichtes

1) Einfallender Strahl, Einfallslot (Senkrechte auf Spiegelebene am Einfallspunkt) und reflektierter Strahl liegen in einer Ebene E.
2) Einfallswinkel α und Reflexionswinkel β (beide gemessen zwischen Strahl und Lot!) sind gleich: $\alpha = \beta$

Bemerkungen:
1. Ein entsprechendes Gesetz gilt auch für Schall, die Reflexion elastischer Bälle an einer Wand und Wasserwellen (vergleiche entsprechende Kapitel z. B. 1.28.1).
2. Lässt man das Licht von einer Lampe aus der Richtung des reflektierten Strahls einfallen, so nimmt es den gleichen Weg in umgekehrter Richtung – *der Lichtweg ist beim ebenen Spiegel umkehrbar!*
3. Dreht man den Spiegel um den Winkel α, so dreht sich der reflektierte Strahl um 2 α (Erstens hat sich das Einfallslot um α mitgedreht, zweitens ist der Einfalls- und damit auch der Reflexionswinkel gegenüber diesem Lot um α größer geworden.)

4.3.2 Das Spiegelbild

Mithilfe des Reflexionsgesetzes gelingt nun die Erklärung des Spiegelbildes. In Abb. 4.8 sieht man von der Ebene der Glasplatte aus diese als Gerade. Die punktförmige Lichtquelle L rechts von der Platte sendet nun in alle Richtungen Strahlen aus, die an verschiedenen Punkten P, Q, R auf den Spiegel treffen und dort nach dem Reflexionsgesetz unter den Winkeln α, β, γ usw. reflektiert werden. Die reflektierten Strahlen gelangen ins Auge. Dieses wird getäuscht – es sucht die Lichtquelle in der rückwärtigen Verlängerung der eintreffenden Strahlen und findet sie in deren gemeinsamem Schnittpunkt B links vom Spiegel.

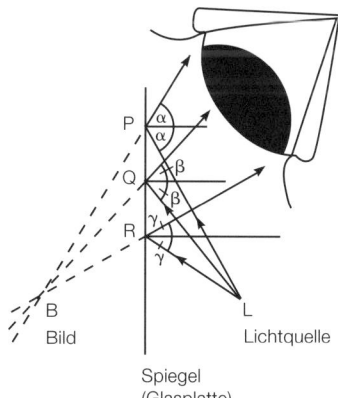

Abb. 4.8

Man überlegt sich geometrisch leicht, dass die gestrichelten rückwärtigen Verlängerungen sich tatsächlich alle in einem Punkt schneiden, den man geometrisch durch Spiegeln von L an der Glasplatte erhält.

Da alle Lichtstrahlen rechts vom Spiegel bleiben, befindet sich im Punkt B kein Licht; das Bild B ist (im Gegensatz zum *reellen* Bild von Kap. 4.1.2) ein *virtuelles* Bild. Es lässt sich deshalb nicht per Schirm auffangen, wird aber vom Auge im Zusammenspiel mit dem Gehirn genauso wahrgenommen.

Aufgaben:
1) Eine Person (Größe 1,80 m; Augenhöhe 1,70 m) möchte sich im Spiegel ganz sehen. Wie groß muss der Spiegel sein, wie hoch muss er hängen? Hängt das Ergebnis vom Spiegelabstand ab?

Lösung: In Abb. 4.9 ist die Konstruktion des Spiegelbildes dargestellt. Die obere Spiegelkante muss mindestens soweit oben sein, dass die Kopfspitze in 1,80 m Höhe einen Lichtstrahl aussenden kann, der noch am Spiegel ins Auge bei 1,70 m Höhe reflektiert wird – also muss die obere Kante mindestens auf 1,75 m sein (Mitte zwischen 1,80 m und 1,70 m). Entsprechend darf die untere Spiegelkante höchstens die Höhe von 85 cm (halbe Augenhöhe) haben, damit der Lichtstrahl von der Fußspitze ins Auge reflektiert wird.

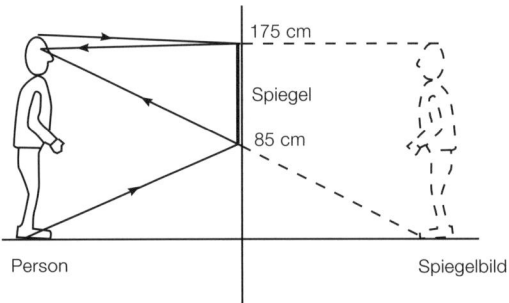

Abb. 4.9

Die Spiegelgröße muss also mindestens 175 cm – 85 cm = 90 cm (halbe Personengröße) betragen – diese Größe und die Aufhänghöhe sind unabhängig davon, wie weit die Person vom Spiegel entfernt ist (leicht auszuprobieren).

2) Man stellt zwei Spiegel im rechten Winkel zueinander und eine Kerze davor – dann sieht man drei Spiegelbilder. Wie lassen sich diese erklären und wo liegen sie?

Lösung: Das erste Spiegelbild liegt bei B_1 (Abb. 4.10) – dort schneiden sich für alle Lichtstrahlen, die von der Quelle L kommend nur einmal am Spiegel 1 reflektiert werden, die rückwärtigen Verlängerungen (nicht gezeichnet in Abb. 4.10). B_1 ist der mathematische Spiegelpunkt bei Achsenspiegelung von L an Spiegel 1.

Das zweite Spiegelbild ist B_2, der mathematische Spiegelpunkt von L an Spiegel 2. Die rückwärtigen Verlängerungen aller Strahlen, die von L kommend nur einmal an Spiegel 2 reflektiert werden, schneiden sich in B_2 (nicht gezeichnet!)

In Abbildung 4.10 ist nur die Entstehung des dritten Bildes B_3 gezeichnet. Alle Lichtstrahlen, die von L ausgehend, erst an Spiegel 1 reflektiert werden, dann an

Spiegel 2 nochmals (oder erst an Spiegel 2, dann an Spiegel 1 reflektiert werden), treffen so ins Auge, dass sich ihre rückwärtigen Verlängerungen in B_3 schneiden – B_3 ergibt sich durch Punktspiegelung von L am Schnittpunkt S der Spiegel!

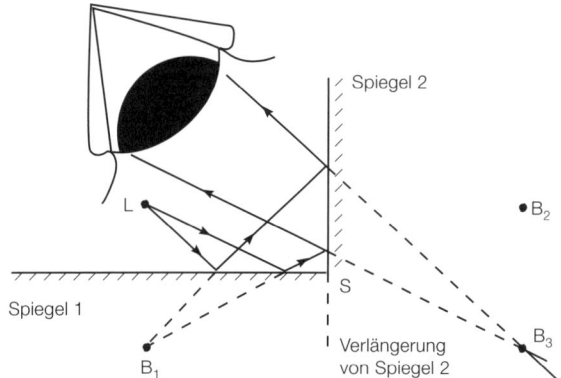

Abb. 4.10

Grund: Die an Spiegel 1 reflektierten Lichtstrahlen von L verlassen den Spiegel so, also ob sie von B_1 ausgingen und treffen so auf Spiegel 2. Dort werden sie so reflektiert, dass ihre rückwärtigen Verlängerungen sich im Spiegelpunkt B_3 der vermeintlichen Quelle B_1 am Spiegel 2 schneiden – B_3 entsteht also durch doppelte Achsenspiegelung bzw. Punktspiegelung aus L.

4.4 Die Brechung des Lichts

4.4.1 Brechungsgesetz

Schickt man ein schmales Lichtbündel schräg auf eine Wasseroberfläche, so wird es dort teilweise reflektiert; ein anderer Teil des Bündels verläuft im Wasser weiter, jedoch nicht in Fortsetzung der Einfallsrichtung, sondern – siehe Abbildung 4.11 – er wird abgeknickt.

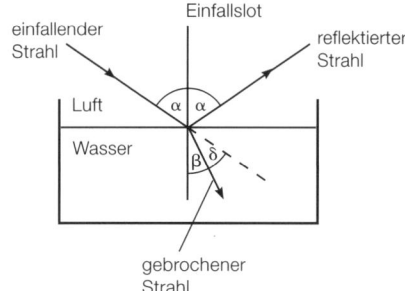

Abb. 4.11

Beim Übergang zwischen zwei verschiedenen optischen Medien ändert also ein Lichtstrahl an der Grenzfläche seine Richtung, er wird *gebrochen* (δ ist der Ablenkwinkel von der ursprünglichen Richtung).
Dabei gilt das *Brechungsgesetz*:

> 1. Einfallender Strahl, Einfallslot und gebrochener Strahl (und reflektierter Strahl) liegen in einer Ebene senkrecht zur Grenzfläche.
> 2. Beim Übergang vom optisch dünneren zum optisch dichteren Stoff (z. B. Luft/Wasser) wird der Strahl zum Einfallslot hin gebrochen: Einfallswinkel $\alpha >$ Brechungswinkel β

Man kann nun in einer Maßtabelle für verschiedene Einfallswinkel α den jeweiligen Brechungswinkel β bestimmen und aus den Messwerten ein *Brechungsdiagramm* zeichnen. Dies ist in Abbildung 4.12 für das Stoffpaar Luft/Glas erfolgt, der Ablenkwinkel $\delta = \alpha - \beta$ von der ursprünglichen Ausbreitung ist ebenfalls angegeben.

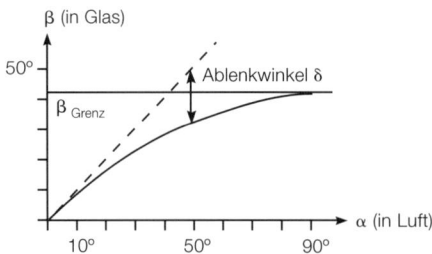

Abb. 4.12

Für $\alpha = 0°$ ist $\beta = 0°$, d. h. ein senkrecht auf eine Grenzfläche einfallender Strahl wird nicht abgelenkt; für $\alpha = 90°$ (dieser Strahl „schleicht an der Grenzfläche entlang") ergibt sich als Brechungswinkel der so genannte *Grenzwinkel* β_{grenz} (abhängig vom Stoffpaar – hier ist $\beta_{grenz} \approx 42°$)

Bemerkungen:
1. Man kann zeigen, dass auch hier der *Lichtweg umkehrbar* ist, d. h. ein Lichtstrahl von einer Lampe im Glas bzw. Wasser, der in Gegenrichtung des gebrochenen Strahls von Abb. 4.11 läuft, gelangt aus dem dichteren Medium zur Grenzfläche und läuft in Luft dann in Gegenrichtung des einfallenden Strahls von Abb. 4.11 weiter, d. h. er wird an der Grenzfläche vom Lot weg gebrochen.

2. Mit dem Brechungsdiagramm kann man *zeichnerisch* zu jedem Einfallswinkel α den Brechungswinkel β für ein bestimmtes Stoffpaar ermitteln; wegen der Umkehrbarkeit des Lichtweges kann man mit dem gleichen Diagramm auch den Übergang vom dichteren zum dünneren Medium bearbeiten – jetzt muss man eben β als Einfallswinkel auffassen und das zugehörige α konstruktiv per Diagramm ermitteln.

Der zweite Teil des Brechungsgesetzes $\alpha > \beta$ lässt sich mathematisch präzisieren. Wenn man die dem Brechungsdiagramm zugrunde liegenden Zahlenwerte für α, β heranzieht, kann man zeigen, dass gilt

Die Brechung des Lichts

$$\boxed{\frac{\sin\alpha}{\sin\beta} = n = \text{const}}\quad \text{(F.1.56')}$$

Diese Formel kann man auch theoretisch begründen (vergleiche Kap. 1.28.2, Formel (F1.56)), wenn man – wie dies später erfolgt – Licht als Welle auffasst.
n ist hierbei die vom Stoffpaar abhängige Brechzahl, eine Konstante, die sich – siehe Kap. 1.28.2 – aus den Geschwindigkeiten c_1 bzw. c_2 des Lichts in den betreffenden Medien ergibt: $n = \dfrac{c_1}{c_2}$

Bemerkung: Setzt man für $\alpha = 90°$, so erhält man $\beta = \beta_{\text{grenz}}$ und damit

$$\frac{\sin 90°}{\sin \beta_{\text{grenz}}} = n \text{ bzw. } \boxed{\sin \beta_{\text{grenz}} = \frac{1}{n}}\quad \text{(F4.2)}$$

4.4.2 Anwendungen des Brechungsgesetzes

Mithilfe des Brechungsgesetzes lassen sich folgende verblüffende Versuchsergebnisse erklären.

Versuch 1: Eine Münze liegt in einer Wasserwanne (leer), ein Beobachter sieht sie wegen des Wannenrandes gerade nicht. Lässt man Wasser einlaufen, so taucht sie für den Beobachter plötzlich ins Blickfeld.

Versuch 2: Versucht man einen unter Wasser liegenden Gegenstand schräg von oben mit einem Stab über der Wasseroberfläche anzupeilen und mit geradem Stoß zu treffen, so „sticht" man darüber.

Versuch 3: Betrachtet man einen halb im Wasser befindlichen Stab von oben, so scheint er an der Eintauchstelle geknickt zu sein.

Zur Erklärung dieser optischen Täuschungen gehen wir (Abb. 4.13) von einem Gegenstand im Wasser aus, der Lichtstrahlen schräg zur Wasseroberfläche schickt. An der Wasseroberfläche werden sie vom Lot weg gebrochen und gelangen ins Auge. Dieses sucht den Gegenstand in der rückwärtigen Verlängerung der Lichtstrahlen – der Gegenstand erscheint angehoben.

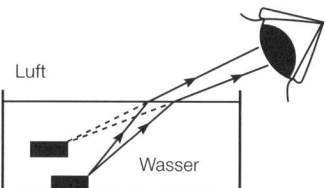

Abb. 4.13

Dies erklärt Versuch 1 und 2; da bei Versuch 3 der Teil im Wasser auch angehoben erscheint, entsteht so der Scheinknick im Stab an der Eintauchstelle.

Weitere Folgerungen der Brechung:
1) *Scheinbare Hebung eines Sternorts:* Die Luftschichten der Erde werden nach oben optisch immer dünner. Durch Brechung läuft das Licht eines schräg stehenden Sterns nicht geradlinig zur Erde, sondern in leichtem Bogen (Abb. 4.14). Das Auge sucht den Stern in der rückwärtigen Verlängerung der eintreffenden Strahlen und siedelt ihn zu weit oben an.

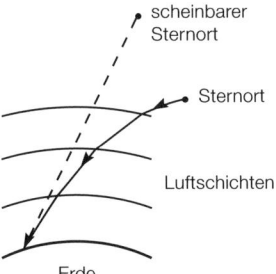

Abb. 4.14

2) *Abplattung der Sonne am Abend:* Wenn die Sonne sehr tief steht, fallen ihre Lichtstrahlen sehr schräg ein und werden gebrochen. Wie beim Stern (s. o.) wird der untere und der obere Rand der Sonne gehoben – der untere aber stärker! Dadurch erscheint die Sonne abgeplattet.

3) *Luftschlieren über einer brennenden Kerze, Flimmern der Luft über heißem Asphalt:* Die heiße aufsteigende Luft ist optisch dünner als die kalte, dadurch wird das Licht gebrochen.

4.4.3 Totalreflexion

Beim Übergang Luft/Glas gehört zum Einfallswinkel $\alpha = 90°$ der Grenzwinkel $\beta_{grenz} \approx 42°$.

Übergang Glas/Luft (Abb. 4.15):

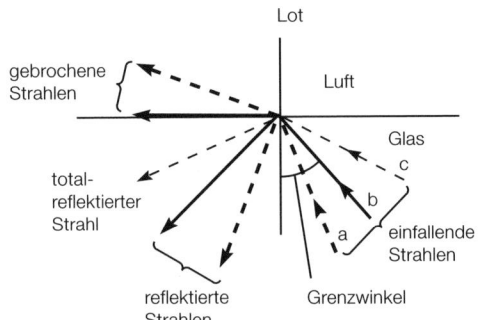

Abb. 4.15

1) Strahlen (a), deren Einfallswinkel kleiner als 42° ist, werden teilweise (vom Lot weg) gebrochen, teilweise reflektiert (ins Glas zurück).

Die Brechung des Lichts

2) Ein unter 42° einfallender Strahl (b) wird unter 90° gebrochen, d. h. der gebrochene Strahl schleicht an der Grenzfläche entlang.

3) Strahlen, deren Einfallswinkel größer als 42° ist (c) werden nur noch ins Glas zurückreflektiert *(Totalreflexion)*.

> Totalreflexion tritt ein, wenn beim Übergang des Lichts vom optisch dichteren zum dünneren Medium der Grenzwinkel (der Totalreflexion) überschritten wird; dann wird nichts mehr gebrochen.

Folgerungen:
1) Scheinbar sieht man an heißen Tagen Wasser in der Ferne auf der Straße *(Fata Morgana)*.
   Tatsächlich sieht der Betrachter im Auto infolge Totalreflexion (Abb. 4.16) zwischen verschieden heißen Luftschichten den Himmel auf die Straße „gespiegelt". (Entsprechend Fata Morgana in der Wüste).

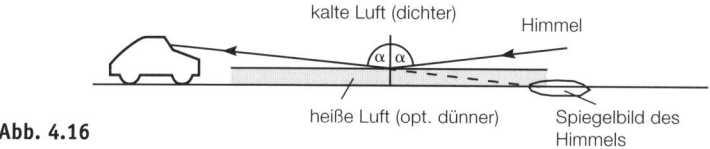

Abb. 4.16

2) *Lichtleitung im Glasstab* (Abb. 4.17): Wegen Totalreflexion kann das Licht den leicht gekrümmten Glasstab nicht seitlich verlassen und wird darin geführt wie in einem Kabel.

Abb. 4.17

4.4.4 Strahlengang des Lichts im Prisma

Ein Lichtstrahl, der durch ein Prisma geht, wird an den brechenden Flächen insgesamt zweimal gebrochen (und auch teilweise reflektiert). Die Ablenkung zeigt stets zum breiten Prismenende, der Basisfläche (Abb. 4.18).
  Sie wird größer, wenn man den Keilwinkel γ des Prismas größer macht. Dabei hängt der Ablenkwinkel nicht davon ab, wo der Lichtstrahl auf das Prisma trifft, aber er hängt vom Einfallswinkel bzgl. der ersten brechenden Fläche ab.

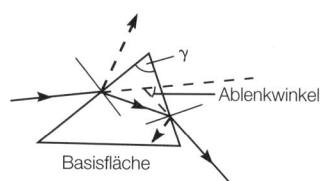

Abb. 4.18

Aufgabe: Ein Glasprisma habe als Querschnitt ein gleichschenklig rechtwinkliges Dreieck.
1) Drei Lichtstrahlen, die jeweils parallel zur Basisfläche (Hypotenusenfläche) sind, treffen die Seitenfläche des Prismas in deren unterem Drittel. Man konstruiere den Strahlengang durch das Prisma!
2) Ein Strahl fällt senkrecht von außen auf die Hypotenusenfläche – Wie ist sein weiterer Verlauf?

Lösung: zu 1)
Mit dem Brechungsdiagramm oder dem Gesetz (F1.56') ($n \approx 1,5$) ermittelt man zum Einfallswinkel $\alpha = 45°$ den Brechungswinkel $\beta \approx 28°$. An der Basisfläche erfolgt Totalreflexion, an der zweiten brechenden Fläche Brechung vom Lot weg. Die Strahlen verlassen das Prisma wieder parallel, aber (Abb. 4.19) der oberste Strahl ist hinterher der unterste *(Umkehrprisma)*.

Abb. 4.19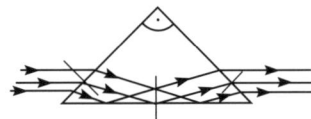

Zu 2):
Totalreflektierendes Prisma! (Abb. 4.20)

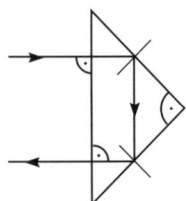

Abb. 4.20

An beiden Kathetenflächen trifft das Licht – aus dem Glas kommend – jeweils unter 45° auf die Grenzfläche Glas/Luft. Der Grenzwinkel wird überschritten, Totalreflexion findet statt! Der einfallende Lichtstrahl wird „zurückgeschickt".

4.5 Die Sammellinse

4.5.1 Strahlengang bei der Sammellinse

Die Sammellinse ergibt sich zweidimensional als Schnitt zweier Kreise, dreidimensional als Schnitt zweier Kugeln. Die Verbindungsgerade der Kugelmittelpunkte heißt *optische Achse*, die dazu senkrechte Ebene des Schnittkreises ist die Mittelebene der Linse mit dem Linsenmittelpunkt M.

Versuche zeigen den Strahlengang bei der Sammellinse:
1) *Achsenparallel einfallende Strahlen* werden durch die Linse so gebrochen (Abb. 4.21), dass sie sich hinter der Linse alle in einem Punkt F der optischen Achse

schneiden, dem *Brennpunkt*. Seine Entfernung von der Mittelebene heißt *Brennweite f*. Aus Symmetriegründen gibt es vor der Linse einen zweiten Brennpunkt!

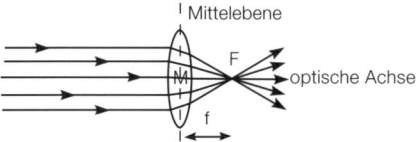

Abb. 4.21

Dies erlaubt die *vereinfachte Konstruktion* von Abbildung 4.22 a, bei dem die Strahlen bis zur Mittelebene durchgezeichnet und dann einmal geknickt werden.

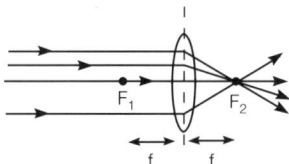

Abb. 4.22a

2) Strahlen, die vor der Linse durch den Brennpunkt F gehen *(Brennstrahlen)*, verlassen die Linse achsenparallel (Abb. 4.22 b). Dies folgt auch aus 1) und der Umkehrbarkeit des Lichtweges.

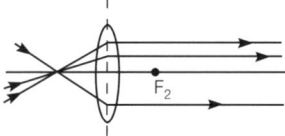

Abb. 4.22b

3) Lichtstrahlen, die durch den Linsenmittelpunkt gehen *(Mittelpunktstrahlen)* werden nicht abgelenkt (Abb. 4.22 c).

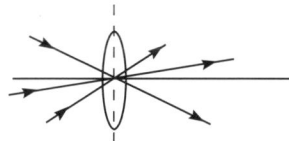

Abb. 4.22c

4) Lichtstrahlen, die *untereinander parallel*, aber nicht parallel zur optischen Achse sind, schneiden sich in einem Punkt der *Brennebene* (Abb. 4.22 d). Diese verläuft parallel zur Mittelebene durch den Brennpunkt.

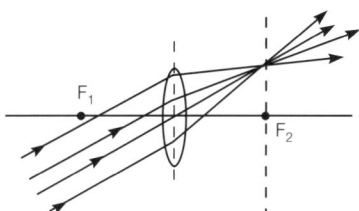

Abb. 4.22d

4.5.2 Abbildung durch Sammellinsen

Versuchsergebnis: Steht ein leuchtender Körper vor einer Sammellinse in einem Abstand g (Gegenstandsweite), der größer als deren Brennweite f ist, so erhält man auf einem Schirm hinter der Linse im Abstand b (Bildweite) zu ihr ein Bild.

Dieses Bild ist wie bei der Lochkamera (siehe Kap. 4.1.2) umgekehrt und seitenvertauscht, es ist reell und kann (muss) mit einem Schirm aufgefangen werden (d. h. an der Stelle des Bildes ist Licht!). Im Gegensatz zur Lochkamera hat es aber eine ganz bestimmte Entfernung b von der Linse (abhängig von g) – nur dort ist es scharf.

Mit den Kenntnissen aus Kap. 4.5.1 lässt sich die Bildentstehung erklären und das Bild konstruieren. Man geht davon aus, dass jeder leuchtende Gegenstandspunkt P Lichtstrahlen in alle Richtungen aussendet. Diejenigen, die durch die Linse gehen, werden von ihr so gebrochen, dass sie sich hinter der Linse alle in einem Punkt, dem Bildpunkt P', schneiden. Zur Konstruktion von P' genügt es, Mittelpunktstrahl, Brennstrahl und achsenparallelen Strahl zu verwenden. In Abbildung 4.23 ist die Brennweite f = 2 cm gewählt, der Gegenstand ist ein 1,5 cm hoher Pfeil in der Gegenstandsweite g = 3,5 cm.

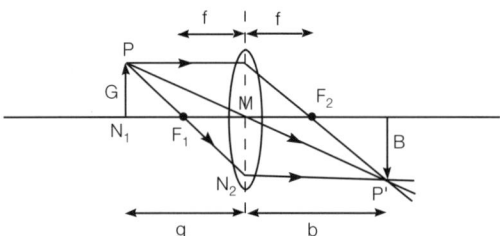

Abb. 4.23

Man erkennt, dass das Bild ein umgekehrter Pfeil der Größe B ≈ 2 cm in der Bildweite b ≈ 4,7 cm ist.

Bemerkungen:
1. *Je größer die Gegenstandsweite g ist, desto flacher wird der Mittelpunktstrahl, desto näher bei der Linse schneidet er den durch F_2 gehenden Strahl, desto kleiner wird das Bild und desto kleiner die Bildweite b.*

2. Aufgrund des 2. Strahlensatzes gilt wie bei der Lochkamera:

$$\boxed{\frac{b}{g} = \frac{B}{G} = A}\quad \text{(F4.1)}$$

3. Ebenfalls wegen des 2. Strahlensatzes gilt $\frac{\overline{MN_2}}{\overline{N_1P}} = \frac{\overline{F_1M}}{\overline{N_1F_1}}$ bzw. $\frac{B}{G} = \frac{f}{g-f}$ (∗)

Für eine größentreue Abbildung mit A = 1 bzw. B = G muss also

$1 = \frac{f}{g-f}$ bzw. $g - f = f$ bzw. $g = 2f$ gelten:

Steht der Gegenstand in der doppelten Brennweite, so ist das Bild gleich groß und gleich weit von der Linse weg (b = A · g = g = 2 f in diesem Fall).

Die Sammellinse

4. Setzt man (F4.1) in (*) ein, so folgt $\frac{b}{g} = \frac{f}{g-f}$ bzw. durch Kehrwertbildung $\frac{g}{b} = \frac{g-f}{f} = \frac{g}{f} - 1$

Division durch g liefert $\frac{1}{b} = \frac{1}{f} - \frac{1}{g}$ damit die *Linsengleichung*

$$\boxed{\frac{1}{g} + \frac{1}{b} = \frac{1}{f}} \quad (F4.3)$$

Die Linsengleichung gestattet, die Bildweite b bei gegebener Gegenstandsweite g und Brennweite f direkt auszurechnen.

Obiges Beispiel:

g = 3,5 cm, f = 2 cm, G = 1,5 cm liefert $\frac{1}{b} = \frac{1}{f} - \frac{1}{g} = \frac{1}{2\,\text{cm}} - \frac{1}{3,5\,\text{cm}} = \frac{1,5}{7\,\text{cm}} = \frac{3}{14\,\text{cm}}$, also ist b = $4,\overline{6}$ cm

und nach (F4.1) ist $B = \frac{b}{g} \cdot G = \frac{14\,\text{cm}}{3 \cdot 3,5\,\text{cm}} \cdot 1,5\,\text{cm} = \frac{14 \cdot 3}{3 \cdot 7}\,\text{cm} = 2\,\text{cm}$ in Übereinstimmung mit der Konstruktion.

5. *Steht der Gegenstand im Brennpunkt, so erhält man kein Bild* (vergleiche Abb. 4.24), da die Strahlen durch M und F_2 parallel sind (kongruente Dreiecke F_1MP und MF_2N) und sich daher nicht schneiden.

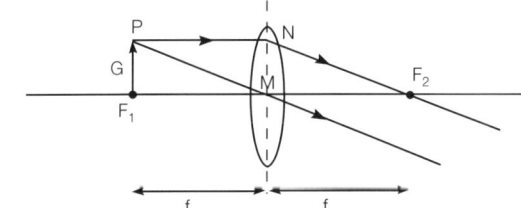

Abb. 4.24

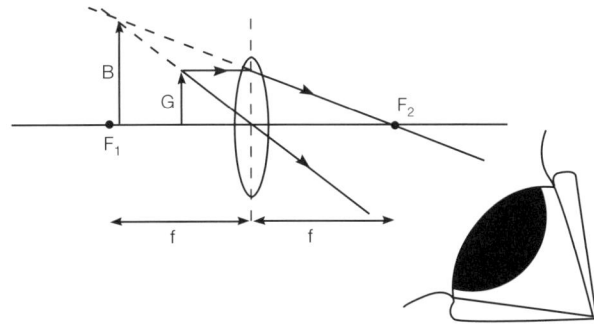

Abb. 4.25

6. *Steht der leuchtende Gegenstand zwischen Brennpunkt und Linse* ($g < f$), so sieht der *Beobachter hinter der Linse* ein Bild *vor* der Linse. Dieses ist *virtuell* (lässt

sich also nicht mit einem Schirm auffangen), *nicht seitenverkehrt und vergrößert* (Abb. 4.25).
Diesen Vergrößerungseffekt nützt man bei der *Lupe* aus!

Tab. 4.1 Zusammenfassung der Ergebnisse

Gegenstand	Bild			
Ort	Ort	Art	Orientierung	Bildhöhe, Abbildungsmaßstab
1) in der doppelten Brennweite: $g = 2f$	in der doppelten Brennweite: $b = 2f$	reell	umgekehrt, seitenvertauscht	gleich groß $B = G, A = 1$
2) außerhalb der doppelten Brennweite $g > 2f$	zwischen einfacher und doppelter Brennweite $f < b < 2f$	reell	umgekehrt, seitenvertauscht	verkleinert $B < G, A < 1$
3) zwischen einfacher und doppelter Brennweite $f < g < 2f$	außerhalb der doppelten Brennweite $b > 2f$	reell	umgekehrt, seitenvertauscht	vergrößert $B > G, A > 1$
4) in der einfachen Brennweite: $g = f$	-	-	-	-
5.) innerhalb der einfachen Brennweite $g < f$	auf derselben Linsenseite, $b > g$	virtuell	aufrecht, seitenrichtig	vergrößert $B > G, A > 1$

Aufgaben:
1) Ein Gegenstand soll durch eine Sammellinse mit 15 cm Brennweite 3fach vergrößert abgebildet werden. Wo muss er stehen, wo ist das Bild?

2) Die Abbildungslinse eines Diaprojektors hat die Brennweite 9,8 cm. In einer Entfernung von 4,90 m ist eine Projektionswand aufgestellt. Wie weit muss das Dia von der Linse entfernt sein? Wie hoch wird das Bild, wenn das Dia eine Höhe von 35 mm besitzt?

Lösung zu 1): $A = 3 = \dfrac{B}{G} = \dfrac{b}{g}$, d.h. $b = 3g$. Einsetzen in die Linsengleichung

liefert: $\dfrac{1}{g} + \dfrac{1}{3g} = \dfrac{1}{15\text{ cm}}$. Also $\dfrac{4}{3g} = \dfrac{1}{15\text{ cm}}$

Und damit 3 g = 60 cm bzw. g = 20 cm (Entfernung des Gegenstands); b = 3 g = 60 cm (Entfernung des Bildes).

Zu 2): f = 9,8 cm, b = 4,90 m, G = 35 mm

Linsengleichung: $\dfrac{1}{g} = \dfrac{1}{f} - \dfrac{1}{b} = \dfrac{10}{98 \text{ cm}} - \dfrac{1}{490 \text{ cm}} = \dfrac{50-1}{490 \text{ cm}} = \dfrac{1}{10 \text{ cm}}$,

also g = 10 cm (Entfernung)

$B = \dfrac{b}{g} \cdot G = \dfrac{490 \text{ cm}}{10 \text{ cm}} \cdot 35 \text{ mm} = 49 \cdot 35 \text{ mm} = 1715 \text{ mm} = 171,5 \text{ cm}$ (Bildhöhe)

4.6 Das menschliche Auge

4.6.1 Veränderung der Brennweite

Abbildung 4.26 zeigt das menschliche Auge im Querschnitt. Die Iris dient als Blende und bestimmt, wie viel Licht ins Auge fällt. Hornhaut, Kristalllinse und Glaskörper wirken zusammen wie eine Sammellinse – sie erzeugen ein umgekehrtes reelles verkleinertes Bild des Gegenstands, den das Auge sieht, auf der Netzhaut. Diese dient als Schirm; auf ihr sitzen die Sehzellen, lichtempfindliche Zapfen und Stäbchen, die den Seheindruck umsetzen und über den Sehnerv zum Gehirn leiten.

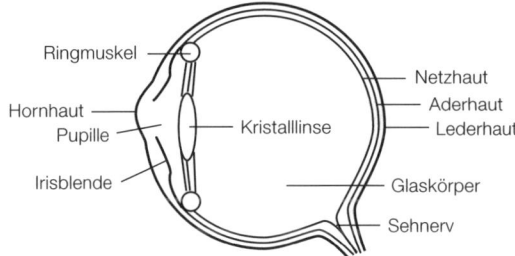

Abb. 4.26

Da sich die Entfernung des Gegenstands vom Auge (Gegenstandsweite g) ändert, muss sich das Auge darauf einstellen. Während beim Fotoapparat die Bildweite angepasst wird und die Brennweite f gleich bleibt, bleibt beim menschlichen Auge die Bildweite gleich, aber die Brennweite f kann verändert werden: Zieht sich der Ringmuskel zusammen, kann sich die daran aufgehängte Kristalllinse verdicken, die Gesamtbrennweite f wird kleiner – man sagt, *das Auge akkommodiert*!

Beim weit entfernten Gegenstand ist das Bild sehr nah, d. h. f ≈ b – der Ringmuskel ist entspannt, die Linse dünn.

Beim nahen Gegenstand würde, wenn f unverändert bliebe, das Bild von der Linse wegrücken – das darf nicht sein!

Also *akkommodiert* das Auge, die Linse verdickt sich, f wird kleiner – dadurch ist ein scharfes Bild bei gleicher Bildweite b möglich.

4.6.2 Augenfehler

Beim *normalsichtigen Auge* ist bei entspanntem Ringmuskel (dünner Linse) das Auge auf Fernsicht eingestellt: Nahezu parallele Lichtstrahlen eines sehr fernen Gegenstandspunkts P schneiden sich auf der Netzhaut in P'. Einstellung auf Nahsicht: Linsenverdickung (Akkomodation).

Weitsichtiges Auge (Abb. 4.27 a, b):

Der Augapfel ist zu kurz – bei entspannter Linse schneiden sich die Lichtstrahlen eines fernen Gegenstands hinter der Netzhaut (Abb. 4.27 a). Das Auge muss bereits akkommodieren, um in der Ferne scharf zu sehen und sieht in der Nähe nichts mehr scharf.

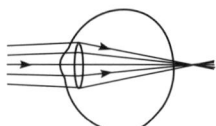

Abb. 4.27a

Abhilfe schafft eine *Brille mit Sammellinse* (Abb. 4.27 b).

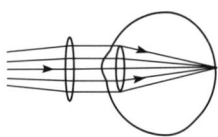

Abb. 4.27b

Kurzsichtiges Auge (Abb. 4.28 a, b):

Der Augapfel ist zu lang – bei entspannter Linse schneiden sich die Lichtstrahlen eines fernen Gegenstands vor der Netzhaut (Abb. 4.28 a). Akkommodieren nützt nichts, dadurch kommt der Schnittpunkt noch weiter nach vorn. Kommt der Gegenstand näher, so wandert bei entspannter Linse das Bild in Richtung Netzhaut und wird scharf.

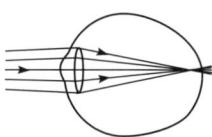

Abb. 4.28a

Abhilfe schafft eine *Brille mit Zerstreuungslinse* (Abb. 4.28 b)

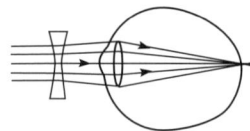

Abb. 4.28b

Alterssichtigkeit: Das Auge kann nicht mehr gut akkommodieren, man sieht nahe Gegenstände nicht mehr scharf. Abhilfe schafft eine Brille mit Sammellinse für die Nahsicht (Lesebrille).

Optiker verwenden anstelle der Brennweite f lieber deren Kehrwert $\frac{1}{f}$, die *Brechkraft D* mit der Einheit Dioptrie

$$\text{Brechkraft}: D = \frac{1}{f}, \text{ Einheit}: [D] = \frac{1}{m} = 1 \text{ dpt (Dioptrie)} \quad (F4.4)$$

Ein Weitsichtiger, dessen Brille 5 dpt Stärke besitzt, hat also eine Sammellinse mit $\frac{1}{f} = \frac{5}{m}$, d.h. Brennweite $f = \frac{1}{5}$ m = 20 cm.

4.7 Der Fotoapparat

Eine Lochkamera (siehe Kap. 4.1.2) wäre zwar ein sehr billiger Fotoapparat, liefert aber vernünftig scharfe Bilder nur bei gutem Licht und *ewig* langer Belichtungszeit – sie ist einfach zu lichtschwach. Bei einer normalen Kamera wird daher mit einer Sammellinse (Objektiv) ein umgekehrtes, reelles, verkleinertes Bild auf einer lichtempfindlichen Filmschicht erzeugt. Die *Entfernungseinstellung* wird durch Vor- bzw. Rückdrehen der Objektivlinse geregelt: Die Bildweite b wird der Gegenstandsweite g angepasst.

Schärfentiefe: Sind zwei Gegenstandspunkte A und B verschieden weit von der Linse entfernt, so gilt das auch für ihre Bildpunkte A', B' (je näher der Punkt ist, desto weiter weg ist sein Bildpunkt!). Stellt man in Abbildung 4.29 den „Schirm" mit dem Film auf die linke gestrichelte Linie wird nur A' scharf, B' nicht; bei der rechten gestrichelten Linie wird nur B' scharf. Bei keiner Schirmstellung werden A und B gleichzeitig als *Punkte* abgebildet, allerdings ist dies für ein scharfes Bild nicht nötig. Das Filmmaterial enthält nämlich lichtempfindliche Körnchen endlicher Größe, die vom Licht getroffen werden müssen. Für ein scharfes Bild genügt es, wenn an der Stelle des Bildpunkts ein kreisförmiger kleiner Lichtfleck (Lichtscheibchen) ist. Man wird also den Film irgendwo zwischen den gestrichelten Linien von Abbildung 4.29 platzieren – dann werden eventuell A' und B' als kleine Lichtscheibchen im Foto scharf erscheinen.

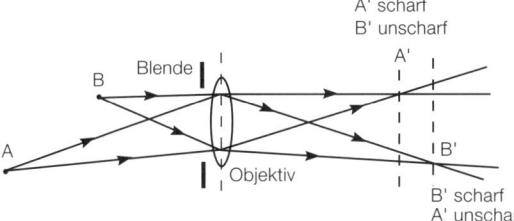

Abb. 4.29

Man stellt nun beim Fotoapparat eine bestimmte Gegenstandsweite g ein, d. h. man passt die Bildweite b genau dieser Gegenstandsweite, z. B. g = 10 m, an. Die *Schärfentiefe* ist dann die Zone, in der Gegenstände bei dieser Einstellung stehen dürfen, damit sie auf den Bild scharf erscheinen – z. B. hier von 8 m bis 14 m.

Aus Abbildung 4.29 wird klar, dass ein kleinerer Durchmesser d der Blende die Schnittwinkel der Lichtstrahlen bei A' bzw. B' verkleinert und die Lichtscheibchen kleiner macht, d. h. die Schärfentiefe vergrößert.

Ebenso bewirkt eine Vergrößerung der Objektivbrennweite f eine Vergrößerung der Schärfentiefe, da die Bildpunkte A', B' (in Abb. 4.29) weiter nach rechts wandern und deshalb Winkel- und Scheibchengröße kleiner werden.

Blendenzahl: Darunter versteht man den Quotienten $\frac{f}{d}$ aus Objektivbrennweite und Blendendurchmesser. Sie wird groß, wenn f groß oder d klein ist – beides erhöht die Schärfentiefe:

Je größer die Blendenzahl ist, desto größer ist die Schärfentiefe.

Beispiel: Bei einer Entfernungseinstellung von 6 m beträgt die Schärfentiefe 2,80 m bis ∞ bei Blende 16, dagegen nur 5,20 m bis 7 m bei Blende 2.

Dies spricht dafür, eine möglichst große „Blende" zu wählen. Auf der anderen Seite regelt natürlich die Blendenzahl die Lochgröße. Für f = 4 cm ist bei Blende 2 gerade d = 2 cm und damit die Lochfläche $\frac{\pi}{4} d^2 = \pi$ cm^2, bei Blende 4 ist d = 1 cm und die Lochfläche $\frac{\pi}{4}$ cm^2, d. h. auf $\frac{1}{4}$ abgesunken, was die vierfache Belichtungszeit erforderlich macht. Beim Einstellen der Blendenzahl muss also auch darauf geachtet werden, *dass die Belichtungszeit mit dem Quadrat der Blende wächst!*

4.8 Farbiges Licht, Körperfarben

4.8.1 Spektralfarben

Farbiges Licht, das man aus weißem Licht über Farbfilter erhalten kann, verhält sich optisch völlig gleich wie das weiße (Reflexion usw.) – mit einer Ausnahme: farbige Lichtsorten werden unterschiedliche stark gebrochen; rotes Licht wird am wenigsten, violettes am stärksten gebrochen.

Weißes Licht (der Sonne oder einer Glühlampe) besteht aus vielen farbigen Komponenten; durch Brechung an einem Prisma wird das weiße Licht (Abb. 4.30) in seine farbigen Bestandteile zerlegt. Man erhält ein *kontinuierliches Spektrum*, in dem man üblicherweise sechs *Spektralfarben* namentlich hervorhebt: rot, orange, gelb, grün, blau, violett.

Die Spektralfarben sind keine Mischung, sondern *rein*. Das sieht man, wenn man eine Farbe über eine Blende, die die anderen ausblendet, aus dem Prismenspektrum herausholt und durch ein zweites Prisma schickt – sie lässt sich nicht mehr weiter zerlegen. Vereinigt man (Abb. 4.30) die Farben des Spektrums wieder mit einer Sammellinse, so erhält man wieder weißes Licht.

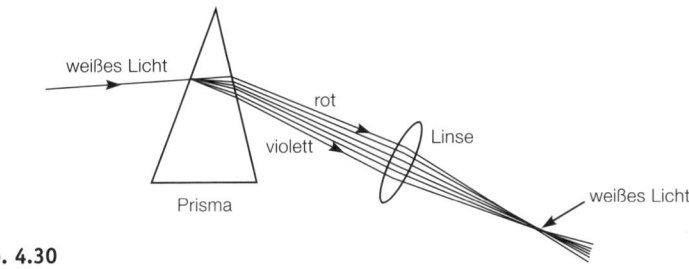

Abb. 4.30

4.8.2 Entstehung des Regenbogens

Das weiße Licht der Sonne wird (Abb. 4.31) durch die Regentröpfchen mehrfach gebrochen und (total-)reflektiert; durch die Brechung wird es in seine farbigen Bestandteile zerlegt. Man unterscheidet den *Hauptregenbogen* (einmalige Reflexion – Abb. 4.31) und den *Nebenregenbogen* (zweimalige Reflexion im Tropfen), deren Farbfolge umgekehrt ist.

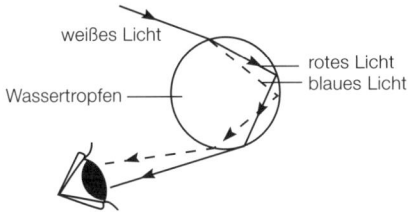

Abb. 4.31

4.8.3 Linienspektrum und kontinuierliches Spektrum

Zerlegt man das Sonnenlicht oder das Licht glühender fester (Glühdraht) oder flüssiger Stoffe mit dem Prisma, so ergibt sich ein *kontinuierliches Spektrum*, d. h. ein Farbband ohne Lücken mit allen Farbübergängen. Leuchtende Gase liefern im allgemeinen *Linienspektren*, bei denen nur einzelne charakteristische schmale farbige Linien auftreten; solche Spektren kann man benutzen, um die betreffenden Gase nachzuweisen (Spektralanalyse).

4.8.4 Farbaddition

Versuchsergebnis: Blendet man aus dem farbigen Spektrum eines Prismas etwa mit einem schmalen Bleistift eine Spektralfarbe aus und vereinigt die restlichen Spektralfarben mit einer Sammellinse, so erhält man kein weißes, sondern farbiges Mischlicht nach Tabelle 4.2

Tab. 4.2: Ausblenden einer Spektralfarbe und Entstehung eines Mischlichts.

Ausgeblendete Spektralfarbe	Rot	Orange	Gelb	Grün	Blau	Violett
Mischfarbe des Restes	Grün	Blau	Violett	Rot	Orange	Gelb

Natürlich ist diese Darstellung vereinfacht, da es im Farbspektrum die unterschiedlichsten Rot-, Grün- usw. Farben gibt. Dennoch tauchen die sechs Hauptfarben je zweimal auf – als reine Spektralfarbe und als Mischfarbe.

Die Farben des Prismenspektrums bilden ein Band von Rot bis Violett; es erweist sich als zweckmäßig, die Farben kreisförmig anzuordnen (Abb. 4.32).

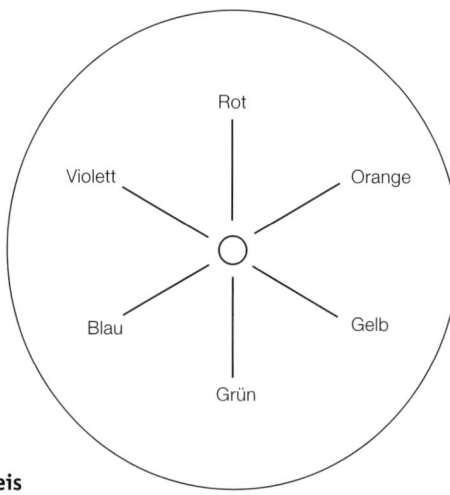

Abb. 4.32: Farbkreis

Versuche, bei denen man zwei Spektralfarben addiert, zeigen:

1. Gegenüberliegende Farben im Kreis ergänzen (addieren) sich zu weiß – sie heißen *Komplementärfarben* (z. B. Rot/Grün, Gelb/Violett)
2. Addiert man näher beieinander liegende Farben im Farbkreis, so ergibt sich eine Mischfarbe, die dazwischen liegt (z. B. Blau + Gelb liefert Grün, Blau + Grün ergibt Türkis)

Mithilfe der letzten beiden Ergebnisse kann man die Tabelle 4.2 erklären: Blendet man etwa Rot aus dem Spektrum aus, so ergeben Violett/Gelb wie auch Blau/Orange jeweils als Mischfarbe Weiß; übrig bleibt grünes Licht, das durch weißes Mischlicht aufgehellt ist – Mischfarbe Grün!

4.8.5 Farbsubtraktion

Farbfilter lassen entweder nur das Licht einer Spektralfarbe hindurch *(spektralreine Filter)* oder sie lassen verschiedene Farbsorten hindurch und liefern dann farbiges Mischlicht.

Beispiel: Ein Blaufilter lasse blaues, grünes und violettes Licht hindurch, ein Gelbfilter lasse gelbes, grünes und orangefarbiges Licht hindurch (man überprüft leicht, dass aus weißem Licht durch so einen Filter tatsächlich blaues bzw. gelbes Mischlicht entsteht). Schaltet man beide Filter hintereinander, so gelangt aus dem weißen Licht nur spektralreines Grünlicht hindurch.

Allgemein gilt: Schaltet man mehrere Farbfilter hintereinander und strahlt weißes Licht ein, so sieht man dahinter die Farbe(n), die von allen durchgelassen wird (werden); sie entsteht aus weißem Licht durch *Wegnahme* der übrigen Farbkomponenten: *Farbsubtraktion*.

Schaltet man zwei verschiedene spektralreine Filter hintereinander (z. B. Grün- und Rotfilter) und bestrahlt mit weißem Licht, so ist das Ergebnis stets schwarz – es gibt keine Farbkomponente, die beide durchlassen!

4.8.6 Körperfarben

Bei einem Versuch erscheint ein L in weißem Licht rot auf weißem Grund, im Rotlicht (spektralrein) sind das L und der Hintergrund rot (L kaum sichtbar), im spektralreinen Grünlicht ist das L schwarz auf grünem Grund.

Mögliche Erklärung: Der Hintergrund reflektiert alle Lichtsorten, das L nur rotes Licht (es absorbiert die anderen Komponenten). Wird spektralreines Grünlicht angeboten, reflektiert der Hintergrund dieses, das L nichts.

> *Farbige Körper* reflektieren entweder nur eine Art farbigen Lichts (spektralrein) und absorbieren den Rest oder sie reflektieren mehrere Spektralfarben, deren Mischung dann die Körperfarbe ergibt.
> *Weiße Körper* reflektieren alle Lichtarten, *schwarze Körper* absorbieren alle Lichtarten.

Aufgaben:
1) Wie unterscheidet man spektralreines Licht von Mischlicht?
2) Warum gibt es in Kleidergeschäften Tageslichtlampen?

Lösung: Zu 1): Man „schickt" das Licht durch ein Prisma. Ist es Mischlicht, wird es in seine Bestandteile aufgespalten; spektralreines Licht wird nur abgelenkt.

Zu 2): Ein Pullover reflektiere beispielsweise gelbes und blaues Licht. Im Tageslicht erhält er beide Spektralfarben angeboten, reflektiert sie und erscheint grün (Mischlicht). Im spektralreinen Gelblicht reflektiert er dieses und erscheint gelb, im spektralreinen Blaulicht ist er blau. Im spektralreinen Rotlicht erscheint er schwarz, da er das angebotene Licht absorbiert.

4.9 Newton'sches Teilchenmodell, Huygens'sches Wellenmodell für Licht

Das Modell der punktförmigen Lichtquelle und der Lichtstrahlen eignet sich zur Beschreibung vieler optischer Erscheinungen, sagt aber nicht, was Licht eigentlich ist.

4.9.1 Korpuskelmodell des Lichts

Newton stellte 1669 ein *Korpuskelmodell des Lichts* vor, wonach Licht aus Teilchen besteht, die den mechanischen Gesetzen (Trägheit, Gravitation) gehorchen. In einem homogenen optischen Medium erfahren diese Teilchen Anziehungskräfte nach allen Seiten. Weil diese sich aber ausgleichen, bewegen sich nach Newton die Teilchen reibungsfrei entsprechend dem Trägheitssatz – so erklärt er die *geradlinige Ausbreitung des Lichts*. Die *Reflexion des Lichts* entsprechend dem *Reflexionsgesetz* erklärt er mit der Reflexion vollelastischer kleiner Kugeln an einer Ebene (vergleiche Kap. 1.14.5). Die *Brechung* des Lichts erklärt Newton wie folgt (Abb. 4.33):

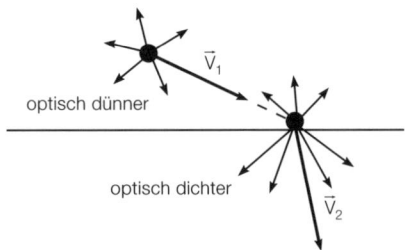

Abb. 4.33

Die Kräfte innerhalb eines optischen Mediums auf die Teilchen gleichen sich insgesamt aus. Im optisch dichteren Medium sind sie jedoch größer als im dünneren Medium! So bleibt an der Grenzfläche eine resultierende Kraft auf die Lichtteilchen zum dichteren Medium übrig, die sie in diese Richtung beschleunigt, d.h. ihnen eine Geschwindigkeitszusatzkomponente in dieser Richtung verleiht. Dadurch wird ihre Geschwindigkeit betraglich größer und in Richtung zum Lot hin gedreht.

Die Tatsache, dass verschiedene farbige Lichtsorten unterschiedlich stark gebrochen und daher am Prisma das weiße Licht in farbige Bestandteile zerlegt wird *(Dispersion des Lichts)*, erklärt Newton mit unterschiedlichen Teilchen für unterschiedliche Lichtarten.

> Newtons Modell erklärt also die wesentlichen optischen Erscheinungen; bei ihm ist die Lichtgeschwindigkeit im optisch dichteren Medium größer als im dünneren Medium.

4.9.2 Huygens'sches Wellenmodell

1678 stellt *Huygens* ein Wellenmodell des Lichts vor. Danach ist die punktförmige Lichtquelle Erreger einer fortlaufenden Welle (etwa einer Wasserwelle oder einer räumlichen Kugelwelle mit Verdünnungen und Verdichtung ähnlich dem Schall), die sich auf dem „Lichtäther" als Wellenträger ausbreitet. Der Schnitt durch die Kugel mit einer Ebene liefert konzentrische Kreise um den Erreger – auf diesen sind alle „Trägerteilchen" in Phase. Die Lichtstrahlen sind dann – wie in Kap. 1.28 bei den Wasserwellen – die Senkrechten zu den Wellenfronten.

Huygens erklärt die *geradlinige Ausbreitung des Lichts* über konzentrisch nach außen laufende Kreiswellen (Kugelwellen) mit gemeinsamen Normalen durch die punktförmige Quelle, die *Reflexion und Brechung* wie bei Wasserwellen (siehe Kap. 1.28) – allerdings ist bei ihm die Lichtgeschwindigkeit im optisch dichteren Medium kleiner! Zur *Dispersion* erläutert er, dass alle verschiedenen farbigen Lichtarten im Vakuum gleiche Geschwindigkeit haben, in den anderen optischen Medien aber unterschiedliche und bei dem Übergang von Vakuum zu Glas etwa wegen $n = \frac{c_{vak}}{c_{glas}}$ unterschiedlich stark gebrochen werden.

> Auch Huygens' Modell erklärt die optischen Erscheinungen – bei ihm ist die Lichtgeschwindigkeit im dichteren Medium kleiner.

4.10 Messung der Lichtgeschwindigkeit

Hier gibt es in der Zwischenzeit eine Vielzahl verschiedenster Methoden zur Lichtgeschwindigkeitsmessung. Eine der ältesten ist die astronomische Methode nach Olaf Römer.

4.10.1 Astronomische Methode nach Olaf Römer (1675)

Er beobachtete von der Erde aus den Eintritt eines Jupitermondes in den Jupiterschatten und den Wiederaustritt, registrierte die Zeitspanne, die der Mond unsichtbar im Schatten war und stellte unterschiedliche Zeitspannen fest – je nach Stellung der Erde zu Sonne und Jupiter (Abb. 4.34)

Erdposition I: Man sieht den Eintritt des Mondes in den Jupiterschatten verspätet (um die Zeit, die das Licht vom Mond zur Erde braucht) und auch den Austritt verspätet (um die gleiche Zeit) – die gemessene Dunkelzeit T_I entspricht der wirklichen Zeit des Mondes im Schatten.

Erdposition II: Man sieht den Eintritt des Jupitermondes um die Zeit t_1 verspätet, die das Licht zur Erdposition IIa braucht; man sieht den Austritt um die Zeit t_2 verspätet, die das Licht zur Erdposition IIb (näher am Jupitermond) braucht. t_2 ist kürzer als t_1, da der Lichtweg um die Strecke s kürzer ist. Die gemessene Dunkelzeit T_{II} ist um $\Delta t = t_1 - t_2$ kleiner als T_I, die tatsächliche Dunkelzeit.

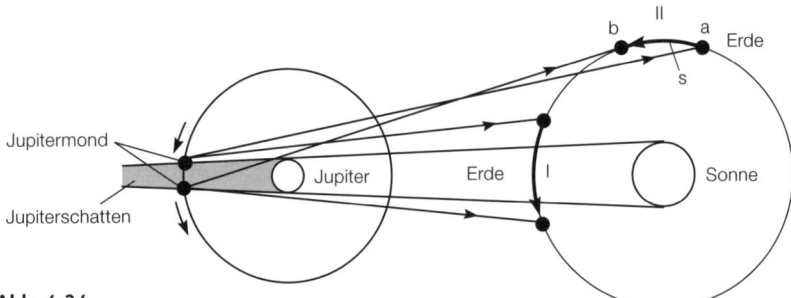

Abb. 4.34

$\Delta t = t_1 - t_2 = T_I - T_{II}$ ist also messbar; es ist die Zeit, die das Licht für die Strecke s braucht, welche die Erde in der Zeit T_{II} zurücklegt. Man kennt die Geschwindigkeit der Erde bei ihrem Umlauf um die Sonne (Umlaufdauer 1 Jahr, Umlaufradius 150 Millionen Kilometer, Geschwindigkeit

$v = \dfrac{2\pi \cdot 1{,}5 \cdot 10^8 \text{ km}}{365 \cdot 24 \text{ h}} \approx 1{,}076 \cdot 10^5 \dfrac{\text{km}}{\text{h}}$) und kann $s = v \cdot T_{II}$ und damit die Lichtgeschwindigkeit $c = \dfrac{s}{\Delta t}$ bestimmen!

4.10.2 Terrestrische Methode nach Fizeau (1849) – Zahnradmethode

Eine Lichtquelle schickt ein Lichtbündel auf einen halb durchlässigen Spiegel. Dort wird ein Teil des Lichts durch die Lücke eines Zahnrads zu einem vollreflektierenden Spiegel in der Entfernung l (ca. 9 km) geschickt, dort reflektiert und – durch die Zahnradlücke zum halbdurchlässigen Spiegel und zum Auge dahinter geschickt (Abb. 4.35).

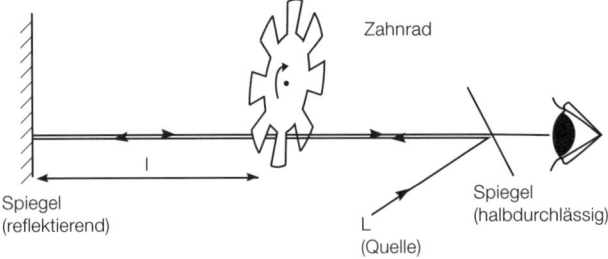

Abb. 4.35

Wenn sich jetzt das Zahnrad dreht, kann es sein, dass der reflektierte Strahl nicht mehr durch die gleiche Zahnradlücke kommt; wenn dies für alle Lichtstrahlen gilt, gelangt kein Licht mehr ins Auge. Dann ist genau in der Zeit Δt, die das Licht für die Strecke 2 l (hin und zurück) braucht, ein Zahn anstelle der Lücke getreten. Aus der Drehzahl und der Lückenbreite lässt sich Δt und damit die Lichtgeschwindigkeit $c = \dfrac{2l}{\Delta t}$ ermitteln.

4.10.3 Drehspiegelmethode von Foucault

Eine weitere historisch wichtige Methode ist die *Drehspiegelmethode von Foucault (1849)*, auf die hier nicht eingegangen werden soll.

4.10.4 Ergebnisse der Lichtgeschwindigkeitsmessung

1) Die Lichtgeschwindigkeit in Luft und im Vakuum beträgt
$$c \approx 300\,000\ \frac{km}{s} = 3 \cdot 10^8\ \frac{m}{s}$$
2) Im optisch dichteren Medium ist die Lichtgeschwindigkeit kleiner – *dies spricht für das Wellenmodell (Huygens)*
3) Die von Huygens hergeleitete Formel $n = \frac{c_1}{c_2}$ lässt sich experimentell bestätigen.

4.11 Die Interferenz des Lichts

Nimmt man das Wellenmodell für Licht ernst, so folgt als Konsequenz, dass Licht + Licht auch Dunkelheit ergeben kann (Auslöschung von Wellen, die in der Phase um π verschoben sind – siehe Kap. 1.26).

4.11.1 Bestätigungsversuch nach Wiener

Wiener ging davon aus, dass bei Reflexion einer Lichtwelle an einem Schirm bzw. Spiegel wie bei der Reflexion einer Querwelle am festen Ende sich stehende Wellen

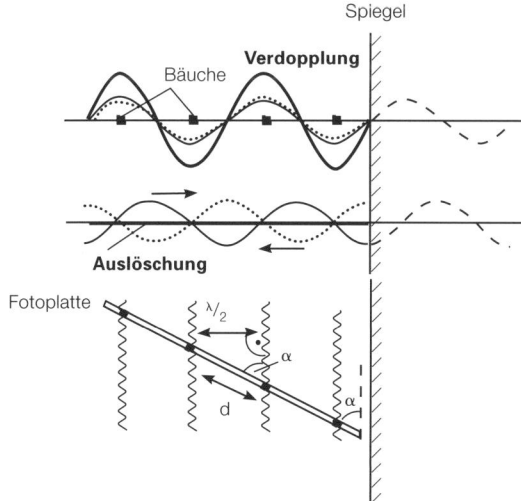

Abb. 4.36

bilden. Eine Fotoplatte müsste dann an Bäuchen (dort gibt es viel Licht!) stark geschwärzt werden, an Knoten (kein Licht!) gar nicht. So durfte ein *Streifenmuster auf der Fotoplatte* (Abb. 4.36) erwartet werden. Tatsächlich liegen die Bäuche im Abstand $\frac{\lambda}{2}$ sehr dicht, weil λ bei Licht sehr klein ist; erst bei sehr schräger Stellung der Platte (α sehr klein) ließen sich tatsächlich Streifen auseinander halten. Ist ihr Abstand auf der Platte d, so gilt $\frac{\lambda/2}{d} = \sin \alpha$ bzw.

$\boxed{\lambda = 2 \, d \cdot \sin \alpha}$ (F4.5)

Über das Streifenmuster konnte Wiener den Interferenznachweis tatsächlich führen und zugleich nach (F4.5) die Wellenlänge λ des Lichts bestimmen.

4.11.2 Interferenzversuch von Fresnel

Das Wassermodell für zwei Erreger (siehe Kap. 1.28) zeigt, dass es im Interferenzfeld Streifen der Auslöschung und der maximalen Auslenkung gibt. Die Übertragung dieses Sachverhalts auf Licht hieße, dass bei zwei punktförmigen Lichtquellen ebenfalls ein Hell-Dunkel-Streifenmuster auf einer Fotoplatte im Interferenzfeld zu sehen sein müsste. Das Problem dabei ist, dass beide Lichtquellen *kohärent* sein müssten, d. h. ihre Frequenz müsste gleich sein und es müsste ein konstanter Gangunterschied ihrer Wellen vorliegen (möglichst sollten sie in Phase sein) – das ist experimentell so nicht realisierbar, da beispielsweise das Licht einer Glühlampe auf spontanen atomaren Elektronenübergängen basiert!

1816 kam Fresnel auf die Idee mit dem Knickspiegel (Abb. 4.37): Er nahm eine punktförmige Lichtquelle L, deren Lichtstrahlen vom geknickten Spiegel so reflektiert werden, als ob sie von den beiden virtuellen Lichtquellen L_1 bzw. L_2 (erhält man durch Achsenspiegelung von L an den Spiegelteilen) ausgingen. Die „beiden" Lichtfelder von L_1 und L_2 sind kohärent, da „ihr Licht" ja von derselben Quelle stammt.

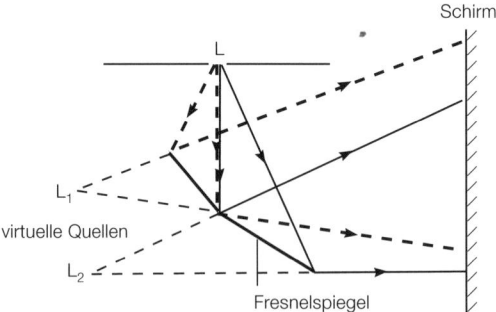

Abb. 4.37

So konnte Fresnel tatsächlich ein Streifenmuster auf dem Schirm erkennen! Genau in der Mitte des Schirms, dort wo die Mittelsenkrechte von L_1 und L_2 ihn trifft, ist der mittlere (0te) Hellstreifen: Die Entfernung zu L_1, L_2 ist von diesem Schirmpunkt aus gleich, sodass sich die Lichtwellen ohne Gangunterschied überlagern.

Die Interferenz des Lichts

Seien d_1 der Abstand des ersten (nächsten) Hellstreifens zum mittleren (Abb. 4.38) und x bzw. y die Entfernungen des betreffenden Schirmpunkts zu L_2 bzw. L_1, so ist $x - y = \lambda$ (∗), da sich Hellstreifen immer dann ergeben, wenn der Gangunterschied der Wellen ein Vielfaches von λ ist.

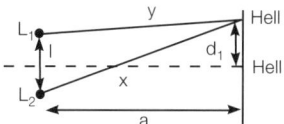

Abb. 4.38

Nach Pythagoras gilt: $x^2 = \left(d_1 + \dfrac{l}{2}\right)^2 + a^2$, $y^2 = \left(d_1 - \dfrac{l}{2}\right)^2 + a^2$ (∗∗), wobei l der Abstand von L_1 zu L_2 und a der Abstand der Lichtquellen zum Schirm ist. Aus (∗∗) folgt $x^2 - y^2 = \left(d_1 + \dfrac{l}{2}\right)^2 - \left(d_1 - \dfrac{l}{2}\right)^2$ und damit $(x+y)(x-y) = 2\,d_1 l$ bzw. mit (∗): $\lambda = x - y = \dfrac{2\,d_1 l}{x+y}$

Setzt man näherungsweise $x \approx y \approx a$, so folgt $\lambda = \dfrac{d_1 \cdot l}{a}$ und ebenso $\lambda = \dfrac{d_m \cdot l}{m \cdot a}$, wenn d_m der Abstand des m-ten Hellstreifens vom mittleren ist.

So hat man wieder eine *Möglichkeit,* λ *experimentell zu bestimmen.*

Ergebnisse:
1) Die verschiedenen farbigen Lichtarten haben unterschiedliche Wellenlängen λ und Frequenzen $f = \dfrac{c}{\lambda}$

Im Vakuum ist $c = 300\,000\,\dfrac{\text{km}}{\text{s}}$ für alle Lichtarten gleich; aber $\lambda_{rot} \approx 800$ nm $= 8 \cdot 10^{-7}$ m, $\lambda_{violett} \approx 400$ nm $= 4 \cdot 10^7$ m (die anderen liegen dazwischen) und $f_{rot} = \dfrac{3 \cdot 10^8\,\frac{m}{s}}{8 \cdot 10^{-7}\,m} = 3,75 \cdot 16^{14}$ Hz, $f_{violett} = 7,5 \cdot 10^{14}$ Hz

2) Beim Übergang einer Lichtart ins optisch andere Medium ändert sich ihre Wellenlänge und Geschwindigkeit, nicht aber die Frequenz:

$f_1 = f_2$, also $\dfrac{c_1}{\lambda_1} = \dfrac{c_2}{\lambda_2}$, also $\boxed{\dfrac{\lambda_1}{\lambda_2} = \dfrac{c_1}{c_2} = n}$ (F4.6) (1 kennzeichnet das opt. dünnere Medium.)

4.11.3 Interferenz an dünnen Schichten

Ein dünnes Lichtbündel 1 treffe (Abb. 4.39), aus dem optisch dünneren Medium kommend, im Punkt A auf das dichtere Medium. Dort teilt es sich auf in das reflektierte Teilbündel 2 und das gebrochene Teilbündel 3. Durch weitere Reflexion und Brechung entstehen die Teilbündel 4 bis 8. Die Wellenfronten der *Bündel 2 und 6 werden* (ins dünnere Medium zurück-)*reflektiert* und überlagern sich; ebenso überlagern sich die Wellen der *durchgehenden Bündel 5 und 8.*

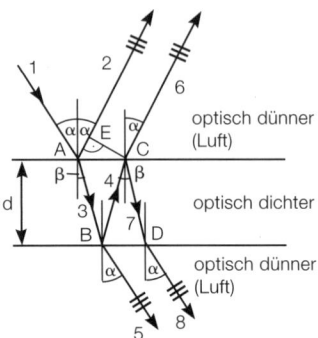

Abb. 4.39

Interferenz der reflektierten Anteile: Sie hängt ab vom Gangunterschied der Wellenfronten von Bündel 2 und 6!

Geometrischer Gangunterschied: Bündel 6 legt im dichteren Medium die Strecke $\overline{AB} + \overline{BC} = 2\overline{AB}$ mehr zurück als Bündel 2, was im dünneren Medium (dort ist die Lichtgeschwindigkeit größer) der Strecke $2\overline{AB} \cdot \frac{c_{dünn}}{c_{dicht}} = 2\overline{AB} \cdot n$ entspricht, Bündel 2 legt im dünneren Medium die Strecke $\overline{AE}$ mehr zurück als Bündel 6. Der Gangunterschied zwischen Bündel 2 und Bündel 6 ist also geometrisch

$$2\overline{AB} \cdot n - \overline{AE} = 2n \cdot \underbrace{\frac{d}{\cos \beta}}_{} - \overline{AC} \cdot \underbrace{\cos(90° - \alpha)}_{=\sin \alpha} = 2n \cdot \frac{d}{\cos \beta} - 2 \sin \alpha \cdot d \cdot \tan \beta,$$

wobei die Beziehungen $\cos \beta = \frac{d}{\overline{AB}}$, $\cos(90° - \alpha) = \frac{\overline{AE}}{\overline{AC}}$ und $\frac{\overline{AC}/2}{d} = \tan \beta$ benutzt wurden. Weitere Umformung liefert den geometrischen Gangunterschied zu

$$2n \cdot \frac{d}{\cos \beta} - 2 \sin \alpha \cdot d \cdot \frac{\sin \beta}{\cos \beta} = \frac{2d}{\cos \beta}(n - \sin \alpha \cdot \sin \beta)$$

$$= \frac{2d}{\cos \beta}\left(n - \underbrace{\frac{\sin \alpha}{\sin \beta}}_{=n} \cdot \sin^2 \beta\right), \text{ also zu } \frac{2dn}{\cos \beta}(1 - \sin^2 \beta) = \frac{2dn}{\cos \beta} \cdot \cos^2 \beta$$

$$= 2dn \cdot \cos \beta$$

Optischer Gangunterschied: Die Reflexion im Punkt A am optisch dichteren Medium entspricht der Reflexion einer Querwelle am festen Ende; dabei wird Wellenberg als Wellental usw. reflektiert. Dies entspricht einem Phasen-Sprung um π bzw. einem Gangunterschied um $\frac{\lambda}{2}$

Gesamter Gangunterschied der Bündel 2 und 6:

$$\boxed{\Delta_1 = \frac{\lambda}{2} + 2\,dn \cdot \cos \beta} \quad \text{(F4.7 a)}$$

(Für *senkrechten Einfall* ist $\alpha = \beta = 0°$ also $\Delta_1 = \frac{\lambda}{2} + 2\,dn$)

Die Interferenz des Lichts

Interferenz der durchgehenden Anteile: Geometrischer Gangunterschied $2\,dn \cdot \cos\beta$, kein optischer Gangunterschied, da die Reflexion bei C ins dichtere Medium zurück der am losen Ende entspricht.

Gesamter Gangunterschied der Bündel 5 und 8:

$$\boxed{\Delta_2 = 2\,dn \cdot \cos\beta} \quad \text{(F4.7 b)}$$

(für *senkrechten Einfall:* $\Delta_2 = 2\,dn$)

Zwei sich überlagernde Wellen gleicher Wellenlänge *löschen sich aus,* wenn der Gangunterschied $\frac{\lambda}{2}$ oder $\frac{3}{2}\lambda$ oder $\frac{5}{2}\lambda \ldots$ beträgt; sie *verstärken sich,* wenn der *Gangunterschied 0 oder λ oder $2\lambda \ldots$ beträgt.*

Man erhält also *im durchgehenden Licht* Helligkeit für $\Delta_2 = 2\,dn \cdot \cos\beta = k \cdot \lambda$, Dunkelheit für $\Delta_2 = 2\,dn \cdot \cos\beta = (2k+1)\frac{\lambda}{2}$, d. h.

$$\boxed{\begin{array}{l}\text{Helligkeit für } dn\cos\beta = 2k \cdot \frac{\lambda}{4}, \\ \text{Dunkelheit für } dn\cos\beta = (2k+1) \cdot \frac{\lambda}{4} \text{ mit } k = 0, 1, 2, \ldots\end{array}} \quad \text{(F4.8 a, b)}$$

Entsprechend erhält man im *reflektierten Licht*

$$\boxed{\begin{array}{l}\text{Dunkelheit für } dn\cos\beta = 2k \cdot \frac{\lambda}{4}, \\ \text{Helligkeit für } dn\cos\beta = (2k+1) \cdot \frac{\lambda}{4}\end{array}} \quad \text{(F4.8' a, b)}$$

Man erkennt, dass die Bedingungen für Helligkeit bzw. Dunkelheit beim durchgehenden bzw. reflektierten Licht gerade vertauscht sind!

Bestrahlt man eine Seifenhaut in einem Drahtbügel mit monochromatischem Licht, d. h. Licht einer bestimmten Wellenlänge (z. B. reines Gelblicht), so erkennt man im reflektierten Licht ein Hell-/Dunkel-Streifenmuster dieses Lichts.

Erklärung: Aufgrund ihrer Gewichtskraft „sackt" die Seifenlösung nach unten, sodass die Haut oben dünner ist – im seitlichen Querschnitt bildet sie eine keilförmige dünne Schicht, deren Dicke nach unten zunimmt. Immer dann, wenn die Dicke d eine der Bedingungen (F4.8' a, b) zum vorgegebenen λ der Lichtart erfüllt, ergibt sich ein heller oder dunkler Streifen.

Führt man den Versuch mit weißem Licht durch, erhält man ein Farbstreifenmuster!

Aufgabe: Eine Seifenhaut sei $0,6\,\mu m$ dick. Die Brechzahl beim Übergang Luft/Seifenlösung ist $n = \frac{4}{3}$. Weißes Licht fällt senkrecht ein. Welche Bereiche des sichtbaren Spektrums werden im reflektierten bzw. durchgehenden Licht jeweils ausgelöscht, welche verstärkt? Wie ist es bei einer Dicke von $1,2\,\mu m$?

Lösung: *Durchgehendes Licht:* Verstärkt werden Lichtbereiche mit $d \cdot n \cdot 1 = \frac{k}{2} \cdot \lambda$,

d. h. $\lambda = \dfrac{2\,dn}{k} = \dfrac{2 \cdot 6 \cdot 10^{-7}\,m \cdot \frac{4}{3}}{k} = \dfrac{1600\,nm}{k}$

Da k eine ganze Zahl ist und λ im Bereich 400 nm $\leq \lambda \leq$ 800 nm liegen muss, kommen $\lambda_1 = 800$ nm für $k = 2$, $\lambda_2 = \dfrac{1600}{3}$ nm ≈ 533 nm für k = 3 und $\lambda_3 = 400$ nm für k = 4 in frage – *diese Lichtarten werden verstärkt.*

Ausgelöscht werden Bereiche mit $d \cdot n \cdot 1 = (2\,k + 1) \cdot \dfrac{\lambda}{4}$, d. h. $\lambda = \dfrac{4\,dn}{2\,k+1} = \dfrac{3200\,nm}{2\,k+1}$

Es sind $\lambda_4 = \dfrac{3200}{5}$ nm $= 640$ nm für k = 2 und $\lambda_5 = \dfrac{3200}{7}$ nm $= 457{,}4$ nm für k = 3

Im reflektierten Licht ist es gerade umgekehrt – die Bereiche mit λ_1, λ_2, λ_3 werden ausgelöscht, die mit λ_4, λ_5 verstärkt. Bei Verdopplung der Seifenhautdicke auf 1,2 μm liefert die Rechnung, dass die Wellen mit λ_1, λ_2, λ_3, λ_4, λ_5 im durchgehenden Licht verstärkt, im reflektierten ausgelöscht werden. Ausgelöscht im durchgehenden Licht (verstärkt im reflektierten) werden Wellen mit $\lambda_6 = 711$ nm, $\lambda_7 = 582$ nm, $\lambda_8 = 492$ nm, $\lambda_9 = 427$ nm.

Allgemein werden bei dünnen Schichten wenige Farben verstärkt bzw. ausgelöscht, bei dicken Schichten viele!

4.12 Die Beugung des Lichts

4.12.1 Beugung an verschiedenen kleinen Objekten

Scharfe Schatten, wie man sie anscheinend oft sieht, lassen sich mit der Strahlenoptik leicht erklären (vergleiche Kap. 4.2); sie widersprechen aber offenbar der Wellentheorie des Lichts, nach der im Interferenzfeld stets Zonen der Auslöschung und der Verstärkung nebeneinander liegen.

Versuche mit Laserlicht zeigen:
1. Im Schatten einer Stecknadel findet sich ein heller Fleck (Poisson-Fleck) und im hellen Raum um den Schatten finden sich dunkle Streifen *("Beugung" am Hindernis)* – siehe Abbildung 4.40 a.

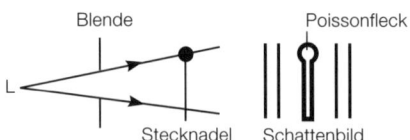

Abb. 4.40a

2. Bildet man einen schmalen Spalt ab, so treten außerhalb des hellen Mittelstreifens im Schattenraum helle Streifen auf *("Beugung" am Spalt)* – siehe Abbildung 4.40 b.

Die Beugung des Lichts 185

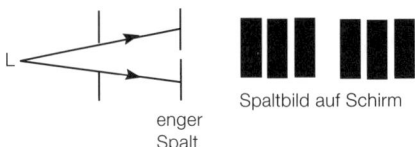

Abb. 4.40b

3. Im Schattenraum einer Kante treten helle Streifen auf, im Lichtraum dunkle Streifen *("Beugung" an der Kante)* – siehe Abbildung 4.40 c.

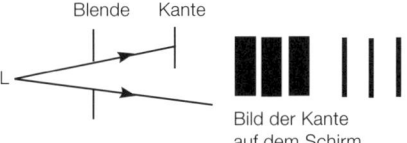

Abb. 4.40c

Man findet also Licht auch im geometrischen Schattenraum und dunkle Stellen im geometrischen Lichtraum. Licht „weicht von der geradlinigen Ausbreitung ab", es wird *gebeugt*.

Die *Beugung des Lichts* – tatsächlich handelt es sich um Interferenzerscheinungen – *kommt anscheinend erst bei sehr kleinen Objekten zum Tragen* (Nadel, Spalt), wenn deren Größenordnung besser zur Wellenlänge des Lichtes „passt". Für Objekte normaler Größe widerspricht ein *nahezu* scharfer Schatten somit der Wellentheorie nicht!

4.12.2 Beugung am Spalt

Man geht davon aus, dass die Spaltbreite l im Bereich zwischen 50 λ und 100 λ ist, wobei λ die Wellenlänge des eingestrahlten Lichts ist. Dieses bewirkt, dass im Spalt zwischen 50 und 100 Elementarwellenzentren (vergleiche Kap. 1.28) entstehen, um die herum sich kreisförmige Wellen der Wellenlänge λ ausbreiten – ein rechnerisch geschicktes Zahlenbeispiel wären 61 Zentren. Jedes Zentrum sendet – als Normalen zu den Kreiswellen – Strahlen in alle Richtungen aus; die Wellen paralleler Strahlen überlagern sich an einer Stelle des Schirms (Abb. 4.41). Sei d der Gangunterschied zwischen dem ersten und letzten (hier 61.) Strahl – dann gilt: $\dfrac{d}{l} = \sin \alpha$

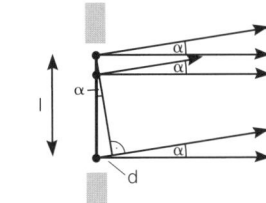

Abb. 4.41

1. *Falls* $\alpha = 0°$ ist, ist $d = 0$. Dann liegt eine gleichphasige Überlagerung aller Parallelstrahlen vor, die für optimale Helligkeit sorgt: *heller Mittelstreifen*.
2. *Falls d* = λ ist, beträgt der Gangunterschied zwischen dem 1. und 31. Strahl gerade $\frac{\lambda}{2}$ – die Wellen dieser Strahlen löschen sich gegenseitig aus! Ebenso die des 2. und 32., ... 30. und 60. Strahls, sodass nur die Welle des 61. Strahls übrig bleibt – Ergebnis: Dunkelheit *(1. Dunkelstreifen)*.
3. *Für d* = 2 λ beträgt der Gangunterschied zwischen dem 1. und 16. Strahl $\frac{\lambda}{2}$, die Wellen dieser Strahlen löschen sich aus und ebenso die des 2./17.... 15./30., 31./46.... 45./60. Strahls. Übrig bleibt die Welle des 61. Strahls – *2. Dunkelstreifen*.

Allgemein erhält man für d = k · λ mit k = 1, 2, ... Dunkelstreifen

Ansonsten gibt es mehr oder weniger Helligkeit – z. B. löschen sich für $d = \frac{\lambda}{2}$ nur die Wellen des 1. und 61. Zentrums aus *(Randhelligkeit des Mittelstreifens)*, für $d = \frac{2k+1}{2} \cdot \lambda$ liegen *Nebenmaxima der Helligkeit* vor.

Setzt man $d = l \cdot \sin \alpha$ ein, so erhält man

$$\begin{aligned}\text{Dunkelstreifen für } \sin \alpha &= \frac{k \cdot \lambda}{l} \text{ und} \\ \text{Nebenmaxima für } \sin \alpha &= \frac{(2k+1) \cdot \lambda}{2l} \text{ mit } k = 1, 2, 3, \ldots\end{aligned}$$ (F4.9)

In Abbildung 4.42 a sind die wesentlichen geometrischen Größen für die Beugung am Spalt verdeutlicht. Abbildung 4.42 b zeigt die Helligkeitsverteilung am Schirm bei der Beugung am Spalt – die Nebenmaxima entsprechen den hellen Streifen im Schattenraum aus Kap. 4.12.1 Punkt 2)!

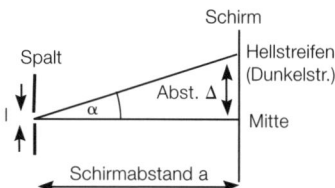

Abb. 4.42a

Aufgabe: Einfarbiges Licht fällt senkrecht auf einen Spalt der Breite 0,3 mm. Auf einem 3 m entfernten Schirm haben die beiden mittleren dunklen Interferenzstreifen einen Abstand von 10 mm. Man berechne die Wellenlänge des Lichts!

Lösung: 10 mm Abstand ist 2Δ, d. h. $\Delta = 5$ mm;
$\tan \alpha = \frac{\Delta}{a} = \frac{5 \cdot 10^{-3} \text{ m}}{3 \text{ m}} = 1,\overline{6} \cdot 10^{-3} \overset{\text{hier}}{\approx} \sin \alpha = \frac{1 \cdot \lambda}{l}$, also
$\lambda = \sin \alpha \cdot l \approx 1,\overline{6} \cdot 10^{-3} \cdot 0,3 \text{ mm} = 500 \text{ nm}$

Die Beugung des Lichts

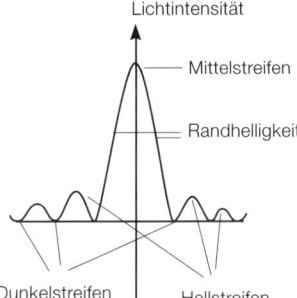

Abb. 4.42b

Diskussion der Formeln (F.4.9):
1. Bei einem sehr breiten Spalt ist $l \gg \lambda$, sodass die Winkel α_1, α_2, α_3... der Dunkelstreifen und der Nebenmaxima sehr klein sind; die Unterschiede zwischen den Streifen sind vom Auge kaum mehr wahrzunehmen. Man sieht eine Abbildung des mittleren Streifens mit unscharfem Rand.
2. Ist l in der richtigen Größenordnung (zwischen 50 λ und 100 λ) sind helle und dunkle Streifen klar erkennbar.
3. Für $l \to \lambda$ folgt $\sin \alpha_1 = \dfrac{\lambda}{l} \to 1$, also strebt der Winkel α_1 des ersten Dunkelstreifens gegen 90°. Dann ist der ganze Schirm – allerdings sehr schwach und kaum wahrnehmbar – erleuchtet.
4. Bei monochromatischem (einfarbigem) Licht wächst $\sin \alpha$ proportional zu λ: Je größer λ ist, desto stärker wird das Licht gebeugt (rotes Licht wird viel stärker gebeugt als violettes). Bei Weißlichteinstrahlung erhält man einen weißen Mittelstreifen; dessen Rand und die Nebenmaxima zeigen Farbverschmierungen (Kontinuum aus Mischfarben).

4.12.3 Beugung am Gitter

Bei einem optischen Gitter findet man viele sehr enge Spalten parallel im Abstand g (Gitterkonstante) angeordnet. Bestrahlt man ein Gitter mit monochromatischem Licht, so findet man auf einem Schirm in regelmäßigem Abstand parallele, sehr scharfe nahezu gleich helle Linien. Da hier die Spaltbreite eines Gitterspalts in der Größenordnung von λ liegt (der Spaltabstand g liegt üblicherweise bei 5 λ bis 10 λ), kommt pro Spalt nur eine Elementarwelle in Betracht.

Man geht davon aus, dass sich die Wellenfronten paralleler Lichtstrahlen jeweils an einer Stelle des Schirms überlagern. *Helligkeit* ergibt sich, wenn der Gangunterschied d zwischen zwei benachbarten Strahlen ein ganzzahliges Vielfaches von λ ist, d. h. für $d = k \cdot \lambda$ mit k = 0, 1, 2, ... Auslöschung ergibt sich, wenn dieser Gangunterschied etwa $d = \dfrac{\lambda}{2}, \dfrac{3}{2}\lambda, \dfrac{5}{2}\lambda,...$ ist – dann löschen sich nämlich die Wellen benachbarter Spalte aus. Also gibt es *Dunkelstreifen* für
$$d = \dfrac{2k+1}{2} \cdot \lambda$$

Wegen $\dfrac{d}{g} = \sin\alpha$
(Abb. 4.43) folgt:

Helligkeit für $\sin\alpha = \dfrac{k \cdot \lambda}{g}$

Dunkelheit für $\sin\alpha = \dfrac{(2k+1)}{2}\dfrac{\lambda}{g}$ mit $k = 0, 1, 2, \ldots$ (F4.10)

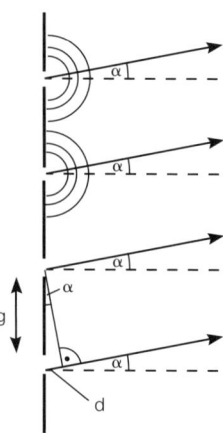

Abb. 4.43

Um die Frage zu klären, was man für andere Gangunterschiede d, d. h. andere Winkel α erhält, schaue man sich die Lichtintensitätsverteilung auf dem Schirm in Abhängigkeit von der Zahl der Gitterspalte an (Abb. 4.44).

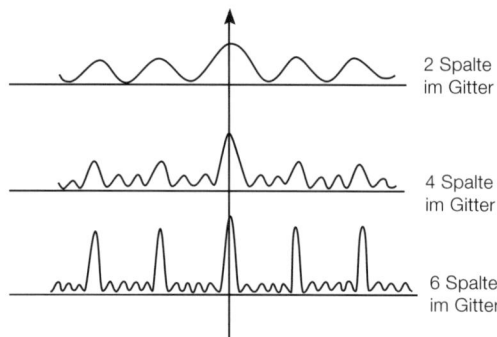

Abb. 4.44

Beim *Doppelspalt* erhält man zwischen Helligkeit und Dunkelheit noch alle möglichen Zwischenhelligkeiten; mit zunehmender Zahl der Spalte erhält man nur für $d = k \cdot \lambda$ scharfe Helligkeitslinien, ansonsten Dunkelheit. Damit gilt:

Bei einem guten Gitter mit vielen Spalten gibt es genau für $\sin\alpha = \dfrac{k \cdot \lambda}{g}$
($k = 0, 1, 2, \ldots$)
scharfe helle Linien, Maxima k-ter Ordnung, sonst überall Dunkelheit

Die Beugung des Lichts

Bemerkungen:
1. Die scharfen hellen Linien beim Gitterspektrum von monochromatischem Licht sind umso weiter vom Mittelstreifen entfernt, je größer $\sin \alpha$, d.h. je größer λ und je kleiner g ist.
2. Bei weißem Mischlicht erhält man durch das Gitter ein Farbspektrum, das in 1. Ordnung aus Spektralfarben besteht, da jede Farbe scharf abgebildet wird; in höherer Ordnung ergeben sich Überlappungen und Verschmierungen (siehe folgende Aufgabe).
3. Die Farbfolge beim Gitter- und Prismenspektrum ist vertauscht: Beim Gitter wird das rote Licht durch Beugung am stärksten abgelenkt, beim Prisma das violette durch Brechung.

Aufgabe: Ein optisches Gitter mit 2500 Strichen je cm wird von parallelem weißen Licht senkrecht beleuchtet.

1) Wie breit erscheint das Spektrum 1. Ordnung auf einem 3 m entfernten Schirm? Welchen Abstand haben dort die beiden violetten Linien 1. Ordnung?

2) Man zeige, dass sich die sichtbaren Spektren 2. und 3. Ordnung überlappen! Bis zu welcher Wellenlänge ist das Spektrum 2. Ordnung noch ungestört zu sehen?

3) Man bringt eine durchsichtige Flüssigkeit zwischen Schirm und Gitter, worauf der Abstand der beiden violetten Linien 1. Ordnung nur noch 40 cm beträgt. Man berechne die Brechzahl n der Flüssigkeit!

4) Jetzt wird die Flüssigkeit aus 3) wieder entfernt, aber das Gitter um 30° gedreht. Unter welchen Winkeln erscheinen jetzt die violetten Linien 1. Ordnung (Es genügt eine solche Linie zu behandeln – die unterhalb der Mittelinie)?

Lösung: 1) Gitterkonstante g = Strichabstand = $\dfrac{1 \text{ cm}}{2500} = \dfrac{10^{-2} \text{ m}}{2500} = 4 \cdot 10^{-6}$ m
= 4000 nm; Spektrum 1. Ordnung: $\sin \alpha_1 = \dfrac{1 \cdot \lambda}{g}$

Für rotes Licht mit $\lambda = 800$ nm folgt: $\sin \alpha_1^r = \dfrac{800}{4000} = 0,2$; Abweichung Δ_1^r von der Mitte: $\tan \alpha_1^r = \dfrac{\Delta_1^r}{a}$, d.h. $\Delta_1^r = 3 \text{ m} \cdot \tan 11,5° = 61$ cm

Für violettes Licht mit $\lambda = 400$ nm folgt: $\sin \alpha_1^v = \dfrac{400}{4000} = 0,1$; Abweichung Δ_1^v von der Mitte: $\Delta_1^v = 3 \text{ m} \cdot \tan 5,74° \approx 30,1$ cm

Abstand der violetten Linien 1. Ordnung: 60,2 cm; *Breite* des Spektrums 1. Ordnung = Abstand der Linien 1. Ordnung = 30,9 cm

2) In 2. Ordnung gilt: $\sin \alpha_2^v = \dfrac{2 \cdot 400 \text{ nm}}{4000 \text{ nm}} = 0,2$, d.h. $\Delta_2^v = \Delta_1^r = 61$ cm: Das Spektrum 2. Ordnung fängt mit der violetten Linie dort an, wo das Spektrum 1. Ordnung mit der roten Linie aufhört.

$\sin \alpha_2^r = \dfrac{2 \cdot 800 \text{ nm}}{4000 \text{ nm}} = 0,4$, d.h. $\alpha_2^r \approx 23,6°$; also $\Delta_2^r = 3 \text{ m} \cdot \tan 23,6° = 131$ cm (rote Linie 2. Ordnung)

In 3. Ordnung ist $\sin \alpha_3^v = \dfrac{3 \cdot 400 \text{ nm}}{4000 \text{ nm}} = 0,3$, d. h. $\alpha_3^v = 17,5°$;
also $\Delta_3^v = 3 \text{ m} \cdot \tan 17,5° = 94,3$ cm (violette Linie 3. Ordnung).

Abb. 4.45 verdeutlicht den Zusammenhang: Das Spektrum 1. Ordnung geht von 30,1 cm bis 61 cm und ist ungestört.

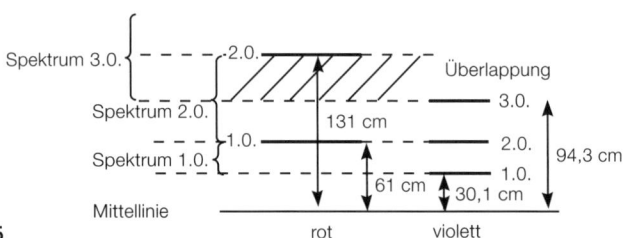

Abb. 4.45

Das Spektrum 2. Ordnung reicht von 61 cm bis 131 cm und wird überlappt vom Spektrum 3. Ordnung, das bei 94,3 cm beginnt.

Die *Überlappungsbreite* ist 131 cm − 94,3 cm = 36,7 cm

Das Spektrum 2. Ordnung ist ungestört bis zu der Wellenlänge λ zu sehen, für die Linie 2. Ordnung mit der violetten Linie 3. Ordnung übereinstimmt:
$\sin \alpha_2^\lambda = \sin \alpha_3^v$ bzw. $\dfrac{2\lambda}{g} = \dfrac{3 \cdot 400}{g}$ nm − also ist λ = 600 nm

3) Die Flüssigkeit verkleinert Wellenlänge und Ausbreitungsgeschwindigkeit:
$\dfrac{c_{\text{Luft}}}{c_{\text{Flüss}}} = \dfrac{\lambda_{\text{Luft}}}{\lambda_{\text{Flüss}}} = n$ (Brechzahl)
setze $\lambda' = \dfrac{\lambda_{\text{violett}}}{n} = \dfrac{400 \text{ nm}}{n}$

Hier ist Δ_1^v = 20 cm, also $\tan\left(\alpha_1^v\right) = \dfrac{\Delta_1^v}{a} = \dfrac{0,2 \text{ m}}{3 \text{ m}} = \dfrac{1}{15}$.

Somit $\alpha_1^v = 3,8°$ und $\sin\left(\alpha_1^v\right) = \dfrac{\lambda'}{g}$ bzw. $\lambda' = g \cdot \sin 3,8°$

λ' = 256 nm, also $n = \dfrac{400 \text{ nm}}{256 \text{ nm}} \approx 1,56$

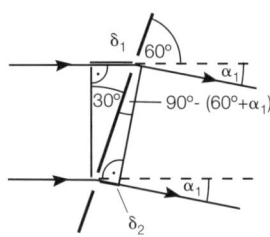

Abb. 4.46

4) Jetzt hat (Abb. 4.46) der obere Strahl vor dem Gitter gegenüber dem unteren den Gangunterschied $\delta_1 = g \cdot \sin 30°$. Hinter dem Gitter haben die Strahlen den Gangunterschied $\delta_2 = g \cdot \sin(30° - \alpha_1)$. Bedingung für das 1. Maximum ist, dass

der Gesamtgangunterschied $\delta = \delta_1 - \delta_2 = g\,[\sin 30° - \sin(30° - \alpha_1)]$ gerade λ^v ist.

Also: $\dfrac{\lambda^v}{g} = \sin 30° - \sin(30° - \alpha_1)$ bzw. $\sin(30° - \alpha_1) = \sin 30° - 0,1 = 0,4$

Damit ist $30° - \alpha_1 \approx 23,6°$, d.h. $\alpha_1 = 6,4°$

4.12.4 Überlagerung von Gitter- und Spaltinterferenz

Bisher wurden die Grenzfälle eines Einzelspalts mit Breite $l \gg \lambda$ (viele Elementarwellen im Spalten – diese interferieren) und eines Gitters mit vielen Einzelspalten, deren Spaltbreite im Bereich von λ liegt (je Spalt eine Elementarwelle – Interferenz dieser für alle Gitterspalte) untersucht. Bei einem Gitter mit breiten Spalten müssen beide Arten der Interferenz betrachtet bzw. überlagert werden.

Sei beispielsweise $g = 3\,l$, $l = 10\,\lambda$. Eine *reine Gitterbetrachtung* liefert scharfe *Maxima der Helligkeit* für $\sin \alpha_k = \dfrac{k \cdot \lambda}{g} = \dfrac{k}{30}$; man erhält $\alpha_1 = 1,9°$, $\alpha_2 = 3,8°$, $\alpha_3 = 5,7°$, $\alpha_4 = 7,7°$, $\alpha_5 = 9,6°$, $\alpha_6 = 11,5°$, $\alpha_7 = 13,5°$ usw.

Eine *reine Spaltbetrachtung* liefert *Minima* (Auslöschung) für $\sin \beta_p = \dfrac{p \cdot \lambda}{l} = \dfrac{p}{10}$; man erhält $\beta_1 = 5,7°$, $\beta_2 = 11,5°$

und *Nebenmaxima* für $\sin \gamma_q = \dfrac{(2q+1)}{2} \cdot \dfrac{\lambda}{l} = \dfrac{2q+1}{2} \cdot \dfrac{1}{10}$, also $\gamma_1 = 8,6°$

Beim Gitter mit breiten Spalten gibt es in jedem Spalt mehrere Elementarwellen. Alle zu parallelen Strahlen gehörenden Wellen aller Spalte überlagern sich an einem Punkt des Schirms.

Natürlich kann nur dort Helligkeit entstehen, wo bereits Maxima des reinen Gitters sind – denn für andere Winkel kann man die Strahlen im Spalt sortieren und alle mittleren Strahlen der verschiedenen Spalte löschen sich aus, alle oberen, alle unteren usw. Entsprechend kann unter einem Winkel, bei dem der reine Spalt Auslöschungsstreifen hat, auch beim Gesamtgitter nur Dunkelheit die Folge sein.

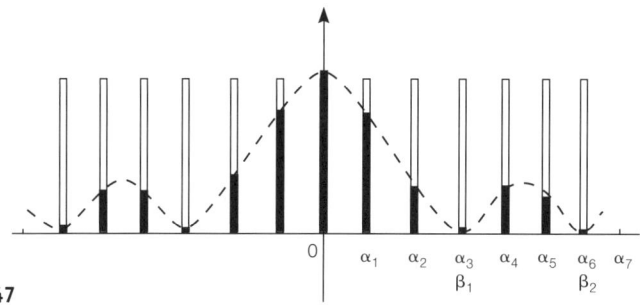

Abb. 4.47

Abb. 4.47 zeigt die Intensitätsverteilung des reinen Gitters (durchgezogen) und des reinen Spalts (gestrichelt). „Überlagerung" beider ergibt die *Gesamtintensitätsverteilung*; man erkennt:

1. Manche Gittermaxima (hier bei α_3, α_6) werden durch die Spaltinterferenz komplett unterdrückt.
2. Zwischen den Dunkelstreifen des Spaltes 1. Ordnung (hier bei β_1 links und rechts) gibt es ein zusätzliches Spaltenmuster durch das Gitter (5 Hell- und 4 Dunkelstreifen).
3. Die Intensitätsverteilung der Gitterhellstreifen nimmt nach außen (stark) ab (dann teilweise wieder zu).

4.13 Die Polarisation des Lichts

4.13.1 Licht als Querwelle

Ist Licht eine Längs- oder Querwelle? Anders formuliert: Lässt sich das Licht polarisieren oder ist es bereits polarisiert oder nicht?

Wenn Licht eine Querwelle ist, dann müsste es sich durch einen ersten „Spalt" (Polarisator) polarisieren lassen und durch einen zweiten dazu senkrechten „Spalt" (Analysator) wie in Abbildung 4.48 auslöschen lassen (vergleiche Kap.1.25.3 Punkt 7).

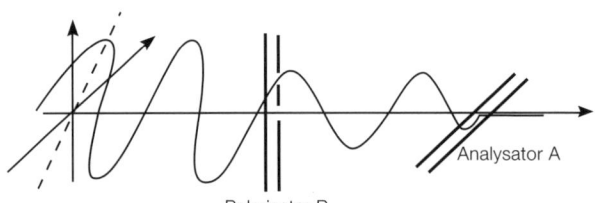

Abb. 4.48   Polarisator P

Ein Versuch bestätigt tatsächlich, dass sich für P ∥ A Helligkeit und für P⊥A Dunkelheit ergibt. Man findet:
1. Licht ist eine Querwelle
2. Natürliches Licht – auch monochromatisches – ist (bedingt durch seine Entstehung bei atomaren Elektronenübergängen) nicht polarisiert; durch einen Polarisator kann man es polarisieren.

„Optische Spalte", d. h. Polarisationsfolien, enthalten kettenförmige organische Moleküle, die das Licht nur in einer Schwingungsebene durchlassen.

4.13.2 Brewster'sches Gesetz

Das Licht wird nicht nur durch Polarisationsspalte, sondern *auch durch Reflexion und Brechung (teilweise) polarisiert!*
1. Das reflektierte Licht (Abb. 4.49) enthält vorwiegend Anteile mit Polarisationsrichtung senkrecht zur Einfallsebene, während das gebrochene Licht überwiegend Anteile mit Polarisationsrichtung parallel zur Einfallsebene hat *(Sortierung der Anteile des einfallenden Lichts!).*

Die Polarisation des Lichts

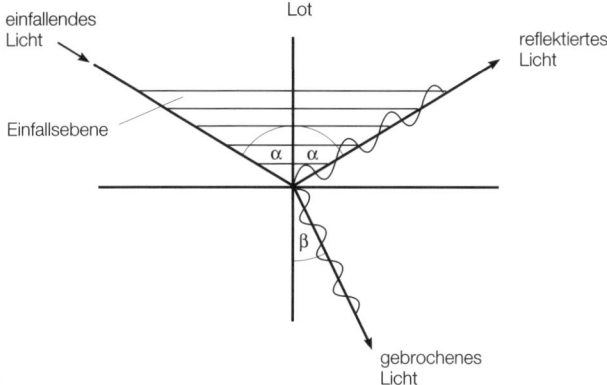

Abb. 4.49

2.

> *Brewster'sches Gesetz: Genau dann*, wenn der *Winkel* zwischen reflektiertem und gebrochenem Strahl *90°* beträgt, ist das *reflektierte Licht vollständig* (senkrecht zur Einfallsebene) *polarisiert*.
> Für den Einfallswinkel gilt dann $\tan \alpha = n$ (Brewsterwinkel)

Grund: Es soll $\alpha + \beta = 90°$ sein, d.h. $\beta = 90° - \alpha$, also $\sin \beta = \cos \alpha$.
Damit gilt $n = \dfrac{\sin \alpha}{\sin \beta} = \dfrac{\sin \alpha}{\cos \alpha} = \tan \alpha$, woraus der 2. Teil des Gesetzes folgt.
Das unter dem Brewsterwinkel α einfallende Licht kann natürlich nur dann reflektiert werden, **wenn das einfallende Licht bereits Anteile senkrecht zur Einfallsebene hat.**

Dies bestätigt der Versuch mit der Brewster-Pyramide, bei dem das Licht auf alle vier Seitenflächen der Pyramide unter dem Brewsterwinkel fällt. In Spaltstellung 1 werden die in Abbildung 4.50 weißen Flächenteile der Grundplatte hell erleuchtet, da das Licht in sie reflektiert wird und nicht nach oben. In Spaltstellung 2 werden die dunkel gezeichneten Flächenteile oben und unten durch Reflexion erleuchtet.

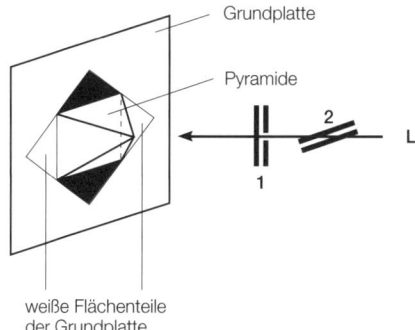

Abb. 4.50

5 Elektrizitätslehre und Magnetismus

5.1 Einfache Grundaussagen des Magnetismus

5.1.1 Magnetische Pole

Jeder Magnet besitzt zwei Stellen stärkster Anziehung, die *Pole*. Versetzt man mehrere waagrechte drehbare Stabmagneten – in gebührendem Abstand voneinander – in Drehung, so stellen sie sich nach einigen Drehungen alle in Nord-Süd-Richtung. Man bezeichnet den nach Norden zeigenden Pol als *Nordpol*, den anderen als *Südpol*. Versuche zeigen, dass sich *gleichnamige Pole abstoßen, ungleichnamige anziehen*. Die Erde selbst ist ein großer Magnet – ihr magnetischer Südpol liegt geographisch im Norden und bewirkt die Anziehung der Drehmagnetnordpole (siehe Versuch oben) dorthin (entsprechend liegt der magnetische Nordpol der Erde geographisch im Süden – südlich von Australien).

Testet man die Stärke von Magneten über die Zahl der Eisennägel, die an ihnen hängen bleibt, so stellt man fest, dass *sich gleichnamige Pole in ihrer Wirkung nach außen verstärken, ungleichnamige abschwächen*.

5.1.2 Elementarmagnete

Ein Versuch zeigt, dass beim Auseinanderbrechen eines Stabmagneten mit Nord- und Südpol zwei Magnete mit jeweils Nord- und Südpol entstehen (Abb. 5.1). An der Bruchstelle entstehen also neue Pole N' und S'. *Es gibt also keinen einzelnen Nord- bzw. Südpol, sondern immer nur magnetische Dipole.*

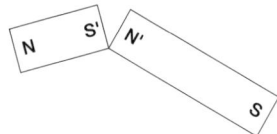

Abb. 5.1

Auch bei der weiteren Teilung entstehen immer kleinere Stabmagnete, bis man schließlich bei den kleinsten Magneten angelangt ist, den *Elementarmagneten*.

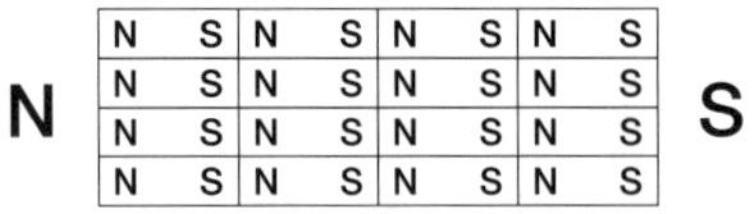

Abb. 5.2

N
N	S	N	S	N	S	N	S
N	S	N	S	N	S	N	S
N	S	N	S	N	S	N	S
N	S	N	S	N	S	N	S
S

In einem Magneten gibt es lauter Elementarmagnete, die wie in Abb. 5.2 *geordnet sind*. Dort, wo deren Nord- und Südpole aufeinander treffen (z. B. in der Mitte), heben sich ihre Wirkungen nach außen auf; an den Enden des Magneten, wo nur Pole einer Sorte vorkommen, verstärken sie sich zum Nord- bzw. Südpol des Gesamtmagneten.

Reibt man an einem zunächst unmagnetischen Eisenstück mehrfach mit dem Nord- oder Südpol eines Magneten entlang, so wird dieses *magnetisiert*, das heißt, es wird zum Magneten; beim Reiben werden nämlich die zunächst ungeordneten Elementarmagnete im Eisenstück gedreht und so geordnet.

Um einen Magneten wieder unmagnetisch zu machen, d. h. ihn *zu entmagnetisieren*, muss man die geordneten Elementarmagnete in ihm in Unordnung bringen. Das kann durch wiederholtes starkes Schütteln (Behämmern) erfolgen oder durch Erhitzen des Magneten über den Curiepunkt von 769 °C – dann werden nämlich die Zitterbewegungen der kleinsten Teilchen des Magneten (siehe Kap. 2.5) so stark, dass die Elementarmagnete durcheinander geraten.

5.1.3 Magnetische Influenz

Weicheisen lässt sich durch Reiben nicht magnetisieren – an ihm bleiben keine Nägelchen hängen. Nähert man jedoch ein Weicheisenstück dem Nord- oder Südpol eines Magneten, so wird es beide Mal angezogen. Zur Erklärung dieser Eigenschaften könnte man annehmen, dass Weicheisen keine Elementarmagnete hat oder nur solche, die sehr schwer drehbar sind. Oder aber, dass die Elementarmagnete in Weicheisen so leicht drehbar sind, dass sie durch die Temperaturbewegung der Teilchen dauernd durcheinander geschüttelt sind.

Ein Versuch gemäß Abbildung 5.3 zeigt, dass Weicheisen in Gegenwart eines Magneten selbst zum Magneten wird. Somit ist die dritte Erklärung mit den leicht drehbaren Elementarmagneten die richtige – in Anwesenheit eines Magneten werden diese sofort geordnet.

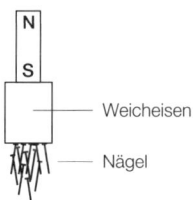

Abb. 5.3

Der Vorgang der *vorübergehenden Ausrichtung der Elementarmagnete von Weicheisen in Magnetnähe* heißt *magnetische Influenz*.

Nähert man nun einen magnetischen Nordpol einem Weicheisenstück, so drehen sich dessen Elementarmagnete sofort so, dass ihre Südpole sich dem Magnetnordpol zuwenden; die Anziehung Weicheisen/Magnet rührt also von der Anziehung der (geordneten) Elementarmagnete in beiden her. Nähert man dem Weicheisenstück den Magnetsüdpol, so drehen sich dessen Elementarmagnete sofort – wieder gibt es Anziehung.

5.1.4 Das magnetische Feld

Abbildung 5.4 zeigt einen quaderförmigen, mit Wasser gefüllten Glasbehälter, an dessen Längsseite sich ein Stabmagnet M mit den Polen N' und S' befindet. Eine lange magnetisierte Nadel mit den Polen N und S schwimmt, an einem Stück Kork befestigt, so auf dem Wasser, dass der Südpol weit unten ist und den Magneten M kaum spürt. Der Nordpol dagegen ist dem Magneten sehr nahe. Setzt man die Nadel an irgendeiner Stelle ins Wasser, so läuft (schwimmt) sie auf einer kreisähnlichen Bahn von N' nach S'. Dies ist die Laufbahn eines einzelnen Nordpols (der hier durch den weit entfernten Südpol simuliert wurde) im Einflussbereich des Stabmagneten M. Setzt man die Nadel an anderer Stelle aufs Wasser, so durchläuft sie eine ähnliche Nachbarbahn.

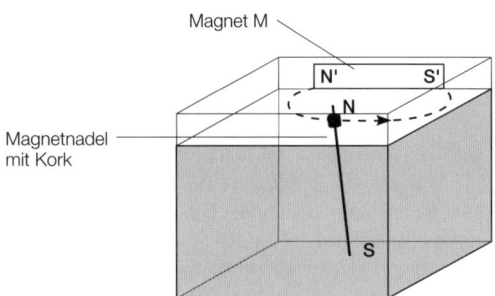

Abb. 5.4

> Der Raum um einen Magneten, in dem die magnetischen Kräfte auftreten, heißt *Magnetfeld*.
> Die Bahnen, die ein Nordpol im Magnetfeld durchläuft, heißen *magnetische Feldlinien*.
> Der Pfeil einer Feldlinie gibt die Richtung an, in die der Nordpol läuft; ein Südpol würde sie in umgekehrter Richtung durchlaufen.

Die Abbildungen 5.5 a bzw. 5.5 b zeigen das magnetische Feld beim Stab- bzw. Hufeisenmagneten. Der Feldlinienverlauf lässt sich mittels kleiner drehbarer Magnetnadeln verdeutlichen, die sich (wie in Abb. 5.5 a) längs der Feldlinien tangential einstellen. Oder man nimmt Weicheisenfeilspäne, die durch Influenz vorübergehend zu kleinen Magnetnadeln werden und sich zu Ketten längs der Feldlinien zusammenschließen.

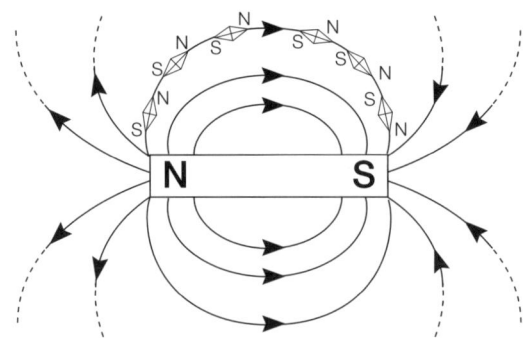

Abb. 5.5a

Das Feldlinienbild gibt wesentlichen Aufschluss über die Kraft auf einen Nordpol. Dort wo die Feldlinien dicht liegen (z. B. an den Polen) ist die magnetische Kraft stark (z. B. Kraft auf Nordpol in Position 1 in Abb. 5.5 b). Die Kraft auf einen „Probenordpol" an einer Stelle im Feld ist parallel zur Tangente an die Feldlinie dort.

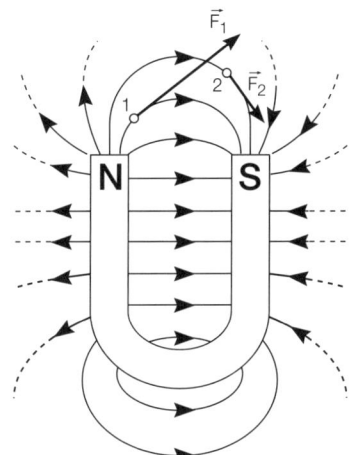

Abb. 5.5b

5.1.5 Das Erdmagnetfeld

Wie bereits erwähnt, ist die Erde selbst ein großer Magnet. Ihr magnetischer Südpol liegt nördlich von Kanada, ihr magnetischer Nordpol südlich von Australien. Die magnetische Achse und die Drehachse der Erde sind also verschieden (Abb. 5.6).

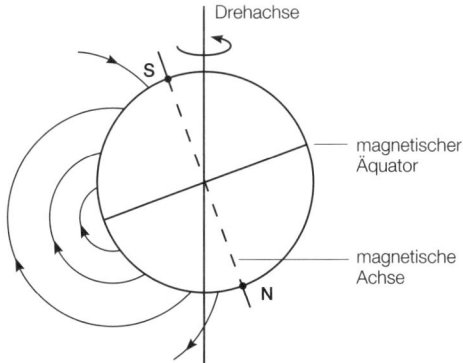

Abb. 5.6

Die magnetischen Feldlinien laufen am magnetischen Äquator parallel zur Erdoberfläche und sind an den magnetischen Polen senkrecht zu dieser.

Ihre jeweilige Abweichung gegenüber der Horizontalen heißt *Inklinationswinkel* (bei uns ca. 65°).

Die Nadel eines Kompasses zeigt in Richtung des magnetischen Südpols, weicht also von der Richtung des geographischen Nordpols ab. Der *Deklinationswinkel* (bei uns ca. 4°) gibt an, wie groß diese Abweichung ist – er hängt vom Ort ab.

Aufgabe: Abbildung 5.7 zeigt zwei Weicheisennägel, die, an Fäden aufgehängt, im Feld eines Magneten (hier nur Nordpol gezeichnet) durch magnetische Influenz selbst zu Magneten werden und sich abstoßen.

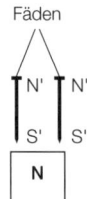

Abb. 5.7

Warum werden sie vom Magneten insgesamt angezogen, obwohl der Nordpol N die Nordpole N' abstößt? Warum stoßen sich die Nägel gegenseitig ab?

Lösung: Der Nordpol N stößt zwar N' ab, zieht aber S' an; da die Entfernung zu S' kleiner ist, überwiegt die Anziehung. Bei den Nägeln stoßen sich N' und N' jeweils ab, ebenso S' und S', aber N'/S' ziehen sich jeweils an. Hier überwiegt – wegen der geringeren Entfernung – die Abstoßung!

5.2 *Elektrizitätslehre – Grundbegriffe, Grundaussagen*

5.2.1 *Stromkreis*

Jede Stromquelle (Batterie, Steckdose etc.) hat zwei Anschlüsse, die **Pole**; jedes elektrische Gerät hat im Wesentlichen auch zwei Anschlüsse. Das Gerät arbeitet, wenn man die Pole mit den Geräteanschlüssen über Kabel verbindet (bei den meisten Geräten sind allerdings diese Anschlusskabel in einem einzigen Gesamtkabel zusammengefasst).

Bei einem Glühbirnchen sind z.B. die Anschlüsse das Plättchen unten und – über eine Isolierung davon getrennt – der Gewindesockel. Verbindet man sie über Kabel mit dem Plus- und Minuspol einer Batterie (Abb. 5.8), so leuchtet das Birnchen. Im Inneren des Birnchens läuft ein Draht vom Plättchen über den Glühdraht zum Gewindesockel – wenn es leuchtet, besteht also *eine geschlossene Drahtverbindung von einem Pol zum anderen*, über die der Strom fließen kann.

Im Gegensatz zu Gas, das aus der Leitung strömt und dort verbrannt wird, braucht Strom also eine Rückleitung: *Strom fließt, wenn der Stromkreis geschlossen ist.*

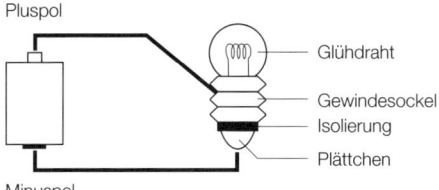

Abb. 5.8

5.2.2 Leiter und Nichtleiter

Es gibt Stoffe, die den Strom hindurchlassen, z. B. Metalle, Graphit, Salzlösungen; sie heißen *Leiter*. Nichtleiter (oder *Isolatoren*) wie Glas, Plastik, Holz, Luft lassen ihn nicht hindurch. Gase sind normalerweise gute Isolatoren; bei starkem Unterdruck und hohen Spannungen (siehe später) werden sie leitend. Ein geschlossener Stromkreis im Sinne von Kap. 5.2.1 ist durch Leiter geschlossen. Ein *Schalter* (Symbol —⁄⸱—) unterbricht oder *schließt* einen Stromkreis. Ein Klingelknopf (Abb. 5.9) schließt beispielsweise beim Drücken den Kreis (Druckschalter), der sonst durch eine Feder geöffnet ist.

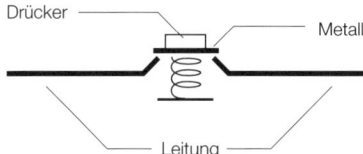

Abb. 5.9

Aufgabe: Eine Klingelanlage soll so konstruiert werden, dass es läutet, wenn an der Haustür oder der Wohnungstür der Druckschalter betätigt wird. Wie sieht das Schaltbild aus?

Lösung: siehe Abbildung 5.10!
Wird S_1 geschlossen, so fließt der Strom über S_1(↑)
Wird S_2 geschlossen, so fließt der Strom über S_2(↑)
Sind S_1 und S_2 geschlossen, nimmt der Strom beide Wege. In all diesen Fällen fließt der Strom über die Klingel – sie läutet.

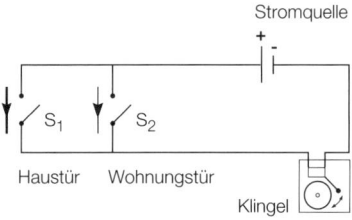

Abb. 5.10

5.2.3 Wirkungen des Stroms

Fließt elektrischer Strom, so entsteht *Wärme*. Dies nutzt man vielfach aus (Bügeleisen, Herd, Tauchsieder, Schmelzsicherung: Wird der Strom zu stark, schmilzt der Draht in der Sicherung, d. h. an einer bestimmten leicht zugänglichen Stelle im Stromkreis und dieser wird unterbrochen).
Dünne stromdurchflossene Drähte glühen und senden *Licht* aus (Glühbirne).
Bei *Elektrolyseversuchen* zeigt der Strom eine *chemische Wirkung*. Fließt er beispielsweise durch eine NaOH-Lösung *(Knallgaszelle)*, so entsteht Knallgas, ein explosives Wasserstoff-Sauerstoff-Gemisch.
Beim *Kupferchloridversuch* nach Abb. 5.11 werden zwei Kohle*elektroden* in Kupferchloridlösung gesteckt und mit den Polen einer Spannungsquelle (Stromquelle) verbunden. Die Pfeile sollen den Stromfluss andeuten – nach der technischen Stromrichtung (s. u.). An der *Kathode* (mit dem Minuspol verbundene Elektrode) lagert sich Kupfer ab, während sich an der Anode (mit dem Pluspol verbunden) Chlorgas entwickelt.

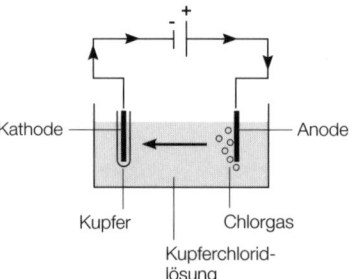

Abb. 5.11

Die *magnetische Wirkung* des Stroms zeigen die Abbildungen 5.12 a, b. Mit Eisenfeilspänen (siehe Kap. 5.1.4) kann man nämlich die Magnetfelder eines stromdurchflossenen Drahtes (Abb. 5.12 a: konzentrische Feldlinienkreise) bzw. einer stromdurchflossenen Spule (Abb. 5.12 b) sichtbar machen.

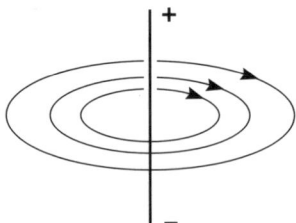

Abb. 5.12a

Man erkennt, dass das Feldlinienbild der Spule genau dem eines Stabmagneten entspricht – jedenfalls außerhalb der Spule. Und so wirkt die stromdurchflossene Spule nach außen auch wie ein Stabmagnet mit Nordpol und Südpol.

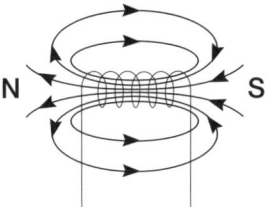

Abb. 5.12b

Auf dieser magnetischen Wirkung beruht auch das *Prinzip der Klingel* gemäß Abb. 5.13. Eine Eisenstange 1 berührt eine Eisenstange 2 im Punkt A gerade. Die Stangen sind über eine Spule mit einem Weicheisenkern (dieser wird durch die magnetische Spule selbst zum Magneten und verstärkt die magnetische Wirkung) mit einer Stromquelle verbunden. Also fließt Strom, die Spule wird zum Magneten, sie zieht Stab 1 nach unten. Dadurch wird der Stromkreis bei A unterbrochen, die Spule ist nicht mehr magnetisch, der Stab 1 schnellt nach oben und schließt den Kreis bei A wieder. Jetzt beginnt alles von vorn. Stab 1 schwingt also ununterbrochen auf und ab und kann als Klöppel einer Klingel verwendet werden – fehlt nur noch der Klingeldeckel!

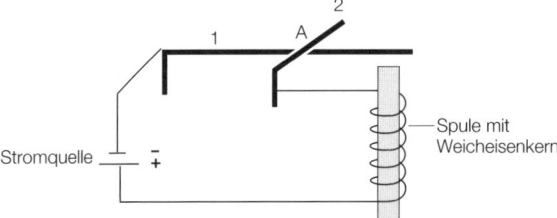

Abb. 5.13

Eine weitere Wirkung des Stroms ist das *Glimmlicht* im Glimmlämpchen. In diesem befindet sich Neongas unter Unterdruck, zwei Elektroden ragen hinein. Wenn die Spannung hoch genug ist, fließt Strom durch das Lämpchen; dann leuchtet es um die Kathode rot auf.

5.2.4 Ergänzungen

1. *Technische (konventionelle) Stromrichtung:* Man hat *festgelegt* (leider bevor man es besser wusste), dass der Strom vom Pluspol der Stromquelle zum Minuspol fließt.
2. Aus der Batterie kommt *Gleichstrom*, aus der Steckdose *Wechselstrom*, der dauernd seine Richtung ändert. Da dann im Glimmlämpchen jede Elektrode im schnellen Wechsel Kathode wird und das Auge träge ist, scheinen beide Elektroden rot zu leuchten. Schwenkt man das Glimmlämpchen dann aber schnell hin und her, sieht man, dass die Kathode schnell wechselt.
3. Bei der Steckdose ist ein Pol immer *geerdet*, d. h. leitend mit einem großen, in der Erde versenkten Metallband verbunden (Symbol: ⏚). Er heißt *Nullleiterpol*, der andere *Außenleiterpol* oder *Phase*. Berührt man den Außenleiterpol, so

fließt der Strom über den Menschen zur „Erde" und damit zum Nullleiterpol – es kommt zum *lebensgefährlichen Erdschluss*. (Das Berühren des Nullleiterpols wäre harmlos; allerdings weiß man nie vorher, welcher der beiden er ist – es sei denn, man nimmt einen Phasenprüfer).
4. Haben Hin- und Rückleitung an einer Stelle im Kabel direkten Kontakt, beispielsweise wegen defekter Isolierung, so fließt der Strom größtenteils nicht über das elektrische Gerät wie vorgesehen, sondern nimmt den direkten Weg über die Kontaktstelle. Dabei kann die Stromstärke sehr groß werden (Vorsicht!) – man spricht vom *Kurzschluss*.
5. *Sicherungen* (Schmelzdraht-, magnetische, Bimetallsicherung) unterbrechen bei zu starkem Strom den Stromkreis.

Aufgaben: 1) Eine Schlafzimmerlampe soll sowohl durch einen Schalter an der Tür ein- und ausgeschaltet werden können als auch durch einen Schalter am Nachttisch. Wie sieht das Schaltbild aus?

Lösung: Man nimmt wie in Abbildung 5.14 zwei Wechselschalter S_A und S_B. Stehen S_A und S_B in Stellung 1 (siehe Abb. 5.14), so ist der Stromkreis geschlossen, die Lampe an; ebenso ist sie an, wenn S_A und S_B in Stellung 2 sind. Ist dagegen einer in Stellung 1, der andere in 2, so ist der Stromkreis unterbrochen, die Lampe ist aus.

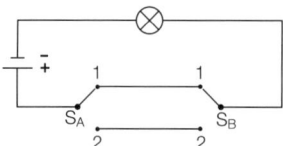

Abb. 5.14

2) Man konstruiere das Schaltbild einer Feuerwarnanlage mithilfe eines Bimetallstreifens!

Lösung: Bei starker Hitze biegt sich der richtig montierte Bimetallstreifen (siehe Kap. 2.2) nach oben, der Stromkreis wird geschlossen, die Klingel läutet Alarm (Abb. 5.15).

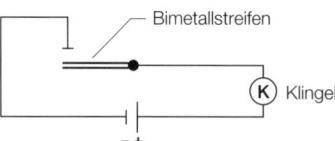

Abb. 5.15

5.3 Ladung und Stromstärke

5.3.1 Elektrische Ladung

Bei einem Versuch sind zwei Glimmlämpchen 1 und 2 mit den Polen einer Spannungsquelle verbunden (Abb. 5.16); sie stehen auf isolierten Sockeln.

Ladung und Stromstärke 203

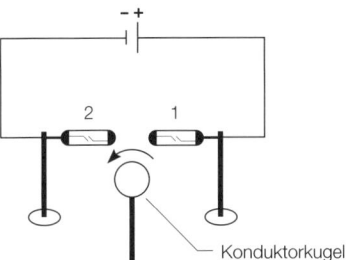

Abb. 5.16

1) Bei einer Spannung von etwa 1000 V (der Spannungsbegriff wird später erklärt – hier ist gemeint, dass am Gerät die Marke 1000 V eingestellt wird) werden zunächst beide Lämpchen mit einem Kabel verbunden (geschlossener Stromkreis), worauf beide durchgehend an der Kathode aufleuchten: dauernd fließt Strom. Ohne Kabel ist der Stromkreis dagegen unterbrochen: kein Leuchten, kein Strom.

2) Jetzt dreht man die Spannung höher (auf ca. 6000 V). Dann berührt man Lämpchen 1 mit einer Konduktorkugel (Metallhohlkugel auf Isolierstab) – es leuchtet kurz auf (kurzer Stromstoß). Offenbar ist etwas vom Pluspol auf die Kugel geflossen – das nennt man die *elektrische Ladung*. Mit der geladenen Konduktorkugel berührt man dann Lämpchen 2 – es leuchtet kurz auf: Die Ladung ist von der Kugel zum Minuspol abgeflossen.

> Die Konduktorkugel ist ein Behälter für die Ladung. Auf ihr *ruht die Ladung*, es fließt kein Strom.
> *Elektrischer Strom ist fließende Ladung*. Mit einem Konduktor kann man Ladung portionsweise transportieren – die Ladung hat also *Mengencharakter*.

Man kann Ladung also aufhäufen – dies lässt sich mit einem *Elektroskop* zeigen, das später erklärt wird.

5.3.2 Definition der Ladungseinheit

Die Messung der Ladung und die Definition ihrer Einheit erfolgt über die in Kap. 5.2.3 erwähnte Knallgaszelle. In ihr fließt dauernd Ladung zwischen den Elektroden, wobei sich Knallgas abscheidet. Die entstandene Knallgasmenge ist dabei proportional zur geflossenen Ladung.

Man legt fest: Die Ladungsmenge, die 0,19 cm³ Knallgas bei 20 °C und 1 bar Druck abscheidet, heißt 1 C (Coulomb) (die „krumme" Zahl ist historisch bedingt).

Bemerkung: Als Buchstabe für die Ladung ist Q üblich.

5.3.3 Definition der elektrischen Stromstärke

Was ist nun elektrischer Strom? Jeder Strom, ob Wasserstrom, Luftstrom oder Menschenstrom zeichnet sich dadurch aus, dass sich irgendetwas bewegt und dass sich dieses in eine bestimmte Richtung bewegt. Beim elektrischen Strom bewegt sich die Ladung. Um die Stärke eines Wasserstroms zu kennzeichnen, muss man angeben, welche Wassermenge in einer bestimmten Zeit durch einen Flussquerschnitt fließt; entsprechend geht es beim elektrischen Strom darum, welche Ladungsmenge in einer bestimmten Zeit durch einen Kabelquerschnitt im Leiterkreis fließt.

Definition:

$$\text{Elektrische Stromstärke} = \frac{\text{Ladungsmenge}}{\text{Zeit}} \text{ bzw. } I = \frac{Q}{t} \quad \text{(Buchstabe I) (F5.1)}$$

Einheit der elektrischen Stromstärke: $[I] = 1\frac{C}{s} = 1\text{ A (Ampère)}$ (F5.1a)

Aufgaben: 1) In 15 s werden 5,7 cm³ Knallgas abgeschieden. Man berechne Ladung und Stromstärke!

Lösung: 1 C scheidet 0,19 cm³ Knallgas ab; für 5,7 cm³ sind $\frac{5,7}{0,19}$ C = 30 C nötig, also Ladung Q = 30 C; Stromstärke $I = \frac{Q}{t} = \frac{30\text{ C}}{15\text{ s}} = 2\text{ A}$

2) Aus $1\text{ A} = 1\frac{C}{s}$ folgt 1 C = 1 As: *Ein Coulomb ist eine Ampèresekunde.*

Ein „Akku" gibt 80 Ah ab. Wie viel C sind das und wie lange kann man dem „Akku" Strom der Stärke 2 A entnehmen? Wie lange könnte man damit zwei parallel geschaltete Lampen, die von je 4 A Strom durchflossen werden, betreiben?

Lösung: 1 Ah = 1 A · 3600 s = 3600 C,

der Akku gibt also die Ladung Q = 80 · 3600 C = 288 000 C ab.

$I = \frac{Q}{t}$, d.h. $t_1 = \frac{Q}{I_1} = \frac{288\,000\text{ As}}{2\text{ A}} = 144\,000\text{ s} = \frac{144\,000}{3600}\text{ h} = 40\text{ h}$ für $I_1 = 2\text{ A}$

Beim Betrieb der Lampen beträgt die Gesamtstromstärke 8 A, also

$t_2 = \frac{288\,000\text{ As}}{8\text{ A}} = 10\text{ h}$

5.3.4 Eigenschaften der Ladung

Beim *Bandgenerator* (Abb. 5.17) wird durch ein Gummiband, das über eine Kunststoffwalze läuft, Ladung transportiert. Die große Kugel oben wird zum Minuspol, die kleine (mit dem Generatorfuß verbundene) Kugel zum Pluspol, wie man über Glimmlampen zeigt. Mit Konduktorkugeln kann man nun vom Minuspol *negative Ladung*, vom Pluspol *positive Ladung* abschöpfen. Man stellt fest:

Gleichnamige Ladungen stoßen sich ab, ungleichnamige ziehen sich an.

Lässt man Watteböllchen auf den Minuspol (oder Pluspol) fallen, so laden diese sich auf, sträuben sich (da sich gleiche Ladungen abstoßen), werden vom Minuspol (oder Pluspol) senkrecht abgestoßen, fliegen eventuell zum anderen Pol, werden dort umgeladen usw.

Elektronen, Atombau, Ionen

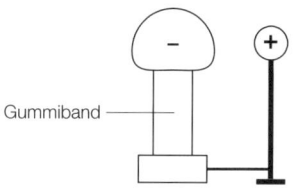

Abb. 5.17

Gibt man Ladung auf einen Leiter, so verteilt sie sich dort gleichmäßig bei möglichst großem Abstand, da sich die „Ladungsteilchen" untereinander abstoßen; auf einem Isolator dagegen kann sich die Ladung nicht bewegen und sitzt dort, wo sie abgeladen wurde.

Bemerkungen:
1. Beim Elektroskop, das zum Ladungsnachweis dient, wandert (Abb. 5.18) die auf dem oberen Teller abgestreifte Ladung nach unten in den Stiel und in ein bewegliches Plättchen – dieses wird abgestoßen und schlägt aus.

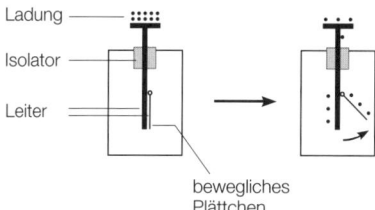

Abb. 5.18

2. Lädt man einen Metallbecher auf, so verteilt sich die Ladung – da sich „die Ladungsteilchen" gegenseitig abstoßen und möglichst großen Abstand anstreben – außen auf dem Becher (*Faradaybecher*); aus demselben Grund sammelt sich die Ladung auf einem Metallkäfig außen (*Faradaykäfig*).
3. Lädt man zwei gleiche Elektroskope mit entgegengesetzten Ladungen gleich stark auf und verbindet sie anschließend leitend, so geht bei beiden der Ausschlag völlig zurück – offenbar *neutralisieren sich gleiche Mengen positiver und negativer Ladung gegenseitig*, d.h. sie heben sich in ihrer Wirkung nach außen auf.

5.4 Elektronen, Atombau, Ionen

5.4.1 Versuch von Edison

In der Edisonröhre befindet sich Vakuum. Auf der einen Seite ragt ein Heizdraht hinein, der durch Anlegen einer Heizspannung durch einen kleinen Heizstrom zum Glühen gebracht werden kann, auf der anderen Seite ragt ein Metallplättchen in die Röhre hinein. Edison verband dieses Metallplättchen über ein Kabel mit dem Teller eines positiv aufgeladenen Elektroskops (Abb. 5.19); dann brachte er den Heizdraht zum Glühen, woraufhin der Ausschlag des Elektroskops zurückging. Führte er den entsprechenden Versuch mit einem negativ geladenen Elektroskop durch, hatte dessen Ausschlag Bestand.

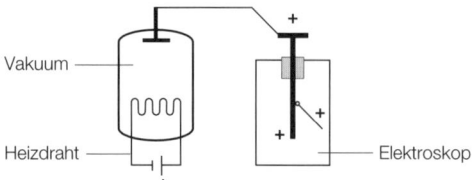

Abb. 5.19

Sein Schluss: Beim Glühen kommen aus dem Draht sehr leichte negativ geladene Teilchen; sie gelangen zum positiv geladenen Metallplättchen und neutralisieren die positive Ladung des Elektroskops. Ist dieses und damit das Metallplättchen negativ geladen, so können die negativen Ladungsteilchen, er nannte sie Elektronen, dort nicht anlanden – der Ausschlag bleibt.

Glühelektrischer Effekt: Ein zum Glühen erhitztes Metall sendet Elektronen aus; sie sind negativ geladen.

5.4.2 Atombau

In Kap. 2.5 wurde festgestellt, dass jeder Stoff aus kleinsten Teilchen (Atomen, Molekülen) besteht. Der Edisonversuch legt nahe, dass Atome ihrerseits noch kleinere Teilchen, nämlich die negativ geladenen Elektronen enthalten; außerdem müssten im Atom, da dieses ja elektrisch neutral ist, dann auch positive Teilchen sitzen! *Wie ist nun das Atom aufgebaut?* Das so genannte Thomson'sche „Rosinenkuchenmodell" ging von einer positiv geladenen Grundmasse aus, in die die Elektronen wie Rosinen im Kuchen eingelagert sind.

Elektronenbeschussversuch: Thomsons Schüler Rutherford beschoss dünne Folien aus mehreren Millionen Atomlagen mit Elektronen (und anderen Teilchen). Aufgrund des Rosinenkuchenmodells für die Atome durfte erwartet werden, dass die meisten Elektronen entweder in der Folie stecken bleiben oder reflektiert werden würden. Erstaunlicherweise aber gingen fast alle Elektronen geradlinig ungehindert hindurch – *die Atome mussten also fast völlig leer sein!*

Rutherford stellte ein *Atommodell* vor, bei dem ein sehr kleiner positiv geladener Kern, indem nahezu die gesamte Atommasse konzentriert ist, in großem Abstand (relativ zu seiner Größe) von noch wesentlich kleineren negativ geladenen Elektronen umschwirrt wird. Die Anziehungskraft auf die Elektronen seitens des Kerns stellt die Zentripetalkraft (siehe Kap. 1.15) für deren Kreisbewegung um den Kern dar.

Bemerkungen:
1) Der Durchmesser des Kerns beträgt ca. $\frac{1}{100\,000}$ des Atomdurchmessers.
2) Die Ladung eines Elektrons beträgt $1,6 \cdot 10^{-19}$ C; es ist die kleinste mögliche Ladungsmenge (Elementarladung).

3) Bei einem neutralen Atom entspricht die Zahl der positiven Kernladungen der Zahl der Elektronen. Nimmt man einem neutralen Atom ein (zwei) Elektron(en) weg, so entsteht ein einfach (zweifach) *positiv geladenes Ion*; lässt man zusätzliche Elektronen um den Kern schwirren, entsteht ein negativ *geladenes Ion*.

5.4.3 Stromleitung in Metallen

1) Metallatome haben die besondere Eigenschaft, dass jedes Atom im Verband ein Elektron abgibt (manche Metallatomarten geben auch mehr Elektronen ab) – diese Leitungselektronen schwirren im Metall völlig frei beweglich umher, auch wenn kein Strom fließt (Abb. 5.20).

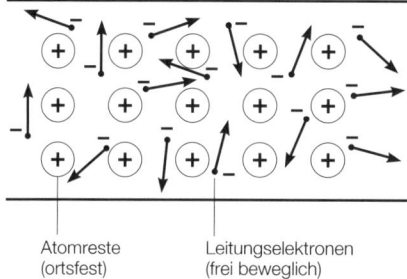

Abb. 5.20 Atomreste (ortsfest) Leitungselektronen (frei beweglich)

Die zurückbleibenden Atomreste sind einfach positiv geladene Ionen; sie bilden ein ortsfestes Gitter, d. h. sie können Zitterbewegungen um ihre Gleichgewichtslage (vergleiche Kap. 2.5) machen, sind aber ansonsten nicht beweglich. Da die Elektronen in die verschiedensten Richtungen fliegen, machen sie insgesamt keinen Strom, obwohl sie bewegte Ladungen darstellen.

2) *Am Pluspol einer Stromquelle herrscht Elektronenmangel, um Minuspol Elektronenüberschuss.*
 Verbindet man nun Plus- und Minuspol der Quelle durch einen Leiter, so drückt der Minuspol dauernd Elektronen in den Leiter hinein, der Pluspol zieht welche aus dem Leiter heraus; im Leiter wandern sie vom Minuspol zum Pluspol. Ihrer unkontrollierten Schwirrbewegung wird dabei eine viel langsamere zielgerichtete Bewegung überlagert – es fließt Strom, Elektronenstrom. Beim Stromfluss verschwinden die Elektronen nicht, jedoch wird ihnen – beispielsweise bei der „Wanderung" durch den Glühdraht einer Lampe – Energie entzogen. Das Elektrizitätswerk hinter der Stromquelle (bzw. die Batterie) „pumpt" unter Arbeitsaufwand dauernd am Pluspol ankommende Elektronen zurück zum Minuspol, um dort den Elektronenüberschuss – Voraussetzung für weiteren Strom – aufrechtzuerhalten.
 Die Stromleitung im Draht erfolgt somit durch Elektronen. Die physikalische Stromrichtung, d. h. die Laufrichtung der Elektronen, geht also vom Minuspol zum Pluspol – entgegengesetzt zur konventionellen, d. h. technischen Stromrichtung (Kap. 5.2.4), die man – damals ohne besseres Wissen – einfach festlegte.

5.4.4 Erklärung verschiedener elektrischer Erscheinungen im Elektronenbild

1. *Wärmewirkung:* Wenn Strom fließt, stoßen die Elektronen im Leiter immer wieder gegen die zitternden Atomreste und erhöhen durch Stöße deren Bewegungsenergie, worauf die Temperatur des Leiters steigt.

2. *Aufladen einer Konduktorkugel:* Auf der neutralen Konduktorkugel herrscht ein Gleichgewicht zwischen Elektronen und positiven Atomresten. Bringt man die Kugel in Kontakt mit dem Minuspol einer Stromquelle, so drückt dieser zusätzliche Elektronen auf die Konduktorkugel, die dann ebenfalls Elektronenüberschuss hat; bei Kontakt mit dem Pluspol entzieht dieser der Kugel Elektronen – sie hat Elektronenmangel und ist positiv geladen.

3. *Neutralisation:* Bei Kontakt einer positiv geladenen Konduktorkugel (Elektronenmangel) mit einer gleich stark negativ geladenen (Elektronenüberschuss) wandern die überschüssigen Elektronen über den Draht zur positiven Kugel und zwar solange, bis auf beiden Kugeln Gleichgewicht zwischen Elektronen und Atomresten herrscht.

4. *Elektrische Influenz:* Nähert man eine positiv geladene (oder negativ geladene) Konduturkugel einem neutralen Leiterkügelchen, so wird dieses angezogen – warum? Abbildung 5.21 verdeutlicht die Erklärung der Erscheinung für eine positiv geladene Konduktorkugel. Links ist die Verteilung der Elektronen und Atomreste auf dem Kügelchen vorher, d.h. ehe die Konduktorkugel in dessen Nähe gebracht wurde, gezeichnet: Überall herrscht Gleichgewicht zwischen Elektronen und Atomresten. Nähert man nun die Konduktorkugel, so zieht diese die beweglichen Elektronen auf die rechte Seite des Kügelchens; die unbeweglichen positiven Reste bleiben an ihrem Platz – also ist das Kügelchen links positiv, rechts negativ geladen (nachher).

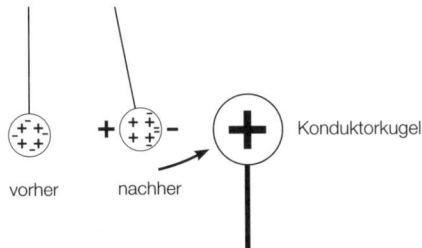

Abb. 5.21

In Anwesenheit der Ladung der Konduktorkugel werden also die Ladungen auf dem neutralen Kügelchen vorübergehend getrennt; diesen Vorgang nennt man elektrische Influenz.

Die Konduktorkugel stößt nun die positive Ladung links auf dem Kügelchen ab und zieht die negative rechts an. Da die negative näher an der Konduktorkugel ist, überwiegt die Anziehung – insgesamt wird das Kügelchen angezogen.

5. *Aufladen eines Isolators (Reibungselektrizität):* Bei einem Versuch werden Watte und ein Kunststoffstab, beide neutrale Nichtleiter, aneinander gerieben. Streift man den Kunststoffstab am Teller eines Elektroskops entlang, stellt man fest, dass er beim Reiben negativ aufgeladen wird und entsprechend die Watte positiv. Man kennt diesen Aufladungseffekt vom Alltag (Kämmen, Gehen über einen Teppichboden usw.). Beim Reiben entreißt der Stab der Watte Elektronen und lädt sie auf seiner Oberfläche ab.

6. *Wechselstrom mit Erdung (Steckdose):* Der Nullleiter-Pol ist mit dem großen, in der Erde versenkten Metallband verbunden (geerdet) – an ihm herrscht immer Gleichgewicht zwischen Elektronen und Atomresten. Der andere Pol (Außenleiter) hat im Wechsel Elektronenüberschuss – dann fungiert er als Minuspol, d. h. die Elektronen fließen von ihm zum Nullleiter – und Elektronenmangel – dann fungiert er als Pluspol, d. h. die Elektronen fließen vom Nullleiter zu ihm.

5.4.5 Stromleitung in Flüssigkeiten (Elektrolyse)

Beim Kupferchloridversuch in Kap. 5.2.3 lagert sich an der Kathode Kupfer ab, an der Anode steigt Chlorgas auf; also können nicht nur Elektronen gewandert sein, *sondern in der Lösung müssen sich Materieteilchen bewegt haben.*

In der Kupferchloridlösung sind doppelt positiv geladene Kupferionen Cu^{++} und einfach negativ geladene Chlorionen Cl^- (doppelt so viele) enthalten. Die Cl^--Ionen werden zur positiv geladenen Anode gezogen, geben dort ihr überschüssiges Elektron ab, werden zu neutralen Cl-Atomen und entweichen als Chlorgas Cl_2 an der Anode (Abb. 5.22).

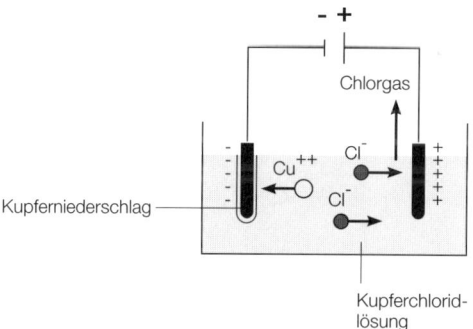

Abb. 5.22

Die Cu^{++}-Ionen werden zur negativ geladenen Kathode gezogen, nehmen dort zwei Elektronen auf, werden zu neutralen Cu-Atomen und lagern sich an der Kathode ab (Kupferniederschlag).

Bilanz: Es fließen also gleichzeitig zwei negativ geladene Ionen zur Anode und ein positiv (doppelt) geladenes Ion zur Kathode in Gegenrichtung. Nach ihrer Entladung sind zwei Elektronen an der Kathode verschwunden und 2 Elektronen an der Anode angekommen; Letztere wandern zum Pluspol, während Erstere vom Minuspol nachgeliefert werden. Letztlich sind – *über Ionen* – zwei Elektronen vom Minuspol zum Pluspol geflossen.

5.5 Geräte zur Messung der Stromstärke

5.5.1 Hitzedrahtamperemeter

Man nutzt aus, dass sich ein stromdurchflossener Draht erwärmt und zwar umso mehr, je größer die Stromstärke ist. Beim Erwärmen verlängert sich der Draht (siehe Kap. 2.2). Die Verlängerung des Drahts kann über einen Zeiger an einer Skala sichtbar gemacht werden – durch Eichung erhält man ein Gerät, das zu jeder Stromstärke einen spezifischen Zeigerausschlag liefert. Dies funktioniert prinzipiell für Gleich- und Wechselstrom.

5.5.2 Drehspulamperemeter

Beim Versuch nach Abb. 5.23 hängt eine Spule an einem dünnen Metallband in einem Hufeisenmagneten. Fließt Strom durch die Spule, so dreht sie sich und zwar umso mehr, je größer die Stromstärke ist. Fließt der Strom in umgekehrter Richtung, so dreht sich die Spule in die andere Richtung, bei Wechselstrom dreht sie sich nicht.

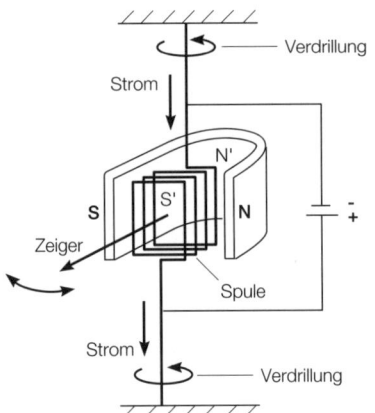

Abb. 5.23

Erklärung: Die stromdurchflossene Spule ist ja ein Magnet, z. B. mit Nordpol N' hinten und Südpol S' vorne, der sich im Feld des Hufeisenmagneten ausrichten möchte: „S' will zu N, N' will zu S", sodass sich der Zeiger nach rechts dreht. Die Verdrillung des Metallbändchens wirkt dieser Drehung entgegen. Je größer die Stromstärke ist, desto stärker magnetisch ist die Spule, desto mehr dreht sie sich. Bei Umpolung werden S' und N' vertauscht, so dass die Drehung in die andere Richtung erfolgt. Bei Wechselstrom, d. h. dauerndem Vertauschen der Pole N' und S' kommt die Spule mit dem Drehen nicht nach.

Auf diesem Prinzip basieren die üblichen Geräte zur Strommessung; bei Wechselstrommessung muss man den Strom durch geeignetes Umschalten erst (im Gerät) gleichrichten (siehe Kap. 5.16.2 und 5.17.4).

5.5.3 Mittelwert bei der Stromanzeige

Bei einer Knallgaszelle fließe dauernd ein Strom der Stärke $I = \text{const} = \frac{1}{2}$ A, den das Messgerät anzeigt. Im I/t-Diagramm erhält man eine Parallele zur t-Achse (Abb. 5.24 a); der Flächeninhalt unter dieser Kurve bis zur Marke 3 s ist die Ladung, die in den ersten drei Sekunden geflossen ist: $\frac{1}{2}$ A $\cdot$ 3 s $= I \cdot t = Q = \frac{3}{2}$ C

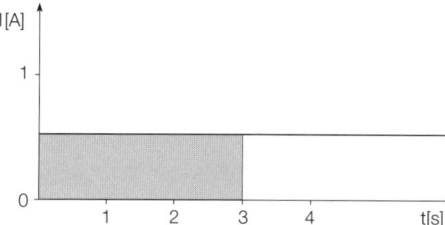

Abb. 5.24a

Baut man jetzt in die Schaltung einen Schalter ein, der nur $\frac{1}{3}$ der Zeit geschlossen, aber $\frac{2}{3}$ der Zeit geöffnet ist, erhält man das I/t-Diagramm von Abb. 5.24 b.

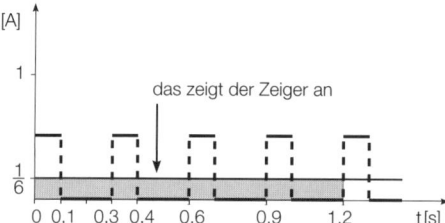

Abb. 5.24b

Der Zeiger kann bei kurzer Kontaktzeit dem Stromverlauf nicht mehr folgen – er zittert um den *Mittelwert* $\frac{1}{3} \cdot \frac{1}{2}$ A $= \frac{1}{6}$ A.

Der Flächeninhalt unter der Zeigerkurve stimmt mit dem unter der Kurve des wirklichen Stromverlaufs überein und gibt weiterhin die geflossene Ladung an!
Z. B. bis 1,2 s: Fläche des wirklichen Stromverlaufs:
$A_1 = 4 \cdot \frac{1}{2}$ A $\cdot$ 0,1 s $= 0,2$ C; Fläche unter Zeigerkurve: $A_2 = \frac{1}{6}$ A $\cdot$ 1,2 s $= 0,2$ C

5.6 Die elektrische Spannung

5.6.1 Definition der Spannung

Das Elektrizitätswerk wird nach Kilowattstunden bezahlt; dabei ist 1 kWh = 1000 W $\cdot$ 3600 s = 3 600 000 J.

Man bezahlt also Arbeit – die Überführungsarbeit des Elektrizitätswerks, um Ladung (Elektronen), die am Pluspol angekommen ist, wieder zum Minuspol zu bringen. Zunächst einmal ist diese Arbeit nicht so einfach zu berechnen; man kennt ja die Kraft, die auf ein Elektron wirkt, nicht – sie hängt ab von dessen Abstoßung vom Minus- bzw. Anziehung durch den Pluspol der Anlage. Sicherlich aber ist bei einer bestimmten Anlage die Überführungsarbeit $W_{1/2}$ vom Pluspol zum Minuspol proportional zur übergeführten Ladung Q : $W_{1/2} \sim Q$.

Damit ist der Quotient $\frac{W_{1/2}}{Q}$ eine Konstante, die die Stromquelle beschreibt – er heißt Spannung.

Definition:

> Unter der Spannung $U_{1/2}$ zwischen zwei Punkten im Stromkreis (beispielsweise den Polen der Stromquelle) versteht man den Quotienten aus Überführungsarbeit $W_{1/2}$ und (zwischen den Punkten) übergeführter Ladung Q:
>
> $U_{1/2} = \frac{W_{1/2}}{Q}$ (F5.2 a)
>
> Einheit der Spannung: $[U] = 1 \frac{J}{C} = 1$ V (Volt) (F5.2 b)

Beispiel: Bei einer Spannung von 2 V = $2 \frac{J}{C}$ muss die Arbeit $W_{1/2} = 2$ J aufgebracht werden, um die Ladung 1 C vom Plus- zum Minuspol zu schaffen; fließt diese Ladung dann im Stromkreis wieder zum Pluspol, so gibt sie diese Arbeit von 2 J wieder ab – z. B. an ein Lämpchen.

Bemerkungen:
1. Eine Spannung hat nur einen Sinn zwischen zwei Punkten; Spannung kann es auch ohne Stromkreis geben.
2. Vergleicht man eine Stromquelle bildlich mit einer Anlage, bei der aus einem oberen Wasserbecken (entspricht dem Minuspol) Wasser in ein unteres (entspricht dem Pluspol) gelangt und dabei eine Turbine oder ein Wasserrad antreibt (entspricht einem Birnchen), so entspricht der Spannung in etwa der Höhenunterschied der beiden Becken.

Aufgabe: Beim Anlassen eines Autos im Winter orgelt der Motor eine Minute lang, wobei ein Strom von 8 A fließt. Welche Arbeit muss die 12 V-Batterie verrichten?

Lösung: $I = \frac{Q}{t}$, also $Q = I \cdot t = 8 \frac{C}{s} \cdot 60$ s = 480 C. Diese Ladung muss die Batterie überführen (zum Minuspol).

$U = \frac{W}{Q}$, also $W = U \cdot Q = 12$ V $\cdot 480$ C $= 12 \frac{J}{C} \cdot 480$ C $= 5760$ J

5.6.2 Reihenschaltung (Hintereinanderschaltung) von Stromquellen

Der Pluspol der zweiten Batterie ist mit dem Minuspol der ersten verbunden (Abb. 5.25). Sei z.B. die Spannung $U_{1/2} = 8$ V für die erste und $U_{3/4} = 4$ V für die zweite Batterie. Welche Überführungsarbeit $W_{1/4}$ ist nötig, um 1 C von 1 nach 4 zu überführen?

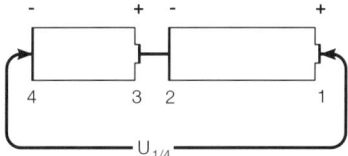

Abb. 5.25

Von 1 nach 2: $W_{1/2} = Q \cdot U_{1/2} = 1\,C \cdot 8\,\dfrac{J}{C} = 8$ J; Von 2 nach 3: $W_{2/3} = 0$ (Kurzschluss von 2 und 3); Von 3 nach 4: $W_{3/4} = 4$ J

Insgesamt: $W_{1/4} = W_{1/2} + W_{2/3} + W_{3/4} = 12$ J

Also: $U_{1/4} = \dfrac{12\,J}{1\,C} = 12\,V = U_{1/2} + U_{3/4}$

Schaltet man zwei Spannungsquellen hintereinander, so addieren sich die Spannungen.

Bemerkungen:
1. Beim Akku einer Autobatterie sind üblicherweise 6 Zellen zu je 2 V hintereinander geschaltet, sodass die Gesamtspannung 12 V beträgt.
2. Im Wassermodell entspricht der Reihenschaltung die Verbindung zweier Anlagen, bei der das „Talbecken" der einen auf Höhe des „Bergbeckens" der anderen liegt; die Spannungsaddition entspricht der Addition der Einzelhöhen.
3. Schaltet man die Spannungsquellen gegeneinander (Abb. 5.26), so ist die Gesamtspannung die Differenz der Einzelspannungen.

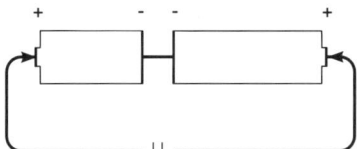

Abb. 5.26

4. Bei der Parallelschaltung von Spannungsquellen werden deren Pluspole und Minuspole jeweils verbunden. Haben beide Spannungsquellen jeweils die gleiche Einzelspannung, so erhält man diese auch als Gesamtspannung – allerdings hat die Gesamtanlage ein größeres Ladungsreservoir zur Verfügung. (Bei verschiedenen Einzelspannungen stellt sich ein Zwischenwert als Gesamtspannung ein.)

5.6.3 Elektrisches Potenzial

Unter dem Potenzial φ eines Punktes A in einer Schaltung versteht man seine *Spannungsdifferenz φ gegenüber einem festen Bezugspunkt NN* (meist geerdet). Das Potenzial hat ein Vorzeichen.

Abbildung 5.27 zeigt einen Ausschnitt aus einem fiktiven Stromkreis, bei dem Punkt A_1 gegenüber NN eine Spannung von 5 V hat und positiv gegenüber NN ist – also ist sein Potenzial $\varphi_1 = +5$ V.

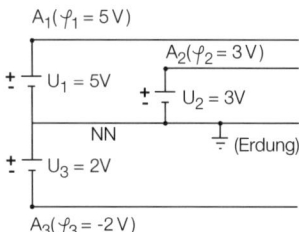

Abb. 5.27

Entsprechend sind die Potenziale von A_2 durch $\varphi_2 = +3$ V und von A_3 durch $\varphi_3 = -2$ V gegeben. Man überprüft leicht, dass gilt:

$U_{A_2 A_1} = |5 \text{ V} - 3 \text{ V}| = 2 \text{ V} = |\varphi_1 - \varphi_2|$,

$U_{A_1 A_3} = |5 \text{ V} - (-2 \text{ V})| = 7 \text{ V} = |\varphi_3 - \varphi_1|$,

$U_{A_2 A_3} = |-2 \text{ V} - 3 \text{ V}| = 5 \text{ V} = |\varphi_3 - \varphi_2|$

Die Spannung zwischen zwei Punkten ist der Betrag ihrer Potenzialdifferenz.

5.7 Das Ohm'sche Gesetz/elektrischer Widerstand

Bei einem Versuch wird in einem festen Stromkreis (bestehend aus Konstantandraht) die Stromstärke gemessen, die sich jeweils bei Anlegen der Spannung von einer, zwei, drei, ... Akkuzellen ergibt. Man stellt fest:

> Im Leiterkreis stellt sich bei einer angelegten Spannung U die Stromstärke I so ein, dass sie proportional zur Spannung ist: $I \sim U$ *(Ohm'sches Gesetz)*

Voraussetzung beim Versuch ist, dass man die Temperatur konstant hält (Kühlen) oder mit dem Material Konstantan arbeitet (dann ist Kühlen überflüssig).

Definition: Der konstante Quotient U/I heißt *Widerstand R* – er beschreibt den Leiterkreis.

$R = \dfrac{U}{I}$ (F5.3 a)

Einheit: $[R] = 1 \dfrac{\text{V}}{\text{A}} = 1 \, \Omega$ (Ohm) (F5.3 b)

Aufgabe: Wie groß ist der Widerstand eines Birnchens, das bei 6 V von einem Strom der Stärke $\frac{1}{2}$ A durchflossen wird? Welcher Strom würde bei 4 V fließen?

Lösung: $R = \frac{U}{I} = \frac{6\,V}{\frac{1}{2}\,A} = 12\,\Omega$. Bei 4 V wäre der Widerstand des Lämpchens immer noch gleich, aber die Stromstärke kleiner: $I = \frac{U}{R} = \frac{4\,V}{12\,V/A} = \frac{4}{12}\,A = \frac{1}{3}\,A$

Ergänzungen: 1) Spannungsmessung erfolgt mit *geeichten Drehspulmessgeräten* (vergleiche Kap. 5.5) Verbindet man nämlich zwei Punkte A und B im Stromkreis mit den Anschlüssen dieses Geräts, so fließt ein Strom und der Zeiger schlägt aus und zwar umso mehr, je größer der Strom ist, d. h. nach dem Ohm'schen Gesetz je größer die Spannung am Gerät, also zwischen A und B ist. Die Spannung wird also indirekt über dem Strom gemessen!

2) *Gefahren des Stroms für den Menschen: Direkt gefährlich ist die Stromstärke*, da sie die chemische Wirkung bestimmt, welche die menschlichen Zellen verändert. Da sich aber die Stromstärke nach der *Spannung* richtet, ist diese *indirekt für uns gefährlich*. Als *Richtwert* gilt, dass Wechselströme über 6 mA ($= \frac{6}{1000}$ A, „Milli") und Gleichströme über 40 mA zum Zusammenziehen der Muskeln führen, Stromstärken über 25 mA Atmungslähmung und Herzgefährdung bewirken und Stromstärken über 70 mA zum Herzstillstand führen.

Der Widerstand des Menschen hängt dabei vom Weg des Stroms im Körper, von der Feuchtigkeit der Haut an der Eindringstelle und der jeweiligen Körperkonstitution ab und beträgt je nachdem 500 Ω bis 20 000 Ω. Als unterer Schwellwert für eine eventuell gefährliche Spannung gilt somit $U_1 = R \cdot I_1 = 500\,\Omega \cdot 0,025\,A = 12,5\,V$, als Schwellwert für eine eventuell tödliche Spannung $U_2 = R \cdot I_2 = 500\,\Omega \cdot 0,07\,A = 35\,V$. Beim Stromschlag in der Badewanne kann die Stromstärke beispielsweise $I = \frac{U}{R} = \frac{220\,V}{500\,\Omega} = 0,44\,A = 440\,mA$ betragen!

5.8 Widerstand eines Drahts

5.8.1 Widerstandsformel für einen Draht

Versuche zeigen, dass der Widerstand eines Drahts proportional zur Drahtlänge l ist und umgekehrt proportional zur Querschnittsfläche A ist (je dicker der Draht ist, desto „leichter kommt der Strom durch", d. h. desto größer ist – bei vorgegebener fester Spannung U die Stromstärke); zudem hängt der Widerstand vom Material ab.

Aus $R \sim l$ (für konstantes A) und $R \sim \frac{1}{A}$ (für konstantes l) folgt $R \sim \frac{l}{A}$ bzw. $\frac{R}{l/A} = \frac{R \cdot A}{l}$ ist eine Konstante, die vom Material des Drahtes abhängt. Sie heißt *spezifischer Widerstand* ρ_s und gibt an, welchen Widerstand ein 1 m langer Draht mit 1mm² Querschnittsfläche aus diesem Material hat.

Beispiel: Bei Kupfer ist $\rho_s = 0.017 \ \dfrac{\Omega \cdot mm^2}{m}$, bei Konstantan ist $\rho_s \approx 0,5 \ \dfrac{\Omega \cdot mm^2}{m}$, bei Porzellan ist $\rho_s \approx 10^{18} \ \dfrac{\Omega \cdot mm^2}{m}$ (Isolator)

Aus $\dfrac{R \cdot A}{l} = \rho_s$ folgt: $\boxed{R = \rho_s \cdot \dfrac{l}{A}}$ (F5.4)

Beispiel: Widerstand einer 1 km langen Kupferleitung mit 1 cm Dicke!

Querschnittsfläche: $A = \left(\dfrac{d}{2}\right)^2 \cdot \pi = \dfrac{\pi}{4} \ cm^2$;

Widerstand: $R = \rho_s \cdot \dfrac{l}{A} = 0,017 \ \dfrac{\Omega \ mm^2}{m} \cdot \dfrac{1000 \ m}{\dfrac{\pi}{4} \cdot 100 \ mm^2} \approx 0,22 \ \Omega$

Bemerkungen:
1. Je kleiner ρ_s ist, desto besser leitet der Stoff.
2. Bei einem reinen Metall wächst der spezifische Widerstand, wenn es erwärmt wird (Grund: Die Atomreste zittern stärker, deshalb „haben es die Elektronen schwerer, durchzukommen").
3. Konstantan ist eine spezielle Metalllegierung („Mischung"), bei der ρ_s nicht von der Temperatur abhängt.
4. Bei Kohle (Graphit) sinkt der Widerstand mit wachsender Temperatur (die Leitung erfolgt hier nicht durch freie Elektronen)

5.8.2 Schiebewiderstand

Schließt man bei dem Widerstand von Abbildung 5.28 die Kabel bei A und B an, benutzt also Anschluss C und den Schieber überhaupt nicht, so muss der Strom durch alle Drahtwindungen hindurchfließen – der Widerstand ist dann maximal, z. B. beträgt er 1000 Ω.

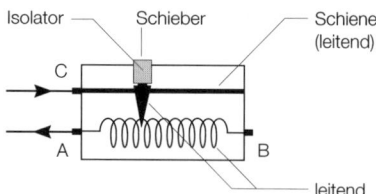

Abb. 5.28

Schließt man dagegen die Kabel bei A und C an (wie in Abb. 5.28 dargestellt), so fließt der Strom nur durch einen Teil der Drahtwindungen. Je nach Schieberstellung kann ein beliebiger Widerstand zwischen 0 Ω (Schieber ganz links) und dem Maximalwert – hier 1000 Ω (Schieber rechts) – eingestellt werden.

5.9 Stromstärke, Ladung, Spannung, Arbeit, Leistung im Stromkreis

Für Ladung Q, Stromstärke I, Zeit t gilt der Formelsatz:

$$\boxed{I = \frac{Q}{t} \text{ bzw. } Q = I \cdot t \text{ bzw. } t = \frac{Q}{I}} \quad (F5.1)$$

Für Spannung U, Ladung Q, Arbeit W gilt der Formelsatz:

$$\boxed{U = \frac{W}{Q} \text{ bzw. } W = U \cdot Q \text{ bzw. } Q = \frac{W}{U}} \quad (F5.2)$$

Aus der Mechanik (siehe Kap. 1.12) kennt man den Zusammenhang zwischen Leistung P, Arbeit W, Zeit t, der im einfachsten Fall ($W \sim t$) zum folgenden Formelsatz führt:

$$\boxed{P = \frac{W}{t} \text{ bzw. } W = P \cdot t \text{ bzw. } t = \frac{W}{P}} \quad (F5.5)$$

Verknüpft man diese Formelsätze, so folgt:

$$W \stackrel{(F5.2)}{=} U \cdot Q \stackrel{(F5.1)}{=} U \cdot I \cdot t \text{ bzw. } P \stackrel{(F5.5)}{=} \frac{W}{t} \stackrel{(F5.2)}{=} \frac{U \cdot Q}{t} \stackrel{(F5.1)}{=} U \cdot I$$

Ergebnis:

> Die elektrische Leistung im Stromkreis ist das Produkt aus Spannung und Stromstärke, die elektrische Arbeit ist das Produkt aus Spannung, Stromstärke und Zeit:
> $P = U \cdot I$ mit $[P] = 1$ W $= 1$ VA, $W = U \cdot I \cdot t$ mit $[W] = 1$ J $= 1$ VAs (F5.6)

Bemerkung: Mithilfe des elektrischen Widerstands $R = \frac{U}{I}$ lässt sich die Leistung auch durch U und R bzw. I und R statt durch U und I ausdrücken:

$$\boxed{P = U \cdot I = U \cdot \frac{U}{R} = \frac{U^2}{R} \text{ oder } P = U \cdot I = R \cdot I \cdot I = R \cdot I^2} \quad (F5.6' \text{ a, b})$$

Aufgaben: 1) Welche Stromstärke fließt durch ein Lämpchen, das bei 3 V die Leistung 2 W liefert, wenn man 3 V anlegt? Welche Energie gibt es dann in 10 s ab? Welche Ladung fließt in 20 s?

Lösung: $P = U \cdot I$, also $I = \frac{P}{U} = \frac{2 \text{ VA}}{3 \text{ V}} = \frac{2}{3}$ A (Stromstärke);
$W = P \cdot t = 2$ W $\cdot 10$ s $= 20$ J (abgegebene Arbeit bzw. Energie);
$I = \frac{Q}{t}$, also $Q = I \cdot t = \frac{2}{3}$ A $\cdot 20$ s $= \frac{40}{3}$ C (Ladung)

2) Auf dem Typenschild eines Heizofens steht 220 V, 1 kW. Wie groß ist die Stromstärke? Welche Energie wird in 15 min geliefert? Was kostet das bei 12 Cent je kWh? Um wie viel würde die Temperatur eines Zimmers mit 50 m³ Luftinhalt steigen, wenn man die Wärmeabgabe an Möbel, Wände und Fenster vernachlässigt $\left(\text{Luftdichte}: 1,2 \text{ g/l, spezifische Wärmekapazität } 1 \dfrac{J}{g \cdot K}\right)$?

Lösung: Stromstärke $I = \dfrac{P}{U} = \dfrac{1000 \text{ W}}{220 \text{ V}} = \dfrac{50}{11} \text{ A} \approx 4,5 \text{ A}$; Gelieferte Energie = freigesetzte Arbeit: $W = P \cdot t$, also
$W = 1 \text{ kW} \cdot \dfrac{1}{4} \text{ h} = \dfrac{1}{4} \text{ kWh} = \dfrac{1}{4} \cdot 1000 \text{ W} \cdot 3600 \text{ s} = 900 \text{ kJ}$, Kosten: $\dfrac{12}{4}$ Cent = 3 Cent;

Zuerst wird die Luftmasse über $\rho = \dfrac{m}{V}$ bzw. $m = \rho \cdot V = \dfrac{1,2 \text{ g}}{\text{dm}^3} \cdot 50 \text{ m}^3 = \dfrac{1,2 \text{ kg}}{\text{m}^3} \cdot 50 \text{ m}^3 = 60 \text{ kg}$ berechnet, für die Berechnung des Temperaturanstiegs braucht man die Formel (F2.2) aus Kap. 2.6: $Q_W = m \cdot c \cdot \Delta\vartheta$

Hier darf für Q_W die gelieferte Energie von 900 kJ angesetzt werden, sodass man für den *Temperaturanstieg der Zimmerluft*
$\Delta\vartheta = \dfrac{Q_W}{m \cdot c} = \dfrac{900\,000 \text{ J}}{60 \text{ kg} \cdot 1 \frac{J}{g \cdot K}} = \dfrac{900\,000}{60\,000} \text{ K} = 15 \text{ K}$ erhält.

5.10 Parallelschaltung und Reihenschaltung von Widerständen

5.10.1 Kirchhoff'sches Gesetz

Auf die Frage, wie im Haus die verschiedenen Geräte geschaltet sind, kann man schematisch zwei prinzipielle Möglichkeiten anbieten:
Abbildung 5.29 a zeigt die *Parallel- oder Gleichschaltung*, Abbildung 5.29 b die *Reihen- oder Hintereinanderschaltung*.

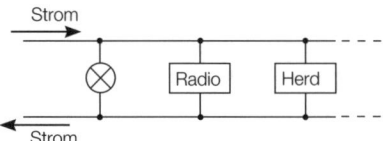

Abb. 5.29a

Bei der Parallelschaltung *verzweigt* sich der Stromkreis an den „Knotenpunkten" – dort teilt sich der Strom für den Weiterfluss durch die verschiedenen Zweige auf. Bei der Reihenschaltung ist der Stromkreis unverzweigt – durch alle Geräte fließt der gleiche Strom und, wenn ein Gerät ausfällt und den Strom nicht durchlässt, fließt kein Strom, d. h. nichts geht mehr. Die beiden letzten Eigenschaften der

Reihenschaltung verdeutlichen, dass im Haus normalerweise die Parallelschaltung Sinn macht.

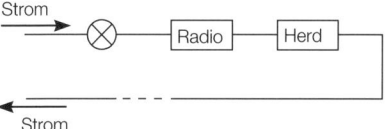

Abb. 5.29b

Ein Messversuch belegt, dass tatsächlich *bei der Reihenschaltung die Stromstärke durch jedes Gerät gleich groß* ist (Grund: Da im Stromkreis keine Ladung verloren geht oder sich staut, muss in jeder Sekunde bei allen Geräten die gleiche Ladungsmenge durch einen Kabelquerschnitt fließen).

Im verzweigten Stromkreis, etwa wenn ein Leiterstrang sich in zwei Zweige aufteilt, teilt sich auch die Ladungsmenge Q, die je Sekunde durch den Gesamtstrang fließt, auf in die Portionen Q_1 und Q_2 durch die Teilzweige. Dabei gilt $Q = Q_1 + Q_2$ bzw. (nach Division durch die Durchflusszeit von 1 Sekunde) für die Stromstärken $I = I_1 + I_2$. Dies lässt sich leicht experimentell bestätigen.

> **1. Kirchhoff'sches Gesetz:** Bei einer Verzweigungsstelle addieren sich die (i.a. untereinander verschiedenen) Teilstromstärken in den einzelnen Strängen zur Gesamtstromstärke.

Bemerkung: Stellt man sich bildlich einen verzweigten oder unverzweigten Fluss ohne Quellen und Abflüsse vor, wobei das Wasser der Ladung im Stromkreis entspricht, sind die obigen Aussagen offensichtlich.

5.10.2 Reihenschaltung von Widerständen

In Abbildung 5.30 sind die Widerstände R_1, R_2 hintereinander geschaltet, durch sie fließen Ströme der Stärke I_1, I_2 (Gesamtstromstärke in der Zuleitung ist I); angelegt wurde die Spannung U, wobei an den Widerständen die Spannungen U_1, U_2 liegen.

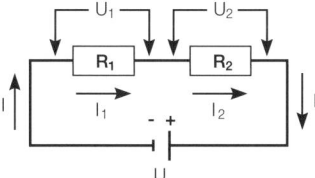

Abb. 5.30

Die folgenden Gesetzmäßigkeiten lassen sich durch Überlegen finden und im Experiment bestätigen; sie lassen sich problemlos auf mehr als zwei Widerstände verallgemeinern.

1. *Stromstärken:* Durch beide Widerstände fließt ein gleich starker Strom

$$\boxed{I = I_1 = I_2}\ \text{(F5.7 a)}$$

2. Teilspannungen: Wie bei der Reihenschaltung von Spannungsquellen (F5.7) folgt:

$$\boxed{U = U_1 + U_2} \quad \text{(F5.7 b)}$$

Die Teilspannungen addieren sich zur Gesamtspannung!

3. Wenn man die einzelnen Widerstände für sich betrachtet, so gilt (siehe Kap. 5.7): $R_1 = \dfrac{U_1}{I_1}$, $R_2 = \dfrac{U_2}{I_2}$

Umformung liefert: $\dfrac{U_1}{R_1} = I_1 = I_2 = \dfrac{U_2}{R_2} = I$. Damit folgt:

$$\boxed{\dfrac{U_1}{U_2} = \dfrac{R_1}{R_2}} \quad \text{(F5.7 c)}$$

Die Teilspannungen verhalten sich wie die Widerstände – am größeren Widerstand liegt die größere Teilspannung.

4. Gesamtwiderstand R: Nach Definition ist

$R = \dfrac{U}{I}$, d.h. $R = \dfrac{U_1 + U_2}{I} = \dfrac{U_1}{I} + \dfrac{U_2}{I} = \dfrac{U_1}{I_1} + \dfrac{U_2}{I_2} = R_1 + R_2$

Der Gesamtwiderstand (Ersatzwiderstand) der Reihenschaltung ist Summe der Einzelwiderstände:

$$\boxed{R = R_1 + R_2} \quad \text{(F5.7 d)}$$

5.10.3 Anwendungen der Reihenschaltung

1. Problem: Ein Birnchen mit der Aufschrift 12 V/36 W soll mit der Steckdose (220 V) betrieben werden, ohne durchzubrennen!

Lösung: Ein in Reihe geschalteter *Vorwiderstand* (Abb. 5.31) schützt das Birnchen vor zu großer Spannung!

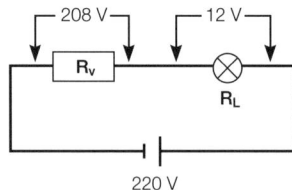

Abb. 5.31

Stromstärke (Sollwert): $I_L = \dfrac{P}{U_L} = \dfrac{36 \text{ W}}{12 \text{ V}} = 3 \text{ A} = I_V = I$

Spannung am Vorwiderstand: $U_V = 220 \text{ V} - U_L = 208 \text{ V}$

Größe des Vorwiderstands: $R_V = \dfrac{U_V}{I_V} = \dfrac{208 \text{ V}}{3 \text{ A}} = 69,\overline{3} \ \Omega$

Zum Vergleich der Lämpchenwiderstand: $R_L = \dfrac{U_L}{I} = 4\,\Omega$

2. *Spannungsteilerschaltung (Potenziometerschaltung):*
Der Schiebewiderstand (siehe Kap. 5.8.2) wird über die Anschlüsse A und B in den Stromkreis geschaltet, dann fließt der Strom des Kreises durch alle Drahtwindungen. Zwischen A und B liegt dann der volle Widerstand von z. B. 1000 Ω, und die Gesamtspannung, z. B. 10 V. Über den Anschluss C, die Schiene und den Schieber kann man einen Teil der Drahtwindungen abgreifen – in Abbildung 5.32 liegen etwa 30 % der Windungen links vom Schieber und 70 % rechts davon. Der Widerstand des Drahtanteils zwischen A und C beträgt dann 30 % von 1000 Ω, d. h. 300 Ω und der zwischen C und B beträgt 700 Ω. Demnach teilt sich die Spannung 10 V so auf U_{AC} bzw. U_{CB} auf, dass gilt: $\dfrac{U_{AC}}{U_{CB}} = \dfrac{300\,\Omega}{700\,\Omega} = \dfrac{3}{7}$

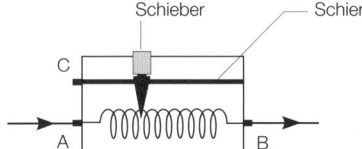

Abb. 5.32

Also beträgt U_{AC} gerade 3 V und U_{BC} beträgt 7 V. Je nach Schieberstellung kann man zwischen A und C (bzw. B und C) also jeden Bruchteil der Gesamtspannung abgreifen.

5.10.4 Parallelschaltung von Widerständen (Abb. 5.33)

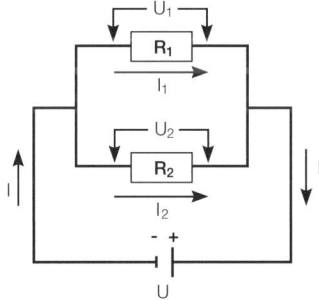

Abb. 5.33

1) *Spannungen:* An beiden Widerständen liegt die gleiche Spannung:
$\boxed{U_1 = U_2 = U}$ (F5.8 a)

2) *Stromstärken:* Die Teilstromstärken addieren sich zur Gesamtstromstärke:
(1. Kirchhoff-Gesetz) $\boxed{I_1 + I_2 = I}$ (F5.8 b)

3) Aus $U_1 = R_1 \cdot I_1$ und $U_2 = R_2 \cdot I_2$ folgt: $R_1 \cdot I_1 = U_1 = U_2 = R_2 \cdot I_2$, also

$$\boxed{\frac{I_1}{I_2} = \frac{R_2}{R_1}} \quad \text{(F5.8 c)}$$

Die Teilstromstärken verhalten sich umgekehrt wie die Widerstände – durch den größeren Widerstand fließt der kleinere Strom.

4) *Gesamtwiderstand R:* Wegen $R = \frac{U}{I}$ bzw. $\frac{1}{R} = \frac{I}{U} = \frac{I_1}{U} + \frac{I_2}{U} = \frac{I_1}{U_1} + \frac{I_2}{U_2} = \frac{1}{R_1} + \frac{1}{R_2}$ gilt:

Der *Kehrwert* des Gesamtwiderstands ist die Summe der Kehrwerte der Einzelwiderstände:

$$\boxed{\frac{1}{R} = \frac{1}{R_1} + \frac{1}{R_2}} \quad \text{(F5.8 d)}$$

Aufgaben: 1) Man schaltet drei Widerstände von 2 Ω, 6 Ω, 12 Ω parallel bzw. in Reihe. Wie groß ist jeweils der Gesamtwiderstand der Schaltung? Welche Teilstromstärken ergeben sich bei der Parallelschaltung, wenn insgesamt 5 A fließen? Welche Teilspannungen erhält man bei der Reihenschaltung für eine Gesamtspannung von 8 V?

2) Ein Tauchsieder hat bei 200 V die Leistung 300 W. Man berechne seinen Widerstand und die Stromstärke bei 200 V! Wie groß sind Stromstärke und Leistung, wenn man zwei solche Tauchsieder in Reihe bzw. parallel an 200 V legt?

3) In Abbildung 5.34 sollen die beiden Birnchen richtig leuchten. Welche Spannung U muss man wählen, wie groß muss R_3 sein? Welche Spannungen und Stromstärken treten auf?

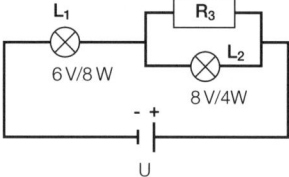

Abb. 5.34

Lösungen: Zu 1): Reihe: $R = R_1 + R_2 + R_3 = 20\ \Omega$

Parallel: $\frac{1}{R} = \frac{1}{R_1} + \frac{1}{R_2} + \frac{1}{R_3} = \frac{1}{2\ \Omega} + \frac{1}{6\ \Omega} + \frac{1}{12\ \Omega} = \frac{6+2+1}{12\ \Omega} = \frac{9}{12\ \Omega}$,

also $R = \frac{4}{3}\ \Omega$

Wenn bei der Parallelschaltung 5 A = I gilt, so ist die Gesamtspannung $U = R \cdot I = \frac{4}{3}\ \Omega \cdot 5\ A = \frac{20}{3}\ V = U_1 = U_2 = U_3$

Dann ist $I_1 = \frac{U_1}{R_1} = \frac{20\ V}{3 \cdot 2\ \Omega} = \frac{10}{3}\ A$, $I_2 = \frac{U_1}{R_2} = \frac{10}{9}\ A$, $I_3 = \frac{U_3}{R_3} = \frac{5}{9}\ A$

(Probe: $I_1 + I_2 + I_3 = \frac{30+10+5}{9}\ A = 5\ A = I$)

Wenn bei der Reihenschaltung U = 8 V gilt, so ist die (Gesamt-)Stromstärke
$I = \frac{U}{R} = \frac{8\,V}{20\,\Omega} = \frac{2}{5}\,A = I_1 = I_2 = I_3$
Dann ist $U_1 = R_1 \cdot I_1 = 2\,\Omega \cdot \frac{2}{5}\,A = \frac{4}{5}\,V$, $U_2 = R_2 \cdot I_2 = \frac{12}{5}\,V$, $U_3 = R_3 \cdot I_3 = \frac{24}{5}\,V$
(Probe: $U_1 + U_2 + U_3 = \frac{40}{5}\,V = 8\,V = U$).

Zu 2): *Stromstärke:* $I = \frac{P}{U} = \frac{300\,W}{200\,V} = \frac{3}{2}\,A$; Widerstand: $R = \frac{U}{I} = \frac{200\,V}{3/2\,A} = \frac{400}{3}\,\Omega$

Schaltet man zwei solche Tauchsieder in Reihe, so beträgt ihr Gesamtwiderstand $\frac{800}{3}\,\Omega$, die *Stromstärke* $I = \frac{U}{R_{ges}} = \frac{200\,V}{800/3\,\Omega} = \frac{3}{4}\,A$ und an jedem Tauchsieder liegt nur eine Spannung von 100 V.
   Also hat jeder Tauchsieder die Leistung $P' = 100\,V \cdot \frac{3}{4}\,A = \frac{300}{4}\,W$, d.h. die *Gesamtleistung ist 150 W (Halbierung der Einzelleistung).*
   Schaltet man die Tauchsieder parallel, so liegen an jedem 200 V, jeder wird von $\frac{3}{2}$ A durchflossen und hat 300 W Leistung. Die *Gesamtstromstärke beträgt 3 A, die Gesamtleistung 600 W (Verdopplung).*

Zu 3): Durch das erste Lämpchen müsste ein Strom der Stärke $I_1 = \frac{8\,W}{6\,V} = \frac{4}{3}\,A$, durch das zweite einer mit $I_2 = \frac{4\,W}{8\,V} = \frac{1}{2}\,A$ fließen.
Weil hier $I_1 = I_2 + I_3$ gilt, müsste $I_3 = \frac{8}{6}\,A - \frac{3}{6}\,A = \frac{5}{6}\,A$ die Stromstärke durch den Widerstand R_3 sein. Die Gesamtstromstärke ist hier durch I_1 gegeben. An L_1 sollen 6 V liegen, an L_2 und R_3, welche zusammen ein Parallelglied bilden, sollen jeweils 8 V liegen – also muss die *Gesamtspannung 14 V* sein. Schließlich ist $R_3 = \frac{U_3}{I_3} = \frac{8\,V}{5/6\,A} = \frac{48}{5}\,\Omega$.

5.11 Messbereichserweiterung beim Strom- und Spannungsmesser

5.11.1 Strommesser

Ein Messgerät zeige Vollausschlag, wenn ein Strom der Stärke 0,1 A durch das Messwerk fließt – *Wie misst man dann einen Strom der Stärke 1 A?*
   Wenn das Drehspulinstrument jetzt bei 1 A Vollausschlag zeigen soll, müssen 0,1 A durch das Messwerk mit dem Zeiger fließen, die restlichen 0,9 A müssen über einen parallel geschalteten Widerstand R_2 umgeleitet werden (Abb. 5.35).
   Beim Umschalten vom Messbereich bis 0,1 A auf den Bereich bis 1 A schaltet man also dem Messwerk mit dem Widerstand R_1 den Widerstand R_2 parallel, wobei gilt: $\frac{R_2}{R_1} = \frac{I_1}{I_2} = \frac{0,1\,A}{0,9\,A}$, d.h. $R_2 = \frac{1}{9} \cdot R_1$.

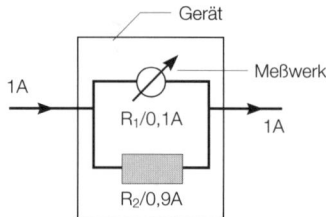

Abb. 5.35

Halber Ausschlag des Zeigers bei diesem Messbereich heißt dann, dass durch das Messwerk 0,05 A fließen, durch R_2 fließen 0,45 A und insgesamt fließen 0,5 A durch das Gerät.

5.11.2 Spannungsmesser

Ein Spannungsmesser (Drehspulgerät) zeige Vollausschlag, wenn am Messwerk 1 V Spannung anliegt – *wie erweitert man den Messbereich auf 10 V, d. h. wie misst man 10 V?*

Wenn das Gerät bei 10 V Vollausschlag zeigen soll, müssen am Messwerk selbst 1 V abfallen; die restlichen 9 V fallen an einem **Vorwiderstand** R_2 ab, den man beim Umschalten zum Messwerkswiderstand R_1 **in Reihe schaltet** (Abb. 5.36)

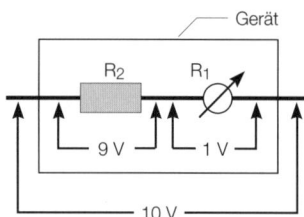

Abb. 5.36

Dabei gilt: $\dfrac{R_2}{R_1} = \dfrac{U_2}{U_1} = \dfrac{9\,V}{1\,V}$, d. h. $R_2 = 9 \cdot R_1$.

5.12 Fernsehröhre

Bei der Braun'schen Röhre (Fernsehröhre) gemäß Abbildung 5.37 befindet sich am Ende eine Heizwendel, die über eine kleine Heizspannung U_H von Strom durchflossen und zum Glühen gebracht wird – es werden (Kap. 5.4.1) Elektronen ins Vakuum herausgeglüht – die Heizwendel fungiert als Kathode K. Über eine große Anodenspannung $U_A (\approx 6000\,V)$ werden die Elektronen auf die Anode A hin beschleunigt und schießen durch das Anodenloch in den mittleren Teil der Röhre. Der Wehneltzylinder W ist negativ aufgeladen und bündelt (fokussiert) die Elektronen zu einem scharfen Strahl; zugleich kann man durch stärkere oder schwächere Auflading des Wehneltzylinders mehr oder weniger Elektronen „durchlassen" und so die Elektronendichte des Strahls regeln. Durch geladene Plattenpaare P 1 und P 2 (bzw. durch Lorentzkräfte – siehe Kap. 5.14 – dann muss man die Plattenpaare durch Spulen ersetzen) kann man den Elektronenstrahl nach oben/unten bzw. links/rechts ablenken und ihn an einem bestimmten Punkt von hinten auf den Bildschirm auftreffen lassen. Eine chemische Substanz lässt den Auftreffpunkt kurz aufleuchten. Man braucht noch eine Absaugvorrichtung für die ankommenden Elektronen.

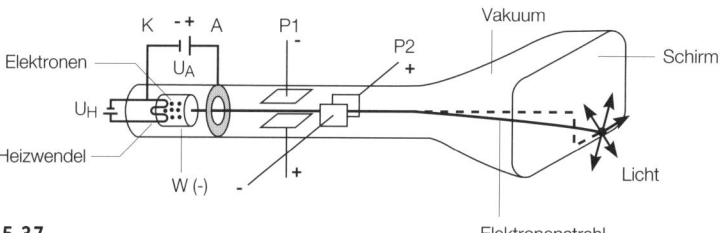

Abb. 5.37   Elektronenstrahl

Bemerkungen:
1. Bei der Fernsehröhre wird die Ablenkung so gesteuert, dass der Elektronenstrahl den gesamten Bildschirm in 625 Zeilen innerhalb von $\frac{1}{25}$ s einmal durchläuft. Die Helligkeit der jeweiligen Bildpunkte lässt sich durch die Zahl der Elektronen über W regeln – diesem muss die Helligkeit des jeweiligen Gegenstandspunktes „mitgeteilt" werden. Da das Auge träge ist, sieht es alle Punkte auf dem Schirm gleichzeitig, also ein Gesamtbild.

2. Beim Farbfernsehen wird das Objekt gleichzeitig von drei Kameras in einem Gerät erfasst, die den Rot-, Grün- und Blauanteil jedes Objektpunktes erfassen („Farbzerlegung"). Entsprechend gibt es in der Fernsehröhre für jede Farbe einen Elektronenstrahl, d. h. insgesamt drei, und am Bildschirm gibt es Farbscheibchen, die rot bzw. grün bzw. blau aufleuchten, wenn sie vom jeweiligen Elektronenstrahl getroffen werden. Sie zusammen liefern den Farbmischton für den Bildpunkt.

3. Beim *Oszillographen*, einem physikalischen Gerät, das Spannungsverläufe anzeigt, liegt am Plattenpaar P2 eine *Kippspannung (Sägezahnspannung)* gemäß Abbildung 5.38. Sie sorgt dafür, dass der Elektronenstrahl erst ganz links auftrifft und dann gleichmäßig nach rechts wandert; vom rechten Rand springt er abrupt zum linken Rand zurück.

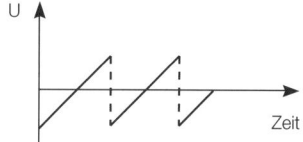

Abb. 5.38

Gibt man auf Plattenpaar P1 eine (zeitlich) sinusförmige Wechselspannung, so sieht man durch Überlagerung beider Ablenkungen die typische Sinuskurve, die der Strahl auf dem Schirm durchwandert.

5.13 Der Elektromotor

Eine stromdurchflossene Spule spürt im Magnetfeld eines Dauermagneten ein Drehbestreben, da sich gleiche Pole abstoßen, ungleiche anziehen. Abbildung 5.39 zeigt vier Stellungen der Spule im Magnetfeld.

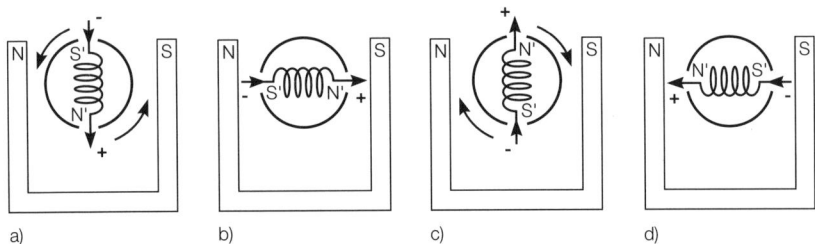

Abb. 5.39: Stellungen einer Spule im Magnetfeld. a) Bestreben zur Drehung im Gegenuhrzeigersinn („S' will zu N, N' zu S"), Strom fließt physikalisch gesehen nach unten; b) kein Drehbestreben: 1. Totpunkt; c) Bestreben zur Drehung im Uhrzeigersinn, Strom fließt nach oben; d) kein Drehbestreben: 2. Totpunkt (instabile Lage)

Will man – wie es bei einem Motor nur Sinn macht! – eine dauerhafte Drehung der Spule in einer Richtung (z. B. im Gegenuhrzeigersinn) erreichen, so muss man verhindern, dass sich nach jeder 180°-Drehung die Stromrichtung (nach „unten" bzw. nach „oben") umkehrt; dies geschieht durch **Kommutatorhalbringe**, bei denen der Kontakt durch Kohlebürsten erfolgt, auf dem die Motormetallscheibe schleift (Abb. 5.40).

In Abbildung 5.40 a fließt der Strom vom Minuspol durch den (zur Unterscheidung) schraffierten linken Halbring nach oben und von oben nach unten durch die Spule – der Südpol S' ist oben, N' ist unten.

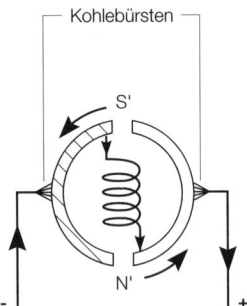

Abb. 5.40a

Abb. 5.40 b zeigt das Ganze nach einer 180°-Drehung: Jetzt ist der schraffierte Halbring rechts, der Strom fließt durch den unschraffierten links hoch und in der Spule von oben nach unten – S' wieder oben, N' unten.

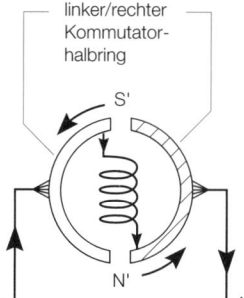

Abb. 5.40b

Prinzip des (Gleichstrom-)Elektromotors:

> Über Spule und Kommutatorringe bewirkt ein elektrischer Strom eine mechanische Drehbewegung.

Der *Nachteil* besteht darin, dass je nach Spulenstellung das Drehbestreben unterschiedlich stark, im Totpunkt gar nicht vorhanden ist; dadurch ist die Drehung des Motors ungleichmäßig. Zur Behebung dieses Nachteils kann man *mehrere Spulen mit zugehörigen Kommutatoren* (Viertelringe, Sechstelringe usw.) gekreuzt übereinander anbringen; die Kohlebürstchen werden so angebracht, dass der Strom immer durch die Spule in optimaler Stellung fließt (Spulen im Totpunkt erhalten keinen Strom).

5.14 Die Lorentzkraft (qualitativ)

Beim Versuch nach Abbildung 5.41 hängt ein Leiterband locker in einem Hufeisenmagneten. Schickt man Strom durch das Band, sodass die physikalische Stromrichtung (Laufrichtung der Elektronen) nach oben zeigt (Abb. 5.41), so wird das Band nach rechts ausgelenkt; kehrt man die Stromrichtung um, so wird es nach links ausgelenkt.

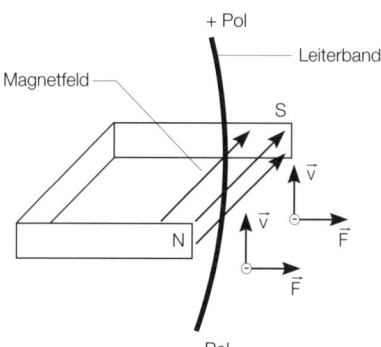

Abb. 5.41

Erklärung: Offenbar erfahren Elektronen, die sich senkrecht zum Magnetfeld bewegen, eine Kraft $\vec{F}$, die senkrecht zum Magnetfeld und zur Bewegungsrichtung zeigt – im Bild nach rechts! Diese Kraft heißt *Lorentzkraft*.

Bemerkungen:
1. Dass nur *bewegte* Elektronen diese Kraft erfahren, ergibt sich daraus, dass das Band erst ausgelenkt wird, wenn Strom hindurchfließt (im Band ohne Strom sind genügend Elektronen).

2. Dass es tatsächlich die Elektronen sind, die die Kraft erfahren und nicht die Metallatome im Leiterband, belegt die Tatsache, dass auch frei durchs Vakuum fliegende Elektronen die Lorentzkraft erfahren (In der Braun'schen Röhre lässt sich der Elektronenstrahl mit Magneten ablenken).

3. Elektronen, die parallel zu den Feldlinien eines Magnetfeldes fliegen, erfahren keine Lorentzkraft.

> Es gilt die **Dreifinger-Regel der linken Hand:** Der Daumen der linken Hand zeige in Richtung der Elektronenbewegung (Ursache), der senkrecht dazu gespreizte Zeigefinger in Richtung des Magnetfeldes. Dann zeigt der zu beiden senkrecht abgespreizte Mittelfinger die Richtung der Lorentzkraft (Wirkung) an.

Die Lorentzkraft liefert eine weitere Erklärung für die Drehung einer stromdurchflossenen Leiterschleife (Vorstufe des Elektromotors) im Magnetfeld (Abb. 5.42).

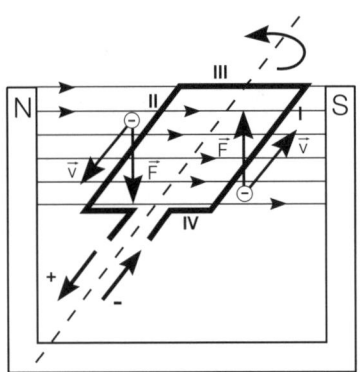

Abb. 5.42

Auf der rechten Seite der Leiterschleife (Bereich I) gilt:
- Die Elektronen bewegen sich nach hinten, das Magnetfeld zeigt nach rechts, die Lorentzkraft $\vec{F}$ nach oben.
- Auf der linken Seite (Bereich II) bewegen sich die Elektronen nach vorne, die Lorentzkraft zeigt nach unten.
- In den Bereichen III (hinten) und IV (vorne) der Schleife gibt es keine Lorentzkraft, da die Elektronen sich parallel zu den Feldlinien bewegen.

Insgesamt dreht sich die stromdurchflossene Schleife im Gegenuhrzeigersinn um die gestrichelte Drehachse.

5.15 Elektromagnetische Induktion –
1. Teil: Einfache Aussagen (qualitativ)

5.15.1 Generatorprinzip

Vom Fahrraddynamo her weiß man, dass bei der Drehung einer Spule im Magnetfeld ein angeschlossenes Lämpchen leuchtet – d. h. zwischen den Enden der Spule wird Spannung induziert. Dies ist der umgekehrte Prozess wie beim Elektromotor, das *Generatorprinzip (Kraftwerk)*.

> Zwischen den Enden einer sich im Magnetfeld drehenden Spule wird eine Spannung induziert.
> Umsetzung: Mechanische Drehbewegung → elektrischer Strom

Die Erklärung soll über die Lorentzkraft in mehreren Schritten erfolgen.

1. Schritt: Ein Leiterstab wird (Abb. 5.43 a) senkrecht zum Magnetfeld nach oben bewegt – dabei wandern alle Elektronen im Stab mit nach oben. Jedes Elektron erfährt daher eine Lorentzkraft nach vorne, d. h. in Stabrichtung – am einen Stabende entsteht Elektronenüberschuss, am anderen Elektronenmangel.

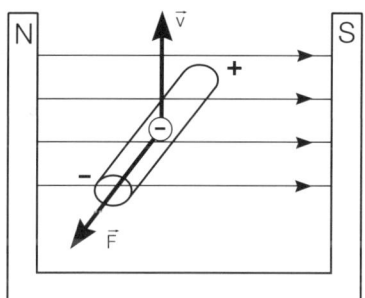

Abb. 5.43a

Ergebnis:
Zwischen den Enden eines quer zum Magnetfeld bewegten Leiters entsteht eine Induktionsspannung (1. Grundaussage zur Induktion).

2. Schritt: Eine Leiterschleife wird gemäß Abbildung 5.43 b im Magnetfeld um die gestrichelte Achse gedreht – im Uhrzeigersinn!
Der rechte Draht der Schleife (Bereich I) wird senkrecht nach unten bewegt, die Elektronen in ihm mit, das Magnetfeld zeigt nach rechts – also erfahren die Elektronen in diesem Draht eine Lorentzkraft $\vec{F}$ nach hinten. Der linke Draht (Bereich II) wird nach oben bewegt, die Elektronen dort erfahren eine Lorentzkraft nach vorne. Wie beim ersten Schritt gilt nun: Am rechten Draht entsteht eine Spannung (Pluspol vorne), am linken ebenfalls (hier ist der Minuspol vorne) – beide Spannungen sind in Reihe geschaltet und bewirken eine Gesamtspannung an der Schleife, deren Pluspol am rechten und Minuspol am linken Anschluss liegt.

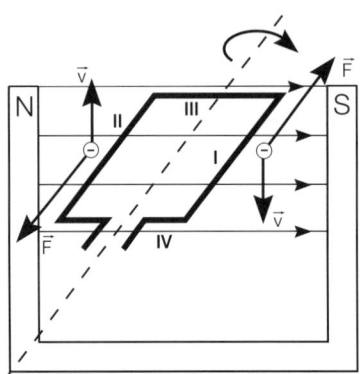

Abb. 5.43b

(In den Bereichen III und IV gibt es auch Lorentzkräfte nach vorne/hinten – diese sind aber senkrecht zum Draht und können sich daher nicht im Sinne des 1. Schritts auswirken.)

Ergebnis: Zwischen den Enden einer im Magnetfeld bewegten Leiterschleife wird Spannung induziert.

3. Schritt: Ersetzt man die Leiterschleife durch eine Spule, bestehend aus n solchen Schleifen, so entsteht eine n-mal so große Induktionsspannung – dies erklärt den Generator.

5.15.2 Induktion von Wechselspannung bei einer sich im Magnetfeld drehenden Leiterschleife

Abbildung 5.44 zeigt in a) die Drehung der Schleife im Magnetfeld entsprechend zu Abb. 5.43 b, in 5.44 b), c), d) ist die Schleife jeweils eine Vierteldrehung später dargestellt. Zur Unterscheidung wurde die eine Hälfte der Schleife dick gezeichnet. Man erkennt, dass in den Fällen b) und d) keine Spannung induziert wird, weil die Elektronen in den Drahtteilen parallel zu den Feldlinien bewegt werden – also erfahren sie keine Lorentzkraft. Im Falle c) ist die Polung umgekehrt wie bei a).

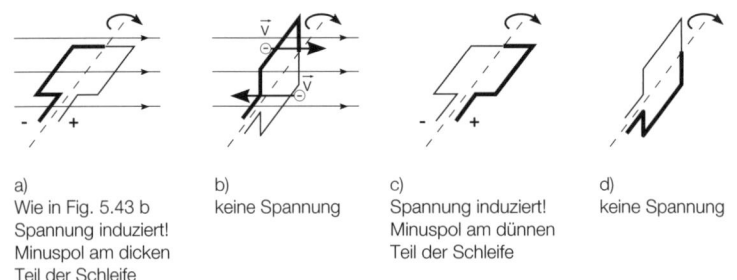

a)
Wie in Fig. 5.43 b
Spannung induziert!
Minuspol am dicken
Teil der Schleife

b)
keine Spannung

c)
Spannung induziert!
Minuspol am dünnen
Teil der Schleife

d)
keine Spannung

Abb. 5.44

In Spulen, die in einem Magnetfeld rotieren, wird Wechselspannung induziert.

5.15.3 Induktion von Spannung durch Magnetfeldänderung

Versuche zeigen:
1. Wenn man einen Magneten einer Spule mit Weicheisenkern nähert, oder ihn von ihr entfernt oder den Magnet über ihr dreht, so wird an ihr Spannung induziert; bleibt der Magnet in Ruhe, wird nichts induziert.
2. Bei einem anderen Versuch (Abb. 5.45) sind zwei Spulen über ein Eisenjoch verbunden, welches das Magnetfeld der ersten auf die zweite überträgt. Schaltet man bei der ersten Spule den Strom ein oder aus oder verändert man die Stromstärke und damit ihr Magnetfeld, wird an der zweiten Spannung induziert.

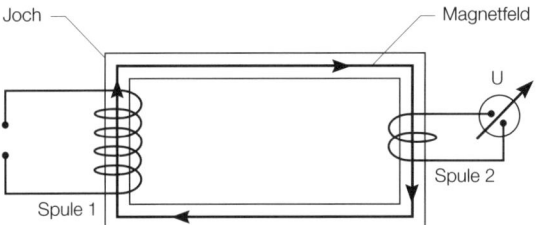

Abb. 5.45

Ändert sich das Magnetfeld in einer Spule, so wird in ihr Spannung induziert (2. Grundaussage zur Induktion).

5.16 Röhrendiode und Röhrentriode

5.16.1 U_A-I_A-Kennlinien der Röhrendiode

Versuch: Man legt an die Glühelektronenrohre aus Kap. 5.4.1 eine Heizspannung an, verbindet die Glühkathode K mit dem Minuspol und die Anode A über einen Widerstand und einen Strommesser mit dem Pluspol einer Spannungsquelle (Abb. 5.46). Variiert man die Anodenspannung U_A und liest jeweils dazu die Stärke I_A des Anodenstroms ab, so erhält man die U_A – I_A-Kennlinien (Abb. 5.47) der Diode.

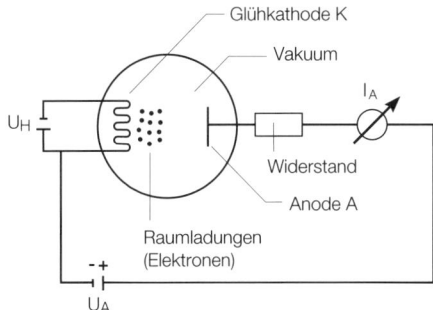

Abb. 5.46

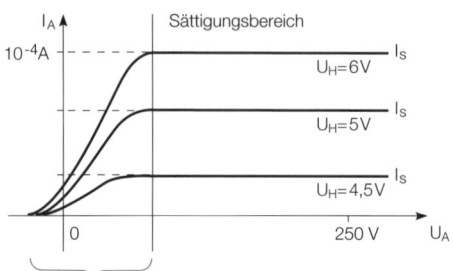

Abb. 5.47   Raumladungsbereich

Man erkennt am Diagramm, dass das Ohm'sche Gesetz $I_A \sim U_A$ hier offenbar nicht gilt; vielmehr steigt der Strom zunächst steil an und erreicht dann einen konstanten Sättigungswert I_s, der von der Heizspannung U_H abhängt.

Erklärung: Die aus der Glühkathode gelieferten Elektronen füllen zunächst den Raum um die Kathode K. Wird die Anodenspannung eingeschaltet, werden sie zum Teil zur Anode A abgezogen, es gibt einen Anodenstrom. Je größer U_A, desto mehr Elektronen werden abgezogen, d. h. desto größer ist I_A; aber immer noch bleibt ein Teil der Elektronen als Raumladung in der Röhre. Ist U_A groß genug, gelangen alle Elektronen zur Anode A, I_A kann nicht mehr wachsen (Sättigungswert erreicht).

Zu verschiedenen Heizspannungen gehören verschiedene Kennlinien, für $U_H \leq 4$ V gibt es keinen Strom.

Grund: U_H legt fest, wie viele Elektronen pro Zeit herausgeführt werden – je größer U_H, desto mehr sind es, desto größer ist I_A bei gleicher Anodenspannung U_A. Ist U_H zu klein, so erhalten die Elektronen im Glühdraht zu wenig Energie, um den Draht zu verlassen.

5.16.2 Diode als Gleichrichter

Man sieht aus Abbildung 5.47, dass für „negatives" U_A", d. h. wenn der Minuspol am Anodenplättchen liegt, kein nennenswerter Strom fließt: die Elektronen können nicht am Plättchen anladen. Also gilt:

1. Wird K mit dem Minuspol und A mit dem Pluspol verbunden, so fließt (wenn U_A groß genug ist) Strom; Elektronen fließen zum Pluspol.
2. Wird K mit dem Pluspol und A mit dem Minuspol verbunden, so fließt kein Strom.
3. Werden die Anschlüsse K und A mit den Polen einer Wechselstromquelle – z. B. der Steckdose – verbunden, so liegt in jeder Sekunde K 50-mal am Minus- und gleichzeitig A am Pluspol der Quelle – Strom fließt! Außerdem liegt in jeder Sekunde K 50-mal am Plus- und zugleich A am Minuspol der Quelle – kein Strom fließt!

> Die Röhrendiode – eingebaut in eine Schaltung mit Wechselspannung – lässt also den Strom nur in einer Richtung durch; während der „Gegenrichtungsphase" fließt kein Strom *(Diode als Gleichrichter)*.

5.16.3 Röhrentriode

Man baut nun zusätzlich zur Kathode K und der Anode A ein Gitter G (Abb. 5.48) ein und erhält so eine *Triode*. Zunächst werden eine feste Heizspannung U_H und Anodenspannung U_A eingestellt – bei der Diode würde sich dann ein bestimmter Wert I_A für den Anodenstrom ergeben. Nun versucht man, diesen Wert zu beeinflussen, indem man das Gitter positiv gegenüber der Kathode K (bzw. negativ) auflädt – man erhält so die U_G – I_A-*Kennlinie der Triode* in Abbildung 5.49.

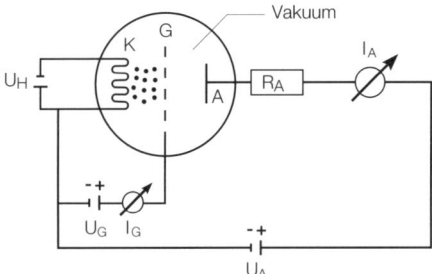

Abb. 5.48

Man erkennt, dass erst bei (gegenüber K) negativ geladenem Gitter I_A vollständig unterdrückt wird (bei 1): Das Gitter stößt die Elektronen ab, sie gelangen nicht mehr zur Anode.

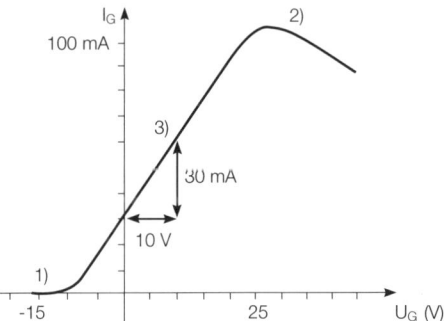

Abb. 5.49

Ab einer bestimmten Gitterspannung nimmt I_A ab (Bereich 2): Die Elektronen werden verstärkt vom positiv geladenen Gitter abgezogen, es gelangen weniger Elektronen zur Anode.
   Im *Zwischenbereich* (Bereich 3) liegt ein steiler, nahezu linearer Anstieg vor (Verstärkerbereich).

5.16.4 Anwendung: Triode als Verstärker

Der Abbildung 5.49 lässt sich entnehmen, dass eine Änderung der Gitterspannung um $\Delta U_G = 1$ V im Verstärkerbereich 3) eine Änderung des Anodenstroms um $\Delta I_A = 3$ mA mit sich bringt. Wählt man als Arbeitswiderstand im Anodenkreis

(Abb. 5.48) $R_A = 10\ k\Omega$, so ändert sich mit ΔI_A die Spannung an R_A um $\Delta U_{R_A} = R_A \cdot \Delta I_A$, also um $\Delta U_{R_A} = 10^4\ \frac{V}{A} \cdot 3 \cdot 10^{-3}\ A = 30\ V$.

Prinzip der Verstärkung: Eine kleine Spannungsschwankung von U_G *um 1 V wird in eine große Spannungsschwankung von* U_{R_A} *um 30 V umgesetzt: Verstärkung um Faktor 30!*

5.17 Halbleiter, Halbleiterdiode, Transistor

5.17.1 Undotierte Halbleiter

Bei den Halbleitern Silizium und Germanium ist im Gitter jedes Atom tetraederförmig von vier nächsten Nachbarn umgeben. Im Atom gibt es vier Außenelektronen; jedes „sucht" sich bei einem nächsten Nachbarn ein zweites – beide zusammen bilden ein Elektronenpaar zwischen nächsten Nachbarn, das für den Zusammenhalt des Gitters sorgt.

Abbildung 5.50 zeigt ein *vereinfachtes zweidimensionales Schema*; die Germaniumatomreste sind – ohne die vier Außenelektronen – vierfach positiv geladen.

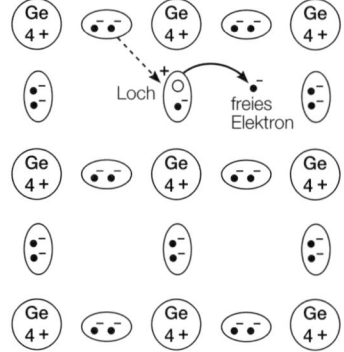

Abb. 5.50

Durch Energiezufuhr (Temperaturerhöhung/Licht) kann aus einem Elektronenpaar ein Elektron herausgeschlagen werden – dann erhält man ein *freies Elektron* (negativ geladen) und ein verbleibendes *Elektronenloch* (positiv geladen).

Beide können im Kristall wandern: das Loch, indem es z. B. von einem Außenelektron eines Nachbarpaars (in Abb. 5.50 links oben) gefüllt wird – dann ist dort ein Loch, das alte Loch ist verschwunden.

Legt man von außen Spannung an, so wandern die freien Elektronen zum positiven Pol, die Löcher zum negativen Pol: *Es fließt Strom (Eigenleitung:* Loch und Elektron – beide vom Germanium stammend – tragen gleichermaßen dazu bei!*)*

Eine anschauliche Vorstellung gibt das *Parkhausmodell* (Abb. 5.51): Solange die untere Ebene voller Autos ist und die obere leer – dies entspricht der Situation, dass alle Elektronen in Bindungspaaren sitzen, keines frei beweglich ist (man sagt auch „alle Elektronen sind im Valenzbandniveau, keines im Leitungsbandniveau") – kann kein Auto bewegt werden. Wird durch äußere Arbeit W ein Auto auf die nächste Etage (ins „Leitungsband") gehoben, entsteht unten (im „Valenzband") ein Loch – oben und unten herrscht Beweglichkeit.

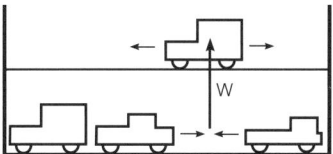

Abb. 5.51

Bemerkungen:
1. Halbleiter der beschriebenen Art haben umso mehr freie Elektronen und Löcher, je höher die Temperatur ist; umso größer ist auch die Stromstärke bei Anlegen einer Spannung, während bei Zimmertemperatur nur ein schwacher Strom fließt. Sie heißen somit *Heißleiter* – ihr Widerstand ist umso kleiner, je höher die Temperatur ist.
2. Bei anderen Halbleitern entstehen freie Elektronen und Löcher durch Lichtzufuhr. Beim Beleuchten nimmt die Stromstärke zu, der Widerstand ab *(Fotowiderstand)*.
3. Der Vorgang, dass beim Fotowiderstand durch Lichteinwirkung gebundene Bindungselektronen zu energiereicheren Leitungselektronen werden, heißt *innerer Fotoeffekt*. Es gibt auch den *äußeren Fotoeffekt* (siehe Kapitel 6), bei dem aus Metallen durch Licht bereits freie Leitungselektronen ganz herausgeschlagen werden – man kann so entsprechend zur Glühelektronenröhre eine Fotozelle bauen.

Aufgaben: 1) In der Schaltung von Abbildung 5.52 wird der Heißleiter bzw. der Draht erhitzt. Wie ändert sich die Stromstärke I, wie die Teilspannungen am Heißleiter und am Draht?

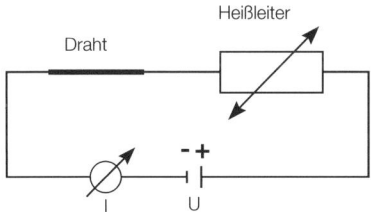

Abb. 5.52

Lösung: *Heißleiter erhitzt:* Sein Widerstand R_{HL} sinkt, der des Drahtes R_D bleibt, also sinkt $R_{ges} = R_{HL} + R_D$ und *die Stromstärke* $I = \dfrac{U}{R_{ges}}$ *wird größer.*
Die *Spannung* $U_D = R_D \cdot I$ *steigt mit I, die Spannung* $U_{HL} = U - U_D$ *fällt.*

Draht erhitzt: R_D steigt, R_{HL} bleibt, also steigt R_{ges}, *die Stromstärke sinkt;* $U_{HL} = I \cdot R_{HL}$ *sinkt,* $U_D = U - U_{HL}$ *steigt.*

2) Entwickle mit einem Fotowiderstand eine Lichtschranke, die beim Unterbrechen des Lichtweges eine Klingel ertönen lässt!

Lösung (Abb. 5.53): Fällt Licht auf den Fotowiderstand, ist die Stromstärke I_1 im linken Stromkreis groß, der Spulenmagnet stark – er hält den Schalter im rechten Stromkreis offen.

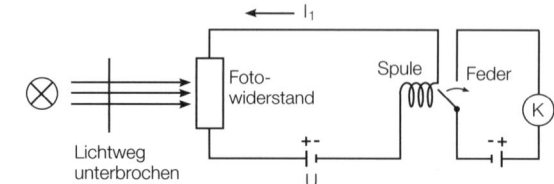

Abb. 5.53

Unterbrechung des Lichtwegs bedeutet, dass I_1 klein wird und der Magnet der Spule schwach – die Feder schließt den rechten Stromkreis, die Klingel erhält Strom und läutet.

Bemerkung: Baut man den Schalter im rechten Stromkreis so, dass ihn eine Feder nach rechts öffnen möchte, so läutet die Klingel bei Lichteinfall – man hat eine Alarmanlage. Ersetzt man in dieser Konstruktion den Fotowiderstand durch einen Heißleiter, hat man eine Feuerwarnanlage.

5.17.2 Dotierte Halbleiter

Die Leitfähigkeit des reinen Germaniumkristalls ist auch bei hohen Temperaturen klein. Man kann sie steigern, indem man Fremdatome einbaut (den Kristall *dotiert*), die leichter Elektronen abgeben oder mehr Löcher erzeugen.

Arsen hat beispielsweise 5 äußere Elektronen. Baut man ein Arsenatom in den Germaniumverband (jeweils vier Nachbarn) ein, so ist ein Elektron „überflüssig" – das Arsen gibt es leicht als freies Elektron ab *(Elektronendonator)*. Zurück bleibt ein positives Loch, das allerdings beim Arsen festsitzt, d. h. unbeweglich ist. Im mit Arsen dotierten Germaniumkristall befinden sich also viel mehr freie Elektronen, sodass die Leitfähigkeit viel größer ist als beim reinen Kristall (Elektronenleitung = *n-Leitung*, „n" von negativ).

Baut man in den Germaniumkristall ein Indiumatom ein mit 3 äußeren Elektronen, so braucht dies für den Einbau ein viertes Elektron – dies „holt es sich" aus einem Germanium-Bindungselektronenpaar, dort bleibt ein Loch zurück. Beim Indiumatom ist jetzt eine unbewegliche negative Ladung (Indium ist ein *Elektronenakzeptor*), irgendwo im Kristall ein bewegliches Loch. Die Steigerung der Löcherzahl bewirkt eine viel größere Leitfähigkeit (Löcherleitung = *p-Leitung*).

5.17.3 Der p/n-Übergang

Ein p-Halbleiter und ein n-Halbleiter werden miteinander zu einem Bauteil, genannt p/n-Diode, verbunden (Abb. 5.54). Im p-Gebiet gibt es ortsfeste negative Ladungen beim Indium ⊟ und bewegliche positive Löcher ⊕; im n-Gebiet gibt es ortsfeste positive Ladungen beim Arsen ⊞ und bewegliche negative Ladungen, freie Elektronen ⊖.

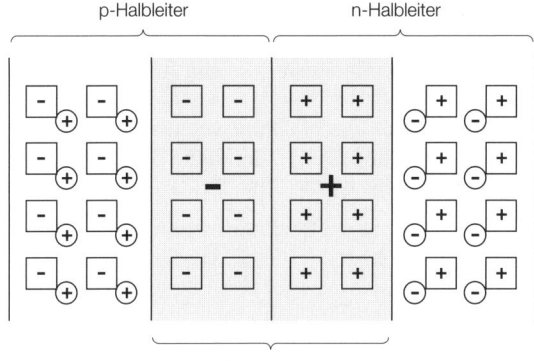

Abb. 5.54

An der Grenze zwischen p- und n-Gebiet kommt es zur *Rekombination:* Elektronen aus dem n-Gebiet gelangen ins p-Gebiet, treffen dort auf die beweglichen Löcher, neutralisieren sich mit ihnen und verschwinden mit ihnen.

Als Folge davon baut sich an der Grenze zwischen p- und n-Gebiet eine Spannung auf; im Grenzgebiet finden sich nur sehr wenige bewegliche Ladungsträger (ladungsträgerarme *Sperrschicht*).

5.17.4 Halbleiterdiode als Gleichrichter

Man legt von außen eine Spannung an eine p/n-Diode, wie sie in Kap. 5.17.3 beschrieben wurde.

1. Fall: Minuspol am n-Halbleiter, Pluspol am p-Halbleiter
Dann werden die beweglichen Löcher im p-Gebiet und die Elektronen im n-Gebiet nach innen getrieben, die Sperrschicht wird viel dünner; außerdem gewinnen Löcher, die nach rechts bzw. Elektronen, die nach links laufen (Abb. 5.55 a) Energie.

Abb. 5.55a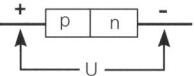

Also kann der Strom hindurchfließen (Durchlasspolung)

2. Fall: Minuspol am p-Halbleiter, Pluspol am n-Halbleiter
Dann werden die beweglichen Löcher und Elektronen jeweils nach außen gezogen, die Sperrschicht wird breiter; Elektronen und Löcher brauchen Energie, um hindurch zu laufen.

Also kann der Strom nicht hindurchfließen (Sperrpolung – Abb. 5.55 b).

Abb. 5.55b

Das Symbol für die Halbleiterdiode ist ⇢⊢, wobei das Pfeilende das p- und der Querstrich das n-Gebiet bezeichnet. Bei Durchlasspolung fließen Elektronen entgegen der Pfeilrichtung, d. h. die konventionelle (technische) Stromrichtung ist dann in Pfeilrichtung.

Die *Halbleiterdiode kann zur Gleichrichtung von Wechselströmen benutzt* werden (wie die Röhrendiode aus Kap. 5.16.2). Abbildung 5.56 a zeigt den Stromverlauf durch ein Lämpchen bei Wechselstrom ohne Diode – „negativer Strom" bedeutet Strom in Gegenrichtung.

Abb. 5.56a
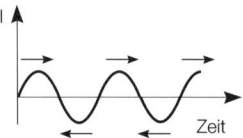

Baut man zusätzlich eine Halbleiterdiode in Reihe ein, so wird (Abb. 5.56 b) der Strom in Gegenrichtung gestoppt!

Abb. 5.56b
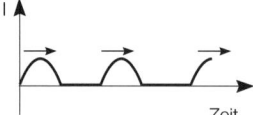

5.17.5 Gleichrichterschaltung mit vier Dioden und Foto-Diode

1. Gleichrichterschaltung mit vier Dioden (Brückenschaltung): Man legt Wechselspannung $U_\sim$ an. Ist der Pluspol oben und zugleich der Minuspol unten (Abb. 5.57), so sperren die Dioden D_1 und D_4 – der Elektronenstrom fließt von unten durch D_3, dann im Lämpchen nach rechts und über D_2 zum Pluspol.

Abb. 5.57
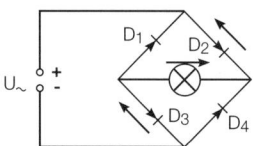

Ist dagegen der Minuspol der Quelle oben und gleichzeitig der Pluspol unten, so sperren D_2 und D_3; der Elektronenstrom fließt von oben über D_1, dann nach rechts durch das Lämpchen, schließlich durch D_4 zum Pluspol unten.

Der Stromverlauf durch das Lämpchen hat jetzt den zeitlichen Verlauf von Abbildung 5.58 a – gegenüber einer Diode (Abb. 5.56 b) entfallen die längeren „Nullstromzeiten". Baut man anstelle des Lämpchens einen geeigneten Widerstand mit parallel geschaltetem Kondensator ein und greift dort die Spannung ab, so ist ihr Verlauf stark geglättet wie in Abbildung 5.58 b, also schon recht „gleichspannungsähnlich" – dies soll hier nicht begründet werden.

Abb. 5.58a
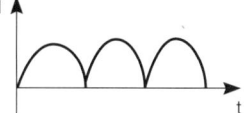

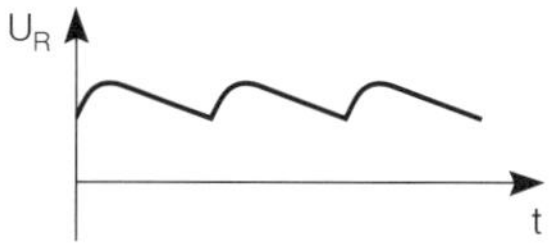

Abb. 5.58b

2. Foto-Diode: Sie wird in Sperrrichtung betrieben! *Ohne Licht fließt kein Strom.* Beim Beleuchten werden in der Sperrschicht zusätzliche bewegliche Löcher und freie Elektronen erzeugt (Abb. 5.59). Die Elektronen laufen zum Pluspol, die Löcher in Richtung Minuspol; der Strommesser zeigt *Strom*!

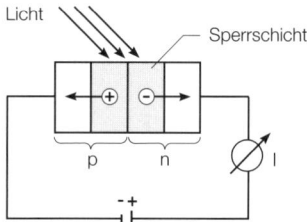

Abb. 5.59

5.17.6 Der Transistor

Ein npn-Transistor ist (Abb. 5.60 a) wie ein Sandwich aufgebaut aus zwei n-Halbleiterschichten und einer schmalen p-Zwischenschicht; Abbildung 5.60 b zeigt das Schaltsymbol des Transistors.

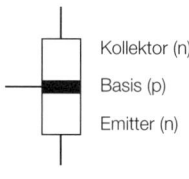

Abb. 5.60a

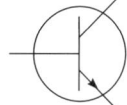

Abb. 5.60b

1. In einem Stromkreis sei der Emitter am Minuspol, der Kollektor über ein Birnchen am Pluspol der Spannungsquelle (U = 4,5 V) angeschlossen.

Wie muss man die Basis anschließen, damit das Birnchen hell leuchtet bzw. dunkel bleibt?

1. Fall: *Wird die Basis (über einen Schutzwiderstand R) mit dem Pluspol verbunden, so leuchtet das Birnchen hell.*

Erklärung: Der p/n-Übergang Basis/Emitter ist in Durchlassrichtung gepolt (+ an p, – an n), also fließen Elektronen von E nach B. Die meisten Elektronen verlassen aber nicht den Transistor bei B, sondern *schießen über die schmale Basis hinaus ins Kollektorgebiet* (Abb. 5.61). Also gibt es einen *kleinen Basisstrom* I_B (≈ 1 mA) und einen *großen Kollektorstrom* I_C (≈ 40 mA). Die Spannung am Widerstand beträgt für $R \approx 200 \, \Omega$ gerade $U_R = I_B \cdot R = 0,001 \, A \cdot 200 \, \frac{V}{A} = 0,2$ V, die Spannung U_{BE} ist demnach $U_{BE} \approx 4,3$ V. *Der Transistor „lässt durch".*

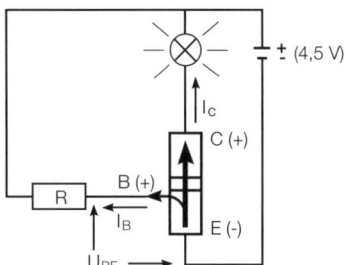

Abb. 5.61

2. Fall: *Wird die Basis mit dem Minuspol verbunden, ist die Lampe aus.*

Erklärung: Dann ist keine Spannung am p/n-Übergang B/E, der p/n-Übergang B/C ist in Sperrrichtung gepolt. Also gibt es keinen Basisstrom, keinen Kollektorstrom: $I_B = 0$, $I_C = 0$. Außerdem ist $U_{BE} = 0$. *Der Transistor „sperrt".*

Transistor als „Schalter" im Kollektorstromkreis:

Basis stark positiv gegenüber Emitter: großer Kollektorstrom; keine Spannung zwischen Basis und Emitter: $I_C \approx 0$

2. Zwischen den Extremfällen $U_{BE} = 0/I_C = 0$ und $U_{BE} \approx 4,3$ V/$I_C = 40$ mA gibt es natürlich Zwischenstufen. Abbildung 5.62 zeigt, wie der Kollektorstrom I_C von der Basis/Emitter-Spannung U_{BE} abhängt – statt des Lämpchens im Kollektorkreis wurde ein Widerstand R_C ($\approx 100 \, \Omega$) eingebaut. *Diese Transistor-Kennlinie* zeigt einen steilen linearen Stromanstieg etwa bei $U_{BE} \approx 0,7$ V; in diesem Bereich bewirkt eine kleine Änderung von U_{BE} eine große Änderung von I_C und der Spannung $U_{R_C} = I_C \cdot R_C$ am Widerstand im Kollektorkreis *(Verstärkerbereich).* Wie die Röhrentriode (siehe Kap. 5.16.4) kann der *Transistor als Verstärker* (z. B. von Spannungen) benutzt werden; man muss vorher den Arbeitspunkt $U_{BE} \approx 0,7$ V mittels einer Spannungsteilerschaltung (siehe Kap. 5.10.3, Punkt 2) einstellen.

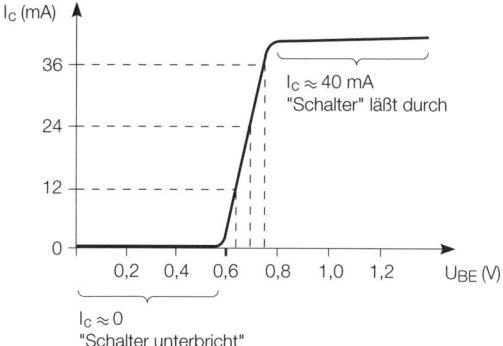

Abb. 5.62

5.18 Das elektrische Feld, elektrische Feldstärke

5.18.1 Elektrische Felder, Feldlinien

Bei Versuchen mit dem Bandgenerator (Kap. 5.3.4) springen geladene Wattebällchen von der großen Kugel (Minuspol) senkrecht weg, fliegen eventuell zum Pluspol, werden umgeladen usw. Wie beim Magnetfeld gilt:

> Der Bereich um elektrische Ladungen, in dem deren elektrische Kräfte wirken, heißt *elektrisches Feld*. Die Bahnen, auf denen Probeladungen im elektrischen Feld laufen, heißen *elektrische Feldlinien*.
> Die *Pfeilrichtung* einer Feldlinie gibt die Laufrichtung einer positiven Probeladung an – eine negative würde die Bahn in umgekehrter Richtung durchlaufen.
> *Feldlinien enden nie frei im Raum* – sie beginnen (senkrecht) an positiven Ladungen und enden (senkrecht) an negativen Ladungen.

Abbildung 5.63 zeigt das elektrische Feld zweier kugelförmiger Ladungen mit verschiedenen Vorzeichen. Die Kraft auf eine Probeladung an irgendeiner Stelle im Feld ist *tangential* zur Feldlinie dort *gerichtet* und *umso größer*, je *dichter* die Feldlinien dort sind.

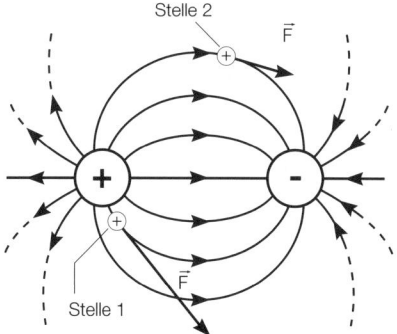

Abb. 5.63

Elektrische Felder lassen sich – ähnlich wie magnetische durch Eisenfeilspäne – mit Grießkörnern verdeutlichen, die in Öl schwimmen: Durch elektrische Influenz (Kap. 5.4.4, Punkt 4) werden in den Grieskörnern im Feld die Ladungen getrennt und die Körner lagern sich in Ketten längs der Feldlinien.

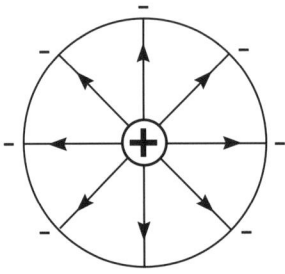

Abb. 5.64a

Abbildung 5.64 zeigt zwei wichtige Feldtypen! In Abbildung 5.64 a ist ein radiales Feld zu sehen, in Abbildung 5.64 b das Feld eines *Kondensators* mit zwei parallelen geladenen Metallplatten. Letzteres ist zwischen den Platten homogen, d. h. die Feldlinien sind parallel und die Feldstärke (siehe 5.18.2!) ist an jeder Stelle gleich; das Randfeld ist nicht mehr homogen.

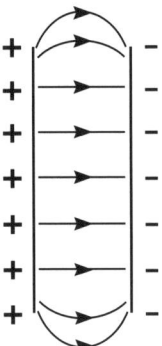

Abb. 5.64b

Bemerkungen:
1. In der *Elektrostatik* (es fließt kein Strom!) müssen die Feldlinien senkrecht auf Leiteroberflächen enden, und das *Innere aller Leiter ist feldfrei*.

Begründung: Würde wie in Abbildung 5.65 die Feldlinie an der Leiteroberfläche nicht senkrecht enden, so würden Elektronen in der Oberfläche eine Kraft schräg zur Oberfläche erfahren. Zerlegung dieser Kraft $\vec{F}$ in Komponenten $\vec{F}_s$ bzw. $\vec{F}_t$ senkrecht bzw. tangential zur Oberfläche hätte wegen $\vec{F}_t \neq 0$ einen Elektronenstrom in der Oberfläche zur Folge – dies widerspricht der Annahme „Statik"! Ebenso hätte ein Feld im Inneren einen Elektronenstrom zur Folge.

Das elektrische Feld, elektrische Feldstärke 243

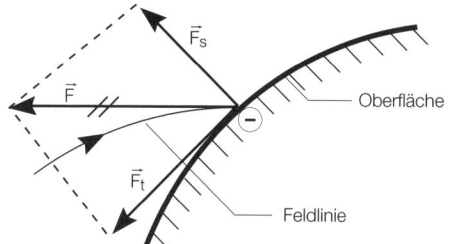

Abb. 5.65

2. Ist dagegen ein Leiter *stromdurchflossen*, so gibt es in seinem Inneren ein Feld, dessen Feldkräfte auf die Elektronen diese „antreiben". Ohne Feld kein Strom!

Aufgabe: Eine positiv geladene Kugel wird vor eine Metallwand gehalten. Man zeichne die entstandenen Influenzladungen und das Feld! Treten Kräfte zwischen Wand und Kugel auf?

Lösung: Die zunächst in die Platte eindringenden Feldlinien rufen dort sofort einen Elektronenstrom hervor – an der Wand sammeln sich Elektronen (Influenzladungen), deren Feld das der positiven Kugel im Leiterinneren ausgleicht (Abb. 5.66). Die Kugel und die Wand ziehen sich gegenseitig an.

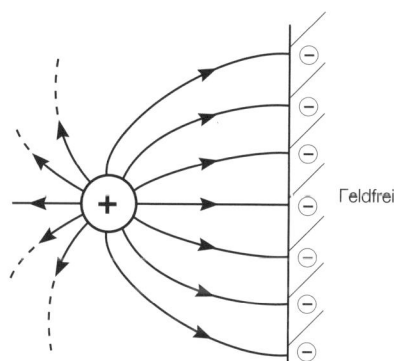

Abb. 5.66

5.18.2 Elektrische Feldstärke

Ein geladenes Kügelchen erfährt im homogenen Feld eines Plattenkondensators eine Kraft $\vec{F}$ und daher eine Auslenkung s. (Abb. 5.67).

Dabei zeigt die Resultierende $\vec{R}$ aus Gewichtskraft $\vec{G}$ und elektrischer Feldkraft $\vec{F}$ in Fadenrichtung und wird vom Faden ausgeglichen; es gilt $\frac{F}{G} = \tan \alpha = \frac{s}{h} \approx \frac{s}{l}$ (die letzte Beziehung gilt für kleine α), also $F \approx \frac{s}{l} \cdot G$, d.h. $F \sim s$

Die Feldkraft ist also proportional zur Auslenkung s, welche im Experiment viel leichter ermittelbar ist als die (sehr kleine) Kraft F.

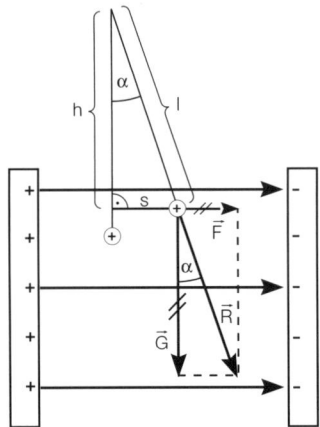

Abb. 5.67

Sicherlich ist bei gleicher Plattenladung, d.h. gleichem elektrischem Feld, die Feldkraft F umso größer, je stärker das Kügelchen geladen ist; genauer kann man sagen, dass ein doppelt so stark geladenes Kügelchen auch die doppelte Feldkraft erfährt (und damit – wie im Experiment nachweisbar – auch die doppelte Auslenkung s).

Somit ist in einem festen Feld die Kraft $|\vec{F}|$ auf ein Kügelchen der Ladung q proportional zu q: $|\vec{F}| \sim q$

Der *Quotient* $\boxed{\vec{E} = \dfrac{\vec{F}}{q}}$ (F5.9) ist konstant und ein Maß für die Stärke des Feldes –

er heißt *elektrische Feldstärke* $\vec{E}$ und hat die Einheit

$[E] = 1\,\dfrac{N}{C} = 1\,\dfrac{Nm}{Cm} = 1\,\dfrac{J}{Cm} = 1\,\dfrac{V}{m}$.

Bemerkungen:
1. Die elektrische Feldstärke $\vec{E}$ ist ein Vektor, dessen Richtung die Feldlinienrichtung angibt.

2. Die Feldkraft auf eine Ladung ist $\vec{F} = \vec{E} \cdot q$ – bei einer negativen Ladung sind $\vec{F}$ und $\vec{E}$ antiparallel.

3. Im homogenen Feld ist $\vec{E}$ überall gleich (Betrag und Richtung).

Aufgabe: Welchen Ausschlag erfährt ein Pendelkügelchen der Masse 0,4 g am Faden der Länge l = 1 m, wenn es die Ladung q = 5 nC trägt, im Feld der Stärke 70 kNC^{-1}?

Lösung: Kraft des Feldes: $F = E \cdot q = 7 \cdot 10^4\,\dfrac{N}{C} \cdot 5 \cdot 10^{-9}\,C = 35 \cdot 10^{-5}\,N$

Wegen $F \approx \dfrac{s}{l} \cdot G$ gilt mit G = 4 · 10^{-3} N für die *Auslenkung*:

$s \approx \dfrac{F}{G} \cdot l = \dfrac{3,5 \cdot 10^{-4}\,N}{4 \cdot 10^{-3}\,N} \cdot 1\,m = 8,75\,cm$

5.19 Elektrische Feldstärke und Spannung

Um den Zusammenhang zwischen Feldstärke E und Spannung U zu erkennen, denke man sich eine positive Probeladung mit q = 2 nC im Feld der Stärke E = 30 kNC^{-1} von der negativ geladenen Platte zur positiven gebracht, die d = 5 cm von der negativen entfernt ist (Plattenabstand). Dazu ist eine Kraft $\vec{F}$ gegen die Feldkraft aufzubringen und somit Arbeit W zu verrichten!

Kraft: $F = F_{Feld} = E \cdot q = 2 \cdot 10^{-9} \, C \cdot 3 \cdot 10^4 \, \frac{N}{C} = 6 \cdot 10^{-5} \, N$

Arbeit im homogenen Feld: $W = F \cdot d = 6 \cdot 10^{-5} \, N \cdot 5 \, cm = 3 \cdot 10^{-6} \, J$

Die Spannung zwischen den Platten ist $U = \frac{W}{q} = \frac{3 \cdot 10^{-6} \, J}{2 \cdot 10^{-9} \, C} = 1{,}5 \cdot 10^3 \, V$

Allgemein gilt:

$$U = \frac{W}{q} = \frac{F \cdot d}{q} = E \cdot d \quad (F.5.10)$$

Die Spannung zwischen den Kondensatorplatten ist das Produkt aus Feldstärke und Plattenabstand.

Bemerkungen:

1. Für den obigen Gedankenversuch lässt sich (F5.10) bestätigen:
$E \cdot d = 3 \cdot 10^4 \, \frac{N}{C} \cdot 5 \cdot 10^{-2} \, m = 1500 \, \frac{V}{m} \cdot m = 1{,}5 \cdot 10^3 \, V$

2. Lädt man zwei Kondensatorplatten auf, trennt sie von der Spannungsquelle ab, lässt aber ein Spannungsmessgerät angeschlossen, so stellt man fest, dass beim Auseinanderziehen der Platten die Spannung steigt (Erklärung: Offenbar bleibt E konstant, aber d und U = E · d werden beim Auseinanderziehen größer.)

3. Läuft eine positive Probeladung gegen die Feldrichtung bzw. eine negative in Feldrichtung, so muss von außen die Arbeit W = U · q = E · d · q hineingesteckt werden; läuft die positive Probeladung in (die negative gegen die) Feldrichtung, so verrichtet das Feld an ihr Arbeit.

4. Fließt in einem Draht Strom, so verrichtet das Feld dauernd Arbeit an den Elektronen (siehe 3)); die Elektronen werden dadurch aber nicht schneller, sondern sie führen die Arbeit bei Stößen mit den (größeren) Ionenresten an diese ab. Als Folge steigt die Temperatur des Drahts, er gibt Wärme ab!

5. In der Braun'schen Röhre werden die Elektronen aus der Kathode herausgeglüht; durch eine starke Spannung U erfahren sie Arbeit – sie werden zum Anodenring beschleunigt! Dann gilt:

$U \cdot q = W_{Feld} = E_{Kin} = \frac{1}{2} mv^2$, *also haben sie am Anodenring die Geschwindigkeit*

$v = \sqrt{\frac{2 \cdot U \cdot q}{m}}$ (F5.11)

6. *Hängt die Arbeit des Feldes an einer Probeladung von deren Weg im Feld ab?* Man stelle sich vor, dass die positive Probeladung gemäß Abbildung 5.68 nicht direkt

zur negativen Platte läuft, sondern schräg unter dem Winkel α. Man zerlegt $\vec{F}$ in Komponenten $\vec{F}_1$ in Wegrichtung mit $\frac{F_1}{F} = \cos\alpha$ und $\vec{F}_2$ senkrecht zur Wegrichtung und erhält:

$$W_{Feld}^{schräg} = F_1 \cdot s = (\cos\alpha \cdot F) \cdot s = F \cdot (\cos\alpha \cdot s) = F \cdot d = W_{Feld}^{direkt}$$

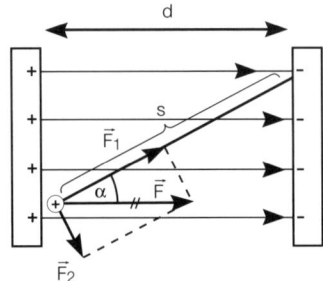

Abb. 5.68

Die Arbeit ist wegunabhängig! (Der längere Weg wird durch die kleinere Kraft ausgeglichen).

Aufgabe: Zwischen zwei Kondensatorplatten mit 3 cm Abstand liegt die Spannung 500 V. Man berechne die Feldstärke, die Kraft auf eine Probeladung von q = 5 nC, die Arbeit der Feldkräfte an dieser, wenn sie von einer zur anderen Platte läuft und die Geschwindigkeit mit der sie dort ankommt! (wenn sie beim Start v = 0 hatte, und ihre Masse 0,5 g beträgt).

Lösung: $U = E \cdot d$, also $E = \dfrac{U}{d} = \dfrac{500\ V}{3 \cdot 10^{-2}\ m} = \dfrac{5}{3} \cdot 10^4\ \dfrac{V}{m}$,

$F = E \cdot q = \dfrac{5}{3} \cdot 10^4\ \dfrac{N}{C} \cdot 5 \cdot 10^{-9}\ C = \dfrac{25}{3} \cdot 10^{-5}\ N$, $W = F \cdot d = \dfrac{25}{3} \cdot 10^{-5}\ N \cdot 3\ cm$,

also $W = 2{,}5 \cdot 10^{-6}$ J (Kontrolle: $W = U \cdot q = 25 \cdot 10^{-7}$ J);

Geschwindigkeit: $v = \sqrt{\dfrac{2 \cdot 500\ V \cdot 5 \cdot 10^{-9}\ C}{5 \cdot 10^{-4}\ kg}} = \sqrt{10^{-2}\ J/kg} = 0{,}1\ \dfrac{m}{s}$

5.20 Ladungsdichte und Kapazität

5.20.1 Flächenladungsdichte und Feldkonstante

Entnimmt man bei einem aufgeladenen Kondensator über ein Metallplättchen mit Isolatorstil der Kondensatorplatte an verschiedenen Stellen innen Ladung und misst diese mit dem Messverstärker, so erhält man immer etwa den gleichen Wert; die Ladung sitzt also überall auf den Kondensatorplatten gleich dicht (Abb. 5.69).

Ladungsdichte und Kapazität

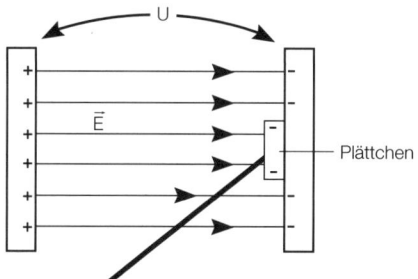

Abb. 5.69

Nimmt man zwei gleiche Testplättchen und misst deren Gesamtladung, so erhält man doppelt so viel an Ladung bei auch doppelter Gesamtfläche; der Quotient aus Ladung und Fläche, die Flächenladungsdichte, ist gleich wie bei einem Plättchen.

Definition:

Flächendichte σ einer Ladung Q, die auf einer Fläche A gleichmäßig verteilt sitzt:

$$\sigma = \frac{Q}{A} \leftarrow \text{Flächendichte} = \frac{\text{Ladung}}{\text{Fläche}}; \text{ Einheit}: [\sigma] = 1\,\frac{C}{m^2} \quad \text{(F5.12)}$$

Aus Abbildung 5.69 wird klar, dass im Augenblick der Berührung mit dem Plättchen die Ladung der Kondensatorplatte an dieser Stelle auf das Plättchen übergeht (Leiterinneres feldfrei!) – also entspricht die Flächenladungsdichte auf dem Plättchen genau der auf der Kondensatorplatte!

Halbiert man bei gleichem Plattenabstand die Spannung (und damit auch $E = \frac{U}{d}$), so zeigt sich, dass auch die Ladungsdichte σ der Platten halbiert wird; halbiert man bei gleicher Spannung den Plattenabstand (und verdoppelt damit $E = \frac{U}{d}$), so wird σ verdoppelt, wie das Experiment zeigt.

Offensichtlich sind Feldstärke und Ladungsdichte proportional: $\sigma \sim E$

Der Quotient $\frac{\sigma}{E}$ ist eine Konstante, für den luftgefüllten Kondensator eine Naturkonstante – die *elektrische Feldkonstante* ε_0:

$$\boxed{\varepsilon_0 = \frac{\sigma}{E} = 8{,}85 \cdot 10^{-12}\,\frac{C}{Vm}} \quad \text{(F5.13)}$$

Bemerkungen:

1) Für ein homogenes Kondensatorfeld („Luftfüllung") gilt also: $\sigma = \varepsilon_0 \cdot E$

2) Trägt die eine Kondensatorplatte die Ladung Q, so trägt die andere die Ladung $-Q$. Die Plattenladungsdichte ist $\sigma = \frac{Q}{A}$, wobei A die Fläche einer Platte ist.

5.20.2 Kapazität

Schreibt man die Formel (F5.13) um, so folgt: $\sigma = \varepsilon_0 \cdot E$ bzw. $\dfrac{Q}{A} = \varepsilon_0 \cdot \dfrac{U}{d}$

Also gilt: $Q = \left(\varepsilon_0 \cdot \dfrac{A}{d}\right) \cdot U = C \cdot U$ mit $C = \varepsilon_0 \cdot \dfrac{A}{d}$

Bei einem festen Kondensator (mit festem Plattenabstand d und fester Plattengröße A) ist die Plattenladung Q proportional zur angelegten Spannung U; der konstante Quotient $C = \dfrac{Q}{U}$ beschreibt das „Fassungsvermögen" des Kondensators (in C je V) und heißt *Kapazität C*.

Definition:

$$\text{Kapazität} = \dfrac{\text{Ladung}}{\text{Spannung}}, \text{ also } C = \dfrac{Q}{U} \quad \text{(F5.14)}$$

$$\text{Einheit: } [C] = 1\,\dfrac{C}{V} = 1\,F\,\text{(Farad)} \quad \text{(F5.14 a)}$$

Die Kapazität bei Luftfüllung ist also $\boxed{C = \varepsilon_0 \cdot \dfrac{A}{d}}$ (F5.15)

5.20.3 Dielektrizitätszahl

Bei einem Versuch werde an einen Kondensator mit Luftfüllung eine bestimmte Spannung angelegt, dann wird er von der Spannungsquelle abgetrennt und seine Plattenladungsdichte gemessen. Danach wird eine Kunststoffschicht zwischen die Platten geschoben, dieselbe Spannung angelegt, der Kondensator von der Spannungsquelle abgetrennt und wieder die Plattenladungsdichte gemessen – sie ist viel größer.

Der Kondensator hat also mit Isolatorschicht bei gleicher Spannung eine größere Plattenladung und damit auch eine größere Kapazität $C = \dfrac{Q}{U}$.

Bei einem anderen Versuch wird ein Kondensator aufgeladen, dann von der Spannungs*quelle* getrennt (ein Spannungsmessgerät bleibt angeschlossen). Schiebt man bei isolierten Platten eine Isolatorschicht (Kunststoff) zwischen die Platten, so sinkt die Spannung stark ab.

Der Kondensator hat also bei gleicher Plattenladung (sie kann ja nicht von den isolierten Platten abfließen) mit Isolatorschicht eine kleinere Spannung und damit eine größere Kapazität $C = \dfrac{Q}{U}$.

Ergebnis: Wird der Raum zwischen den Platten eines Kondensators mit einem Isolator („Dielektrikum") gefüllt, so steigt die Kapazität um einen bestimmten Faktor ε_r, die *Dielektrizitätszahl*

Also lautet die Kapazität bei Dielektrikum: $\boxed{C = \varepsilon_0 \cdot \varepsilon_r \cdot \dfrac{A}{d}}$ (F5.16)

Bemerkung: Die dimensionslose Konstante ε_r hängt vom Stoff ab $\left(\varepsilon_r^{\text{Glas}} \approx 5,\ \varepsilon_r^{\text{Wasser}} \approx 81\right)$

5.20.4 Polarisation der Atome

Erklärung des Sachverhalts von 5.20.3: Im feldfreien Raum liegen der Schwerpunkt der positiven und der negativen Ladung eines neutralen Atoms an derselben Stelle (Abb. 5.70 a). Im äußeren Feld verschieben sich die Schwerpunkte der Ladungen im Atom – es wird *polarisiert* (Abb. 5.70 b).

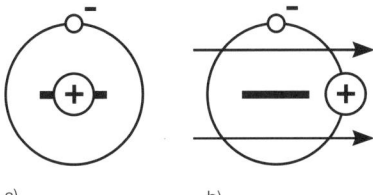

Abb. 5.70   a)   b)

Das Kondensatorfeld bewirkt die Polarisation der Atome im Isolator, *an dessen Rändern* sich die Polarisationsladungen $-Q_p/+Q_p$ bilden (im Inneren gleichen sich diese aus). An ihnen endet *ein Teil* der Feldlinien, aber nicht alle, da $Q_p < Q$ ist (im Gegensatz zu den Influenzladungen eines Leiters im Feld); die restlichen Feldlinien gehen durch den Isolator (Abb. 5.71).

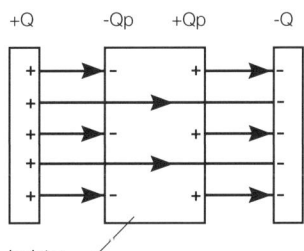

Abb. 5.71   Isolator

Im Isolator ist also die Feldstärke kleiner. Kleinere Feldstärke E bedeutet aber auch weniger Spannung U = E · d; bei gleichem Q ist also $C = \dfrac{Q}{U}$ größer!

Bemerkung: Neben der beschriebenen Verschiebungspolarisation durch das Feld gibt es auch den Fall, dass die Teilchen des Dielektrikums bereits Dipole sind und sich im Feld ausrichten, d. h. drehen (Orientierungspolarisation) – dies erklärt den großen ε_r-Wert bei Wasser!

5.20.5 Ergänzungen

1. In Abbildung 5.71 liegt im Luftspalt links und rechts des Isolators das ursprüngliche (äußere) elektrische Feld der Stärke E_a vor, das durch die Plattenladungen $+Q/-Q$ bestimmt wird; die Polarisationsladungen $-Q_p/+Q_p$

machen ein Polarisationsfeld der Stärke E_p in Gegenrichtung, sodass das innere Feld im Isolator die Stärke $E_i = E_a - E_p$ hat. Es gilt $\dfrac{Q}{Q_p} = \dfrac{E_a}{E_p}$, $\dfrac{Q}{Q - Q_p} = \dfrac{E_a}{E_i}$.

2. Wenn in Abbildung 5.71 die Luftschlitze die Breite d_1 und d_3 haben und der Isolator die Breite d, und wenn an den Luftschlitzen die Spannungen U_1 und U_3 liegen, am Isolator die Spannung U_2, dann muss man die Gesamtspannung aus Einzelteilen „zusammensetzen":

$$\boxed{U = U_1 + U_2 + U_3 = E_a \cdot d_1 + E_i \cdot d_2 + E_a \cdot d_3} \quad \text{(F5.17)}$$

3. Nur wenn das Dielektrikum den Raum im Kondensator vollständig füllt, gilt $C = \varepsilon_0 \cdot \varepsilon_r \cdot \dfrac{A}{d}$.

Bei Luftschlitzen liegt (genauere Berechnung später) die Kapazität zwischen $\varepsilon_0 \cdot \dfrac{A}{d}$ und $\varepsilon_0 \cdot \varepsilon_r \cdot \dfrac{A}{d}$.

4. Man denke sich den Kondensator mit Q aufgeladen und dann von der Spannungsquelle abgetrennt und isoliert. Vergleicht man seine Kapazität ohne Dielektrikum mit der bei einem Dielektrikum, das den Raum voll ausfüllt, so gilt:

$C_{ohne} = \dfrac{Q}{U_{ohne}} = \dfrac{Q}{E_a \cdot d}$, $C_{mit} = \dfrac{Q}{U_{mit}} = \dfrac{Q}{E_i \cdot d}$ und somit $\dfrac{C_{mit}}{C_{ohne}} = \dfrac{E_a}{E_i}$ bzw.

$\dfrac{\varepsilon_0 \cdot \varepsilon_r \cdot A/d}{\varepsilon_0 \cdot A/d} = \dfrac{E_a}{E_i}$, also $\boxed{\dfrac{E_a}{E_i} = \varepsilon_r}$ (F5.18)

Diese Formel gilt auch bei Luftschlitzen! Zwar wurde sie mit vollständig raumfüllendem Dielektrikum hergeleitet, jedoch ändern sich weder E_a noch E_i, wenn das Dielektrikum etwas schrumpft (Luftschlitze!)

5. Aus (F5.18) folgt für die Plattenladungsdichte des Kondensators:

$\boxed{\sigma = \varepsilon_0 \cdot E_a = \varepsilon_0 \cdot \varepsilon_r \cdot E_i}$ (F5.19)

6. Setzt man schließlich (F5.18) ein in die Formel der 1. Bemerkung, so folgt:

$\boxed{\dfrac{Q}{Q - Q_p} = \dfrac{E_a}{E_i} = \varepsilon_r}$ (F5.20) und durch Umformung eine Formel zur Berechnung

der Polarisationsladung: $\boxed{\dfrac{Q_p}{Q} = 1 - \dfrac{1}{\varepsilon_r}}$ (F5.20 a)

Aufgaben: 1) In einem Kondensator (Plattendurchmesser 20 cm, Plattenabstand 6 cm) befindet sich ein Dielektrikum der Breite 3 cm mit $\varepsilon_r = 4$ zwischen zwei Luftschlitzen der Breite 1 cm bzw. 2 cm. Von außen wird die Spannung 6 kV angelegt.

a) Man berechne die äußere und innere Feldstärke, die Plattenladung und die Polarisationsladung, die Kapazität sowie die Spannungen am Dielektrikum und an den Luftschlitzen!

Ladungsdichte und Kapazität

b) Die linke Platte sei geerdet und mit dem Minuspol verbunden. Man trage das Potenzial $\varphi(x)$ über x auf, wenn x der Abstand eines Punkts im Kondensator von der linken Platte ist ($0 \leq x \leq 6$ cm).

2) Wie ändern sich Feldstärke, Spannung, Plattenladung und Ladungsdichte eines Kondensators, wenn man die Platten a) bei konstanter Plattenladung (Platten isoliert), b) bei konstanter Spannung (Quelle angeschlossen) auseinander zieht?

Lösungen:

Zu 1): a) Es gilt $U = E_a \cdot d_1 + E_i \cdot d_2 + E_a \cdot d_3$,

also 6000 V $= E_a \cdot 1$ cm $+ \dfrac{E_a}{4} \cdot 3$ cm $+ E_a \cdot 2$ cm wegen $\dfrac{E_a}{E_i} = \varepsilon_r = 4$;

somit ist $E_a \cdot 3{,}75$ cm $= 6000$ V, d. h. $E_a = \dfrac{6000 \text{ V}}{3{,}75 \text{ cm}} = 1600 \, \dfrac{\text{V}}{\text{cm}}$, $E_i = \dfrac{E_a}{4} = 400 \, \dfrac{\text{V}}{\text{cm}}$

$U_1 = E_a \cdot d_1 = 1600 \, \dfrac{\text{V}}{\text{cm}} \cdot 1$ cm $= 1600$ V, $U_2 = E_i \cdot d_2 = 400 \, \dfrac{\text{V}}{\text{cm}} \cdot 3$ cm $= 1200$ V,

$U_3 = E_a \cdot d_3 = 3200$ V

Probe stimmt: $U_1 + U_2 + U_3 = 6000$ V (Abb. 5.72).

Wegen $\sigma = \varepsilon_0 \cdot E_a = 8{,}85 \cdot 10^{-12} \, \dfrac{\text{C}}{\text{Vm}} \cdot 1600 \, \dfrac{\text{V}}{\text{cm}} = 14{,}16 \cdot 10^{-7} \, \dfrac{\text{C}}{\text{m}^2}$ und $A = \pi r^2$

$= 100 \, \pi \text{cm}^2 \approx 0{,}0314 \text{ m}^2$ ist die *Plattenladung* $Q = \sigma \cdot A = 4{,}45 \cdot 10^{-8}$ C;

Polarisationsladung: $Q_p = \left(1 - \dfrac{1}{4}\right) Q = 3{,}34 \cdot 10^{-8}$ C

Kapazität: $C = \dfrac{Q}{U} = \dfrac{4{,}45 \cdot 10^{-8} \text{ C}}{6000 \text{ V}} = 7{,}4 \cdot 10^{-12}$ F

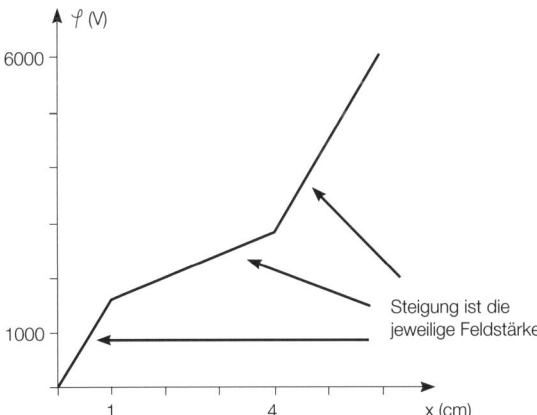

Abb. 5.72

b) An der linken Platte ist das Potenzial $\varphi(0) = 0$. Bei 1 cm ist das Potenzial $\varphi(1 \text{ cm}) = U_1 = 1600$ V.

Wegen $\varphi(4 \text{ cm}) - \varphi(1 \text{ cm}) = U_2 = 1200$ V (Spannung am Dielektrikum) ist $\varphi(4 \text{ cm}) = 2800$ V.

Über $\varphi(6\text{ cm}) - \varphi(0) = U$ folgt: $\varphi(6\text{ cm}) = 6000$ V.

Potenzialdifferenz ist Spannung!

Innerhalb der Luftschlitze bzw. des Dielektrikums steigt das Potenzial linear an – es gilt $\dfrac{\Delta\varphi}{\Delta s} = \dfrac{U}{\Delta s} = E$

Abbildung 5.72 zeigt die gesuchte Potenzialkurve.

Zu 2): Im Falle a) ändern sich Q, σ und E nicht $\left(E = \dfrac{\sigma}{\varepsilon_0}\right)$; dagegen werden d und $U = E \cdot d$ größer.

Im Falle b) bleibt U gleich, aber $E = \dfrac{U}{d}$ wird kleiner, desgleichen $\sigma = \varepsilon_0 \cdot E$ und Q!

5.20.6 Größenfaktoren

Größenfaktoren, die hier und in den folgenden Kapiteln immer wieder auftreten:

M (Mega)   1 MV   = 1 000 000 V = 10^6 V
k (Kilo)   1 kV   = 1 000 V = 10^3 V
m (Milli)   1 mA   = $\dfrac{1}{1\,000}$ A = 10^{-3} A
μ (Mikro) 1 μA = 0,000 001 A = 10^{-6} A
n (Nano)   1 nC   = 10^{-9} C
p (Piko)   1 pF   = 10^{-12} F

5.21 Schaltung von Kondensatoren

5.21.1 Parallelschaltung von Kondensatoren

Bei der *Parallelschaltung zweier Kondensatoren* mit den Kapazitäten C_1, C_2 gilt (Abb. 5.73):

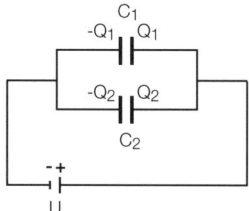

Abb. 5.73

1) *Alle Teilspannungen sind gleich:* $\boxed{U_1 = U_2 = U}$ (F5.21 a)

2) *Die Gesamtladung ist Summe der Einzelladungen:* $\boxed{Q = Q_1 + Q_2}$ (F5.21 b)

3) Wegen $C_1 = \dfrac{Q_1}{U_1} = \dfrac{Q_1}{U}$, $C_2 = \dfrac{Q_2}{U_2} = \dfrac{Q_2}{U}$ gilt: $\boxed{\dfrac{Q_1}{Q_2} = \dfrac{C_1}{C_2}}$ (F5.21 c)

Schaltung von Kondensatoren

Die Ladungen verhalten sich wie die Kapazitäten; je größer die Kapazität ist, desto mehr Ladung sitzt auf dem Kondensator.

4) Gesamtkapazität: $C = \dfrac{Q}{U} = \dfrac{Q_1 + Q_2}{U} = \dfrac{Q_1}{U_1} + \dfrac{Q_2}{U_2} = C_1 + C_2$

Die Gesamtkapazität ist Summe der Einzelkapazitäten: $\boxed{C = C_1 + C_2}$ (F5.21 d)

5.21.2 Reihenschaltung von Kondensatoren

Reihenschaltung zweier Kondensatoren (Abb. 5.74):

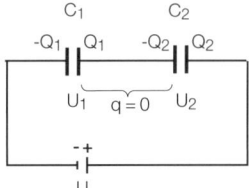

Abb. 5.74

1) Es ist $Q_1 = Q_2$, denn der innere Teil ist isoliert und behält seine anfängliche Gesamtladung q = 0 vor dem Anschluss an die Spannungsquelle auch danach bei.

Also *sitzt auf allen Platten eine betraglich gleich große Ladung:*

$\boxed{Q_1 = Q_2 = Q}$ (F5.22 a)

2) *Die Teilspannungen addieren sich zur Gesamtspannung:*

$\boxed{U = U_1 + U_2}$ (F5.22 b)

3) Wegen $C_1 = \dfrac{Q_1}{U_1} = \dfrac{Q}{U_1}$, $C_2 = \dfrac{Q_2}{U_2} = \dfrac{Q}{U_2}$ folgt: $\boxed{\dfrac{C_1}{C_2} = \dfrac{U_2}{U_1}}$ (F5.22 c)

Die Spannungen an den Kondensatoren verhalten sich umgekehrt wie die Kapazitäten; je größer die Kapazität ist, desto kleiner ist die Spannung am Kondensator.

4) $C = \dfrac{Q}{U}$, also $\dfrac{1}{C} = \dfrac{U}{Q} = \dfrac{U_1}{Q_1} + \dfrac{U_2}{Q_2} = \dfrac{1}{C_1} + \dfrac{1}{C_2}$: $\boxed{\dfrac{1}{C} = \dfrac{1}{C_1} + \dfrac{1}{C_2}}$ (F5.22 d)

Bei der Reihenschaltung ist der Kehrwert der Gesamtkapazität gleich der Summe der Kehrwerte der Einzelkapazitäten.

5.21.3 Aufgaben

1) Man berechne für die Schaltung aus Abbildung 5.75 die Gesamtkapazität, Gesamtladung, die Einzelladungen sowie die Teilspannungen!

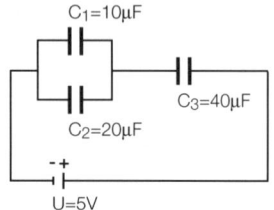

Abb. 5.75

2) An einem Kondensator mit Kapazität C_1 = 10 pF liegt die Spannung 50 V. Schaltet man einen zweiten ungeladenen der Kapazität C_2 parallel, ohne dass Ladung verloren geht, so sinkt die Spannung auf 20 V ab. Wie groß ist C_2?

Lösungen:

Zu 1): Ersatzkapazität des Parallelglieds: $C_p = C_1 + C_2 = 30\ \mu F$; Reihenschaltung von C_p und C_3 liefert $\frac{1}{C} = \frac{1}{C_p} + \frac{1}{C_3} = \frac{4}{120\ \mu F} + \frac{3}{120\ \mu F} = \frac{7}{120\ \mu F}$, d. h. Gesamtkapazität ist $C = \frac{120}{7}\ \mu F$

Gesamtladung: $Q = U \cdot C = 5\ V \cdot \frac{120}{7}\ \mu F = \frac{600}{7}\ \mu C$. Diese Ladung sitzt jeweils auf den Kondensatoren mit den Kapazitäten C_3 und „C_p"!

Damit ist $Q_3 = \frac{600}{7}\ \mu C$ und $U_3 = \frac{Q_3}{C_3} = \frac{600}{7 \cdot 40}\ \frac{\mu C}{\mu F} = \frac{15}{7}\ V$,

$U_1 = U_2 = U - U_3 = \frac{20}{7}\ V = U_p$

(Probe: $\frac{U_p}{U_3} = \frac{20}{15} = \frac{4}{3} = \frac{C_3}{C_p}$!)

$Q_1 = C_1 \cdot U_1 = 10\ \mu F \cdot \frac{20}{7}\ V = \frac{200}{7}\ \mu C$, $Q_2 = C_2 \cdot U_2 = \frac{400}{7}\ \mu C$ → stimmt wegen $Q_1 + Q_2 = \frac{600}{7}\ \mu C = Q_p$

Zu 2): Auf dem ersten Kondensator sitzt zunächst die Ladung Q = 10 pF · 50 V = 500 pC. Dies ist die Gesamtladung, die nach dem Parallelschalten des zweiten erhalten bleibt, sich aber anders verteilt: Ein Teil fließt auf den zweiten Kondensator. Nach dem Zusammenschalten ist die gemeinsame Spannung U = U_1 = U_2 = 20 V, also ist $C_{gesamt} = \frac{Q}{U} = \frac{500\ pC}{20\ V} = 25\ pF = C_1 + C_2$.

Also ist $C_2 = 25\ pF - C_1 = 15\ pF$

5.21.4 Kondensator mit Dielektrikum und Luftschlitz

Bemerkung: Das Problem eines Kondensators mit Dielektrikum, das links an die Kondensatorplatte anschließt und rechts einen Luftschlitz hat, kann jetzt anders als in 5.20 behandelt werden. Man denke sich zwischen dem Dielektrikum und der Luft eine beliebig dünne Metallfolie eingeschoben, die die Kapazität nicht wesentlich verändert. In dieser kommt es durch Influenz zur Ladungstrennung, das Innere ist feldfrei (Abb. 5.76).

Man kann die gesamte Anordnung als *Reihenschaltung* zweier Kondensatoren links bzw. rechts der gestrichelten fiktiven Trennlinie auffassen.

Dann gilt: $\dfrac{1}{C} = \dfrac{1}{C_{links}} + \dfrac{1}{C_{rechts}} = \dfrac{1}{\varepsilon_0 \cdot \varepsilon_r \frac{A}{d_1}} + \dfrac{1}{\varepsilon_0 \cdot \frac{A}{d_2}}$; damit lässt sich die Gesamtkapazität C berechnen!

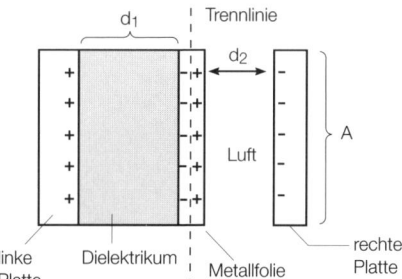

Abb. 5.76

5.22 Die Energie des elektrischen Feldes

5.22.1 Energie des geladenen Kondensators

Wenn man die Platten eines aufgeladenen Kondensators über einen Widerstand verbindet, fließt solange Strom, bis der Kondensator entladen ist – im geladenen Kondensator steckt also Energie!

Um diese zu berechnen, stelle man sich vor, die geladenen Platten stünden im minimalem Abstand voneinander und man würde jetzt die linke Platte festhalten und die rechte bis auf den Abstand d von ihr wegziehen. Dazu muss man die Anziehungskraft überwinden, mit der die rechte von der linken Platte angezogen wird, d. h. man muss selbst eine genauso große Kraft F aufbringen und die Arbeit W = F · d verrichten.

Die Kraft F muss so groß wie die Feldkraft F_{Feld} = E' · Q sein, wobei Q die Ladung der rechten Platte ist; allerdings ist bei E' nur der Teil der Feldstärke E zu berücksichtigen, der von der linken Platte stammt – die rechte kann sich ja nicht selbst anziehen. Da beide Platten gleichermaßen zur Feldstärke beitragen, ist $E' = \dfrac{1}{2} E$.

Also ist $W = \dfrac{1}{2} E \cdot Q \cdot d = \dfrac{1}{2} Q \cdot (E \cdot d) = \dfrac{1}{2} Q \cdot U = \dfrac{1}{2} C \cdot U^2 = \dfrac{1}{2} \dfrac{Q^2}{C}$ die Arbeit, die beim Auseinanderziehen in den Kondensator gesteckt wurde – sie steckt jetzt als Energie in ihm!

Energie des geladenen Kondensators: $\boxed{W = \dfrac{1}{2} CU^2}$ (F5.23)

5.22.2 Räumliche Energiedichte

Die Energie steckt nicht in den Plattenladungen – ein Auseinanderziehen der Platten des isolierten Kondensators erfordert Arbeit, erhöht also dessen Energie, ändert aber an den Plattenladungen nichts! Eher schon scheint plausibel, dass diese Energie im felderfüllten Raumvolumen V = A · d zwischen den Platten steckt – dieses wird beim Auseinanderziehen auch vergrößert!

Umformung liefert:
$$W = \frac{1}{2} CU^2 = \frac{1}{2} \varepsilon_0 \varepsilon_r \frac{A}{d} (E_i \cdot d)^2 = \frac{1}{2} \varepsilon_0 \varepsilon_r \cdot E_i^2 \cdot A \cdot d = \frac{1}{2} \varepsilon_0 \varepsilon_r \cdot E_i^2 \cdot V$$

Also ist $W \sim E_i^2$ (bei „Luftfüllung" ist $E_i = E_a$ und $\varepsilon_r = 1$) und $W \sim V$, d.h. die Energie sitzt im Raum.

Definition:

Räumliche Energiedichte = $\dfrac{\text{Energie}}{\text{Volumen}}$: $\rho_{El} = \dfrac{W}{V} = \dfrac{1}{2} \varepsilon_0 \varepsilon_r \cdot E_i^2$	(F5.24)
Einheit: $[\rho] = \dfrac{J}{m^3}$	(F5.24 a)

Aufgaben: 1) Betrachte Aufgabe 2 von Kap. 5.21.3. Wie viel elektrische Energie geht beim Zusammenschalten verloren? Auf welche Weise?

2) Man vervierfacht den Abstand isolierter geladener Kondensatorplatten. Wie ändert sich die Energie, wie die Energiedichte? Wie groß sind beide am Schluss, wenn d_{Anfang} = 5 cm, A = 500 cm², $Q = 10^{-7}$ C ist?

Lösung:

Zu 1): $W^{vor} = \frac{1}{2} C_1 \cdot U_1^2 = \frac{1}{2} \cdot 10^{-11} \text{ F} \cdot 2500 \text{ V}^2 = 1,25 \cdot 10^{-8} \text{ J}$;

$W^{nach} = \frac{1}{2} C \cdot U^2 = \frac{1}{2} \cdot 25 \cdot 10^{-12} \text{ F} \cdot 400 \text{ V}^2 = 5 \cdot 10^{-9} \text{ J}$

Energieverlust: $\Delta W = 7,5 \cdot 10^{-9}$ J; beim Zusammenschalten wandern Ladungen, es fließt Strom; es entsteht Wärme!

Zu 2): $W = \frac{1}{2} CU^2 = \frac{1}{2} \frac{Q^2}{C} = \frac{1}{2} \frac{Q^2}{\varepsilon_0 \cdot \frac{A}{d}} = \frac{Q^2 \cdot d}{2 \varepsilon \cdot A} \rightarrow$ mit d wird auch *W vierfach*!

$\rho_{El} = \frac{1}{2} \varepsilon_0 \cdot E^2$ *bleibt*, weil mit Q auch σ und E bleiben!

$C_{Ende} = \varepsilon_0 \cdot \dfrac{A}{d_{Ende}} = 8,85 \cdot 10^{-12} \dfrac{C}{Vm} \dfrac{0,05 \text{ m}^2}{0,2 \text{ m}} = 2,2$ pF;

$W_{Ende} = \frac{1}{2} \dfrac{Q^2}{C} = 2,3 \cdot 10^{-3}$ J; $\rho_{El}^{Ende} = \dfrac{W}{A \cdot d} = \dfrac{2,3 \cdot 10^{-3} \text{ J}}{0,05 \cdot 0,2 \text{ m}^3} = 0,23 \dfrac{J}{m^3}$

5.23 Radialfeld einer punktförmigen Ladung, Coulomb-Gesetz

Man denke sich eine Kugel an der Oberfläche gleichmäßig geladen (Ladung Q, Ladungsdichte $\sigma = \dfrac{Q}{A} = \dfrac{Q}{4 \pi r^2}$) und ihre Oberfläche in kleine geladene Platten zerlegt (Abb. 5.77). Durch Überlagerung der Felder gegenüberliegender Platten ergibt sich:

1) *Das Kugelinnere ist feldfrei* – hier heben sich die Felder gegenseitig auf!

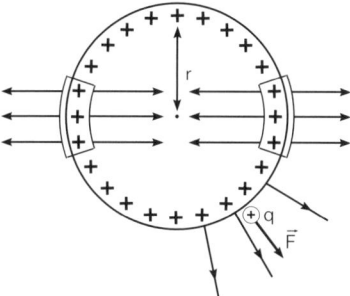

Abb. 5.77

2) *An der Oberfläche der Kugel herrscht überall die gleiche Feldstärke* – hier verdoppeln sich die Plattenfelder ähnlich wie beim Kondensator, wo sie sich innen verdoppeln und außen aufheben, da die Platten entgegengesetzt geladen sind. *Das Feld ist senkrecht zur Oberfläche* und wie beim Kondensator gilt $\sigma = \varepsilon_0 E$.

Auflösung nach E liefert die Feldstärke an der Oberfläche der geladenen Kugel (Ladung Q, Radius r): $E = \dfrac{\sigma}{\varepsilon_0} = \dfrac{Q}{4\pi r^2 \varepsilon_0}$

Damit ist die Kraft $\vec{F}$ auf eine Probeladung q an der Kugeloberfläche (Abb. 5.77) angebbar: $F = q \cdot E = \dfrac{Q \cdot q}{4\pi r^2 \cdot \varepsilon_0}$ (∗)

Beim Gravitationsgesetz in Kap. 1.16 wurde die Gewichtskraft eines Körpers als die Gravitationskraft der Erde auf den Körper gedeutet und die Erde dabei so behandelt, als ob ihre gesamte Masse im Zentrum steckt (Massepunkt) und ihr Abstand vom Körper der Erdradius ist – dies ist nach dem Gravitationsgesetz (F1.34) zulässig (Schwerpunktabstand!). In Analogie dazu ist es plausibel, dass die Kraft der gleichmäßig mit Q geladenen Kugel vom Radius r auf eine Probeladung q an ihrer Oberfläche genau der einer mit Q geladenen Punktladung in der Kugelmitte auf q entspricht. Dann erhält man aus (∗) das

Coulomb-Gesetz für die Kraft zwischen zwei Punktladungen Q und q im Abstand r:

$$\boxed{F = \dfrac{Q \cdot q}{4\pi r^2 \cdot \varepsilon_0}} \quad \text{(F5.25)}$$

Dieses Gesetz ist vollkommen baugleich zum Gravitationsgesetz (F1.34), insbesondere gilt beide Mal $F \sim \dfrac{1}{r^2}$, allerdings enthält es im Gegensatz zu (F1.34) Anziehung und Abstoßung! Zur Vereinfachung sollen in (F5.25) F, Q, q nur Beträge (positives Vorzeichen) sein. In Analogie zu (F1.34) darf das Coulomb-Gesetz auch für kugelsymmetrische Ladungsverteilungen (anstelle von Punktladungen) mit Schwerpunktabstand r verwendet werden. Aus (F5.25) folgt auch, dass $E = \dfrac{Q}{4\pi r^2 \cdot \varepsilon_0}$ für beliebige kugelsymmetrische Ladungen und beliebiges r (größer als der Kugelradius) gilt. Im Falle eines Dielektrikums tritt der Faktor ε_r hinzu, sodass zusammenfassend gilt:

Kraft zwischen zwei punktförmigen (kugelsymmetrischen) Ladungsverteilungen im Schwerpunktabstand r:

$$F = \frac{Q \cdot q}{4\pi\varepsilon_0 \cdot \varepsilon_r \cdot r^2} \quad \text{(F5.26)}$$

Radialfeldstärke einer punktförmigen (kugelsymmetrischen) Ladungsverteilung im Abstand r vom Zentrum:

$$E = \frac{Q}{4\pi\varepsilon_0 \cdot \varepsilon_r \cdot r^2} \quad \text{(F5.27)}$$

Um die Spannung im Radialfeld einer kugelsymmetrischen Ladung Q zwischen zwei Punkten P_1 und P_2 (Abstände r_1 bzw. r_2 vom Zentrum) zu ermitteln, muss man die Arbeit W_{12} berechnen, die das Feld wegen der Feldkraft $\vec{F}$ an einer Probeladung q auf dem Weg von P_1 nach P_2 verrichtet (Abb. 5.78).

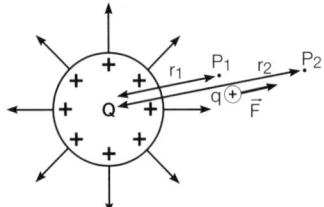

Abb. 5.78

Die Formel $W_{12} = F \cdot s$ mit $s = r_2 - r_1$ als Wegstrecke ist nicht anwendbar, da sich F auf dem Weg dauernd ändert, wie aus Abbildung 5.79 zu entnehmen ist: Gemäß (F5.26) ist $F(x) = \dfrac{Q \cdot q}{4\pi\varepsilon_0 \cdot \varepsilon_r x^2}$, wenn x die jeweilige Entfernung vom Zentrum ist!

Näherung: Zerlegung des Weges in sehr kleine Wegabschnitte $\Delta x_1, \Delta x_2, \ldots \Delta x_n$, auf denen die Kraft näherungsweise konstant ist, liefert:

$$W_{12} = \Delta W_1 + \Delta W_2 + \ldots + \Delta W_n = F_1 \cdot \Delta x_1 + F_2 \cdot \Delta x_2 + \ldots + F_n \cdot \Delta x_n$$

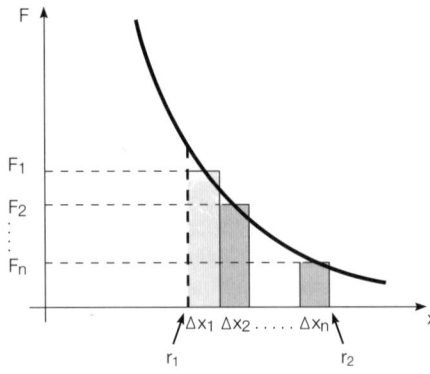

Abb. 5.79

Radialfeld einer punktförmigen Ladung, Coulomb-Gesetz

Macht man die Unterteilung immer feiner, so stellt W_{12} nichts anderes als die Fläche unter der F(x)-Kurve von r_1 bis r_2 dar. Diese lässt sich mathematisch durch *Integration* bestimmen:

$$W_{12} = \int_{r_1}^{r_2} F(x)\,dx = \frac{Q \cdot q}{4\pi\varepsilon_0\varepsilon_r} \int_{r_1}^{r_2} \frac{1}{x^2}\,dx = \frac{Q \cdot q}{4\pi\varepsilon_0\varepsilon_r} \cdot \left.-\frac{1}{x}\right|_{r_1}^{r_2} = \frac{Q \cdot q}{4\pi\varepsilon_0\varepsilon_r} \cdot \left(\frac{1}{r_1} - \frac{1}{r_2}\right)$$

Ergebnis:

> Die Arbeit an einer Probeladung q im Radialfeld der Ladung Q ist
> $$W_{12} = \frac{Q \cdot q}{4\pi\varepsilon_0\varepsilon_r} \cdot \left(\frac{1}{r_1} - \frac{1}{r_2}\right) \quad (F5.28)$$
> Die Spannung zwischen zwei Punkten (Abstände r_1 bzw. r_2 vom Zentrum) ist
> $$U_{12} = \frac{W_{12}}{q} = \frac{Q}{4\pi\varepsilon_0\varepsilon_r} \cdot \left(\frac{1}{r_1} - \frac{1}{r_2}\right) \quad (F5.29)$$

Noch einmal sei darauf hingewiesen, dass in den Formeln (F5.26) bis (F5.29) immer die Beträge betrachtet werden, d. h. F, E, Q, q, W_{12}, U_{12} sind positive Größen ($r_1 < r_2$). Richtungen und verschiedene Ladungsvorzeichen sowie Abstoßung/Anziehung werden im jeweiligen Fall durch Zusatzüberlegungen geklärt.

Das *Potenzial* φ eines Punktes P (mit Abstand r vom Zentrum) im Radialfeld ist seine Spannung gegenüber „Unendlich". Setzt man r = r_1, „$r_2 = \infty$" in (F5.29), so ergibt sich:

$$\boxed{\varphi(r) = \frac{1}{4\pi\varepsilon_0\varepsilon_r} \cdot \frac{Q}{r}} \quad (F5.30)$$

Hier wird allerdings bei Q das Vorzeichen mitgenommen – das Potenzial kann negativ sein.

Bemerkungen:
1. $|\varphi(r) \cdot q| = \text{„}U_\infty(r)\text{"} \cdot q = W_\infty(r)$ ist die Arbeit, die das Feld an der Probeladung verrichtet, wenn sie vom Zentrumsabstand r nach „Unendlich" läuft – falls q und Q (Zentralladung) gleiches Vorzeichen habe; im Falle verschiedener Vorzeichen muss man diese Arbeit gegen das Feld von außen aufbringen.

2. *Kapazität einer geladenen Kugel* (Radius r, Ladung Q) =
$$\frac{\text{Ladung der Kugel}}{\text{Spannung von der Oberfläche nach „Unendlich"}}$$

Also gilt: $C = \dfrac{Q}{\text{„}U_\infty(r)\text{"}} = \dfrac{Q}{\dfrac{Q}{4\pi\varepsilon_0\varepsilon_r \cdot r}}$, d. h. $\boxed{C = 4\pi\varepsilon_0\varepsilon_r \cdot r}$ (F5.31)

Aufgaben: 1) Eine Kugel mit Radius r_1 = 3 cm trägt die Ladung + 1 μC. Wie groß ist ihre Spannung gegen „Unendlich"? Welches Potenzial hat die Kugeloberfläche? Wie weit kann man von ihr die Probeladung q = 1 nC mit der Energie 10^{-4} J entfernen? Welche Radialfeldstärke herrscht in 50 cm Entfernung vom Zentrum?

Lösung: „U_∞" (3 cm) =
$$= \varphi(3 \text{ cm}) = \frac{Q}{4\pi \cdot \varepsilon_0} \cdot \frac{1}{r} = \frac{10^{-6} \text{ C}}{4\pi \cdot 8{,}85 \cdot 10^{-12} \text{ Fm}^{-1}} \cdot \frac{1}{0{,}03 \text{ m}} = 3 \cdot 10^5 \text{ V};$$

aufzubringende Arbeit $W_{12} = \frac{Q \cdot q}{4\pi\varepsilon_0}\left(\frac{1}{3 \text{ cm}} - \frac{1}{r}\right) = \frac{Q}{4\pi\varepsilon_0 \cdot 3 \text{ cm}}\left(1 - \frac{3 \text{ cm}}{r}\right) \cdot q$,

also 10^{-4} J $= \varphi(3 \text{ cm}) \cdot \left(1 - \frac{3 \text{ cm}}{r}\right) \cdot q$. Somit

10^{-4} J $= 3 \cdot 10^5$ V $\cdot \left(1 - \frac{3 \text{ cm}}{r}\right) \cdot 10^{-9}$ C bzw. $10^{-4} = 3 \cdot 10^{-4}\left(1 - \frac{3 \text{ cm}}{r}\right)$,

d.h. $1 - \frac{3 \text{ cm}}{r} = \frac{1}{3}$ bzw. $r = \frac{3}{2} \cdot 3 \text{ cm} = 4{,}5 \text{ cm}$

Man kann die Ladung q also 1,5 cm von der Oberfläche wegbringen!

$$E(50 \text{ cm}) = \frac{Q}{4\pi\varepsilon_0 \cdot (50 \text{ cm})^2} \simeq 3{,}6 \cdot 10^4 \frac{\text{V}}{\text{m}}$$

2) Zwei Ladungskügelchen mit den Ladungen $q_1 = 5$ nC, $q_2 = 10$ nC und den Massen $m_1 = 2$ g, $m_2 = 1$ g sind an einem gemeinsamen Punkt an Fäden der Längen $l_1 = l_2 = 5$ m aufgehängt. a) Wie weit sind sie durch Abstoßung auseinander? b) Wie stark und wie gerichtet ist das Feld genau in der Mitte zwischen ihnen? c) Wo zwischen den Kügelchen ist die Gesamtfeldstärke gleich 0?

Lösung: a) Die beiden Kügelchen werden durch die Kräfte $\vec{F}_1$ bzw. $\vec{F}_2$ (Abb. 5.80) ausgelenkt, die wegen actio/reactio betraglich gleich groß sind:

$$F_1 = F_2 = F = \frac{q_1 \cdot q_2}{4\pi\varepsilon_0 \cdot (s_1 + s_2)^2} \quad (I)$$

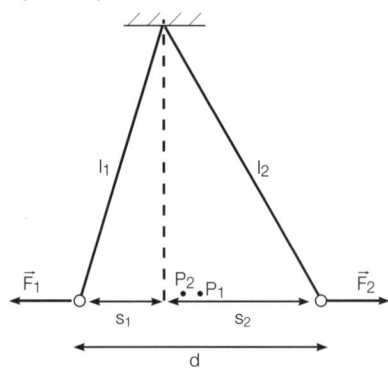

Abb. 5.80

Dabei darf die Näherungsformel von Kap. 5.18.2) für beide Kügelchen angewandt werden:
$$\frac{F_1}{G_1} \approx \frac{s_1}{l_1}, \frac{F_2}{G_2} \approx \frac{s_2}{l_2} \quad (II)$$

Daraus folgt $s_1 = \frac{F_1 \cdot l_1}{G_1} = \frac{F \cdot l}{G_1}$, $s_2 = \frac{F \cdot l}{G_2}$, d.h. $\frac{s_1}{s_2} = \frac{G_2}{G_1} = \frac{1}{2}$

Damit ist die Auslenkung s_1 des doppelt so schweren Kügelchens halb so groß wie s_2 – siehe Abbildung 5.80. Setzt man $s_1 = \frac{1}{3} d$, $s_2 = \frac{2}{3} d$ in (I)/(II) ein, so ergibt sich: $\frac{q_1 \cdot q_2}{4 \pi \varepsilon_0 \cdot d^2} = F_1 = \frac{s_1 G_1}{l_1} = \frac{d \, G_1}{3 \, l_1}$

Abstand: $d^3 = \frac{3}{4 \pi} \cdot \frac{q_1 \cdot q_2 \cdot l_1}{\varepsilon_0 \cdot G_1}$, d.h. $d = \sqrt[3]{\frac{3 \, q_1 \cdot q_2 \cdot l_1}{4 \pi \cdot \varepsilon_0 \cdot G_1}} = 6{,}96$ cm

($s_1 = 2{,}32$ cm/$s_2 = 4{,}64$ cm).

b) Das Feld in der Mitte zwischen den Ladungen ergibt sich durch Überlagerung der Felder $\vec{E}_1$ des linken und $\vec{E}_2$ des rechten Kügelchens dort! $\vec{E}_1$ zeigt nach rechts, $\vec{E}_2$ nach links und es gilt $E_1 = \dfrac{q_1}{4 \pi \varepsilon_0 \cdot \left(\dfrac{d}{2}\right)^2}$, $E_2 = \dfrac{q_2}{4 \pi \varepsilon_0 \cdot \left(\dfrac{d}{2}\right)^2} = 2\, E_1$ wegen $q_2 = 2\, q_1$;

es bleibt also *ein nach links gerichtetes* Feld in der Mitte (bei P_1) übrig der *Stärke E*
$= E_2 - E_1 = E_1 = \dfrac{5 \cdot 10^{-9} \text{ C}}{4 \pi \cdot 8{,}85 \cdot 10^{-12} \text{ Fm}^{-1} \cdot (0{,}0348 \text{ m})^2} = 3{,}7 \cdot 10^4 \, \dfrac{\text{V}}{\text{m}}$

c) Im Punkt P_2, links von P_1, ist die Gesamtfeldstärke gleich 0, wenn sich die Felder $\vec{E}_1$ bzw. $\vec{E}_2$ der Kügelchen dort aufheben. Sei P_2 um r_1 vom linken und um r_2 vom rechten Kügelchen weg; so gilt:

$r_1 + r_2 = d$ (III), $E_1(r_1) = E_2(r_2)$, d.h. $\dfrac{q_1}{4 \pi \varepsilon_0 \cdot r_1^2} = \dfrac{q_2}{4 \pi \varepsilon_0 \cdot r_2^2}$ bzw.
$\left(\dfrac{r_2}{r_1}\right)^2 = \dfrac{q_2}{q_1} = 2$ (IV)

Aus (IV) folgt $r_2 = \sqrt{2}\, r_1$, und Einsetzen in (III) liefert $r_1\left(1 + \sqrt{2}\right) = d$, d.h.
$r_1 = \dfrac{d}{1 + \sqrt{2}} \approx 2{,}88$ cm, $r_2 = d - r_1 = 4{,}06$ cm

5.24 Die magnetische Flussdichte

In Kap. 5.2.3 wurden die beiden wichtigsten Magnetfelder stromdurchflossener Leiter beschrieben:

1) Abbildung 5.12 a zeigt die geschlossenen kreisförmigen Feldlinien um einen stromdurchflossenen Draht, deren Richtung durch die *Linke-Hand-Regel* gegeben ist.

> Weist der Daumen der linken Faust in Richtung der Elektronenbewegung, so geben die Finger der linken Faust die Feldlinienrichtung an.

2) Das Feld einer stromdurchflossenen Spule (Abb. 5.12 b) entspricht außerhalb der Spule dem eines Stabmagnetes; *im Inneren der Spule laufen die Feldlinien parallel und sind dicht – es liegt ein (starkes) homogenes Feld vor.*

5.24.1 Definition der Flussdichte

Bis jetzt fehlt aber eine Größe, die die Stärke des Magnetfeldes beschreibt, eine Art *magnetische Feldstärke*. Dazu soll folgender Versuch betrachtet werden (Abb. 5.81): In einem Hufeisenmagneten befindet sich eine „Leiterschaukel" aus einem Aluminiumstab und zwei Zuleitungsdrähten. Wird die Schaukel vom Strom durchflossen, wird sie nach rechts (siehe Bild) bzw. links – je nach Polung – ausgelenkt.

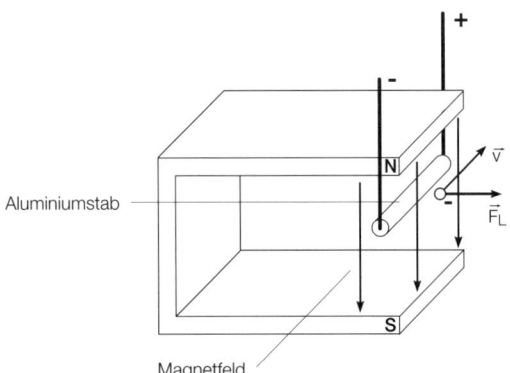

Abb. 5.81

Die Erklärung ist klar – auslenkende Kraft ist die Lorentzkraft auf die Elektronen im Leiterbügel (siehe Kap. 5.14). *Wovon hängt nun die Gesamtkraft F auf den Bügel ab?*

1) Ein Messversuch liefert, dass sie proportional zur Stromstärke ist, wenn alle anderen Größen gleich bleiben: $F \sim I$ (Bügellänge d konstant, Magnetfeld gleich bleibend).

2) Man überlegt leicht, dass sie auch proportional zur Bügellänge sein muss, wenn Stromstärke und Magnetfeld gleich bleiben: $F \sim d$ (I konstant, Magnetfeld gleich).

Grund: Im doppelt so langen Bügel gibt es dann doppelt so viele Elektronen, die eine Lorentzkraft erfahren.

Aus 1) und 2) folgt, dass $F \sim I \cdot d$ bzw. $\dfrac{F}{I \cdot d}$ = const ist. Diese Konstante hängt nur noch von der Stärke des Magnetfeldes ab, sie beschreibt diese Stärke.

Definition:

> Unter der *magnetischen Flussdichte B* versteht man die Größe
> $B = \dfrac{F}{d \cdot I}$, wobei F die (auslenkende) Kraft auf einen Leiter der (F5.32)
> Länge d quer zum Feld ist, der vom Strom der Stärke I durchflossen
> wird. Die Einheit der Flussdichte ist 1 Tesla: $[B] = 1\dfrac{N}{Am} = 1\,T$ (F5.33)

Die magnetische Flussdichte

Beispiel: Für d = 7 cm, I = 2 A, F = 3 mN ergibt sich
$$B = \frac{3 \cdot 10^{-3} \text{ N}}{7 \cdot 10^{-2} \text{ m} \cdot 2 \text{ A}} = 0,021 \text{ T} = 21 \text{ mT}$$

Bemerkungen:

1. Die Messung der Kraft auf den Leiterbügel erfolgt über dessen Auslenkung s und die wie für Pendelkügelchen im elektrischen Feld geltende Formel $\frac{F}{G_{\text{Bügel}}} \approx \frac{s}{l}$ (l ist die Drahtlänge der Aufhängung).

2. Die Messung von B erfolgt entweder über eine F/d/I-Messung und (F5.32) oder über Hallsonden (siehe später).

3. Die Flussdichte ist ein Vektor in Richtung der Feldlinien: $\vec{B}$

4. Die Kraft auf einen Leiter senkrecht zum Magnetfeld ist (Abb. 5.82 a) senkrecht zu beiden (Lorentzkraft!) und berechnet sich zu $\boxed{F = I \cdot d \cdot B}$ (F5.34).

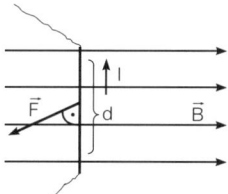

Abb. 5.82a

5. Um die Kraft auf einen Leiter der Länge d (Stromstärke I) schräg zum Magnetfeld zu ermitteln, zerlegt man den Vektor $\vec{B}$ in Komponenten $\vec{B}_s$ und $\vec{B}_p$ senkrecht bzw. parallel zum Leiter. Nur die senkrechte Komponente $\vec{B}_s$ bewirkt eine (Lorentz-)Kraft. (Abb. 5.82 b) – sie steht auf dem Leiter und auf $\vec{B}_s$ senkrecht und berechnet sich zu $\boxed{F = I \cdot d \cdot B_s \text{ mit } B_s = B \cdot \sin\alpha}$ (F5.35).

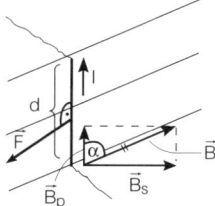

Abb. 5.82b

6. Ein Versuch zeigt, dass sich zwei parallele stromdurchflossene Drähte abstoßen, wenn die Stromrichtungen verschieden sind und anziehen, wenn die Stromrichtungen gleich sind.

Erklärung: Im Magnetfeld des linken Leiters spürt der rechte Leiter eine entsprechende Lorentzkraft $\vec{F}$ (Abb. 5.83).

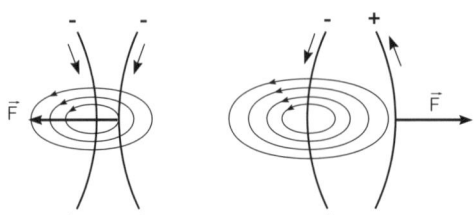

Abb. 5.83

5.24.2 Magnetische Flussdichte B in einer lang gestreckten Spule

Die magnetische Flussdichte B, d.h. die „Stärke" des Magnetfeldes im Inneren einer lang gestreckten Spule könnte von der Spulenlänge l, der Windungszahl n, der Querschnittsfläche A der Spule abhängen und vom Erregerstrom I_{err} durch die Spule.

Beim Versuch nach Abbildung 5.84 passt ein kleiner quadratischer Spulenrahmen mit z. B. 50 Windungen und 5 cm Breite gerade in den Schlitz einer großen Spule und spürt deren Magnetfeld. Wird er vom Strom I durchflossen, spürt seine untere Seite im Magnetfeld der Großspule eine Kraft F, die am Kraftmesser abgelesen werden kann – über I, F und d = 50 · 5 cm lässt sich jeweils das B-Feld der Spule bestimmen (F5.32).

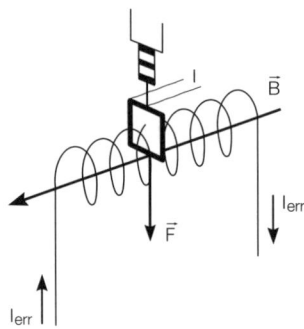

Abb. 5.84

Man stellt fest:
1. $B \sim I_{err}$ (für n, l, A const)
2. Nicht n bzw. l, sondern die Windungsdichte $\frac{n}{l}$ ist entscheidend:

$B \sim \frac{n}{l}$ (für A, I_{err} const)

(Erklärung: Das Magnetfeld an einer Stelle wird nicht verändert, wenn man außen Windungen hinzugibt oder wegnimmt; es wird sich jedoch verdoppeln, wenn man die Windungszahl an der betreffenden Stelle verdoppelt.)

3. B ist unabhängig von der Querschnittsfläche A der Spule!

Die magnetische Flussdichte

Damit folgt: $B \sim I_{err} \cdot \frac{n}{l}$ bzw. $B / I_{err} \cdot \frac{n}{l} = \text{const}$. Diese Konstante ist für eine Spule mit „Luftfüllung" eine Naturkonstante, die *magnetische Feldkonstante*:

$$\mu_0 = \frac{B}{I_{err} \cdot \frac{n}{l}} = 1{,}257 \cdot 10^{-6} \, \frac{Tm}{A} \quad \text{(F5.36)}$$

Für eine luftgefüllte lange Spule gilt somit $B = \mu_0 \cdot \frac{n}{l} \cdot I_{err}$. Ein Eisenkern in der Spule verstärkt wegen der Ausrichtung der Elementarmagnete im Eisen durch das Spulenfeld die magnetische Flussdichte um einen Faktor μ_r (materialabhängige *Permeabilitätszahl*). Also gilt für die

Magnetische Flussdichte B im Inneren einer lang gestreckten Spule:

$$B = \mu_0 \cdot \mu_r \cdot \frac{n}{l} \cdot I_{err} \quad \text{(F5.37)}$$

Aufgabe: Ein quadratischer Drahtrahmen (Seitenlänge 5 cm) steht mit seiner Fläche senkrecht zu einem Magnetfeld der Flussdichte B = 2 T, in das er halb hineinragt. Welche Kraft erfährt er, wenn er von einem Strom der Stärke I = 3 A durchflossen wird?

Lösung: In Abbildung 5.85 steht das Magnetfeld senkrecht zur Zeichenebene und tritt aus ihr heraus, was durch ⊙ angedeutet ist (ein in die Zeichenebene hineinzeigendes Feld würde mit ⊗ gekennzeichnet).

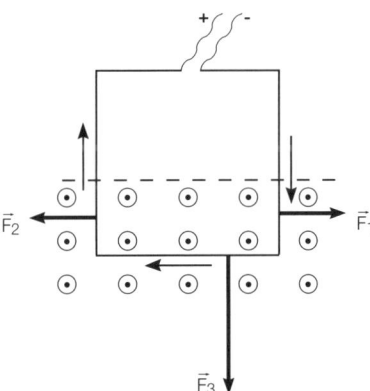

Abb. 5.85

Die dünnen Pfeile geben die Richtung des physikalischen Stromes an, die Kräfte auf die Seiten des Rahmens folgen aus der Dreifingerregel und über (F5.34).

$F_1 = F_2 = 2{,}5 \text{ cm} \cdot 3 \text{ A} \cdot 2 \text{ T} = 0{,}15 \text{ mA} \, \frac{N}{Am} = 0{,}15 \text{ N}$,

$F_3 = 5 \text{ cm} \cdot 3 \text{ A} \cdot 2 \text{ T} = 0{,}3 \text{ N}$

Da sich $\vec{F}_1$ und $\vec{F}_2$ gegenseitig aufheben, bleibt als Gesamtkraft $\vec{F} = \vec{F}_3$ nach unten!

Bemerkung: Die Elementarmagnete (siehe 5.1.2) entstehen durch atomare Ringströme von Elektronen (Abb. 5.86 und linke Faustregel)

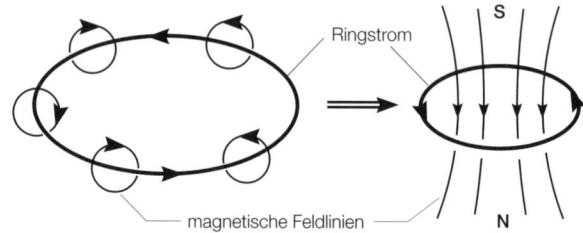

Abb. 5.86

5.25 Lorentzkraft auf ein Elektron (quantitativ), Hall-Effekt

5.25.1 Eine Formel für die Stromstärke im Leiter

Gemäß Abbildung 5.87 sei der Elektronenstrom in einem Leiterstück der Länge l und der Querschnittsfläche A betrachtet. Im Drahtvolumen $V = l \cdot A$ sollen sich im Durchschnitt N Elektronen mit der Geschwindigkeit $\vec{v}$ befinden.

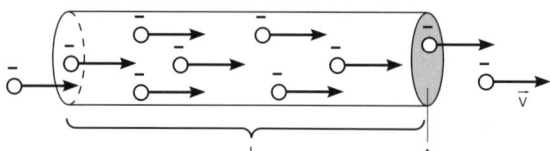

Abb. 5.87

Wenn Δt die Zeit ist, die ein Elektron zum Durchlaufen der Drahtlänge l benötigt, so ist $v = \dfrac{l}{\Delta t}$ bzw. $\Delta t = \dfrac{l}{v}$ (I). Weil Stromstärke ja Ladung pro Zeit ist, gilt $I = \dfrac{N \cdot e}{\Delta t}$: in der Zeit Δt sind gerade so viele Elektronen durch die linke Querschnittsfläche ins Volumen V eingedrungen, wie sich im zeitlichen Mittel darin aufhalten, also N, und ihre Ladung hat den Betrag $N \cdot e$.

Setzt man hier (I) ein, so ergibt sich: $\boxed{I = \dfrac{N \cdot e}{l/v} = \dfrac{N \cdot e \cdot v}{l}}$ (F5.38).

Unter der *Teilchendichte* n versteht man die *Anzahl der Teilchen pro Volumen*, d. h.
$\boxed{n = \dfrac{N}{V}}$ (F5.39)

Setzt man das Volumen V = l · A und (F5.39) in (F5.38) ein, so ergibt sich
$$I = \frac{Nev}{l} = \frac{NevA}{l \cdot A} = \frac{NevA}{V} = n \cdot e \cdot v \cdot A, \text{ also:}$$

$$\boxed{I = \underset{\underset{\text{Elektronendichte}}{\uparrow}}{n} \cdot e \cdot \underset{\underset{\text{Geschwindigkeit der Elektronen}}{\uparrow}}{v} \cdot \underset{\underset{\text{Querschnittsfläche}}{\uparrow}}{A}} \quad \text{(F5.40)}$$

5.25.2 Lorentzkraft auf ein Elektron

In einem Magnetfeld senkrecht zum Drahtstück erfährt dieses die Lorentzkraft (siehe F5.34) F = B · I · l; die Kraft auf ein einzelnes Elektron ist dann $F_L = \frac{F}{N} =$ (mit (F5.38)) $= \frac{1}{N} \cdot B \cdot l \cdot \frac{N \cdot e \cdot v}{l}$

Also Lorentzkraft auf ein senkrecht zum $\vec{B}$-Feld bewegtes Elektron der Geschwindigkeit $\vec{v}$:

$$\boxed{F_L = e \cdot B \cdot v} \quad \text{(F5.41)}$$

Verallgemeinerung auf ein Teilchen der Ladung q (Betrag) liefert die Lorentzkraft:

$$\boxed{F_L = q \cdot B \cdot v} \quad \text{(F5.42)}$$

Bemerkung: Auch in (F5.42) ist angenommen, dass das Teilchen sich senkrecht zum $\vec{B}$-Feld bewegt. Die Kraft*richtung* ergibt sich bei negativ geladenen Teilchen mit der Dreifingerregel der linken Hand, bei positiv geladenen Teilchen ist es die Gegenrichtung. Bewegt sich das Teilchen schräg zum Magnetfeld, so kann man seine Geschwindigkeit $\vec{v}$ in Komponenten $\vec{v}_p$ bzw. $\vec{v}_s$ parallel bzw. senkrecht zum $\vec{B}$-Feld zerlegen – nur $\vec{v}_s$ liefert dann eine Lorentzkraft mit $F_L = q \cdot B \cdot v_s$!

5.24.3 Der Hall-Effekt

Im Halbleiterplättchen von Abbildung 5.88 werde durch eine äußere Spannung U_1 ein Elektronenstrom nach rechts erzeugt; senkrecht dazu steht ein Magnetfeld ($\otimes$), das in die Zeichenebene hineinzeigt. Im Magnetfeld erfahren die Elektronen die Lorentzkraft $\vec{F}_L$ nach unten – Elektronen werden nach unten getrieben, die untere Seite lädt sich negativ, die obere positiv auf. Es baut sich eine Spannung U_H zwischen Ober- und Unterseite des Plättchens auf, die bewirkt, dass eine zweite Kraft, eine elektrische Feldkraft $\vec{F}_E$ in Gegenrichtung zu $\vec{F}_L$ wirkt. Schließlich stellt sich ein Kräftegleichgewicht ein: $F_L = F_E$

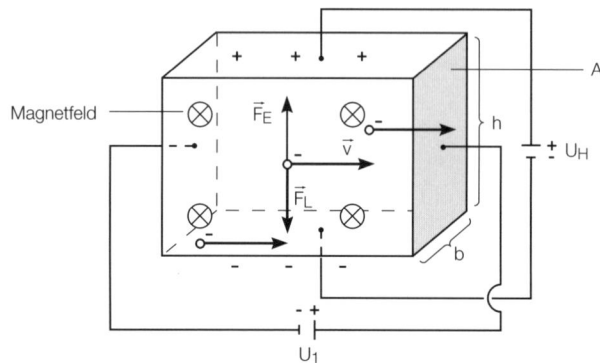

Abb. 5.88

Also: $B \cdot e \cdot v = e \cdot E = e \cdot \dfrac{U_H}{h}$ bzw. $\boxed{U_H = B \cdot v \cdot h}$ (F5.43)

Mithilfe von (F5.40) folgt $I = n \cdot e \cdot v \cdot A = n \cdot e \cdot v \cdot b \cdot h$ und damit lässt sich die experimentell schlecht zugängliche Geschwindigkeit v durch I ausdrücken:

$$v = \dfrac{I}{n \cdot e \cdot b \cdot h}$$

Einsetzen in (F5.43) liefert die Formel für die *Hallspannung* U_H:

$$\boxed{U_H = B \cdot \dfrac{I}{n \cdot e \cdot b}} \quad \text{(F5.44)}$$

Bemerkungen:
1. Die Hallspannung ist proportional zur Flussdichte: $U_H \sim B$; in der Hallsonde gibt es ein Halbleiterplättchen, über dessen Hallspannung die Flussdichte gemessen wird.
2. Mittels (F5.44) lässt sich über eine Messung von U_H, B, I, b die Dichte n der effektiven Ladungsträger messen!

5.26 Geladene Teilchen in elektrischen Feldern, Millikanversuch

5.26.1 Elektronenvolt

In einer Elektronenröhre werden Elektronen aus der Kathode herausgeglüht und durch eine Spannung U beschleunigt; das elektrische Feld verrichtet an ihnen die Arbeit $W = q \cdot U$, die normalerweise in Bewegungsenergie verwandelt wird. Durchläuft ein Elektron mit $q = e = 1{,}6 \cdot 10^{-19}$ C die Spannung $U = 1$ V, so wird an ihm die Arbeit $\boxed{W = 1\,eV = 1{,}6 \cdot 10^{-19}\,C \cdot 1\,V = 1{,}6 \cdot 10^{-19}\,J}$ (F5.45) verrichtet. 1 eV ist also eine Arbeits- bzw. Energieeinheit *(Elektronenvolt)*.

5.26.2 Parabelbahnen bei Teilchen im Kondensatorfeld

Wird ein *geladenes Teilchen senkrecht zu den elektrischen Feldlinien* in einen Kondensator mit der Geschwindigkeit $\vec{v}_0$ eingeschossen (z. B. in Abbildung 5.89 ein Elektron), so durchläuft es dort eine *Parabelbahn*. Es wird beim Verlassen des Kondensators schräg unter dem Winkel α zur Einschussrichtung mit der Quergeschwindigkeit $\vec{v}_1$ und der Gesamtgeschwindigkeit $\vec{v}_{ges}$ weiterfliegen und ist um die Strecke y_1 quer abgelenkt.

Legt man nämlich ein Achsenkreuz gemäß Abbildung 5.89 zugrunde und startet die Uhr beim Eintritt des Teilchens ins Feld, so überlagern sich eine gleichförmige Bewegung in x-Richtung mit $\vec{v}_0$ und eine gleichmäßig beschleunigte Bewegung in y-Richtung mit Beschleunigung $\vec{a}$ mit

$$\boxed{a = \frac{F_{el}}{m} = \frac{E \cdot q}{m} = \frac{U_y \cdot q}{d \cdot m}} \quad \text{(F5.46)}$$

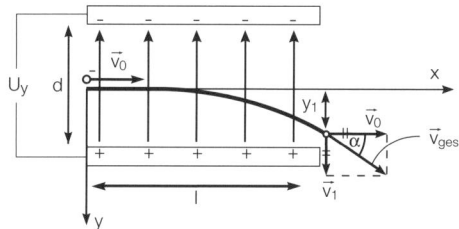

Abb. 5.89

(vergleiche waagrechter Wurf, Kap. 1.9.2, 1. Fall) und es gilt:

$$\boxed{x(t) = v_0 \cdot t, \quad v_x(t) = v_0, \quad y(t) = \frac{1}{2} a \cdot t^2, \quad v_y(t) = a \cdot t} \quad \text{(F5.47 a bis d)}.$$

Einsetzen von $t = \dfrac{x}{v_0}$ aus (F5.47 a) in (F5.47 c) liefert: $y = \dfrac{1}{2} a \cdot \left(\dfrac{x}{v_0}\right)^2$, d. h.

$$\boxed{y = \frac{a}{2\,v_0^2} \cdot x^2 \sim x^2} \quad \text{(F5.48)}$$

(F5.48) mit a aus (F5.46) ist die *Gleichung der Parabelbahn*. Für das Durchlaufen des Kondensators braucht das Teilchen die Zeit $t_1 = \dfrac{l}{v_0}$, in der es die Querablenkung $y_1 = \dfrac{1}{2} a t_1^2$ und die Quergeschwindigkeit $v_1 = a \cdot t_1$ erfährt; für den Ablenkwinkel gilt $\tan \alpha = \dfrac{v_1}{v_0}$, außerdem ist $v_{ges} = \sqrt{v_1^2 + v_0^2}$.

5.26.3 Bremsbewegung

Schießt man ein geladenes Teilchen mit der Anfangsgeschwindigkeit $\vec{v}_0$ *parallel zum elektrischen Feld* so ein, dass die Feldkraft entgegengesetzt zu $\vec{v}_0$ ist, so erfolgt eine *Bremsbewegung* (vergleiche Kap 1.9.3) bis das Teilchen zum Stillstand kommt, danach wird es in Gegenrichtung zu $\vec{v}_0$ beschleunigt.

Im homogenen Feld gilt $\left(\text{mit } F_{el} = E \cdot q, \ a = \dfrac{F_{el}}{m}\right)$:

$$s(t) = v_0 \cdot t - \frac{1}{2} at^2$$
$$v(t) = v_0 - at$$
(F5.49 a, b)

Die Differenz in (F5.49 a, b) rührt daher, dass es sich um eine Überlagerung einer gleichförmigen und einer gleichmäßig beschleunigten Bewegung handelt, die beide entgegengesetzt gerichtet sind.

5.26.4 Millikanversuch – Bestimmung der Elementarladung e

Man sprüht kleine Öltröpfchen durch eine enge Öffnung in einem dosenförmigen Kondensator (Abb. 5.90). Beim Zerstäuben werden die Tröpfchen geladen – ihnen werden Elektronen entrissen bzw. zusätzliche Elektronen übertragen. Wenn die Tröpfchen negativ geladen sind, wirkt auf sie die Feldkraft $\vec{F} = q \cdot \vec{E}$ nach oben und die Gewichtskraft $\vec{G}$ nach unten. Durch Variieren der Spannung und damit der Feldstärke E kann man Kräftegleichgewicht herstellen und ein Teilchen zum Schweben bringen – dann gilt $G = q \cdot E = q \cdot \dfrac{U}{d}$ bzw. $\boxed{q = \dfrac{G \cdot d}{U}}$ (F5.50). Durch Ablesen von U kann man bei Kenntnis von G (und d) also die Ladung q der Tröpfchen ermitteln. G bestimmt man aus der Sinkgeschwindigkeit des Teilchens nach Abschalten von U (dann gleichförmige Bewegung wegen Luftwiderst and). Man stellt fest, dass die gemessenen Ladungswerte für q immer ein Vielfaches von $1{,}6 \cdot 10^{-19}$ C sind und schließt daraus, dass dieser Wert die Elementarladung eines Elektrons ist!

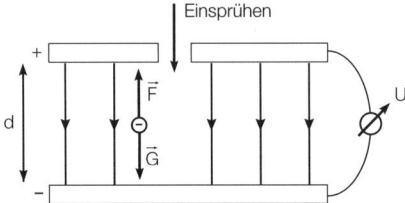

Abb. 5.90

5.27 Teilchen in magnetischen und elektrischen Feldern

5.27.1 Teilchen in magnetischen Feldern

Erzeugt man in einer Röhre einen Elektronenstrahl und lässt senkrecht dazu das Magnetfeld eines Helmholtz-Spulenpaars wirken, so durchlaufen die Elektronen eine Kreisbahn. In Abbildung 5.91 ist das Magnetfeld ($\otimes$) senkrecht zur Zeichenebene und zeigt in diese hinein. Durch Füllung der Röhre mit etwas Gas kann man den an sich unsichtbaren Elektronenstrahl (bläulich) sichtbar machen.

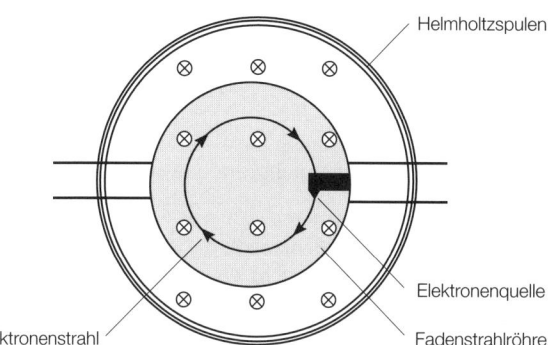

Abb. 5.91 Elektronenstrahl / Fadenstrahlröhre

Erklärung: Die Lorentzkraft wirkt senkrecht zur Bewegungsrichtung der Elektronen (und senkrecht zum Feld siehe Kap. 5.14). Sie stellt eine Zentripetalkraft dar, welche die Elektronen auf eine Kreisbahn – senkrecht zum Magnetfeld – zwingt. Wie in Kap. 1.15.5 erläutert (horizontale Kreisbewegung) verrichtet diese Lorentzkraft keine Arbeit an den Elektronen (sie steht ja stets senkrecht zu $\vec{v}$), macht diese also nicht „schneller", ändert aber dauernd deren Bewegungsrichtung. Setzt man das Wirken der Lorentzkraft als Zentripetalkraft rechnerisch um, so folgt mit (F1.26) und (F5.42): $q \cdot B \cdot v = \dfrac{m \cdot v^2}{r}$ bzw. $\dfrac{q \cdot B \cdot r}{m} = v$ mit $q = e$ für Elektronen.

Werden die Elektronen (Teilchen) durch eine Anodenspannung U_A auf die Geschwindigkeit v gebracht, so gilt nach (F5.11) $v = \sqrt{\dfrac{2 U_A \cdot q}{m}}$; setzt man gleich, so folgt $\dfrac{q \cdot B \cdot r}{m} = \sqrt{\dfrac{2 U_A \cdot q}{m}}$ und durch weitere Umformung ergibt sich

$$\boxed{q/m = \dfrac{2 U_A}{B^2 \cdot r^2}} \quad (F5.51)$$

Die Gl. (F5.51) gestattet es, durch Messung von U_A und B sowie des Kreisradius r den Quotienten q/m (bei Elektronen e/m) experimentell zu ermitteln – man erhält $e/m = 1{,}759 \cdot 10^{11} \, \dfrac{C}{kg}$

Bei Kenntnis von e kann man damit die Elektronenmasse bestimmen: $m \approx 9{,}1 \cdot 10^{-31}$ kg.

Bemerkungen:
1) Im Magnetfeld gilt für die Kreisbahn (s. o.) eines Teilchens:

$$\boxed{q \cdot B \cdot r = m \cdot v = p \text{ (Impuls)}} \quad (F5.52).$$

Für die Umlaufzeit des Teilchens gilt: $T = \dfrac{2 \pi r}{v}$ bzw. mit (F5.52)

$$T = \frac{2\pi m}{q \cdot B} \quad (F5.53)$$

Die Umlaufzeit hängt also nicht primär vom Radius bzw. der Einschussgeschwindigkeit des Teilchens ab, sondern nur von der Flussdichte B und dem Quotienten q/m. Zur Verkürzung der Umlaufzeit muss man B vergrößern!

2) Aus (F5.51) folgt $r^2 = \frac{2 U_A}{B^2} \cdot \frac{m}{q}$; vergrößert man also die Flussdichte, so wird r kleiner, vergrößert man die Anodenspannung, wird r größer.

3) Ein Elektron werde nicht senkrecht zum $\vec{B}$-Feld eingeschossen, sondern schräg (Abweichungswinkel φ von der Senkrechten). Man zerlegt dann die Geschwindigkeit $\vec{v}$ in Komponenten $\vec{v}_s$ und $\vec{v}_p$ senkrecht bzw. parallel zum Magnetfeld (Abb. 5.92).

$\vec{v}_s$ bewirkt eine Kreisbewegung senkrecht zum $\vec{B}$-Feld mit Radius
$$r = \frac{v_s \cdot m}{e \cdot B} = \frac{m \cdot v \cdot \cos \varphi}{B \cdot e} \text{ und } T = \frac{2\pi m}{B \cdot e} \text{ gemäß (F5.52), (F5.53).}$$

Gleichzeitig findet eine ihr überlagerte gleichförmige Bewegung parallel zum $\vec{B}$-Feld mit der Geschwindigkeit $\vec{v}_p$ statt.

Ihre Überlagerung ist die in Abbildung 5.92 skizzierte Schraubenbahn mit Radius r und *Ganghöhe* $h = v_p \cdot T = \frac{2\pi m\, v \sin\varphi}{B \cdot e}$ (das ist der bei einer Umdrehung zurückgelegte Weg parallel zum Feld).

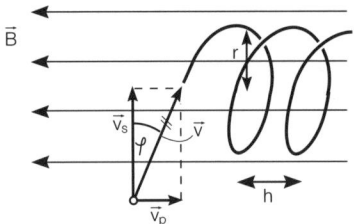

Abb. 5.92

4) Aus dem Weltraum (z. B. von der Sonne) fliegen ständig geladene Teilchen in das Magnetfeld der Erde, machen dort Schraubenbewegungen um die Feldlinien und kehren im inhomogenen stärker werdenden Feld in der Gegend der Pole um. Stoßen sie dort auf Luftmoleküle, so können Leuchterscheinungen entstehen (Nordlicht). Das Feld hält wie eine magnetische Flasche die Teilchen in mehreren „Strahlungsgürteln" gefangen und hält so einen großen Teil der kosmischen Höhenstrahlung von uns ab.

5.27.2 $\vec{E}$-Feld und $\vec{B}$-Feld senkrecht zueinander

Gemäß Abbildung 5.93 bewegt sich ein geladenes Teilchen mit der Geschwindigkeit $\vec{v}$ senkrecht zu einem Magnet- und elektrischen Feld (die Felder sind ihrerseits senkrecht zueinander) und erfährt dabei eine elektrische Feldkraft $\vec{F}_{el}$ und eine Lorentzkraft $\vec{F}_L$. Diese können entgegengesetzt sein und sich aufheben – dann gilt:

Teilchen in magnetischen und elektrischen Feldern

$F_L = F_{el}$ bzw. $q \cdot B \cdot v = q \cdot E$ bzw. $\boxed{v = \dfrac{E}{B}}$ (F5.54)

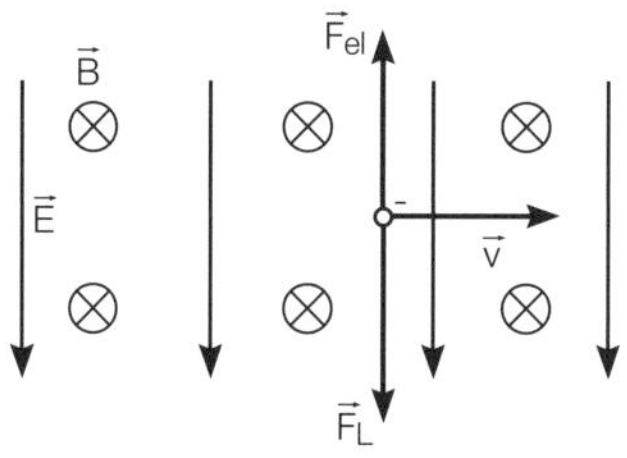

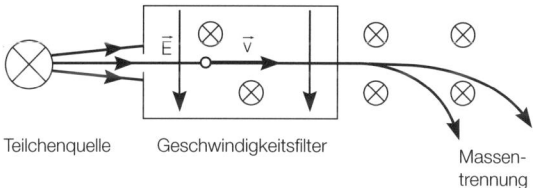

Abb. 5.93

In diesem Falle ist das Teilchen kräftefrei und fliegt geradeaus weiter, während für $v > \dfrac{E}{B}$ oder $v < \dfrac{E}{B}$ eine der beiden Kräfte überwiegt und das Teilchen ablenkt. Man kann also durch Variation von E bzw. B Teilchen einer bestimmten Geschwindigkeit geradeaus fliegen lassen und so aussondern (Wienscher Geschwindigkeitsfilter)

Anwendung: Massenspektrometer

Hat man Teilchen unterschiedlichster Masse und Geschwindigkeit (Ionen) und will diese sortieren und gegebenenfalls Masse und Geschwindigkeit bestimmen, so kann man sie (Abb. 5.94) zunächst durch gekreuzte Felder laufen lassen und in diesem Geschwindigkeitsfilter Teilchen einer bestimmten Geschwindigkeit $\vec{v}$ aussortieren. Diese laufen danach durch das reine $\vec{B}$-Feld, wo nach (F5.52) ja $r = \dfrac{mv}{B \cdot q}$ gilt: Teilchen unterschiedlicher Masse laufen bei gleichem v und B (und q) auf verschiedenen Kreisen (Massentrennung).

Abb. 5.94

Teilchenquelle   Geschwindigkeitsfilter   Massentrennung

5.27.3 Teilchenbeschleuniger

Um Kernreaktionen mit Teilchen (z. B. geladenen Ionen) durchzuführen, muss man diese mit hohen Geschwindigkeiten aufeinander treffen lassen, um ihre Coulombabstoßung zu überwinden – man muss sie also beschleunigen.

1. *In Kreisbeschleunigern mit festem Radius* werden die Teilchen durch ein Magnetfeld auf eine Kreisbahn gezwungen und gewinnen bei jedem Umlauf die Energie $W = q \cdot U$

Problem: Wegen $r = \dfrac{m \cdot v}{B \cdot q}$ muss für konstanten Radius $B \sim v$ wachsen (Abb. 5.95 a).

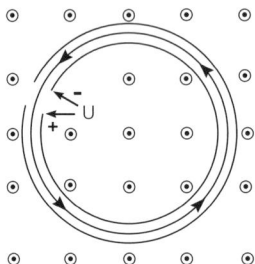

Abb. 5.95a

2. Beim *Zyklotron* (Abb. 5.95 b) liefert einen Ionenquelle im Zentrum die Ionen, die zwischen zwei Halbdosen durch eine Spannung beschleunigt und über ein Magnetfeld auf Kreisbahnen gezwungen werden. Hier wird $r = \dfrac{m \cdot v}{B \cdot q}$ bei konstantem B mit wachsendem v immer größer, aber $T = \dfrac{2\pi m}{q \cdot B}$ (siehe (F5.53)) ist unabhängig von r und v, also konstant. Man wählt die Periode der Wechselspannung U gerade so groß wie T – dann hat sich nach einem halben Umlauf die Polung der Halbdosen vertauscht, sodass die Teilchen je Umlauf zweimal beschleunigt werden (immer dann, wenn sie den Spalt passieren).

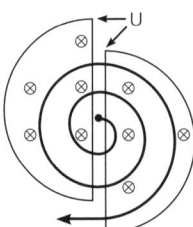

Abb. 5.95b

Aufgaben: 1) Elektronen werden durch die Anodenspannung $U_A = 1$ kV beschleunigt und quer zum elektrischen Feld eines Kondensators (quadratische Platten mit 4 cm Kantenlänge, Plattenabstand 1 cm) eingeschossen (mittig). Welche Querablenkung y_1 erfahren sie im Kondensator, wenn an ihm die Plattenspannung $U_y = 50$ V liegt?

Welche Querablenkung y_2 erfahren sie – die hinter dem Kondensator schräg weiterfliegen – auf einem 40 cm hinter dem Kondensator stehenden Schirm? Man zeige, dass diese Querablenkung proportional zu U_y ist (Prinzip des Oszillographen!)

Was sieht man auf dem Schirm, wenn U_y Wechselspannung der Amplitude 50 V und der Frequenz 50 Hz ist?

Jetzt wird das elektrische Feld im Kondensator durch ein magnetisches in gleicher Richtung ersetzt. Man ermittle die Flussdichte, wenn die Elektronen den Kondensator genau an der Ecke verlassen.

2) Positive Ionen verschiedener Masse durchlaufen ein gekreuztes $\vec{E}$- und $\vec{B}$-Feld geradlinig und senkrecht zu den Feldlinien ($E = 50$ kVm^{-1}, $B = 0{,}25$ T). Wie schnell

sind sie? Die Ionenladung sei q = 2 e – welche Massen haben die Ionen, wenn sie Kreise mit 20 cm bzw. 33 $\frac{1}{3}$ cm Durchmesser durchlaufen?

Lösung zu 1): Einschussgeschwindigkeit v_0: $\frac{1}{2} m v_0^2 = U_A \cdot e$, also

$$v_0 = \sqrt{\frac{2 U_A \cdot e}{m}} = \sqrt{\frac{2 \cdot 10^3 \text{ V} \cdot 1,6 \cdot 10^{-19} \text{ C}}{9,1 \cdot 10^{-31} \text{ kg}}} \approx 1,9 \cdot 10^7 \frac{\text{m}}{\text{s}};$$

Durchflugzeit: $t_1 = \frac{l}{v_0} = \frac{0,04 \text{ m}}{1,9 \cdot 10^7 \frac{\text{m}}{\text{s}}} \approx 2,1 \cdot 10^{-9}$ s;

Beschleunigung: $a = \frac{F}{m} = \frac{E \cdot e}{m} = \frac{U_y \cdot e}{d \cdot m} = \frac{50 \text{ V} \cdot 1,6 \cdot 10^{-19} \text{ C}}{0,01 \text{ m} \cdot 9,1 \cdot 10^{-31} \text{ kg}}$
$= 8,8 \cdot 10^{14} \frac{\text{m}}{\text{s}^2}$

Querablenkung y_1: $y_1 = \frac{1}{2} a t_1^2 = 4,4 \cdot 10^{14} \frac{\text{m}}{\text{s}^2} \cdot 4,41 \cdot 10^{-18} \text{ s}^2 = 1,94$ mm;

Quergeschwindigkeit: $v_1 = a \cdot t_1 = 1,85 \cdot 10^6 \frac{\text{m}}{\text{s}}$;

Ablenkwinkel: $\tan \alpha = \frac{v_1}{v_0} = \frac{1,85 \cdot 10^6 \text{ m/s}}{1,9 \cdot 10^7 \text{ m/s}} \approx 0,1 \rightarrow \alpha = 5,56°$.

Zwischen Kondensator und Schirm fliegen die Elektronen geradlinig schräg unter α (Abb. 5.96 a); es gilt: $\tan \alpha = \frac{y_1'}{40 \text{ cm}}$ bzw. y_1' = 0,4 m · tanα = 38,94 mm

Querablenkung y_2: $y_2 = y_1 + y_1'$ = 38,94 mm + 1,94 mm ≈ 4,1 cm

Proportionalität:

$y_1 = \frac{1}{2} a t_1^2 = \frac{1}{2} \cdot \frac{U_y \cdot e}{d \cdot m} \cdot \left(\frac{l}{v_0}\right)^2 \sim U_y$; $y_1' = 40 \text{ cm} \cdot \tan \alpha = 40 \text{ cm} \cdot \frac{v_1}{v_0}$

$y_1' = 40 \text{ cm} \cdot \frac{a \cdot t_1}{v_0} = 40 \text{ cm} \cdot \frac{l}{v_0^2} \cdot \frac{U_y \cdot e}{d \cdot m} \sim U_y$; damit ist $y_2 = y_1' + y_1 \sim U_y$

Wechselspannung: Die Periode $T = \frac{1}{50}$ s = $2 \cdot 10^{-2}$ s ist ca. 10 Millionen Mal so groß wie die Durchflugzeit; man darf also annehmen, dass während des Durchflugs irgendeines Elektrons am Kondensator eine konstante Spannung U_y mit -50 V $< U_y < +50$ V liegt. Das Elektron trifft also zwischen 4,1 cm oberhalb und 4,1 cm unterhalb des Punktes A (Abb. 5.96 a) auf – insgesamt sieht man auf den Schirm eine Strecke (Vertikale) von 8,2 cm Länge.

Im Falle eines Magnetfeldes durchlaufen die Elektronen im Kondensator ein Stück einer Kreisbahn (Kreismittelpunkt M) wie in Abbildung 5.96 b gezeigt. Nach Pythagoras gilt: r^2 = (4 cm)^2 + (r – 2 cm)^2, also r^2 = 16 cm^2 + r^2 – 4 cm r + 4 cm^2 bzw. r = 5 cm

Somit nach (F5.52):

$$B = \frac{m v_0}{e \cdot r} = \frac{9,1 \cdot 10^{-31} \text{ kg} \cdot 1,9 \cdot 10^7 \frac{\text{m}}{\text{s}}}{1,6 \cdot 10^{-19} \text{ C} \cdot 0,05 \text{ m}} = 2,16 \cdot 10^{-3} \frac{\text{kg} \frac{\text{m}}{\text{s}^2}}{\text{Am}} = 2,16 \text{ mT}$$

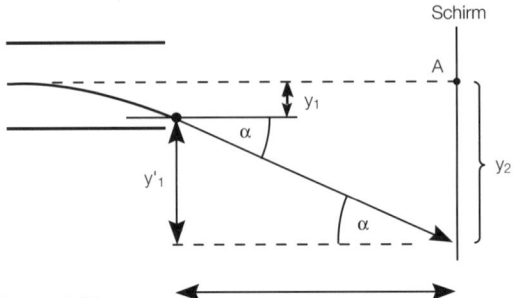

Abb. 5.96a: Seitenansicht

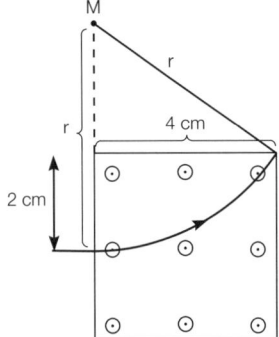

Abb. 5.96b: Sicht von oben

Lösung zu 2): Es gilt $v = \dfrac{E}{B} = \dfrac{50 \cdot 10^3 \text{ V}}{\text{m} \cdot 0,25 \cdot \frac{N}{Am}} = 200 \cdot 10^3 \dfrac{W}{N} = 2 \cdot 10^5 \dfrac{m}{s}$.

Nach (F5.52) ist $m = \dfrac{q \cdot B \cdot r}{v} = \dfrac{2\,e \cdot B \cdot \frac{d}{2}}{v}$

Also ist $m_1 = \dfrac{1,6 \cdot 10^{-19}\,C \cdot 0,25\,T \cdot 0,2\,m}{2 \cdot 10^5 \frac{m}{s}} = 4 \cdot 10^{-26}\,kg = 24\,u$ mit $u = 1,66 \cdot 10^{-27}$ kg als atomarer Masseneinheit (etwa Masse eines Protons) und $m_2 = 6,66 \cdot 10^{-26}$ kg = 40 u (Es könnte sich um Mg^{2+}- bzw. Ca^{2+}-Ionen handeln).

5.28 Ladungsträger in Gasen

Legt man an eine gasgefüllte Glasröhre eine Spannung von ca. 4 kV an, so passiert nichts – es fließt kein Strom und das Gas leuchtet nicht. Wird dagegen das Gas stark verdünnt und Spannung angelegt, so fließt Strom und das Gas leuchtet (Abb. 5.97):

An der Kathode erkennt man das fluoreszierende Glimmlicht, dann folgt eine Dunkelzone, an der Anode bildet sich eine leuchtende Säule mit Schichtstruktur aus (alles ist abhängig von der Gasart und vom Druck).

Ladungsträger in Gasen 277

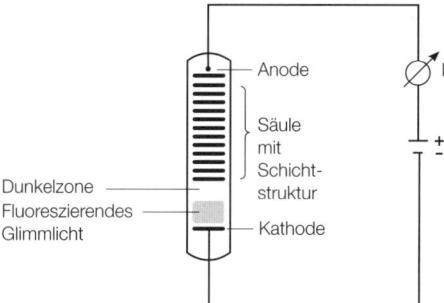

Abb. 5.97

Erklärung: Im *verdünnten* Gas befinden sich einige positive Ionen, die durch die Spannung auf die Kathode zu beschleunigt werden und beim Aufprall aus ihr Elektronen herausschlagen. Die Elektronen werden durch die Spannung in Richtung Anode beschleunigt und stoßen auf Gasatome; dabei erzeugen sie neue Ionen, die ihrerseits wieder zur Kathode kommen.

Elektronen und Ionen *wachsen lawinenartig* an, es kommt zu messbarem Stromfluss, man spricht von einer selbstständigen Gesamtladung (die Ladungsträger erzeugen sich selbst). Dabei gibt es zwei verschiedene Teilchenströme – Elektronen fliegen von der Kathode zur Anode (Kathodenstrahlen), positive Ionen fliegen zur Kathode (historisch heißen sie Kanalstrahlen).

Ein Ion kann aber nur dann Elektronen aus der Kathode schlagen, wenn es im $\vec{E}$-Feld auf der Beschleunigungsstrecke der Länge l genügend Bewegungsenergie $W = F \cdot l = e \cdot E \cdot l$ erhält; Entsprechendes gilt für Elektronen, die durch Stoß Gasatome ionisieren sollen. Beim unverdünnten Gas ist die *mittlere freie Weglänge* l zwischen zwei Stößen, d. h. die Beschleunigungsstrecke, zu kurz, weil die Gasatome dicht sitzen – so ergibt sich kein Lawineneffekt.

Beim Stoß von Elektronen auf Gasatome übertragen erstere Energie auf die Gasatome – dabei kann zweierlei passieren: Die Gasatome können die Energie in Form von Licht wieder abgeben (siehe Atomphysik, Kapitel 6), was die Leuchtsäule erklärt; die Energie kann aber auch ausreichen, um ein Elektron des Gasatoms herauszuschlagen, wodurch ein Ion erzeugt wird.

Die genaue Erklärung der Leuchtzonen ist kompliziert. Grob kann man sagen, dass die Elektronen in der Glimmlichtzone schon genug Energie haben, die Gasatome zum Leuchten zu bringen; in der Dunkelzone sind sie zu schnell, d. h. ihre Verweildauer bei den Gasatomen ist zu kurz. Am Ende der Dunkelzone haben sie genügend Energie, um Gasatome zu ionisieren – dabei verlieren sie fast alle Energie. In den Dunkelzonen zwischen den Schichten sammeln die Elektronen wieder Energie für die nächsten Stöße.

5.29 Elektromagnetische Induktion – 2. Teil (quantitativ)

Lässt man die Leiterschaukel von Kap. 5.24.1) durch das Magnetfeld schwingen, so wird – mit einem Messverstärker nachweisbar – an den Enden der Schaukel Spannung induziert; auch bei einer Spule, die sich im Magnetfeld dreht wird Spannung induziert. Bewegt sich ein Leiter quer zum Magnetfeld, so wird an ihm Spannung induziert – diese 1. Grundaussage der Induktion wurde in Kap. 5.15 qualitativ über die Lorentzkraft erklärt. Die quantitative Frage nach der Größe der Induktionsspannung und die Behandlung der 2. Art von Induktion (Spannung durch Änderung des Magnetfeldes in einer Spule) stehen noch aus.

Zunächst soll die Erklärung von Kap. 5.15 (Abb. 5.43 a) quantifiziert werden. Dabei wird ein Leiterstab quer zum Feld mit $\vec{v}$ nach oben bewegt, wobei die Elektronen im Stab die Lorentzkraft $\vec{F}_L$ mit $F_L = e \cdot B \cdot v$ erfahren. Daher sammeln sie sich am vorderen Stabende (Überschuss), während hinten am Stab Elektronenmangel herrscht – es baut sich ein elektrisches Feld auf, das der Lorentzkraft die Feldkraft $\vec{F}_{el}$ mit $F_{el} = E \cdot e = \dfrac{U}{l} \cdot e$ entgegensetzt (l ist die Stablänge, U die Spannung zwischen den Stabenden). Rasch stellt sich ein Gleichgewicht ein, bei dem gilt: $F_{el} = F_L$ bzw. $\dfrac{U}{l} \cdot e = e \cdot B \cdot v$ bzw. $\boxed{U_{ind} = B \cdot v \cdot l}$ (F5.55)

(F5.55) gibt die an einem Leiterstab induzierte Spannung an, der senkrecht zum Feld der Flussdichte B mit v bewegt wird. Bei einer Leiterschleife, die sich senkrecht zum Magnetfeld dreht, gilt entsprechend $U_{ind} = 2 \cdot B \cdot v \cdot l$, da sich gemäß Abbildung 5.43 b die beiden Spannungen an den Längsseiten addieren.

Umdeutung: Eine Leiterschleife wird durch ein Magnetfeld gezogen. In Abbildung 5.98 a taucht die Schleife ins Magnetfeld (unterhalb der gestrichelten) Linie ein – am unteren Leiterbügel wird Spannung $U = B \cdot v_s \cdot l$ induziert (rechte Seite Pluspol, linke Minuspol), am oberen außerhalb des Feldes wird keine Spannung induziert; *also wird an der Schleife insgesamt Spannung induziert* (Minuspol oben).

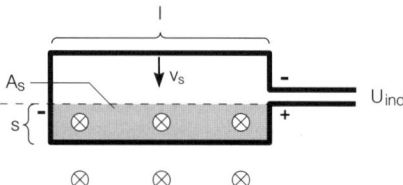

Abb. 5.98a

In Abbildung 5.98 b wird die Schleife innerhalb des Feldes bewegt. An beiden Strängen wird die Spannung $U = B \cdot v_s \cdot l$ induziert – *zwischen den Schleifenenden gibt es keine Spannung*.

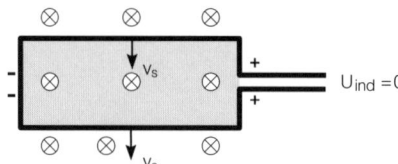

Abb. 5.98b

Elektromagnetische Induktion – 2. Teil (quantitativ)

In Abbildung 5.98 c verlässt die Schleife das Magnetfeld – nur am oberen Strang wird Spannung induziert! *Daher wird insgesamt zwischen den Enden der Schleife die Spannung* $U = B \cdot v_s \cdot l$ *induziert.*

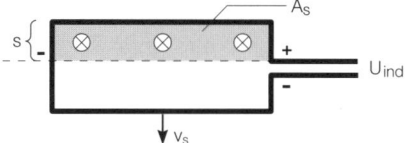

Abb. 5.98c

Sei nun $A_s = s \cdot l$ diejenige Fläche der Spule (getönt), die jeweils felddurchsetzt ist und senkrecht zum $\vec{B}$-Feld steht. In Abbildung 5.98 b ändert sich A_s nicht, im Falle der Abbildung 5.98 a wird A_s größer, im Falle in Abbildung 5.98 c kleiner.

Offensichtlich wird genau dann Spannung an der Spule induziert, wenn A_s sich zeitlich ändert!

Außerdem gilt: $\boxed{U_{ind} = B \cdot v_s \cdot l = B \cdot \dfrac{\Delta s}{\Delta t} \cdot l = B \cdot \dfrac{\Delta(s \cdot l)}{\Delta t} = B \cdot \dfrac{\Delta A_s}{\Delta t}}$ (F5.56)

> Die induzierte Spannung ist in diesem Falle gleich dem Produkt aus magnetische Flussdichte B und der zeitlichen Änderung der felddurchsetzten Fläche senkrecht zum Feld $\dfrac{\Delta A_s}{\Delta t}$.

Überprüfung der Formel (F5.56) bei der sich im Magnetfeld drehenden Leiterschleife

In Abbildung 5.99 a ist die sich drehende Leiterschleife räumlich dargestellt, in Abbildung 5.99 b in Seitensicht. φ ist der Winkel zwischen der Querseite der Schleife und der Richtung des $\vec{B}$-Feldes.

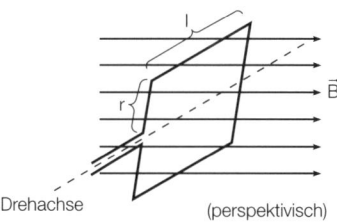

Abb. 5.99a   Drehachse   (perspektivisch)

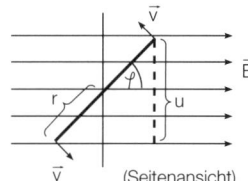

Abb. 5.99b $\vec{v}$ (Seitenansicht)

Die Fläche der Leiterschleife ist A = 2 r · l, die felddurchsetzte Fläche A_s senkrecht zum Feld ist $A_s = \begin{cases} A \text{ für } \varphi = \frac{\pi}{2} \text{ (Bogenmaß/} \stackrel{\wedge}{=} 90°) \\ 0 \text{ für } \varphi = 0 \\ u \cdot l = 2r \cdot \sin\varphi \cdot l \text{ allgemein} \end{cases}$

Dreht sich die Schleife mit konstanter Drehgeschwindigkeit und der Zeitdauer T für einen Umlauf, so gilt, wenn bei $\varphi = 0$ die Uhr gestartet wird:

$\left. \begin{array}{l} t = 0 \stackrel{\wedge}{=} \varphi = 0 \\ t = T \stackrel{\wedge}{=} \varphi = 2\pi \\ t = \frac{3}{10} T \stackrel{\wedge}{=} \varphi = \frac{3}{10} \cdot 2\pi \end{array} \right\}$ allgemein: $\varphi = \frac{t}{T} \cdot 2\pi$

Setzt man dies in den Ausdruck für A_s ein, so erhält man A_s als Funktion der Zeit:

$$\boxed{A_s(t) = 2\,r \cdot l \cdot \sin\left(\frac{2\pi}{T} \cdot t\right)} \quad \text{(F5.57)}$$

$\frac{\Delta A_s}{\Delta t}$ nähert sich für kleine Zeiten $\Delta t (\Delta t \to 0)$ der zeitlichen Ableitung $\dot{A}_s(t)$ der Funktion $A_s(t)$ an – also

$$\frac{\Delta A_s}{\Delta t} \approx \dot{A}_s(t) = 2\,r \cdot l \cdot \cos\left(\frac{2\pi}{T} \cdot t\right) \cdot \frac{2\pi}{T} = 2\,l \cdot \frac{2\pi r}{T} \cdot \cos\Big(\underbrace{\frac{2\pi}{T} \cdot t}_{\varphi}\Big)$$

Da $2\pi r$ der Umfang des Drehkreises ist, ist $\frac{2\pi r}{T} = v$ die Drehgeschwindigkeit der Elektronen auf den Bügellängsseiten. Aus (F5.56) ergibt sich die an der Leiterschleife induzierte Spannung zu

$$\boxed{U_{ind}(t) = B \cdot \frac{\Delta A_s}{\Delta t} \approx 2\,B \cdot l \cdot v \cdot \cos\Big(\underbrace{\frac{2\pi}{T} \cdot t}_{\varphi}\Big)} \quad \text{(F5.58)}$$

$U_{ind}(t)$ von (F5.58) ist die **momentane** induzierte Spannung ($\Delta t \to 0$); man überprüft leicht, dass in den Spezialfällen $\varphi = 0$ (Schleife dreht sich senkrecht zum Feld) sich $U_{ind} = 2\,B \cdot l \cdot v$ bzw. für $\varphi = \frac{\pi}{2}$ (Schleife dreht sich parallel zum Feld, also keine Lorentzkraft) sich $U_{ind} = 0$ ergibt (sinnvoll!). Hätte man die Zeitmessung in der Stellung, wenn die Schleife senkrecht zum Feld steht, begonnen, hätte man in (F5.58) sin statt cos erhalten. Das Ergebnis (F5.58) lässt sich experimentell verifizieren!

Offenbar spielt für die Induktionsspannung das Produkt $B \cdot A_s = \phi$ eine zentrale Rolle – es heißt nach Faraday *magnetischer Fluss*. Da sich im Falle eines im konstanten Magnetfeld bewegten Leiters nur A_s, nicht aber B ändert, ist $\Delta \phi = \Delta(A_s \cdot B) = B \cdot \Delta A_s$; also ist $U_{ind} = B \cdot \frac{\Delta A_s}{\Delta t} = \frac{\Delta \phi}{\Delta t}$ für eine Leiterschleife und $U_{ind} = n \cdot \frac{\Delta \phi}{\Delta t}$ für eine Spule mit n Windungen.

Elektromagnetische Induktion – 2. Teil (quantitativ)

> **Induktionsgesetz:** 1. Der magnetische Fluss ϕ durch eine Leiterschleife ist das Produkt aus Flussdichte B und der felddurchsetzten Fläche A_s senkrecht zu $\vec{B}$:
> $$\phi = B \cdot A_s; \text{ Einheit: } [\phi] = 1\,\text{Tm}^2 = 1\,\frac{N}{Am} \cdot m^2 = 1\,\frac{J}{A} = 1\,\text{Vs} \quad (F5.59\,a,\,b)$$
> 2. Die bei der Bewegung von Spulen mit n Windungen im Magnetfeld induzierte Spannung U_{ind} hängt nicht vom Fluss ϕ direkt, sondern vom „Tempo" $\frac{\Delta\phi}{\Delta t}$ seiner Änderung ab: $\bar{U}_{ind} = n \cdot \frac{\Delta\phi}{\Delta t}$ (Durchschnittswert) bzw. $U_{ind} = \lim_{\Delta t \to 0} n \cdot \frac{\Delta\phi}{\Delta t}$
> $= n \cdot \dot{\phi}$ (Momentanwert) (F5.60 a, b).

Für die Herleitung von (F5.58) hätte man das Induktionsgesetz bzw. seine Vorstufe (F5.56) nicht gebraucht – man hätte auch die Geschwindigkeit $\vec{v}$ in Abbildung 5.99 b in Komponenten parallel und senkrecht zum Magnetfeld zerlegen und die Lorentzkraft ausnutzen können. Auch bei allen anderen Vorgängen, wo ein Leiter im ruhenden Feld bewegt wird, kommt man mit der Lorentzkraft zum Ziel. Allerdings gestattet das Induktionsgesetz auch die Berechnung der Induktionsspannung in dem Fall, in dem sich nur das Feld innerhalb einer Spule ändert (z. B. Einschaltvorgang bei einer Spule mit Eisenkern – siehe Kap. 5.15.2, Punkt 2, 2. Grundaussage der Induktion) oder in dem sowohl Leiter bewegt werden als auch Magnetfelder sich ändern. Ändert sich beispielsweise in einer ruhenden Spule mit n Windungen das Magnetfeld, so wird an ihr die Spannung U_{ind} induziert mit

(siehe F5.60) $\boxed{\bar{U}_{ind} = n \cdot \frac{\Delta\phi}{\Delta t} = n \cdot \frac{\Delta(A_s \cdot B)}{\Delta t} = n \cdot A_s \cdot \frac{\Delta B}{\Delta t}}$ (F5.61) bzw.

momentan $\boxed{U_{ind}(t) = n \cdot A_s \cdot \dot{B}}$ (F5.61 a).

Problem: Ein Leiterstab schaukelt durch ein Magnetfeld; dabei wird zwischen seinen Enden Spannung induziert. Damit könnte man (Abb. 5.100) ein Glühbirnchen betreiben. Erhielte man so ein „Perpetuum Mobile 1. Art", wenn man die Reibung beim Schaukeln ausschalten würde?

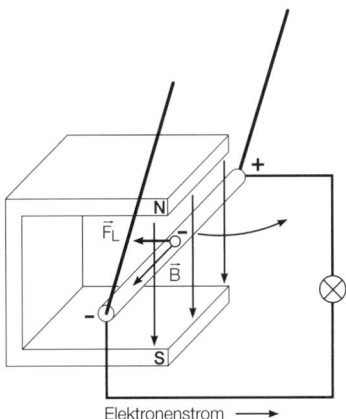

Abb. 5.100   Elektronenstrom ⟶

Erläuterung: Wenn Strom durch das Birnchen fließt (vom Minuspol des Stabes zum Pluspol), so müssen – zur Aufrechterhaltung der Spannung – auch Elektronen im Stab fließen – von Plus nach Minus!

Dieser Elektronenstrom im Stab bewirkt aber eine zweite Lorentzkraft $\vec{F}_L$ im Stab, die der Schwingbewegung entgegengerichtet ist, sie also abbremst. Also wird die Bewegung, welche Ursache für die Induktionsspannung war, abgebremst, wenn man diese Spannung zur Stromgewinnung (Lämpchen leuchtet) nutzt – *kein Perpetuum Mobile!*

> **Lenz'sche Regel:** Induktionsspannungen sind stets so gepolt, dass sie durch ihren Strom ihrer Ursache entgegenwirken können. Man schreibt daher symbolisch statt (F5.60): $U_{ind} = -n \cdot \dot{\phi}$ (F5.62)

5.29.1 Wirbelströme:

Eine Pendelplatte aus Metall schwinge hin und her. Schaltet man ein Magnetfeld senkrecht zur Platte ein, wird das Pendel sofort abgebremst.

Erklärung: In Abbildung 5.101 schwingt das Pendel nach links. Im Bereich des gestrichelten Quadrats durchdringt das Magnetfeld die Platte – dort gibt es Lorentzkräfte, die für eine Induktionsspannung (+ oben, – unten) sorgen. Außerhalb des Magnetfeldbereiches werden Elektronen in der Metallplatte von – nach + fließen; im Magnetfeldbereich müssen dann – zur Aufrechterhaltung der Spannung – Elektronen von + nach – fließen. Dadurch ergibt sich eine zweite Lorentzkraft $\vec{F}_L$ nach rechts, die die Bewegung abbremst. Schwingt das Pendel nach rechts, wirkt die zweite Lorentzkraft nach links und bremst ebenfalls.

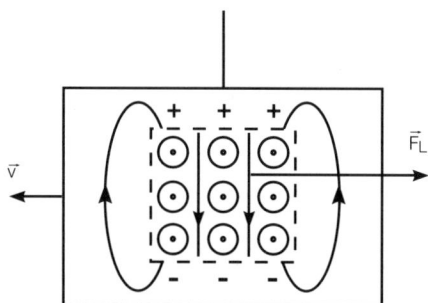

Abb. 5.101

Bemerkungen:
1. Dieses Prinzip der Bremsung durch Wirbelströme wird technisch ausgenutzt (Wirbelstrombremse), indem man zum Bremsen ein Magnetfeld einschaltet – dem Pendel entsprechen sich drehende Räder.

2. Sägt man ins Pendel vertikale Schlitze, so können sich keine Wirbelströme ausbilden – kein Bremseffekt!

3. Dreht man einen Hufeisenmagneten unter einer Kupferscheibe, so dreht sich diese ein Stück mit (Prinzip des Tachometers). Zur Erklärung denke man sich eine Drehung des Magneten im Gegenuhrzeigersinn unter der ruhenden Scheibe. Vom ruhend gedachten Magneten aus (Standpunktwechsel) dreht sich stattdessen die Kupferscheibe im Uhrzeigersinn! An ihr wird Spannung induziert; es bilden sich Wirbelströme, Lorentzkräfte „bremsen" die Scheibendrehung – tatsächlich setzen sie die Scheibe im Gegenuhrzeigersinn in Bewegung! Ein an der Scheibe befestigter Zeiger („Tachozeiger") dreht sich mit ihr, die Drehung ist umso stärker, je größer die Drehgeschwindigkeit des Magneten ist.

5.29.2 Versuch „Aluring"/Spulenmagnet

Bei diesem Versuch hängt ein nichtmagnetischer Aluminiumring über dem Weicheisenkern einer Magnetspule (Abb. 5.102).

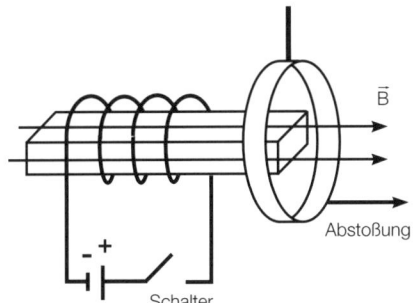

Abb. 5.102

Beim Einschalten wird der Ring abgestoßen, beim Ausschalten angezogen.

Erklärung: Das Einschalten des Magnetfeldes ändert den Fluss $\vec{B}$ durch den Ring – an ihm (geschlossene Leiterschleife) wird Spannung induziert, es entsteht ein Kreisstrom im Ring. Der Kreisstrom bewirkt ein Magnetfeld, sodass der Ring wie ein Stabmagnet wirkt (vergleiche Abbildung 5.86). In diesem Falle ist (Lenz'sche Regel) der „Ringstabmagnet" so gerichtet, dass sein Magnetfeld dem des Spulenfeldes entgegenwirkt, um dieses – Ursache des Ringstroms – abzuschwächen. Der Nordpol des „Ringstabmagneten" ist links – also folgt Abstoßung.

Im Falle des Ausschaltens stellt sich der Ringstrom in Gegenrichtung ein, sodass das „Ringfeld" gleich gerichtet ist wie das Magnetfeld – nach Lenz „versucht" das Ringfeld, den Abbau des Magnetfeldes abzuschwächen. Der Südpol des Ringstabmagnets ist links – also wird der Ring angezogen.

Bemerkung: Dem Kreisstrom im Ring entspricht ein kreisförmiges elektrisches Feld, das beim Anwachsen bzw. Abnehmen des Magnetfelds durch den Ring entsteht; beide, d. h. Elektronenstrom und elektrisches Ringfeld sind entgegengesetzt gerichtet.

5.29.3 Aufgaben

1) Eine Spule in Form eines gleichschenklig-rechtwinkligen Dreiecks (Kathetenlänge 40 cm) wird in 8 s mit konstanter Geschwindigkeit ins Magnetfeld mit B = 3 T eingeschoben; zur Zeit t = 0 ist die Dreieckspitze am Magnetfeldrand (Abb. 5.103). Berechne den Momentanwert $U_{ind}(t)$ der Induktionsspannung und den Durchschnittswert!

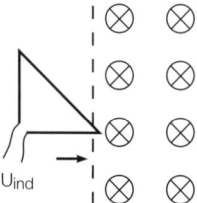

Abb. 5.103

2) Eine quadratische Leiterschleife (Kantenlänge l = 4 m) dreht sich im Magnetfeld (T = 8 s) und steht zur Zeit t = 0 senkrecht zum Feld. Zum Zeitpunkt t = 0 ist B = − 4 T, dann fällt B in 6 s auf − 7 T ab (linear). Man berechne $U_{ind}(t)$!

Lösungen: Zu 1): Eindringtiefe

$$l(t) = v \cdot t = t \cdot \frac{0{,}4 \text{ m}}{8 \text{ s}}; \quad A_s(t) = \frac{1}{2} l^2(t) = \frac{1}{2} \cdot t^2 \cdot \frac{0{,}16 \text{ m}^2}{64 \text{ s}^2} = 0{,}00125 \, \frac{\text{m}^2}{\text{s}^2} \cdot t^2$$

Fluss: $\phi(t) = B \cdot A_s(t) = 0{,}00375 \text{ T} \, \frac{\text{m}^2}{\text{s}^2} \, t^2 = 3{,}75 \cdot 10^{-3} \, \frac{\text{Vs}}{\text{s}^2} \cdot t^2$;

$$U_{ind}(t) = -\dot{\phi}(t) = -7{,}5 \cdot 10^{-3} \, \frac{\text{V}}{\text{s}} \cdot t \text{ (momentan)}$$

Durchschnittswert: $U_{ind} = -\dfrac{\Delta \phi}{\Delta t} = -\dfrac{\phi(8 \text{ s}) - \phi(0 \text{ s})}{8 \text{ s}} = -\dfrac{0{,}24 \text{ Vs}}{8 \text{ s}} = -0{,}03 \text{ V}$

Zu 2):

$$A_s(t) = A \cdot \cos \varphi = 16 \text{ m}^2 \cdot \cos\left(\frac{2\pi}{8 \text{ s}} \cdot t\right); \quad B(t) = -4 \text{ T} + \frac{-3 \text{ T}}{6 \text{ s}} t = -4 \text{ T} - \frac{1}{2} \frac{\text{T}}{\text{s}} t$$

$$\phi(t) = A_s(t) \cdot B(t) = -16 \text{ Tm}^2 \cdot \cos\left(\frac{\pi}{4 \text{ s}} \cdot t\right) \cdot \left(4 + \frac{t}{2 \text{ s}}\right)$$

$$U_{ind}(t) = -\dot{\phi}(t) = 16 \text{ Vs} \cdot \left[-\sin\left(\frac{\pi}{4 \text{ s}} \cdot t\right) \cdot \frac{\pi}{4 \text{ s}} \cdot \left(4 + \frac{t}{2 \text{ s}}\right) + \cos\left(\frac{\pi}{4 \text{ s}} t\right) \cdot \frac{1}{2 \text{ s}}\right]$$

$$U_{ind}(t) = 8 \text{ V} \cdot \left[\cos\left(\frac{\pi}{4 \text{ s}} t\right) - \frac{\pi}{2} \sin\left(\frac{\pi}{4 \text{ s}} t\right)\left(4 + \frac{t}{2 \text{ s}}\right)\right]$$

5.30 Selbstinduktion bei Spulen

Versuchsergebnis: In der Schaltung von Abbildung 5.104 sind ein Widerstand und eine Spule parallel geschaltet. Schließt man den Schalter, so leuchtet Lämpchen L 1 sofort, Lämpchen L 2 leicht verzögert auf.

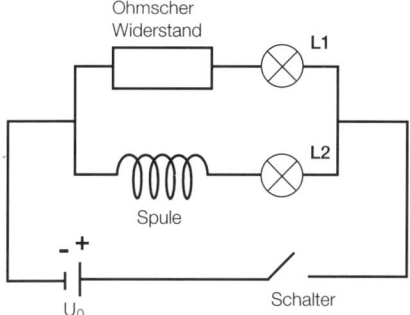

Abb. 5.104

Offensichtlich stellt sich in dem Zweig mit dem Widerstand sofort die volle Stromstärke ein, während sich der Strom im Zweig mit der Spule erst allmählich aufbaut!

Entsprechend stellt man fest, dass beim Ausschalten der Strom durch die Spule sich allmählich abbaut und nicht schlagartig auf 0 zurückgeht. Abbildung 5.105 zeigt den Stromverlauf durch die Spule, wenn zum Zeitpunkt t_0 ein- und bei t_1 ausgeschaltet wird.

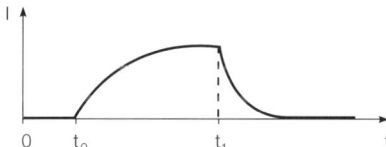

Abb. 5.105

Erklärung: 1) Beim *Einschalten* legt man von außen die Gleichspannung U_0 an, der Strom durch die Spule baut sich auf und mit ihm ein $\vec{B}$-Feld im Inneren der Spule.
 Folglich wird an der Spule Spannung induziert und zwar so, dass sie dem Aufbau des $\vec{B}$-Feldes entgegenwirkt, d. h. „U_0 verkleinern will" – die tatsächliche Spannung an der Spule $U = U_0 - |U_{ind}|$ ist kleiner als U_0, sodass sich der Strom allmählich aufbaut.

2) Beim Ausschalten werden I und B abgebaut; also wird Spannung so induziert, dass diese dem Abbau entgegenwirkt. Folglich ist die tatsächliche Spannung an der Spule $U = U_{ind}$ nicht 0, sodass sich der Strom allmählich abbaut.

5.30.1 Größe der induzierten Spannung an der Spule im Falle der Selbstinduktion

Sei A die Querschnittsfläche der Spule, n die Windungszahl, l die Länge und I die Spulenstromstärke.
Wegen des Induktionsgesetzes gilt $U_{ind} = -n \cdot \dot{\phi}$ mit $\phi(t) = A \cdot B(t)$ als magnetischem Fluss durch die Spule.
Einsetzen liefert $U_{ind} = -n \cdot A \cdot \dot{B}(t)$, wobei gemäß (F5.37)
$B(t) = \mu_0 \cdot \mu_r \cdot \dfrac{n}{l} \cdot I(t)$ ist.

Damit folgt:
$$U_{ind} = -L \cdot \dot{I}(t) \text{ (Momentanwert) bzw.}$$
$$\bar{U}_{ind} = -L \cdot \dfrac{\Delta I}{\Delta t} \text{ (Mittelwert) mit } L = \mu_0 \mu_r \dfrac{n^2}{l} A \quad \text{(F5.63 a, b, c)}$$

Die durch Selbstinduktion an einer Spule induzierte Spannung U_{ind} ist das Produkt der Eigeninduktivität L der Spule (Konstante) mit der zeitlichen Änderung der Spulenstromstärke.

Einheit der Eigeninduktivität
$$L = \dfrac{-U_{ind}}{\dot{I}}: [L] = 1 \dfrac{V}{A/s} = 1 \dfrac{Vs}{A} = 1 \text{ H (Henry)} \quad \text{(F5.64)}$$

Beispiel: Eine Spule mit 8000 Windungen, 8 cm Spulendurchmesser, 50 cm Länge und „Luftfüllung" ($\mu_r = 1$) hat bei $A = \pi r^2 = \pi \cdot 16 \text{ cm}^2 \approx 50 \text{ cm}^2$ die Eigeninduktivität

$L = 1{,}256 \cdot 10^{-6} \dfrac{Tm}{A} \cdot 1 \cdot \dfrac{64 \cdot 10^6}{0{,}5 \text{ m}} \cdot 5 \cdot 10^{-3} \text{ m}^2 = 0{,}804 \text{ H}$

Bemerkungen:
1. Wegen $U_{ind} \sim \dot{I}(t)$ ist die Induktionsspannung umso größer, je schneller der Strom sich ändert!

2. Schaltet man Widerstand und Spule parallel, so fließt nach dem Einschalten der Strom durch beide in gleicher Richtung (Abb. 5.106 links). Nach Öffnen des Schalters fließt der Strom durch den Widerstand in Gegenrichtung (Abb. 5.106 rechts), um in einem geschlossenen Stromkreis ein allmähliches Abklingen des Spulenstroms zu ermöglichen.

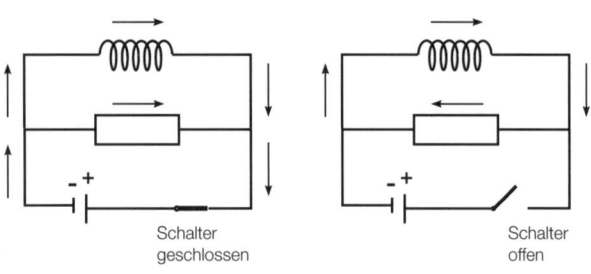

Abb. 5.106 — Schalter geschlossen — Schalter offen

3. Unterbricht man den Kreis per Schalter ohne Parallelwiderstand, so reißt der Spulenstrom *plötzlich* ab; also ist $|\dot{I}(t)|$ sehr groß, sodass die Induktionsspannung groß wird (Funkenüberschlag an Schalter!)

5.30.2 Quantitative Betrachtung des Ein- und Ausschaltvorgangs

Beim Einschalten (Stromverlauf gemäß Abb. 5.107 a) wird von außen die Spannung U_0 angelegt und durch Induktion entsteht $U_{ind} = -L \cdot \dot{I}$, sodass die tatsächliche Spannung an der Spule durch $U_{tats} = U_0 - L \cdot \dot{I}$ gegeben ist. Ist R der Spulenwiderstand, so gilt nach (F5.3 a) $U_{tats} = R \cdot I$ bzw.

$$\boxed{U_0 - L \cdot \dot{I}(t) = R \cdot I(t)} \quad (F5.65)$$

(Differenzialgleichung für den Einschaltvorgang der Spule).

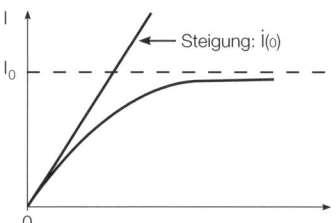

Abb. 5.107a

In (F5.65) treten neben den Konstanten R, L und U_0 noch der Spulenstrom $I(t)$ und seine zeitliche Ableitung $\dot{I}(t)$ auf – gesucht ist eine Funktion $I(t)$, die (F5.65) erfüllt!

Sonderfälle: Für t = 0 ist I = 0, sodass aus (F5.65) folgt: $\boxed{\dot{I}(0) = \dfrac{U_0}{L}}$ (F5.66 a)

Für $t \to \infty$ ist $I \approx I_0$ und $\dot{I} \approx 0$, sodass gilt: $\boxed{I_0 = \dfrac{U_0}{R}}$ (F.5.66 b)

Beim Ausschalten (Stromverlauf gemäß Abb. 5.107 b) gilt Gleichung (F5.65) entsprechend – allerdings ist die außen angelegte Spannung jetzt $U_0 = 0$ und für den Widerstand muss man im Sinne von Kap. 5.30.1 Bemerkung 2) den gesamten Widerstand $R^* = R_{Spule} + R_{Parallel}$ setzen.

Differenzialgleichung für den Ausschaltvorgang der Spule: $-L \cdot \dot{I}(t) = R^* \cdot I(t)$ bzw.

$$\boxed{\dot{I}(t) = -\dfrac{R^*}{L} \cdot I(t)} \quad (F5.67)$$

Sonderfälle:

$$\boxed{\text{Für } t \to \infty \text{ ist } \dot{I} \approx 0, \ I \approx 0; \text{ für } t = 0 \text{ gilt } \dot{I}(0) = -\dfrac{R^*}{L} \cdot I_0} \quad (F5.68)$$

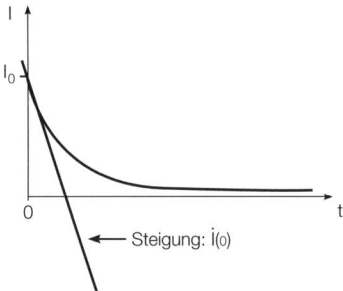

Abb. 5.107b

Allgemeine Lösung: Die Differenzialgleichungen (F5.65) bzw. (F5.67) unterscheiden sich von der früher betrachteten Differenzialgleichung (F1.43) der mechanischen Schwingbewegungen wesentlich dadurch, dass hier die erste Ableitung, in (F1.43) die zweite Ableitung der gesuchten Funktion auftritt. Während bei Differenzialgleichungen zweiter Ordnung häufig periodische Funktionen als Lösung auftreten (Sinus- bzw. Kosinusfunktionen), sind die Lösungen von Differenzialgleichungen 1. Ordnung typischerweise Exponentialfunktionen.

Lösung von (F5.67): $\boxed{I(t) = I_0 \cdot e^{-\frac{R^*}{L} \cdot t}}$ (F5.69 a);

Lösung von (F5.65): $\boxed{I(t) = I_0 \cdot \left(1 - e^{-\frac{R}{L} \cdot t}\right)}$ (F5.69 b)

Die Lösungen (F5.69 a)/(F5.69 b) wurden hier einfach mitgeteilt; man überprüft leicht, dass sie die betreffenden Differenzialgleichungen tatsächlich erfüllen und dass der Strom für t = 0 bzw. t → ∞ das richtige Verhalten zeigt.

Bemerkung: Unter der Halbwertszeit τ_H versteht man die Zeit, nach der beim Ausschalten der Strom auf die Hälfte abgesunken bzw. beim Einschalten der Strom auf die Hälfte des Endwerts gestiegen ist. Der Ansatz $\frac{I_0}{2} = I(\tau_H) = I_0 \cdot e^{-\frac{R^*}{L} \tau_H}$ liefert beim Ausschalten $\tau_H = \frac{L}{R^*} \ln 2$; dies gilt mit R statt R* auch beim Einschalten!

5.30.3 Energie des Magnetfeldes

Beim Ausschaltvorgang einer Spule baut sich der Strom allmählich ab, d. h. es fließt Strom ohne *äußere* Spannung. Die beim Stromfluss abgegebene Energie stammt aus dem Magnetfeld, das sich abbaut – *im Magnetfeld steckt also Energie*. Ohne Herleitung sei hier die Formel für die magnetische Energie einer stromdurchflossenen Spule angegeben (sie ist analog zum Ausdruck (F5.23) für die elektrische Feldenergie im Kondensator):

$\boxed{W_{magn} = \frac{1}{2} L \cdot I^2}$ (F5.70)

Selbstinduktion bei Spulen

Umformung: Aus (F5.37) folgt $I = \dfrac{B}{\mu_0\mu_r \cdot n/l}$, was mit (F5.63 c) und (F5.70) zu

$$W_{magn} = \dfrac{1}{2}\left(\mu_0\mu_r \dfrac{n^2}{l}A\right)\cdot\left(\dfrac{B}{\mu_0\mu_r\, n/l}\right)^2 \quad \text{bzw.} \quad W_{magn} = \dfrac{1}{2}\cdot\dfrac{1}{\mu_0\mu_r}\cdot B^2\cdot(l\cdot A) \quad \text{mit}$$

$l \cdot A = V$ (Volumen) führt. Damit ergibt sich die **Energie des Magnetfelds:**

$$\boxed{W_{magn} = \dfrac{1}{2}\cdot\dfrac{B^2}{\mu_0\mu_r}\cdot V} \quad \text{(F5.71)}$$

und die **magnetische Energiedichte:** $\boxed{\rho_{magn} = \dfrac{W_{magn}}{V} = \dfrac{B^2}{2\mu_0\mu_r}}$ (F5.72)

Aufgaben: 1) Bei einer Spule (R = 15 Ω, L = 10 H) wird die Spannung 5 V angelegt. Welche Endstromstärke I_0 stellt sich ein, wie steil ist der Anstieg zu Beginn ($\dot{I}(0)$!), nach welcher Zeit ist die halbe Endstromstärke erreicht.

2) Die an einer Spule induzierte Spannung habe den Verlauf von Abbildung 5.108. Man ermittle den Stromverlauf I (t) durch die Spule für L = 3 H und I (0) = 0!

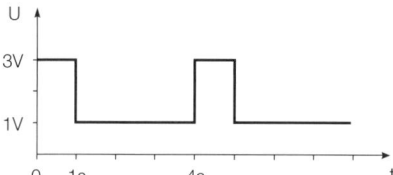

Abb. 5.108

Lösung: Zu 1): $I_0 = \dfrac{U_0}{R} = \dfrac{5\,V}{15\,\Omega} = \dfrac{1}{3}$ A; $\dot{I}(0) = \dfrac{U_0}{L} = \dfrac{5\,V}{10\,H} = \dfrac{1}{2}\dfrac{V}{V_s/A} = \dfrac{1}{2}\dfrac{A}{s}$;

$\tau_H = \dfrac{L}{R}\ln 2 = \dfrac{2}{3}\cdot \ln 2\,s \approx 0{,}46\,s$

Zu 2): $U_{ind} = -L\cdot \dot{I}$,

d.h. $\dot{I}(t) = -\dfrac{U_{ind}(t)}{L} = \begin{cases} -\dfrac{3\,V}{3\,H} = -1\dfrac{A}{s} & \text{für } 0 \le t < 1\,s \\[4pt] -\dfrac{1}{3}\dfrac{A}{s} & \text{für } 1\,s \le t < 4\,s \text{ (periodisch)} \end{cases}$

Die Stammfunktion I (t) erhält man durch „Aufleiten":

$I(t) = \begin{cases} -1\dfrac{A}{s}\cdot t + c_1 & \text{für } 0 \le t < 1\,s \\[4pt] -\dfrac{1}{3}\dfrac{A}{s}\cdot t + c_2 & \text{für } 1\,s \le t < 4\,s \text{ usw.,} \end{cases}$

wobei $c_1, c_2 \ldots$ so zu wählen sind, dass I (0) = 0 ist und I (t) stetig ist. Man erhält den I (t)-Verlauf von Abbildung 5.109.

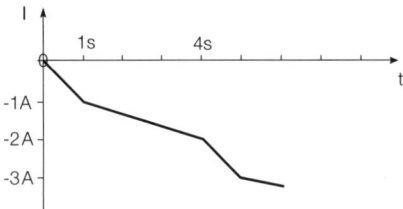
Abb. 5.109

5.31 Erzeugung sinusförmiger Wechselspannung im Generator

Gemäß (F5.58) entsteht bei gleichmäßiger Drehung einer Leiterschleife der Länge l im Magnetfeld der Flussdichte B durch Induktion an den Schleifenenden die Spannung $U_{ind} = 2\,B \cdot l \cdot v \cdot \cos\left(\frac{2\pi}{T}t\right)$, wobei T die Umlaufdauer einer Drehung und v die Drehgeschwindigkeit der Schleifenpunkte ist. Wählt man den Startpunkt der Zeit so, dass für t = 0 die Schleife senkrecht zum Feld steht, erhält man sin (...) statt cos (...); bei einer Spule mit n Leiterschleifen ergibt sich dann $U_{ind} = n \cdot 2\,B \cdot l \cdot v \cdot \sin\left(\frac{2\pi}{T}t\right)$. Fasst man die Konstanten zu $\hat{U} = n \cdot 2\,B \cdot l \cdot v$ zusammen, so folgt der Ausdruck für die Induktionsspannung beim Generator (bzw. Dynamo):

$$\boxed{U(t) = \hat{U} \cdot \sin\left(\frac{2\pi}{T}t\right)} \quad (F5.73)$$

Die Umdrehungsdauer T ist zugleich die *Periode* der Wechselspannung. $\varphi = \frac{2\pi}{T} \cdot t$ ist der Drehwinkel seit dem Einschalten der Uhr im Bogenmaß – er heißt *Phase* und bestimmt den Momentanwert U (t) der Spannung. $f = \frac{1}{T}$ ist die *Frequenz* und gibt die Zahl der Umdrehungen der Schleife bzw. der Schwingungen des Sinus je Sekunde an – ihre Einheit (vergleiche Kap. 1.15.3) ist das Hertz: $[f] = \frac{1}{s} = 1\,\text{Hz}$ (unsere technische Wechselspannung hat die Frequenz 50 Hz, d. h. $T = \frac{1}{50}$ s). Schließlich ist (siehe Kap. 1.15.3) $\omega = 2\pi f = \frac{2\pi}{T}$ die *Kreisfrequenz*; sie gibt die Winkelgeschwindigkeit im Bogenmaß an. Mit ω lässt sich (F5.73) in der Form $U(t) = \hat{U} \sin(\omega t)$ schreiben.

Mit Ringen und Kohlebürsten (Abb. 5.110) lässt sich die Wechselspannung von der sich drehenden Leiterschleife bzw. Spule abgreifen. Über Kommutatorhalbringe (vergleiche Kap. 5.13) erhält man einen „Gleichspannungsgenerator", dessen Spannung dem Diagramm von Abbildung 5.58 a (Brückenschaltung) entspricht; setzt man Viertelringe usw. ein, so lässt sich der Spannungsverlauf glätten.

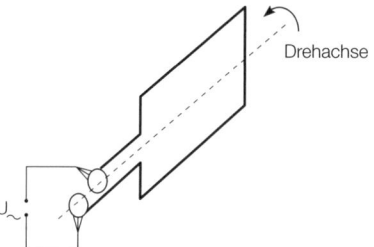

Abb. 5.110

5.32 Effektivwerte von Strom und Spannung bei Wechselstrom

Eine „6 V-Wechselspannung" mit sinusförmigem Verlauf schwankt – wie man am Oszillograph erkennt – zwischen den „Maximalwerten" 9 V und – 9 V. Was gibt der Nennwert (Effektivwert) 6 V, der ca. $\frac{2}{3}$ des Maximalwerts beträgt, an?

Legt man an einen gewöhnlichen Ohm'schen Widerstand R eine Sinusspannung $U(t) = \hat{U} \cdot \sin(\omega t)$ an, so stellt sich auch ein sinusförmiger Stromverlauf $I(t) = \frac{U(t)}{R} = \frac{\hat{U}}{R} \sin(\omega t) = \hat{I} \cdot \sin(\omega t)$ mit $\hat{I} = \frac{\hat{U}}{R}$ ein.

Strom und Spannung sind in Phase, d. h. sie werden gleichzeitig maximal, minimal, 0 usw. (negative Spannung bzw. Stromstärke heißt Umpolung bzw. Strom in Gegenrichtung).

Die Momentanleistung $P(t) = U(t) \cdot I(t) = \hat{U} \cdot \hat{I} \cdot \sin^2(\omega t)$ schwankt zeitlich um einen Mittelwert.

> Der Effektivwert eines Wechselstroms (einer Wechselspannung) ist diejenige Gleichstromstärke (Gleichspannung), die im gleichen Ohm'schen Widerstand die gleiche mittlere Wärmeleistung hervorbringt.

Beim sinusförmigen Wechselstrom gilt:
$$P(t) = \hat{U} \cdot \hat{I} \cdot \sin^2(\omega t) = \frac{\hat{U}^2}{R} \sin^2(\omega t) = \hat{I}^2 \cdot R \cdot \sin^2(\omega t)$$

Um den zeitlichen Mittelwert der Momentanleistung zu ermitteln, wird P (t) mithilfe der trigonometrischen Hilfsformel $\sin^2 x = \frac{1}{2} - \frac{1}{2} \cos(2x)$ umgeformt:
$$P(t) = \frac{1}{2} \hat{I}^2 \cdot R - \frac{1}{2} \hat{I}^2 \cdot R \cdot \cos(2 \omega t)$$

Der Summand $\frac{1}{2} \hat{I}^2 \cdot R$ ist eine Konstante, der Verlauf von $-\cos(2 \omega t)$ (im zweiten Summanden) ist in Abbildung 5.111 skizziert – sein Mittelwert über die Periode T von $\sin \omega t$ ist offensichtlich 0. *Also ist der Mittelwert der Momentanleistung* $\bar{P} = \frac{1}{2} \hat{I}^2 \cdot R.$

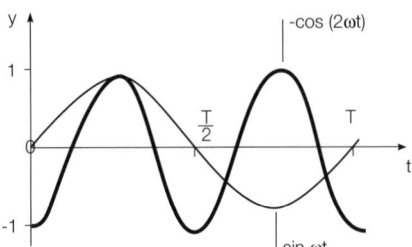

Abb. 5.111

Ein Gleichstrom I bringt im gleichen Ohm'schen Widerstand die konstante Wärmeleistung $P = R \cdot I^2$. Für den Effektivwert gilt also: $R \cdot I_{\text{eff}}^2 = \overline{P} = \frac{1}{2} \hat{I}^2 \cdot R$

Damit erhält man *für den sinusförmigen Wechselstrom*

$$\boxed{I_{\text{eff}} = \frac{\hat{I}}{\sqrt{2}} \approx 0,7 \cdot \hat{I}} \quad \text{(F5.74 a)}$$

und entsprechend *für die sinusförmige Wechselspannung*

$$\boxed{U_{\text{eff}} = \frac{\hat{U}}{\sqrt{2}} \approx 0,7 \cdot \hat{U}} \quad \text{(F5.74 b)}$$

Ergänzung: Bei konstanter zeitlicher Leistung P ist die Arbeit in der Zeit t durch $W = P \cdot t$ gegeben. Im Falle einer zeitlich veränderlichen Momentanleistung P(t) muss man zur Berechnung der Arbeit den Zeitraum zwischen Startzeit t_1 und Endzeit t_2 in kleine Zeitabschnitte der Länge Δt zerlegen, in denen P näherungsweise konstant ist und W über $W = \Delta W_1 + \Delta W_2 + \ldots = P_1 \cdot \Delta t + P_2 \cdot \Delta t + \ldots$ berechnen, was der Fläche unter der P(t)-Kurve in einem P/t-Diagramm entspricht; diese ermittelt man genauer durch Integration

$$W = \int_{t_1}^{t_2} P(t)\, dt.$$

Die Durchschnittsleistung bei einem periodischen Strom-/Spannungsverlauf mit Periode T ergibt sich dann als

$$\overline{P} = \frac{W_{\text{Periode}}}{T} = \frac{\int_0^T P(t)\, dt}{T} = \frac{1}{T} \int_0^T U(t) \cdot I(t)\, dt = \frac{1}{T} \int_0^T \frac{U^2(t)}{R}\, dt = \frac{1}{T} \int_0^T R \cdot I^2(t)\, dt$$

über $R \cdot I_{\text{eff}}^2 = \overline{P} = \frac{1}{T} \int_0^T R \cdot I^2(t)\, dt$ ergibt sich:

$$\boxed{I_{\text{eff}} = \sqrt{\frac{1}{T} \int_0^T I^2(t)\, dt}, \text{ ebenso } U_{\text{eff}} = \sqrt{\frac{1}{T} \int_0^T U^2(t)\, dt}} \quad \text{(F5.74' a, b)}$$

Die Formeln (F5.74' a, b) gelten *für beliebige periodische Strom- bzw. Spannungsverläufe.*
Für sinusförmigen Verlauf erhält man aus (5.74' a, b) wieder (5.74 a, b).

Beispiel: Beim periodischen Spannungsverlauf nach Abbildung 5.112 ist

$$U(t) = \begin{cases} \dfrac{4}{5} \text{ V für } 0 \leq t < 0,25 \text{ s} \\ -\dfrac{4}{15} \text{ V für } 0,25 \text{ s} \leq t < 1 \text{ s} \\ \text{periodisch} \end{cases} \quad \text{Effektivwert: } U_{eff} = \sqrt{\dfrac{1}{1\text{ s}} \cdot \int_0^{1s} U^2(t)\, dt}$$

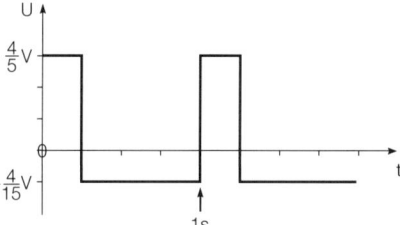

Abb. 5.112

Aufteilung des Integrals liefert:

$$U_{eff}^2 = \dfrac{1}{1\text{ s}} \cdot \left[\int_0^{0,25\text{ s}} \left(\dfrac{4}{5}\right)^2 V^2\, dt + \int_{0,25\text{ s}}^{1\text{ s}} \left(-\dfrac{4}{15}\right)^2 V^2\, dt \right]$$

$$U_{eff}^2 = \dfrac{\left(\dfrac{4}{5}V\right)^2 \cdot 0,25\text{ s} + \left(-\dfrac{4}{15}V\right)^2 \cdot 0,75\text{ s}}{1\text{ s}} \quad \leftarrow \text{ Bei stückweise konstanter Span-}$$

nung (Stromstärke) kann man also auch die einzelnen Werte quadrieren, mit der zugehörigen Zeitspanne multiplizieren („wichten"), addieren und durch die Periode teilen – dies liefert das Quadrat des Effektivwerts!

Damit: $U_{eff}^2 = \dfrac{16}{25} \cdot \dfrac{1}{4} V^2 + \dfrac{16}{225} \cdot \dfrac{3}{4} V^2 = \dfrac{16}{75} V^2$

$U_{eff} = \dfrac{4}{15} \sqrt{3} \text{ V}$

5.33 Ohm'scher Widerstand, Spule und Kondensator im Wechselstromkreis

5.33.1 Induktiver Widerstand

Während beim Ohm'schen Widerstand R eine angelegte Spannung $U(t) = \hat{U} \cdot \sin(\omega t)$ (sinusförmig) einen ebenfalls sinusförmigen Strom $I(t) = \hat{I} \sin(\omega t)$ zur Folge hat (Strom und Spannung sind in Phase), wobei

$R = \dfrac{U(t)}{I(t)} = \dfrac{\hat{U}\sin(\omega t)}{\hat{I}\sin(\omega t)} = \dfrac{\hat{U}/\sqrt{2}}{\hat{I}/\sqrt{2}} = \dfrac{U_{\text{eff}}}{J_{\text{eff}}}$ für die Momentan-, Maximal- und Effektivwerte gilt, zeigt der Strom-/Spannungsverlauf an einer Spule ein völlig anderes Bild.

Versuchsergebnis: Legt man an eine Spule mit geringem Ohm'schen Widerstand eine Sinusspannung $U(t) = \hat{U}\sin(\omega t)$, so zeigt der Strom einen –cos-Verlauf (siehe Abb. 5.113); d.h. Strom und Spannung sind nicht mehr in Phase, *sondern der Strom hinkt bei der Spule der Spannung in der Phase um $\dfrac{\pi}{2}$ (zeitlich um $\dfrac{T}{4}$) hinterher.*

Erklärung: Einfachheitshalber sei der Widerstand R der Spule gleich 0 gesetzt – dann gilt nach (F5.65): $U(t) - L \cdot \dot{I}(t) = 0$, also $\dot{I}(t) = \dfrac{U(t)}{L} = \dfrac{\hat{U}}{L}\sin(\omega t)$

„Aufleiten" liefert $I(t) = -\dfrac{\hat{U}}{L} \cdot \dfrac{1}{\omega} \cos(\omega t) + c$; für c = 0 (Integrationskonstante)

erhält man $\boxed{I(t) = -\hat{I}\cos(\omega t) = \hat{I} \cdot \sin\left(\omega t - \dfrac{\pi}{2}\right) \text{ mit } \hat{I} = \dfrac{\hat{U}}{L \cdot \omega}}$ (F5.75)

Die Größe $\dfrac{\hat{U}}{\hat{I}} = L \cdot \omega$ hat die Dimension Ω (Ohm) und heißt *induktiver Widerstand* X_L der Spule. Er legt die Größe der Stromamplitude $\hat{I}$ (bei vorgegebenem $\hat{U}$) fest, wobei $X_L = \dfrac{\hat{U}}{\hat{I}} = \dfrac{U_{\text{eff}}}{I_{\text{eff}}}$, aber nicht $X_L = \dfrac{U(t)}{I(t)}$ gilt. Anschaulich kann man sich das Nachhinken des Stroms damit erklären, dass die Spule wegen der Selbstinduktion verspätet reagiert. $X_L = \omega \cdot L$ ist groß, wenn die Eigeninduktivität L der Spule groß ist und damit die Induktionsspannung groß wird oder wenn durch schnelle Stromänderung, d.h. große Kreisfrequenz $\omega = 2\pi \cdot f$, die Induktionsspannung groß wird ($U_{\text{ind}} = -L \cdot \dot{I}$).

Momentanleistung:
$P(t) = U(t) \cdot I(t) = -\hat{U} \cdot \hat{I} \cdot \sin(\omega t)\cos(\omega t) = -\dfrac{1}{2}\hat{U} \cdot \hat{I} \cdot \sin(2\omega t)$, wobei die trigonometrische Beziehung $\sin x \cdot \cos x = \dfrac{1}{2}\sin(2x)$ benutzt wurde. Die Momentanleistung wird positiv, wenn U(t) und I(t) gleiches Vorzeichen haben. Dies ist (Abb. 5.113) immer dann der Fall, wenn $|I(t)|$ ansteigt – dann liefert die Spannungsquelle Energie, die beim Aufbau des Magnetfeldes der Spule in dieses gesteckt wird. Wird $|I(t)|$ kleiner, so baut sich das Magnetfeld ab, die Spule gibt ihre Energie an die Stromquelle zurück. Da in diesem Falle (Abb. 5.113) U(t) und I

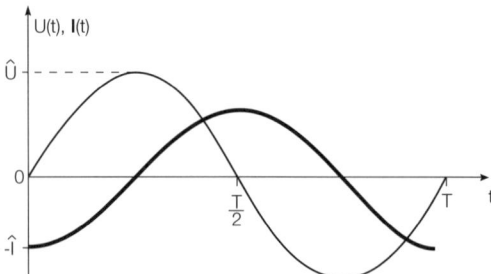

Abb. 5.113

(t) verschiedene Vorzeichen haben, ist dann P (t) negativ; P (t) ist die Leistung der Quelle. Der zeitliche Mittelwert von P(t) ist $\overline{P} = 0$; man spricht von *Blindleistung*, die keine Wärme liefert.

5.33.2 Kapazitiver Widerstand

Versuchsergebnis: Abbildung 5.114 zeigt den Strom- und Spannungsverlauf an einem Kondensator (gemeint ist der Strom in den Zuleitungen), an den eine sinusförmige Spannung $U(t) = \hat{U} \cdot \sin(\omega t)$ angelegt wurde. Offenbar ist der Stromverlauf eine cos-Funktion, d.h. wieder sind Strom und Spannung nicht in Phase. *Beim Kondensator eilt der Strom der Spannung in der Phase um $\frac{\pi}{2}$ (zeitlich um $\frac{T}{4}$) voraus.*

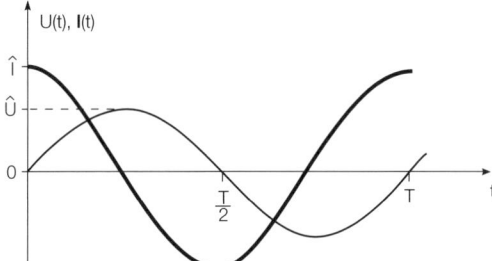

Abb. 5.114

Erklärung: Anschaulich bedeutet ein *steiler Anstieg* der Spannung eine große Stromstärke, weil in kürzester Zeit viel Ladung auf dem Kondensator fließen muss.

Vor der rechnerischen Behandlung muss eine Präzisierung des Begriffes der Stromstärke von Kap. 5.3/(F5.1) erfolgen. Wenn der Ladungsfluss gleichmäßig erfolgt, d.h. $Q \sim t$ gilt, ist die Definition von I über $\frac{Q}{t}$ = const = I sinnvoll. Im Falle eines schwankenden Ladungsflusses wäre die in der Zeit Δt geflossene Ladungsmenge ΔQ zu betrachten – dann wäre $I = \frac{\Delta Q}{\Delta t}$ die mittlere Stromstärke (im Zeitintervall) und $I(t) = \lim_{\Delta t \to 0} \frac{\Delta Q}{\Delta t} = \dot{Q}(t)$ *die momentane Stromstärke*. Q (t) gibt dann die auf einer Kondensatorplatte sitzende Ladung zur Zeit t an, ΔQ ist die Änderung dieser Ladung und zugleich die in der Zeit Δt im Zuleitungsdraht fließende Ladung und $\dot{Q}(t)$ ist die zeitliche Ableitung der Ladungsfunktion. Da am Kondensator nach (F5.14) stets $C = \frac{Q(t)}{U(t)}$ gilt, folgt $I(t) = \dot{Q}(t) = C \cdot \dot{U}(t) = C \cdot \hat{U} \cdot \omega \cdot \cos(\omega t)$ für $U(t) = \hat{U} \cdot \sin(\omega t)$, also

$$\boxed{I(t) = \hat{I} \cdot \cos(\omega t) = \hat{I} \cdot \sin\left(\omega t + \frac{\pi}{2}\right) \text{ mit } \hat{I} = C \cdot \omega \cdot \hat{U}} \quad \text{(F5.76)}$$

Die Größe $\frac{\hat{U}}{\hat{I}} = \frac{1}{C \cdot \omega}$ heißt *kapazitiver Widerstand* X_C des Kondensators. Er legt die Amplitude $\hat{I}$ (bei gegebenem $\hat{U}$) fest. Bei schnellem Ladungswechsel, d. h. großem ω und bei großer Kapazität C muss viel Strom fließen, d. h. $\hat{I}$ groß und X_C klein sein. Wieder gilt $X_C = \frac{\hat{U}}{\hat{I}} = \frac{U_{eff}}{I_{eff}}$, aber nicht $X_C = \frac{U(t)}{I(t)}$!

Auch klar ist die Momentanleistung P(t) = U(t) · I(t) abwechselnd positiv – nach Abbildung 5.114 dann, wenn |U(t)| anwächst, das elektrische Feld sich am Kondensator aufbaut und Energie aus der Quelle ins Feld gepumpt wird – und negativ, wenn das Feld sich abbaut und die Energie an die Quelle zurückfließt. Der zeitliche Mittelwert von P (t) ist wieder $\bar{P} = 0$, d. h. man hat wieder *Blindleistung*.

5.33.3 Zeigerdiagramm

Ein sinusförmiger Stromverlauf kann in einem zweidimensionalen Achsenkreuz durch einen Pfeil veranschaulicht werden, dessen Pfeilende im Ursprung O liegt, während die Pfeilspitze auf einem Kreis um O mit Radius $\hat{I}$ (Amplitude) gleichmäßig mit der Winkelgeschwindigkeit $\omega = \frac{2\pi}{T}$ wandert (bei t = 0 zeigt der Pfeil in Richtung der x-Achse): Die y-Komponente des Pfeils entspricht dem Momentanwert I (t) = $\hat{I} \sin (\omega t)$ des Stroms – siehe Abbildung 5.115.

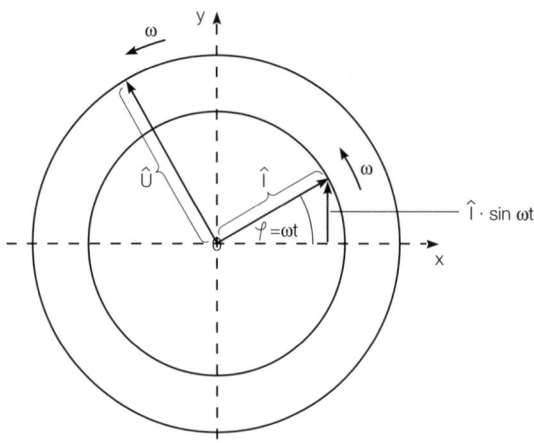

Abb. 5.115

In einem solchen Diagramm kann man ebenso die Spannung durch einen entsprechenden Zeiger der Länge $\hat{U}$ verdeutlichen. Sind Strom und Spannung in Phase, so laufen beide Zeiger aufeinander; ist die Spannung – wie bei der Spule – um $\frac{\pi}{2}$ in der Phase voraus, so gilt dies auch für den Spannungszeiger (Abb. 5.115).

5.33.4 Reihenschaltung von Ohm'schem Widerstand R, Spule mit Induktivität L und Kondensator mit Kapazität C im Wechselstromkreis (Siebkette)

An den Stromkreis von Abbildung 5.116 werde eine sinusartige Wechselspannung $U_\sim(t)$ angelegt. Erhält man dann ebenfalls einen sinusartigen Wechselstrom $I_\sim(t)$? – und wenn ja, mit gleicher Frequenz? mit welcher Amplitude? mit welcher Phasenverschiebung?

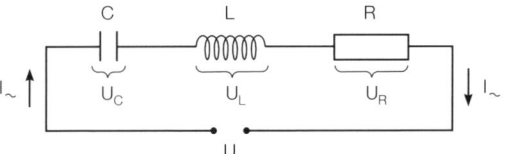

Abb. 5.116

Da durch alle Bauteile der gleiche Strom fließt, erscheint es besser, einen sinusförmigen Strom $I_\sim(t)$ vorzugeben und umgekehrt nach der zugehörigen Spannung $U_\sim(t)$ zu fragen!

Die Spannung U_L an der Spule läuft dem Strom in der Phase um $\frac{\pi}{2}$ voraus, die Spannung U_C am Kondensator um $\frac{\pi}{2}$ hinterher und die Spannung U_R am Ohm'schen Widerstand läuft in Phase mit dem Strom – dieser Sachverhalt ist im Zeigerdiagramm von Abbildung 5.117 dargestellt.

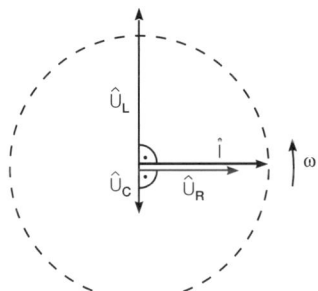

Abb. 5.117

Bei der Reihenschaltung gilt $U_\sim(t) = U_C(t) + U_L(t) + U_R(t)$, d.h. man müsste die y-Komponenten der Zeiger von U_C, U_L und U_R addieren, um die Gesamtspannung $U_\sim$ zu erhalten!

Einfacher ist der alternative Weg: Man addiert die Zeiger von U_L, U_R und U_C als Ganzes vektoriell und erhält so den Zeiger der Gesamtspannung $U_\sim$ – seine y-Komponente ist der Momentanwert $U_\sim(t)$!

Diese Vektoraddition ist in Abbildung 5.118 durchgeführt – der Zeiger der Gesamtspannung hat die Länge $\hat{U}$ (*hier* übrigens kleiner als $\hat{U}_L$) und kreist ebenfalls mit ω – er eilt dem Strom in der Phase um den Winkel δ voraus!

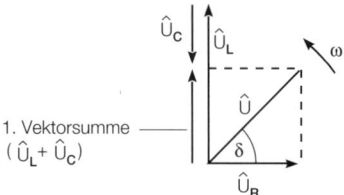

Abb. 5.118

1. Vektorsumme ($\hat{U}_L + \hat{U}_C$)

Rechnung: Nach Pythagoras ist $\hat{U}^2 = \hat{U}_R^2 + (\hat{U}_L - \hat{U}_C)^2$. Setzt man hier $\hat{U}_R = R \cdot \hat{I}$, $\hat{U}_L = X_L \cdot \hat{I}$, $\hat{U}_C = X_C \cdot \hat{I}$ ein, so folgt:

$$\hat{U}^2 = R^2 \cdot \hat{I}^2 + (X_L - X_C)^2 \cdot \hat{I}^2 = \left[R^2 + (X_L - X_C)^2\right] \cdot \hat{I}^2, \text{ also } \hat{U} = \sqrt{(X_L - X_C)^2 + R^2} \cdot \hat{I}$$

Außerdem ist $\tan \delta = \dfrac{\hat{U}_L - \hat{U}_L}{\hat{U}_R} = \dfrac{(X_L - X_C) \cdot \hat{I}}{R \cdot \hat{I}}$, also $\tan \delta = \dfrac{X_L - X_C}{R}$

Definiert man den *Blindwiderstand* X als $\boxed{X = X_L - X_C = \omega \cdot L - \dfrac{1}{\omega C}}$ (F5.77 a)

und den *Scheinwiderstand* Z als $\boxed{Z = \sqrt{R^2 + X^2} = \sqrt{R^2 + (X_L - X_C)^2}}$ (F5.77 b),

so kann man wie folgt *zusammenfassen*:

1) Bei der *Siebkette* stellt sich zu einem sinusartigen (d.h. phasenverschobenem sinusförmigem) Stromverlauf ein sinusartiger Spannungsverlauf ein und umgekehrt; dabei ist die Frequenz $f = \dfrac{\omega}{2\pi}$ für beide gleich.

2) Der Blindwiderstand regelt die *Phasenverschiebung* δ, um die der Strom der Spannung hinterherhinkt:

$\tan \delta = \dfrac{X}{R}$ (F5.78) mit $-\dfrac{\pi}{2} \leq \delta \leq +\dfrac{\pi}{2}$ (für negatives δ läuft der Strom voraus)

3) Der Scheinwiderstand regelt den Zusammenhang zwischen $\hat{U}$ und $\hat{I}$:

$Z = \dfrac{\hat{U}}{\hat{I}} = \dfrac{U_{eff}}{I_{eff}}$ (F5.79)

4) Für $U(t) = \hat{U} \sin(\omega t)$ ist also $I(t) = \hat{I} \sin(\omega t - \delta)$

Ergänzung: Die Leistungen an Spule (ohne eigenen Ohmschen Widerstand) und Kondensator sind Blindleistungen; die *Wirkleistung*, d.h. der Mittelwert der Gesamtleistung, entsteht als Wärmeleistung am Ohmschen Widerstand, und zwar gilt wie in Kap. 5.32) und mit $U_{eff} = \dfrac{\hat{U}}{\sqrt{2}}$, $I_{eff} = \dfrac{\hat{I}}{\sqrt{2}}$:

$\overline{P} = \dfrac{1}{2} \hat{I}^2 \cdot R = \dfrac{1}{2} \hat{I} \cdot \hat{U}_R$ = (Abb. 5.118) = $\dfrac{1}{2} \hat{I} \cdot \hat{U} \cos \delta$, also

$\boxed{\overline{P} = I_{eff}^2 \cdot R = I_{eff} \cdot U_{eff} \cdot \cos \delta}$ (F5.80)

Zahlenbeispiel: An eine Siebkette mit L = 0,1 H, C = 200 μF, R = 20 Ω wird eine sinusartige Wechselspannung von 50 Hz mit U_{eff} = 20 V angelegt – man ermittle δ, I_{eff}, $\overline{P}$!

$\omega = 2\pi f = 100\pi \dfrac{1}{s}$, $X_L = \omega L = 10\pi\,\Omega$, $X_C = \dfrac{1}{C\cdot\omega} = \dfrac{50}{\pi}\,\Omega$,

$X = X_L - X_C \approx 15,5\,\Omega$, $Z = \sqrt{R^2 + X^2} \approx 25,3\,\Omega$

$\tan\delta = \dfrac{X}{R} \approx 0,775$, d.h. $\delta \approx 0,66$ (entspricht 37,8°);

$I_{eff} = \dfrac{U_{eff}}{Z} \approx 0,79\,A$; $\overline{P} = I_{eff}\cdot U_{eff}\cdot\cos\delta \approx 12,5\,W$

Bemerkung: Hat eine Spule einen nicht vernachlässigbaren eigenen Widerstand R_{Sp}, so denke man sich diesen im Schaltbild von Abbildung 5.116 mit der Spule in Reihe geschaltet; im Zeigerdiagramm (Abb. 5.119) taucht dann ein zusätzlicher Zeiger für $U_{R_{Sp}}$ auf. In den Formeln (F5.77 b) bis (F5.79) muss dann anstelle von R der gesamte Ohm'sche Widerstand $R + R_{Sp}$ betrachtet werden. Außerdem ist der Zeiger der Spulenspannung U_{Sp} dann die Vektorsumme der Zeiger von U_L bzw. $U_{R_{Sp}}$, er läuft (Abb. 5.119) dem Strom um δ_1 voraus und es gilt:

$\tan\delta_1 = \dfrac{\hat{U}_L}{\hat{U}_{R_{Sp}}} = \dfrac{X_L}{R_{Sp}}$, $\hat{U}_{Sp} = \sqrt{X_L^2 + R_{Sp}^2}\cdot\hat{I}$.

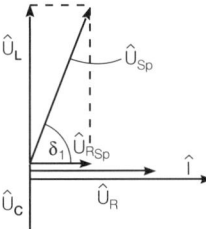

Abb. 5.119

5.33.5 Abhängigkeit der Größen I_{eff} und δ von der Frequenz f, wenn R, L, C und U_{eff} fest vorgegeben sind

$I_{eff} = \dfrac{U_{eff}}{Z}$ wird *maximal*, wenn (bei festen U_{eff}) $Z = \sqrt{R^2 + X^2}$ minimal wird, d.h. wenn $X = X_L - X_C = 0$ ist, d.h. wenn $X_L = X_C$ ist. Diesen Fall nennt man den *Resonanzfall*.

Er tritt ein für $L\cdot\omega = \dfrac{1}{\omega\cdot C}$, d.h. $\omega^2 = \dfrac{1}{L\cdot C}$, d.h. $\omega_r = \dfrac{1}{\sqrt{L\cdot C}}$, d.h.

$\boxed{f_r = \dfrac{1}{2\pi}\cdot\dfrac{1}{\sqrt{L\cdot C}}}$ (F5.81) *(Resonanzfrequenz)*

Im Resonanzfall ist die Phasenverschiebung gleich 0 (wegen $\tan\delta = \dfrac{X}{R} = 0$), der *Scheinwiderstand ist Z = R* und die dann vorliegende *maximale Stromstärke* ist $I_{eff} = \dfrac{U_{eff}}{R}$.

Im Experiment erkennt man am Oszillographen, wenn man bei fest eingestellter Spannungsamplitude die Frequenz f der Spannung von kleinen zu großen Werten hochfährt, dass die Amplitude der Stromstärke I_{eff} zunächst wächst, dann plötzlich ihren maximalen Wert erreicht und danach wieder klein wird.

Rechenbeispiel: Sei $R = 10\ \Omega$, $L = 0,025$ H, $C = 1\ \mu F$, $U_{eff} = 1$ V

Resonanzfrequenz: $f_r = \dfrac{1}{2\pi} \dfrac{1}{\sqrt{2,5 \cdot 10^{-2}\ H \cdot 10^{-6}\ F}} \approx 1006,6$ Hz

Man kann nun für verschiedene Frequenzwerte X_L, X_C, X, Z, δ und I_{eff} berechnen; trägt man die Werte für I_{eff} bzw. δ in einem Schaubild über der Frequenz f auf, so erhält man die Resonanzkurven von Abbildung 5.120 a und Abbildung 5.120 b. Gestrichelt sind zum Vergleich die Kurven eingetragen, die man erhielte, wenn man alle Größen beibehält und nur R wesentlich vergrößert – die gestrichelte Kurve in Abbildung 5.120 a ist niedriger und breiter.

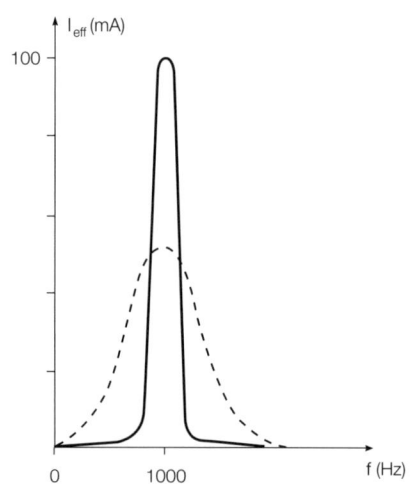

Abb. 5.120a

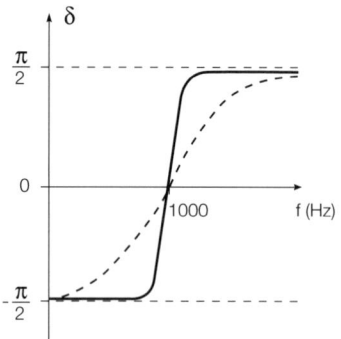

Abb. 5.120b

Der Name Siebkette wird jetzt verständlich: Die Schaltung „siebt" aus verschiedenen Frequenzen diejenigen von der Größenordnung der Resonanzfrequenz f_r aus – nur dann stellt sich ein nennenswert großer Strom ein!

Bemerkung: Das Prinzip des Oszillographen, bei dem an einem vertikalen Plattenpaar eine Sägezahnspannung angelegt wird, um einen am horizontalen Plattenpaar angelegten Spannungsverlauf zu verdeutlichen, wurde bereits in Kap. 5.12, Bemerkung 3) erläutert. *Beim Zweikanaloszillograph* (Schaltbild Abb. 5.121) kann man *Strom- und Spannungsverlauf* (und damit Phasenverschiebungen) *gleichzeitig sichtbar* machen.

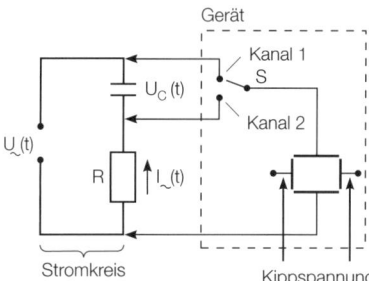

Abb. 5.121

Die Spannung $U_\sim(t)$ wird auf die untere Horizontalplatte und Kanal 1, die Spannung am Widerstand R (entspricht $I_\sim(t)$) auf die untere Platte und Kanal 2 „gegeben". Der Schalter S schwingt sehr schnell zwischen Kanal 1 und 2 hin und her, sodass in schnellem Wechsel beide Spannungen am Horizontalplattenpaar liegen – das träge Auge sieht beide gleichzeitig.

5.33.6 Sperrkreis

An eine Parallelschaltung eines Kondensators und einer Spule mit vernachlässigbarem Widerstand R wird die Sinusspannung $U(t) = \hat{U} \cdot \sin(\omega t)$ angelegt (Abb. 5.122).

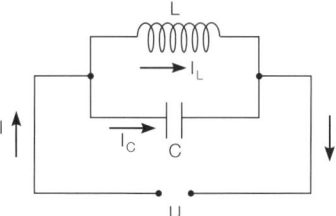

Abb. 5.122

Die Spannung liegt an beiden Bauteilen. Der Spulenstrom I_L hinkt U um $\frac{\pi}{2}$ in der Phase hinterher, der Kondensatorstrom eilt um $\frac{\pi}{2}$ in der Phase voraus.
Also: $I_L(t) = \hat{I}_L \cdot \sin\left(\omega t - \frac{\pi}{2}\right) = -\hat{I}_L \cos(\omega t) = -\frac{\hat{U}}{X_L} \cdot \cos(\omega t)$,

$$I_C(t) = \hat{I}_C \cdot \sin\left(\omega t + \frac{\pi}{2}\right) = \hat{I}_C \cos(\omega t) = \frac{\hat{U}}{X_C} \cdot \cos(\omega t)$$

Der Gesamtstrom in den Zuleitungen ist

$$I(t) = I_L(t) + I_C(t) = \hat{U} \cdot \left(\frac{1}{X_C} - \frac{1}{X_L}\right) \cos(\omega t) = \pm \hat{U} \cdot \left|C\omega - \frac{1}{L\omega}\right| \cdot \cos(\omega t)$$

Also *Gesamtstrom*: $I(t) = \pm \hat{I} \cdot \cos(\omega t)$ mit $\hat{I} = \hat{U} \cdot \left|C\omega - \frac{1}{L \cdot \omega}\right|$, wobei + für $C\omega > \frac{1}{L\omega}$ und – für $C\omega < \frac{1}{L\omega}$ gilt!

Auch hier gibt es *Resonanz:* Da I_L und I_C relativ zueinander um π in der Phase verschoben sind, d. h. in gegensätzlicher Richtung laufen, ist der *Gesamtstrom 0*, wenn $\hat{I}_L = \hat{I}_C$ bzw. $\frac{1}{X_L} = \frac{1}{X_C}$ bzw. $X_L = X_C$ gilt!

Wie bei der Siebkette ist die Resonanzfrequenz $f_r = \frac{1}{2\pi} \cdot \frac{1}{\sqrt{LC}}$ – im Resonanzfall lässt die Schaltung aber keinen Strom I zu, sie „sperrt"!

Abbildung 5.123 zeigt die Abhängigkeit der Gesamtstromamplitude $\hat{I}$ von der Frequenz f.

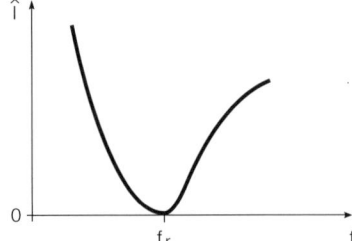

Abb. 5.123

Wohin „geht" der Strom im Resonanzfall?

Er fließt in der Spule umgekehrt wie im Kondensator; insgesamt fließt er in einem geschlossenen Kreis, wechselt aber regelmäßig nach $\frac{T}{2}$ die Richtung! Es liegt ein *Schwingkreis* vor (vergleiche Kap. 5.34), bei dem die Energie zwischen elektrischer Feldenergie (im Kondensator – wenn $|U|$ maximal ist) und magnetischer Feldenergie (in der Spule – wenn $|I_L|$ maximal ist) pendelt.

5.33.7 Aufgabe

Aufgabe: Eine Spule mit L = 30 mH (Innenwiderstand vernachlässigbar) wird mit einem Ohm'schen Widerstand $R = 0,4$ kΩ in Reihe geschaltet, dann wird eine Wechselspannung $U_\sim$ mit f = 2000 Hz und U_{eff} = 10 V angelegt.

1) Zunächst sind D und E leitend verbunden (Abb. 5.124).
Man berechne die Phasenverschiebung δ des Stroms $I_\sim$ gegenüber $U_\sim$ und gebe die Funktionen I(t), $U_x(t)$, $U_y(t)$, U(t) an, wenn zur Zeit t = 0 U_x = 0 ist und gerade zu positiven Werten ansteigt!

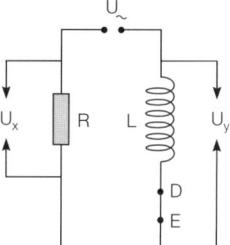

Abb. 5.124

2) Jetzt wird das Leiterstück zwischen E und D durch einen Kondensator ersetzt, dessen Kapazität so gewählt ist, dass der Resonanzfall eintritt. Man bestimme C und $\hat{I}$ und gebe $U_x(t)$ und $U_y(t)$ an, wenn $I(t) = -\hat{I}\sin(\omega t)$ ist!

Lösung: 1) „Siebkette ohne Kondensator" mit $\omega = 2\pi \cdot f = 4000\,\pi$Hz, $X_L = \omega \cdot L$
$= X = 120\,\pi\Omega$, $Z = \sqrt{X^2 + R^2} \approx 549{,}7\,\Omega$;

$\hat{I} = \dfrac{\hat{U}}{Z} = \dfrac{10\,V \cdot \sqrt{2}}{549{,}7\,\Omega} \approx 25{,}7$ mA; $\tan\delta = \dfrac{X}{R} \approx \dfrac{377}{400}$, damit $\delta \approx 0{,}76\,(\stackrel{\wedge}{=} 43{,}3°)$;

$\hat{U}_x = R \cdot \hat{I} = 10{,}25$ V; $\hat{U}_y = X_L \cdot \hat{I} \approx 9{,}7$ V; $U_x(t) = \hat{U}_x \cdot \sin(\omega t)$; $I(t) = \hat{I}\sin(\omega t)$
(in Phase mit U_x); $U_y(t) = \hat{U}_y \cdot \sin\left(\omega t + \dfrac{\pi}{2}\right)$ (um $\dfrac{\pi}{2}$ dem Strom voraus)
$U(t) = \hat{U} \cdot \sin(\omega t + \delta)$ (dem Strom um δ voraus)

2) Resonanzbedingung: $L \cdot \omega = \dfrac{1}{C \cdot \omega}$ bzw.

$C = \dfrac{1}{L \cdot \omega^2} = \dfrac{1}{0{,}03\,\dfrac{Vs}{A} \cdot 16 \cdot 10^6\,\pi^2\,\dfrac{1}{s^2}} = 2{,}1 \cdot 10^{-7}$ F;

$\hat{I} = \dfrac{\hat{U}}{Z_{\text{Res}}} = \dfrac{10\sqrt{2}\,V}{R} \approx 35{,}3$ mA

Jetzt ist $X_L = X_C$, d.h. $\hat{U}_L = X_L \cdot \hat{I} = X_C \cdot \hat{I} = \hat{U}_C$; also sind U_L und U_C stets gleich groß, aber entgegengesetzt gerichtet.

Daher ist $U_y = U_L(t) + U_C(t)$ *stets 0*! Damit entspricht U_x der Gesamtspannung, d.h.
$\hat{U}_x = \hat{U} = 10\sqrt{2}$ V und $U_x(t) = -\hat{U}\sin(\omega t)$

5.34 Der Schwingkreis

5.34.1 Ungedämpfter Schwingkreis

In einem Schwingkreis sind Kondensator und Spule (ihr Widerstand sei zunächst vernachlässigbar) wie in Abbildung 5.125 geschaltet. In der gezeichneten Schalterstellung 1 wird der Kondensator durch die Gleichspannungsquelle (Spannung $\hat{U}_C$) aufgeladen; durch Schalterstellung 2 wird der Schwingkreis anschließend geschlossen und von der Spannungsquelle abgekoppelt.

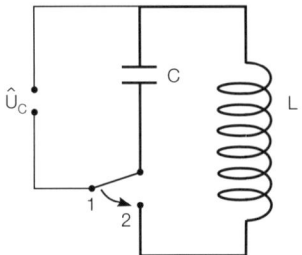

Abb. 5.125

Geschlossener Schwingkreis: Der Kondensator entlädt sich, wobei Strom durch die Spule fließt; durch Induktion fließt der Strom auch weiter, wenn der Kondensator „leer" ist und lädt diesen entgegengesetzt auf. Daraufhin fließt der Strom in umgekehrter Richtung durch die Spule und der Kondensator lädt sich auf wie am Anfang – alles beginnt von vorne. Gäbe es keine „Reibungsverluste" durch Ohm'sche Widerstände im Kreis, so erhielte man einen endlosen periodischen Schwingungsvorgang, bei dem die Energie dauernd zwischen elektrischer Feldenergie (geladener Kondensator) und magnetischer Energie (Strom durch die Spule bewirkt Magnetfeld) hin und her pendelt.

Rechnung: An der Spule liegt die Spannung U_{Sp} mit (vergleiche Kap. 5.33.1) $U_{Sp} - L \cdot \dot{I} = 0$, d. h. $U_{Sp} = L \cdot \dot{I}$; am Kondensator liegt die Spannung $U_C = \frac{Q}{C}$. Bei einem „Umlauf" im geschlossenen Schwingkreis muss die Gesamtspannung 0 sein, d. h. $U_{Sp} + U_C = 0$ bzw. $\frac{Q}{C} + L \cdot \dot{I} = 0$.

Setzt man $I = \dot{Q}$ und somit $\dot{I} = \ddot{Q}$ ein, so erhält man die *Differenzialgleichung des Schwingkreises:*

$$\boxed{\ddot{Q} + \frac{Q}{L \cdot C} = 0}\quad \text{(F5.82)}$$

Wegen $\ddot{Q}(t) = -\frac{1}{L \cdot C} \cdot Q(t)$ sucht man eine Lösungsfunktion Q(t), deren zweite zeitliche Ableitung – bis auf den negativen Vorfaktor $-\frac{1}{L \cdot C}$ der Funktion selbst entspricht und kommt – wie bei der Lösung des mechanischen Schwingungsproblems (Gl. (F1.43)) auf sin- oder cos-Funktionen als Lösung. Da zur Zeit t = 0 der Kondensator maximal aufgeladen ist, macht die Lösung $Q(t) = \hat{Q} \cdot \cos(\omega t)$ Sinn!

Einsetzen von Q(t) und $\ddot{Q}(t) = -\omega^2 \cdot \hat{Q} \cos(\omega t)$ in (F5.82) liefert:
$\left[-\omega^2 + \frac{1}{L \cdot C} \right] \cdot \hat{Q} \cdot \cos(\omega t) = 0$.

Diese Gleichung soll für jeden Zeitpunkt erfüllt sein, was nur dann möglich ist, wenn die Klammer 0 ist!

Also $\omega^2 = \frac{1}{L \cdot C}$ und somit (ω soll positiv sein) $\omega = \frac{1}{\sqrt{L \cdot C}}$, $f = \frac{\omega}{2\pi} = \frac{1}{2\pi\sqrt{L \cdot C}}$, $T = \frac{1}{f} = 2\pi \cdot \sqrt{L \cdot C}$.

Stromverlauf: $I(t) = \dot{Q}(t) = -\omega \hat{Q} \sin(\omega t)$;

Spannung am Kondensator: $U_C(t) = \dfrac{Q(t)}{C} = \dfrac{\hat{Q}}{C} \cos(\omega t)$

> **Ergebnis:** In einem Schwingkreis mit Widerstand R = 0 werde zur Zeit t = 0 der Kondensator auf die Spannung $\hat{U}_C$ geladen – dann entsteht eine ungedämpfte Schwingung mit der Wechselspannung $U_C(t) = \hat{U}_C \cdot \cos(\omega t)$, der Kondensatorladung $Q(t) = \hat{Q} \cdot \cos(\omega t)$ und dem Wechselstrom $I(t) = -\hat{I} \sin(\omega t)$ mit $\omega = \dfrac{1}{\sqrt{L \cdot C}}$, $\hat{Q} = C \cdot \hat{U}_C$, $\hat{I} = \omega \hat{Q} = \omega C \hat{U}_C = \hat{U}_C \cdot \sqrt{\dfrac{C}{L}}$, $f = \dfrac{1}{2\pi\sqrt{L \cdot C}}$ und der Periode *(Thomsongleichung)* $T = 2\pi\sqrt{L \cdot C}$ (F5.83)

Bemerkungen:
1. Die Schwingkreisfrequenz $f = \dfrac{1}{2\pi\sqrt{L \cdot C}}$ hat die gleiche Gestalt wie die Resonanzfrequenz der Siebkette.

2. Auch hier gilt nach den Wechselstromgesetzen: $\hat{U}_{Sp} = X_L \cdot \hat{I} = \omega L \cdot \hat{I}$ und $\hat{U}_C = X_C \cdot \hat{I} = \dfrac{1}{\omega C} \cdot \hat{I}$. Wegen $X_L = \omega L = \dfrac{1}{\sqrt{L \cdot C}} \cdot L = \dfrac{\sqrt{L}}{\sqrt{C}} = \dfrac{1}{\dfrac{1}{\sqrt{L \cdot C}} \cdot C} = X_C$ ist dies mit $\hat{U}_{Sp} = \hat{U}_C$ bzw. $U_{Sp} = -U_C$ (s.o.) im Einklang!

3. Die magnetische Energie $W_{magn}(t) = \dfrac{1}{2} L \cdot I^2(t) = \dfrac{1}{2} L \cdot \hat{I}^2 \cdot \sin^2(\omega t)$ und die elektrische Feldenergie $W_{el}(t) = \dfrac{1}{2} C \cdot U^2(t) = \dfrac{1}{2} C \cdot \hat{U}_C^2 \cos^2(\omega t)$ wandeln sich ineinander um – ist $W_{magn}(t)$ maximal, so ist $W_{el}(t)$ gleich 0 und umgekehrt. Wegen $W_{ges}(t) = W_{el}(t) + W_{magn}(t) = \dfrac{1}{2} C\hat{U}_C^2 \cdot \cos^2(\omega t) + \dfrac{1}{2} L \cdot \left(\hat{U}_C \sqrt{\dfrac{C}{L}}\right)^2 \cdot \sin^2(\omega t) = \dfrac{1}{2} C \cdot \hat{U}_C^2 \underbrace{(\cos^2(\omega t) + \sin^2(\omega t))}_{=1} = \dfrac{1}{2} C \cdot \hat{U}_C^2$ ist die Gesamtenergie zeitlich konstant.

4. Man kann übrigens aus der Konstanz der Gesamtenergie $W_{ges}(t) = \dfrac{1}{2} \cdot C \cdot [U_C(t)]^2 + \dfrac{1}{2} L \cdot [I(t)]^2 = $ const durch Ableiten nach der Zeit mit $Q(t) = C \cdot U(t)$ und $I(t) = \dot{Q}(t)$ die Differenzialgleichung (F5.82) herleiten!

5. Aus (F5.82) erhält man über $Q(t) = C \cdot U_C(t)$ bzw. durch Ableitung nach der Zeit und mit $I(t) = \dot{Q}(t)$ entsprechende Differenzialgleichungen für $U_C(t)$ bzw. $I(t)$:

$$\boxed{\ddot{U}_C + \dfrac{1}{CL} \cdot U_C = 0, \quad \ddot{I}_C + \dfrac{1}{CL} \cdot I_C = 0}$$ (F5.84 a, b)

5.34.2 Gedämpfter Schwingkreis

Führt man den am Anfang von Kap. 5.34.1 beschriebenen Versuch durch und misst den Verlauf von $U_C(t)$ bzw. $I(t)$, so erhält man keineswegs die ungedämpfte Schwingung von Kap. 5.34.1, sondern – aufgrund der „Reibungsverluste" durch den endlichen Widerstand R im Kreis – eine exponentiell gedämpfte Schwingung (siehe Abb. 5.126) mit abnehmender Amplitude.

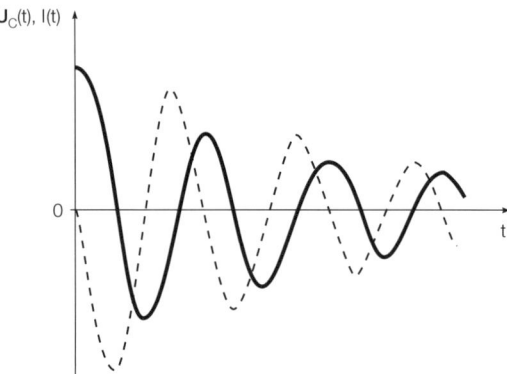

Abb. 5.126: Spannung (durchgezogen) und Strom (gestrichelt) beim Schwingkreis

Durch den Widerstand tritt neben U_{Sp} und U_C noch eine Spannung an R auf, $U_R = R \cdot I$; daher heißt die Differenzialgleichung des gedämpften Schwingkreises $U_{Sp} + U_R + U_C = 0$ bzw. $\frac{Q}{C} + L \cdot \dot{I} + R \cdot I = 0$ bzw. mit $I = \dot{Q}$: $\ddot{Q} + \frac{R}{L} \cdot \dot{Q} + \frac{1}{L \cdot C} Q = 0$

(Dämpfungsglied $\frac{R}{L} \cdot \dot{Q}$)

5.34.3 Aufhebung der Dämpfung durch Rückkopplung (Meißner-Schaltung)

Die Idee ist die, dass man den dick gezeichneten Schwingkreis in Abbildung 5.127 *im richtigen Augenblick* an eine Gleichspannungsbatterie anschließt, die die verloren gegangene Energie wieder hineinpumpt; und zwar müsste genau dann, wenn die obere Kondensatorplatte 1 positiv und gleichzeitig 2 negativ ist, die obere mit dem Pluspol, die untere mit dem Minuspol verbunden werden! Jede Art von Handschaltung ist zu langsam – man realisiert die Idee durch einen Transistor als Schalter (Abb. 5.127).

Das Magnetfeld und damit die induzierte Spannung der Schwingkreisspule wird auf eine zweite Spule übertragen mit den Anschlüssen 3 und 4; danach wird über einen variablen Widerstand R' ein Teil der Spannung U der Batterie abgegriffen und zwar wird die Spannung zwischen E und Abgriffpunkt 5 auf $U_{5E} \approx 0{,}7\,V$ eingestellt (Transistor-Arbeitspunkt).

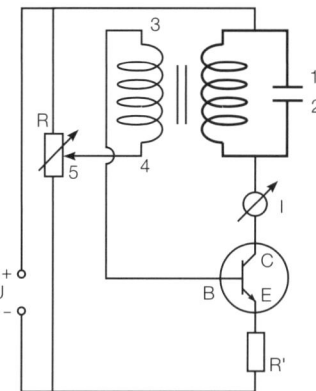

Abb. 5.127

1. Fall: Herrscht keine Spannung am Kondensator, so herrscht auch an den Spulen und damit zwischen 3 und 4 keine Spannung; dann ist auch zwischen 5 und B keine Spannung, also ist $U_{BE} = U_{5E} = 0,7$ V.

2. Fall: Ist 1 positiv gegenüber 2, so auch 3 gegenüber 4; im Sinne des elektrischen Potenzials φ aus Kap. 5.6.3 wäre $\varphi(E) = 0$, $\varphi(5) = 0,7$ V $= \varphi(4)$, $\varphi(3)$ größer als $\varphi(4)$, z. B. $\varphi(3) = 0,8$ V $= \varphi(B)$
Damit ist $U_{BE} = 0,8$ V $> 0,7$ V, d. h. der Transistor lässt durch (Kap. 5.17.6), die Batterie pumpt Energie in den Schwingkreis.

3. Fall: Ist 1 negativ gegenüber 2, so auch 3 gegenüber 4, d. h. $\varphi(5) = \varphi(4) = 0,7$ V und z. B. $\varphi(3) = \varphi(B) = 0,6$ V; dann ist $U_{BE} = 0,6$ V $< 0,7$ V, d. h. der Transistor sperrt, es gelangt keine neue Energie in den Schwingkreis.

Bei dieser Meißner-Schaltung führt also der Schwingkreis sich selbst (über Induktionsspule und Transistor) im richtigen Moment Energie zu *(Rückkopplung)*. Die Schwingung schaukelt sich auf, bis Dämpfungsverluste die Energiezufuhr gerade ausgleichen – dann stellt sich eine ungedämpfte Schwingung ein.

5.34.4 Erzwungene elektromagnetische Schwingungen

In Kap. 5.34.1 und 5.34.2 wurde der Fall betrachtet, dass man nach Aufladen des Kondensators den Kreis von der Spannungsquelle abkoppelt und sich selbst überlässt. Er macht eine gedämpfte Schwingung; im Falle $R \approx 0$ ist die Frequenz $f_0 = \dfrac{1}{2\pi\sqrt{L \cdot C}}$. Jetzt soll eine periodische Zwangseinwirkung von außen auf den Kreis mit der Frequenz f erfolgen – schwingt er? Wenn ja, gedämpft oder ungedämpft und mit welcher Frequenz? (f?, f_0?).

Eine *erste experimentelle Realisierung* einer solchen Zwangseinwirkung ist in Abbildung 5.128 dargestellt: Über einen Sinusgenerator wird eine sinusförmige Wechselspannung U an die linke Spule gelegt. Deren periodisches magnetisches Wechselfeld (Frequenz f) wirkt ins Innere der Schwingkreisspule und erregt *(magnetische Anregung!)* im Schwingkreis eine elektromagnetische Schwingung. Man stellt fest – z. B. indem man U_C am Oszillograph betrachtet – dass diese Schwingung mit der Zwangsfrequenz f erfolgt. Verändert man am Sinusgenerator die Frequenz f von U, lässt aber die Amplitude von U konstant, so stellt man fest, dass die Amplitude von U_C stark anwächst, wenn f der Frequenz f_0 angenähert wird – dies ist das typische Resonanzverhalten wie bei mechanischen erzwungenen Schwingungen (Kap. 1.23.2)!

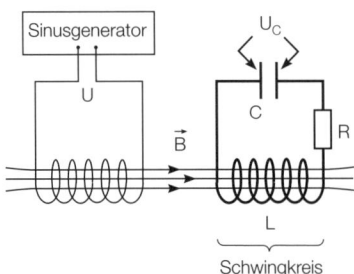

Abb. 5.128   Schwingkreis

Eine *zweite experimentelle Realisierung* einer solchen Zwangseinwirkung wäre, an den Schwingkreis eine Wechselspannungsquelle mit der Frequenz f anzuschließen und den Schwingkreis elektrisch anzuregen. Die Differenzialgleichung lautet dann $U_{Sp} + U_C + U_R = U_{außen}$ bzw. $L \cdot \dot{I} + \frac{Q}{C} + R \cdot I = \hat{U} \sin\omega t$ bzw. mit $Q = C \cdot U_C$ und $I = \dot{Q}$:

$$\boxed{L \cdot C \cdot \ddot{U}_C + R \cdot C \cdot \dot{U}_C + U_C = \hat{U} \sin\omega t \quad \text{mit } \omega = 2\pi \cdot f} \quad \text{(F5.85)}$$

Die Lösung dieser Differenzialgleichung ist aber bekannt – es handelt sich bei der Schaltung ja um eine Siebkette!
Also ist $I = \hat{I} \cdot \sin(\omega t - \delta)$ mit $\hat{I} = \frac{\hat{U}}{Z}$, $Z = \sqrt{X^2 + R^2}$, $X = X_L - X_C = L\omega - \frac{1}{C\omega}$, $\tan\delta = \frac{X}{R}$ und die Kondensatorspannung hinkt dem Strom um $\frac{\pi}{2}$ in der Phase hinterher: $U_C = \hat{U}_C \cdot \sin\left(\omega t - \delta - \frac{\pi}{2}\right)$ mit $\hat{U}_C = \hat{I} \cdot X_C = X_C \cdot \frac{\hat{U}}{Z}$

Für die Amplitude $\hat{U}_C$ der erzwungenen Schwingung gilt:

$$\hat{U}_C = \frac{1}{\omega C} \cdot \frac{\hat{U}}{\underbrace{\sqrt{\left(L\omega - \frac{1}{\omega C}\right)^2 + R^2}}_{Z}} = \frac{\hat{U}}{\sqrt{R^2 \omega^2 C^2 + \left(\underbrace{LC\omega^2}_{=\omega^2/\omega_0^2} - 1\right)^2}}$$

Die Phasenverschiebung von U_C gegenüber U ist $\delta' = \delta + \frac{\pi}{2}$.

Trägt man $\hat{U}_C$ bzw. δ' über ω auf, so erhält man die entsprechenden Resonanzkurven wie in Abbildung 1.76 a, b bei den erzwungenen mechanischen Schwingungen.

5.35 Der Transformator (Trafo)

5.35.1 Hoch- und Niederspannungstrafo

Gemäß Abbildung 5.129 sind zwei Spulen über ein Eisenjoch miteinander verbunden. An Spule 1, der Primärspule mit n_1 Windungen, wird die Wechselspannung U_1 angelegt. Der daraus resultierende Wechselstrom bewirkt in Spule 1 ein sich ständig änderndes Magnetfeld, welches über das Weicheisenjoch auf Spule 2 übertragen wird. Dadurch wird an Spule 2, der Sekundärspule mit n_2 Windungen, die Spannung U_2 induziert, ebenfalls Wechselspannung.

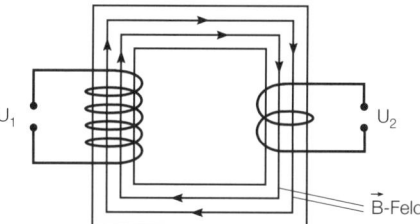

Abb. 5.129

Messungen zeigen:

$$\frac{U_1^{eff}}{U_2^{eff}} = \frac{n_1}{n_2} \quad \text{(F5.86)} \leftarrow \text{die Spannungen verhalten sich wie die Windungszahlen der Spulen}$$

Herleitung: Für die Primärspule gilt $U_1 - L_1 \cdot \dot{I}_1 = R_1 \cdot I_1 = 0$ für $R_1 = 0$, d. h. $U_1 = L_1 \cdot \dot{I}_1 = -U_{ind}^1 = n_1 \cdot \dot{\phi}_1$ nach (F5.62). Für die Sekundärspule ist $U_2 = U_{ind}^2 = -n_2 \cdot \dot{\phi}_2$. Weil beide Spulen die gleiche Querschnittsfläche A haben und von der gleichen Flussdichte B durchdrungen werden, ist der Fluss $\phi = A \cdot B$ bei beiden gleich, d. h. $\phi_1 = \phi_2$. Damit ist $\dfrac{U_1}{n_1} = \dot{\phi}_1 = \dot{\phi}_2 = -\dfrac{U_2}{n_2}$ und somit $\dfrac{U_1(t)}{U_2(t)} = -\dfrac{n_1}{n_2}$; für die Amplituden und Effektivwerte gilt somit $\dfrac{\hat{U}_1}{\hat{U}_2} = \dfrac{n_1}{n_2} = \dfrac{U_1^{eff}}{U_2^{eff}}$.

Bemerkung: (F5.86) besagt, dass die Spannung dort groß ist, wo die Windungszahl groß ist. Wählt man $n_2 > n_1$, wird eine angelegte Primärspannung vergrößert, man hat einen *Hochspannungstrafo* (z. B. am Anfang von Hochspannungsleitungen im E-Werk oder in Röntgengeräten). Wählt man $n_1 > n_2$, so wird die Primärspannung verkleinert, es liegt ein *Niederspannungstrafo* vor (z. B. am Ende von Hochspannungsleitungen im Transformatorenhaus, in Netzgeräten für kleine Spannungen, bei der Spielzeugeisenbahn).

5.35.2 Belasteter und unbelasteter Trafo

1) Wenn bei Spule 2 der Stromkreis nicht geschlossen ist, fließt dort kein Strom; dann gibt es dort auch keine elektrische Leistung, d. h. der Sekundärkreis ent-

nimmt dem Trafo keine Energie *(unbelasteter Trafo)*. Der Primärstrom hinkt der Primärspannung um $\frac{\pi}{2}$ in der Phase nach und hat nur Blindleistung (für $R_1 = 0$).

2) *Belasteter Trafo:* Schließt man im Sekundärkreis den Stromkreis, so steigt – wie ein Versuch zeigt – der *Primärstrom* stark an!

Im Sekundärkreis fließt jetzt ein Strom I_2 über einen Widerstand und I_2 ist in Phase mit U_2 – also entsteht dort die elektrische Wirkleistung $\overline{P}_2 = I_2^{eff} \cdot U_2^{eff}$. Sie wird über den Trafo dem Primärkreis (und damit letztlich dem Netz) entnommen – also muss auch im Primärkreis eine Wirkleistung $\overline{P}_1$ entstehen, indem dem Blindstrom ein Wirkstrom $I_{1\,Zusatz}$ (in Phase mit U_1) überlagert wird: $\overline{P}_1 = U_1^{eff} \cdot I_{1\,Zusatz}^{eff}$!

Dies erklärt das Anwachsen der Stromstärke im Primärkreis. Da ein guter Trafo selbst kaum Energie braucht, gilt: $\overline{P}_1 \approx \overline{P}_2$, also $U_1^{eff} \cdot I_{1\,Zusatz}^{eff} \approx U_2^{eff} \cdot I_2^{eff}$.

$\dfrac{I_{1\,(Zusatz)}^{eff}}{I_2^{eff}} \approx \dfrac{U_2^{eff}}{U_1^{eff}} = \dfrac{n_2}{n_1}$ (F5.87) ← Beim belasteten Trafo verhalten sich die zusätzlich auftretenden Ströme umgekehrt wie die Windungszahlen

---

Versuch: Mit einem Niederspannungstrafo ($n_1 = 500$, $n_2 = 5$) mit „kleinfingerdicken" Windungen der Sekundärspule kann ein dicker Eisennagel, der dort den Stromkreis schließt, zur Rotglut gebracht werden

Primärspannung: $U_1^{eff} = 220\,V$;

Sekundärspannung: $U_2^{eff} = \dfrac{n_2}{n_1} \cdot U_1^{eff} = \dfrac{5}{500} \cdot 220\,V = 2,2\,V$;

Stromstärke im Sekundärkreis bei $R_2 = \dfrac{1}{100}\,\Omega$ (Dicker Windungsdraht, dicker Nagel): $I_2^{eff} = \dfrac{U_2^{eff}}{R} = \dfrac{2,2\,V}{0,01\,\Omega} = 220\,A$!!

Zusätzliche Stromstärke im Primärkreis: $I_{1\,(Zusatz)}^{eff} = \dfrac{n_2}{n_1} \cdot I_2^{eff} = \dfrac{5}{500} \cdot 220\,A = 2,2\,A$

Hier hat man also einen *Hochstromtrafo*, der eine riesige Sekundärstromstärke bewirkt (Prinzip des Elektroschweißens).

Bemerkung: Dass man eine im E-Werk mit 220 V erzeugte Spannung für den Weitertransport in der Fernleitung auf beispielsweise 220 000 V hoch transformiert und am Transformatorenhaus am Ende der Fernleitung wieder auf 220 V heruntertransformiert, mag zunächst seltsam erscheinen. Eine einfache Modellrechnung liefert die Erklärung. Würde das E-Werk seine Leistung von z.B. $P = 440\,MW = U_{eff} \cdot I_{eff}$ direkt mit 220 V weiterleiten, wäre der Strom $I_{eff} = \dfrac{440 \cdot 10^6\,W}{220\,V} = 2 \cdot 10^6\,A$; Der Verlust in den Fernleitungen $P_{Verlust} = U_{Leitung}^{eff} \cdot I_{eff} = R \cdot I_{eff}^2$ darf nicht zu hoch sein. Lässt man 10 % Verlust, d.h. 44 MW, zu, so ist $R = \dfrac{P_{Verlust}}{I_{eff}^2} = \dfrac{44 \cdot 10^6\,W}{4 \cdot 10^{12}\,A^2} = 1,1 \cdot 10^{-5}\,\Omega$ der maximale Ohm'sche Widerstand der Leitung.

Eine 100-km-Fernleitung (die doppelt zu nehmen ist wegen Hin- und Rückleitung) aus Kupfer mit diesem Widerstand *müsste* nach Gl. (F5.4) *20 m dick sein* (unmöglich!). Bei einer Transportspannung von 220 000 V dagegen wird R = 11 Ω und die Leitungsdicke 2 cm (machbar!).

5.36 Drehstrom

5.36.1 Prinzip der drei Phasen

Versuch: Ein Drehstromgenerator hat vier Anschlüsse – den geerdeten Mittelpunktsleiter M_p und die Außenleiterphasen R, S, T. Verbindet man die Außenleiter über gleiche Birnchen mit M_p und misst den Gesamtstrom I (Abb. 5.130), so stellt man fest:

1) Bei zwei Phasen „in Betrieb" ist I genauso groß wie bei einer Phase.

2) Nimmt man alle drei Phasen „in Betrieb", so geht I sogar auf 0 zurück.

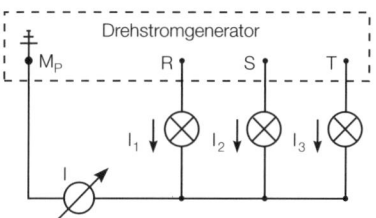

Abb. 5.130

Gibt man die Spannungen $U_1 = U_{M_pR}$, $U_2 = U_{M_pS}$, $U_3 = U_{M_pT}$ auf einen Zweikanaloszillographen, so stellt man fest, dass sie alle sinusartig und von gleicher Amplitude, aber jeweils um $\frac{2\pi}{3} \left(\hat{=} 120°\right)$ phasenverschoben sind.

Im Zeigerdiagramm für die Spannungen laufen drei gleich lange Zeiger mit der Winkelgeschwindigkeit ω, und der U_2-Zeiger läuft um $\frac{2\pi}{3}$ hinter dem U_1-Zeiger, der U_3-Zeiger um $\frac{2\pi}{3}$ hinter dem U_2-Zeiger. Bei gleicher Belastung, d. h. gleichen Birnchen ergibt sich ein entsprechendes Zeigerdiagramm für die Stromstärken (Abb. 5.131). Addiert man zwei der Pfeile vektoriell – zum Beispiel die I_1/I_3-Pfeile, so erhält man wieder einen Pfeil gleicher Länge, weshalb bei zwei Phasen der Gesamtstrom so groß wie bei einer ist; addiert man alle drei Pfeile vektoriell, so ergibt sich der Gesamtstrom 0. Das erklärt den Versuchsbefund.

Physikalisch maßgeblich sind nur die y-Komponenten der Pfeile. In Abbildung 5.131 sind diese für I_1 und I_3 gerade halb so lang wie für I_2, aber entgegengesetzt gerichtet; die Elektronen von I_1 bzw. I_3 fließen also gar nicht in den Nullleiter (Mittelpunktsleiter), sondern fließen im 2. Phasenstrang nach S zurück!

Wenn alle drei Phasenstränge gleich belastet sind, wird der Nullleiterstrang gar nicht vom Strom durchflossen.

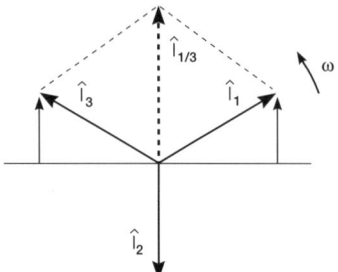

Abb. 5.131

5.36.2 Erzeugung von Drehstrom

Zur *Erzeugung von Drehspannung* (Drehstrom) lässt man einen Stabmagnet gemäß Abbildung 5.132 sich mit der Winkelgeschwindigkeit ω zwischen drei gleichen Spulen drehen. Dabei „passiert" für jede Spule dasselbe, wie wenn sie sich mit ω im ruhenden Magnetfeld drehen würde: An den Spulen wird sinusförmige Wechselspannung (jeweils um $\frac{2\pi}{3}$ phasenverschoben) erzeugt. Der gemeinsame Spulenanschluss am Mittelkreis ist der Nullleiter M_p, das andere Ende der R, S, T-Anschluss.

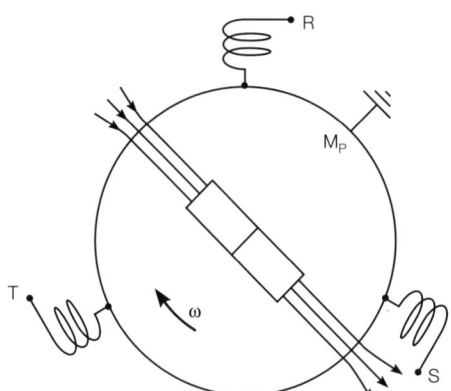

Abb. 5.132

Bemerkung: Legt man umgekehrt in der Anordnung von Abbildung 5.132 die Drehstromanschlüsse eines Generators an M_p, R, S, T, so entstehen in den Spulen sinusförmige phasenverschobene Magnetfelder. Ihre Überlagerung ist ein rotierendes $\vec{B}$-Feld, das den Stabmagneten rotieren lässt: Drehstrommotor!

5.37 Elektromagnetische Wellen

5.37.1 Hertz'scher Dipol

Jeder Welle (zeitlich und räumlich periodisch) geht eine Schwingung (zeitlich periodisch) voraus – so entstehen durch „Ausbreitung" *mechanischer Schwingungen* im Raum *mechanische Wellen* (z. B. Seilwellen, Wellen in Stäben) und *akustische Wellen* (Schall, Ultraschall) und der *Lichtwelle* geht im Sinne von Huygens eine „*Lichtätherschwingung*" voraus. Um aus *elektromagnetischen Schwingungen elektromagnetische Wellen* zu erhalten, müsste man die beiden Felder ($\vec{E}$-, $\vec{B}$-Feld), die beim Schwingkreis räumlich stark gebunden sind (im Kondensator bzw. in der Spule) in den Raum hinaus verlagern.

In einem ersten Schritt könnte man die Spule durch eine Kabel-Schleife ersetzen, in einem zweiten Schritt den Kondensator wie in Abbildung 5.133 a, b „aufweiten".

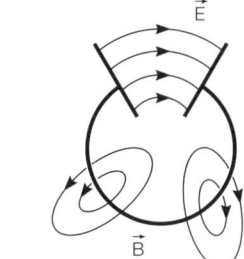

Abb. 5.133a

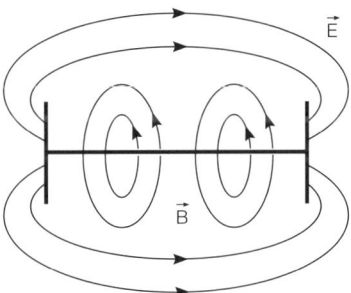

Abb. 5.133b

Im dritten Schritt schließlich ersetzt man – nach Weglassen des Kondensators – das Ganze durch einen Metallstab (Abb. 5.134), den *Hertz'schen Dipol*.

Zunächst einmal sind das Gedankenspiele! Wenn der Dipol tatsächlich einen Schwingkreis darstellt, so sind C und L und damit $T = 2\pi\sqrt{L \cdot C}$ extrem klein, d. h. $f = \dfrac{1}{T}$ muss sehr groß sein (Hochfrequenz).

Aufgrund erheblicher Dämpfungsverluste muss eine *Rückkopplung* des Hertz'schen Dipols mit einer Meißnerschaltung oder einer Röhrenschaltung (Röhrentriode gemäß Kap. 5.16 statt Transistor) erfolgen.

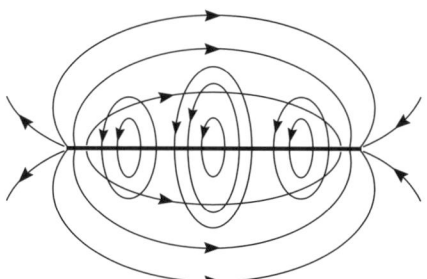

Abb. 5.134

Führt man einen entsprechenden Versuch durch, so stellt man fest, dass ein solcher Schwingkreis tatsächlich funktioniert – ein in der Mitte des Dipols angebrachtes Birnchen leuchtet, d. h. es fließt Strom!

Mit geeigneten Prüfinstrumenten ermittelt man, dass die elektrische Feldstärke an den Dipolenden am größten ist (dort muss auch die Ladung gespeichert werden) und die magnetische Feldstärke in der Mitte des Dipols am größten ist (dort ist auch die Stromstärke am größten). Die Strom- und Ladungsverteilung am schwingenden Dipol sowie die Struktur des elektrischen und magnetischen Feldes über eine Periode zeigt Abbildung 5.135 (die „Ladungsverteilung" dort ist eher eine Ladungsdichteverteilung – „Ladung je Länge").

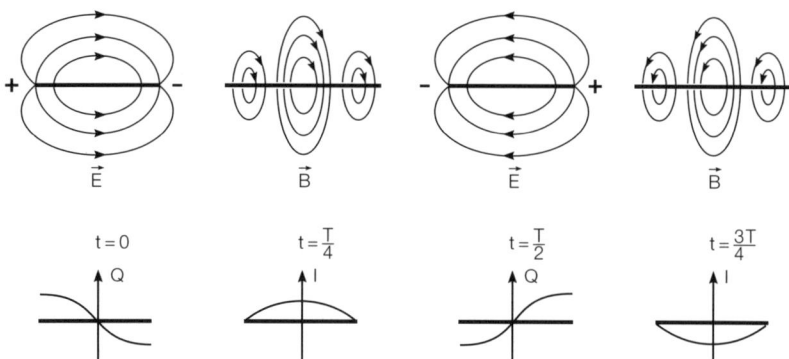

Abb. 5.135: $\vec{E}$-/$\vec{B}$-**Feld bzw. Strom- und Ladungsverteilung am Dipol über eine Schwingungsperiode**

5.37.2 Elektromagnetische Wellen im Raum

Um zu überprüfen, ob ein Dipol tatsächlich elektromagnetische Wellen in den Raum abstrahlt, kann man durch Reflexion dieser hypothetischen Wellen an einem Metallschirm stehende Wellen im Raum erzeugen (Überlagerung von ein- und auslaufender Welle). Deren Knoten und Bäuche müsste ein Prüfdipol zeigen, der mit der vom Sendedipol ausgestrahlten Zwangsfrequenz eine erzwungene Schwingung macht und zwar besonders gut, wenn er in Resonanz damit ist, d. h. wenn seine Eigenfrequenz der Zwangsfrequenz entspricht; im Prüfdipol muss dann zur Überprüfung, ob Strom fließt, statt eines eingebauten Birnchens ein empfindlicher Strommesser angebracht werden.

Die Durchführung des Versuchs bestätigt die stehende Welle, d. h. *tatsächlich strahlt der Sendedipol eine elektromagnetische Welle in den Raum ab!* Außerdem liefert der Versuch die Abstände der Knoten bzw. Bäuche und damit $\frac{\lambda}{2}$; da man die Sendefrequenz f kennt, kann man über $c = \lambda \cdot f$ die Ausbreitungsgeschwindigkeit der elektromagnetischen Wellen ermitteln.

Ergebnis: In Luft bzw. im Vakuum breiten sich elektromagnetische Wellen mit der Lichtgeschwindigkeit $c = 3 \cdot 10^8 \; \frac{m}{s}$ *aus.*

5.37.3 Maxwells Überlegungen

1) Beim Versuch „Aluring/Spulenmagnet" (Kap. 5.29.2) wurde festgestellt, dass in einem Leiterring, welcher ein sich änderndes Magnetfeld umgibt, sich durch Induktion ein Kreisstrom so einstellt, dass dessen Magnetfeld der Änderung entgegenwirkt. Der Physiker Maxwell stellte sich vor, dass auch ohne Leiterring Elektronen, die sich anstelle des Rings befinden, das sich ändernde $\vec{B}$-Feld kreisförmig umrunden müssten – als Ursache dafür sah er ein elektrisches Ringfeld:

Ein sich änderndes Magnetfeld ist von ringförmig geschlossenen Feldlinien eines elektrischen Feldes umgeben

2) Zur Klärung der Frage, ob umgekehrt ein sich änderndes elektrisches Feld von ringförmigen Magnetfeldlinien umgeben ist, stelle man sich einen Kondensator vor mit elektrischem Feld, wodurch das Dielektrikum im Inneren polarisiert ist (Abb. 5.136, Kap. 5.20.4). Ändert sich das elektrische Feld (Zunahme oder Abnahme), so ändert sich die Polarisation (größer oder kleiner); die Ladungsverhältnisse im Kondensatorinneren ändern sich, es fließt dort ein Polarisationsstrom (und auch in den Zuleitungen fließt ein Strom). Der Polarisationsstrom hat ein ringförmiges Magnetfeld um sich. Maxwell verallgemeinert dies auch auf Kondensatoren ohne Dielektrikum.

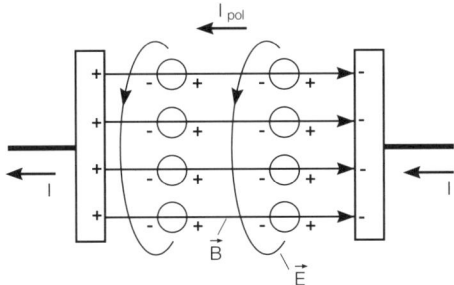

Abb. 5.136

Jedes sich ändernde elektrische Feld ist von ringförmig geschlossenen Feldlinien eines magnetischen Feldes umgeben.

3) Die Entstehung elektromagnetischer Wellen, d. h. die Ausbreitung der Felder in den Raum erklärt Maxwell so (Abb. 5.137):

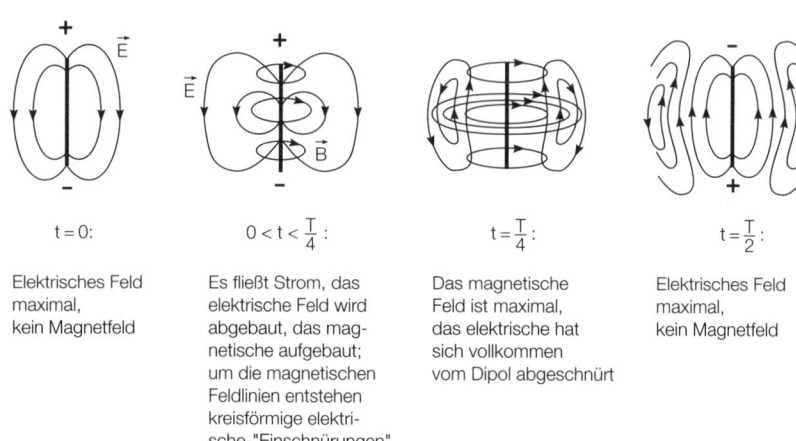

$t = 0$:	$0 < t < \frac{T}{4}$:	$t = \frac{T}{4}$:	$t = \frac{T}{2}$:
Elektrisches Feld maximal, kein Magnetfeld	Es fließt Strom, das elektrische Feld wird abgebaut, das magnetische aufgebaut; um die magnetischen Feldlinien entstehen kreisförmige elektrische-"Einschnürungen"	Das magnetische Feld ist maximal, das elektrische hat sich vollkommen vom Dipol abgeschnürt	Elektrisches Feld maximal, kein Magnetfeld

Abb. 5.137

Durch fortgesetzten Auf- und Abbau von elektrischen und magnetischen Feldern ergibt sich schließlich ein „Zwiebelschalenmodell", der im Raum sich ausbreitenden elektromagnetischen Welle (Abb. 5.138). Das elektrische und das magnetische Feld stehen an jeder Stelle des Raumes senkrecht aufeinander und sind senkrecht zur Ausbreitungsrichtung (Abb. 5.139).

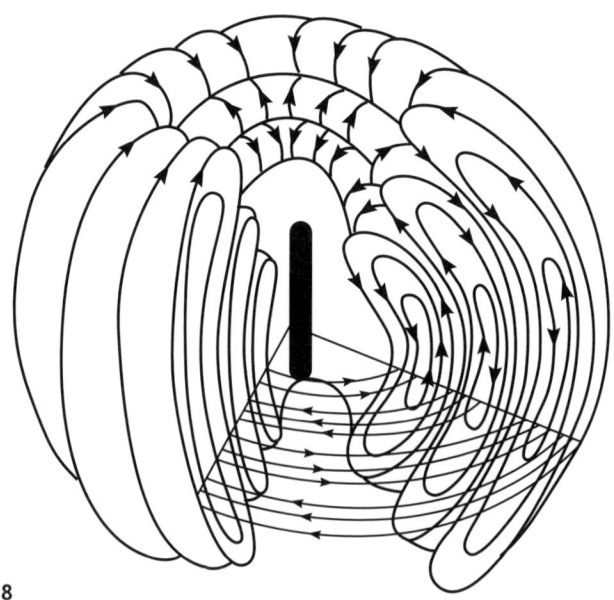

Abb. 5.138

5.37.4 Ergänzungen

1) Beim Nahfeld am Dipol direkt sind nach Kap. 5.37.1 das $\vec{B}$-Feld und das $\vec{E}$-Feld um $\frac{\pi}{2}$ phasenverschoben. Sind diese Felder im Fernbereich (weit weg vom Dipol) ebenfalls phasenverschoben oder in Phase?

Man erinnere sich an die „Leiterschaukel" in Kap. 5.29, Abbildung 5.100, wo der Stab gerade mit der Geschwindigkeit v nach rechts schaukelt. Es wird an ihm ein elektrisches Feld induziert mit (vergleiche Kap. 5.25.3) $E \cdot e = B \cdot e \cdot v$ bzw. $E = B \cdot v$. Dies bedeutet, dass E umso größer ist, je größer B ist! Dieselbe Induktionssituation ergibt sich, wenn der Stab ruht und das Magnetfeld mit der Geschwindigkeit v an ihm vorbei nach links läuft. Dies macht plausibel, dass $\vec{E}$-Feld und $\vec{B}$-Feld *im Fernbereich in Phase sind* – d.h. *ihre Maxima und Nullstellen liegen an der gleichen Stelle* (Abb. 5.139).

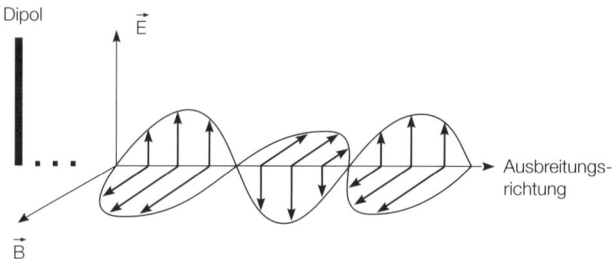

Abb. 5.139

2) Maxwell folgert aus seiner Theorie für die *Ausbreitungsgeschwindigkeit der Welle*:

$$\boxed{c_{Welle} = \frac{1}{\sqrt{\varepsilon_0 \cdot \varepsilon_r \cdot \mu_0 \cdot \mu_r}}} \quad (F5.88)$$

Daraus ergibt sich in Luft/Vakuum ($\varepsilon_r = \mu_r = 1$):

$$c_{Welle} = \frac{1}{\sqrt{8{,}8 \cdot 10^{-12} \frac{F}{m} \cdot 1{,}25 \cdot 10^{-6} \frac{Tm}{A}}} =$$

$$\frac{1}{\sqrt{11}} \cdot 10^9 \sqrt{\frac{A}{\frac{C}{V} \cdot \frac{N}{Am}}} \approx 3 \cdot 10^8 \frac{m}{s} \text{ (Lichtgeschwindigkeit)}$$

In Wasser ($\mu_r \approx 1$, $\varepsilon_r \approx 81$) erhält man: $c_{Wasser} = \frac{1}{9} c_{Luft}$

3) Deutet man die Ladungs- bzw. Stromverteilung im Dipol (Abb. 5.135 unten) um als Eigenschwingung (Grundschwingung) der elektrischen Feldstärke bzw. magnetischen Flussdichte am Dipol (Abb. 5.135 oben), so *entspricht die Dipollänge der halben Wellenlänge dieser stehenden und damit der ausgesandten Welle* – „$\frac{\lambda}{2}$-Dipol" (man könnte sich auch eine Oberschwingung am Dipol vorstellen).

Dies bestätigt der Versuch nach Abbildung 5.140, bei dem ein Sender eine elektromagnetische Welle aussendet, deren Wellenlänge λ der doppelten Senderlänge entspricht. Ein Empfänger- bzw. Prüfdipol (Lämpchen) muss in Luft ebenfalls $\frac{\lambda}{2}$-Länge haben (Senderlänge) – in Wasser klappt der Empfang erst, wenn die Empfängerlänge $\frac{1}{9}$ der Senderlänge ist.

Grund: Beim Übergang ins Wasser bleibt die Frequenz f der elektromagnetischen Welle gleich, jedoch verkürzen sich c_{Welle} und $\lambda = \frac{c_{Welle}}{f}$ auf $\frac{1}{9}$ der jeweiligen Werte in der Luft – also muss auch die Empfängerlänge auf $\frac{1}{9}$ schrumpfen!

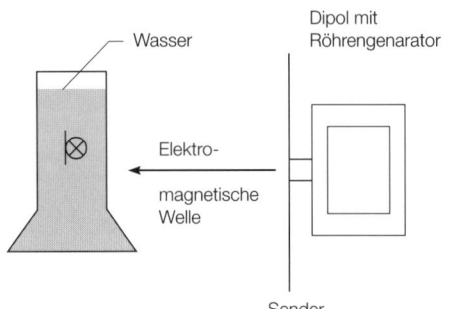

Abb. 5.140

5.38 „Lichteigenschaften" elektromagnetischer Wellen

Zu den elektromagnetischen Wellen gehören die *Radiowellen*, die man üblicherweise in *Langwellen* mit 150 kHz < f < 285 kHz und $\left(\lambda = \frac{c}{f}\right)$ 2000 m > λ > 1050 m, *Mittelwellen* mit 525 kHz < f < 1605 kHz und 571 m > λ > 187 m, *Kurzwellen* mit 3,95 MHz < f < 26,1 MHz und 76 m > λ > 12 m sowie *Ultrakurzwellen (UKW)* mit 87,5 MHz < f < 108 MHz und 3,4 m > λ > 2,78 m einteilt. Weitere Frequenzbereiche werden vom *Fernsehen*, der *Radarüberwachung* (Dezimeterwellen) usw. genutzt.

Langwellen können über große Distanzen an der Erdoberfläche entlanggeführt werden, d. h. ihre Ausbreitungsrichtung weicht dann von der Geraden ab; bei den viel kurzwelligere UKW-Wellen geht das nicht – sie breiten sich *wie das Licht* geradlinig aus. Um festzustellen, welche weiteren „Lichteigenschaften" auch bei elektromagnetischen Wellen eventuell zutreffen, untersucht man noch kurzwelligere, nämlich *Mikrowellen (Zentimeterwellen)*. Der Mikrowellensender *(Klystron)* hat einen Metalltrichter, der Empfänger (mit Gleichrichterdiode) ebenfalls (Abb. 5.141).

Man stellt fest, dass der Empfänger nur etwas registriert, wenn er im getönten Bereich ist – nahezu geradlinige Ausbreitung der hochfrequenten Mikrowelle (Abb. 5.141)!

"Lichteigenschaften" elektromagnetischer Wellen

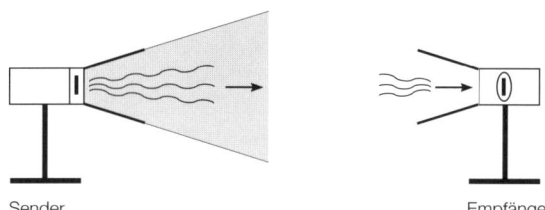

Abb. 5.141 Sender   Empfänger

Gemeinsamkeiten zwischen Licht und Mikrowellen (Versuchsergebnisse):

1. (Nahezu) *geradlinige Ausbreitung*
2. Die *Ausbreitungsgeschwindigkeit* im Vakuum/in Luft beträgt $c = 3 \cdot 10^8 \, \frac{m}{s}$.
3. Wie für Licht, gilt es auch für Mikrowellen *Stoffe, die nicht durchdrungen werden* – es sind im Wesentlichen elektrische *Leiter* (Anwendung: Metalltrichter als Blenden für Mikrowellen)
4. Für Mikrowellen gelten – wie für Licht – beide Teile des *Reflexionsgesetzes* (Kap. 4.3.1).
5. Wie Licht werden Mikrowellen – z. B. (Abb. 5.142) beim Übergang Luft/Sand gebrochen, wobei das *Brechungsgesetz* gilt:

Einfallender, gebrochener Strahl und Einfallslot liegen in einer Ebene und
$$\frac{\sin \alpha}{\sin \beta} = \frac{c_{Luft}}{c_{Stoff}} = const = n \text{ (Brechzahl) (siehe 1.28, (F1.56))}$$

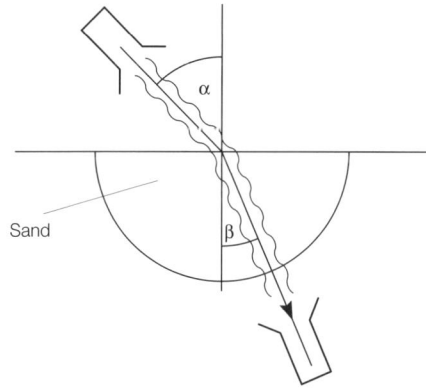

Abb. 5.142

6. Wie bei Licht lassen sich (vergleiche Kap. 5.37.2) mit Mikrowellen durch Reflexion an einer Metallplatte *stehende Wellen* mit Knoten und Bäuchen erzeugen.

7. *Interferenz von Mikrowellen an dünnen Schichten* durch Überlagerung von direkt reflektierten und zweitreflektierten Wellen gemäß Abbildung 5.143: Je nach Gangunterschied (abhängig vom Plattenabstand d) erhält man Verstärkung bzw. Abschwächung (gilt auch für durchgehende Wellen).

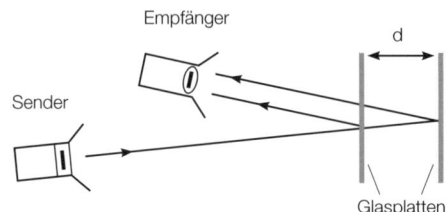

Abb. 5.143

8. *Beugung:* Wie bei Licht lässt sich die Beugung am Spalt bzw. am Hindernis (einschließlich des Poissonflecks) gemäß Abbildung 5.144 nachweisen.

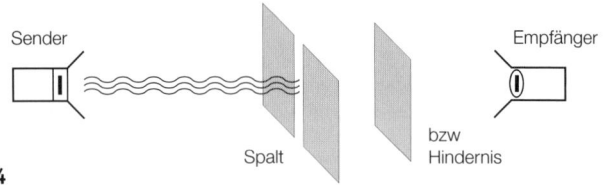

Abb. 5.144

9. *Polarisation:*
a) Licht ist normalerweise nicht polarisiert, lässt sich aber durch einen Polarisator polarisieren (Kap. 4.13). Je nach Spaltstellung kann dann das polarisierte Licht einen zweiten „Polarisationsspalt" (Analysator) durchdringen oder nicht.

b) Elektromagnetische Wellen des Klystrons sind bereits polarisiert. Ein Polarisationsgitter aus Metallstäben sperrt (Abb. 5.145), wenn die Gitterstäbe gleich wie das $\vec{E}$-Feld gerichtet sind – dann wirken die Stäbe als Empfangsdipole und absorbieren die Wellenenergie.

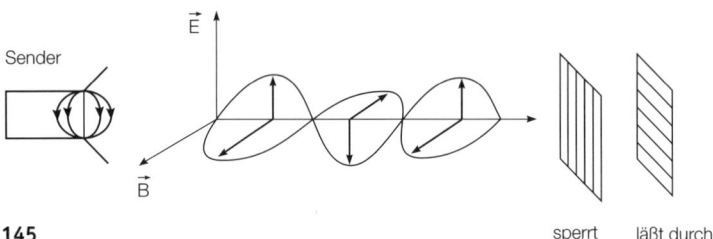

Abb. 5.145   sperrt   läßt durch

5.39 Licht als elektromagnetische Welle

5.39.1 Faraday-Effekt und Kerr-Effekt

Die „Lichteigenschaften" kurzwelliger elektromagnetischer Wellen zeigen deren Verwandtschaft mit Licht und *lassen vermuten, dass Licht als elektromagnetische Welle aufzufassen ist.* Dies wird durch zwei weitere Erscheinungen bestätigt, die zeigen, dass Licht durch elektrische bzw. magnetische Felder beeinflusst wird.

Licht als elektromagnetische Welle 321

Beim *Faraday-Effekt* wird polarisiertes Licht (Polarisator!) durch ein starkes Magnetfeld geschickt (Abb. 5.146). Dabei wird die Polarisationsebene von $\vec{E}$- und $\vec{B}$-Feld des Lichts gedreht, wie man am Schirm hinter einem Analysator erkennt!

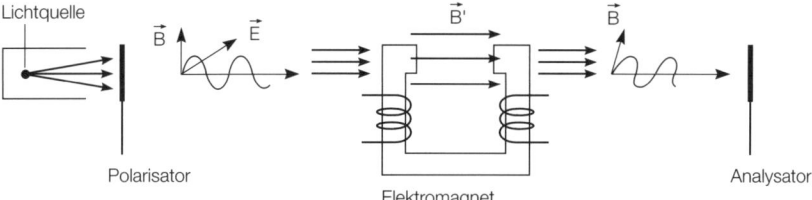

Abb. 5.146

Auch beim Durchgang durch ein starkes elektrisches Feld ändert sich die Polarisationsebene von polarisiertem Licht *(Kerr-Effekt)*.

5.39.2 Entspricht die Modell-Lichtwelle der elektrischen oder der magnetischen Teilwelle?

Wenn Licht eine elektromagnetische Welle ist, dann bleibt zu untersuchen, ob die Modell-Lichtwelle der Optik dem elektrischen oder dem magnetischen Anteil entspricht. Dazu sei die Reflexion einer elektromagnetischen Welle an einer Metallplatte genauer betrachtet.

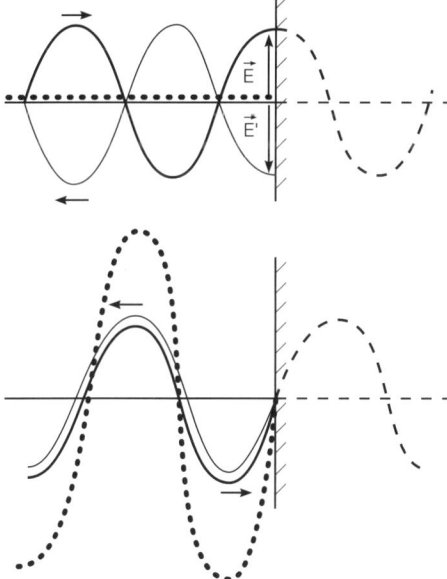

Abb. 5.147a

1. Die einlaufende elektrische Welle ist in Abbildung 5.147 a fett gezeichnet – das $\vec{E}$-Feld bewirkt (oberes Bild) in der Oberfläche der Platte einen Elektronenstrom in Gegenrichtung zum Feld, sodass ein elektrisches Gegenfeld $\vec{E}'$ aufgebaut wird. Dadurch entsteht die reflektierte elektrische Welle (dünn gezeichnet), die gegenüber der einlaufenden Welle einen Phasensprung um π hat – so entsteht durch Überlagerung von einlaufender und reflektierter Welle eine *stehende elektrische Welle* (gepunktet in Abbildung 5.147 a) *mit Knoten an der Metallplatte*.

2. Das Magnetfeld stellt sich in Phase zum elektrischen Feld nach der „modifizierten Dreifingerregel der linken Hand" ein: Zeigt der Daumen der linken Hand die $\vec{E}$-Feld-Richtung und der senkrecht dazu gestellte Zeigefinger die Ausbreitungsrichtung ($\vec{v}$!) an, so gibt der senkrecht zu beiden gestellte Mittelfinger die $\vec{B}$-Feld-Richtung an. Diese Regel folgt aus Maxwells Überlegungen und lässt sich an Abbildung 5.139 leicht verifizieren. Wendet man sie auf die einlaufende und reflektierte magnetische Welle an, so erhält man zu dem Zeitpunkt, der dem oberen Bild von Abbildung 5.147 a entspricht, die einlaufende (dick), reflektierte (dünn) und überlagerte (gepunktet) magnetische Welle wie in Abbildung 5.147 b:

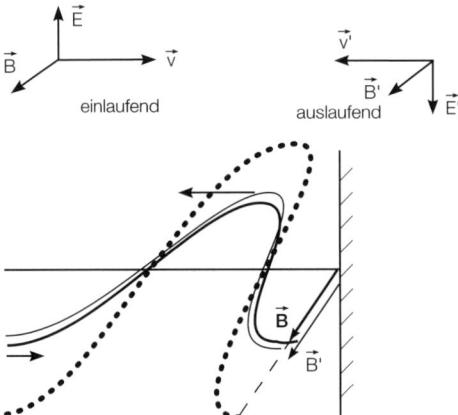

Abb. 5.147b

Es gibt eine stehende magnetische Welle, die an der Platte einen Bauch hat.

Bei der Modellwelle für Licht wurde von einer Querwelle ausgegangen, die bei der Reflexion am festen Ende (Übergang vom dünneren Medium ins dünnere zurück) einen Phasensprung um π macht („Berg" wird zu „Tal" und umgekehrt), sodass die stehende Welle dort einen Knoten hat – wie die elektrische Welle oben.

Ergebnis: Die Lichtwelle entspricht dem elektrischen Anteil einer elektromagnetischen Welle.

5.40 Nichtsichtbare Spektralbereiche im elektromagnetischen Spektrum, Überblick

5.40.1 „Infrarotlicht", „Ultraviolettlicht"

Erzeugt man mit einem Gitter ein Spektrum des Glühlichts einer Lampe, so registriert eine Photozelle nicht nur den sichtbaren Bereich (von Rot bis Violett), sondern zeigt auch jenseits des Rotbereiches (im Infrarot – bzw. IR-Bereich) und jenseits des Violettbereiches (im Ultraviolett- bzw. UV-Bereich) Strahlung an.

Das *Infrarotlicht* ist Hauptträger der Wärmestrahlung (Sonne, IR-Lampen); es kann bei der Fotografie verwendet werden, um bei diesigem Wetter klare Bilder zu erhalten (IR-Strahlen durchdringen Dunst) oder um im Dunkeln Wärme abstrahlende Objekte (z. B. Tiere) aufzunehmen.

Ultraviolettlicht bräunt die Haut, zerstört sie aber auch (Sonnenbrand, Hautkrebs), macht durch Bestrahlung keimfrei, ionisiert die Atmosphäre; es bewirkt bläuliche Fluoreszenz (UV–Lampe), wird von Glas (außer Quarzglas) absorbiert und von Bienen „gesehen".

IR-Licht und UV-Licht werden – wie sichtbares Licht – durch Übergänge von Elektronen zwischen äußeren Schalen der Atomhülle (siehe Kapitel 6) erzeugt.

5.40.2 Röntgenstrahlen

Röntgenstrahlen sind hochfrequente elektromagnetische Wellen, die z. B. in den inneren Schalen der Atomhülle entstehen (siehe Kapitel 6), wenn in einer Röntgenröhre stark beschleunigte Elektronen auf eine Metallanode prallen. Der Physiker Laue nahm an, dass ihre Wellenlänge von der Größenordnung der Ionenabstände in Kristallgittern liegen müsste und wies ihre Beugung am Kristallgitter nach. So konnte er Gitterabstände bestimmen, Kristalle analysieren, aber auch Wellenlängen von Röntgenstrahlen ermitteln.

5.40.3 γ-Strahlung

γ-*Strahlung* entsteht im Atomkern. Es handelt sich um hochfrequente Strahlung, die in ihrer Wirkung oftmals der „harter" Röntgenstrahlung entspricht.

5.40.4 Überblick über das elektromagnetische Spektrum

Tab. 5.1: Überblick über elektromagnetische Wellen

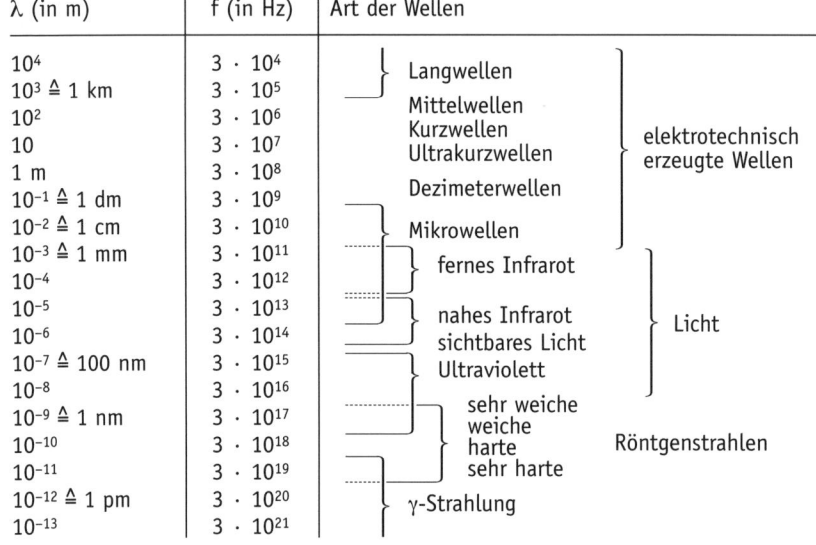

6 Atomphysik und Quantenphysik

6.1 Kernphysik

6.1.1 Kernaufbau

In Kap. 5.4.2 wurde das Rutherford'sche Atommodell vorgestellt, wonach negativ geladene Elektronen einen positiv geladenen Kern umschwirren, in dem nahezu die gesamte Atommasse sitzt; der Atomdurchmesser liegt dabei in der Größenordnung von 10^{-8} cm, der Kerndurchmesser beträgt ca. 10^{-13} cm.

Der Atomkern besteht aus *positiv geladenen Protonen* und etwa gleich schweren *ungeladenen Neutronen* – beide haben etwa die 2000fache Masse des Elektrons. Der Zusammenhalt des Kerns erscheint zunächst rätselhaft – die positiven Protonen stoßen sich ja elektrostatisch ab! Besondere Anziehungskräfte zwischen den Kernteilchen (Nukleonen), die zwar nur auf sehr kurzer Distanz wirken, dann aber sehr stark sind, machen den Zusammenhalt.

Die *Kernladungszahl Z* entspricht der Zahl der Protonen im Kern und gleichzeitig beim ungeladenen Atom auch der Zahl der Elektronen; sie legt die Nummer eines Elements im Periodensystem fest und bestimmt so seine chemischen Eigenschaften. Die *Nukleonenzahl A (= Protonenzahl Z + Neutronenzahl N)* legt die Masse des Atoms fest.

Je nach der Anzahl der Neutronen kann jedes chemische Element in verschiedene Isotopen auftreten. Zum Beispiel gibt es (Abb. 6.1) drei verschiedene Wasserstoffisotope.

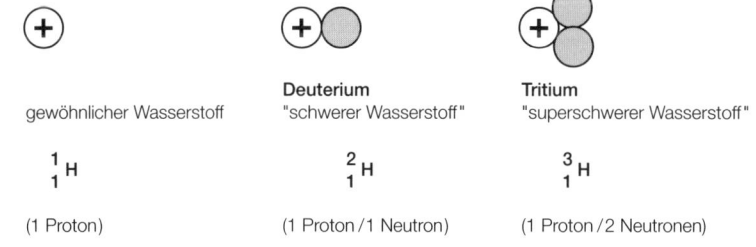

Abb. 6.1

6.1.2 Radioaktivität

Viele Elemente haben stabile und instabile Isotope. Isotope, die nicht stabil sind, zerfallen von selbst in verschiedene Bestandteile und senden dabei Strahlung aus – sie sind *radioaktiv!*

Ein Magnetfeld spaltet die unsichtbare radioaktive Strahlung in drei verschiedene Bestandteile auf (Abb. 6.2), wobei nicht alle gleichzeitig auftreten müssen.

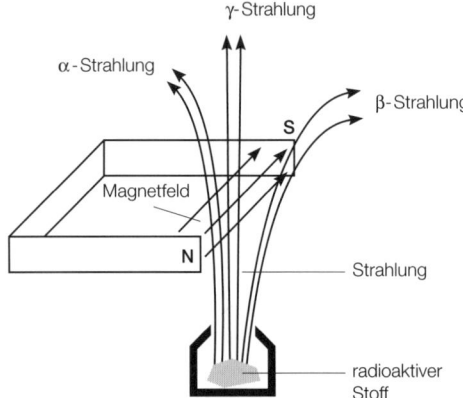

Abb. 6.2

β-*Strahlung:* Wird stark abgelenkt gemäß der Dreifingerregel der linken Hand (siehe 5.14) – sie besteht aus leichten negativ geladenen Teilchen.
α-*Strahlung:* Schwächere Ablenkung in die Gegenrichtung – sie besteht aus schweren positiv geladenen Teilchen (doppelt positiv geladene Heliumkerne).
γ-*Strahlung:* Wird überhaupt nicht abgelenkt – keine Teilchenstrahlung, sondern energiereiche elektromagnetische Welle (ähnlich wie Licht/Röntgenstrahlung).

6.1.3 Wie wird die unsichtbare Strahlung nachgewiesen?

1) **Vorüberlegung:** Schießt man „schnelle" Elektronen auf Atome, so können diese Atomelektronen aus äußeren „Schalen" herausschlagen und (Abb. 6.3) so die Atome ionisieren – positiv geladene Ionen entstehen. (Lagern sich herumfliegende Elektronen an neutralen Atomen an, entstehen negativ geladene Ionen).

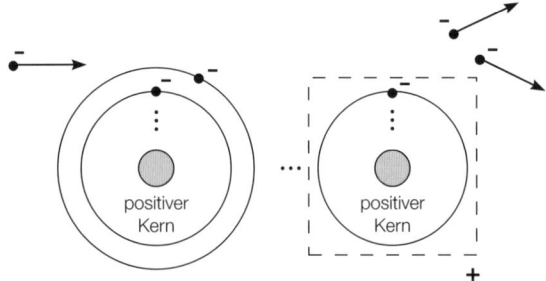

Abb. 6.3

Bemerkungen:
1. Die schnellen Elektronen können äußere Atomelektronen auch auf höhere unbesetzte Schalen („Kreisbahnen") heben; fallen sie dann auf die ursprüngliche Schale zurück, senden die Atome Licht aus.

2. Auch Gasmoleküle können bei hohen Temperaturen durch ihre Wärmebewegung aufeinander prallen und sich dabei gegenseitig ionisieren (bzw. Licht aussenden), wie in Abbildung 6.4 verdeutlicht ist.

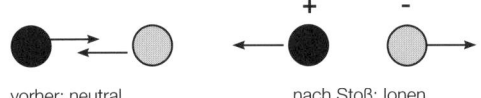

Abb. 6.4   vorher: neutral   nach Stoß: Ionen

2) α-Strahlung besteht aus schnellen geladenen Teilchen, die die Luftmoleküle ionisieren, auf die sie treffen. In einer *Nebelkammer* (gefüllt mit Luft, welche mit Wasserdampf gesättigt ist) lassen sich dann die Bahnen der α-Teilchen als Kondensstreifen sichtbar machen, da an den ionisierten Luftteilchen Nebeltröpfchen entstehen. Man erhält ein „Rasierpinselbild" wie in Abbildung 6.5. Die Reichweite der α-Teilchen ist sehr kurz, da sie bei jedem Stoß viel Energie verlieren.

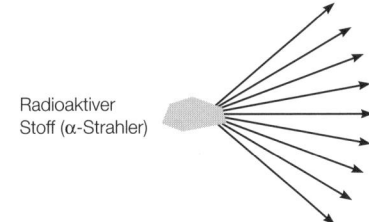

Abb. 6.5

3) Im *Geiger-Müller-Zählrohr* zum Nachweis radioaktiver Strahlung, kurz Geigerzähler genannt, wird zwischen einer zylinderförmigen Röhre und ihrem Zentraldraht eine hohe Spannung angelegt (Pluspol am Draht); die Röhre ist mit Edelgas gefüllt. Gelangen α-Teilchen in die Röhre, ionisieren sie die Edelgasteilchen durch Stoß. Die geladenen Edelgasionen gelangen zum negativen Außenmantel bzw. positiven Innendraht der Röhre; es erfolgt ein Stromstoß verbunden mit einem knackenden Geräusch in einem angeschlossenen Lautsprecher (Abb. 6.6)

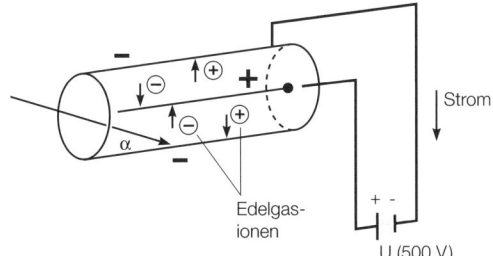

Abb. 6.6

Damit lassen sich einzelne ionisierende radioaktive Teilchen nachweisen – vor allem α-, aber auch β-Teilchen.

4) Eine weitere Nachweismöglichkeit radioaktiver Strahlung beruht darauf, dass sie *Fotoplatten schwärzt*.

6.1.4 Was passiert beim radioaktiven Zerfall eines Atomkerns?

1. Beispiel (α -*Strahler*): Ein Radiumisotop $^{226}_{88}$Ra zerfällt in ein Radonisotop $^{222}_{86}$Rn und einem Heliumkern $^{4}_{2}$He, wobei Energie frei wird: $^{226}_{88}$Ra $\rightarrow$ $^{222}_{86}$Rn

$+ \underbrace{\left(^{4}_{2}\text{He}\right)}_{\alpha}$ (+ Energie).

Die Kernladungszahl (untere Zahl) wird beim Zerfall also um 2 erniedrigt (während die Nukleonenzahl oben um vier verkleinert wird).

2. Beispiel (β-*Strahler*): Das Kryptonisotop $^{85}_{+36}$Kr zerfällt in das Rubidiumisotop $^{85}_{+37}$Rb und ein Elektron, wobei Energie frei wird: $^{85}_{36}$Kr $\rightarrow$ $^{85}_{37}$Rb

$+ \underbrace{\left(^{0}_{-1}\text{e}\right)}_{\beta}$ (+ Energie)

Die Kernladungszahl wird um 1 erhöht! (Tatsächlich zerfällt dabei ein Neutron des Kr-Kerns in ein Proton und ein Elektron: $^{1}_{0}$n $\rightarrow$ $^{1}_{1}$p + $^{0}_{-1}$e).
Während beim α- oder β-Zerfall ein völlig neuer Atomkern entsteht, ändert sich beim γ-Zerfall der Kern prinzipiell nicht.

Bemerkung: Der radioaktive Zerfall erfolgt nach einem exponentiellen Zeitgesetz:

$\boxed{n(t) = n_0 \cdot a^t}$ (F6.1)

Hierbei ist n_0 die ursprüngliche Kernzahl zur Zeit t = 0, n (t) die Zahl der zur Zeit t noch vorhandenen (nicht zerfallenen) Kerne und a der Zerfallsfaktor (0 < a < 1). Nach der *Halbwertszeit* τ_H ist jeweils noch die Hälfte der ursprünglich vorhandenen Kerne nicht zerfallen. Wegen $\frac{n_0}{2} = n(\tau_H) = n_0 \cdot a^{\tau_H}$ ist $\tau_H = \log_a \frac{1}{2} = \frac{-\ln 2}{\ln a}$.

Bemerkung: Radioaktive Strahlung schädigt den Organismus, da die energiereichen Teilchen die Zellen, auf die sie treffen, zerstören oder verändern können; beispielsweise können schwere Verbrennungen auftreten, aber auch schwerwiegende Spätfolgen (Krebs, Missbildungen durch Schädigung des Erbguts). Für Einzelheiten hinsichtlich *Strahlenbelastung* und *Strahlenschutz* wie auch *Nutzbarmachung* radioaktiver Nuklide etwa in der Medizin sei auf die einschlägige Literatur verwiesen.

6.1.5 Kernreaktionen

Wenn Atomkerne mit so großen Geschwindigkeiten aufeinander prallen, dass die elektrostatischen Abstoßungskräfte überwunden und die kurzreichweitigen Kernanziehungskräfte wirksam werden, können vollkommen neue Kerne entstehen. Die große Geschwindigkeit wird den Teilchen z. B. in großen *Beschleunigern* verliehen. Als Beispiele für solche Kernreaktionen, die teilweise auch in der „freien Natur" ablaufen, seien erwähnt:

1) $^{14}_{7}$N + $^{4}_{2}$He $\rightarrow$ $^{17}_{8}$O + $^{1}_{1}$p („Aus Stickstoff entsteht Sauerstoff")

2) $^9_4\text{Be} + ^4_2\text{He} \rightarrow ^{12}_6\text{C} + ^1_0\text{n}$ („Aus Beryllium entsteht Kohlenstoff")

Bemerkung: Auf diese Weise kann man auch (wirtschaftlich uninteressant!) Gold künstlich herstellen; dieses Ziel suchten die Alchimisten des Mittelalters auf chemischem Weg vergeblich zu erreichen.

6.1.6 Kernspaltung (Otto Hahn, 1938)

Beschießt man Urankerne mit (langsamen) Neutronen, so zerbrechen sie in vergleichbar große Bruchstücke etwa nach den Schema von Abbildung 6.7:

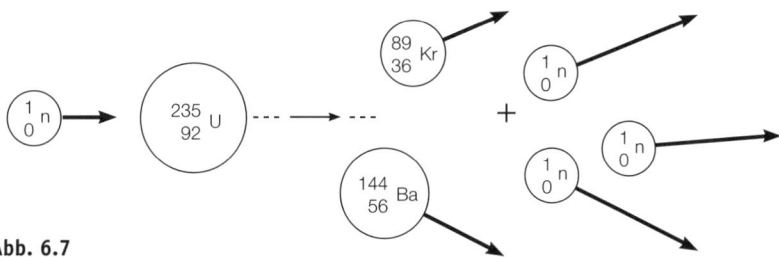

Abb. 6.7

Dabei entsteht viel Energie (in Form von Wärme).

Die Bruchstücke sind radioaktiv (α-, β-, γ-Strahler) – Entsorgungsproblematik beim Kernreaktor! Es werden zusätzlich drei schnelle Neutronen frei, die – nach Abbremsung – ihrerseits drei weitere Kerne spalten können, sodass der Prozess lawinenartig anwächst.

Im *Kernreaktor* erfolgt eine kontrollierte Kernspaltung zur Energiegewinnung, wobei das unkontrollierte Anwachsen durch Neutronenabsorber verhindert wird. Bei der *Atombombe* läuft der Lawinenprozess als *unkontrollierte Kettenreaktion* ab.

6.1.7 Kernfusion

Hierbei handelt es sich um die Umkehrung der Spaltung – die Energiegewinnung durch *Verschmelzung* von leichten Kernen zu schwereren.

Beispiel: $^2_1\text{H} + ^3_1\text{H} \rightarrow ^4_2\text{He} + ^1_0\text{n}$ ← Bei diesem Prozess wird sehr viel Energie frei, das völlig instabile Tritium bei diesem Prozess muss über eine Kernreaktion erzeugt werden $\left(^6_3\text{Li} + ^1_0\text{n} \rightarrow ^4_2\text{He} + ^3_1\text{H}\right)$.

Problem: Der Prozess „gelingt" auf der Sonne bzw. als unkontrollierte Reaktion in der Wasserstoffbombe (H-Bombe); eine kontrollierte, wirtschaftlich nutzbare Reaktion im Fusionsreaktor ist noch nicht gelungen. Sie hätte viele Vorteile: Ein unerschöpfliches Reservoir an Grundstoffen (Wasserstoff), weniger radioaktive Abfallprodukte, einen großen Energiegewinn.

6.2 Kristalluntersuchungen mit Röntgenstrahlen

6.2.1 Bragg'sche Reflexionsbedingung

Präpariert man eine Styroporplatte mit regelmäßig angeordneten kleinen Metallplättchen und strahlt Mikrowellen darauf ein (vergleiche Kap. 5.38) wie in Abbildung 6.8, so stellt man fest, dass die Mikrowellen zum Teil wie bei einem ebenen Spiegel reflektiert werden (der andere Teil geht durch) – und zwar für jeden Einfallswinkel α.

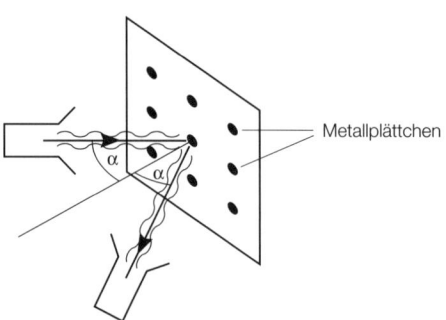

Abb. 6.8

Bei den meisten Festkörpern sitzen die Atome (Ionen) in einem Kristallgitter angeordnet. Bestrahlt man analog einen solchen Kristall mit Röntgenstrahlen, so stellt man fest, dass auch hier die Strahlung gemäß dem Reflexionsgesetz reflektiert wird – allerdings nur bei ganz bestimmten Einfallswinkeln, den *„Glanzwinkeln"*; bei anderen Einfallswinkeln registriert man keinen Reflex.

Erklärung nach Bragg: Im Kristall liegen die Atome (Ionen) in Ebenen geordnet – so wie im obigen Versuch die Metallplättchen auf der Styroporplatte. Diese *Netzebenen* haben untereinander den Abstand d *(Gitterkonstante)*. Einfallende Röntgenstrahlung kann nun – wie beim Mikrowellenversuch – an der ersten Netzebene reflektiert werden, zum Teil aber diese durchdringen und dann an der zweiten Netzebene reflektiert werden oder der dritten usw. (Abb. 6.9). Je nach *Gangunterschied* können sich die reflektierten Röntgenstrahlen durch Überlagerung verstärken bzw. auslöschen. In Abbildung 6.9 wird der Einfallswinkel φ – wie bei Bragg üblich – nicht zum Lot, sondern (als Ergänzungswinkel dazu auf 90°) zur Ebene gemessen.

Der Gangunterschied zwischen dem ersten reflektierten Strahlenbündel und dem zweiten, wie auch zwischen dem zweiten und dem dritten usw. ist durch 2 s gegeben mit $\frac{s}{d} = \sin\varphi$. *Konstruktive Interferenz*, d. h. Verstärkung findet statt, wenn dieser Gangunterschied ein Vielfaches der Wellenlänge ist, d. h. $2s = n \cdot \lambda$ gilt. Daraus folgt die *Bragg'sche Reflexionsbedingung für konstruktive Interferenz*:

$$\boxed{2 d \sin\varphi = n \cdot \lambda \text{ mit } n = 1, 2, \ldots} \quad \text{(F6.2)}.$$

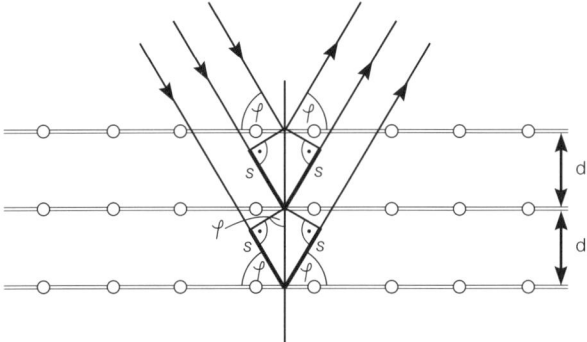

Abb. 6.9

Jeder Winkel, der diese Bedingung erfüllt, ist Glanzwinkel (n-ter Ordnung) zu d und λ.

6.2.2 Drehkristallmethode

Bei einem Bragg-Experiment an einem Einkristall stehe dieser unter dem Winkel φ zur Einschussrichtung der Röntgenstrahlung (Abb. 6.10). Dann muss das Zählrohr zur Messung der reflektierten Strahlung (über Geräusche oder Lichtblitze) immer auf dem doppelten Winkel 2φ gegenüber der Einschussrichtung platziert sein.

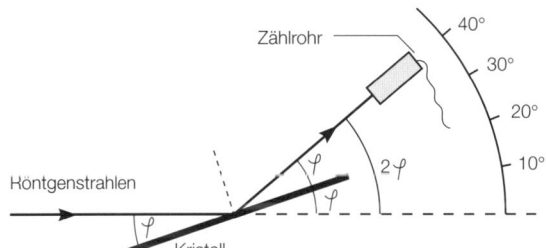

Abb. 6.10

Durch Drehen des Kristalls und Mitdrehen des Zählrohrs lassen sich die Glanzwinkel bestimmen (Zählrohr spricht an!) und daraus bei bekannten λ die Gitterkonstante bzw. bei bekannten d die Wellenlänge über (F6.2) berechnen.

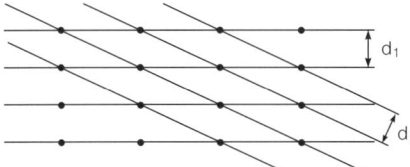

Abb. 6.11

Bemerkung: Eine Röntgenröhre liefert Strahlung unterschiedlicher Wellenlänge λ gleichzeitig und (Abb. 6.11) jeder Kristall hat verschiedene Netzebenenscharen mit unterschiedlicher Gitterkonstante d; zu jedem d und λ gibt es verschiedene

Glanzwinkel 1./2.... Ordnung. Man erhält viele Glanzwinkel und braucht zur Interpretation eines Messversuchs Zusatzinformation und Erfahrung!

6.2.3 Debye-Scherrer-Methode (Pulvermethode)

Hat man anstelle eines großen Einkristalls nur ein Pulver aus vielen mikroskopisch kleinen Kristallen, so bestrahlt man eine solche Probe ebenfalls mit Röntgenstrahlung und registriert die gesamten Reflexe gleichzeitig auf einer Fotoplatte. Jeder Kleinkristall liegt unter irgendeinem Winkel φ zum einfallenden Strahl; er liefert einen Reflex und schwärzt die Platte unter 2 φ, falls φ Glanzwinkel ist. Man erhält ein Streifen- bzw. wegen der Rotationssymmetrie genauer ein *Ringmuster von konzentrischen Kreisen* auf der Platte (Abb. 6.12).

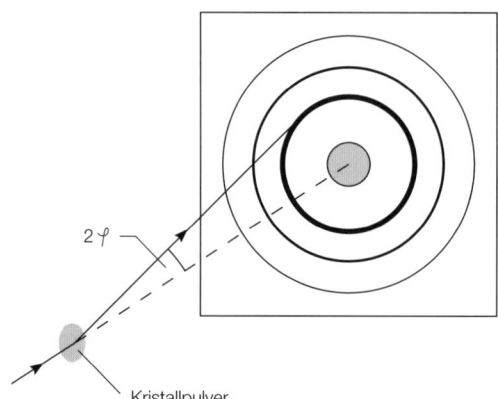

Abb. 6.12

Aufgabe: Kochsalz bildet ein einfach kubisches Gitter gemäß Abbildung 6.13. Man ermittle aus den Atommassen für Chlor (35,5 u) und Natrium (23 u) sowie der Dichte $2,16 \,\frac{g}{cm^3}$ die Gitterkonstante und bestimme Zahl und Größe der Glanzwinkel für Röntgenstrahlung mit $\lambda = 100$ pm!

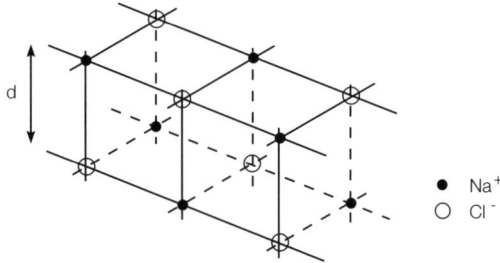

Abb. 6.13

Lösung: Ein Ionenpaar hat die Masse $m_{Cl^-} + m_{Na^+} = 35{,}5 \text{ u} + 23 \text{ u} = 58{,}5 \text{ u} = 58{,}5 \cdot 1{,}66 \cdot 10^{-27}$ kg $= 97{,}11 \cdot 10^{-24}$ g (atomare Masseneinheit u)

1 cm³ Kochsalz hat die Masse 2,16 g, enthält also $\dfrac{2,16\ \text{g}}{97,11 \cdot 10^{-24}\ \text{g}} \approx 2,224 \cdot 10^{22}$ Ionenpaare.

Jedes Ion ist Ecke von 8 Würfeln, ebenso hat jeder Würfel 8 Ionen in den Ecken, d. h. auf ein Ion kommt ein Würfel, auf ein Ionenpaar kommen zwei Würfel. Damit enthält 1 cm³ Kochsalz gerade $2 \cdot 2{,}224 \cdot 10^{22}$ Würfel. Das Würfelvolumen ist
$V = d^3 = \dfrac{1\ \text{cm}^3}{2 \cdot 2{,}224 \cdot 10^{22}} = 0{,}224 \cdot 10^{-22}\ \text{cm}^3$, woraus man die *Gitterkonstante* zu

$d = \sqrt[3]{22{,}48 \cdot 10^{-24}\ \text{cm}^3} \approx 2{,}82 \cdot 10^{-8}\ \text{cm} = 282 \cdot 10^{-12}\ \text{m} = 282\ \text{pm}$ berechnet.

Bragg-Bedingung:
$2\ d \sin\varphi = n \cdot \lambda$, also $\sin\varphi = \dfrac{n \cdot \lambda}{2\ d} = \dfrac{n \cdot 100}{564}$

$n = 1:\ \varphi_1 = 10{,}2°$
$n = 2:\ \varphi_2 = 20{,}8°$
$n = 3:\ \varphi_3 = 32{,}1°$
$n = 4:\ \varphi_4 = 45{,}2°$
$n = 5:\ \varphi_5 = 62{,}4°$

Für $n \geq 6$ müsste $\sin\varphi > 1$ sein, was nicht möglich ist! Man erhält also fünf Glanzwinkel.

6.3 Der Fotoeffekt

6.3.1 Lichtquanten und Planck'sches Wirkungsquantum

Versuch: In einer evakuierten Fotozelle (Abb. 6.14) befindet sich ein Anodenring und an der Wand eine Kathodenschicht aus einem bestimmten Material (z. B. Cäsium). Bestrahlt man die Kathode mit Licht, so stellt sich zwischen ihr und der Anode eine bestimmte Spannung ein, wobei die Kathode positiv geladen ist.

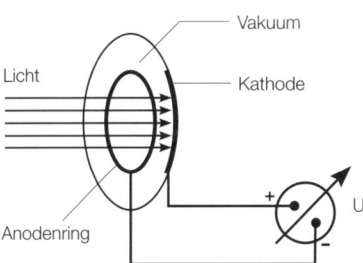

Abb. 6.14

Erklärung: Licht hat Energie und schlägt Elektronen aus der Kathode. Diese fliegen zum Teil zur Anode und laden den Ring negativ auf, während die Kathode durch die fehlenden Elektronen positiv geladen wird. Es baut sich eine Spannung auf, die es weiteren Elektronen schwerer macht, zum Ring zu gelangen, weil sie gegen diese Spannung Arbeit verrichten müssen. Ist die Endspannung U erreicht, können keine neuen Elektronen zum Ring gelangen, weil die kinetische Energie E_{Kin}^{max} der schnellsten Kathodenelektronen gerade nicht mehr ausreicht – dann gilt:

$$\boxed{E_{Kin}^{max} = U \cdot e} \quad (F6.3)$$

Durch Messung von U kann man damit die maximale kinetische Energie E_{kin}^{max} bestimmen, die das Licht den Elektronen verleiht. Man macht dabei *zwei überraschende Feststellungen*:

1) Steigert man die *Helligkeit* (Intensität) des Lichts, so wird U und damit E_{kin}^{max} nicht verändert.

2) *Ändert* man dagegen die *Frequenz* des Lichts (z. B. blau statt grün), *so ändern sich U und E_{kin}^{max}*.

Bei einem Messversuch mit einer Cs-Kathode wird nun für verschiedene Frequenzen des eingestrahlten Lichts (verschiedene Lichtsorten) die Spannung U und damit die maximale kin. Energie (in eV) gemessen. Trägt man (Abb. 6.15) die Messpunkte in ein E_{kin}^{max}/f-Diagramm ein, so erkennt man, dass sie alle auf einer Geraden liegen (linke Gerade). Offenbar gilt der Zusammenhang

$$\boxed{E_{kin}^{max} = h \cdot f - E_A} \quad (F6.4)$$

Dabei ist – E_A der „y-Achsenabschnitt" der Gerade und h ist ihre Steigung. Die Gerade schneidet die f-Achse bei f_{grenz}.

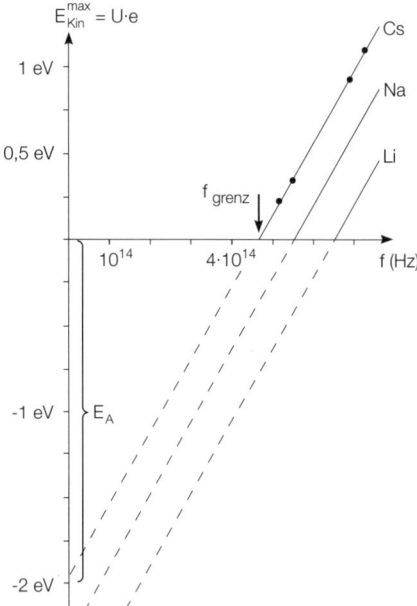

Abb. 6.15

Deutung:
1. E_A stellt eine Energie dar – die so genannte Ablöseenergie, die nötig ist, um überhaupt Elektronen aus der Kathode herauszuschlagen. Beim unedlen Metall Cs

beträgt E_A ca 1,94 eV; je edler das Metall ist, aus dem die Kathode besteht, desto „schwerer" gibt es Elektronen ab, desto größer ist E_A (vergleiche die Na- bzw. Li-Gerade in Abb. 6.15).

2. Die Umformung von (F6.4) $h \cdot f = E_{kin}^{max} + E_A$ legt nahe, dass $h \cdot f$ *die Energieportion ist, die das Licht der Frequenz f an ein Elektron abgibt* – ein Teil von $h \cdot f$ wird verbraucht, um das Elektron herauszulösen, den Rest erhält das Elektron im besten Fall als kinetische Energie (Die Elektronen, die nicht E_{kin}^{max} haben, haben einen Teil ihrer kinetischen Energie bereits im Gitter verloren).

3. Wegen $h = \dfrac{E_A}{f_{grenz}}$ bzw. $E_A = h \cdot f_{grenz}$ kann nur für $h \cdot f > E_A$ bzw. $f > f_{grenz}$ ein Elektron abgelöst werden; f_{grenz} hängt wie E_A vom Kathodenmaterial ab und ist umso größer, je edler das Metall ist (für Cs erhält man $f_{grenz} \approx 4{,}7 \cdot 10^{14}$ Hz).

4. Abbildung 6.15 zeigt, dass alle Geraden parallel sind, d.h. die gleiche Steigung haben. Also ist *h eine universelle Naturkonstante, das Planck'sche Wirkungsquantum*:

$$\boxed{h = \dfrac{E_A}{f_{grenz}} = 4{,}136 \cdot 10^{-15} \text{ eVs} = 6{,}63 \cdot 10^{-34} \text{ Js}} \quad \text{(F6.5)}$$

5. *Einstein zog den Schluss, dass das Licht Energie nur in Form von festen unteilbaren Portionen $h \cdot f$ enthält und abgibt – diese Portionen heißen Lichtquanten oder Photonen. Dies widerspricht der klassischen Physik, nach der die Natur keine Sprünge macht und Energie stetig umgesetzt wird.*

6. Die Lichtquanten (Energieportionen) liegen durch die Frequenz f, d.h. die Licht*art* fest. Ändert man die *Helligkeit* (Intensität) des Lichts, so vermehrt man nur die *Zahl* der Photonen, ändert aber deren Größe nicht.

6.3.2 Fotostrom

1) Betreibt man die Fotozelle *ohne äußere Spannung,* so stellt sich die Spannung $U = \dfrac{E_{kin}^{max}}{e} = \dfrac{hf - E_A}{e}$ ein, falls $f > f_{grenz}$ ist, ansonsten ist $U = 0$; es fließt kein Fotoelektronenstrom I.

2) Schaltet man eine *äußere Spannungsquelle* an die Zelle an, so zwingt man der Fotozelle deren Spannung U_a auf. Ist U_a als *Gegenspannung* gepolt wie in Abbildung 6.16 a, d.h. der Minuspol der Quelle liegt am Anodenring, so kommt es darauf an, ob U_a größer oder kleiner als die sich ohne Quelle einstellende Spannung $\dfrac{hf - E_A}{e} = \dfrac{E_{kin}^{max}}{e}$ ist.

Für $U_a > \dfrac{hf - E_A}{e}$ gibt es keinen Fotostrom, da kein aus der Kathode geschlagenes Elektron U_a überwinden kann. Für $U_a < \dfrac{hf - E_A}{e} = \dfrac{E_{kin}^{max}}{e}$ gelangen die Fotoelektronen, deren kinetische Energie $E_{kin} > U_a \cdot e$ ist, zum Anodenring; also misst man einen Fotostrom I, der umso stärker ist, je kleiner U_a ist.

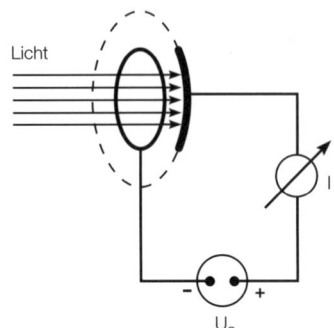

Abb. 6.16a

Steigert man bei festem U_a die Lichtintensität, so gibt es mehr Fotoelektronen; also wächst I.

Steigert man bei festem U_a die Frequenz f, so erhalten die Elektronen mehr Energie; also können mehr Elektronen U_a überwinden, d. h. I wächst.

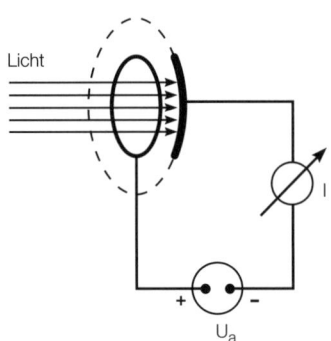

Abb. 6.16b

3) Legt man U_a nicht als Gegenspannung an (Abb. 6.16 b), so erhält man eine I/U_a-Kurve wie bei der Glühdiodenröhre (Abb. 5.47), wobei der Sättigungsstrom von der Belichtungsintensität abhängt – siehe Abbildung 6.17.

Aufgabe: Bei einem Fotoeffekt-Experiment (ohne Gegenspannung) baut sich die Fotospannung U = 3,7 V auf. Welche maximale kinetische Energie (in eV und J) und Geschwindigkeit erhalten die Fotoelektronen? Welchen Wert hat für $E_A = 2$ eV die Frequenz des eingestrahlten Lichts? Ab welcher Frequenz ist die Fotospannung gleich 0?

Lösung: $U \cdot e = E_{kin}^{max} = 3,7 \text{ eV} = 3,7 \cdot 1,6 \cdot 10^{-19} \text{ CV} = 5,92 \cdot 10^{-19}$ J;

über $E_{kin}^{max} = \frac{1}{2} m v_{max}^2$ folgt $v_{max} = \sqrt{\frac{2 E_{kin}^{max}}{m}} = \sqrt{\frac{2 \cdot 5,92 \cdot 10^{-19} \text{ Nm}}{9,1 \cdot 10^{-31} \text{ kg}}} = \sqrt{1,3 \cdot 10^{12} \frac{\text{kg m}^2}{\text{s}^2 \cdot \text{kg}}} = 1,14 \cdot 10^6 \frac{\text{m}}{\text{s}}$. Wegen $h \cdot f = E_{kin}^{max} + E_A$ ist $f = \frac{E_{kin}^{max} + E_A}{h}$

$$= \frac{5{,}7 \text{ eV}}{4{,}136 \cdot 10^{-15} \text{ eVs}} = 1{,}38 \cdot 10^{15} \text{ Hz. Für } f \leq f_{grenz} = \frac{E_A}{h} = 4{,}84 \cdot 10^{14} \text{ Hz ist}$$
U = 0.

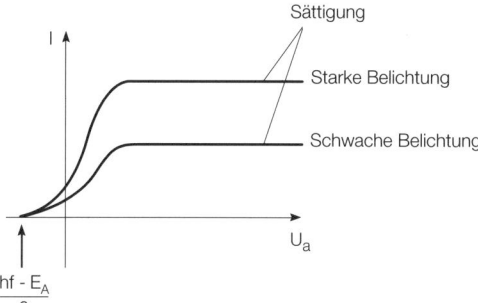

Abb. 6.17 $\frac{hf - E_A}{e}$

6.4 Einige Aussagen der Speziellen Relativitätstheorie, Comptoneffekt

6.4.1 Massenzunahme und relativistische Energie

Nach dem Newton'schen Grundgesetz F = m · a kann man Körper durch konstante Krafteinwirkung konstant beschleunigen und so theoretisch auf beliebig hohe Geschwindigkeiten bringen. In der Praxis stellt man bei Versuchen mit Elektronen in Beschleunigern fest, dass deren Geschwindigkeit die Lichtgeschwindigkeit zwar asymptomatisch annähert, aber nie erreicht. Gleichzeitig nimmt die Masse dieser Elektronen stark zu. In seiner Speziellen Relativitätstheorie, die von einer kritischen Reflexion über Längen- und Zeitmessung ausgeht, stellt Einstein fest, dass Geschwindigkeiten oberhalb der Lichtgeschwindigkeit physikalisch nicht möglich sind und er gibt auch an, wie die Masse eines Körpers mit seiner Geschwindigkeit zunimmt – diese Beziehung soll hier ohne Herleitung aufgeführt werden:

$$\boxed{m(v) = \frac{m_0}{\sqrt{1 - \frac{v^2}{c^2}}} = \frac{m_0}{\sqrt{1 - \beta^2}} \text{ mit } \beta = \frac{v}{c}} \quad \text{(F6.6)}$$

Dabei ist m_0 die Masse des Körpers, wenn er in Ruhe ist (Ruhemasse), v seine Geschwindigkeit, c die Lichtgeschwindigkeit und β kein Winkel, sondern der Bruchteil, den v von der Lichtgeschwindigkeit ausmacht.

Beispiel: Ein Kilogrammstück hat die Ruhemasse m_0 = 1 kg

Bei $v = 3600 \frac{\text{km}}{\text{h}} = 1000 \frac{\text{m}}{\text{s}}$ ist $\beta = \frac{10^3 \text{m/s}}{3 \cdot 10^8 \text{m/s}} = \frac{1}{3} \cdot 10^{-5}$ und

$$m = \frac{1 \text{ kg}}{\sqrt{1 - \frac{1}{9} \cdot 10^{-10}}} \approx 1,000\,000\,000\,006 \text{ kg} \approx m_0; \text{ bei } v = 2,999 \cdot 10^8 \frac{m}{s} \text{ ist}$$

$$\beta = \frac{2,999}{3} \text{ und } m = \frac{1 \text{ kg}}{\sqrt{1-\beta^2}} \approx \frac{1 \text{ kg}}{\sqrt{6,666 \cdot 10^{-4}}} \approx 38,73 \text{ kg} \approx 39\, m_0.$$

Das Beispiel zeigt, dass man im Alltag die relativistische Massenzunahme durchaus vernachlässigen kann, nicht aber bei riesigen Geschwindigkeiten.

Massenzunahme (gegenüber der Ruhemasse):

$$\Delta m = m - m_0 = \frac{m_0}{\sqrt{1-\beta^2}} - m_0 = m_0 \cdot \left(\frac{1}{\sqrt{1-\beta^2}} - 1\right) = m_0 \cdot \frac{1 - \sqrt{1-\beta^2}}{\sqrt{1-\beta^2}}$$

Erweiterung mit $1 + \sqrt{1-\beta^2}$ liefert:

$$\Delta m = \frac{\left(1 - \sqrt{1-\beta^2}\right)\left(1 + \sqrt{1-\beta^2}\right)}{\sqrt{1-\beta^2}\left(1 + \sqrt{1-\beta^2}\right)} \cdot m_0 = m_0 \cdot \frac{1 - (1-\beta^2)}{\sqrt{1-\beta^2}\left(1 + \sqrt{1-\beta^2}\right)}$$

$$= m_0 \frac{\beta^2}{\sqrt{1-\beta^2}\left(1 + \sqrt{1-\beta^2}\right)}$$

Wenn β klein, d. h. $v \ll c$ ist, gilt: $\Delta m \approx m_0 \cdot \frac{\beta^2}{1 \cdot (1+1)} = \frac{1}{2} m_0 \cdot \frac{v^2}{c^2}$, also

$$\boxed{\Delta m \cdot c^2 \approx \frac{1}{2} m_0\, v^2 = E_{kin}}$$

Einstein erklärte diese Beziehung *allgemein* (auch für großes v) *für gültig*:

$$\boxed{E_{kin} = \Delta m \cdot c^2 = mc^2 - m_0 c^2 \text{ bzw. } m \cdot c^2 = m_0 c^2 + E_{kin}} \quad \text{(F6.7)}$$

$m_0 c^2$ hat die Dimension einer Energie – für ein Kilogrammstück ergibt sich $m_0 c^2$ = 1 kg $\cdot \left(3 \cdot 10^8 \frac{m}{s}\right)^2 = 9 \cdot 10^{16}$ J, d. h. der riesige Wert von 90 Milliarden Mega-Joule!

Einstein bezeichnete $m_0 c^2$ als *Ruheenergie* des Körpers; dann ist gemäß (F6.7) $m \cdot c^2$ die *Gesamtenergie* des bewegten Körpers und man erhält die berühmte und allgemein bekannte Formel für die *relativistische Energie:*

$$\boxed{E = m \cdot c^2} \quad \text{(F6.8)}$$

Außerdem hat jeder Körper noch den *relativistischen Impuls*

$$\boxed{p = m \cdot v = \frac{m_0}{\sqrt{1-\beta^2}} \cdot v} \quad \text{(F6.9)}$$

Bemerkungen:

1. Eine Rechnung zeigt: $\boxed{E^2 - E_0^2 = p^2 \cdot c^2}$ (F6.10)

(Nachweis: $E^2 - E_0^2 = m^2c^4 - m_0^2c^4 = c^4 \cdot \dfrac{m_0^2}{1-\beta^2} - c^4 m_0^2 = c^4 m_0^2 \cdot \dfrac{1-(1-\beta^2)}{1-\beta^2}$
$= c^2 \cdot \dfrac{m_0^2}{1-\beta^2} \cdot c^2 \cdot \dfrac{v^2}{c^2} = c^2 \cdot p^2$)

2. Die riesige Ruheenergie scheint nicht nutzbar zu sein – bei Kernreaktionen versucht man sie zu nutzen, wie das folgende Beispiel zeigt, bei dem aus Proton und Neutron ein Deuteriumkern wird: $_0^1 n + {}_1^1 p \rightarrow {}_1^2 d$

Genaue Massebilanz: $m_0^{Neutron} = 1{,}0087$ u; $m_0^{Proton} = 1{,}0073$ u; $m_0^{Deuterium} = 2{,}0136$ u; $m_0^P + m_0^N = 2{,}0160$ u

Zwischen der Ruhemasse des Deuteriums und der Summe der Ruhemassen von Proton und Neutron besteht also der Massendefekt $\Delta m = 0{,}0024$ u: $m_0^P + m_0^N = m_0^D + \Delta m$

Die *Energiebilanz* der Umsetzung lautet dann:

$\underbrace{m_0^N c^2 + m_0^P \cdot c^2}_{\text{Proton und Neutron nahezu in Ruhe}\atop\text{– Summe der Ruheenergien}} = m^D \cdot c^2 = \underbrace{m_0^D \cdot c^2}_{\text{Ruheenergie}\atop\text{des Deuteriums}} + \underbrace{\Delta m \cdot c^2}_{\text{kinetische Energie}\atop\text{des Deuteriums}}$

Die kinetische Energie beträgt 2,25 MeV bei einem Teilchen! Über den *Massendefekt* lässt sich hier Ruheenergie in kinetische Energie umwandeln.

6.4.2 Photonenmasse, Photonenimpuls

b) In der Optik wurde im Wettstreit zwischen Newtons Teilchen- und Huygens' Wellenmodell das Erstere verworfen; nach Einsteins Deutung des Fotoeffekts hat das Licht aber doch einen Teilchencharakter: Photonen kann man als „Lichtteilchen" mit Geschwindigkeit c und Energie $h \cdot f$ auffassen. Sie haben keine Ruhemasse – man kann ihnen aber eine *relativistische Masse m* zuordnen:

$$\boxed{m \cdot c^2 = E = h \cdot f, \text{ also } m_{Photon} = \dfrac{h \cdot f}{c^2}} \quad (F6.11)$$

Außerdem kann man den Photonen einen Impuls zuordnen:

$$p_{Photon} = m \cdot v = m \cdot c = \dfrac{h \cdot f}{c^2} \cdot c = \dfrac{h \cdot f}{c} = \dfrac{h \cdot f}{\lambda \cdot f} = \dfrac{h}{\lambda}$$

Photonenimpuls:

$$\boxed{p_{photon} = m \cdot c = \dfrac{h}{\lambda}} \quad (F6.12)$$

Beispiel: Licht von 400 nm Wellenlänge hat den Impuls

$$p = \frac{h}{\lambda} = \frac{6{,}63 \cdot 10^{-34} \text{ Nms}}{4 \cdot 10^{-7} \text{ m}} = 1{,}66 \cdot 10^{-27} \text{ Ns} = 1{,}66 \cdot 10^{-27} \text{ kg} \frac{\text{m}}{\text{s}}$$ und die Masse

$$m = \frac{p}{c} = \frac{1{,}66 \cdot 10^{-27} \text{ kg} \frac{\text{m}}{\text{s}}}{3 \cdot 10^8 \frac{\text{m}}{\text{s}}} \approx 5{,}5 \cdot 10^{-36} \text{ kg}.$$

Bemerkung: Für Photonen gilt $\boxed{p \cdot c = m \cdot c^2 = E}$ (F6.13) (Spezialfall von (F6.10) für Teilchen mit $m_0 = 0$, $E_0 = 0$)

6.4.3 Comptoneffekt

Der zunächst etwas „akademisch abstrakt" anmutende Photonenimpuls erhält seine experimentelle Rechtfertigung beim *Comptoneffekt*. Compton strahlte „Röntgenquanten" auf Graphitatome. Bestimmte Elektronen sitzen dort quasi frei (Ablösearbeit vernachlässigbar). Er stellte fest: Trifft ein Quant der Wellenlänge λ auf ein ruhendes Elektron, so „verschwindet" das Quant; dafür wird das Elektron mit der Geschwindigkeit $\vec{v}_e$ unter dem Winkel α (gegenüber der Einstrahlrichtung) nach unten gestoßen und gleichzeitig wird ein Röntgenquant der Wellenlänge λ' unter dem Winkel β nach oben gestreut.

Man kann dieses Experiment als *schiefen Stoß* deuten, bei dem Energie- und Impulserhaltung gelten (Abb. 6.18).

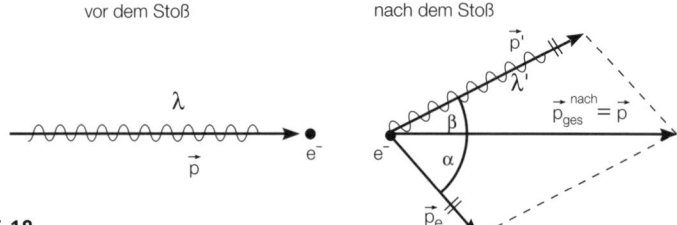

Abb. 6.18

Impulserhaltung: $\vec{p} = \vec{p}_{ges}^{\,vor} = \vec{p}_{ges}^{\,nach} = \vec{p}_e + \vec{p}'$

Mithilfe des Kosinussatzes folgt: $\boxed{p_e^2 = p^2 + p'^2 - 2\,pp' \cdot \cos\beta}$ (F6.14)

Hierbei sind p_e, p, p' der Impuls des Elektrons nach dem Stoß, der des „Röntgenphotons" vor dem Stoß und der des Quants nach dem Stoß. Außerdem gilt der Energiesatz mit E_0 bzw. E als relativistischer Elektronenenergie vor bzw. nach dem Stoß und den Energien E_λ bzw. $E_{\lambda'}$ der Röntgenquanten:

$\boxed{E_0 + E_\lambda = E + E_{\lambda'}}$ (F6.15)

Aus (F6.14) folgt durch Multiplikation mit c^2:

$$p_e^2 \cdot c^2 = (p \cdot c)^2 + (p' \cdot c)^2 - 2(pc) \cdot (p' \cdot c) \cdot \cos\beta$$

Wegen (F6.10) ist $p_e^2 \cdot c^2 = E^2 - E_0^2$ und wegen (F6.13) ist $p \cdot c = E_\lambda$, $p' \cdot c = E_{\lambda'}$
– also: $\boxed{E^2 - E_0^2 = E_\lambda^2 + E_{\lambda'}^2 - 2 E_\lambda E_{\lambda'} \cdot \cos \beta}$ (F6.14')

Aus (F6.15) folgt $E = E_0 + E_\lambda - E_{\lambda'}$ und nach Quadrieren:

$\boxed{E^2 = E_0^2 + E_\lambda^2 + E_{\lambda'}^2 + 2 E_0 E_\lambda - 2 E_0 E_{\lambda'} - 2 E_\lambda E_{\lambda'}}$ (F6.15')

Einsetzen von (F6.15') in (F6.14') liefert nach kurzer Rechnung:

$E_\lambda E_0 - E_0 \cdot E_{\lambda'} = E_\lambda E_{\lambda'} \cdot (1 - \cos \beta)$

Dividiert man durch $E_0 \cdot E_\lambda \cdot E_{\lambda'}$, so folgt $\dfrac{1}{E_{\lambda'}} - \dfrac{1}{E_\lambda} = \dfrac{1}{E_0} \cdot (1 - \cos \beta)$ und weiter
$\dfrac{1}{p' \cdot c} - \dfrac{1}{p \cdot c} = \dfrac{1}{m_e^0 \cdot c^2} \cdot (1 - \cos \beta)$.

Über (F6.12) ergibt sich schließlich nach Multiplikation mit $c \cdot h$:

$\boxed{\Delta \lambda = \lambda' - \lambda = \dfrac{h}{m_e^0 \cdot c} \cdot (1 - \cos \beta)}$ (F6.16)

$\Delta \lambda$ ist die Vergrößerung der Wellenlänge des unter β gestreuten Quants bezüglich des ursprünglichen Röntgenquants. Compton konnte die Formel (F6.16) experimentell bestätigen, indem er unter allen möglichen Winkeln β die Wellenlänge λ' des gestreuten „Röntgenlichts" bestimmte. *Dies bestätigt den Sinn der relativistischen Masse und des Impulses für Photonen: Energie- und Impulserhaltungssatz sind so erfüllt!*

Bemerkung: Die *Comptonwellenlänge* λ_C ist die Wellenlänge eines Photons, das die gleiche Masse wie ein ruhendes Elektron hat – also ist $\dfrac{h}{\lambda_C} = p = m \cdot c = m_e^0 \cdot c$
oder $\lambda_C = \dfrac{h}{m_e^0 \cdot c} = 2,4 \text{ pm}$

Damit lässt sich die *Comptonformel* (F6.16) umschreiben:

$\boxed{\Delta \lambda = \lambda' - \lambda = \lambda_C \cdot (1 - \cos \beta)}$ (F6.17)

Aufgabe: Bei einem Comptonexperiment ist $\lambda = \dfrac{3}{4} \lambda_C$– man bestimme λ' für β = 90° und β = 180°!

Lösung:

90°: $\Delta \lambda = \lambda_C \cdot (1 - \cos 90°) = \lambda_C = \lambda' - \lambda$, also $\lambda' = \lambda + \Delta \lambda = \lambda_C + \dfrac{3}{4} \lambda_C$
$= \dfrac{7}{4} \lambda_C$;
180°: $\Delta \lambda = \lambda_C \cdot (1 + 1) = 2 \lambda_C$, also $\lambda' = \dfrac{11}{4} \lambda_C$

6.5 Materiewellen

6.5.1 Wellencharakter von Elektronen

Bei der Bestrahlung eines Kristallpulvers mit Röntgenstrahlen nach der Debye-Scherrer-Methode erhält man auf der Fotoplatte hinter der Probe schwarze Ringe – siehe Abbildung 6.12; nach der Bragg-Bedingung gilt $2\,d\,\sin\varphi = n\cdot\lambda$ (F6.2)

Entsprechende Ringe erhält man auch, wenn man mit Röntgenstrahlen eine Silberfolie – bestehend aus vielen dicht beieinander liegenden Kleinstkristallen – beschießt.

1927 beschossen Davisson und Germer eine solche Silberfolie mit **Elektronen** und konnten **erstaunlicherweise** die entsprechende Ringstruktur auf der Fotoplatte erkennen – **offensichtlich hatten die Elektronen Wellencharakter!!**

Rekapitulation: In der fortgeschrittenen Optik wurde erfolgreich das Wellenmodell für Licht benutzt, nach Einsteins Deutung des Fotoeffekts erhielt das Licht auch Teilchencharakter. In den Formeln (F6.11) und (F6.12) treten sowohl Wellengrößen (f, λ) als auch Teilchenbegriffe (m, p) auf – man beschreibt Licht je nachdem sowohl als Teilchen wie auch als Welle und nützt beide Modelle vorteilhaft aus.

Elektronen schienen bisher klar Teilchen zu sein mit Masse und Impuls; das Experiment von Davisson/Germer – leicht erklärbar im Sinne von Bragg durch Interferenz von Wellen – legt nahe, Elektronen hier als Wellen zu betrachten!

Der Physiker de Broglie postulierte 1924, dass alle materiellen Teilchen (Elektronen, Protonen, Masseteilchen usw.) auch Wellencharakter haben und sprach von **Materiewellen**. Um ihnen eine Wellenlänge zuzuordnen, benutzte er (F6.12) in umgekehrter Weise – danach haben die „Teilchen" mit dem Impuls p die *Wellenlänge*

$$\boxed{\lambda = \frac{h}{p}}\;(F6.18)$$

Bemerkungen:
1. Beim Davisson/Germer-Versuch kann man ausgehend vom Elektronenimpuls p gemäß (F6.18) λ berechnen und alternativ aus dem Ringbild über 2φ und φ gemäß (F6.2) λ bestimmen – es zeigte sich, dass beide Werte übereinstimmen!

2. Sowohl Licht als auch Materieteilchen werden ab jetzt sowohl durch Teilchen als auch durch Wellen beschrieben – man spricht vom *Teilchen-Welle-Dualismus der Quantenobjekte*.

6.5.2 Bedeutung der Welle bei Materieteilchen

Will man den Davisson/Germer-Versuch nur mit Teilchen beschreiben, muss man sich von dem Gedanken verabschieden, dass sich alle Elektronen exakt gleich verhalten. Vielmehr haben gar nicht alle Elektronen genau dieselbe Geschwindigkeit, sondern es gibt einen wahrscheinlichsten Geschwindigkeitswert und gewisse Abweichungen davon. Auch treffen nicht alle Elektronen an exakt der gleichen Stelle am Kristallpulver bzw. hinterher am Schirm auf, sondern mit unterschiedlich großen Wahrscheinlichkeiten an verschiedenen Stellen. Während bei Seilwellen s (x, t) die Längs- oder Querauslenkung des Seils am Ort x zur Zeit t angibt und bei elektromagnetischen Wellen $\vec{B}$(x, t) bzw. $\vec{E}$(x, t) das magnetische bzw. elektrische Feld, ist die Welle ψ(x, t) der Materiewellen in diesem Sinne eine Wahrscheinlichkeitswelle: $\Delta x |\psi(x, t)|^2$ beschreibt die Wahrscheinlichkeit, zur Zeit t in der Umgebung der Breite Δx um die Stelle x ein Teilchen (Elektron) zu finden ($|\psi(x, t)|^2$ weil Wahrscheinlichkeiten nicht negativ werden können).

Um die Wahrscheinlichkeitswelle ψ(x, t) für die jeweilige physikalische Situation zu finden, muss man – ähnlich wie bei mechanischen Schwingungsvorgängen oder beim Schwingkreis eine Differenzialgleichung lösen. Im Falle der Wahrscheinlichkeitswelle heißt diese *Schrödingergleichung* – sie wird später besprochen.

6.5.3 Frequenz und Wellengeschwindigkeit bei Materiewellen

Aus $\lambda = \dfrac{h}{p}$ folgt $\lambda \cdot f = \dfrac{h \cdot f}{p}$, also $c_{Welle} = \dfrac{E_{Welle}}{p} = \dfrac{E_{Teilchen}}{p}$

Während bei Photonen der Fall klar war, weiß man nicht genau, was $E_{Teilchen}$ bei Materieteilchen sein soll – $E = mc^2$? $E_{kin} = mc^2 - m_0c^2$? $E_{kin} = \dfrac{1}{2} m_0 v^2$?

$E_{Teilchen} = mc^2$ hätte $c_{Welle} = \dfrac{mc^2}{p} = \dfrac{mc^2}{m \cdot v} = \underbrace{\dfrac{c}{v}}_{>1} \cdot c > c$ zur Folge, *was sicher keinen Sinn macht!*

1) $E_{Teilchen} = E_{kin} = \dfrac{1}{2} m_0 v^2$ ist zulässig für $v \ll c$, dann ist $p = m_0 v$ und

$c_{Welle} = \dfrac{\frac{1}{2} m_0 v^2}{m_0 v} = \dfrac{1}{2} v$, also $\boxed{c_{Welle} = \dfrac{1}{2} v_{Teilchen}}$ (nichtrelativistisch) (F6.19 a)

2) $E_{Teilchen} = mc^2 - m_0 c^2$ (relativistisch) liefert mit $p = mv$ und $m = \dfrac{m_0}{\sqrt{1-\beta^2}}$:

$c_{Welle} = \dfrac{mc^2 - m_0 c^2}{mv} = \dfrac{m - m_0}{m} \cdot \dfrac{c^2}{v} = \left(1 - \dfrac{m_0}{m}\right) \cdot \dfrac{c^2}{v} = \left(1 - \sqrt{1-\beta^2}\right) \cdot \dfrac{c^2}{v} = $

$\dfrac{\left(1 - \sqrt{1-\beta^2}\right)\left(1 + \sqrt{1-\beta^2}\right)}{1 + \sqrt{1-\beta^2}} \cdot \dfrac{c^2}{v} = \dfrac{\beta^2}{1 + \sqrt{1-\beta^2}} \cdot \dfrac{c^2}{v}$, also:

$\boxed{c_{Welle} = \dfrac{v}{1 + \sqrt{1 - \dfrac{v^2}{c^2}}} < v_{Teilchen}}$ (relativistisch) (F6.19 b)

Die relativische Formel liefert im Falle $\dfrac{v}{c} \to 0$ gerade das nichtrelativistische Ergebnis $c_{Welle} = \dfrac{1}{2} v_{Teilchen}$ und im Grenzfall $\dfrac{v}{c} \to 1$ liefert sie $c_{Welle} = v_{Teilchen} = c$ (siehe Photonen).

Also kann man stets auf (F6.19 b) und für $v \ll c$ auf die einfachere Formel (F6.19 a) zurückgreifen und die Frequenz „f"$_{Materiewelle}$ der Materiewelle über „f"$_{Materiewelle} = \dfrac{c_{Welle}}{\lambda}$ berechnen.

6.5.4 Elektronen am Doppelspalt

Schickt man Licht durch einen *Doppelspalt*, so erhält man durch Beugung der Lichtwellen auf dem Schirm Helligkeitsmaxima und -minima und eine Intensitätsverteilung entsprechend dem obersten Bild von Abbildung 4.44. Führt man den Versuch mit Elektronen durch, so erhält man *die entsprechende Intensitätsverteilung* für das Auftreffen der Elektronen am Schirm. Dies bestätigt den Wellencharakter der Elektronen – vom Teilchenbild her würde man vermuten, dass die Elektronen den rechten oder linken Spalt nehmen und deshalb am Schirm zwei Maxima auftreten!

6.5.5 Elektronen am Einzelspalt

Schießt man Elektronen auf einen Einzelspalt, so erkennt man am Schirm die Intensitätsverteilung von Abbildung 6.19.

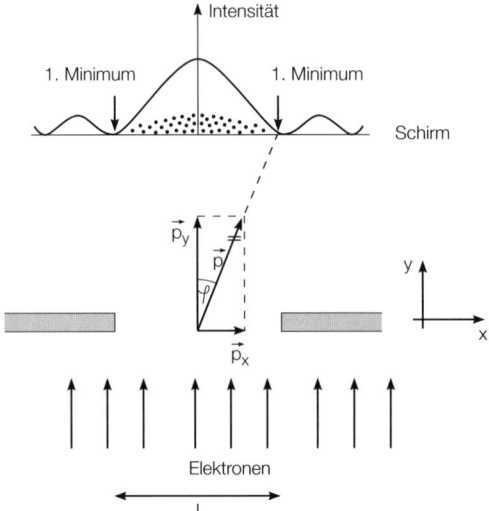

Abb. 6.19

1. Erklärung: Elektronen haben Wellencharakter und die Verteilung entspricht der von Licht (Abb. 4.42 b); die ersten Minima liegen bei φ_1 mit $\sin \varphi_1 = \dfrac{\lambda}{l}$ (I) mit l als Spaltbreite.

2. Erklärung: Die Teilchen fliegen an verschiedenen Stellen durch den Spalt – die „*Ortsunschärfe*" $\overline{\Delta x}$ entspricht der Spaltbreite: $\overline{\Delta x} = l$ (II)

Außerdem haben sie im bzw. hinter dem Spalt nicht alle die gleiche Geschwindigkeit bzw. den gleichen Impuls, sondern Querimpulskomponenten $\vec{p}_x$, die sie von der Mitte abbringen: $\dfrac{p_x}{p} = \sin \varphi$, d. h. $p_x = p \cdot \sin \varphi$

Je nach Auftreffpunkt bzw. Auftreffwinkel am Schirm schwankt also auch p_x. Da die meisten Teilchen zwischen dem Maximum und dem 1. Minimum auftreffen, kann man als *Impulsunschärfe* (Betrag) setzen: $\overline{\Delta p_x} = p \cdot \sin \varphi_1$ (III).

Aus (I), (II), (III) folgt: $\overline{\Delta x} \cdot \overline{\Delta p_x} = l \cdot p \sin \varphi_1 = l \cdot p \cdot \dfrac{\lambda}{l} = p \cdot \lambda = \dfrac{h \cdot \lambda}{\lambda} = h$

(mit $p = \dfrac{h}{\lambda}$ nach (F6.18))

Heisenbergsche Unschärferelation:

Ort und Impuls von Quantenobjekten sind in x-Richtung (auch in y- bzw. z-Richtung) nur mit den „Genauigkeiten" $\overline{\Delta x}$ bzw. $\overline{\Delta p_x}$ angebbar, wobei gilt:

$\overline{\Delta x} \cdot \overline{\Delta p_x} \approx h$ (auch $\overline{\Delta y} \cdot \overline{\Delta p_y} \approx h$, $\overline{\Delta z} \cdot \overline{\Delta p_z} \approx h$) (F6.20)

Aufgaben: 1) Bei einem Debye-Scherrer-Verfahren mit Elektronen (Elektronenbeugungsröhre) werden diese von der Beschleunigungsspannung U = 4 kV beschleunigt und dann auf ein Kristallpulver gestrahlt; auf einem ebenen Schirm in Abstand 15 cm von der Probe beobachtet man einen Ring mit Radius 2,5 cm, der zum Glanzwinkel 1. Ordnung einer Netzebenenschar mit Abstand d gehört. Man berechne d!

Lösung: Geschwindigkeit der Elektronen: $\dfrac{1}{2} m_e v^2 = e \cdot U$, d.h.

$v = \sqrt{\dfrac{2\,eU}{m_e}} = \sqrt{\dfrac{2 \cdot 1,6 \cdot 10^{-19} \cdot 4 \cdot 10^3 \, CV}{9,1 \cdot 10^{-31} \, kg}} = \sqrt{14,1 \cdot 10^{14} \, \dfrac{m^2}{s^2}} = 3,75 \cdot 10^7 \, \dfrac{m}{s}$

Impuls: $p = m \cdot v = 9,1 \cdot 10^{-31} \, kg \cdot 3,75 \cdot 10^7 \, \dfrac{m}{s} = 3,413 \cdot 10^{-23} \, Ns$

Wellenlänge: $\lambda = \dfrac{h}{p} = \dfrac{6,63 \cdot 10^{-34} \, Js}{3,413 \cdot 10^{-23} \, Ns} = 1,94 \cdot 10^{-11} \, m$

Da der Winkel zwischen Einschussrichtung und Kreisrand dem doppelten Braggwinkel entspricht, ist $\tan(2\varphi_1) = \dfrac{2,5 \, cm}{15 \, cm} = \dfrac{1}{6}$, d.h. $2\varphi_1 = 9,46°$ und $\varphi_1 = 4,73°$

Braggbedingung mit n = 1: $2d \cdot \sin \varphi_1 = \lambda$, also $d = \dfrac{\lambda}{2 \sin \varphi_1} = \dfrac{1,94 \cdot 10^{-11} \, m}{2 \cdot \sin 4,73°} = 117,63 \, pm$

2) Wie groß ist die Impulsunschärfe, wenn die Ortsunschärfe 0,1 nm bzw. 1 m beträgt?

Lösung: $\overline{\Delta p_x} \cdot \overline{\Delta x} \approx h$, d.h. $\overline{\Delta p_x} \approx \dfrac{h}{\overline{\Delta x}}$;

Erster Fall: $\overline{\Delta p_x} = \dfrac{6,63 \cdot 10^{-34} \, Js}{10^{-10} \, m} = 6,63 \cdot 10^{-24} \, kg \dfrac{m}{s}$;

Zweiter Fall: $\overline{\Delta p_x} = 6,63 \cdot 10^{-34} \, Ns$

Setzt man $\overline{\Delta p_x} = m \cdot \overline{\Delta v_x}$, so wäre im Falle eines Elektrons die Geschwindigkeitsunschärfe $\overline{\Delta v_x} = \dfrac{\overline{\Delta p_x}}{9,1 \cdot 10^{-31} \, kg}$, also $\overline{\Delta v_x} = 7,3 \cdot 10^6 \, \dfrac{m}{s}$ im ersten Fall und $\overline{\Delta v_x} = 7,3 \cdot 10^{-4} \, \dfrac{m}{s}$ im zweiten Fall.

6.6 Entwicklung des Atommodells, Erklärung der Balmerserie

6.6.1 Bohr'sche Postulate

In Kap.5.4.2 wurde das Thomson'sche Rosinenkuchenmodell erwähnt, welches nach dem Rutherford'schen Beschussversuch nicht mehr haltbar war und durch das Rutherfordmodell ersetzt wurde. Bei diesem wird ein positiver kleiner Kern von noch viel kleineren negativen Elektronen umschwirrt – die für die Kreisbewegung erforderliche Zentripetalkraft liefert die Anziehung der Elektronen durch den Kern (Abb. 6.20).

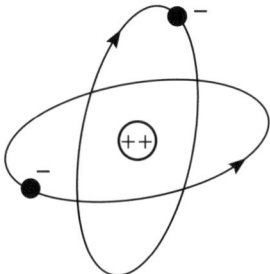

Abb. 6.20

Problem: Betrachtet man ein kreisendes Elektron von seiner Bahnebene aus, so schwingt es hin und her wie in einem Dipol – es müsste daher ständig eine elektromagnetische Welle abstrahlen, an Energie verlieren und schließlich in den Kern stürzen!

Um dieses Problem zu „beseitigen", stellt *Bohr* eine Art „Polizeiverordnung für Elektronen" auf, seine

Postulate:
1. Elektronen dürfen (anders als Planeten) nur auf ganz bestimmten Bahnen kreisen.
2. Elektronen dürfen auf diesen Kreisbahnen um den Kern nicht strahlen.
3. Wenn Elektronen von einer zulässigen Bahn zu einer anderen springen, die weiter innen und somit energetisch tiefer liegt, so strahlen sie mit der frei werdenden Energie E ein Lichtquant der Frequenz f mit E = h · f ab.

6.6.2 Halbklassische Berechnung des Wasserstoffspektrums

1. Um die nach dem ersten Postulat zugelassenen Bahnen der Elektronen zu finden, kann man in etwas naiver Form annehmen, dass die „Elektronenwelle" sich gemäß Abbildung 6.21 um die Kreisbahn des Elektrons schlängelt und sich im Sinne einer stehenden Welle schließen muss.

Also muss die Länge der Kreisbahn ein Vielfaches von λ sein: $2\pi r = n \cdot \lambda$ mit n = 1, 2, ... (I).

Entwicklung des Atommodells, Erklärung der Balmerserie   347

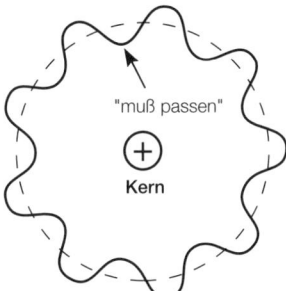

Abb. 6.21

Dies kann man (mit F6.18) umformen zu $2\pi r = n \cdot \frac{h}{p}$ bzw. $r \cdot p = n \cdot \frac{h}{2\pi}$. Mit der Abkürzung $\hbar = \frac{h}{2\pi}$ erhält man also als „Zulassungsbedingung" für Bahnen nach Bohr: $r \cdot p = n \cdot \hbar$ mit n = 1, 2, ... (I')
(Bohr kam durch die künstliche Forderung, dass der sogenannte „Drehimpuls $r \cdot p$" ein Vielfaches von $\hbar$ sein müsse, auf (I')).

2. Umformung von (I') liefert: $r \cdot m \cdot v = n \cdot \hbar$ (I'')
Da die Kreisbewegung erfordert, dass die Zentripetalkraft $F_Z = \frac{mv^2}{r}$ durch die Coulombanziehungskraft (F5.26) $F_c = \frac{e \cdot e}{4\pi\varepsilon_0 \cdot r^2}$ des Kernprotons auf das Elektron aufgebracht wird, gilt: $\frac{m \cdot v^2}{r} = \frac{e^2}{4\pi\varepsilon_0 \cdot r^2}$ (II)

Aus den Forderungen (I'') und (II) lassen sich die Radien der zugelassenen Elektronenkreisbahnen ermitteln!
Setzt man aus (I'') $v = \frac{n \cdot \hbar}{r \cdot m}$ (I''') ein in (II), so folgt: $m \cdot \left(\frac{n \cdot \hbar}{r \cdot m}\right)^2 = \frac{e^2}{4\pi\varepsilon_0 \cdot r}$

und daraus $\boxed{r_n = \frac{\hbar^2 \cdot 4\pi\varepsilon_0}{me^2} \cdot n^2 = a \cdot n^2}$ mit n = 1, 2, 3, ... (F6.21)

(F6.21) liefert die möglichen Bahnradien – der kleinste ist der *Bohr'sche Radius a* mit $a = \frac{\hbar^2 \cdot 4\pi \cdot \varepsilon_0}{m \cdot e^2} \approx 5,3 \cdot 10^{-11}$ m, d. h. $r_1 = a$ und $r_2 = 4a$, $r_3 = 9a$ usw.

3. Ein Elektron auf einer solchen Kreisbahn hat zweierlei Arten von Energien – zum einen die kinetische Energie $E_{kin}^n = \frac{1}{2} m \cdot v_n^2 =$ (nach (II)!) $= \frac{1}{2} \cdot r_n \cdot \frac{e^2}{4\pi\varepsilon_0 r_n^2}$
$= \frac{1}{2} \cdot \frac{e^2}{4\pi\varepsilon_0 r_n}$, zum anderen die potenzielle Energie E_{pot}^n im Potenzial $\varphi(r_n) = \frac{e}{4\pi\varepsilon_0 r_n} = \text{``}U_\infty(r_n)\text{''}$ des Protons (siehe F5.30)). Es erfordert nämlich die Arbeit „$W_\infty(r_n)$" $= e \cdot \text{``}U_\infty(r_n)\text{''} = \frac{e^2}{4\pi\varepsilon_0 r_n}$, um das Elektron von der Kreisbahn mit Radius r_n (um das Proton) nach „Unendlich" zu bringen. Es hat also auf dieser Kreisbahn die potenzielle Energie $-$„$W_\infty(r_n)$"$= -\frac{e^2}{4\pi\varepsilon_0 r_n}$, wenn

man das „Nullniveau" der potenziellen Energie (vergleiche Kap. 1.13) ins „Unendliche" legt.

Gesamte Energie:
$$E_n = E_{kin}^n + E_{pot}^n = \frac{1}{2}\frac{e^2}{4\pi\varepsilon_0 r_n} - \frac{e^2}{4\pi\varepsilon_0 r_n} = -\frac{1}{2}\frac{e^2}{4\pi\varepsilon_0 r_n} = -\frac{e^2}{8\pi\varepsilon_0 \cdot a}\cdot\frac{1}{n^2}, \text{ also}$$

Gesamtenergie:

$$E_n = -(R_H \cdot h)\cdot\frac{1}{n^2} \text{ für n = 1, 2, 3, ... mit der Konstante } R_H \cdot h$$
$$= \frac{e^2}{8\pi\varepsilon_0 \cdot a} = \frac{me^4}{\varepsilon_0^2 \cdot 8 h^2} = 13,6 \text{ eV und der } \textit{Rydberg-Konstante}$$
$$R_H = \frac{me^4}{8\varepsilon_0^2 h^3} = 3,3\cdot 10^{15} \text{ Hz}$$
$$E_1 = -13,6 \text{ eV}; E_2 = \frac{1}{4} E_1 = -3,4 \text{ eV}; E_3 = \frac{1}{9} E_1 = -1,5 \text{ eV};$$
$$E_4 = \frac{1}{16} E_1 = -0,85 \text{ eV}$$

Die Energieniveaus mit n = 1, 2, 3 usw. heißen nach Bohr K-, L-, M-Schale usw.

(F6.22)

6.6.3 Strahlungsserien

In Abbildung 6.22 sind die Energieniveaus des Wasserstoffatoms (nicht maßstabgetreu) gezeichnet. Gehen („springen") Elektronen von einem höheren zu einem tieferen Energieniveau, so strahlen sie die Energiedifferenz in Form von Lichtquanten ab – es wird die Energie hf = $E_n - E_m$ bzw. die Frequenz $f = (E_n - E_m)\cdot\frac{1}{h}$ ausgestrahlt. Man fasst die Strahlung in *Serien* zusammen (Abb. 6.22).

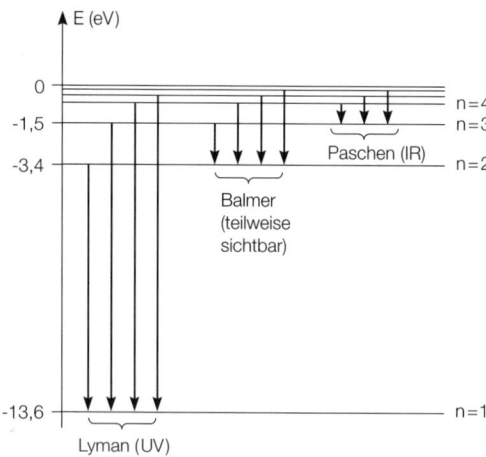

Abb. 6.22

Lyman-Serie
(zum tiefsten Niveau, d. h. m = 1):

$$f_n = \frac{1}{h}(E_n - E_1) = R_H \left(1 - \frac{1}{n^2}\right) \text{ mit } n > 1 \quad \text{(F6.23 a)}$$

Balmer-Serie
(zum zweittiefsten Niveau):

$$f_n = \frac{1}{h}(E_n - E_2) = R_H \left(\frac{1}{4} - \frac{1}{n^2}\right) \text{ mit } n > 2 \quad \text{(F6.23 b)}$$

Paschen-Serie:

$$f_n = \frac{1}{h}(E_n - E_3) = R_H \cdot \left(\frac{1}{9} - \frac{1}{n^2}\right) \text{ mit } n > 3 \quad \text{(F6.23 c)}$$

Während bei der Lyman-Serie UV–Licht und bei der Paschen-Serie IR-Licht entsteht, sind die „Linien" der *Balmerserie teilweise sichtbar*; im Versuch kann man sie nachweisen und ihre Frequenzen bestimmen – sie stimmen mit den theoretischen Werten von (F6.23 b) perfekt überein!

Die Bohr'sche Rechnung liefert also eine gute Erklärung des Wasserstoffspektrums; bei Atomen mit mehr als einem Elektron versagt sie aber – auch wenn man Ellipsen anstelle von Kreisen zulässt. Die Postulate erscheinen künstlich und haben einen *gewaltigen prinzipiellen Nachteil: Eine feste Bahn widerspricht der Unschärferelation!!*

Eine widerspruchsfreie Rechnung muss daher quantenmechanisch von der Schrödingergleichung ausgehen. Das Problem ist zwar kompliziert, aber lösbar – nach langer Rechnung erhält man für das Wasserstoffatom dieselben Energieniveaus wie in (F6.22) und daher die richtigen Frequenzen der Balmerserie, aber auf korrekte Weise.

6.7 Der eindimensionale Potenzialtopf – Quantengesetze des eingesperrten Elektrons

Im Metall gibt es freie Elektronen, die sich im gesamten Bereich des Metalls beliebig bewegen, aber diesen nicht verlassen dürfen. Zur theoretischen Beschreibung dieses Sachverhalts kann das Modell eines Elektrons dienen, das in einem Kasten mit unendlich hohen Wänden eingesperrt ist; wesentliche Aussagen liefert schon das *eindimensionale* Kastenmodell (Kastenlänge l). Natürlich kann man das Problem mit der Schrödingergleichung angehen; man kann die Elektronenwelle aber auch anschaulicher finden, indem man sich vorstellt, dass dem „rasenden" Elektron auf der Strecke mit der Länge l eine Elektronenwelle entspricht, die dauernd an den festen Wänden des Kastens reflektiert wird, sodass sich eine stehende Welle ausbildet.

Mögliche Wellenlängen: $\frac{\lambda}{2} \cdot n = l$, also $\lambda = \frac{2l}{n}$ (n = 1, 2, ...)

Mögliche Impulse dazu: $p = \frac{h}{\lambda}$, also $p_n = \frac{h}{2l} \cdot n$ (n = 1, 2,...)

Kinetische Energie des Elektrons (wegen $v \ll c$ darf man nichtrelativistisch rechnen):

$$E_{kin}^n = \frac{1}{2} m_e \cdot v_n^2 = \frac{1}{2} \frac{(m_e \cdot v_n)^2}{m_e} = \frac{1}{2 m_e} \cdot p_n^2 = \frac{1}{2 m_e} \cdot \frac{h^2}{4 l^2} \cdot n^2$$

Da das Teilchen im Kasten frei beweglich ist, gibt es keine potenzielle Energie!

Ergebnis:

Ein eingesperrtes Elektron im eindimensionalen Potenzialtopf kann nur ganz bestimmte, durch die Quantenzahl n festgelegte Energiewerte annehmen:
$$E_n = \frac{h^2}{8\,m_e l^2} \cdot n^2 \text{ mit } n = 1, 2, 3, \ldots \quad (F6.24)$$

Abbildung 6.23 zeigt die drei tiefsten Energieniveaus. Der Grund dafür, dass nur bestimmte Energieniveaus möglich sind, liegt darin, dass nur bestimmte stehende Wellen mit Knoten an den Wänden ($\psi = 0$ dort) zugelassen sind. Bereits im tiefsten Energiezustand (n = 1) besitzt das Elektron Energie, die *Nullpunktsenergie*
$$E_1 = \frac{h^2}{8\,m_e l^2}.$$

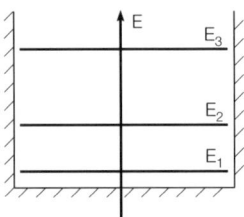

Abb. 6.23

Abbildung 6.24 zeigt oben die Wellenfunktionen ψ_1 und ψ_2 der beiden tiefsten Energiezustände – offenbar ist $\psi_1(x) = A_1 \cdot \sin\left(\frac{\pi}{l} x\right)$, $\psi_2(x) = A_2 \cdot \sin\left(\frac{2\pi}{l} x\right)$. Da es sich um stationäre (dauerhafte) Zustände handelt, hängen ψ_1 und ψ_2 nicht von t ab!

Das untere Bild von Abbildung 6.24 zeigt $|\psi_1(x)|^2$, $|\psi_2(x)|^2$, $|\psi_3(x)|^2 - |\psi(x)|^2$ ist die *Aufenthaltswahrscheinlichkeitsdichte*, d. h. $|\psi^2(x)| \cdot \Delta x$ gibt an, mit welcher Wahrscheinlichkeit sich das Elektron im Intervall der Breite Δx um x aufhält!

Da die Gesamtwahrscheinlichkeit für das Teilchen, sich irgendwo zwischen x = 0 und x = l aufzuhalten, ja für jeden Zustand gerade 1 ist, muss gelten:
$$\int_0^l |\psi_n(x)|^2 dx = 1$$

Mit $\psi_n(x) = A_n \cdot \sin\left(\frac{n\pi}{l} x\right)$ folgt (Hilfsformel $\sin^2 x = \frac{1}{2}(1 - \cos(2x))$):

$$1 = \int_0^l |A_n|^2 \cdot \sin^2\left(\frac{n\pi}{l} x\right) dx = \int_0^l |A_n|^2 \cdot \frac{1}{2}\left\{1 - \cos\left(\frac{2n\pi}{l} x\right)\right\} \cdot dx$$

Also $1 = |A_n|^2 \cdot \frac{1}{2} \cdot \left[x - \sin\left(\frac{2n\pi}{l} x\right) \cdot \frac{l}{2n\pi}\right]_0^l = |A_n|^2 \cdot \frac{1}{2} \cdot l$ bzw. $|A_n|^2 = \frac{2}{l}$ und
$|A_n| = \sqrt{\frac{2}{l}}$

Der eindimensionale Potenzialtopf – Quantengesetze des eingesperrten Elektrons

Damit lauten die „auf 1 normierten" Wellenfunktionen für das Problem

$$\psi_n(x) = \sqrt{\frac{2}{l}} \cdot \sin\left(\frac{n\,\pi}{l}\,x\right)$$

Im unteren Bild von 6.24 sind jeweils die Stellen mit maximaler Aufenthaltswahrscheinlichkeit der Elektronen durch Tönung hervorgehoben.

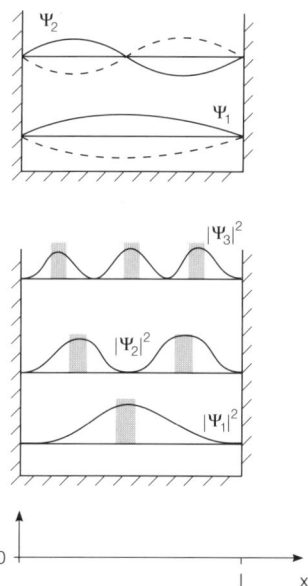

Abb. 6.24

Das Modell des eindimensionalen Potenzialtopfes ist anwendbar bei Metallen, n-Halbleitern und Farbstoffmolekülen.

Aufgabe: Ein Farbstoffmolekül bestehe in seiner Grundstruktur aus einer Kette von acht C-Atomen; statt der Doppelbindungen in Abbildung 6.25 stelle man sich vor, dass acht Elektronen sich längs dieser Kette nahezu frei bewegen können. Im Modell kann man annehmen, dass sie einen linearen Potenzialtopf der Länge l = 1,13 nm (entspricht etwa der Kettenlänge) bevölkern.

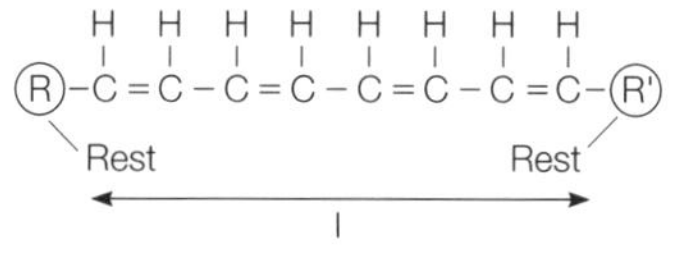

Abb. 6.25

1) Man berechne die möglichen Energien dieser Elektronen!

2) Angenommen, die vier tiefsten Energieniveaus dieses Topfes (E_1 bis E_4 seien jeweils mit 2 Elektronen gefüllt, sodass alle 8 Elektronen untergebracht sind. Durch eingestrahltes Licht werde ein Elektron von E_4 auf E_5 angehoben – welche Wellenlänge des weißen Lichts wird absorbiert? Was beobachtet man kurz danach?

Lösung: 1) $E_n = \dfrac{h^2}{8\, m_e \cdot l^2} \cdot n^2 = E_1 \cdot n^2$ mit

$E_1 = \dfrac{(6,63 \cdot 10^{-34}\ \text{Js})^2}{8 \cdot 9,1 \cdot 10^{-31}\ \text{kg} \cdot (1,13 \cdot 10^{-9}\ \text{m})^2} = 4,733 \cdot 10^{-20}\ \text{J} = 0,296\ \text{eV}$ und n = 1, 2, 3,...

2) Die Energie der absorbierten Lichtquanten entspricht der Differenzenergie
$E_5 - E_4$: $h \cdot f = E_5 - E_4 = E_1 \cdot (5^2 - 4^2)$

$f = \dfrac{0,296\ \text{eV} \cdot 9}{4,136 \cdot 10^{-15}\ \text{eV s}} = 6,43 \cdot 10^{14}\ \text{Hz}$, $\lambda = \dfrac{c}{f} = \dfrac{3 \cdot 10^8\ \text{m/s}}{6,43 \cdot 10^{14}\ \frac{1}{s}} = 0,47 \cdot 10^{-6}\ \text{m}$
$= 470$ nm

Kurz danach geht das Elektron von E_5 nach E_4 zurück und sendet dabei ein Photon der Wellenlänge 470 nm aus! Licht von 470 nm Wellenlänge ist blauviolett – im *durchgehenden* Licht fehlen solche Photonen, sodass das Licht die Komplementärfarbe, nämlich Gelborange hat.

Schaut man die Farbstofflösung *von der Seite* an, so sieht man das gestreute Licht und zugleich die emittierten Blauviolettanteile – die Mischfarbe wirkt grünlich!

6.8 Der Franck-Hertz-Versuch, Umkehrung der Na-Linie

6.8.1 Franck-Hertz-Versuch

Bei einer Röhrentriode wird zwischen Gitter und Anode die Spannung U_v = 2 V gelegt (Minuspol an der Anode) und der Stromverlauf I_A in Abhängigkeit der Spannung U_b zwischen Kathode und Gitter gemessen (Abb. 6.26). Den prinzipiellen Verlauf zeigt Abbildung 6.27 (vergleiche Kap. 5.16.3).

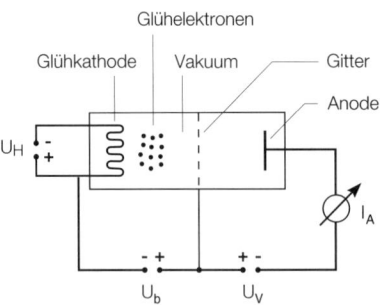

Abb. 6.26

Beim *Franck-Hertz-Versuch* wird die Röhre mit heißem Hg-Dampf gefüllt – dann sieht der I_A/U_b-Verlauf vollkommen anders aus (Abb. 6.28): I_A schwankt beim Anwachsen der Spannung U_b in regelmäßigen Abständen.

Der Franck-Hertz-Versuch, Umkehrung der Na-Linie

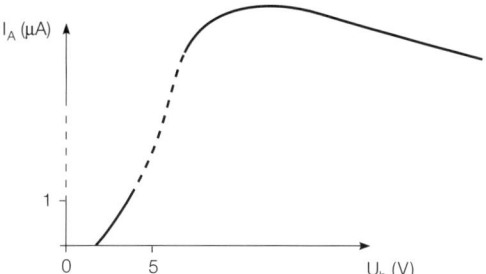

Abb. 6.27

Erklärung: Beim Hg-Atom beträgt die Energiedifferenz zwischen dem äußersten besetzten und dem nächsten unbesetzten Energieniveau der Elektronen gerade 4,9 eV.

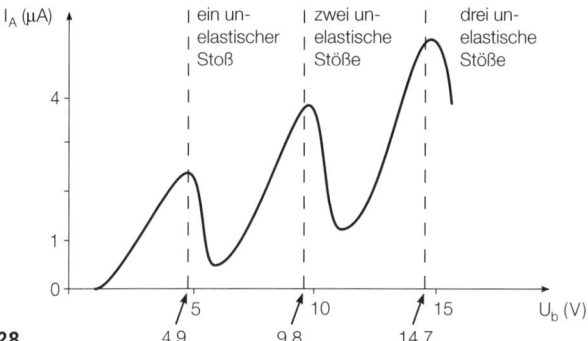

Abb. 6.28

Beträgt U_b mehr als 4,9 V, so erhalten die Glühelektronen bis zum Gitter mehr als 4,9 eV an kinetischer Energie. Stoßen sie dann mit Hg-Atomen zusammen, so können sie 4,9 eV an das Hg-Atom abgeben, welches in einen *angeregten Zustand* übergeht – sein Außenelektron hüpft auf die unbesetzte Schale! Bei diesem *unelastischen Stoß* verlieren die Glühelektronen 4,9 eV an Energie – sie erreichen wegen der „Bremsspannung" U_v = 2 V zum Teil die Anode nicht.

1. Für U_b < 4,9 V können die Glühelektronen zwar mit Hg-Atomen zusammenstoßen, aber keine Energie an diese abgeben (elastische Stöße) – denn weniger als 4,9 eV sind für die Hg-Atome „uninteressant".

2. Für 4,9 V < U_b < 9,8 V haben die Elektronen bis zum Gitter genügend Energie für *einen* unelastischen Stoß erhalten. Je größer U_b, desto mehr bleibt ihnen nach dem Stoß an Energie übrig, desto mehr Elektronen kommen zur Anode; andererseits sind für großes U_b schon weit vor dem Gitter unelastische Stöße möglich (damit mehr Stöße). Für $U_b \approx 6$ V ist ein Minimum der Kurve erreicht!

3. Für 9,8 V < U_b < 14,7 V erhalten die Elektronen bis zum Gitter zwischen 9,8 eV und 14,7 eV an Energie – genug, um zwei unelastische Stöße zu machen und jeweils 4,9 eV an Hg-Atome abzugeben. Danach kommt wieder der Abfall der I_A-Kurve.

Bemerkung: Die angeregten Hg-Atome verlieren ihre Anregungsenergie bald danach wieder, indem die Elektronen ins alte Energieniveau zurückhüpfen, und die Energie in Form von Photonen (unsichtbares UV–Licht) abgeben.

6.8.2 Umkehrung der Na-Linie

Man strahlt weißes Licht durch einen luftleeren Glaskasten, der mit heißem Na-Dampf gefüllt ist und zerlegt das durchgehende Licht mit einem Prisma in farbige Bestandteile (Abb. 6.29). Im kontinuierlichen Spektrum auf dem Schirm zeigt sich eine *schwarze Linie* bei $\lambda = 590$ nm; diese Wellenlänge entspricht genau der des gelben Lichts, das erhitztes Natrium aussendet – dieses Licht entsteht übrigens vorne am Glaskasten!

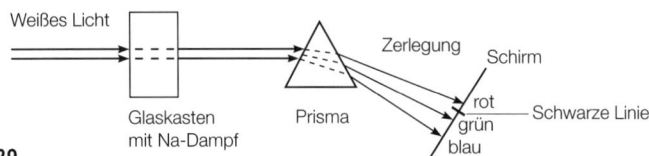

Abb. 6.29

Erklärung: Die Energiedifferenz zwischen dem äußersten besetzten und dem ersten nicht besetzten Elektronenniveau beträgt beim Natrium 2,1 eV – dies entspricht einem Lichtquant mit $E = h \cdot f_0 = 2{,}1$ eV und $\lambda_0 = 590$ nm. Durch Bestrahlung mit weißem Licht, welches alle verschiedenfarbigen Bestandteile enthält, werden den Na-Atomen im Kasten verschiedenste Energieportionen $h \cdot f$ „angeboten" – sie „picken" sich die Quanten mit $h \cdot f_0$ heraus (Gelblicht) und mit dieser Energie geht ihr Außenelektron in den höheren Energiezustand über. Am Schirm hinten fehlen dann diese Lichtanteile, was die schwarze „Absorptionslinie" bei 590 nm erklärt. Vorne am Glaskasten dagegen wird wieder Licht mit 590 nm abgestrahlt (Gelblicht), wenn die Elektronen der Na-Atome zum alten Energieniveau zurückkehren.

Resonanzfluoreszenz: Bestrahlt man den Kasten mit monochromatischem Licht von $\lambda = 590$ nm, so strahlen die Na-Atome ebensolches wieder verzögert ab (nachdem sie es vorher absorbiert haben).

6.8.3 Fraunhofersche Linien

Beim Versuch von Kap.6.8.2 stellt man im durchgehenden Licht eine schwarze Linie bei 590 nm fest – Licht dieser Wellenlänge wurde vom Na-Dampf im Kasten absorbiert, da seine Energie der Anregungsenergie $E_2 - E_1$ der Na-Atome entspricht!

Im Spektrum des Sonnenlichts gibt es viele solche schwarzen Absorptionslinien – die *Fraunhofer-Linien*. Verschiedene Gase der Sonnenatmosphäre absorbieren aus dem weißen Licht nämlich die jeweils passenden Photonen. Daraus kann man schließen, welche Elemente in der Gashülle der Sonne (und entsprechend der Fixsterne) vorkommen!

6.9 Röntgenstrahlung

6.9.1 Bremsstrahlung und charakteristische Röntgenstrahlung

In einer *Röntgenröhre* werden Elektronen durch eine hohe Anodenspannung stark beschleunigt und treffen so auf eine Metallanode (z. B. aus Wolfram oder Rhodium usw.). Dabei entsteht Röntgenstrahlung unterschiedlicher Frequenz (Abb. 6.30).

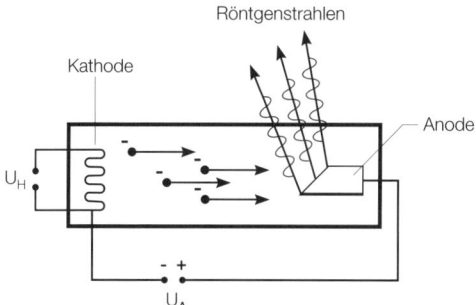

Abb. 6.30

Im Diagramm von Abbildung 6.31 ist dargestellt, mit welcher Intensität die verschiedenen Frequenzen der Röntgenstrahlung anteilsmäßig auftreten. Die *Kurve ganz rechts* gilt für eine Rhodiumanode (Kernladungszahl $Z = 45$) bei einer Anodenspannung $U_A = 40\,000$ V.

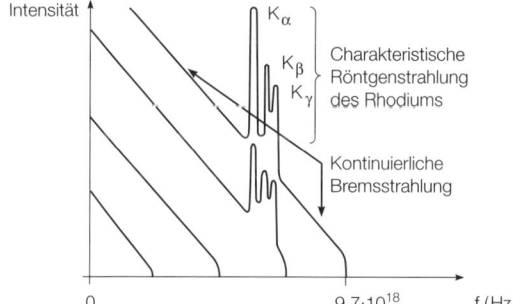

Abb. 6.31

Neben einigen Spitzen $\left(K_\alpha-,\ K_\beta-,\ K_\gamma - \text{Linie}\right)$, deren Höhe und Lage für das Anodenmaterial, also hier Rhodium charakteristisch sind, entsteht zugleich kontinuierliche Röntgenstrahlung (Bremsstrahlung) jeder Frequenz bis zur Maximalfrequenz $f_{max} = 9{,}7 \cdot 10^{18}$ Hz. Die anderen Kurven ergeben sich bei einer Rh-Anode für (von rechts nach links) $U_A = 30\,00$ V, $U_A = 20\,000$ V, $U_A = 10\,000$ V.

6.9.2 Deutung der kontinuierlichen Röntgenstrahlung

Sie entsteht, wenn schnelle Elektronen nahe an den Rhodiumkernen vorbeifliegen, abgelenkt werden, eine elektromagnetische Welle abstrahlen und abgebremst werden. Die Energie, die sie verlieren, wird in Form von Röntgenquanten abgegeben (Abb. 6.32).

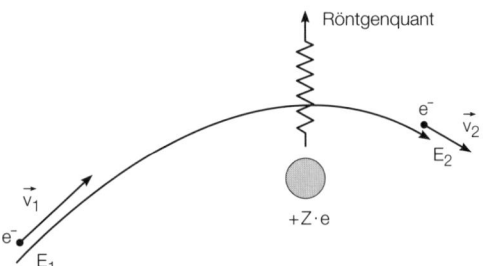

Abb. 6.32

Ankommende Elektronen haben die Energie $E_1 = e \cdot U_A$, hinterher haben sie die Energie E_2; die Differenzenergie erhält das Röntgenquant: $h \cdot f = E_1 - E_2 = e \cdot U_A - E_2$
Je nachdem wie viel an Energie die Elektronen behalten ($0 < E_2 < E_1 = U_A \cdot e$), ist $0 < h \cdot f < e \cdot U_A$, sodass f kontinuierlich alle möglichen Werte bis $f_{max} = \dfrac{e \cdot U_A}{h}$ annimmt. Über $\lambda = \dfrac{c}{f}$ erhält man das

Gesetz von Duane/Hunt für die Grenzfrequenz/Grenzwellenlänge der Bremsstrahlung:

$$\boxed{\begin{aligned} f_{max} &= \frac{e \cdot U_A}{h} \\ E_{max} &= e \cdot U_A \\ \lambda_{min} &= \frac{h \cdot c}{e \cdot U_A} = \frac{c}{f_{max}} \end{aligned}}$$ (F6.25 a, b, c)

Bemerkungen:
1. Für $U_A = 40\,000$ V erhält man $f_{max} = \dfrac{40\,000 \cdot eV}{4{,}136 \cdot 10^{-15}\ eVs} = 9{,}7 \cdot 10^{18}$ Hz (unabhängig vom Material Rhodium)
2. Durch Messung von f_{max} bzw. λ_{min} kann man $\dfrac{h}{e}$ messen!
3. Der tatsächliche Mechanismus bei der Entstehung der Bremsstrahlung ist recht kompliziert – die obigen Überlegungen bilanzieren nur die Energie. Neben der Energieerhaltung gilt auch die Impulserhaltung.

6.9.3 Deutung der charakteristischen Röntgenstrahlung

Das ankommende schnelle Elektron Nr. 1 schlägt (Abb. 6.33) ein zweites Elektron aus der innersten Schale, der K-Schale, sodass dort ein Loch entsteht. Ein drittes Elektron einer energetisch höheren Schale (L-, M-, N- ...) fällt in dieses Loch; die

Differenzenergie $E_L - E_K$ (oder $E_M - E_K$ ...) wird in Form eines Röntgenquants der Frequenz f mit $h \cdot f = E_L - E_K$ abgegeben.

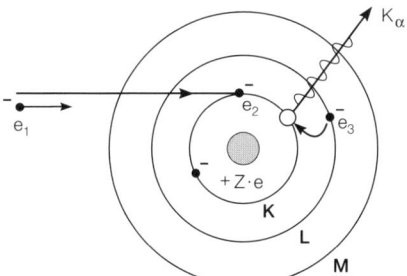

Abb. 6.33

Die K-Serie entsteht, wenn ein Elektron aus der K-Schale herausgeschlagen wurde und das Loch dort durch ein Elektron aus der L-, M-, N-... Schale aufgefüllt wird: $K_\alpha-$, $K_\beta-$, K_γ-Linie ... (Abb. 6.34).

Die L-Serie ergibt sich, wenn das Loch in der L-Schale entstand. Oftmals folgt auf die K_α-Linie, die dann ein Loch in der L-Schale zur Folge hat, die L-Serie.

Moseley untersuchte die Frequenz $f_{K\alpha}$ der K_α-Linie für verschiedene Anodenmaterialien (unterschiedliche Kernladungszahl Z) und erkannte die folgende Gesetzmäßigkeit.

$$\boxed{\sqrt{f_{K\alpha}} = const \cdot (Z - 1) \text{ (Moseley-Gesetz für die } K_\alpha\text{-Linie)}} \quad \text{(F6.26)}$$

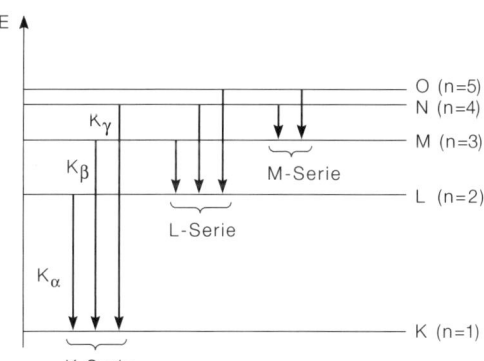

Abb. 6.34

Erklärung: Wenn ein Elektron aus der K-Schale geschlagen ist, so verbleibt dort noch ein zweites Elektron (siehe Kap. 6.10). Dieses verbleibende (negativ geladene) Elektron schirmt die Kernladung + Z e einfach ab; ein Elektron, das sich zwischen K- und L-Schale befindet, spürt also das elektrische Feld und Potenzial einer effektiven Kernladung $+ Z_{eff} \cdot e = + (Z - 1) \cdot e$. Wie in der Rechnung von Kap. 6.6.2 (oder auch mithilfe der Schrödingergleichung) kann man aus $F_C = \dfrac{e \cdot (Z_{eff} \cdot e)}{4 \pi \varepsilon_0 \cdot r^2}$ (Coulombanziehungskraft) und $\varphi = -\dfrac{e \cdot (Z_{eff} \cdot e)}{4 \pi \varepsilon_0 \cdot r}$ die Energie-

niveaus für ein Elektron ermitteln, das im Begriffe ist, von L nach K zu wechseln; man erhält entsprechend zu (F6.22) dann $E_K = -(Z-1)^2 \cdot h \cdot R_H \cdot \frac{1}{1^2}$ und $E_L = -(Z-1)^2 \cdot h \cdot R_H \cdot \frac{1}{2^2}$. Damit ist die Energie der K_α-Linie $E = h \cdot f_{K\alpha} = E_L - E_K$
$= (Z-1)^2 \cdot h \cdot R_H \cdot \left(-\frac{1}{2^2} + \frac{1}{1^2}\right)$ und $f_{K\alpha} = (Z-1)^2 \cdot R_H \cdot \frac{3}{4}$. Daraus folgt (F6.26)
mit $\sqrt{\frac{3}{4} \cdot R_H}$ als Moseley-Konstante. Für andere Linien ist eine solche Erklärung nicht möglich, da die Kernabschirmung wesentlich komplizierter wird.

Aufgabe: 1) Eine Röntgenröhre wird mit 180 kV betrieben – wie groß ist die maximale Frequenz der Bremsstrahlung?

2) Mit der Röntgenstrahlung maximaler Frequenz aus 1 wird in der Bleiabschirmung ein Fotoeffekt-Experiment durchgeführt, bei der Elektronen aus der K-Schale (E_A = 88 keV) geschlagen werden – welche maximale kinetische Energie erhalten die schnellsten Fotoelektronen und welche Geschwindigkeit! *(relativistisch!)*

3) Das Loch in der K-Schale des Bleis werde durch Elektronen aus der L-Schale aufgefüllt. Welche Wellenlänge hat die entstehende K_α-Linie?

4) Bei einer anderen K_α-Linie sei die Wellenlänge $6{,}18 \cdot 10^{-11}$ m; nötig sei eine Anodenspannung von 25 kV, um sie zu erzeugen! Welches Anodenmaterial liegt vor (Z = ?)? Welche Energie wäre nötig, um ein Elektron aus der L-Schale zu schlagen, d.h. die L-Serie zu erzeugen?

Lösung:

1) $f_{max} = \frac{e \cdot U_A}{h} = \frac{1{,}8 \cdot 10^5 \text{ eV}}{4{,}136 \cdot 10^{-15} \text{ eVs}} = 4{,}35 \cdot 10^{19}$ Hz;

2) $h \cdot f_{max} = E_{kin}^{max} + E_A$; also $E_{kin}^{max} = h \cdot f_{max} - E_A$

$E_{kin}^{max} = 1{,}8 \cdot 10^5$ eV $- 88 \cdot 10^3$ eV $= 92$ keV (vergleiche F6.4). Nach (F6.7)/(F6.8) ist die relativistische Energie der schnellsten Elektronen $E^{max} = E_0 + E_{kin}^{max}$, also

$\frac{E^{max}}{E_0} = 1 + \frac{E_{kin}^{max}}{E_0} = \frac{m^{max} \cdot c^2}{m_0 \cdot c^2} = \frac{m^{max}}{m_0}$, d.h. $\frac{m^{max}}{m_0} = \frac{92 \text{ keV}}{m_e \cdot c^2} + 1$

$\frac{m^{max}}{m_0} = \frac{92 \cdot 10^3 \cdot 1{,}6 \cdot 10^{-19} \text{ J}}{9{,}1 \cdot 10^{-31} \text{ kg} \cdot \left(3 \cdot 10^8 \frac{m}{s}\right)^2} + 1 = 1{,}1795 = \frac{m_0}{\sqrt{1 - \beta_{max}^2} \cdot m_0}$,

d.h. $1 - \beta_{max}^2 = \left(\frac{1}{1{,}1795}\right)^2$. Daraus: $\beta_{max} = \frac{v^{max}}{c} = 0{,}53$

Schnellste Elektronen: $v_{max} = 0{,}53 \cdot c \approx 1{,}6 \cdot 10^8$ m/s

3) $\sqrt{f_{K\alpha}} = (Z-1) \cdot \sqrt{R_H \cdot \frac{3}{4}}$, also $f_{K\alpha} = (82-1)^2 \cdot \frac{3}{4} \cdot 3{,}3 \cdot 10^{15}$ Hz
$= 1{,}624 \cdot 10^{19}$ Hz; $\lambda = \frac{c}{f_{K\alpha}} = 1{,}85 \cdot 10^{-11}$ m $= 18{,}5$ pm

4) $f_{K\alpha} = \dfrac{c}{\lambda} = 4,85 \cdot 10^{18}$ Hz; $Z - 1 = \sqrt{\dfrac{f_{K\alpha} \cdot 4}{3\,R_H}} = 44,3$, d.h. $Z = 45,3 \approx 45 \rightarrow$

Material: Rhodium

Aufzuwendende Energie für Loch in K-Schale:
- E_K = 25 keV; $E_{K\alpha} = h \cdot f_{K\alpha} = E_L - E_K$ = 20,06 keV; Für die L-Serie braucht man
- $E_L = -E_K - E_{K\alpha}$ = 4,94 keV

6.10 Quantenmechanische Behandlung physikalischer Probleme mit der Schrödingergleichung

6.10.1 Zeitabhängige und zeitunabhängige Schrödingergleichung

Nach (F1.55) beschreibt die Funktion $s(x, t) = \hat{s} \cdot \sin\left(\omega t - \dfrac{x}{\lambda} \cdot 2\pi\right)$ die Auslenkung einer mechanischen Querwelle zur Zeit t am Ort x. s(x, t) hängt von den Variablen x und t ab; leitet man zweimal nach x ab, so erhält man die „partielle 2. Ableitung" $\dfrac{\partial^2 s(x, t)}{\partial^2 x} = -\hat{s} \cdot \left[\sin\left(\omega t - \dfrac{x}{\lambda} \cdot 2\pi\right)\right] \cdot \left(-\dfrac{2\pi}{\lambda}\right)^2$, während die zweimalige Ableitung nach t durch die „partielle 2. Ableitung" $\dfrac{\partial^2 s(x, t)}{\partial^2 t} = -\hat{s} \cdot \left[\sin\left(\omega t - \dfrac{x}{\lambda} \cdot 2\pi\right)\right] \cdot \omega^2$ gegeben ist.

Damit ist $\dfrac{\partial^2 s(x, t)}{\partial^2 x} : \dfrac{\partial^2 s(x, t)}{\partial^2 t} = \dfrac{4\pi^2}{\lambda^2 \cdot (2\pi f)^2} = \dfrac{1}{(\lambda \cdot f)^2} = \dfrac{1}{c^2}$,

d.h. die Wellenfunktion s (x, t) erfüllt die *partielle Differenzialgleichung*

$$\dfrac{\partial^2 s(x, t)}{\partial^2 x} - \dfrac{1}{c^2} \dfrac{\partial^2 s(x, t)}{\partial^2 t} = 0$$

Ebenso gibt es für die Wellenfunktion $\Psi(x, y, z, t)$ der Wahrscheinlichkeitswelle materieller Teilchen eine partielle Differenzialgleichung, die *zeitabhängige Schrödingergleichung* (sie geht auf den Physiker Schrödinger zurück):

$$i\hbar \cdot \dfrac{\partial \psi(x, y, z, t)}{\partial t}$$
$$= -\dfrac{\hbar^2}{2m}\left\{\dfrac{\partial^2}{\partial^2 x} + \dfrac{\partial^2}{\partial^2 y} + \dfrac{\partial^2}{\partial^2 z}\right\}\Psi(x, y, z, t) + V(x, y, z, t) \cdot \Psi(x, y, z, t)$$

(F6.27)

Hierbei ist $\hbar = \dfrac{h}{2\pi}$, i ist die imaginäre Zahleneinheit mit $i^2 = -1$, m ist die Masse des von $\Psi(x, y, z, t)$ beschriebenen Teilchens und V (x, y, z, t) seine potenzielle Energie (bewegt sich z.B. ein Elektron im Coulombfeld des Wasserstoffkerns, so ist seine potenzielle Energie $V = \dfrac{-e^2}{4\pi\varepsilon_0\,r} = \varphi = \dfrac{-e^2}{4\pi\varepsilon_0\sqrt{x^2 + y^2 + z^2}}$ – siehe Abb. 6.35, während für ein Teilchen im eindimensionalen Kasten V = 0 gilt).

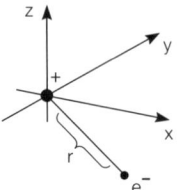

Abb. 6.35

Bei *zeitunabhängigen* Problemen hängt (siehe Wasserstoffproblem oder eindimensionaler Potenzialtopf) V nicht von der Zeit ab (ein zeitabhängiges Problem wäre z. B. die Bewegung eines Elektrons im zeitlich veränderlichen elektrischen oder magnetischen Feld); beschränkt man sich zudem auf eindimensionale Probleme, so vereinfacht sich (F6.27):

$$i\hbar \frac{\partial \Psi(x,t)}{\partial t} = -\frac{\hbar^2}{2m} \cdot \frac{\partial^2}{\partial^2 x} \Psi(x,t) + V(x) \cdot \Psi(x,t) \quad (F6.28)$$

(F6.28) lässt sich mit dem Ansatz $\Psi(x,t) = \tilde{\Psi}(x) \cdot e^{-i\frac{E}{\hbar}t}$,

d. h. $\frac{\partial \Psi(x,t)}{\partial t} = \tilde{\Psi}(x) \cdot e^{-i\frac{E}{\hbar}t} \cdot \left(-i\frac{E}{\hbar}\right)$ und $\frac{\partial^2}{\partial^2 x} \Psi(x,t) = e^{-i\frac{E}{\hbar}t} \frac{\partial^2}{\partial^2} \tilde{\Psi}(x)$ vereinfachen: $E \cdot \tilde{\Psi}(x) \cdot e^{-i\frac{E}{\hbar}t} = -\frac{\hbar^2}{2m} \cdot e^{-i\frac{E}{\hbar}t} \frac{\partial^2 \tilde{\Psi}(x)}{\partial^2 x} + V(x) \cdot e^{-i\frac{E}{\hbar}t} \tilde{\Psi}(x)$

Durch Division mit $e^{-i\frac{E}{\hbar}t}$ ergibt sich die *zeitunabhängige eindimensionale Schrödingergleichung*:

$$-\frac{\hbar^2}{2m} \frac{\partial^2 \tilde{\Psi}(x)}{\partial^2 x} + V(x) \cdot \tilde{\Psi}(x) = E \cdot \tilde{\Psi}(x) \quad (F6.29)$$

Hier ist $\frac{\partial^2 \tilde{\Psi}(x)}{\partial^2 x} = \tilde{\Psi}''(x)$ eine gewöhnliche Ableitung; weil auch die Konstante E auftritt, spricht man von einer *Eigenwertgleichung*: Man untersucht, für welche Werte von E Lösungen möglich sind und wie diese Lösungen $\tilde{\Psi}(x)$ aussehen!

Um die Bedeutung der Summanden in (F6.29) zu erkennen, sei naiverweise für $\Psi(x,t)$ die Querwellenfunktion $s(x,t) = \hat{s} \cdot \sin\left(\omega t - \frac{x}{\lambda} \cdot 2\pi\right)$ in den ersten Summanden von (F6.28) rechts eingesetzt:

$$-\frac{\hbar^2}{2m} \frac{\partial^2}{\partial^2 x} \Psi(x,t) = -\frac{\hbar^2}{2m} \cdot \frac{4\pi^2}{\lambda^2} \cdot (-s(x,t)) = \frac{h^2}{2m\lambda^2} \cdot \Psi(x,t) = \frac{p^2}{2m} \cdot \Psi(x,t)$$

$$= \frac{1}{2} mv^2 \cdot \Psi(x,t) = E_{kin} \cdot \Psi(x,t);$$ also beschreibt der 1. Summand auf der rechten Seite in (F6.28), d.h. der erste Summand in (F6.29) links die kinetische Energie des Teilchens, der zweite Summand $V(x) \cdot \tilde{\Psi}(x)$ die potenzielle Energie. Danach hat E auf der rechten Seite von (F6.29) die Bedeutung einer Energie – der Gesamtenergie des Teilchens!

6.10.2 Teilchen im eindimensionalen Potenzialtopf

Die Lösung des Problems „Teilchen im eindimensionalen Potenzialtopf der Länge l" erfordert die Lösung der Schrödingergleichung $-\dfrac{\hbar^2}{2\,m} \cdot \tilde{\Psi}''(x) = E \cdot \tilde{\Psi}(x)$ für $0 \leq x \leq l$ (im Topf ist V = 0); außerhalb des Topfes ist $\tilde{\Psi}(x) = 0$ und aus Stetigkeitsgründen muss $\tilde{\Psi}(0) = \tilde{\Psi}(l) = 0$ sein.

Die Lösung von $\tilde{\Psi}''(x) + \dfrac{E \cdot 2\,m}{\hbar^2} \tilde{\Psi}(x) = 0$ ist aber vom Schwingungsproblem der Mechanik (Gl. (F1.43 a, b, c)) bekannt: $\tilde{\Psi}(x) = A \cdot \sin(kx) + B \cos(kx)$ mit

$$k = \sqrt{\dfrac{E \cdot 2\,m}{\hbar^2}}$$

Wegen der Bedingungen $\tilde{\Psi}(0) = 0$ und $\tilde{\Psi}(l) = 0$ kommen nur Lösungen $\tilde{\Psi}_n(x) = A_n \cdot \sin(k_n x)$ mit $k_n = \dfrac{n\,\pi}{l}$ infrage; dann ist also $\tilde{\Psi}_n(x) = A_n \cdot \sin\left(\dfrac{n\,\pi}{l} x\right)$ und

$$E_n = \dfrac{\hbar^2}{2\,m} \cdot k_n^2 = \dfrac{h^2}{4\,\pi^2 \cdot 2\,m} \cdot \dfrac{n^2\,\pi^2}{l^2} = \dfrac{h^2}{8\,ml^2} \cdot n^2$$

Diese Lösungen wurden in 6.7 ohne Schrödingergleichung über stehende Wellen gewonnen!

6.10.3 Das Wasserstoffproblem

Das *Wasserstoffproblem* ist ein kompliziertes dreidimensionales Problem.
1. Wegen der potenziellen Energie $V(r) = -\dfrac{e^2}{4\,\pi\,\varepsilon_0\,r} = -\dfrac{e^2}{4\,\pi\,\varepsilon_0\sqrt{x^2+y^2+z^2}}$, die in kartesischen Koordinaten recht kompliziert ist, geht man von x, y, z zu räumlichen Polarkoordinaten r, ϑ, φ (Abb. 6.36) über und schreibt die Schrödingergleichung um; dann gelingt ihre Lösung nach langer Rechnung! Man erhält die Energieniveaus von Kap. 6.6., (F6.22); allerdings liefert die Rechnung, dass es *verschiedene Elektronensorten* (s, p, d, f-Elektronen) und -untersorten (Tab. 6.1) (p_x-, p_y-, p_z-Elektronen usw.) gibt, *deren Wellenfunktionen Ψ sich unterscheiden*.

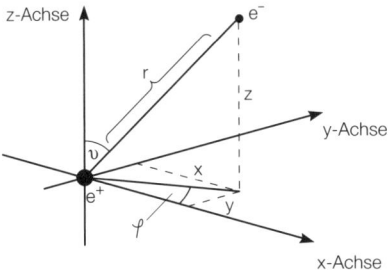

Abb. 6.36

Tab. 6.1: Bezeichnung der Elektronensorten

Schalennummer	Sortenzahl	Bezeichnung der Elektronensorten
n = 1 (K-Schale, „erste Schale")	1	1 s
n = 2 (L-Schale, „zweite Schale")	4	2 s, 2 p_x, 2 p_y, 2 p_z
n = 3 (M-Schale, „dritte Schale")	9	3 s, 3 p_x, 3 p_y, 3 p_z und 5 Sorten 3 d-Elektronen

Allgemein gibt es auf Energiestufe („Schale") Nr n genau n^2 Elektronensorten.

Jede Elektronensorte kann durch 2 Elektronen besetzt sein, die sich als „kleine Kreisel" in ihrem Drall (Spin) unterscheiden; d. h. eine abgeschlossene K-Schale enthält 2 Elektronen, die abgeschlossene L-Schale 8 Elektronen, die abgeschlossene n-te Schale 2 n^2 Elektronen.

2. Mithilfe der Wellenfunktionen kann man die Wahrscheinlichkeit ausrechnen, mit der sich ein Elektron im Abstand r vom Kern aufhält; genauer ist W(r) · Δ r die Wahrscheinlichkeit, das Elektron in einer Kugelschale um den Kern mit Radius r und Schalendicke Δr zu treffen. Abbildung 6.37 zeigt die *Wahrscheinlichkeitsdichte* W(r) für das 1 s-, 2 s-, 2 p-Elektron; dabei ist a der Bohr'sche Radius (siehe Kap. 6.6).

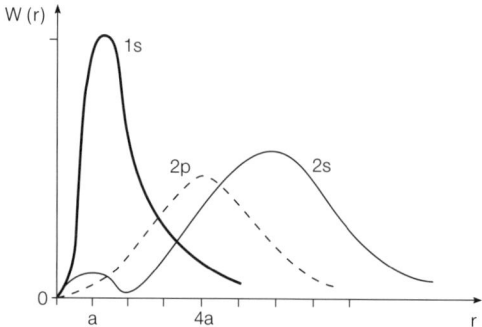

Abb. 6.37

Man erkennt zum Beispiel, dass sich ein 1 s-Elektron bevorzugt im Abstand r = a vom Kern aufhält – aber nicht ausschließlich! Das Modell einer festen Kreisbahn lässt sich also nicht halten – eher handelt es sich um eine „Kugelschale" mit „verschmiertem" (unscharfem) Radius. Das 2 p-Elektron hält sich bevorzugt im Abstand r = 4 a, das 2 s-Elektron bei r $\approx$ 6 a (aber auch teilweise bei r = a) auf!

3. Während sich s-Elektronen in allen Raum*richtungen* mit gleicher Wahrscheinlichkeit aufhalten, findet man p_x-Elektronen bevorzugt in Richtung der x-Achse, p_y- bzw. p_x-Elektronen vor allem in Richtung der y- bzw. z-Achse. Diese *Richtungsverteilung* kann durch *Pfeildiagramme* (Abb. 6.38) verdeutlichen:

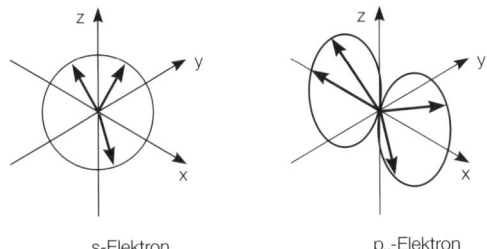

Abb. 6.38 s-Elektron p_x-Elektron

Die Länge des Pfeils in irgendeine Richtung ist ein Maß für die Aufenthaltswahrscheinlichkeit des Elektrons in dieser Raumrichtung! Diese Diagramme ergeben sich ebenfalls aus den Wellenfunktionen – für s-Elektronen erhält man Kugeln, für p-Elektronen „Hanteln".

6.10.4 Der harmonische Oszillator – „Teilchen, das an einer Feder hängt"

Ein typisches Problem der Molekülphysik ist das der *Schwingung im Molekül*. Im CO-Molekül beispielsweise stoßen sich die positiven Atomkerne von O und C ab, ebenso die negativen Elektronenhüllen, während jeder Kern die Elektronenhülle des anderen anzieht. Insgesamt ergibt sich so ein Gleichgewichtsabstand der beiden Kerne im Molekül. Bei kleinerem Abstand überwiegt die Abstoßung, bei größerem die Anziehung, sodass auch eine Schwingung um diesen Abstand erfolgen kann. Im Modell kann man sich zwei Massen m_1 und m_2 mit einer Feder verbunden denken, deren Länge im ungedehnten Zustand dem Gleichgewichtsabstand der Moleküle entspricht. Die beiden Massen seien nun um x_1 bzw. x_2 aus dem Gleichgewichtszustand ausgelenkt (Abb. 6.39); dann ist die Feder um $s = x_1 - x_2$ verlängert. Das Newton'sche Grundgesetz liefert:

1. $F_1 = -D \cdot s = -D(x_1 - x_2) = m_1 \ddot{x}_1$ (I); $F_2 = D \cdot s = D(x_1 - x_2) = m_2 \cdot \ddot{x}_2$ (II) bzw.
$-m_2 D(x_1 - x_2) = m_1 m_2 \ddot{x}_1$ (I'), $m_1 D(x_1 - x_2) = m_1 \cdot m_2 \cdot \ddot{x}_2$ (II')

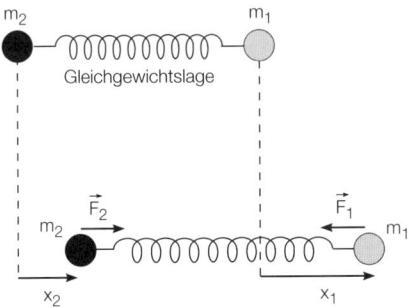

Abb. 6.39

Subtrahiert man (II') von (I'), so folgt: $D(x_1 - x_2)(-m_2 - m_1) = m_1 \cdot m_2 (\ddot{x}_1 - \ddot{x}_2)$

bzw. $-\dfrac{D(m_1 + m_2)}{m_1 m_2} \cdot s = \ddot{s}$

Setzt man $m = \dfrac{m_1 \cdot m_2}{m_1 + m_2}$ als „Ersatzmasse", so gilt im obigen Beispiel für $m_1 = m_O$ = 16 u und $m_2 = m_c = 12$ u speziell $m = \dfrac{48}{7}$ u $\approx 6,9$ u;

Einsetzen von m liefert $\boxed{\ddot{s} + \dfrac{D}{m} \cdot s = 0}$ (F6.30)

*Das schwingende Molekül verhält sich wie **ein** Teilchen der Masse m, das an einer Feder mit Konstante D hängt!*

2. Jetzt sei zur Zeit t = 0 das Molekül in Ruhe, aber der C-O-Abstand gegenüber dem Gleichgewichtsabstand um s_0 vergrößert. Wird das Molekül dann „aus der Ruhe losgelassen", so ist die *klassische Lösung der Differentialgleichung (F6.30)*

$s(t) = s_0 \cdot \cos \omega t$ mit $\omega = \sqrt{\dfrac{D}{m}}$. Da der Gesamtimpuls gleich 0 bleibt (keine äußeren Kräfte - siehe Kap. 1.14), gilt $m_1 \dot{x}_1 + m_2 \dot{x}_2 = 0$ und $\dot{x}_1 - \dot{x}_2 = \dot{s}$, woraus man $\dot{x}_1$ und $\dot{x}_2$ durch $\dot{s}$ ausdrücken und zeigen kann, dass $E_{kin}(t) = \dfrac{1}{2} m \cdot \dot{s}^2(t) = \dfrac{1}{2} mv^2(t)$ mit $v(t) = \dot{s}(t) = -v_0 \sin(\omega t)$ mit $v_0 = s_0 \omega$ gilt.

Damit ist $E_{ges}(t) = \dfrac{1}{2} Ds^2(t) + \dfrac{1}{2} mv^2(t) = \dfrac{1}{2} Ds_0^2 \cos^2 \omega t + \dfrac{1}{2} ms_0^2 \omega^2 \sin^2 \omega t$

$= \dfrac{1}{2} Ds_0^2 \underbrace{(\cos^2(\omega t) + \sin^2(\omega t))}_{=1} = \dfrac{1}{2} Ds_0^2$

- *je nach Auslenkung s_0 kann die zeitlich konstante Gesamtenergie also jeden Wert annehmen.*

3. *Quantenmechanische Lösung:* Hängt das Teilchen mit der Masse m an der Feder mit Konstante D, so ist die potentielle Energie durch die Spannenergie der Feder gegeben: $V(x) = \dfrac{1}{2} Dx^2$. Damit lautet die Schrödingergleichung (F6.29) mit (einfachheitshalber) Ψ statt $\tilde{\Psi}$:

$\boxed{-\dfrac{\hbar^2}{2m} \cdot \Psi''(x) + \dfrac{1}{2} Dx^2 \cdot \Psi(x) = E \cdot \Psi(x)}$ (F6.31)

Eine Lösung von (F6.31) ist $\Psi_1(x) = A_1 \cdot e^{-kx^2}$ - Einsetzen liefert mit $\Psi_1'(x) = A_1 \cdot e^{-kx^2}(-2kx)$ und (Produktregel der Differenzialrechnung!) $\Psi_1''(x) = A_1 e^{-kx^2}(-2kx)^2 + A_1 e^{-kx^2}(-2k)$:

$-\dfrac{\hbar^2}{2m} A_1 e^{-kx^2} [4k^2 x^2 - 2k] + \left(\dfrac{1}{2} Dx^2 - E\right) \cdot A_1 \cdot e^{-kx^2} = 0$

Division durch $A_1 \cdot e^{-kx^2} \neq 0$ liefert: $\dfrac{1}{2}\left(\dfrac{-4k^2\hbar^2}{m}+D\right)x^2 + \left(\dfrac{\hbar^2 k}{m}-E\right) = 0$

Diese Gleichung kann nur dann für alle x erfüllt sein, wenn gilt: $\dfrac{4k^2\hbar^2}{m} = D$ und $E = \dfrac{\hbar^2 k}{m}$

Setzt man $\omega^2 = \dfrac{D}{m}$ bzw. $D = m\omega^2$, so folgt: $k^2 = \dfrac{Dm}{4\hbar^2} = \left(\dfrac{m\omega}{2\hbar}\right)^2$, also $|k| = \dfrac{m\omega}{2\hbar}$ und $E = \dfrac{\hbar^2 k}{m}$

Für $k < 0$ würde $|\Psi_1(x)|^2 = |A_1|^2 \cdot e^{-2kx^2} \to \infty$ für $x \to \pm\infty$ gelten, was unsinnig wäre: $|\Psi_1(x)|^2$ beschreibt die Aufenthaltswahrscheinlichkeit des Teilchens, das sich klassisch zwischen $+x_0$ und $-x_0$ aufhält! Also muss $k > 0$ und damit $k = \dfrac{m\omega}{2\hbar}$ und $E = \dfrac{\hbar^2 \cdot m\omega}{2\hbar \cdot m} = \dfrac{1}{2}\hbar\omega$ gelten. Die Konstante A_1 erhält man aus der Bedingung, dass die Gesamtaufenthaltswahrscheinlichkeit 1 ist, zu $A_1 = \sqrt[4]{\dfrac{m\omega}{\pi\hbar}}$ (ohne Beweis).

Ergebnis: $\Psi_1(x) = A_1 \cdot e^{-kx^2}$ mit $k = \dfrac{m\omega}{2\hbar}$, $A_1 = \sqrt[4]{\dfrac{m\omega}{\pi\hbar}}$ ist Lösung von (F6.31) mit $\boxed{E_1 = \dfrac{\hbar\omega}{2}}$ (F6.32). Abbildung 6.40 a zeigt die Kurve von $\psi_1(x)$ (Glockenkurve).

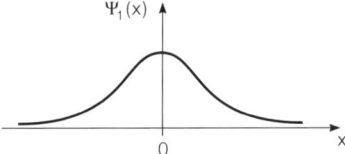

Abb. 6.40a

Ähnlich prüft man nach, dass eine weitere Lösung $\Psi_2(x)$ von (F6.31) gegeben ist durch $\Psi_2(x) = A_2 \cdot xe^{-kx^2}$ mit $k = \dfrac{m\omega}{2\hbar}$, $A_2 = \sqrt[4]{\dfrac{m\omega}{\pi\hbar}} \cdot \sqrt{\dfrac{2m\omega}{\hbar}}$ zu $\boxed{E_2 = \dfrac{3}{2}\hbar\omega}$ (F6.33) (Abbildung 6.40 b zeigt den Verlauf der Kurve von $\psi_2(x)$).

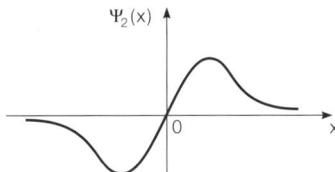

Abb. 6.40b

Weitere Energieeigenwerte sind

$$\boxed{E_3 = \dfrac{5}{2}\hbar\omega,\ E_4 = \dfrac{7}{2}\hbar\omega,\ \ldots,\ E_n = \dfrac{2n-1}{2}\hbar\omega \text{ mit } n = 1, 2, 3, \ldots}$$ (F6.34)

Der quantenmechanische Oszillator kann nur bestimmte Energien annehmen – ein entscheidender Unterschied zum klassischen Oszillator!

Bemerkungen:
1. Normalerweise ist $\hbar\omega$, der Abstand zwischen den Energiestufen sehr klein – dann sitzen die Energiezustände sehr dicht!
2. Wegen $\hbar\omega = \dfrac{h}{2\pi} \cdot 2\pi f = hf$ kann also das Molekül quantenmechanisch die Schwingungsenergien $\dfrac{1}{2}$ hf, $\dfrac{3}{2}$ hf,... annehmen; dabei ist $f = \dfrac{1}{2\pi}\sqrt{\dfrac{D}{m}} = f_{osz}$ die Frequenz der Schwingung.

Strahlt man „Licht" mit dieser Frequenz ein (normalerweise im IR-Bereich), d.h. $f_{Licht} = f_{osz}$, so gilt: $E_{Licht} = h \cdot f_{Licht} = h \cdot f_{osz} = E_2 - E_1$

Als Folge absorbiert das Molekül dann ein Lichtquant und geht von Zustand E_1 in den Zustand E_2 über.

Später geht es in den Grundzustand zurück und sendet ein Lichtquant mit $E_2 - E_1 = h \cdot f_{osz} = h \cdot f_{Licht}$ aus!

Aufgaben: 1) Die Aufenthaltswahrscheinlichkeitsdichte $|\Psi_1(x)|^2$ des Grundzustands ist für x = 0 am größten – wo ist sie halb so groß? Wo hält sich der Oszillator im Zustand Ψ_2 bevorzugt auf?

2) Sei ein makroskopischer Oszillator mit m = 100 g, $D = 10\,\dfrac{N}{m}$ betrachtet, der um x_0 = 10 cm aus der Ruhelage ausgelenkt und dann losgelassen wird. Man berechne seine Gesamtenergie klassisch!

Jetzt behandle man den Oszillator quantenmechanisch und berechne E_1, und $\Delta E = E_2 - E_1 = E_n - E_{n-1}$!

Wie viele Zustände kann er annehmen, deren Energie kleiner oder gleich dem klassischen Gesamtenergiewert ist?

3) Bei einer Molekülschwingung erfolgt der Übergang von E_1 nach E_2 bei Einstrahlung von IR-Licht mit $\lambda = 6{,}39\,\mu$m. Man berechne $E_2 - E_1$, die Frequenz des Oszillators und die „atomare Federhärte" D für m = 8 u; D gibt Aufschluss über die Bindungsverhältnisse im Molekül!

Lösung: 1) $|\Psi_1(x)|^2 = \left|A_1\,e^{-kx^2}\right|^2 = |A_1|^2\,e^{-2kx^2}$; x = 0: $|\Psi_1(x)|^2 = |A_1|^2$; soll sein: $|\Psi_1(x)|^2 = \frac{1}{2}|A_1|^2$, d.h. $e^{-2kx^2} = \dfrac{1}{2}$; dann muss $-2kx^2 = \ln\dfrac{1}{2} = -\ln 2$ gelten,

d.h. $|x| = \sqrt{\dfrac{\ln 2}{2\,k}}$, d.h. $x = \pm\sqrt{\dfrac{\ln 2 \cdot \hbar}{m\,\omega}}$ ← hier halbe Aufenthaltswahrscheinlichkeit im Zustand Ψ_1

$|\Psi_2(x)|^2 = |A_2|^2 \cdot x^2 \cdot e^{-2kx^2}$ soll maximal sein → Ableitung liefert:

$2x\,e^{-2kx^2} + x^2 \cdot e^{-2kx^2}(-4kx) = 0$, d.h. $2x \cdot e^{-2kx^2}(1 - 2kx^2) = 0$;

dies liefert $x^2 = \dfrac{1}{2\,k} = \dfrac{\hbar}{m \cdot \omega}$ → bevorzugter Ort im Zustand ψ_2: $x = \pm\sqrt{\dfrac{\hbar}{m\,\omega}}$

2) $E_{klassisch} = \frac{1}{2} D x_0^2 = \frac{1}{2} \cdot 10 \,\frac{N}{m} \cdot (0,1 \, m)^2 = 5 \cdot 10^{-2} \, J$

$\omega = \sqrt{\frac{D}{m}} = \sqrt{\frac{10 \, N}{m \cdot 0,1 \, kg}} = 10 \, Hz$ – also $\Delta E = \hbar \omega = \frac{1}{2\pi} \cdot 6,63 \cdot 10^{-34} \, Js \cdot 10 \, \frac{1}{s}$

$= 1,05 \cdot 10^{-33} \, J$, $E_1 = \frac{\hbar \omega}{2} = \frac{\Delta E}{2}$

Energiezustände: $E_n = \hbar \omega \left(n - \frac{1}{2} \right)$

Soll sein: $E_n \leq E_{Klassisch}$, d.h. $1,05 \cdot 10^{-33} \, J \cdot \left(n - \frac{1}{2} \right) \leq 5 \cdot 10^{-2} \, J$, also

$n - \frac{1}{2} \leq \frac{5 \cdot 10^{-2}}{1,05 \cdot 10^{-33}}$

Damit $n \leq \frac{5}{1,05} \cdot 10^{31} + \frac{1}{2} \approx 4,76 \cdot 10^{31}$ → n kann also die Zahlen 1, 2, ... $4,76 \cdot 10^{31}$ annehmen

Es gibt etwa 4,76 · 10³¹ solche Zustände! („Quasikontinuierlich")

3) $f_{Licht} = \frac{c}{\lambda} = \frac{3 \cdot 10^8 \, m/s}{6,39 \cdot 10^{-6} \, m} = 4,69 \cdot 10^{13} \, Hz$;

$E_2 - E_1 = f_{Licht} \cdot h = 1,94 \cdot 10^{-1} \, eV = 3,1 \cdot 10^{-20} \, J$

$f_{osz} = f_{Licht}$; $\omega = 2\pi \cdot f_{osz} = \sqrt{\frac{D}{m}}$ – also

$D = \omega^2 \cdot m = \left(2\pi \cdot 4,69 \cdot 10^{13} \, Hz \right)^2 \cdot 8 \cdot 1,66 \cdot 10^{-27} \, kg = 1153,2 \, \frac{N}{m}$

Anhang I: Physikalische Konstanten

Gravitationskonstante	$\gamma = 6{,}670 \cdot 10^{-11} \dfrac{m^3}{kg \cdot s^2}$
Molvolumen idealer Gase bei NB (Normbedingungen)	$V_0 = 22{,}414\ l$
Gaskonstante	$R = 8{,}314 \dfrac{J}{mol \cdot K}$
Physikalischer Normdruck	$p_0 = 1013{,}23\ mbar$
Physikalische Normtemperatur	$T_0 = 273{,}15\ K$
Boltzmann-Konstante	$k_B = 1{,}381 \cdot 10^{-23} \dfrac{J}{K}$
Avogadro-Konstante = Loschmidt-Zahl (Teilchenzahl je Mol)	$N_A = 6{,}02 \cdot 10^{23}$
Vakuumlichtgeschwindigkeit	$c = 2{,}998 \cdot 10^8 \dfrac{m}{s}$
Elektrische Feldkonstante	$\varepsilon_0 = 8{,}854 \cdot 10^{-12} \dfrac{F}{m}$
Magnetische Feldkonstante	$\mu_0 = 1{,}257 \cdot 10^{-6} \dfrac{Tm}{A}$
Planck'sches Wirkungsquantum	$h = 6{,}626 \cdot 10^{-34}\ Js = 4{,}136 \cdot 10^{-15}\ eVs$
Elementarladung	$e = 1{,}602 \cdot 10^{-19}\ C$
Spezifische Elektronenladung	$e/m_e = 1{,}759 \cdot 10^{11} \dfrac{C}{kg}$
Atomare Masseneinheit	$1\ u = 1{,}661 \cdot 10^{-27}\ kg$
Elektronenmasse	$m_e = 9{,}110 \cdot 10^{-31}\ kg$
Neutronenmasse	$m_n = 1{,}675 \cdot 10^{-27}\ kg = 1{,}0087\ u$
Protonenmasse	$m_p = 1{,}673 \cdot 10^{-27}\ kg = 1{,}0073\ u$

Anhang II: Literatur

Schulbücher: (Auswahl)

Dorn-Bader, Physik (Mittelstufe, Oberstufe), Schrödel-Verlag
Gross-Berhag, Physik (Mittelstufe, Oberstufe), Klett-Verlag
Höfling, Physik (Mittelstufe, Oberstufe), Dümmler-Verlag
Kuhn, Physik (Mittelstufe, Oberstufe), Westermann-Verlag
Physik für Gymnasien (Mittelstufe, Oberstufe), Cornelsen-Verlag

Weiterführende Literatur:

Gerthsen, Physik, Springer-Verlag
Kittel, Einführung in die Festkörperphysik, Oldenburg-Verlag
Madelung, Halbleiterphysik, Springer-Verlag
Schpolski, Atomphysik 1 und 2, VEB
Wagner, Elemente der Theoretischen Physik, rororo

Stichwortverzeichnis

A
Abbildungsmaßstab 153
Ablenkungswinkel 160
Absorptionslinie 354
Abwurfgeschwindigkeit 15
Achse, optische 164
Adhäsion 115
Adiabate 132
adiabatische Zustandsänderungen 131
Aggregatzustände 120
Alarmanlage 236
allgemeines Gasgesetz 126, 128
α-Strahlung 326
Alterssichtigkeit 171
Amonton'sches Gesetz 126
Ampère 204
Ampèresekunde 204
Amplitude 138
Analysator 192
Anode 200, 224
Anomalie des Wassers 111
Anregungsenergie 354
Arbeit 23 ff., 132
–, elektrische 217
–, mechanische 116 f., 131
Arbeit und Wärme 116
Arbeitserleichterung durch Hydraulik 58
Archimedes 62
Aristoteles 48
Arsen 236
α-Strahlung 326
Atmosphäre 56
Atom, Durchmesser 325
atomare Masseneinheit 127, 368
Atombombe 329
Atome 114
–, Polarisation 249
Atomkern 206
–, Aufbau 325
–, Durchmesser 206, 325
atü 57

Auftrieb 61 f.
Auftriebskraft 61 f.
Augapfel, Länge 170
Auge 169
–, Akkommodation 169
–, Aufbau 169
–, Veränderung der Brennweite 169
Augenfehler 170 f.
Ausbreitungsgeschwindigkeit von Wellen 87
Ausdehnung von Körpern 108, 115
Ausschaltvorgang der Spule 287
Außenleiterpol 201
Autobatterie 213
Avogadro-Konstante 368
Avogadro-Zahl 127

B
Balmer-Serie 348 f.
Bandgenerator 204
bar 56
Beschleunigungsarbeit 24
Beschleunigungsgesetz 13
β-Strahlung 326
Beugung des Lichts 184 ff.
Bewegung, geradlinige gleichförmige 6
–, gleichmäßig beschleunigte 7
Bewegungsenergie 28, 117
Bild, virtuelles 158, 167
Bildentstehung 166
Bildschirm 225
Bildweite 153, 166, 167
Bimetallsicherung 202
Bimetallthermometer 111
Bohr'sche Postulate 346
Bohr'scher Radius 347
Boltzmann-Konstante 130, 368
Boyle-Mariotte'sches Gesetz 66, 126
Bragg'sche Reflexionsbedingung 330
Braun'sche Röhre 224
Brechung, Ablenkungswinkel 160
–, Brechungswinkel 160

–, Einfallswinkel 160
–, Grenzwinkel 160
Brechung des Lichts nach
    Huygens 177
Brechung des Lichts nach
    Newton 176
Brechungsdiagramm 160
Brechungsgesetz 160
Brechungswinkel 160
Brechzahl 161
Bremskraft 19
Bremsspur 19
Bremsstrahlung 355, 356
Bremsverzögerung 19
Bremsvorgang 19
Bremsweg 19
Bremszeit 19
Brennebene 165
Brennpunkt 165
Brennstrahlen 165 f.
Brennweite 165, 166, 167
Brewster'sches Gesetz 193
Brewster-Pyramide 193
Brewsterwinkel 193
Brille mit Sammellinse 170, 171
– mit Zerstreuungslinse 170
Brown'sche Bewegung 116
β-Strahlung 326

C
Carnot-Maschine 133, 135
Carnotprozess 131
Celsiusskala 109, 113, 125
Comptoneffekt 340
Comptonformel 341
Corioliskraft 55
Coulomb 203, 204
Coulombanziehungskraft 347, 357
Coulomb-Gesetz 257
Curiepunkt 195

D
Davisson 342
de Broglie 342
Debye-Scherrer-Methode zur Kristall-
    untersuchung 332
Deklinationswinkel 198

Deuterium 325
Dezimeterwellen 324
Diaprojektor 168
Dichte 2
Dichte der Luft 12
Dichte von Eis und Wasser 111 f.
Dielektrikum 248
Dielektrizitätszahl 248
Differentialgleichung der harmo-
    nischen Schwingbewegung 68
Diffusion 116
Diode, U_A-I_A-Kennlinien 231
Diode als Gleichrichter 232
Dioden-Brückenschaltung als
    Gleichrichter 238 f.
Dioptrie 171
Dipole, magnetische 194
Dispersion des Lichts nach
    Huygens 177
Dispersion des Lichts nach
    Newton 176
Doppler-Effekt 145 ff.
–, Schallmauer 148
–, Wellenfronten 146
Drehfrequenz 43
Drehfrequenzregler 46
Drehimpuls 347
Drehkristallmethode zur Kristall-
    untersuchung 331
Drehspulampèremeter 210
Drehspulmessgerät 215
Drehstrom, Erzeugung 312
Drehstromgenerator 311
–, Außenleiterphasen 311
–, Mittelpunktsleiter 311
Drehstrommotor 312
Dreifinger-Regel der linken Hand 228
Druck 56
–, hydrostatischer 58 ff.
Duane/Hunt'sches Gesetz 356
dünne Schichten, Interferenz 181 ff.
Durchschnittsbeschleunigung 9
Durchschnittsgeschwindigkeit 9
Dynamo, Induktionsspannung 290

E
Echo 140

Echolot 140
Edison 205
Edisonröhre 205
Eigeninduktivität 286
–, Einheit 286
Eigenleitung 234
eindimensionale Wellen 85
Einfallswinkel 160
Einschaltvorgang der Spule 287
Einstein 337, 338
Eis, Dichte 111
elektrische Feldkonstante 247, 368
elektrische Feldkraft 243, 267
elektrische Feldlinien 241 f.
elektrische Feldstärke 244
elektrische Influenz 208
elektrische Ladung 203
elektrische Pole 198
elektrische Stromstärke, Definition 203 f.
–, Einheit 204
elektrischer Strom, magnetische Wirkung 200
–, Wirkung 200 f.
elektrisches Feld 241 ff.
elektrisches Ringfeld 315 f.
Elektrizität, Gefahr für Menschen 215
Elektrizitätswerk 207
Elektrolyse 200, 209
elektromagnetische Wellen 313 ff., 326
– –, Ausbreitung 315
– –, Entstehung 316
– –, Lichteigenschaften 318 ff.
– –, Wärmestrahlung 136
– –, Wärmetransport 125
elektromagnetisches Spektrum 324
Elektromotor 226 f.
Elektron, Aufenthaltswahrscheinlichkeit 351, 363
–, Aufenthaltswahrscheinlichkeitsdichte 350
–, Elementarladung 270
–, Energieniveaus 350
–, Gesamtwahrscheinlichkeit 350
–, Ladung 206
–, –, spezifische 368

–, Nullpunktsenergie 350
–, Wahrscheinlichkeitsdichte 362
Elektronen 206, 325
–, Energieniveaus 348, 353
–, Richtungsverteilung 362 f.
–, Wellencharakter 342
Elektronenkreisbahnen 347
Elektronenladung 206
–, spezifische 368
Elektronenmasse 271, 368
Elektronensorten, Bezeichnung 362
–, Wellenfunktionen 361
Elektronenstrahl, Ablenkung 225
Elektronenstrom 207
Elektronenvolt 268
Elektroschweißen 310
Elektroskop 205
Elementarladung 206, 368
Elementarladung eines Elektrons 270
Elementarmagnete 194
Emitter 239
Energie 28 ff., 117
–, innere 119, 130 ff.
–, –, von Körpern 115 f.
–, kinetische 28, 30, 130
–, relativistische 338
Energiedichte, magnetische 289
–, räumliche 256
Energieerhaltungssatz 131
– der Mechanik 30
Energieformen 28
Energieniveaus der Elektronen 348
Energieumwandlungen 29 ff.
Entmagnetisieren 195
Entropie 134
Epizykeltheorie 48
Erde 48, 49
–, Halbschatten 155
–, Kernschatten 155
–, Kreisbewegung 52
–, Magnetfeld 197
–, Magnetismus 194
Erdmasse 52
Erdschluss 202
Erdung 201
Ersatzwiderstand bei Reihenschaltung 220

Stichwortverzeichnis 373

Erstarrungspunkt 120
Erstarrungswärme, spezifische 121
Erster Hauptsatz der Wärmelehre 131
Erwärmen, Ausdehnung von
  Körpern 108
–, Längenausdehnung 110

F
Fadenpendel 72 ff.
Fahrenheitskala 109
Fahrraddynamo 229
Fall, freier 14
–, –, Luftwiderstand 14
Farad 248
Faraday 280
Faradaybecher 205
Faraday-Effekt 321
Faradaykäfig 205
Farbfernsehen 225
Farbfilter 172, 175
Farbverschmierungen 187
Fata Morgana 163
Feder 5, 67
–, Rückstellkraft 71
Federhärte 5
Federkonstante 5, 67
Federschwingung, vertikale 70
Feld, elektrisches 241 ff.
Feldkonstante, elektrische 247, 368
–, magnetische 265, 368
Feldkraft 278
–, elektrische 243, 267
Feldlinien, elektrische 241 f.
–, magnetische 196
Feldstärke, elektrische 244
Fernsehröhre 224
feste Körper, Aufbau 114
–, Gitterstruktur 114
–, Inkompressibilität 115
Feuerwarnanlage 236
Fixsterne 48
Fläche 56
Flächeninhalt 1
Flächenladungsdichte 247
Flächensatz 50
Flaschenzug 22
Fliehkraft 40, 54

Flugzeug, Überschall-Kegel 148
Flussdichte, magnetische,
  Definition 262
–, –, einer Spule 264 f.
–, –, Einheit 262
Flüssigkeit, verdrängte 62
–, Volumenausdehnung 111
Flüssigkeiten, Aufbau 114
–, Inkompressibilität 115
–, Stempeldruck 56
–, Stromleitung 209
Flüssigkeitsthermometer 109
Fotoapparat 171 f.
–, Belichtungszeit 171
–, Bildweite 171
–, Blendendurchmesser 172
–, Blendenzahl 172
–, Entfernungseinstellung 171
–, Gegenstandsweite 171
–, Objektivbrennweite 172
–, Schärfentiefe 171 f.
Foto-Diode als Gleichrichter 239
Fotoeffekt, innerer 235
Fotostrom 335 f.
Fotowiderstand 235
Foucault-Pendel 55
Franck-Hertz-Versuch 352
Fraunhofersche Linien 354
freier Fall 14
 , Luftwiderstand 14
Fremdatome in Halbleiterkristall 236
Frequenz 138, 290
–, Einheit 290
Funkenüberschlag 287
Fusionsreaktor 329

G
Galilei 49
γ-Strahlung 323 f., 326
Gas, Druck und Geschwindigkeit 128
–, Temperatur und Geschwindig-
  keit 128, 130
–, Volumenausdehnung 112 f.
Gasdichte 65
Gase, Aufbau 114
–, ideale, Molvolumen 368
–, Statik 64

–, Stempeldruck 56
Gasgesetz 125 ff.
–, allgemeines 126, 128
Gaskonstante 128, 368
Gastheorie, kinetische 128 ff.
Gay-Lussac'sches Gesetz 113, 125 f.
Gefrierpunkt des Wasser 109
Gegenkraft 5, 6, 38
Gegenstandsweite 153, 166 f.
Geiger-Müller-Zählrohr 327
Geigerzähler 327
Generator 230
–, Induktionsspannung 290
Generatorprinzip 229
geozentrisches Weltsystem 48
Germanium 234
Germer 342
Gesamtwiderstand bei Parallelschaltung 222
Gesamtwiderstand bei Reihenschaltung 220
Geschwindigkeit 6
Geschwindigkeit-Zeit-Diagramm 7
Gesetz von Duane/Hunt 356
Gewicht, spezifisches 59
Gewichtskraft 4
Gitter- und Spaltinterferenz, Überlagerung 191
Gitterkonstante 187
– bei Kristallen 330
– – –, Berechnung 331
Gitterspannung 233
Gitterspektrum, Farbfolge 189
Gitterstruktur fester Körper 114
Glanzwinkel 330, 331
Glasstab, Lichtleitung 163
Gleichrichter, Diode 232
–, Dioden-Brückenschaltung 238 f.
–, Foto-Diode 239
–, Halbleiterdiode 237 ff.
Gleichstrom 201
Gleichstromelektromotor 227
Gleitreibungskraft 11
Gleitreibungszahl 11
Glimmlämpchen 201
glühelektrischer Effekt 206
Goldene Regel der Mechanik 24

Grad Celsius 109, 113, 125
Grad Fahrenheit 109
Grad Kelvin 113, 125
Gravitation 48 ff.
Gravitationsgesetz 51
Gravitationskonstante 51, 368
Grenzwinkel 160, 162, 163
Größenfaktoren 252
Grundgrößen, Messung 1
Grundton 96
γ-Strahlung 323 f., 326
Guericke 64

H
Haftreibungskraft 11
Haftreibungszahl 11
Halbleiter, dotierte 236
–, Elektronenleitung 236
–, Leitfähigkeit 236
–, Lichtabhängigkeit 235
–, Löcherleitung 236
– mit Fremdatomen 236
–, n-Leitung 236
–, p-Leitung 236
–, Prinzip 234
–, Stromfluss 234
–, Temperaturabhängigkeit 235
–, undotierte 234 ff.
–, Widerstand 235
Halbleiterdiode als Gleichrichter, Durchlasspolung 237 ff.
– – –, Sperrpolung 237
–, Sperrschicht 237
–, Symbol 238
Halbschatten 154
Hall-Effekt 267
Hallsonde 268
Hallspannung 268
Hangabtrieb 12
Hangabtriebskraft 4
Hebebühne, hydraulische 57
Heisenbergsche Unschärferelation 345
Heißleiter 235
Heizspannung 224
Heizwert 118
Hektopascal 56
heliozentrisches Weltsystem 49

Heliumkerne 326
Helmholtz-Spulenpaar 270
Henry 286
Hertz 138, 290
Hertz'scher Dipol 313
Hieron von Syrakus 62
Himmelsbewegungen 48 ff.
Hitzedrahtampèremeter 210
Hochspannungstransformator 309
Hochstromtransformator 310
Höhenstrahlung, kosmische 272
Hooke'sches Gesetz 5
Hörbereich 138
Horizontalschwingung,
 harmonische 80
–, mechanische 70
Hubarbeit 23
Huygens'sches Wellenmodell des
 Lichts 177
Hydraulik, Arbeitserleichterung 58
–, Druckkolben 57
–, Presskolben 57
hydrostatischer Druck 58 ff.
hydrostatisches Paradoxon 60

I
ideale Gase, Molvolumen 368
Impuls, relativistischer 338
Impulsänderung 38, 129
Impulserhaltungssatz 33
Impulsunschärfe 345
Indium 236
Induktionsgesetz 281
Induktionsspannung 229 f., 280 f.,
 286 f.
–, Dynamo 290
–, Generator 290
induktiver Widerstand 294
– –, Einheit 294
Inertialsystem 54
Influenz, elektrische 208
–, magnetische 195
Infrarot 324
Infrarotlicht 323
Inklinationswinkel 198
Inkompressibilität von Flüssigkeit und
 Festkörper 115

innere Energie 119, 130 ff.
– – von Körpern 115 f.
Interferenz an dünnen
 Schichten 181 ff.
– des Lichts 179 ff.
–, geometrischer Gangunterschied 182
–, optischer Gangunterschied 182
–, Phasen-Sprung 182
Interferenznachweis nach
 Wiener 179 f.
Interferenzversuch von Fresnel 180 f.
Ionen 207, 209
Isolator 199, 205, 216
–, inneres Feld 250
Isotherme 131, 132
Isotope 325

J
Joule 23, 117

K
Kältemischung 112
Kältepumpe 135
Kanalstrahlen 277
kapazitiver Widerstand 295 f.
Kathode 200, 224
Kathodenstrahlen 277
Kelvin 109
Kelvinskala 113, 125
Kepler'sche Gesetze 49 f.
Kernfusion 329
Kernladung 207
Kernladungszahl 325
Kernreaktion 328
–, Umwandlung von Ruheenergie in
 kinetische Energie 339
Kernreaktor 329
Kernschatten 154
Kernschattenbereich 154
Kernspaltung 329
Kernverschmelzung 329
Kerr-Effekt 321
Kettenreaktion 329
Kilo 252
Kilowattstunden 211
kinetische Energie 28, 30, 130
kinetische Gastheorie 128 ff.

Kippspannung 225
Kirchhoff'sches Gesetz, erstes 219, 221
Klangfarbe 96
Klingel 201
–, Schaltkreis 199
Klystron 318
Knallgaszelle 211
Knickspiegel 180
Kohäsion 115
Kohäsionskräfte 114, 121
Kohlebürsten 226
Kollektor 239
Kommutatorhalbringe 226
Kompass 198
Komplementärfarben 174
Kompressorkühlschrank 124
Kondensationspunkt 120
Kondensationswärme 122
–, spezifische 122
Kondensator 124
–, Einheit der Kapazität 248
–, geladener
–, –, Energie 255
–, Kapazität 248
–, –, bei Dielektrikum 248
– mit Dielektrikum und Luftschlitz 254 f.
Kondensatoren
–, Gesamtkapazität bei Parallelschaltung 253
–, – bei Reihenschaltung 253
–, Gesamtladung bei Parallelschaltung 252
–, Gesamtspannung bei Reihenschaltung 253
–, Parallelschaltung 252
–, Reihenschaltung 253
–, Teilspannung bei Parallelschaltung 252
Konduktorkugel 203
–, Aufladung 208
Konstanten, physikalische 368
Kopernikus 49
Körper, feste, Aufbau 114
–, –, Gitterstruktur 114
Körperfarben 175
Korpuskelmodell des Lichts 176

Kraft 2, 5, 6, 38, 56
–, dynamische Definition 13
–, Größe 2
–, magnetische 197
–, Richtung 2
–, statische Definition 13
–, Wirkung 2
Kräfteaddition 4
Kräftegleichgewicht 10
Kraftstoß 38
Kraftweg 22
Kraftwerk 229
Kreisbeschleuniger 273
Kreisbewegung 40 ff.
–, Arbeit 45
– der Erde 52
–, Drehfrequenz 42
–, horizontale 45
–, Umlaufdauer 42
–, vertikale 44, 45
–, Winkelgeschwindigkeit 43
Kreisfrequenz 43
Kristalle, Berechnung der Gitterkonstanten 331
–, Gitterkonstante 330
–, Netzebenen 330
–, Reflexion von Röntgenstrahlung 330 ff.
Kristallgitter 330
Kristalluntersuchung, Debye-Scherrer-Methode 332
–, Drehkristallmethode 331
–, Pulvermethode 332
K-Schale 348
Kugel, geladene
–, –, Kapazität 259
Kühlschrank 124
Kurzschluss 202
Kurzsichtigkeit 170
Kurzwellen 318, 324

L
Ladung 217
– des Elektrons 206
–, elektrische 203
Ladungsdichteverteilung 314
Ladungseinheit, Definition 203

Ladungsmenge 203
Ladungsnachweis 205
Ladungsverteilung, kugelsymmetrische 257
–, –, Kraft 258
–, –, Radialfeldstärke 258
–, –, Spannung 258
Lageenergie 28, 29, 30
Länge 1
Längenausdehnung von Körpern bei Erwärmen 110
Längswelle 85
–, eindimensionale 99
–, sinusförmige, Reflexion 102
–, Reflexion 101
Langwellen 318, 324
Lastweg 22
Laue 323
Leistung 27, 217
–, elektrische 217
Leiter 199, 205
Leiterschleife 228
Leitungsband 235
Leitungselektronen 207
Lenz'sche Regel 282
Lesebrille 171
Licht 200
–, Absorption 175
–, Ausbreitung 152
–, Beugung 184 ff.
–, – am Gitter 187 ff.
–, – am Hindernis 184
–, – am Spalt 184
–, – an der Kante 185
–, Brechung nach Huygens 177
–, – nach Newton 176
–, Dispersion nach Huygens 177
–, – nach Newton 176
–, Energie 152
–, farbiges
–, –, Brechung 172
–, Farbspektrum 172
–, Geschwindigkeit 152
–, – im Vakuum 368
–, Huygens'sches Wellenmodell 177
–, Interferenz 179 ff.
–, Korpuskelmodell 176

–, Newton'sches Teilchenmodell 176
–, Polarisation 192
–, Querwelle 192
–, Reflexion 152, 156 f., 175
–, – nach Huygens 177
–, – nach Newton 176
–, sichtbares 324
–, Übergang zwischen optischen Medien 160
–, weißes 172
Lichtbrechung 159 ff.
Lichtgeschwindigkeit, astronomische Messung 177 f.
–, Messung mit Drehspiegelmethode 179
–, Messung mit Zahnradmethode 178
– nach Huygens 177
– nach Newton 176
Lichtjahr 152
Lichtleitung im Glasstab 163
Lichtquanten 335, 346
Lichtquelle 152
–, punktförmige 152
Lichtschranke 235
Lichtstrahlen 152
Linienspektren 173
Linse, Brechkraft 171
Linsengleichung 167
Lissajou-Figuren 83
Lochkamera 153
Lochsirene 139
Longitudinalwellen 85
Lorentzkraft 225, 228, 262, 267, 278
Loschmidt-Zahl 127, 368
L-Schale 348
Luftdichte 12
Luftdruck 59, 64
Luftschlieren 162
Luftwiderstand 12 f., 14
Lupe 168
Lyman-Serie 348 f.
–, UV-Licht 349

M
Magdeburgische Halbkugeln 64
Magnetfeld 196 f.
– der Erde 197

–, Energie 288 f.
magnetische Dipole 194
- Feldkonstante 265, 368
- Feldlinien 196
- Flussdichte, Definition 262
-- einer Spule 264 f.
--, Einheit 262
- Influenz 195
- Kraft 197
- Pole 194
magnetischer Fluss 280
magnetisches Ringfeld 315 f.
Magnetisieren 195
Magnetismus, Definition 194
Manometer 59
Maschinen, einfache 20 ff.
Masse 1, 2, 4
Massendefekt 339
Masseneinheit, atomare 127, 368
Massenspektrometer 273
Massenzunahme, relativistische 338
materialabhängige Permeabilitäts-
  zahl 265
Materiewellen 342 ff.
–, Frequenz 343
–, Wellengeschwindigkeit 343
Maxwell 315
mechanische Arbeit 116 f., 131
Mega 252
Meißner-Schaltung 306 f.
Meniskus des Wassers 115
Mensch, elektrischer Widerstand 215
Messung, Lichtgeschwindigkeit 177
- von Grundgrößen 1
Metalle, Stromleitung 207
Mikro 252
Mikrowellen 318, 324
Mikrowellensender 318
Milli 252
Millikanversuch 270
Mischungstemperatur 119
Mittelpunktstrahlen 165 f.
Mittelwellen 318, 324
Molekül, Abstoßung 363
–, Anziehung 363
–, Gleichgewichtsabstand 363, 364
–, Schwingung 363

Moleküle 114
Molvolumen idealer Gase 368
Momentanbeschleunigung 9
Momentangeschwindigkeit 9
Mond 48
–, Halbschatten 156
–, Kernschatten 156
Mondfinsternis 155
Mondphasen 154 f.
Moseley-Gesetz 357
Moseley-Konstante 358
M-Schale 348

N
Nachhall 140
Nano 252
Nebelkammer 327
Nebenregenbogen 173
Netzebenen bei Kristallen 330
Neumond 155
Neutronen 325
Neutronenmasse 368
Newton 2, 4, 50
Newton'sches Grundgesetz 13
Newton'sches Teilchenmodell des
  Lichts 176
Nichtleiter 199
Niederspannungstransformator 309
Nordlicht 272
Nordpol 194
Normalkraft 4, 12
Normdruck, physikalischer 368
Normtemperatur, physikalische 368
Nukleonen 325
Nukleonenzahl 325
Nullleiterpol 201

O
Oberschwingungen 142, 143
Obertöne 96
Ohm 214, 294
Ohm'sches Gesetz 214 f.
Öldruckbremse 57
optische Achse 164
optisches Bild 152 f.
Orientierungspolarisation 249
Ortsfaktor 4

Ortsunschärfe 344
Oszillator, harmonischer 363
–, quantenmechanischer 366
Oszillograph 138, 225
Otto Hahn 329

P
Parallelschaltung, Gesamtwiderstand 222
Pascal 56
Paschen-Serie 348f.
–, IR-Licht 349
Pendel, ballistisches 34
Perpetuum Mobile 1. Art 134
Perpetuum Mobile 2. Art 134
Permeabilitätszahl, materialabhängige 265
Pfeife, Tonentstehung 143
Phase 201, 290
Phasenverschiebung 69
Photonen 335, 354
–, Impuls 339
–, relativistische Masse 339
physikalische Konstanten 368
physikalische Normtemperatur 368
physikalische Stromrichtung 207
physikalischer Normdruck 368
Piko 252
Planck'sches Wirkungsquantum 335, 368
Planeten 48, 49
–, Umlaufgeschwindigkeit 50
Planetenbewegung 50
Poisson-Fleck 184
Polarisation des Lichts 192
– durch Brechung 192
– durch optische Spalte 192
– durch Reflexion 192
Polarisationsfolien 192
Polarisationsladung 250
Polarisator 192
Pole, Abstoßung 194
–, Anziehung 194
–, elektrische 198
–, magnetische 194
Potenzial, elektrisches 214
–, –, Definition 214

Potenzialtopf, eindimensionaler 349 ff., 361
Potenziometerschaltung 221
Presse, hydraulische 57
Prisma, Ablenkwinkel 163
–, Einfallswinkel 163
–, Keilwinkel 163
–, Strahlengang 163f.
–, totalreflektierendes 164
Prismenspektrum, Farbfolge 189
Protonen 325
Protonenmasse 368
Ptolemäus 48, 50
Pulvermethode zur Kristalluntersuchung 332
Punktladung 257

Q
Quant 340
Querwelle, sinusförmige 88ff.

R
Radarüberwachung 318
Radfahrer, Schräglage 47
radioaktive Strahlung 325
radioaktiver Zerfall, Halbwertszeit 328
– –, Zerfallsfaktor 328
Radioaktivität 325
–, α-Strahlung 326
–, β-Strahlung 326
–, γ-Strahlung 326
–, Nachweis 326ff.
Radiowellen 318
Raketengleichung 39
Reflexion des Licht nach Huygens 177
– des Lichts nach Newton 176
–, Einfallswinkel 157
–, Reflexionswinkel 157
Reflexionsgesetz 156
Regenbogen 173
Reibung 11f.
Reibungsarbeit 24
Reibungselektrizität 209
Reihenschaltung
–, Anwendungen 220f.
–, Ersatzwiderstand 220
–, Gesamtwiderstand 220

relativistische Energie 338
- Massenzunahme 338
relativistischer Impuls 338
Relativitätstheorie 337
Resonanzen 143
Resonanzfall 77, 299
Resonanzfluoreszenz 354
Resonanzfrequenz 299 f.
Resonanzkatastrophe 77, 78
Resonanzkurve 78
Resonanzlängen 143
Resonanzrohr 143
Richtung 2
Ringfeld, elektrisches 315 f.
Röhrendiode 231
Röhrentriode 233
Rolle, feste 20
-, lose 21
Röntgenquant 356, 357
Röntgenröhre 323, 355
Röntgenstrahlen 323, 324
-, K-Serie 357
-, L-Serie 357
Röntgenstrahlung 355 ff.
-, Berechnung der Wellenlänge 331
-, charakteristische 355 f.
-, kontinuierliche 355 f.
Rotationsenergie 130
Rückstellkraft 67, 68
Rückstoß 39
Rutherford 206
Rutherford'sches Atommodell 206, 325
Rydberg-Konstante 348

S
Sägezahnspannung 225
Saite, Schwingung 96 ff.
-, Eigenschwingung 96
-, Grundschwingung 96
-, Oberschwingung 96
Sammellinse 169
-, Strahlengang 164 ff.
Satellit 52
-, geostationärer 53
Schall, Ausbreitung 140
-, Geschwindigkeit 140, 143

-, - in Luft 142
-, Längswelle 141
-, Reflexion 140
-, stehende Welle 141
-, Wahrnehmung 140
Schalldämmung 140
Schallerreger, Schwingbewegung 138
Schallfrequenz 142
Schallmauer, Durchbruch 148
Schalter 199
Schatten 154 ff., 184
Schiebewiderstand 216
Schiefe Ebene 4, 23
Schlagschatten 154
Schmelzdrahtsicherung 202
Schmelzpunkt 120, 123
Schmelzpunkterniedrigung 123
Schmelzwärme 120 f.
-, spezifische 121
Schnelle 87
Schräglage 47
Schreibstimmgabel 138
Schrödingergleichung 343, 349, 359 ff.
-, zeitabhängige 359
-, zeitunabhängige 360
Schubkraft 39
Schweben 63
Schwebung 84
Schweredruck 58
Schwerpunktabstand 51
Schwimmen 63
Schwingbewegung 67
-, harmonische
-, -, Differentialgleichung 68
-, vertikale 79
Schwingkreis 302
-, Aufhebung der Dämpfung 306 f.
-, gedämpfter 306
-, geschlossener 304
-, Rückkopplung 307
-, ungedämpfter 303 ff.
Schwingung 138
-, Aufschaukeln 77
-, Auslenkung des Teilchens 90
-, eindimensionale Überlagerung 83
-, erzwungene 76 ff., 307 f.

Stichwortverzeichnis

–, gedämpfte 75 f.
–, harmonische 69
–, Phasenunterschiede 90
–, Phasenverschiebung 78 f.
–, räumliche Dämpfung 91
–, Reibungsverluste 75
–, Überlagerung 79 ff.
–, – von Horizontal- und Vertikalbewegung 80 ff.
–, ungedämpfte 76
–, Zwangsfrequenz 77
Schwingungsamplitude 69
Schwingungsdauer 68
Schwingungsenergie 130
Schwingungsfrequenz 68, 69
Seil 20
Selbstinduktion 285
–, induzierte Spannung 286
Sicherung, magnetische 202
Sicherungen 202
Siebkette 297 f., 301
Siedepunkt 120, 123
– des Wassers 109
Siedepunkterniedrigung 123
Silizium 234
Sinken 63
Sonne 48, 49
–, Abplattung 162
Sonnenfinsternis, partielle 155
–, totale 155
Sonnenmasse 52
Spalt 91
Spalt- und Gitterinterferenz, Überlagerung 191
Spannarbeit 24, 25
Spannenergie 28
Spannung 217
–, Einheit 212
–, elektrische 211 ff.
–, –, Definition 211 f.
–, Induktion 229 f., 278 ff.
–, – durch Magnetfeldänderung 231
–, Messung 215, 224
–, Zeigerdiagramm 296
Spannungsenergie 30
Spannungsmessung 215, 224
Spannungsteilerschaltung 221

Spektralanalyse 173
Spektralfarben 172
–, Addition 174
–, Subtraktion 175
Spektrum, elektromagnetisches 324
Sperrkreis 301 f.
Spezielle Relativitätstheorie 337
spezifische Elektronenladung 368
– Wärmekapazität 118
spezifischer Widerstand 215
– –, Temperaturabhängigkeit 216
spezifisches Gewicht 59
Spiegelbild 157 ff.
Spin 362
Spule 226
–, Ausschalten 287
–, Einschalten 287
–, magnetische Flussdichte 264 f.
–, Pole 200
Stange 20
Stefan-Boltzmann 136
Sternort, Hebung 162
Stimmgabelschwingung 84
Stoffmenge 127
Stoß, elastischer 32
–, gerader elastischer 35 f.
–, schiefer 37
–, unelastischer 32, 34
Stoßversuch 32
Strahl, achsenparalleler 166
Strahlen, Strahlungsintensität 136
Strahlenbelastung 328
Strahlenschutz 328
Strahlung, radioaktive 325
Strahlungsenergie 136
Strahlungsgürtel 272
Strahlungsserien 348
Strom, elektrischer, magnetische Wirkung 200
–, –, Wirkung 200 f.
–, Wärmewirkung 208
Stromfluss 198
Stromkreis 198
Stromleitung in Flüssigkeiten 209
– in Metallen 207
Stromquellen, Hintereinanderschaltung 213

–, Parallelschaltung 213
–, Reihenschaltung 213
Stromrichtung, konventionelle 201
–, physikalische 207
–, technische 201
Stromstärke 217
–, elektrische
–, –, Definition 203 f.
–, –, Einheit 204
–, Messung 210, 223
Strömungswiderstand 12 f.
Stromverlauf
–, Mittelwert 211
–, Zeigerdiagramm 296
Sublimation 120
Südpol 194

T
Tachometer 283
Tauchsieder 222
technische Stromrichtung 201
Teilchenbeschleuniger 273 ff.
Teilchenbewegung 114 ff.
Teilchendichte 129, 266
Teilchen-Welle-Dualismus der Quantenobjekte 342
Temperatur 108
–, Messung 108
Temperaturunterschied 109
Tesla 262
Thermometer 108
Thomasgleichung 305
Thomson 206
Ton, Höhe 138
–, Lautstärke 138
Tonentstehung 139
– in Pfeife 143
Totalreflexion 162 f.
Trägheitskraft 53 ff.
Trägheitssatz 10
Transformator 309 f.
Transistor als Verstärker 240
–, Emitter 239
–, Kollektor 239
–, Schaltsymbol 239
Transistor-Kennlinie 240
Translationsenergie 130

Transversalstörungen, Reflexion 87 f.
Transversalwellen 85
Triode, U_G-I_A-Kennlinie 233
Triode als Verstärker 233
Tritium 325
Trommelfell 140

U
U_A-I_A-Kennlinie, Diode 231
–, Triode 233
Überdruck 57
Ultrakurzwellen 318, 324
Ultraviolett 324
Ultraviolettlicht 323
Umkehrprisma 164
Uran 329
U-Rohr-Manometer 65
U-Rohr-Schwingung 72

V
Vakuumlichtgeschwindigkeit 368
Valenzband 234
Vektoren 3
Vektorgrößen 2
verbundene Gefäße 60
Verdampfer 124
Verdampfungswärme 121 f., 124
–, spezifische 122
Verdunstung 123
Verdunstungskälte 123
Vergrößerung 153
Verkleinerung 153
Verschiebungspolarisation 249
Verstärker, Transistor 240
–, Triode 233
virtuelles Bild 158, 167
Vollmond 155
Volt 212
Volumen 1, 2
Volumenausdehnung, Gas 112 f.
–, Flüssigkeiten 111
Vorwiderstand 220

W
Wärme 117, 131, 132, 200
–, Definition 117
Wärmekapazität, spezifische 118, 218

Wärmekonvektion 125
Wärmelehre, erster Hauptsatz 131
–, zweiter Hauptsatz 134
–, – –, Formulierung nach Planck 134
–, – –, quantitative Formulierung 134
–, – –, statistische Formulierung 134
Wärmeleistung 118
Wärmeleitung 125
Wärmemaschine 133
–, Funktion 135
–, Wirkungsgrad 133, 135
Wärmemenge 118
Wärmestrahlung 125, 323
–, Absorption 125
–, elektromagnetische Wellen 136
–, Reflexion 125
Wärmetransport durch elektromagnetische Wellen 125
Wasser, Anomalie 111
–, Dichte 111, 112
–, Gefrierpunkt 109
–, Meniskus 115
–, Siedepunkt 109
Wasserdruck 59
Wasserstoffbombe 329
Wasserwellen 103
–, Interferenz 103
–, Reflexion 105 f.
Watt 27
Wechselspannung 230
–, Effektivwert 291 f.
–, Periode 290
–, sinusförmige 290
Wechselstrom 201, 209
–, Effektivwert 291 f.
Weg-Zeit-Diagramm 7
Wehneltzylinder 224
Weitsichtigkeit 170
Wellen, Ausbreitungsgeschwindigkeit 87
–, Bäuche 95
–, Brechung 105, 106
–, dauerhaft stehende 95
–, eindimensionale 85
–, elektromagnetische 326
–, –, Ausbreitung 315
–, –, Entstehung 316

–, –, Lichteigenschaften 318 ff.
–, gegenphasige Überlagerung 93
–, gleichphasige Überlagerung 92
–, Grundschwingung 95
–, Knoten 95
–, nichtpolarisierte 91
–, Oberschwingung 95
–, Polarisationsebene 91
–, polarisierte 91
–, Schnellebäuche 95
–, Schwebungen 93
–, stehende 94 ff.
–, Überdruckstörung 99, 102
–, Überlagerung 92 ff.
–, – mit ihrer Reflexion 94 ff.
–, Unterdruckstörung 99, 102
–, Verdünnungsstörung 99
Wellenfelder, zweidimensionale 103
–, –, punktförmiger Erreger 103
Wellenlänge 90
–, Berechnung 331
Wellenträger, Eigenschwingungen 95
Weltsystem, geozentrisches 48
–, heliozentrisches 49
Wichte 59
Widerstand, elektrischer 214
–, –, Einheit 214
–, induktiver 294
–, –, Einheit 294
–, kapazitiver 295 f.
–, spezifischer 215
–, –, Temperaturabhängigkeit 216
Widerstände
–, Parallelschaltung 218 f., 221 ff.
–, Reihenschaltung 218 ff.
–, Spannung bei Reihenschaltung 220
–, Spannungen bei Parallelschaltung 221
–, Stromstärke bei Reihenschaltung 219
–, Stromstärken bei Parallelschaltung 221
–, Teilstromstärken bei Parallelschaltung 222
Widerstandsbeiwert 12
Wien'scher Verschiebungssatz 136

Wien'scher Geschwindigkeitsfilter 273
Winde, Abweichungen 55
Wirbelstrombremse 282
Wirbelströme 282
Wurf, schiefer 17
–, senkrechter 18
–, Steighöhe 18
–, Steigzeit 18
–, waagerechter 15
Wurfhöhe 18

Z
Zeit 1
Zentimeterwellen 318
Zentrifugalkraft 54
Zentripetalbeschleunigung 40 ff.
Zentripetalkraft 40 ff., 50, 54, 347
Zweikanaloszillograph 301
Zweiter Hauptsatz der Wärmelehre s.
    Wärmelehre, zweiter Hauptsatz 134
Zyklotron 274